计算机的
故事

[美] 晨露 著

文匯出版社

计算机大事年表

第一次工业革命（约 1760 年）

- 1816 年夏，玛丽·雪莱在日内瓦湖畔构思创作了世界上第一部科幻小说《弗兰肯斯坦》。在这个故事里，玛丽通过她笔下的人造怪物对青年科学家维克多·弗兰肯斯坦宣称道："你是我的创造者，但我却是你的主宰——屈服吧！"从而表达了她对失去控制的技术的担忧。
- 1821 年，查尔斯·巴贝奇突然醒悟，不禁叹道："天哪，我真希望这些计算是由蒸汽来执行的！"
- 1832 年 12 月，演示差分机在巴贝奇家中组装完毕，安置在客厅里。这个齿轮计算装置约 2.5 英尺高，2 英尺宽，2 英尺长。
- 1837 年，巴贝奇完成分析机的设计，他在向友人介绍他的新发明时说，分析机是"一个全新的引擎，它具有更强的功能，能做更复杂的运算"。它是"一台最具通用性的机器"。他还说，当他窥见自己的这个新发现时，他的内心激动不已，好像是在"将一座桥梁从已知世界抛向那未知的世界"。
- 1843 年 8 月，阿达·洛夫莱斯伯爵夫人翻译并详细注释了《查尔斯·巴贝奇发明的分析机概论》。她写道："分析机像提花机编织花朵和树叶般地编织代数模式。"
- 1854 年，乔治·布尔发表了他的杰作《思维法则》，并在此基础上创立了一整套有关逻辑的崭新法则——布尔代数。

第二次工业革命（约 1870 年）

- 1884 年 9 月，何乐礼为他发明的人口普查机提交了第一份专利申请。申请的开头声明道："我，赫尔曼·何乐礼本人，在统计计算艺术方面发明了某些新的和有用的改进。"

- 1896年12月，制表机公司在纽约注册。何乐礼担任总经理，并以502股股票获得对公司的控股权。
- 1911年，查尔斯·弗林特成功说服何乐礼，收购了制表机公司。然后，他又将它与另两家公司合并，成立了一家名为"计数制表记录公司"的新型公司。
- 1915年3月，托马斯·沃森掌管计数制表记录公司。
- 1924年2月，沃森将计数制表记录公司改名为IBM，并向纽约证券交易所递交了IBM的上市申请。
- 1928年，哥伦比亚大学教授本杰明·伍德告诉沃森，IBM的潜在市场其实是无所不在，没有止境。
- 1935年，罗斯福推行新政，全国上下对机电制表机的需求突然暴增，一举将IBM的事业推向巅峰。IBM完全主导了数据处理业，并经久不衰、持续增长45年，创下了一个工业史上前所未有的纪录。
- 1937年，哈佛博士研究生霍华德·艾肯萌生创建计算机的想法。当他在哈佛老物理实验室的阁楼里见到巴贝奇的差分机演示模型后，目瞪口呆，"觉得巴贝奇好像是从过去在亲自向他说话"，并表示说，"如果巴贝奇能活在75年后的今天，我就要失业了。"11月，他向IBM递交建造计算机提案。
- 1937年，麻省理工学院研究生克劳德·香农发表研究论文《继电器和开关电路的符号分析》，成功地将布尔理论应用在计算机器的设计理论上。后来，《科学美国人》称之为"信息时代的大宪章"。
- 1937年，图灵发表了他的历史性论文《论可计算数及其在判定性问题上的应用》。事实证明，图灵的这篇论文帮助开创了计算机时代，而他描述的"逻辑计算机"也很快被学术界称为"图灵机"。在本质上，它也正是查尔斯·巴贝奇和阿达·洛夫莱斯在一百年前梦想的那种"通用机器"。
- 1939年10月，爱荷华州立学院助教约翰·阿塔纳索夫和研究生克利福德·贝瑞，在一块面包板大小的木板上，建造了一个由11只电子管和50只电容器组成的纯电子计算系统，并顺利进入调试。次年，他俩又研发了一台新一代样机。
- 1944年8月，由霍华德·艾肯创想，IBM制造的机电计算机"马克一号"在哈佛大学揭幕。
- 1945年秋，约翰·莫奇利和约翰·埃克特带领的宾夕法尼亚大学摩尔学院团队，在军方的资助下，建成了第一台可编程电子通用数字计算机——ENIAC。它是一个重30吨，占地相当于一套三居室公寓的庞然大物，里面共有17468只真空管，7万只电阻，1万只电容器和50万个焊点。它也是一个用电174千瓦的电老虎，相当于一个大型广播电台所用的电力。然而，最重要的是，它的计算速度是当时其他计算机器的500倍。

信息时代（第三次工业革命，约1947年）

- 1947年12月，在AT&T贝尔实验室里，约翰·巴丁和沃尔特·布拉顿发明的点接触晶体管产生了信号放大功能，为晶体管时代成功奠基。
- 1949年4月，摩根·斯帕克斯和助手鲍勃·米库利亚克成功研制出威廉·肖克利发明的结型晶体管。为电子时代提供原动力的每一只晶体管都来源于肖克利团队发明的这种半导体。
- 1950年，艾伦·图灵提出一个发人深省的问题："我建议考虑这样一个问题，'机器会思考吗？'"接着，他又化繁为简，专门为此设计了一个"模仿游戏"（即图灵测试），并提出了一个纯操作性定义：如果在游戏时无法辨别问题的答复是来自一台机器还是人脑，那么我们就没有理由坚持认为这种机器"不会思考"。
- 1956年2月，肖克利半导体实验室在北加州的圣克拉拉山谷成立，为硅谷的诞生埋下伏笔。肖克利在新闻发布会上预测，晶体管将取代电子管，它的产量将在未来5到10年内增加100到1000倍。
- 1956年夏，在达特茅斯学院举办的一个人工智能会议上，约翰·麦卡锡教授敦促学术界更广泛的探索人工智能，包括"神经元网络""自动计算机""抽象"和"自我改进"。后来，不少参加这次会议的人都成了1960年代人工智能运动的带头人，例如：麦卡锡，他很快就把他的研究带到斯坦福大学；赫伯特·西蒙和艾伦·纽厄尔在卡内基梅隆大学建立了一个实验室；以及麻省理工的马文·明斯基教授。他们的共同目标是发掘和利用所有可能的技术来研究和创建人工智能，并确信这不会需要太长时间，有人甚至声称机器将在10年内打败国际象棋世界冠军。
- 1956年11月，肖克利、巴丁和布拉顿共同获得了诺贝尔物理学奖。
- 1957年10月，罗伯特·诺伊斯、戈登·摩尔等八人离开肖克利半导体，创立了仙童半导体公司。
- 1958年夏，弗兰克·罗森布拉特在美国国家气象局展示了他的感知器雏形。当记者问他，感知器有什么不会做的事时，罗森布拉特举起双手，说，"爱情、希望、绝望。简而言之，人性。"

- 1958年9月，德州仪器的新员工杰克·基尔比研制成集成电路。
- 1959年1月，诺伊斯也独立在仙童半导体研制成集成电路。
- 1965年，戈登·摩尔提出摩尔定律，为电子行业的宏观和微观发展趋势作了量化预言。
- 1968年6月，英特尔成立。阿瑟·洛克担任董事长，诺伊斯和摩尔分别担任首席执行官和首席运营官。
- 1971年3月，英特尔发送了第一批微处理器芯片——4000系列芯片组，半导体从此就跨入了微处理器时代。
- 1975年1月《大众电子》的封面标题令人瞩目："世界上第一个微型计算机套件，可与商用型号媲美。"只不过深究起来，这个由一家名为MITS的公司开发的、被称作"牛郎星8800"的套件似乎只是一堆价值495美元的电子零件而已。然而，对于广大电子爱好者和黑客来说，它却预示着一个崭新时代的到来。
- 1975年2月，MITS决定采用比尔·盖茨和保罗·艾伦开发的BASIC软件，并任命艾伦为MITS的软件总管。
- 1975年5月，微软诞生。不过，盖茨仍然在哈佛大学读书，而艾伦也继续在MITS上班。
- 1976年4月，史蒂夫·乔布斯、史蒂夫·沃兹尼亚克和罗纳德·韦恩创立苹果电脑公司，随即推出苹果一号。
- 1977年4月，苹果二号在旧金山举行的第一届西海岸计算机博览会上以1295美元的单价问世。凭借其简洁流畅的米色外壳和友善紧凑的设计，苹果二号一鸣惊人，不仅在博览会上获得300份订单，还找到了它的第一家日本经销商。结果不到一年，这家习惯于每隔几周销售十几台苹果一号的公司每个月都能够销售500台左右苹果二号。苹果二号开创了个人计算机时代。
- 1980年，微软用2.5万美元的价格从西雅图计算机产品公司获得了86-DOS的特许权。
- 1981年7月，微软又以5万美元的价格将86-DOS买断，并把它改造成MS-DOS。不到一年，MS-DOS就成为IBM个人电脑及其兼容机的主要操作系统。到1991年，微软每年单从MS-DOS的销售中就能赚取超过2亿美元。
- 1981年，IBM推出IBM个人电脑。它采用了英特尔的微处理器——Intel 8088以及微软的操作系统——MS-DOS（一开始也称IBM PC DOS）。
- 1984年1月，苹果推出麦金塔电脑，标志着易于普通用户使用的图形界面问世的重要时刻。
- 1985 年 5 月，乔布斯在"七日风暴"中落败，被约翰·斯卡利打入冷宫，并在不久后离开苹果。
- 1985 年 11 月，微软终于发布了它的视窗产品——Windows 1.0。微软虽然花了许多年才复制出麦金塔的图形用户界面，但当它在 1990 年推出 Windows 3.0 后，情况就发生了根本性变化，它开始占据桌面市场的主导地位。而它在 1995 年发布的 Windows 95 更进一步稳固了它的地位。
- 1986 年，大卫·鲁梅尔哈特、杰弗里·辛顿和罗纳德·威廉姆斯发表的论文《通过反向传播误差来学习表达》系统推导了反向传播算法，并很快使它成为当代机器学习中所使用和理解的标准形式。
- 1988 年，杨立昆加入 AT&T 贝尔实验室的自适应系统研究室。凭借那里的丰富数据，他的卷积神经网络得到迅速成长。几周后，他的系统就能准确识别手写数字，并成功找到商业应用。
- 1991 年 11 月，为了纪念巴贝奇诞辰二百周年，多伦·斯瓦德领导的伦敦科学馆团队制成巴贝奇差分机。
- 1997 年 1 月，乔布斯正式以兼职顾问的身份回到苹果。
- 1997 年 5 月，IBM 的深蓝下棋机战胜国际象棋世界冠军加里·卡斯帕罗夫。有人这时也许会问，深蓝究竟有没有智能呢？深蓝下棋机的设计者许峰雄认为："加里在 1997 年比赛期间和之后对作弊的指控证明深蓝通过了国际象棋版本的图灵测试。但深蓝并不具备智能。它只是一个经过精心制作的工具，在有限的领域里展现出了智能行为——深蓝绝对不可能提出那些不着边际的指责。"
- 2000 年，基尔比作为诺贝尔物理学奖的最新得主，应邀参加了一个新闻发布会。基尔比在演讲时，首先向罗伯特·诺伊斯表示致敬，并说："我很抱歉他已离去。如果他还活着，我想我们会分享这个奖项。"
- 2001 年 5 月，第一家苹果商店在弗吉尼亚的泰森角开业。同年 10 月，iPod 问世。
- 2007 年 6 月，iPhone 问世。iPhone 标志着一种全新计算形式的诞生，这种形式比以往所谓的个人计算更加贴近用户，从而使普通消费者一跃而为潮流的引领者。
- 2009 年，杰弗里·辛顿协助邓力领导的微软团队使用人工神经网络攻克语音识别。
- 2009 年，李飞飞和邓嘉完成图像网。他们通过互联网，把来自全球 167 个国家和地区的超过 48000 名贡献者整合成一支有力团队，从近 10 亿张候选图中筛选出 1500 万张图像，并按照词义把它们分别安排在 22000 个类别里。此外，他们的团队还对每一张中选图像做了手工标注，且对其内容和类别层次作了一式三份验证。

- 2010 年秋，戴密斯·哈萨比斯、肖恩·莱格和穆斯塔法·苏莱曼创办 DeepMind。
- 2011 年 1 月，iPad 正式问世，掀起了又一波新浪潮。《经济学人》封面上的乔布斯，身穿长袍，头顶光环，手持一部被称为"耶稣平板"的 iPad。《华尔街日报》也以类似方式赞美道："上一次有那么多人对一块平板欣喜若狂，还是因为它上面写着诫命。"

人工智能时代（约 2012 年，目前尚无定论）

- 2012 年，辛顿团队在李飞飞团队主办的 2012 年图像网大型视觉识别挑战赛中获胜，一举攻克计算机视觉。这件事如今已能与莱特飞行器和爱迪生灯泡相提并论，而辛顿也把它称作"那是一个大爆炸时刻"。
- 2014 年 6 月，伊恩·古德费洛等提出生成对抗网络（GAN）。
- 2015 年 12 月，萨姆·奥尔特曼、埃隆·马斯克、伊利亚·苏茨克弗和格雷格·布罗克曼等创办 OpenAI。
- 2016 年 3 月，DeepMind 开发的计算机程序 AlphaGo 在韩国首尔击败韩国围棋九段选手李世石。
- 2018 年，杰弗里·辛顿、杨立昆和约书亚·本吉奥获图灵奖。"我们得到的荣誉伴随着责任，"本吉奥在颁奖典礼上说，"我们的工具可以用于善事，也能用于恶行。"
- 2018 年，DeepMind 开发的人工智能程序 AlphaFold 1 在第 13 届结构预测的批判性评估（CASP）竞赛的总体排名中排名第一。
- 2022 年 11 月，OpenAI 发布生成式人工智能聊天机器人 ChatGPT。
- 2023 年 10 月，杰弗里·辛顿说道："我认为我们正进入一个前所未有的时期，有史以来第一次，我们可能会拥有比自己更聪明的东西。"
- 2024 年 10 月，约翰·霍普菲尔德和杰弗里·辛顿荣获诺贝尔物理学奖。戴密斯·哈萨比斯、约翰·詹珀和大卫·贝克荣获诺贝尔化学奖。

目录

1　　第一章　　齿轮计算

　　　巴贝奇的奇想
　　　寻求政府拨款
　　　创建差分机
　　　家庭事业两茫茫
　　　差分机演绎神迹
　　　才女阿达·拜伦
　　　划时代的分析机
　　　雅卡尔织机的启示
　　　失去政府支持
　　　编程第一人
　　　狄更斯笔伐官僚主义
　　　承前启后，薪火相传

40　　第二章　　机电计算

　　　人口普查的挑战与机遇
　　　新人何乐礼
　　　何乐礼机电制表机
　　　好事多磨

沃森的秘密任命

经营二手收银机

沃森重返 NCR

代顿大洪水

痛定思痛，沃森重新启程

掌管和塑造 IBM

经济大萧条

峰回路转，IBM 猛然崛起

哥大教授的指点

沃森荣任国际商会主席

贸易能换来和平吗

艾肯构想机电计算机

哈佛马克一号

巴贝奇光芒

91 第三章　　电子计算

哈默幻影

阿塔纳索夫魂游象外得灵感

勇敢迈步

军队的燃眉之急

埃克特和莫奇利的白日梦

"西蒙，给戈德斯坦钱"

电子计算机诞生了

编程女先锋

冯·诺伊曼结构

埃莫二人被逼上梁山

通用自动计算机

谁创造了电子计算机

124　第四章　晶体管

布尔的思维法则和香农的联想

凯利对电子继电器的猜想

威廉·肖克利

从加州理工到麻省理工

旷世才子约翰·巴丁

肖克利团队攻克半导体

晶体管的诞生

肖克利执意创业

催生硅谷的肖克利实验室

肖克利的梦之队

缺了一功

诺贝尔奖荣耀光照

八叛将揭竿而起

162　第五章　集成电路

德仪制成硅晶体管

一鸣惊人的袖珍收音机

电路设计遭遇数字束缚

杰克·基尔比

集成电路在德州仪器诞生

仙童半导体殊途同归

专利属谁

基尔比对诺伊斯

共享殊荣

188　第六章　从仙童到英特尔

仙童半导体的兴衰

诺伊斯和摩尔创办英特尔

桑德斯创立超威半导体

后起之秀葛洛夫

英特尔的金发姑娘

改变世界的微处理器

英特尔上市

多事的1974年

管理团队的理想组合

IBM的个人电脑计划

八十年代初的芯片泡沫

良率先生巴雷特

定睛微处理器

英特尔的芯

奔腾的芯

葛洛夫急流勇退

247　第七章　苹果电脑

史蒂夫·乔布斯

电子大王沃兹

第一次合作

里德学院的熏陶

乔布斯在雅达利

苹果一号

苹果二号

乔布斯他山探宝

苹果上市

抢占麦金塔

糖水商人斯卡利

发布麦金塔

蝎儿舞翩跹

山雨欲来风满楼

斯卡利摊牌

七日风暴

乔布斯被打入冷宫

第八章　微软

盖茨家世

比尔·盖茨

保罗·艾伦

湖滨学校的捉虫小高手

牛郎星的召唤

创立微软

盖茨和艾伦

巧取操作系统

史蒂夫·鲍尔默

艾伦患病

难产的视窗

微软上市

苹果发难

视窗的启示

360　第九章　苹果复兴

乔布斯重归苹果

重新掌控

与盖茨重归于好

乔尼·伊夫

iMac

蒂姆·库克

苹果商店

iTunes，iPod

iPhone

iPad

乔布斯的话

406　第十章　人工智能

天才艾伦·图灵

机器会思考吗

电脑下国际象棋

许峰雄的深思下棋机

深蓝下棋机挑战卡斯帕罗夫

深蓝战胜世界冠军

人工神经网络

杰弗里·辛顿

杨立昆和卷积神经网络

辛顿助邓力攻克语音

黄仁勋和 GPU

李飞飞创建图像网

图像网挑战赛

辛顿团队攻克视觉

471　第十一章　　人工智能之春

哈萨比斯和 DeepMind

人工智能扎根谷歌

OpenAI

阿尔法围棋

进军医药的前景和挑战

生成对抗网络和深度伪造

秘密的梅文计划

机器人应用

三英杰同获图灵奖

自动驾驶

破解蛋白质结构

前方路

尾声

526　参考文献

第一章
齿轮计算

巴贝奇的奇想

  1821 年夏的一天，暖风习习，一辆马车在伦敦德文夏街 5 号停下。下车的绅士，约 30 岁，衣着讲究，胳膊下夹着一叠手稿，神色匆匆。应着马车声，一位高个子绅士迎出门。来客是天文学家约翰·赫歇尔[1]，迎接他的是数学家查尔斯·巴贝奇[2]。

  巴贝奇和赫歇尔的友谊始于在剑桥大学的求学，他俩志同道合，相见恨晚，从此亲密无间。现在老友相逢，自然高兴。进门后，他们边相互寒暄，边简单交流一些学术界的最新动向。

  不久，他俩便在客厅里坐下，开始工作。赫歇尔仔细地将带来的手稿一分为二。稿纸上密密麻麻，布满了由数字组成的列表。受皇家天文学会委托，他俩正在制作用于天文学的数学用表。这两叠手稿出自两组计算员的平行运算，表格上的每一个数字都是他们精心笔算的结果。也就是说，表格上的每一个数据都是由这两组计算员运用同样的公式，在同一特定数值范围内笔算的结果。

---

[1] 约翰·赫歇尔（Sir John Frederick William Herschel, 1792—1871），英国皇家学会院士，博学家，活跃于数学、天文学、化学、发明和实验摄影领域。
[2] 查尔斯·巴贝奇（Charles Babbage, 1791—1871），英国数学家、发明家、机械工程师。他提出了数字可编程计算机的概念，被公认为计算机之父，他的差分机和分析机概念预示了现代计算机的许多元素。

如果两组计算员的工作完美无疵，那么这两组数据就应该完全吻合。

坐定后，他俩开始相互对比各自手稿上的数据。赫歇尔读一个数，巴贝奇就检验对应的那个数。一个接一个，一行又一行，一页连一页……如此这般，仔细对比，小心推进。遇到数值上的差异，他俩就在各自的稿纸上做上记号，然后继续。

不知不觉中，他们自己开始出错，或对错数、或看走行。每当这种状况发生时，他们只好定定神，静下心来，重新开始。时间越长，出错的几率就越高。久而久之，巴贝奇被这没完没了的"重复比对"搞得头昏脑涨。最后他忍无可忍，站起来叹道："天哪，我真希望这些计算是由蒸汽来执行的！"

出人意料的是，这看似随意的一声叹息，仿佛触动了巴贝奇的心灵深处。天造地设，水到渠成。从此，他为之神往，矢志不渝，奋斗不止。

1760年代，在詹姆斯·哈格里夫斯发明"珍妮纺织机"的带动下，英国兴起了第一次工业革命。1776年，詹姆斯·瓦特改进了纽可门蒸汽机并成功地将它应用在煤矿的生产中。从此，蒸汽机就和工业生产联系起来。随之而起的，由手工业向机械化的巨变，掀起了一波又一波的产业革命浪潮。

那是一个产业革命蒸蒸日上的"蒸汽"时代。蒸汽机将蒸汽的热能转化为机械能，从而带动了机械自动化。蒸汽机提高了效率，它就像开路先锋引领着风起云涌的工业革命。因此在那一刻，巴贝奇头脑中迸出的灵感，自然而然地也带着那个时代的印记——蒸汽。

巴贝奇要用蒸汽来实现计算的机械化。

1791年12月26日，查尔斯·巴贝奇出生在伦敦一个富裕的银行家家庭。8岁时，他生过一场危及生命的重病，不得不弃学，去乡村养病。也许是身体的原因，后来他在多地辗转求学。其中一所，是仅有三十名学生的霍姆伍德学校。这所学校虽小却有一个图书馆，是那里的书籍为巴贝奇启蒙，激发了他对数学的兴趣和追求。后来，他又求教于一位牛津的老师，得到了正规基础教育的陶冶，并被剑桥大学录取。

1810年，巴贝奇进入剑桥的三一学院。他热爱数学，入学前已经自学了部分当代数学理论，研读过诸如罗伯特·伍德豪斯、约瑟夫·拉格朗日和玛丽亚·阿涅西的著作。入学后，他发现学校用的教材陈腐，教学方式乏味，因此非常失望。

巴贝奇善于独立思考，又敢于特立独行，于是他就为自己制订了学习计划，并侧重于对法国数学著作的钻研。年轻又思想激进，他崇拜那个自己的国家正在举国与之苦战的对手拿破仑；他谴责大学生活里无所不在的僵化的教会条例，以及校园里对宗教教义的盲从；他还感叹英格兰数学的停滞不前、固步自封。因此，活跃而又充满激情的巴贝奇倡导并参与了分析学会[1]的创建，旨在推广德国数学家莱布尼茨的微积分符号。

1812年，巴贝奇转去剑桥的彼得豪斯学院，被公认为学院里的数学尖子，有望在毕业时获得荣誉。可是，他写了一篇论证"神是物质的媒介"的叛逆论文，从此败走麦城，与荣誉无缘。更可惜的是，这并不是巴贝奇一生中唯一的一次堂·吉诃德式的公开自残行为。后来，在回忆那段经历时，巴贝奇写道："那将我与剑桥联系起来的纽带，确实是非同寻常。"

1814年毕业后，巴贝奇就业运气不佳。于是，他潜心科学研究，很快在科学界有所斩获。1815年，他在英国皇家学会举办了十二讲天文学讲座，并于次年春当选为皇家学会的院士。1820年，皇家天文学会成立时，巴贝奇是第一届理事会成员。这期间，他还发表了一系列数学论文，进一步提高了他在科学界的声望。

其实，巴贝奇对蒸汽计算的想法并非空穴来风。1812年的一天，他在分析学会里看到一本厚厚的对数表。他知道在对数表里那些密密麻麻的数据中，隐藏着许多错误。随着社会的发展，标准数学用表在军事上和工业上的作用举足轻重，然而各类数学表格中的那些未知错误却像定时炸弹，悄悄隐藏着，随时可能被引爆。这实在是令人担忧！于是，他在那时就想到，这些数学表格也许都应该用机器来重新制作。后来，他听说法国数学家创造了一种人工制造数学用表的新方法——计算工厂（The Computational Factory）。于是，他又想，能不能将机械用于计算工厂呢？

法国大革命期间，法国国民议会为了测量全国的土地，在1791年决定重新制定《标准地籍册》。《标准地籍册》是一种用于土地丈量的工具书，主要由对数表和三角函数表组成。另外，议会还要求表格中的数据都使用刚在法国推行的公制单位。由于新地籍册数据浩瀚，精度要求又高——小数点后14至29位，它所需的数据总计算量，超过了法国全部数学家计算能力的总和。

这就给法国数学界带来了一个空前的挑战。现有的方法行不通，必须改革，

---

[1] 分析学会（Analytical Society），19世纪初英国的一个团体，旨在促进在微积分中使用莱布尼茨微分表示法而非牛顿微分表示法。

另辟蹊径。结果，这项改革重任最终落到了加斯帕德·德·普罗尼[1]的肩上。

1779 年，普罗尼毕业于法国国立路桥学校。路桥学校是法国第一所工学院，也是世界上第一所工程院校。普罗尼学业优异，毕业时，校长殷切地对他勉励道："务必努力提高工程艺术修养，因为你必将成为本校的校长。"1783 年，普罗尼在法国科学院发表了第一篇有关拱门作用力的重要著作；1785 年，普罗尼前往英国参加一个项目，精确地测量了格林威治天文台和巴黎天文台的相对位置；1790 年，他被任命为国立路桥学校首席工程师。

1793 年，当贵族出身的普罗尼，在革命恐怖中思考新地籍册所面临的挑战时，他偶然在旧书店买了一本英国经济学家亚当·斯密的著作《国富论》。斯密在书中指出："劳动分工是提高生产力的关键。"接着，他进一步以制钉为例：普通人单独制钉，估计每人每天造一枚合格的钉子都难。然而，在专业分工的工厂里，工人明确分工，各司其职，每人每天能制二十磅钉。

于是，普罗尼就想，能不能也用分工的方法来制造对数表，甚至各种数学用表呢？

不久后，普罗尼首创了计算工厂。这种工厂由三组人构成，第一组人数最少，都是顶级数学家。他们深具学养而又报酬昂贵，负责确定所需的数学公式，将其简化，然后再规划表格的基本值，如系数、精度等。第二组人数比第一组多，由掌握基本数学技能的人组成。他们虽不需要具备数学家那么高深的学识，但仍需有相当的数学素养。他们负责确定计算值的范围和设计表格的布局，然后再将计算表交给第三组。此外，他们还负责检验第三组的计算结果。第三组人数最多，由专做简单计算的计算员组成。这是一些技能低且又便宜的劳工。他们用简单公式和数值做笔算，再将结果相应地填到第二组提供的表格里。为了确保笔算结果的准确性，表格里所有计算值都由两队计算员分别平行计算。

普罗尼的计算工厂，首次为具备不同数学能力的人进行了合理分工，使数学计算由数学家的脑力转化为低技能的劳动，从而实现了人类在计算效率上的首次飞跃。另外，这种转变还带来了性别成分的改变，以往在数学领域中严重缺乏的妇女，现在被大量雇佣为计算员。从此，妇女在数学制表及政府大规模的计算项目中承担起了重任，直至二战结束，近代计算机问世为止。

1798 年至 1839 年，普罗尼任法国国立路桥学校校长。他还是法国科学院院

---

[1] 加斯帕德·德·普罗尼（Gaspard de Prony, 1755—1839），法国科学院院士、院长，数学家、工程师，从事水力学领域的研究工作。

士，并最终成为院长。作为一名杰出的工程师，他的名字被铭刻在埃菲尔铁塔上。巴黎第 17 区还有一条以他的名字命名的街道——Rue de Prony。

寻求政府拨款

普罗尼的计算工厂把数值计算转化为低技能的劳动，从而极大地提高了大规模计算的效率。但是，它有一个致命的缺陷——人的易错性。

首先是计算错误。计算员笔算时，不可能不出错。由两组计算员分别计算同一套数据，确实提高了计算的准确性。但是，不同的计算员还是可能犯相同的错误。第二，经过检验后的计算值，需要誊写到手稿上再送去排版。在这些环节里，错误也在所难免。第三，誊好的手稿送去排版，排字员在排版时又会出错。更麻烦的是，数字之间互不关联，排数字要比排文字困难得多。最后，当印刷工作完成后，印好的表格还要终审。面对蝌蚪般密密麻麻的数字，没有人不会感到束手无策。

因此，在笔算、誊写、排版和终审这四个数学制表的关键环节里，处处藏着陷阱，时时会出现危机。

巴贝奇发出蒸汽计算的感叹后，"用机器来替代计算员笔算"的想法让他难以忘怀，常为之苦苦思索。他后来回忆道："对这个问题的探讨而引起的兴奋，伤害了身体。因此，医生让我完全放弃对'计算引擎'的思考。"

不过，病归病，巴贝奇心志已定。病愈后不久，他就投入设计，并着手建造实体样机。朦胧开初，他常为早期的进展所振奋，而对将要面临的挑战的深度和广度茫然无知。多年后，巴贝奇在谈到他当初的纯真时说："幸运的是，在那期间和后来的许多时候，我对在实践中和在道义上将要面对的重重困难缺乏足够的认识。如果困难不是一步步逐渐向我展开的话，我也许永远也不会去冒这个险。"

在赫歇尔的家里，巴贝奇向挚友描述了用机器进行数字计算的设想；在自己的寓所里，巴贝奇亦逐渐将他的想法转化为机械零件设计。为了保护自己的发明，巴贝奇总是将零部件的制造委托给不同的工匠且在他们离开后自行组装。

1822 年春，第一台小型实体工作样机落成。

随着工业革命的深化，社会对数学用表的需求和依赖急剧上升：除了航海和天文，在军事上，炮兵用它来估算炮弹的落点；在财政上，政府用它来估算税收；在工业界，它的用途更是五花八门，既广泛又深刻。

对比之下，现有的数学表格却是捉襟见肘，不但种类少、错误多、精度低，而且单位不规范。因此，在统一的量纲下，修改旧表和制造新表就成了迫在眉睫的重任。

此时此刻，普罗尼临危受命，计算工厂应运而生。然而，普罗尼的计算工厂虽然仅用三年时间就基本完成了地籍册的计算，这些数据却都只停留在手稿上，未能投入印刷。因为，在数学制表的四个关键环节里，计算工厂只解决了计算量的问题，它完全依赖人工，无法避免人工的易错性。

巴贝奇的蒸汽计算，恰巧能针对这一点，不仅解决了计算的效率问题，而且也能依靠机械来克服人工的易错性。他想，机械手段能确保计算的精确性，至于其他问题，如果机器能够直接将计算结果压进软金属或打在卡片上的话，那么它就可以彻底根除其他出错源了。也就是说，只要能将计算结果与印刷过程无缝匹配，那么机械手段就不仅可以提高计算的效率和准确性，而且还能确保整个数学制表过程的无误，从而一石四鸟，杜绝数学制表的所有出错根源。

样机完成后，巴贝奇于 1822 年 6 月 2 日，向天文学会呈送了一份简报，题目为《论机械在天文学和天体计算中的应用》。在这篇于 6 月 14 日向学会宣读的简短文章中，巴贝奇宣布了自己的新发明，介绍了样机的性能和计算机构，并讨论了与之相匹配的打印机构的设计。

7 月 3 日，巴贝奇又写信给皇家学会主席汉弗里·戴维爵士，题为"有关将机械应用于计算和打印数学用表的目的"。信中回顾了计算引擎工作样机的成功制作，详细讨论了目前制造数学用表所面临的困难以及涉及的费用，还解释了计算引擎为何能够解决这些问题。最后，他在结尾中说："是否造更大的引擎……在很大程度上，取决于我能得到怎样的鼓励……成功已不容置疑，可是获得它需要相当可观的费用，而且在很长一段时间内，项目可能入不敷出，这是我所无法承担的……"

这封信被多方传抄，计算引擎的消息不胫而走。不久，英国的政治机器也跟着卷了进来。时任皇家学会副主席戴维斯·吉尔伯特是一位在下议院积极倡导科学的议员，他开始向首席财政大臣罗伯特·皮尔[1]爵士游说。吉尔伯特的想

---

1 罗伯特·皮尔（Sir Robert Peel，1788—1850），英国皇家学会院士，政治家，曾两度担任英国首相，也曾担任财务大臣、内政大臣。他是英国现代保守党创始人之一。

法是，计算引擎意义重大，其项目费用应该由公共支出。同时他还建议，为慎重起见，可先邀请皇家学会对这个发明提供专业意见。

然而，皮尔爵士对这个发明似乎有所保留。在给朋友的信中，他诙谐地形容它为"科学的自动机器"，觉得它似乎遥不可及。因此在将此事提交给下议院讨论之前，他同意先向专家咨询。于是，财政部就出面正式征求"英国皇家学会关于巴贝奇发明的优缺点及其应用的意见"。

皇家学会随后召集了一个委员会，以便就巴贝奇引擎的前景提出建议。1823年5月1日，该委员会作出了一个有利于发明的调查报告。报告赞扬了发明家的"非凡才能和独创性"，并得出结论：巴贝奇先生"在继续追求他的艰巨事业时，应该受到公众的鼓励"。

其实在当时，委员会里的意见并不一致，托马斯·杨认为这种机器将毫无用处。杨博士对数学用表并不陌生，他长期担任《航海年鉴》主管，并在1811年至1829年间担任重组后的经度委员会秘书。他说，他虽然相信引擎能建成，但他认为更合理的投资方式是将建造引擎的费用，以利息的方式用于支付计算员的笔算。

尽管私下有着激烈的争论和分歧，委员会的正式报告还是表达了对巴贝奇计算引擎的强烈支持。于是在1823年6月里的一天，巴贝奇在与财政大臣约翰·罗宾逊的一次私人会面中获悉，政府将为建造引擎提供财政支持，并签发了1500英镑作为首款。而巴贝奇的任务是，"将他发明的用于建造数学用表的机器发展到极致"。

巴贝奇闻讯后喜出望外，立即写信给好友赫歇尔，说他相信完成后的引擎将会在几年后生产"对数表，像生产土豆一样便宜"。

7月13日，天文学会秘书通知巴贝奇，将授予他该学会的首枚金牌。这是巴贝奇的发明首次获得公众认可。稍早，经度委员会也曾授予巴贝奇500英镑的一次性奖励，以表彰他的发明，"奖励他的创造力，鼓励他的热情，并补偿他支付的费用"。

创建差分机

有了经费，巴贝奇立即投入设计工作。就计算而言，机械和人一样，长于加法而短于乘除法。不过数学中有一种名为"差分法[1]"的简化方法，它可以在计算某些数学式时，通过数学变换来避免乘除法。也就是说，对于那些所谓在数学上"表现良好"的数学函数，例如对数、三角函数等，它们都可以通过多项式，在固定的数值区间内求解其所需精度的结果。而这种运算的特征是，每项计算都是对前项结果的差分累加。因此，数学表格的制作普遍采用差分法，包括计算工厂。

经过研究，巴贝奇发现差分法的这种数字上的累加，在机械中可以通过齿轮群的配合来表达。因此，他的计算引擎也采用了差分法，并取名为"差分机[2]"。

可想而知，齿轮是巴贝奇差分机的核心，尤其是镌刻着"0"至"9"这十个数字的数字齿轮。譬如数字 1986 就是由一根金属立柱上的四只数字齿轮来分别表达的：最下方的齿轮代表个位数，它的数字指向"6"；紧接其上的是十位数，指向"8"，依此类推。最早的差分机，共有六根立柱，每根柱上有十二只数字齿轮。

可见，差分机的主体是一个由依次排放在金属立柱上的齿轮群组成的阵列，有着许多相同零件。在机械制造高度标准化的今天，制造一模一样的零件真是唾手可得。可是在二百年前，制造工艺刚从个体手工向有组织的工业化过渡，它并不具备生产大量相同机械零件的能力。由于零件必须单独加工，结果精加工产品不仅尺寸各异，难以匹配，而且造价昂贵。

为了了解最新的机械制造工艺，以及机械、材料和工具的现状，巴贝奇前往各地参观考察。他参观了英格兰北部及苏格兰的工业中心，考察了制造厂、手工作坊和工程车间。在调查中，他意识到，差分机的制造势必将现有的机械工艺推向极限。

回到伦敦后，巴贝奇在德文夏街自己房子的后面，将马厩改成作坊。他开始雇用员工，并亲自指导作坊的作业。可是，他很快就发现他的员工和设备都不可能满足差分机的要求。他需要特殊工具以及具备高超技能的机械师和工程师。

正当巴贝奇在寻求专家帮助时，他的朋友、著名工程师马克·伊桑巴德·布鲁内尔向他推荐了约瑟夫·克莱门特。克莱门特不但在工具制造上技艺

---

1 差分法（Method of Difference），是微分方程的一种近似数值解法，通过有限差分来近似导数，从而寻求微分方程的近似解。
2 差分机（Difference Engine），也称差分引擎，或引擎。

超群，而且还掌握了一流的机械绘图技术。这种难得的技能组合，正是巴贝奇急需的。

1779 年 6 月 13 日，约瑟夫·克莱门特出生在英国西北部韦斯特莫兰郡的大阿斯比，他的父亲是一个手工织布工。在机械加工和绘图方面，克莱门特基本上都是自学成才。1813 年，他来到伦敦，成为一名专业机械师，并曾先后在两位最著名的工程师约瑟夫·布拉马[1]和亨利·莫兹利[2]的作坊里工作。克莱门特过人的技能和强大的自信很快在工作中得到表现，他不仅制图水平超群，而且在精加工和工具制作上也能与布拉马或莫兹利媲美。1817 年，克莱门特在泰晤士河南岸的兰贝斯区设立了自己的作坊，并很快以技艺精湛闻名。为了专心于事业，克莱门特搬进作坊车间的阁楼里，非故不离作坊。

克莱门特性格直率、脾气暴躁。作为贫穷织布工之子，他仅受过极其有限的教育，并很小就开始做工。他书写的账单往往是近乎文盲的、赤裸裸的讨钱。但他明白自己的价值，从不受富裕大户或达官贵人的要挟。

如果你要的是精加工、工具创新或精湛的工程制图，克莱门特绝对是不二之选。当然，你自己也必须财力雄厚。在巴贝奇寻求专家的当口，他俩相遇，仿佛是天公作美，自然也就一拍即合。巴贝奇肩负着政府的期望和重任，又有财政部的资金，而建造差分机的挑战也必然将机械工艺的方方面面推向极限。就阶级、教育和财力而言，巴贝奇和克莱门特之间可谓有着天壤之别，但是在此时此刻，计算引擎却将他俩紧紧联系起来。

聘请克莱门特后，巴贝奇正式展开了对差分机的设计。他描述机制，克莱门特绘制草图。巴贝奇是创造和发明的源泉，克莱门特则是实践技能和专有知识的集大成者。

精度的要求和标准的缺乏，是当时挥之不去的困扰。差分机需要极高的精度和大量重复的零件，这些都超出了当时制造工艺的极限。因此，他们必须不断创新，开发新型机床，改革制造工艺。这些努力毫无疑问对英国机械制造业的发展产生了深远影响，但代价是滚滚而来的账单和不断流失的时间。

---

[1] 约瑟夫·布拉马（Joseph Bramah，1748—1814），英国发明家、锁匠。他发明了高度安全锁，并因改进抽水马桶和发明液压机而闻名。
[2] 亨利·莫兹利（Henry Maudsley，1771—1831），英国机床创新者、工具和模具制造商及发明家。他被认为是机床技术的奠基人。他的发明是工业革命的重要基础。

家庭事业两茫茫

光阴荏苒，一晃已到 1826 年，巴贝奇仍沉浸在差分机的设计和研发工作中。11 月，他在写给剑桥大学三一学院院长兼副校长克里斯托弗·华兹华斯[1]的信中说："我从未保证过将全时间投入这个项目，但是我觉得，如果我让任何其他协议妨碍它的进展，那我就会愧对财政部的大度和信任。"

可惜事与愿违，阴霾在不知不觉中悄然降临。1827 年 2 月，巴贝奇的父亲本杰明去世。虽然从此不再需要向父亲证明自己经济自立的能力，虽然父子间曾有过这样那样的摩擦，巴贝奇还是陷入极度的痛苦和悲伤中。也许是悲痛，也可能是需要看顾父亲的事务和照顾母亲，巴贝奇暂时中止了差分机的工作。

父亲给他留下了一笔价值约 10 万英镑的财产。现在，巴贝奇有了自己的财富，有能力维持自己的家庭，也能审慎地为自己的科学生涯提供资金。可是，福无双至，祸不单行。第二次打击发生在同年 7 月，他的次子查尔斯不幸去世。而且更不幸的是，这并不是巴贝奇夫妇首次为失去孩子而哀伤。那时幼儿死亡率高，巴贝奇的八个孩子中，仅有四人活过童年。父亲刚去世又痛失幼子，巴贝奇夫妇所受的打击可想而知！然而，更可怕的是，他的夫人乔治亚娜也随之病倒。8 月初，他们满怀忧虑，带孩子们去了在伍斯特附近的乔治亚娜妹妹家里。9 月，在那年最后的悲剧中，乔治亚娜也突然在伍斯特去世，可能是在分娩时与新生儿一起双双撒手人寰。

往事悠悠，造化弄人。忽然间，天人相隔，两茫茫，泪断肠。巴贝奇痛不欲生。为了重新振作、恢复健康，巴贝奇在母亲和亲友的建议下，匆忙准备前往欧洲大陆旅行。他先安排了自己的事务，并获得了政府许可，暂停他对差分机的职责，然后就开始了他那长达一年多的欧洲之旅，并将此经历写入自传《一位哲学家的人生历程》(*Passages from the Life of a Philosopher*)。

在罗马时的一天，巴贝奇偶然拿了一份《加利尼亚尼信使报》，并在一则新闻里意外地看见自己的名字："昨天，剑桥大学圣玛丽钟为巴贝奇先生敲响，祝贺他荣获卢卡斯数学教授席位[2]。"

卢卡斯数学教授是科学界最著名的任命之一，艾萨克·牛顿是第二任卢卡斯教授，巴贝奇是第 11 任，而近代的斯蒂芬·霍金是第 17 任。巴贝奇在离开

---

1 克里斯托弗·华兹华斯（Christopher Wordsworth, 1774—1846），学者，英国圣公会主教。
2 卢卡斯数学教授席位（Lucasian Chair of Mathematics），剑桥大学教授职位，它的持有者被称为卢卡斯教授。

英格兰前，意识到他可能会获此殊荣，又觉得差分机的潜力尚待开发，曾担心这个席位的职责会分散他对差分机的注意力。因此，他起草了一份言辞凝重的拒绝信。但在多位朋友的劝说下，他打消顾虑，没有把那封信发出去。

尽管对接受教席有过顾虑，巴贝奇仍对这项任命深感荣幸，他后来说，这是"我在自己的祖国获得的唯一荣誉"。遗憾的是，他的父亲和妻子都已过世，无法与他同庆共乐。

正当巴贝奇沉浸在这难得的喜悦中时，彼岸的英国却隐约出现了不祥之兆。政府对差分机投资的决定，转眼已逾五年。由于未见任何实物，公众开始质疑政府这样花费公共巨资的正当性。因此，国内出现文章要求巴贝奇和他的朋友解释资金的用途。有的文章甚至还暗示这个项目已经失败，巴贝奇犯有隐瞒罪，而且更严重的是，他还从中牟取私利。

1828年11月底，巴贝奇回到英国。

回国后，他首先试图理清他与政府之间的关系。政府未给差分机专门立项，财政部亦无预算。12月6日，巴贝奇给首相威灵顿公爵[1]写了一封长信。信中说，差分机项目已经花费约6000英镑，除了政府投资的1500英镑之外，其余都是他本人垫付的，目前他已无法为项目筹集更多资金。另外，他还谈到因财务的不确定而产生的精神压力，"由此产生的额外焦虑，将不利于履行这项职责和对其他科学职责所必须有的专注"。

因此，威灵顿公爵通过财政部，将此事转给了皇家学会。财政部则要求皇家学会证实巴贝奇项目的进展的确能与对它的期待相符合，而且这些进展足以证明该项目能够达到预期目标。于是，学会又组织了一个特别委员会，由巴贝奇的挚友赫歇尔主持。不久，这个委员会就得出结论，不仅确认了该项目的进展，还肯定了巴贝奇对于精度的高度追求。

1829年2月12日，皇家学会理事会审议了特别委员会的报告，并向财政部汇报说，巴贝奇的机器确实"足以证明它能达到所预期的重要目的"，并且进一步说，"希望巴贝奇先生能从其他的焦虑中解脱出来，以便专心致力于这项将为国家赢得巨大荣誉的事业"。

同年4月，财政部的正式会议纪要记录了皇家学会的这个结论，以及再拨1500英镑的决定。这笔钱虽少于巴贝奇的垫款，但是它的时机正巧，因为巴贝

1　威灵顿公爵（Arthur Wellesley，1769—1852），英国皇家学会院士，政治家。18世纪末19世纪初英国主要军事和政治人物之一，两次任英国首相。他是1815年第七次联军在滑铁卢战役中击败拿破仑的指挥官之一。

奇正准备搬到曼彻斯特广场附近的多塞特街1号新家。

与政府的关系告一段落后，巴贝奇将注意力转移到与克莱门特的合作关系上。为了对政府资金负责，他和克莱门特之间的业务需要规范化，以便确保账单的合理性。于是，巴贝奇邀请了两位著名工程师布莱恩·唐金和乔治·雷尼——他们都曾经是皇家学会特别委员会的成员——来帮助检查整个项目，并审查克莱门特的账单。

巴贝奇对克莱门特评价甚高，向来对他深信不疑。这次之所以这么做，一方面是要对克莱门特做到禄以酬勤，另一方面也是想要澄清对新工具、设计草图和机械图纸的拥有权。另外，他也想确认应该由谁来承担机器和计划的风险。如果克莱门特的作坊陷入财务困境，怎样才能从他的债权人那里获得对巴贝奇资产的担保。最后，他还要求克莱门特保证未经他的书面许可，不会复制差分机。

克莱门特对此表态说，工具是他亲手造的，应该属于他，各种图纸和造好的机器属于巴贝奇。他还建议对资产投保，以防万一。对于未经书面许可、不得复制引擎的要求，他不予承诺。至于账单，唐金告诉巴贝奇，克莱门特正在准备一份详细的清单。

可是，不知是误解还是其他原因，克莱门特并没有提供账务清单。于是，巴贝奇也就停止付钱给他。这两人都很倔强固执，于是就互不相让，陷入僵局。1829年5月，克莱门特中止了差分引擎的工作。结果他们就这样，一来二去，一报还一报，等到法庭对此作出仲裁而打破僵局时，已经到了1830年5月。项目已经沉睡一年。

项目重启后，巴贝奇估计差分机的制造大约还要三年。因此，从政府首肯而投资到项目完成，预计将历时十年。

随着各种零部件成品的增加，巴贝奇意识到总装的时刻即将来临。那将会是一个庞然大物，共约有25000只零件，估计重达4吨，高约8英尺。毫无疑问，它将成为举世最大最精密的机器！因此，巴贝奇就在自家附近专门为差分机找了一个新址，准备为这台庞然大物建造一座新厂房。

新厂房当然离不开资金。于是，他又一次向政府提出申请。1830年12月24日，在财政部的要求下，英国皇家学会再次任命了一个特别委员会。1831年3月26日，该委员会在提交的新报告中说"他们发现机器各方面的做工都达到了极致"，而且他们也仔细审查了账目的清单。至于为差分机建造新厂房，他们认为巴贝奇的建议和计划是合理的。而对于它未来的费用，委员会估计最初将花费约 2000 英镑，以后每年的费用在 2000 到 2500 英镑之间。因此，政府投资的总数最终将达 12000 英镑。

新一轮融资到位且新厂房破土动工后，巴贝奇开始筹划了两件事。首先，为了工作方便起见，他邀请克莱门特和他的家人搬来这里。另外，他又请克莱门特用现有的零件先组装一台小型的演示差分机。克莱门特表示搬家会影响他作坊的业务，因此除了搬家费外，他每年需要 660 英镑的额外补偿。于是，巴贝奇立即又向财政部送了一份备忘录，转达了克莱门特的要求。接着，作为建造的第一步，两人开始组装一台小型差分机，一方面用来验证设备的各项功能，另一方面也可用来向宾客做实体演示。

1832 年 12 月，演示差分机在巴贝奇家中组装完毕，安置在客厅里。它约 2.5 英尺高，2 英尺宽，2 英尺长。它那以青铜齿轮阵列为主体的机身在灯光下闪闪发亮，而它那坚实的质地也在向人们彰显其非凡的工艺。演示差分机共有 3 列齿轮柱，每列 6 只数字齿轮，约是完整差分机的七分之一。

正当曙光初现，差分机渐显雏形时，财政部以"不合理和不能接受"为由，拒绝了克莱门特对于搬迁补偿的要求。于是，克莱门特、巴贝奇、财政部，这三方就仿佛落入怪圈，关系越来越复杂，结越打越死。结果，差分机项目也就此一蹶不振、每况愈下了。

1833 年 3 月，克莱门特解雇了他的员工，差分机的制造完全停止。至此，巴贝奇的差分机花费了英国财政部 17478 英镑。在当时，这绝对是一笔巨款：1831 年出售给美国的一辆崭新蒸汽机车的价格是 784 英镑。

差分机演绎神迹

1830 年代初，随着工业革命的深化，英国社会中的各种思想空前活跃，对科学的讨论也日益深入。人们开始将个人能力与特权相分离，而资本主义则用"物种竞争"这样的观念，将"竞争胜者通吃"归于自然法则。于是，科学首次登堂入室，围绕"既得利益""特权""公平"之类议题，向传统宗教观提出挑战。

古往今来，新事物总是要厚着脸皮向时下秩序发起挑战。科学也是如此。随着科学在政治、经济、民生等方方面面的不断渗透，为了话语权，它和宗教之间的争夺也越来越激烈。例如，传统自然神学观称地球仅有数千年，而地质标本所揭示的年代却要久远得多。类似这样的挑战令宗教界头痛不已,却又难以回避。更麻烦的是,达尔文之前的早期进化论,更是直接对圣经的《创世记》指手画脚,评头品足。

反之亦然,宗教的神迹也给理性科学带来危机。根据定义,神迹是指超乎理性而直接发生的事件。而理性科学的核心却认为,事件必然有其物理的非神性的原因。当时在英国,宗教地位至高无上,科学要崛起和屹立,就必须面对神迹,找到对它的合理解释。

1833年春,在巴贝奇家举办的一次晚会上,这位剑桥卢卡斯数学教授准备用自己的发明来演释神迹。

嘉宾到达前,他事先设置了那台在客厅里刚安装好的演示差分机。

"阁下,女士们,先生们,"巴贝奇面带微笑,开口说道,"你们所目睹的是一台前所未有,能自动进行数学运算的机器——差分机。"

巴贝奇一边说一边走向客厅中央的那张放置着机器的大桌子。只见那机器表面无遮无盖,里面的金属零件在灯光下金光闪闪。"这是一台演示版差分机,大约是整体差分机的七分之一。我已事先设置好,让它做简单计算:从零开始,并以'2'递增。"

人群中传来轻轻的声音。

这时,巴贝奇手握机器上方的曲柄,说:"现在,亲爱的朋友们,请见证神迹。"

话音刚落,他就用力转动差分机曲柄。随着曲柄的运动,排列在立柱上的、镌刻着数字的一连串青铜齿轮纷纷转动起来。铜光闪闪,齿轮声声。第一次见到如此众多齿轮在这么精致的仪器里整齐划一地协调转动,客人们都不禁惊奇,纷纷倾身向前,查看齿轮停止运动后算出来的结果。

"你们看,数字由初始的0变成2,"巴贝奇停住手,让宾客们查看结果。接着,他又转动手柄,结果变成为4;再转,结果增加到了6。

如此这般,巴贝奇重复转动着位于差分机上方的手柄。每次结果都准确地加了2,客人们也都预知其解。渐渐地,客人们开始走神,不禁想:难道就是这些吗?但是,巴贝奇脸上的神情又让人感到好奇。就这样,仿佛对人们的情绪完全无动于衷,巴贝奇不断重复着这个动作。

突然,在一次重复后,计算结果出现了异常,它不是预期中"2"的增值,而是向另一个数值的跳跃,一跃而为117,再继续,119,121,123,等等。

于是,有人疑惑地问:"您是怎么让机器不按顺序更改新值,然后再让它恢复到原来的规律上的呢?"

"问得好!"

巴贝奇松开手,笑着解释:"你们看,对观众而言,运算结果的这个意外突跳违反了预定的法则。但我在演示前就已指示机器,让它在重复若干遍后,直接跳到 117,而不是增加 2。所以对我这个设计师而言,这个数字的不连续性并没有违反规则,它是我所知,而你们所不知的更高法则的体现。"

"噢!"在聚精会神的听众中,有人会心地应道。然后,房间里又恢复平静。巴贝奇的这番话激发了大家的想象力,也激起了他们的好奇心。

"可见,"巴贝奇神情兴奋地总结道,"自然界中的奇迹,其实并没有违反自然法则,而是一种更高的、至今尚不为人所知的法则,是创世者所立的法则的体现。"

屋子里鸦雀无声。巴贝奇的结论,出人意料也发人深省。对他来说,自然界的突发事件,或异常和意外的灾难,不一定是神的直接干预,而是神所设定的规则的不连续性。上帝是宇宙万物的总设计师。可见,巴贝奇这是在试图用差分机的演示来调和理性秩序和奇迹事件在观念上的矛盾,并用它来表明,规则并不总是和谐划一的。因此,人们在信仰上帝的同时,也可以相信自然界的物理法则,二者并不矛盾。

巴贝奇的这台演示差分机至今完好无损,经常在伦敦科学博物馆公开展出。它是第一台成功地将数学规则体现在机械结构中的计算机器,从而首次向它的时代展现出计算自动化的端倪。

巴贝奇为演示差分机而在家里举办的那些聚会,在当时是伦敦最成功的科学沙龙之一,吸引了许许多多的名士精英,包括拜伦夫人[1]和她的女儿阿达。

才女阿达·拜伦

1815 年 12 月 10 日,阿达·拜伦[2]出生在著名诗人拜伦位于伦敦市中心的家中。一个月后,她的父母离异,拜伦随即去了法国。

---

1 拜伦夫人(Anne Isabella Noel Byron, 1792—1860),第十一代温特沃斯男爵夫人和拜伦男爵夫人,昵称安娜贝拉,通常被称为拜伦夫人。教育改革家、慈善家,建立了英国第一所工业学校,也是个积极的废奴主义者。她与诗人拜伦结婚不到一年就分居。
2 阿达·拜伦(Augusta Ada King, 1815—1852),洛夫莱斯伯爵夫人(原姓拜伦),诗人拜伦的独女,数学家、作家,因其在巴贝奇提出的分析机这方面的工作而闻名。她是第一个认识到机器除了纯粹计算之外还有其他应用的人。

在 1822 年出版的著名叙事长诗《恰尔德·哈洛尔德游记》中，拜伦表达了自己对女儿的深情和思念：

> 你的面孔像你的母亲么，我的孩子？
> 阿达！我的家门和心上唯一的爱女！
> 上次见你，你的蓝眼睛在对我笑时，
> 我们别离了，——可不像现在的别离，
> 那时还存着希望。（查良铮译）

令人遗憾的是，这竟是诗人与爱女的永别。1824 年，当拜伦满怀着革命激情投入希腊独立战争时，他突然病逝，从此与阿达天人两隔。

阿达由母亲安娜贝拉养育成人。安娜贝拉出身于贵族世家，除了受过良好的传统教育外，还曾师从改革家威廉·弗伦德学习数学和天文学。后来，她遵循瑞士教育改革家裴斯泰洛齐[1]的原则，办了多所学校。她的学校除了贯彻"学以致用"的原则外，也非常重视对穷人的教育，积极为穷苦孩子和孤儿创造就学条件，为有需要的学生提供学费。因此，安娜贝拉后来被公认为教育改革家，她的名字被镌刻在伦敦肯萨尔绿野公墓的改革家纪念碑[2]上，是受到永久纪念的 63 位改革家之一。

阿达 3 岁时跟着母亲识字，5 岁时母亲为她聘请了家庭教师，还为她制定了紧凑的教程：算术，文法，拼写，阅读，音乐；正餐后，地理，绘画，法语，音乐，阅读。她的学习也遵循裴斯泰洛齐从实践中学习的原则，在向母亲汇报蜻蜓解剖时，阿达描写道："我们剖开蜻蜓的头和眼、剖开它的嘴，我们看见了它的舌，那是一个微小的、粉色的东西。它是在被活捉后放在玻璃杯里的，当我们剖开它的眼睛察看里面的结构时，它已经死了。"

诗人拜伦希望女儿学习音乐和意大利语，并在信中询问道："她是一个想象力丰富的女孩吗？……她激情洋溢吗？"

阿达 8 岁时，也就是在拜伦去世前不久，拜伦夫人写信告诉他，阿达的想象力"主要来源于她对机械的巧思，她为自己编造的职业是造船"。12 岁时，阿达对飞行产生了强烈兴趣，就自己动手制造飞行器。她向母亲描写道："今天我

---

1 裴斯泰洛齐（Johann Heinrich Pestalozzi，1746—1827），瑞士教育家和教育改革家。
2 改革家纪念碑：建于 1885 年，旨在向所有为提高各阶层的进步付出时间、精力和资源的人们致敬。

查尔斯·巴贝奇

演示差分机

阿达·洛夫莱斯

差分机二号

数字齿轮

第一个计算机程序:"注释 G"中用于计算伯努利数的分析机算法图

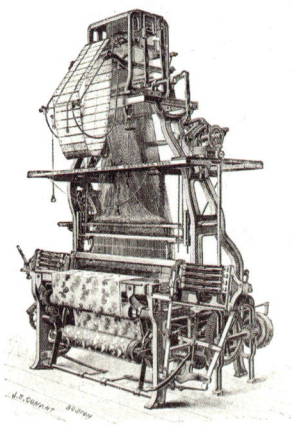

雅卡尔织机制作的雅卡尔肖像　　雅卡尔织机的穿孔卡　　带雅卡尔装置的地毯织机

的飞行情况特别好，我想您会说我在这项活动中取得了很大进步。"拜伦夫人一生投身于教育事业，经常因为办学而不在家，所以母女俩常用书信保持联系。一次，阿达在信中请母亲帮她寻找有关鸟类解剖学的书，还说她"对乌鸦翅膀的结构着迷"。她急切地等待向母亲展示她用纸、丝绸和羽毛做的翅膀："机翼的进展顺利。虽然尚不足以展示一对匀称的翅膀，但它已足够用来向您解释我对飞行的所有设想。"

阿达还想写一本关于飞行学的书。她感到滑翔机不够先进，她要设计一台由那个时代最尖端的动力——蒸汽驱动的飞行器。她在 1828 年写道："一旦飞行能臻于完美，我就要着手下一个关于……蒸汽发动机的方案。如果我能实现这个方案，它将成为一种比蒸汽轮船或蒸汽机车更加精彩的运输方式。它外形像马，有着一对巨大的翅膀；它的内部装着蒸汽引擎，用来驱动外侧那对巨大的翅膀。从而，它和坐在它背上的人一起飞向天空。"

显然，少年阿达的想象力远远超过了她的时代。多么希望她能跨越时空来到今日，与我们一起乘飞机在天空翱翔，或与宇航员一起乘宇宙飞船畅游太空！

1833 年 6 月 5 日，在伦敦的一场聚会里，阿达和母亲安娜贝拉同巴贝奇相遇。拜伦夫人在一封信中写道：阿达很满意星期三的一场聚会……她遇到了几位科学家，其中她最喜欢巴贝奇……巴贝奇极其活跃——像小孩醉心游戏般地介绍他那奇妙的机器（他将为我们演示）。

12 天之后，巴贝奇在家里向拜伦夫人和阿达演示了差分机。阿达立刻对巴贝奇的想法及齿轮计算的精妙机制着了迷，认为能目睹差分机的运作是她一生中最重要的经历之一。接着，她多次参加讨论会以深化对差分机的认识，并仔细研究了巴贝奇的图纸。拜伦夫人的一位朋友后来回忆说，其他客人只对着那台美丽的仪器目瞪口呆……拜伦小姐，虽然年轻却懂得它的机制，能看见这项发明的奥妙。

1834 年 12 月 15 日晚，巴贝奇又满怀激情地向阿达、拜伦夫人及女科学家玛丽·萨默维尔[1]介绍了他的另一个发明——分析机[2]。他说，当他窥见自己的这个新发现时，他的内心激动不已，好像是在"将一座桥梁从已知世界抛向那未知的世界"。

---

1 玛丽·萨默维尔（Mary Somerville, 1780—1872），英国科学家、作家和博学家。她研究数学和天文学，1835 年，她和卡罗琳·赫歇尔被选为英国皇家天文学会首批女性荣誉会员。牛津大学的萨默维尔学院以她的名字命名。
2 分析机（Analytical engine），巴贝奇设计的数字机械通用计算机。

划时代的分析机

如果同克莱门特的合作能顺利进行下去,巴贝奇也许就无法从差分机的繁复细节中脱身。然而如今,差分机的制造完全停顿了,图纸也都归还给了他。痛定思痛,巴贝奇开始反思。差分机所采用的方法,毕竟与他早先的思路很不同,他正好乘此机会来重新思考那些在头脑里封存了多年的初始想法。

1834 年夏至 1836 年夏,是巴贝奇创造的高产期。他新设计的分析机,不仅在通用计算机器[1]的设计理念上取得了关键性突破,而且还为它的实施确定了基本原则。巴贝奇在向友人介绍他的新发明时说,分析机是"一个全新的引擎,它具有更强的功能,能做更复杂的运算"。它是"一台最具通用性的机器"。

事实证明,巴贝奇的这个新发明确实不同凡响。他的那些设计思想和实施原则,在近 200 年后的今天仍然表现在现代计算机的方方面面。因此,分析机的发明确定了巴贝奇在计算机历史上的先驱地位。

首先,巴贝奇为分析机创造了完整的机械乘除法机制,以及与之相匹配的控制装置。为了准确控制运算的每一个步骤,他设计了一种表面镶钉的、圆柱形的筒状控制器。这种控制器就像八音盒里的音筒,通过转动来协调指挥分析机内部的齿轮运动,从而精准地控制算法的每一个步骤。这种在机器内部即时执行的底层运算技术,现在被称为"微程序",是现代计算机的核心技术之一。

在发明了机械的四则运算后,巴贝奇将注意力转向运算速度。"与时间的竞争,贯穿于发明的始终。"他在 1837 年写道。譬如对加法的优化,当两列数字齿轮逐位啮合而运算时,如果两个啮合齿轮相加的数字超过"9",巴贝奇的设计并不立即向高一位的齿轮进位。他创造了一种锁存装置,先记住进位齿轮的确切位置,然后在后续步骤中统一处理。后来他写道,"这种机制同记忆行为相类似"。巴贝奇的锁存器概念与现代计算机的"寄存器"异曲同工,这也是计算机的核心技术。

在设计中,巴贝奇进一步发现,执行进位所需的工作量是加法的十倍。此外,他还发现如果把费时的功能集中起来,将数据传送到一个中央设备去处理,就可以显著降低执行时间。因此,他就把机器分为两部分:执行基本运算的引擎——作坊,存储数据的区域——库房。

---

[1] 通用计算机器是一种能够执行许多不同任务的机器,而不是像专用机械那样只执行特定任务。巴贝奇的分析机是通用计算机,而差分机是专用于计算的机器。

库房由一列列数字齿轮组成,用来存储待处理的数据,它对应于现代计算机的"存储器"。库房里存储的数据传到作坊集中处理。因此,作坊直接对应于现代概念中的"中央处理器"(CPU)。这种将数据与运算在逻辑上和物理上相分离的做法,与一百年后的"冯·诺伊曼结构[1]"的有关原则高度吻合,至今仍主导着计算机的设计。

至此,巴贝奇为分析机设计了四则运算,确定了作坊和库房的内部结构,并且用锁存装置和作坊来提高运算效率。另外,他还决定将结果先打印到数字卡片上,然后送给打印机分别处理。最后一个需要解决的关键问题是,用什么方法来指挥分析机的运作。用现代术语来说就是:应该怎样为分析机编程呢?

1836 年 6 月 30 日,巴贝奇在工作日志上,记录了有关采用雅卡尔穿孔卡系统控制分析机的决定。就像雅卡尔提花机[2]通过使用一连串穿孔卡来自动控制编织品上图案的编织,巴贝奇要把这种技术移植到分析机上来给分析机编程。

雅卡尔织机的启示

1752 年 7 月 7 日,约瑟夫·马里·雅卡尔[3]出生在法国第二大都市区——里昂。他的父亲让-查尔斯·雅卡尔是一个织锦缎的能手,家境殷实。像那时许多织布工的孩子一样,雅卡尔在童年没有上学,而是在自家织坊里帮父亲干杂活。他家九个兄弟姐妹中,只有雅卡尔和比他大 5 岁的姐姐活到成年。

雅卡尔 10 岁时,他的母亲安托瓦内特去世。12 岁时,姐姐结婚。姐夫巴雷特是一个热爱书籍、受过教育的人。他教雅卡尔读书,向他介绍丝织作坊以外的广阔天地,启发他对异乡和生活的向往。

1772 年,雅卡尔的父亲去世。按照当时的习俗,作为唯一幸存的儿子,雅卡尔继承了全部财产。他半心半意地维持着家业,织坊毫无起色。

1778 年 7 月 26 日,雅卡尔与克劳丁·布香结婚。第二年,他俩唯一的儿子让-马里·雅卡尔出生。不幸的是,雅卡尔的命运并未因新家庭和新生儿而改变,1783 年 5 月,他告诉姐夫巴雷特,他已几乎用尽家财。

---

1 冯·诺伊曼结构:一种计算机体系结构,基于 1945 年冯·诺伊曼等人在 EDVAC 报告初稿中的描述。
2 雅卡尔提花机:一种安装在织布机上的设备,可简化织锦、锦缎和绗缝等复杂图案纺织品的制造过程。
3 约瑟夫·马里·雅卡尔(Joseph Marie Jacquard, 1752—1834),法国织布工、商人。他在最早的可编程织机的开发中发挥了关键作用,而该织机又对其他可编程机器的开发产生了重要影响。

在法国革命时期的 1793 年，41 岁的雅卡尔参加了反对革命的里昂保卫战。他和未成年的独子共同浴血奋战。里昂失陷后，他们父子俩一起出逃。后来，他俩又洗心革面，冒名参加了革命军。1797 年，雅卡尔的儿子战死在德国。失子之痛，让雅卡尔心灰意冷，斗志全失。1798 年，他带着战场上受的伤回到里昂，回到妻子身旁。

日升日落，秋去冬来，雅卡尔似乎又回到了从前那种令人沮丧、一无是处的倒霉生活。可是，此一时非彼一时，人算不如天算，那将他载入史册的事业正在不知不觉中悄然兴起。

1799 年，拿破仑开始执政。久经动乱的法国民众，在结束革命后人心思治，热切向往和谐、有序、尊法的新社会。于是，拿破仑成了人民的救世主，成了至尊至贵的绝对统治者。

拿破仑历来重视科学。社会基本安定后，他就大力推动法国科学和工业的发展。当时的法国工业以面向欧洲富人的手工奢侈品为主，最大的出口项目是珠宝和丝绸。拿破仑在孩提时，他的父亲曾经积极筹划在科西嘉岛上种植桑树，为岛上的丝绸业打基础。因此拿破仑一生对丝绸业着迷，多次访问法国丝绸业的中心——里昂，在那里发表演讲，激励这座工商业城市对复兴的热情。

恰巧就在这时，雅卡尔在里昂决定对他熟悉的织布机进行革新。真可谓天时地利人和。

首先，雅卡尔综合前人的革新成果，为织布机创建了一套纹板传动机构，并配置了更为完美的脚踏传动装置。这样，一个工人就可以操作织布机，并且能织出 600 针以上的大型花纹。1801 年，在巴黎举办的第二届法国工业展览会上，雅卡尔展示的这台脚踏织布机获得青铜奖。这个展览会是在拿破仑的亲自倡导下举办的。拿破仑一贯认为，法国在科学和工业上的崛起，跟战场上的无往不胜一样重要。

1802 年，法国民族工业促进会提出并赞助研发一种用于编织渔网的新型织机。雅卡尔为此设计了一台新机器且获得巨大成功。因此，促进会出资邀请雅卡尔于 1802 年 8 月访问巴黎，由革命时期的大英雄、数学家拉扎尔·卡诺向他颁奖，奖品包括 1000 法郎奖金。

1804 年，也就是拿破仑在巴黎圣母院受冠称皇那年，雅卡尔为新设计的由穿孔卡片控制的提花织机申请了专利。这种自动化织机的最大特点是可以使用穿孔卡片为织品的图样编制程序，从而织出花样丰富、图案逼真的丝绸品。因此，自动提花机实现了法国丝绸业的突变，一问世就引起轰动，被命名为雅卡尔提花机。不仅如此,这个新发明对法国还有另一层特殊意义,因为在雅卡尔提花机的引领下,法国纺织业对英国纺织业取得了压倒性胜利,这是拿破仑在战场上想做却未能做到的。

这次轮到拿破仑皇帝亲自来表彰雅卡尔的非凡成就了。1805 年 4 月 12 日,拿破仑和约瑟芬皇后访问里昂,仔细观看了雅卡尔的新型织机。三天后,拿破仑将雅卡尔提花机的专利权授予里昂市。作为回报,雅卡尔获得了每年 3000 法郎的终身养恤金;另外,他还可以从今后六年里所销售的每一台织机中获得 50 法郎的提成。

1819 年,法国政府在雅卡尔 67 岁时授予他金质奖章,以及令人羡慕的法国荣誉军团勋章。然而,饮水思源,雅卡尔在这么短的时间里获得如此辉煌的成就,其实离不开法国纺织业前辈的恒久努力。

1725 年,织布工巴希尔·布雄发明了一种用穿孔纸带控制织机的方法。布雄是风琴制造师和织布工之子,因此熟悉自动风琴用音筒控制装置来演奏音乐的原理。三年后,布雄的助理让-巴蒂斯特·法尔肯开发了一种可以控制纺织机的穿孔卡系统,进一步改良了织机,提高了它的效率。1741 年,著名发明家雅克·德·沃康松[1]受政府之命,就法国丝织业的改革作调研,寻找法国纺织业追赶英格兰和苏格兰纺织业之道。1745 年,德·沃康松根据布雄和法尔肯的工作,创造了世界上首台由穿孔卡控制的自动织机。可是,这个划时代的新设计受到广大织布工的激烈反对,因此未能得到普及。

其实,雅卡尔的发明也同样遇到了织布工的激烈反对,工人们认为新机器必然会取代他们的工作。据说,愤怒的工人经常在街上推搡雅卡尔,甚至还把他扔进了里昂的罗讷河或索恩河。因此,这次雅卡尔和他的发明之所以没有重蹈德·沃康松的覆辙,提花机不仅得以普及推广还能不断得到改进,全都离不开法国求新求变的新民意和拿破仑的钢铁意志。

如今,全自动雅卡尔提花机仍在力争上游。尽管它的编织速度是雅卡尔本人所无法想象的,但它的核心却仍然与他在 1804 年申请专利时的织机原理基本一致。而且,它的用途也更加多样,不仅用来编织植入心脏搭桥患者体内的人造瓣膜中的合成纤维管,也用来制造汽车的安全气囊。此外,谷歌还有一个雅卡尔项目,它说:"谷歌雅卡尔将新数字体验编织进你的喜爱和穿戴,天天陪伴

---

[1] 雅克·德·沃康松(Jacques de Vaucanson, 1709—1782),法国发明家,建造了第一台全金属车床。这项发明对于工业革命至关重要,被誉为"车床之母"。他也是设计自动织布机的第一人。

你，为你提供不断进取的动力。"

失去政府支持

言归正传，回到分析机。

巴贝奇在设计分析机的同时，继续向政府寻求投资。1834 年 12 月，威灵顿公爵在托利政府中担任外交大臣时，巴贝奇给他写信，向他介绍了分析机并寻求支援。1838 年 7 月，拜伦夫人的表兄威廉·兰姆担任首相时，巴贝奇也曾写信给他："我最后一次请求阁下，不为特殊优惠，而是请求得到那个被长期不公平地拖延着的决定。"

可是那个时期的英国政局极不稳定，首相和内阁长官像走马灯似的换来换去，巴贝奇的分析机根本提不上议程。再说，政府投了巨资的差分机至今尚未完成，现在巴贝奇却又突然有了新发明，官员们都摸不着头脑，不知所措。

1838 年 12 月，巴贝奇决定辞去卢卡斯数学教授席位，以便全身心投入计算引擎的工作。

1842 年 1 月 22 日，巴贝奇给首相罗伯特·皮尔爵士写了一封信。不巧又值社会动荡，首相应接不暇，没能及时答复。接下来的几个月里，巴贝奇又接二连三地写了三四封信。最后皮尔首相在八月暴乱[1]期间，向地质学家威廉·巴克兰做了咨询。

其实早在 1823 年，时任首席财政大臣的皮尔爵士在审核巴贝奇的申请时，就对巴贝奇的发明有所保留，现在他的疑虑就更深了。在给巴克兰的信里，他写道："我们该怎样才能摆脱巴贝奇先生和他的计算器呢？我相信，继续投资就注定成为新的浪费。他的机器已耗去 17000 英镑，听说还要一万四五千英镑才能建成。其实，即使能造成，它也不会有任何科学价值。"

接着，皮尔将此事交给了他的亲信、大臣亨利·古尔本，要他去寻找一个策略的方法来了结此事。为此，古尔本就找了皇家天文学家乔治·比德尔·艾里[2]。皇家天文学家在当时是英国政府中最高的科学职位，艾里爵士从 1835 年起

---

[1] 八月暴乱：1842 年 8 月 12 日和 13 日在英国兰开夏郡普雷斯顿发生的普雷斯顿罢工和月月街骚乱是 1842 年总罢工的一部分。这些罢工和骚乱是由 1841 年至 1842 年的经济萧条引发的，导致工资减少超过 25%。
[2] 乔治·比德尔·艾里爵士（Sir George Biddell Airy, 1801—1892），英国皇家学会院士，数学家、天文学家，1826—1828 年卢卡斯数学教授、1835—1881 年第七任皇家天文学家。

担任此职长达 46 年之久，是政府事实上的首席科学顾问。

艾里和巴贝奇虽然都是剑桥大学培养出来的杰出科学家，可是两人的反差却非常大。入读剑桥时，巴贝奇是一个富裕银行家之子，而比他小近十岁的艾里是一名减费生，需要给学校打工来换取学费。毕业时，巴贝奇与荣誉失之交臂，而艾里却是一颗闪亮明星，本科三年，年年数学第一，于 1823 年获得第一届史密斯奖，并以数学甲等生的荣誉毕业。毕业后，巴贝奇没有找到理想的薪资工作，而艾里是那代人中最成功的职业科学家，一毕业就担任剑桥三一学院研究员且在 1828 年获得了布卢米安教授席位[1]，后来，艾里又成为皇家天文学家。他的年龄虽然比巴贝奇小，但他却是巴贝奇的前一任剑桥卢卡斯数学教授，只是因为接受了皇家天文学家的职位而辞去了这个教授席位。此外，巴贝奇渴望获得社会认可、头衔和荣誉，常为之耿耿于怀，而艾里却三度拒绝骑士勋章，直到第四次被提议才勉强接受。

当古尔本向艾里爵士咨询时，艾里立即作答并对这个"不幸的项目"毫不留情地发表意见。他认为，在皇家学会召集的特别委员会里充斥着巴贝奇的朋党，他们的眼睛都被这个机巧发明迷惑了。而委员会里那位持不同观点的杨博士，却一直因此而受到巴贝奇的敌视。接着，艾里又进一步指出：许多人认为这台机器能做各种计算，但这是荒谬的；实际上，它只能通过特殊方式来进行加减运算。

古尔本对这个答复感到满意，因为艾里爵士的话证实了皮尔首相的观点，即这个引擎是一个"非常昂贵的玩具"。同时，它也进一步强化了古尔本本人的保留态度。于是，他在给艾里的回信中表示"为那封令人满意的来信，向你致以最诚挚的谢意"。

现在，英国最权威的科学法官已经宣判，而且鞭辟入里。然而，人却是复杂的，而事情也往往是多面的。其实，早在 1822 年，艾里在剑桥读本科时就曾仔细思考过那个刚发表的巴贝奇新发明，并深受启发。于是，他很快就构思了一台解方程式的机器，而且还绘制了草图。但令人费解的是，像他这样智力超群、眼光敏锐而又行动力超强的人，后来怎么没有看见在分析机这颗幼小萌芽里所孕育着的巨大潜力和希望呢？

1842 年 11 月 3 日，古尔本在一封写给巴贝奇的信中说："我和首相皮尔爵

---

[1] 布卢米安教授席位：Plumian Chair of Astronomy and Experimental Philosophy，剑桥大学天文学的主要教授职位之一。

士深感遗憾地决定放弃完成这台机器的努力。虽然在它的身上凝聚了那么多的科学创造力和劳动，但是另一方面，为使它达到你的要求或具备有用性所需的支出似乎超出了合理费用的范畴，使我们别无选择。"

11月11日，首相皮尔亲自与巴贝奇见面。可惜的是，由于双方缺乏共识和互信，他们的谈话不免意见相左。尤其是皮尔认为，政府对其他科学家的奖励都是对其专业服务的奖励，而不是对闲职的报酬，显然，他认为巴贝奇的创作属于"闲职"。对此，巴贝奇立即表示反对。后来他回忆道：罗伯特·皮尔爵士在整个会谈中似乎非常生气和恼火，尤其是当我以某种生动的方式推翻了他关于专业服务的论点时……我在听他所有的陈述时一直坚定地看着他的脸。当他回避时，我仍然看着他，仿佛期待至少会产生一些争论。对于首相来说，这当然不太令人愉快，也不太有尊严。

编程第一人

在巴贝奇向三位传奇女子——拜伦夫人母女及萨默维尔夫人——介绍分析机后不久，正值花季，19岁的阿达出阁在即。

经过萨默维尔夫人之子沃龙佐·格里格的介绍，又在拜伦夫人的精心撮合下，1835年7月8日，阿达与威廉·金[1]勋爵喜结连理。1838年，在拜伦夫人的表兄威廉·兰姆首相任内，威廉·金在维多利亚女王的加冕榜上被升为伯爵，成为洛夫莱斯伯爵一世，阿达也就成了洛夫莱斯伯爵夫人。1841年，洛夫莱斯伯爵当选为皇家学会院士。他曾受教于伊顿公学和剑桥三一学院，是一位对建筑情有独钟的科学家。他也深爱阿达，始终支持阿达的兴趣和活动。

1836年至1839年，阿达给家庭添了三个孩子：1836年5月12日，长子拜伦；1837年9月22日，女儿安娜贝拉；1839年7月2日，次子拉尔夫。阿达向来身体柔弱，现在又是几处家产的新主妇，当然需要以家庭和孩子为重。不过，在拉尔夫出生后，阿达的家庭事务逐渐走上轨道，她也就开始转移注意力，为自己寻找数学老师。

像阿达这样极具天赋又勇于求是的年轻人，剑桥和牛津本应该是最理想的

---

[1] 威廉·金（William King-Noel，1805—1893），洛夫莱斯伯爵一世，英国皇家学会院士，科学家。他是阿达的丈夫，阿达如今被认为是计算机科学家先驱。

摇篮。可惜在那时，英国高等学府不招收女生，所以阿达像萨默维尔夫人一样，只能另辟蹊径。1840年，在母亲的帮助下，阿达找到数学家奥古斯都·德·摩根[1]。德·摩根教授不仅是一位著作等身的数学家，而且善于教导。在他的指导和启发下，阿达对自己的才智和潜力越来越有信心。

1841年2月，阿达在给母亲的信中，向母亲描述了自己的长处："首先，也许是我的神经系统与众不同，我对某些事物的悟性是没有人或极少有人具备的。它使我敏锐，让我洞察就里……仅此一项，我就能在发现上占优势；第二，过人的推理能力；第三，全神贯注、专心致志的能力。我能将全身心倾注于所选择的事情上，无论是一个项目，还是一个想法……我能将宇宙光芒的四分之一集中到一个巨大的焦点上……"

在学习数学的同时，阿达也想到了与巴贝奇合作的可能性。她在致巴贝奇先生的信中说："我忽然想到……我的头脑为您所用，成为您的一些目标和计划的助手。因此，我想和您认真谈谈。对我而言，您一直是一个善良、真实和最宝贵的朋友；我希望我能以某种方式来报答……"

心诚则灵，机会果然来到。

原来在不久前，巴贝奇刚从意大利都灵回来。近年来，他和英国政府的关系不睦，于是他选择在都灵举办的意大利科学家大会上公开宣布他的分析机。在演讲时，他用公式、图纸、代号、图解等翔实的材料，向与会的同行仔细介绍了他的新发明。令他宽慰的是，与会同行给予分析机充分认可和高度赞赏，这是对他多年来孤军奋战的一个最佳肯定。

在这次会议期间，有一位名叫路易吉·梅纳布雷亚[2]的年轻意大利军事工程师（后成为意大利总理）仔细聆听了巴贝奇的介绍，并在1842年10月根据巴贝奇的讲解用法语撰写了《查尔斯·巴贝奇发明的分析机概论》。这篇文章在瑞士一份杂志上发表后颇受好评，因此，分析机也就成了科学界的一个新话题。

于是，阿达的朋友就建议精通法语的阿达翻译这篇文章。巴贝奇对此回忆道："梅纳布雷亚的文章发表后不久……洛夫莱斯伯爵夫人告诉我，她翻译了梅纳布雷亚的文章。我问她，你对这个项目那么熟悉，为什么不自己写一篇原创论文？洛夫莱斯伯爵夫人答道，她没这样想过。然后我建议，她应该在梅纳布雷亚的文章中增添一些注释。她立即接纳了这个想法。"

---

1 奥古斯都·德·摩根（Augustus De Morgan，1806—1871），数学家、逻辑学家，以制定德·摩根定律而闻名。
2 路易吉·梅纳布雷亚（Luigi Federico Menabrea，1809—1896），梅纳布雷亚伯爵一世，瓦尔多拉侯爵一世，意大利政治家、数学家，1867—1869年任意大利总理。

因此，阿达在巴贝奇的启发和鼓励下，全身心投入了对梅纳布雷亚文章的注释，并与巴贝奇频繁合作。她住在萨里的夏季别墅时，他俩不断互通信件、便条和口信。当她回到伦敦时，他们常常在一起讨论。阿达在这时变得苛刻、专横、率性和易怒。她经常缠着巴贝奇，要他解释分析机的细节，怪他粗心大意搞乱了草稿，还向他发号施令，并威胁他如果不听话就会自讨苦吃。

就巴贝奇而言，分析机的设计已经完成，可是却无法兴建。首相皮尔拒绝了他，而他的祖国也对他的努力视而不见，只有阿达对他深信不疑。与当代人对他的冷漠相比，阿达的狂热和贵族小姐脾气让他感到可爱和满足。于是，他就向阿达提供了自己多年来积累的材料，以及在都灵使用过的范例。同时，他也对阿达倍加友善，对她的工作充分鼓励，并且耐心纠正她的误解，帮助她注释，指导她写作。

1843年8月，阿达的译作和注释发表在理查德·泰勒的《科学回忆录[1]》上。文章共有66页，其中41页是阿达的注释。文章的增写部分以"译者注释"为名，并以注释A至G分别为序。其中最著名的是"注释G"，阿达在这里用伯努利数的解法为例，用表格的方式详尽解释了机器在穿孔卡的指导下，如何一步步地按照指令，渐次有序地进行一连串计算。

阿达的文字不仅充满科学的严谨，而且也不乏那种被她称为"诗意科学"的用形象比喻来演绎科学的丰富想象力和文采。例如，在介绍穿孔卡的控制机制时，她写道："分析机像提花机编织花朵和树叶般地编织代数模式。"

对穿孔卡的机制，阿达并不陌生。早在1834年夏，拜伦夫人就曾带她参观过英格兰北部的一个工业中心。在那里，她们仔细观察过各种织机的运作，拜伦夫人还即兴画了一张用于编织缎带的穿孔卡的草图。因此，对于巴贝奇用穿孔卡来为分析机编写算法程序的想法，阿达能够非常自然地领悟它的奥妙。

阿达的注释产生了比梅纳布雷亚的文章更深远的影响，她的"注释G"，如今被公认为世界上第一个计算机程序。因此，阿达也被称为世界上第一个程序员。

巴贝奇在他的回忆录中，谈到了他和阿达的这次合作："我们讨论了可以引用的各种图解：我提了几个建议，然而选择完全是由她自己做的。"1843年7月

---

[1] 《科学回忆录》(*Scientific Memoirs*)，理查德·泰勒于1781年至1858年间在伦敦编辑和出版的一系列选自外国科学院学报和外国期刊的书籍。

2日,阿达在她的乡间别墅给巴贝奇写信说:"我对您及引擎的工作和职责进行了反思,我想未来两三年内,我会被它们所占据。同时,我对这个课题也有一些很好的想法。"

可惜,阿达和巴贝奇的这种合作关系并未能持久。

阿达的文章在《科学回忆录》上发表之前,巴贝奇起草了一份自我辩白的声明,其中除了详细叙述计算引擎的现状外,还列举了他与政府部门之间的种种纠纷。他打算将这份声明和阿达的作品合并在一起,以匿名的方式发表。

但是,阿达根本不想隐姓埋名,而且她认为自己的文章是一篇严肃的科学论文,与政治毫不相干。她不同意巴贝奇以这样的方式去递交她的手稿。然而,令人吃惊的是,巴贝奇居然瞒着她私自将那份稿子交给了《科学回忆录》。幸好,该杂志的责任编辑也不愿在阿达的文章里夹入巴贝奇的声明。于是,巴贝奇又要求阿达和他一起撤稿,另找出版商。

巴贝奇始终认为,阿达充实梅纳布雷亚文章的注释是在为他服务,应该完全按照他的意愿行事。可是,阿达却认为,这是她的作品,巴贝奇是一个帮助她实现伟大使命的完全听命于她的助手。她怎么也没有想到自己的心血之作正要石破天惊之际却突然生变,竟然莫名其妙地变成了一个被巴贝奇用来与当局斗法的工具。

阿达气愤至极,就直截了当地告诉巴贝奇,她绝不接受这种做法。她用对普通男性友人的语气写信说:"亲爱的巴贝奇先生,……撤掉译稿和注释……是不光彩和不公平的。"不过,她还是在结尾中补充道:"请放心,我是您最好的朋友。但我永远无法也决不会支持您去做那种我认为不仅在原则上大错特错,而且也是自杀式的事情。"

同一天,她在给母亲的信中写道:"巴贝奇先生的举动,使我倍感烦恼和困扰。我们真的争吵起来,我很遗憾地发现:他是一个最不切实际、最自私、最不懂节制的人……他怒不可遏,我针锋相对,寸步不让。他永远不会原谅我。"

最后,巴贝奇终于勉强让了步,阿达的文章得以问世。几周后,巴贝奇在《哲学》杂志上以匿名发表了他的"声明"。

阿达在她的文章里讨论了分析机的通用性,她写道:"一旦有了采用穿孔卡片的想法,算术的范畴就被超越了,分析机就不再仅仅是一台'计算器'。它有了完全属于自己的地位。这种能组合各种通用符号,还能无止境地进行各种变换和扩展的机制,将物质的操作和抽象的思维有机地联系了起来。"阿达在这里似乎跨越了时空，好像是在对我们介绍现代计算机的要素。她对计算机器通用性的解释，似乎比巴贝奇走得更远。巴贝奇主要专注于数字，而阿达却意识到齿轮上的数字可以代表数字以外的东西。因此，她首先在概念上实现了从计算器到现代计算机的飞跃。

阿达的文章还详细说明了穿孔卡片指挥机器的过程。为了把这个过程讲清楚，阿达设计了一张大表格，表格的栏，是每一个类别或参数的名称，而表格的行，是引擎在每一个计算阶段中的各项数值、变量和中间结果。因此，这张表格常被称为"第一个计算机程序"，而她也就被后人称作世界上第一个程序员。与现代程序不同的是，那时候的程序是一张张串联有序的穿孔卡片，它通过卡片上的孔洞来指挥机器进行连续的自动化操作。

阿达的文字不但表现了她对数学的深刻理解，同时也表现出她对全局的思考能力和极其丰富的想象力。由分析机的通用性，她联想到了她喜爱的音乐，她说："假如和声及音乐创作中音调的基本关系可以用数学来表达和改编，那么引擎就能编制出任何复杂程度的、精致而又科学的音乐作品。"同样，她也思考过让引擎做代数，让它"像提花机编织花朵和树叶般地编织代数模式"，并且让它去寻找、去发现"否则我们无法预测的数值结果"。

阿达也懂得编程的复杂性，她在论文中写道："经常有多种不同的工作同时进行，一切都要以彼此独立的方式进行，而又或多或少地相互影响。"然后，她又为程序员指出一个共同的努力方向：必须千方百计"将计算时间缩减到最短"。

阿达的这些想法也促使她进一步思考机器和智能的关系。她认为："分析机不会先知先觉地创造。它只会去做我们让它做的事。"不过有趣的是，早在拜伦夫人母女第一次见到差分机时，拜伦夫人就曾写道："我们去看了一台好像会思考的机器。"可见，拜伦夫人对机器智能化的看法似乎与阿达不同，好像放得更开，也更有诗意。

更有趣的是，在1816年，拜伦勋爵、诗人雪莱、玛丽·雪莱等人一起去瑞士日内瓦湖畔度假。可惜天公不作美，受到坦博拉火山爆发[1]的影响，那是一个"无夏之年"。户外总是雷雨交加，暗无天日。失望和无奈中，他们只好以在迪

---

1 坦博拉火山爆发：坦博拉山是位于印度尼西亚松巴哇岛上的一座火山，1815年的喷发是人类历史上最猛烈的一次火山喷发。尽管这次喷发在1815年4月10日达到顶峰，但在接下来的六个月到三年内，它产生的火山灰散布到世界各地，降低了全球气温，这一事件也导致了1816年的"无夏之年"。

奥达蒂别墅[1]里读德国鬼故事和稀奇古怪的诗篇打发时光。

这时诗人拜伦忽发奇想,提议道:"我们都来写鬼故事。"就这样,玛丽·雪莱在日内瓦湖畔构思创作了世界上第一部科幻小说《弗兰肯斯坦》。在这个故事里,玛丽通过她笔下的人造怪物对青年科学家维克多·弗兰肯斯坦宣称道:"你是我的创造者,但我却是你的主宰——屈服吧!"从而表达了她对失去控制的技术的担忧。

尽管在阿达的这篇文章的发表上,巴贝奇和阿达有过激烈冲突,但他们后来还是令人欣慰地保持了亲密的朋友关系。巴贝奇经常称赞阿达,并在给电磁学家迈克尔·法拉第的信中写道:"那位将魔咒投向最抽象的科学杂志的女仙,对科学的掌控力是极少男性知识分子所能企及的(至少在我们的国家里)。"

狄更斯笔伐官僚主义

巴贝奇家增添了演示差分机后,在他家举办的聚会常常宾客盈门,这是当时伦敦最成功的科学沙龙之一。在他的贵宾中,有像威灵顿公爵这样的达官贵人,有像达尔文这样的著名科学家,也有像文豪查尔斯·狄更斯这样的文艺界名流。1839年,狄更斯搬到了马里波恩路上的德文夏花园,离巴贝奇家很近。从此,这两人之间的接触就更加频繁了,经常是彼此晚宴上的宾客。

虽然狄更斯的天赋和思维方式与科学家不同,而且他对巴贝奇工作的技术细节的了解可能也很有限,但是凭借小说家的敏锐,狄更斯立刻看到了计算机的潜力,想到它可能会给社会带来的广泛而又深刻的益处。而且,他似乎也从巴贝奇对英国政府的极度失望中得到了创作灵感。在1855年发表的小说《小杜丽》中,狄更斯对官僚机构与生俱来的冷漠进行了尖刻讽刺。

他在上卷第十章中写道:众所周知,兜圈子办公室是政府机构中最重要的一个部门。没有兜圈子办公室的认可,任何公共事务都办不成……无论什么事,兜圈子办公室总是在其他行政部门之前首先领悟到**如何不做**的艺术……凭借敏锐的感知力,紧握不放的机智和果断的天分,兜圈子办公室总是凌驾于所有公共部门之上,公务的性质从而也就变成了现在的这个样子。

在饱受兜圈子办公室之苦的人中,有一位名叫丹尼尔·多伊斯的发明家。

---

1 迪奥达蒂别墅:瑞士日内瓦湖附近科洛尼村的一座宅邸,因拜伦勋爵于1816年夏天租用它而闻名。

多伊斯是一个没有背景的工程师，"……但是他很有才华。十几年前，多伊斯创造并完善了一个对他的国家和同胞都非常重要的发明（涉及一种既精致又秘密的工作方法）"，但是，多伊斯非但没有因为他的工作而赢得官方称赞，"他还在从向政府寻求资助的那一刻起，就不再是一个无辜的公民了，就成了一个罪犯。从那一刻起，他就成了一个十恶不赦的人"。

谈到自己的遭遇时，多伊斯说："毫无疑问，我的感觉就好像是犯了罪。在和不同办公室周旋时，我总是不同程度地被当成犯了极坏罪行的人。我不得不常常为自己辩护。其实，除了想节省更多金钱并取得巨大的进步之外，我实在是没有做过任何能让自己在监牢里留名的事啊。"

小说里另外还有一个名叫米格尔斯的人物，他在谈到多伊斯时困惑地对别人说："他才华横溢，他一直在努力将自己的才华转化为对国家的服务。先生，这就使他成了罪人！"

当多伊斯在对比自己在英国和在国外所受到的不同待遇时，他的感叹很可能直接来自巴贝奇在狄更斯家宴中发出的叹息。"失望吗？当然。毫无疑问，我极度失望。伤心吗？是的。毋庸置疑，我伤心至极。这都是不言而喻的。但我的意思是，将自己置于这种处境中的人，大多数都逃不脱这种下场——"多伊斯哀叹道。

"在英格兰。"米格尔斯说。

"哦！当然，我指的是英格兰。当他们将发明带到国外时，情况就完全不同了。这就是为什么这么多人去了那里。"

承前启后，薪火相传

阿达的译文和注释发表后，她曾向巴贝奇提议由她来负责对外做分析机的普及和交流工作。这样，巴贝奇就能专心于他的设计工作。但是，巴贝奇拒绝了她的建议。不过尽管如此，他俩仍然保持了亲密的朋友关系。阿达告诉母亲："我想，巴贝奇和我成了更好的朋友。我从未见过他那么讨人喜欢，那么通情达理或那么兴致勃勃！"

阿达邀请巴贝奇访问她在阿什利的乡间别墅，巴贝奇欣然接受："我发现要等我抽出空来，简直是不可能的。因此，我下决心把其他的事都搁置一旁，为阿什利之行带上足够的论文，让我能够忘记这个世界以及所有的烦恼。如果可能的话，还有那些形形色色的半吊子、骗子——总之，将一切抛之脑后，当然除了数字女仙。"

可惜不久后，年轻的阿达不幸患了宫颈癌，而且发现时已晚。1851 年，巴贝奇陪伴身体虚弱的阿达参观了万国工业博览会。可是，在伦敦海德公园举行的那个盛大的工业展览会上，居然没有巴贝奇计算机器的一席之地！

1852 年 11 月 27 日，年仅 36 岁的阿达·洛夫莱斯伯爵夫人与世长辞，与她父亲去世的年龄相同。父女俩都是英年早逝，令人惋惜。按照她的遗愿，她被安葬在诺丁汉郡哈克纳尔的圣玛丽亚·抹大拉教堂的墓地里，长眠在自己父亲的身旁。拜伦夫人为女儿立的碑上刻着阿达的早年诗作《彩虹》，诗的结尾写道："隐藏着的一束光会燃烧，永不止息 / 以它那最纯最净的光芒穿云破雾，直入云霄！"

巴贝奇的"亲爱的令人敬佩的翻译"就这样与他永别了。

1871 年 10 月 18 日，查尔斯·巴贝奇与世长辞，离他 80 岁生日仅差两个月。出师未捷身先死，长使英雄泪满襟。六天后，一代英豪巴贝奇被埋葬在伦敦的肯萨尔绿野公墓。为他送行的，只有寥寥可数的送葬者和一辆孤独的马车。

如今，巴贝奇大脑的一半保存在伦敦皇家外科医学院的亨特利博物馆，另一半供伦敦科学博物馆展出。

倡议 1985 年春的一天，伦敦科学博物馆的新任计算策展人多伦·斯瓦德[1]坐在办公桌前。外面春色正浓，办公室只有一个朝北的小窗，显得昏暗。斯瓦德感觉有人走近，就将手指按在看着的那页纸上，抬起头。一位身穿马甲的大胡子手里拿着几张纸，面带微笑站在办公室门前。

来客自我介绍，他是澳大利亚悉尼大学巴斯计算机科学系的艾伦·布罗姆利博士[2]。斯瓦德示意，让布罗姆利坐下。接着，布罗姆利就表明来意。原来自 1979 年以来，他多次访问伦敦科学博物馆的图书馆，仔细研究博物馆收藏的巴贝奇的设计图纸。他相信根据现存的图纸，至少可以造一台巴贝奇计算引擎。他手里拿了一份刚用打字机打好的关于制造巴贝奇引擎的倡议书，所署的日期是 1985 年 5 月 20 日。

当分析机的设计工作基本结束后，巴贝奇在 1847 年至 1849 年间重新设计

---

1 多伦·斯瓦德（Doron Swade, 1946— ），伦敦科学博物馆馆长、作家，专门研究计算机历史。他以研究计算机先驱查尔斯·巴贝奇及其差分机而闻名。
2 艾伦·布罗姆利（Dr. Allan George Bromley, 1947—2002），澳大利亚计算机历史学家。

了差分机，并将它定名为"差分机二号"。这个新设计在技术上比原先的差分机更成熟完善，而且更经济，所需零件只有其前身的三分之一。它由两个相对独立的单元组成：计算引擎和打印装置。两个单元的复杂程度差不多，各有约4000只零件。此外，新打印装置也可用于分析机。由于缺乏经费，巴贝奇的差分机二号未能开发，故而它的图纸被完整保存下来。

分析机虽然比差分机更能代表巴贝奇的理想，但是它的结构要复杂得多，造起来变数更多。权衡之下，布罗姆利博士建议科学博物馆研制差分机二号，并将完成的日期定在巴贝奇先生诞辰二百周年的那一天——1991年12月26日，把它献给这位计算机先驱。

斯瓦德对此毫无思想准备且对它的可行性也缺乏认识。然而，作为科学博物馆策展人，他本能地感觉到差分机的历史意义，想到它对科研和教育的潜在益处，对博物馆客人可能产生的吸引力，以及对提高博物馆声望的影响。

经过几次仔细讨论和研究，科学博物馆采纳了布罗姆利的建议，并且决定在进入全面制造前，像巴贝奇当时采取的谨慎做法那样先试制引擎的一小部分核心。同时，布罗姆利也对整个项目的进度作了初步估计：一年建造实验版差分机，一年按目前的规范重新制图，一年正式制造差分机二号，一年组装和调试，然后再加一年用于应急。所以，共需要五年。

样机 起初，科学博物馆附属厂的负责人表示有能力在一年内制成实验版差分机。结果事实证明，这个估计太过乐观。经过馆内人员的反复努力并走了许多弯路后，项目组在1987年10月终止了对实验版差分机的尝试。

光阴如梭，转眼已过两年，可是却又要一切归零，从头开始。很清楚，科学博物馆内的力量不够，需要寻找合作。但是，应该去哪儿寻找呢？

正当斯瓦德一筹莫展时，命运向他伸出手来。IBM在三十多年前曾经研究过巴贝奇引擎，并参照在巴贝奇时代幸存下来的已装配好的部分引擎进行复制。当时，承包这项复制工作的公司是罗登合伙人有限公司，它就在西伦敦的阿克顿。由于这个IBM项目剩下不少东西——铸模，图纸，齿轮毛坯，各式杠杆和文件等，罗登的负责人冈瑟·维滕伯格出乎意料地联系了斯瓦德，询问伦敦科学馆是否对这些东西感兴趣。

斯瓦德很快了解到，罗登的特长是工程设计和机械制图，曾经拆卸过巴贝奇引擎、绘制过它的工程图纸、制造过它的零部件又组装过巴贝奇引擎。谢天谢地，实在是太巧了。而且，罗登所长的正是斯瓦德所寻求的！于是，他当机立断决定与罗登合作。

果然是难者不会，会者不难。1988 年 12 月初，实验版差分机开始运转。12 月 12 日，罗登的工程师向博物馆董事会作了展示。演示时，操作人员戴着白手套，在各种旋钮和操纵杆之间令人眼花缭乱地忙碌着。结果，消息不胫而走。在《科学美国人》杂志上发表的一篇文章，讲述了一个关于伦敦科学博物馆正在通过制造引擎来证明一位久别人世的计算天才的故事。加拿大广播公司的节目《事物的本质》也播放了有关实验版差分机的报道影片。

实验版差分机的成功，初步验证了巴贝奇设计的正确性。于是，《观察家报》发表文章，批评英国政府削减经费的行为使英国失去了一个在计算机领域领先一百年的机会。《泰晤士报》教育增刊也以"青铜计算机"为名，对巴贝奇的创造作了详细介绍和认真讨论。

于是，科学博物馆与时间的赛跑就这样正式展开了。

融资　当年，巴贝奇和英国财政部之间的财务关系可谓一团糟，他们达成的那些稀松的绅士协议缺乏明确的条款和期限。因此，那些既含糊不清又缺乏记录的承诺，导致了不必要的相互指责和深深的苦毒。对斯瓦德来说，若想要吸取巴贝奇的教训，就必须避免不受限制的交易。要么不造，要造就必须有一个定价。

艾伦·布罗姆利博士早在 1986 年就曾告诫说，要建造包括打印部分在内的整台机器大约需要花费 25 万英镑。

1988 年 11 月，斯瓦德请罗登估算制作整台机器的时间和成本。尽管无论是图纸绘制、工艺水平还是工程技术都已与 19 世纪不能同日而语，但为了保存巴贝奇设计的历史意义，斯瓦德要求零件尺寸和加工精度，以及机器的整体外表、运行、操作都必须严格遵守巴贝奇的设计，毫不妥协。另一方面，斯瓦德考虑到同时生产多台机器能提高经济效率，也猜想美国和日本的公司或许会有兴趣，就请罗登估算三台机器的价格。

1989 年 2 月下旬，罗登作出答复。不包括打印装置，第一台 20.1 万英镑；第二、三台，每台 15.3 万英镑。至于完成时间，从签订合同起，15 个工作月。因此，科学馆若想在 1991 年年中收到完整的机器，就必须在 11 月以前签订合同。

也就是说，斯瓦德有 8 个月的时间来完成融资。正巧当他在物色融资对象时，IBM 邀请斯瓦德参加它的一个会议。3 月 9 日，在这次会议期间举办的一个晚宴里，斯瓦德刚巧和 IBM 资深领导杰夫·凯伊邻座，交谈时，斯瓦德得知 IBM 已经在为纪念巴贝奇诞辰二百周年作筹划，并安排了两年时间来同科学博物馆合作。

能同 IBM 这样的科技巨人合作当然很理想，但 IBM 的条件是必须由它独家赞助。单一赞助听起来很不错，问题是万一它打退堂鼓，就有可能葬送整个项目。斯瓦德心存疑虑，举棋不定。不过在种种压力之下，达成一份爽快交易的诱惑实在太大。况且，这时又来了一个新的紧急要求。作为巴贝奇诞辰二百周年庆典的一部分，科学博物馆决定先在 1991 年 7 月举办一个重要的国际计算机展览会。这样，实际上就要把完成日期从 12 月提前到 7 月。

同 IBM 打交道，总是令人气馁。它那迷宫似的公司结构让人晕头转向，搞不清谁在作决定，而且下次会议总是最关键的。更糟糕的是，寄去的信件都好像是丢进了黑洞。结果，时间飞逝却一筹莫展。8 月里，IBM 给了一个暗示，将在 10 月底作出决定。这下真是麻烦了，一方面 IBM 不许斯瓦德寻找其他赞助，另一方面，它又可能在 10 月底拒绝赞助。情急之下，斯瓦德想出一个"纾困"条约：如果 IBM 放弃赞助，它就必须为此支付 3 万英镑的赔偿。接着，他先后给 IBM 写了四封信，结果全都石沉大海，杳无音信。

10 月初，IBM 发布了它的季度财政报告，收入不够理想。不久，斯瓦德的电话答录机里有了一条留言，通知他 IBM 已决定从项目中退出。

最怕发生的事，果然发生了！不过，不幸中的万幸是，虽然双方并未签订"纾困"条约，也许自知理亏，IBM 在这一点让了步，找了一个变通的方法付了款。

这时已是 1989 年 10 月 19 日，斯瓦德足足用了 7 个月才筹到 3 万英镑。形势实在令人焦虑。他就决定让罗登立即开展下一阶段的设计和绘图工作。

下一步该怎么办呢？想来想去，他想到了英国工业界近年来掀起的那个"信息时代计划"。它的目标是在伯克郡的雷丁创建一个信息时代中心。它幕后的主要推动者都是些计算机和电信大公司，尽管 IBM 不在其列。巧的是，斯瓦德正要去见这个计划的理事，向他们介绍科学博物馆的一个有关新"信息时代画廊"的设想。

当那次会议接近尾声时，斯瓦德找到一个机会，就鼓足勇气站起身来。他滔滔不绝地向理事们陈述了开发巴贝奇差分机的历史意义，以及二百周年纪念的独特机会。事实上，经过新闻界的反复报道，贵宾们早已知道科学博物馆的差分机二号项目。最后，斯瓦德告诉与会者时间紧迫，请理事们务必在离开会议前表个态。

说完这番话后，斯瓦德仍然站在原地，浑身僵硬，呆若木鸡。他已面临绝境，不得不把自己晾起来，作此最后一搏。

会议本来已接近尾声，稍嫌嘈杂的会议厅，顿时又静了下来。越静，气氛越紧张。

忽然，一个柔和的声音打破沉默。他是约翰·加德纳，英国一家主要计算机公司——国际计算机有限公司[1]（ICL）的常务董事。"如果我们离开这个房间而未达成为引擎提供资金的协议，那么不是你在星期一早上敲我的门，而是我要敲你的门了。如果在座各位不资助，那么 ICL 会。"

加德纳的明确表态似乎感染了其他人。理事们重新聚集起来。结果有五个人共同作出承诺：为引擎提供 20 万英镑的捐款，并为巴贝奇诞辰二百周年特别展览另外捐款 15 万英镑。

听罢，斯瓦德心里那根紧绷着的弦忽然松了下来，不禁暗自深深吐了一口气。他心怀感激，恨不得立即去拥抱加德纳。会后，他正要向加德纳致谢，加德纳却很绅士地向他摆了摆手，派头十足地说："快去造你的引擎！"

合同　项目得到了资金承诺，罗登也在制作新图纸，斯瓦德就将注意力转到与罗登的合同上。罗登在讨论中表示，不同意以固定的价格来建造能正常工作的引擎。巴贝奇的设计和注解虽然都很详尽，但是没有人能保证他的引擎会正常工作。

然而，有了巴贝奇的前车之鉴，斯瓦德也不可能让步。经过一番周旋，双方终于达成共识。罗登不需要保证机器的正常工作，但它必须严格按照原图纸的规格制造零件。考虑到整个过程中意外不可避免，斯瓦德又提出为罗登预留 2 万英镑的应急资金。

1990 年 5 月底，罗登终于作出报价。新报价虽令人头痛，但也并不算完全出人意料：引擎的造价从 20.1 万英镑增加到了 24.6 万英镑。原因都是行内人熟悉的：缺乏制作特殊工具的技师，通货膨胀导致的成本增加，预算外的招标费用以及完成整套图纸的超支。

斯瓦德立刻将新的报价转告博物馆的财务负责人。然后，他就紧张地等候回音，不知道财务部门会如何反应。幸好，平安无事，真是谢天谢地。其实对报价上的增加，大家都有思想准备。熟悉巴贝奇历史的人，对此也都不会大惊小怪。

---

[1] 国际计算机有限公司（International Computer Limited），英国计算机硬件、计算机软件和计算机服务公司，运营时间为 1968 年至 2002 年。

6月初，科学博物馆为签订合同做好了准备。为实现差分机这个百年来始终扑朔迷离的梦想，科学博物馆终于要作最后冲刺了。紧紧跟踪项目进度的新闻界也不失时机，立即将合同即将签署的消息公之于众。《泰晤士报》的文章报道说："博物馆复兴了一个乔治王朝时期天才的技术。"

然而，真的是好事多磨，就在这个当口，在没有任何预警的情况下，罗登破产了。科学博物馆里没人知道罗登其实已经陷入困境多月了。在斯瓦德四处筹款的时候，罗登已经失去了所有收入来源，他们虽然忙于根据巴贝奇的设计重新制图，但是却常常要以赊账度日。从去年10月开始，他们每周只工作四天，而现在他们的场地租赁也到期了。

6月5日上午，罗登的财务主管打电话给科学博物馆的财务主管要求立即会晤。听到这个消息时，斯瓦德以为双方这是要正式签署和交换合同了。罗登的财务主管是个健谈而又自信的人，但在那天他却判若两人，走进会议室坐下时浑身瑟瑟发抖。他告诉在场的人，他是从罗登董事长那里直接赶来通知科学博物馆的，经营了30年之久的专业工程公司罗登，将在两天内破产清算。尽管罗登现在得到了科学博物馆的生意，但它已陷入绝境，无法挽回。目前，罗登的员工都还不知情，他需要立即赶回公司把这个消息告诉他们。

仿佛是晴天霹雳，斯瓦德不知所措。他不禁问自己，现在该怎么办呢？项目在过去五年里已经走了那么远，难道就此放弃？如果不放弃，时间又那么紧，根本来不及重新寻找新的合作关系。

这时，他忽然急中生智并作出决定：首先，科学博物馆直接聘请罗登的两位核心工程师雷格·克里克（Reg Crick）和巴里·霍洛威（Barrie Holloway）。然后，由他本人直接接管整个项目，亲自监管机器的制造，直至完成。

于是，科学博物馆就这样全面接管了巴贝奇差分机项目。由于伦敦科学博物馆隶属于英国财政部，这一来，历史好像是给财政部开了一个玩笑。一百多年前，它充当甩手掌柜，费尽心机甩掉的那个巴贝奇差分机，居然在一百多年后鬼使神差般地卷土重来，重新登堂入室。

6月8日上午，克里克和霍洛威到科学博物馆报到，正式成为科学博物馆的成员。

制造　差分机的组装，在科学博物馆南一楼的黄金地段公开展示。访客在前往博物馆展厅的途中，都要经过这个正在缓慢成长的机器。场地大厅的天花板上高悬着一条蓝色标语："巴贝奇引擎项目。"在这里，人们可以同身穿白色工作服的工程师克里克或霍洛威自由交谈。

罗登破产后，零部件的生产分给了三个主要承包商。然后，它们又进一步分包给其他专业厂家，如模具商、铸造厂，以及专精于齿轮切割、凸轮轮廓成型、表面硬化、刨光、钎焊、焊接等各种厂商。当年，巴贝奇只用了单一的供应商——约瑟夫·克莱门特，克莱门特在 11 年内生产了大约 12000 只大大小小的零件。而这次新项目使用了 46 个承包商，它们在半年内生产了 4000 只零件。

1990 年 9 月下旬，科学馆收到了第一批零部件。

组装是分阶段并逐步测试的。差分机毕竟是一个首创之作，未知因素太多，它的 4000 只零件需要相互配合作用，意外在所难免。所以组装的进程必须在完成了本阶段的装配和调试后，才能进入下一阶段的工作。

时光流逝，引擎缓慢成形。框架中的空白区域逐渐被齿轮柱充填，柱上的一只只青铜齿轮在灯光下闪闪发亮。斯瓦德和他的工程师天天担心，生怕发生致命纰漏而陷入危机，甚至无可挽回。项目越接近尾声，这种恐惧感就越强烈。

科学博物馆的访客似乎都被磁铁吸引到了这个场地，有些人还一次次回访跟踪差分机二号的进展。现场建造引擎的确别具一格，令人耳目一新。差分机虽然是维多利亚时代的物体，但它又同 19 世纪流行的机械，如钟表、蒸汽机车或纺织机，毫无相似之处。那么多形状各异的零件，给客人们留下了深刻印象，从而也就对机器的制造产生了好奇。从宾客们询问的问题来看，他们被差分机吸引并不是因为他们过去对计算或数学有多少兴趣，而是因为这台机器的独特外观激起了他们对机械制造的好奇心。

克里克和霍洛威埋头苦干，二百周年展览的压力越来越大。引擎的进展实在是不如人意，每一小步都来之不易。1991 年 3 月初，工作组人员目睹了螺旋状进位机构的问世。项目终于迈出了关键的一步，取得了又一个里程碑。

差分机的进位机构有个喇叭状的附件，一开始大家并不明白它的作用，只是依样画葫芦将它保存下来。后来他们惊奇地发现，这其实是一个对进位动作进行自我验证的机构。惊奇中，队员们也都不得不佩服巴贝奇的独创性，对这位前辈的创造力肃然起敬。

引擎慢慢地吐着秘密，扭扭捏捏地露出它的面貌。它好像在做试探，有时偷偷开玩笑，有时闷闷不乐，有时又给你意外的惊喜。

展览会前两周，组装好的机器还是不能运转。展览会却已发出公告和邀请，定于 6 月 27 日上午 9 点举行新闻发布预展。木已成舟，箭已离弦，真的没有退路了。

红木底座上的引擎看上去富丽堂皇，深色铸框里的各种钢质和青铜零件在灯光下闪着光，令人印象深刻。可是，差分机还是不能运转。预展前一天，只有一半齿轮柱工作。

在新闻预展开始前，轮到斯瓦德向内部人员吹风时，他干咳了一声，解释道：尽管有充分理由相信机器最终会工作，但目前还来不及解决所有问题。因此，今天不能表演实际计算，以免去冒那不该冒的险。所以在预展会上，只能将数字齿轮全部归零并锁定为零，只表演机器的循环动作。引擎运转时，机器会发出有节奏的响亮的叮当声，而且观众能看到螺旋形进位机构的运动。引擎对零的这种循环动作，它的外观和声音与真实计算时的表现几乎一模一样。当然，这是一个不是办法的办法，但事到如今也实在是别无他法了。

不久，大厅里挤满了人。差分机二号周围都是报社和电视台的记者。炽烈明亮的灯光下，三脚架上的电视摄像机转来转去。

时间到了。斯瓦德站上差分机的红木基座，面对强烈的灯光和一张张仰望着的脸。他坦诚地向宾客介绍了项目的成功之处和尚待解决的问题。他强调说，引擎已经非常接近正常工作，而且有理由相信引擎终将会正常运转。

接着，克里克转动差分机手柄，开始演示。灯光下，油亮发光的青铜齿轮发出叮当声，转动不停；螺旋进位机构应声，波纹般环旋起舞；伴随着时高时低的声响，几百只大小零件全都有条不紊地和谐互动起来。通过在听觉和视觉上产生的效果，引擎施展了它的魔力。作为一个静态展品，差分机是一座精湛的工程雕塑；作为一台工作的机器，即使是部分工作，它仍然引人入胜。

摄像头在引擎上方轻轻掠过，时而在精巧复杂的运动部件上停留，时而又指向宾客指向操作中的克里克。先前对媒体可能会把这个计算引擎看成是一个经过精心炮制的失败之作的担心，在不知不觉中烟消云散。差分引擎施展了它的魔力！当天晚上，媒体报道都异口同声地宣布了它的胜利！

又过了一关！斯瓦德松了一口气。当然，他和他的队员也都明白，项目尚未成功，还需加倍努力！

1991 年 11 月 29 日，星期五，差分引擎首次完成了全自动无差错的测试计算。在接下来的一次次试验中，它的计算结果也都是准确无误。成功了，终于成功了！在巴贝奇诞辰二百周年前 27 天，巴贝奇差分引擎终于胜利建成！

2010 年，经过英国软件工程师约翰·格雷厄姆-卡明[1]的倡议，英国的研究

1　约翰·格雷厄姆-卡明（John Graham-Cumming），英国软件工程师、作家。他发起了一项成功的请愿，要求英国政府为其对艾伦·图灵的迫害道歉。

人员提出了一项将耗资数百万英镑的新项目：计划28[1]。它旨在于2030年代，巴贝奇设计分析机诞生二百周年之际建成巴贝奇分析机。伦敦科学博物馆的多伦·斯瓦德也参加了这个项目。

由于机械计算可以在高辐射和其他极端环境下运行，随着纳米技术的进步，机械齿轮计算重新进入高科技实验项目中。《经济学人》曾在特刊中为此发表了题为《巴贝奇笑到最后》的文章，专门介绍了机械计算的这个新动向。

如今，雅卡尔提花机正在为心脏病人编织人造瓣膜中的纤维管，巴贝奇的设计也被用来制造纳米级的计算齿轮阵列。真不愧是伟大发明，昌兴恒久，令人钦佩。他们果真就像阿达《彩虹》中的那束真光，一旦"燃烧，永不止息 / 以它那最纯最净的光芒穿云破雾，直入云霄"！

---

[1] 计划28（Plan 28），卡明于2010年10月成立的一个组织，其目标是构建查尔斯·巴贝奇的分析机。

第二章

机电计算

人口普查的挑战与机遇

　　1871 年 10 月 24 日，查尔斯·巴贝奇被安葬在伦敦广阔的肯萨尔绿野公墓里。葬礼上为他送行的人寥寥无几，景况极为惨淡。就科学界而言，巴贝奇在去世前就已成为历史。那些曾经参加过他家精彩晚会的兴奋人群，早已销声匿迹，烟消云散。

　　当面容呆滞的墓工将冰凉坚硬的砾石和泥土抛向棺木，将这位科学伟人默默交托给无尽的黑暗时，在肃穆、冷清的送葬宾客中，甚至在科学界，免不了有人会觉得那被埋葬了的也许不单单是巴贝奇。伴随他，阿达的那个"像雅卡尔提花机编织花朵和树叶般编织代数模式"的梦想，也似一江春水，付之东流。

　　然而，斗转星移，物竞天择，世事难料。

　　在大洋彼岸的北美洲，摆脱了南北战争的美国，在 1870 年代重新进入工业发展和人口增长的上升期。刚刚从痛苦的战争中劫后重生的经济再次蓬勃发展，而方才从极度的疲惫中恢复过来的、饱尝了战争苦难的人民也为战后的飞速物质进步所振奋，兴高采烈。

　　《纽约时报》在那时写道："我们适龄男子的人数将使每个文明国家都想与我们巩固邦交，而我们的财富将以百万计激增，甚至比富裕而又傲慢的英国更快。在不到几个月就要展开的第十一届人口普查中，这些端倪都将被披露出来。"

不过，美国自从 1790 年首次举办普查以来，十年一度的人口调查只是单纯地关注人数，政府并没有想到人口信息能用来监测国家发展的综合趋势，所以也没能有的放矢地合理安排国家资源。因此在 1879 年初，当弗朗西斯·沃克[1]将军接受总统任命担任人口普查局长，掌管 1880 年度的第十届人口普查时，他用前瞻性的眼光勇敢地向国会表示：本届人口普查将与以往不同，它将以人口数据和经济调查并重，切实地为国家和经济把脉。

沃克将军才能和勇气兼备。他经历过战争的洗礼，在战场上受过伤。1866 年，他在年仅 24 岁时就被总统提拔为准将。此外，他还受过高等教育的熏陶，是一位经济学家、统计学家和教育家。他既雄心勃勃又极富创意，上任后不久就一口气将上一届人口普查的五个调查主题扩增到 215 个。

可是当时的普查工作几乎完全依赖人工，面对这个空前庞大而又复杂的任务，普查员往往力不从心，行动上显得迟缓笨拙、捉襟见肘。结果，第十届美国人口普查工作足足用了八年时间才完成。

然而，这些调查结果虽然来之不易，却首次以全新的角度为国家提供了第一手经济数据，令决策者耳目一新，使他们真切地看到了人口信息的珍贵及尚待挖掘的潜力。尤其是其中的一份普查报告，它引人注目地分析道：在过去十年里，由于采用了新的贝塞麦转炉以及平炉炼钢法，蒸汽动力在炼钢中的应用令人惊讶地增加了 336%，然而该行业的用水量却几乎未变。

放在今天，这样的报告并不稀奇，可是在当时它却是首创。它第一次从宏观的角度，清楚地分析了炼钢行业中新科技与资源以及生产效率之间的动态关系，为决策者提供了产业发展的趋势及与其密切相关的资源消耗的宝贵经济信息。

这份及时的报告所代表的新方向正合沃克将军的心意，也令有关决策者振奋。它立即成了普查工作的一个典范，并予以推广。因此，时任普查局能源和机械工程分析的主管威廉·裴第·特罗布里奇[2]教授破例让这份报告的作者赫尔曼·何乐礼[3]，以实名发表了他的文章。

---

[1] 弗朗西斯·沃克（Francis Amasa Walker，1840—1897），美国国家科学院院士、副院长，经济学家、统计学家、记者、教育家。

[2] 威廉·裴第·特罗布里奇（William Petit Trowbridge，1828—1892），美国国家科学院院士，机械工程师、博物学家。

[3] 赫尔曼·何乐礼（Herman Hollerith，1860—1929），统计学家、发明家、商人。他开发了机电制表机，以帮助汇总信息，并在后来用于会计。

于是，刚刚大学毕业的何乐礼就在普查局一鸣惊人，而他的才能也引起了普查局另一位主管约翰·肖·比林斯[1]医生的注意。

比林斯医生身材高大，蓝色的眼睛明亮而又专注。他时年四十，已在知识、精力和阅历上声誉卓著。他不仅是一名杰出的外科医生，而且也是一位统计学家和教育家。他曾参与约翰斯·霍普金斯大学的筹建，并为学校物色教授、制定课程。他还善于从年轻人的业绩中发现他们的才能。在何乐礼的文章里，比林斯医生看到的不仅是调查分析的结论，更重要的是从字里行间他觉察了作者的素质和潜力。

比林斯非常熟悉美国人口普查工作，他很早就认识到，信息处理效率的低下已经成为普查工作的瓶颈，是一个必须尽快攻克的难题。读了何乐礼的文章后，他灵机一动，就立即与何乐礼联系，与之探讨人口普查的方方面面。

1790年，美国首次举行人口普查时，全国人口仅390万。人少，调查主题亦少，数据处理也就容易，十来个文书靠手工几个月就完成了。然而，斗转星移，天翻地覆。到1880年的第十届普查时，美国人口已逾5000万，而且调查主题也已倍增。可是，普查的方法并未能与时俱进，仍然依靠手工。

工作时，文书们首先要对浩繁的原始数据进行分类、计算和校对，然后再将结果按所属地区誊写到相应的普查表格中。表格的行和列代表不同参数，例如年龄、性别、种族、职业、州等人口信息。最后，这些填好的表格交由专门文书过目并做分析，从中提炼出普查报告的基本内涵。

这个过程不但繁琐、昂贵、缓慢，而且在分类、计算、造表、分析等环节中，处处隐藏着出错的隐患。显而易见，普查局正承受着空前压力。它虽然聘请了约1500名文书，可是他们的工作却是步步艰难，前景非常令人担忧。

谈到这里，比林斯医生对何乐礼说："像雅卡尔提花机通过卡片上的孔来调控编织品图案那样，这项工作也应该采用机械自动化。"

比林斯是一个高人，不仅慧眼识人，而且他的想法也与巴贝奇不谋而合。后来，何乐礼在1919年8月7日的一封信中，回忆了他与比林斯医生之间那些意义深远的讨论：他对我说应该完全由机器来完成制表和相应的统计工作……他的想法有点像分类机。他想使用卡片，由卡片边缘上的刻痕，对个人进行描述……

---

[1] 约翰·肖·比林斯（John Shaw Billings, 1838—1913），美国国家科学院院士，图书馆馆员、建筑设计师、外科医生，他对美国陆军总署图书馆进行了现代化改造。他与安德鲁·卡内基的合作促进了纽约公共图书馆的发展并担任第一任馆长。他还监督了外科医生图书馆的建设，这是美国第一个综合医学图书馆。

新人何乐礼

赫尔曼·何乐礼，1860年2月29日出生在纽约州水牛城，并在那里度过了他的童年。他的父亲约翰·格奥尔格·何乐礼教授是一个教拉丁文和希腊文的德国移民，不仅思想自由，而且喜欢独来独往。为了德国的民主和自由，他曾弃笔从戎，热情投入德意志1848年革命。"划你自己的船"，他经常这样告诫自己的两个儿子。不幸的是，在赫尔曼的童年，他就在一场事故中丧生。何乐礼母亲布鲁恩斯家族里的人大多和他的父亲不同，他们都老实本分、勤奋务实，几代人都是在制作精度上仅次于钟表的德国锁匠。

何乐礼早慧，12岁进入纽约市立学院求学，三年后，又转入哥伦比亚矿业学院。哥伦比亚矿业学院是哥伦比亚大学工学院的前身，历来以技术卓越而享有盛誉。天资聪颖的何乐礼，在矿业学院学业优异，画法几何、机械制图、测量学和机械工程都获得了完满的10分。他还喜欢摄影，平时几乎相机不离身。当他在19岁就以优异成绩从大学毕业时，周围人都相信他的职业生涯将会前途无量。

也许是为了弥补幼年丧父的遗憾，何乐礼在大学里与教授们的关系密切。其中之一是工程系系主任特罗布里奇教授。因此，当特罗布里奇教授应邀兼任第十届人口普查的首席调查专员后，他立刻邀请刚毕业的何乐礼参加他主持的这项工作。

在与比林斯医生进行了那些有关普查瓶颈的交谈后不久，何乐礼去找了普查局人口部负责人利兰先生，主动要求担任他的文书，以便直接了解人口数据处理的现状。在利兰那里，何乐礼发现普查的数据处理工作主要分三个阶段：原始数据的分类和记录，按类别的计数及对结果的汇编和制表。此外，他还发现有些文书使用了不久前刚由查尔斯·西顿发明的一种简单设备。这种设备虽然能通过在大型统计表上使用线条的分隔和组织来降低普查表格制作的复杂性，可是它的实际效果极为有限，普查工作的每一个环节仍离不开大量人工。

"在研究了这个问题之后，"何乐礼回忆道，"我回到比林斯医生那里，告诉他，我相信自己能找到解决问题的新方法，并邀请他参与进一步的研究。"然而，比林斯医生并未接受他的邀请。"看到可行的解决方案，他就满意了。"

比林斯医生的女儿对此也回忆说："至于何乐礼所说的那种有关人口普查制表的机器，我不记得父亲对它做过任何评论。不过，我确实记得许多晚上，他俩对赫尔曼·何乐礼带来我家书房的一只木制机器苦心研讨。父亲并没有机械这方面的天赋——所以成果都应归功于何乐礼先生。"

何乐礼在普查局交了一个新朋友叫乔治·斯温。1882年1月24日，刚回到麻省理工学院教土木的斯温给何乐礼写了一封信，告诉他麻省理工机械工程系正在招一名教师。"我要问的是，"斯温写道，"你是否愿意考虑这个邀请？"

年仅22岁就收到麻省理工的邀请，当然非常荣耀。但大学收入比普查局低不少，何乐礼犹豫起来。于是，他就像以往遇到大事时那样，向已回去教学的特罗布里奇教授请教。教授在回信中答道："薪资不能衡量别人对你的尊敬，也不能用来衡量你的价值。"

不久后，何乐礼又收到了已任麻省理工学院校长的沃克将军的一封来信，信上说："我们虽不富裕却又富足，我们这样的院校必然前途无量。我相信来我们这里并留下来会是值得的。"

经过仔细思考和研究，何乐礼对发明新机器的心志已定；而且，他在反复推敲机器的结构和关键构件时也认识到他必须采用当时的最新技术——电。然而，他在大学里学的是机械，电并不是他的强项，而麻省理工所在的波士顿不仅是一个学术重镇，而且也是美国新兴电器研发的一个中心。直觉告诉他，这种地利将会对他的研究和实验至关重要。

于是，何乐礼就在那年秋天加入了麻省理工。而校方也是用人不疑，立即压重担，让他负责高年级机械工程的全部课程，仅第一个学期的课程就包括液压马达、机械设计、蒸汽工程、画法几何、锻造学、材料强度和冶金学等。

麻省理工虽然声名卓著，可是在那时候，它的校内条件却不如人意，甚至人满为患。一篇文章这样描写道，"制图室里像著名的加尔各答黑洞般拥挤不堪，闷热的空气更是令人窒息。"不过，学生校报《科技》在1882年10月11日的一篇报道中却称："何乐礼先生正以一种充满活力和务实的方式开始工作，这将为他赢得学生的尊重和爱戴。"除了繁重的教务，何乐礼还是实验室的负责人，经常带领学生去工厂实习。尽管如此，重担下的何乐礼仍然挤时间做学术研究，并发表了论文。

年轻忘我，专注勤奋，不久何乐礼就获得了"作为教师和实验室主任的显著成就"。更重要的是，何乐礼在人口普查机的研发上也取得了实质性进展。他后来回忆道："在波士顿，我做了第一个系列的原始实验……我的想法是在纸带相应的位置上依次打孔，将每个人的原始数据记录在纸带上，然后再把纸带传输到滚筒上，使滚筒上的网状销钉通过纸孔来接通与之相对应的电路，从而控制计数器的计数。这就是我理想中的自动输送机制。"

何乐礼在麻省理工的出色表现为他赢得了学生的尊重和爱戴,并取得了可观的研究成果。可是教书毕竟不是他的理想,所以他在第一个学年结束后就应聘成为美国专利局的一名助理审查员。当时,他对家人的解释是,他不想在新学年里炒冷饭,去重复课程的教学讲义。

1884年9月23日,何乐礼为他的人口普查机发明提交了第一份专利申请。申请的开头声明道:"我,赫尔曼·何乐礼本人,在统计计算艺术方面发明了某些新的和有用的改进。"接着,他在专利中描述了人口普查机的基本设计原理:利用在纸条上冲出来的孔洞通过圆筒上的销钉或指针的接触来实现检测。当销钉通过纸孔而形成电路时,计数表盘就随之加一。

何乐礼机电制表机

何乐礼首先将机械装置和电器线路结合起来,实现了计数和数据制表的机电化。他发明的机电制表机在功能上虽然不像巴贝奇分析机那么雄心勃勃,但它的起点低、切实可行,表现出了设计家脚踏实地的行事风格。当然,制表机的成功也离不开它的适用性,除了人口普查之外,后来它在商业、金融、政府、军事等各领域,都先后得到了应用。

当比林斯医生对他提出应该"像雅卡尔提花机通过卡片上的孔来调控编织品图案那样,这项工作也应该采用机械自动化"的建议时,何乐礼其实对使用穿孔卡片的雅卡尔提花机并不陌生。他的姐夫阿尔伯特·迈耶是一名在纽约从事丝织业的商人。早在何乐礼读大学时,迈耶就同他一起仔细研究过提花织机的构造。

迈耶在那时就发现了何乐礼在工程上的才能,并曾试图将他的兴趣引向纺织业。虽然他的尝试没有成功,但他俩就纺织品编织机械的广泛讨论,让何乐礼对雅卡尔开创的信息存储技术及其应用有了深入理解。此外,何乐礼也参观过迈耶的工厂,并仔细观察了提花机的实际操作。

也许正因如此,何乐礼从未声称自己发明了穿孔卡片,他明白这个发明不属于自己。何乐礼传记的作者杰弗里·奥斯全写道:"人们常以为何乐礼发明了穿孔卡,称它为何乐礼卡,或后来更加为人熟知的IBM卡。重要的是,他本人从未这样说过。他的基本专利仅着眼于穿孔卡片与他的机器的组合应用上。"

在机械的总体构思上,何乐礼的发明与雅卡尔和巴贝奇的想法不尽相同。提花机和分析机都将全部功能整合于一体,而何乐礼的设计思想和愿景却一贯是建造一个由不同性能的机械单元按需灵活组成的、能统一部署的有机系统。

就像提花机将编织图案的设计数据记录在穿孔卡上,何乐礼制表机的一个重要功能是通过穿孔打卡的方式将原始数据记录在穿孔卡片上。为了取得所需的准确度和速度,何乐礼专门发明了一种基于缩放仪的精巧穿孔装置。这种独立的穿孔仪通过它的导板和背景中的卡片之间的"映射"关系来帮助工作人员操作。只要操作员在导板上选择到位,缩放穿孔仪就能在穿孔卡片的正确位置上打孔。使用这种缩放穿孔仪,一名文书一天可以完成数百,甚至上千张卡片。

完成了原始数据的记录后,就要按照卡片上的信息对它们进行分类计数。按类别自动计数是何乐礼系统的核心功能,而它的前提是每人一卡。当数据卡片依次被送到滚筒上的由钝头销钉所组成的网格上时,那些能够从卡片的孔洞中通过的销钉就会接通与之对应的线路,从而触发线路上的拨号装置,使其计数器增值。

何乐礼的设计和巴贝奇一样,有避免出错的保护机制。为了确保穿孔卡片在网格上的位置,每张卡片的右下角都以统一规格切除。因此当卡片通过计数装置的窄槽时,如果位置不对,设备就会拒绝接受卡片。另外,何乐礼的设计也能避免逻辑错误,比如性质相排斥的参数(例如,男和女)若同时被触发时,设备就会发出声响,提醒操作员。

何乐礼的系统还能根据穿孔卡片上的信息自动将卡片分类排放。这种能根据不同要求,将卡片自动归入相应卡片盒的装置习惯上称为分拣机。例如,为了将卡片以年龄归类,分拣机能够根据年龄范围将卡片放入不同的框盒——0—10 岁、11—20 岁、21—30 岁等,直至 90 岁以上。

制表机使普查工作的效率显著提高,熟练的操作员每天能处理数千张卡片。然而,何乐礼像许多发明家一样,对现状从不满足,总是不断改进各种性能。不久他的缩放穿孔仪就被按键穿孔机取代,后来他又开发了电动打孔器,操作员只需轻松按键即可打卡。此外,何乐礼还发明了电磁打印机制,让用户能够清楚直观地看到每次操作的打印结果,从而使自动制表机成为一种强大的自动化信息分析处理工具。

1889 年初,美国第十一届人口普查即将展开,本杰明·哈里森总统任命罗伯特·波特[1]为新一任普查局长。美国政府在那时尚未常设人口普查局,所以在每一届普查开展的前一年,通常由总统任命局长,然后由新局长组建隶属于内政部的临时普查机构。波特是《纽约报》编辑和创办人之一,参加过上一届人口普查的工作,还曾与时任局长沃克将军合作编撰了有关1880年度人口普查的财富、债务及税收的报告。

十年前的普查整整花了八年,波特明白,如果不创新,萧规曹随,必然积重难返,落入首尾交叠的窘境。也就是说,如果不改变,今后的普查工作恐怕十年都做不完。于是,英国出生的波特凭借记者的敏锐和阅历写道:"这是一个飞速进步的时代。下一届普查可能通过电力来制表。"而且,不仅如此,他还满怀希望地预言:"世界各地未来的人口普查表都将由电力制成。"

因此,波特在接受总统任命后立即写信给内政部长,要求尽快研究"被称为何乐礼机电制表机"的新机器。他在信中指出,联邦医务总监署正在使用何乐礼系统,它的结果已经受到了国内外统计学家的好评。因此,他相信制表机将可以大幅提高统计制表的效率,而且"数据的表达方式也将更加多样化"。

于是,内政部长为此召集了一个以统计学家为骨干的特别委员会。9月底,为了寻找最合适的新系统,委员会举办了一场公开选拔赛。比赛规定使用上一届从圣路易斯的四个普查区收集的实际数据,而比赛的胜负将取决于数据登录的时间和数据处理的速度。

共有三个系统应邀参加选拔。第一个是纸条系统,它将原始数据用不同颜色的墨水分类誊写到纸条上,然后按墨水的颜色凭人工来分类和计数;第二个是卡片系统,它与纸条系统相似,将数据按类誊写到不同颜色的卡片上,然后凭人工按卡片的颜色分类和计数;第三个就是何乐礼系统,它用穿孔仪将原始数据登录在穿孔卡上,然后用机电装置自动分类和计数。

比赛的结果是:登录阶段,何乐礼穿孔仪用了72小时27分,另两个系统分别用了144小时25分和110小时56分;处理阶段,何乐礼的制表机用了5小时28分,而另两个系统分别用了55小时22分和44小时41分。

11月1日,波特局长写道:"尽管有关人口统计表的最后报告尚未完成,但对于何乐礼机器的性能已经有了足够的了解,建议将该系统用于即将展开的人口普查死亡统计表。"而何乐礼的岳母塔尔科特夫人也在10月27日写道:

---

[1] 罗伯特·波特(Robert Percival Porter, 1852—1917),记者、外交官、统计学家,撰写以经济为主题的文章。1889—1893年担任人口普查主管。在统计领域,"计算机"一词的首次使用是波特于1891年在《美国统计协会档案杂志》中发表的一篇文章。文章讨论了赫尔曼·何乐礼机器在美国第十一次人口普查中的使用。

"他（波特局长）已经向何乐礼订了六套机器。但是，整个人口普查还需要再订一百套。"

好事多磨

在波特局长的领导下，美国第十一届普查全面采用了何乐礼制表系统，从而开创了大规模计数自动化的先河，意义极其深远。制表机亦不负众望，向世人展示了机电计算的精准和效率，表现可圈可点。

结果，新系统不但帮助普查局争取了两年多时间，而且还为纳税人节省了可观的500万美元。然而更重要的是，新系统从浩瀚的原始数据中提取出了广泛而又珍贵的信息，它制作的表格也清晰多样，令人耳目一新。总之，制表机不仅效率高，而且还显著提高了普查工作的质量，使新报告既有广度又有深度，在普查局获得一致好评。一位名记者写道："该设备计算之精确似有鬼神相助，而它运算之神速恐怕连鬼神都要望尘莫及。"

不过，安危相易，祸福相依。新系统的高效也导致它很快在普查局失去用武之地，仅仅三年它就成为多余的了。由于政府签的是租约，普查局归还的制表机很快就在何乐礼的仓库里堆积如山。

下一届美国普查为时尚远，接下来该怎么办呢？

早在1891年，俄国官员就曾对制表机产生兴趣，还派人专程来华盛顿考察，并表达了将制表机用于俄国普查的意愿。因此，当何乐礼为下一步筹划时，他就想到了俄国。机会难得，在美国取得的普查经验当然应该能够推往国外，尤其是像俄罗斯这样的人口大国。

俄国幅员辽阔，占有世界六分之一的土地。与其他文明国家不同，俄国并不定期举行人口普查，上一次沙皇下旨作人口普查是在四十多年前的1851年。在那次普查工作中，它遇到的困难与美国的非常相似，由于各地采集方法不同，那些在本省内看似合理的数据，一旦与他省的数据汇总起来，就成了一笔千头万绪的糊涂账。

对于日新月异的科技，沙俄政府的态度非常开明。它一直密切关注国外在医药、音乐、蒸汽机和发电厂等领域的最新动向。对于筹划中的普查工作，它也表示要依靠"最先进的设备"来处理人口数据。何乐礼闻讯后，备受鼓舞。

不过，他很快又发现俄国人的分析虽然详尽客观，但行动却缓慢熬人。庞大的俄罗斯官僚体系仿佛是个莫测高深的迷宫,而他与俄国官僚之间的屡次接触也都是雷声甚大,雨点全无。焦虑时,他不免胡思乱想,疑神疑鬼,于是就在给太太露西亚的信中无奈地写道:"我发现我在同奥地利人竞争。你知道,我还未获得俄国的发明专利,奥地利人可以用他们从我这儿骗去的专利在奥地利生产机器,然后运往俄罗斯。"

与此同时,何乐礼因为他的发明而获得了来自各方面的荣誉。1890年,他被费城富兰克林研究所授予著名的埃利奥特·克雷森奖。1892年,他获得了芝加哥世界博览会铜奖。1894年,他应邀向伦敦皇家统计学会发表演讲,介绍他的系统。不久后,他又荣幸地作为唯一受到邀请的美国人,在瑞士伯尔尼举办的国际统计学大会上发表演说,并在会上被誉为世界上第一个统计工程师。

可是,当何乐礼载誉回国时,他的心情却非常沉重。数次欧洲行均无实效,而他早已囊中羞涩,觉得无颜面对家人。但球在外国政府那边,他实在是无计可施。因此,他在回国后只好又将目光转回国内。美国的铁路正在飞速发展,面对与日俱增的货运数据,各大铁路公司越来越感到招架乏术。当何乐礼联系宾州铁路和纽约中央铁路时,这两家美国最大的铁道公司都表达了兴趣。但碍于资金,何乐礼只好先选择了纽约中央铁路。

何乐礼告诉纽约中央铁路,解决问题的关键是用穿孔卡来取代手写的运货交易单。这样,中央铁路就能通过制表机的高效,按周而不是按月来做货运量和货运收入分析。由此,它就能及时掌握物流信息,更有效地管理沿线数百个车站里的每一个车站的收支和货运代理费用,并且能够及时知道每一辆货车的确切地点。也就是说,只要使用了制表机系统,铁道管理部门就能掌握货运的主动权,对其日益扩大的业务进行有效指挥。

另一方面,何乐礼也针对商业统计的特点对制表机作了全面改造。1896年1月31日,塔尔科特夫人写道:"何乐礼正在纽约。他为纽约中央铁路公司制造了更强、更先进的新机器。"

5月15日,纽约中央铁路这个巨人终于松动,给了何乐礼一年试用期。它表示,只要试用结果令人满意,它就会立即签订合同。否则的话,何乐礼有权延长试用期。然而条件是,试用期一切开销由何乐礼自理。

俄罗斯那里仍然杳无音信,凶吉难料。因此,尽管纽约中央铁路的条件极具倚强凌弱之嫌,何乐礼也已经别无选择。新设计的机器已经投产,靠的全是投资人的钱。因此,事到如今,他只好沉住气而背水一战了。另一方面,对于宾州铁路的一再邀请,他只能无可奈何地婉言谢绝,并在私下惋惜地告诉太太:

纽约投资人其实有钱，但他们拒绝继续注资。

屋漏偏逢连夜雨。何乐礼正为资金发愁时，他的人寿保险费也到期了。他别无选择，就只好向岳母伸手求援。"我仔细想了这件事，"塔尔科特夫人回忆道，"如果不救他，他将一败涂地，那么为女儿我会付出更多。"8月初，他的太太露西亚又在信中告诉他，家里已经分文不名。

当情况似乎只会更糟，连外出办事都要向岳母借钱时，终于有了好消息。8月20日，何乐礼写信告诉岳母："昨天午餐时，我与纽约中央铁路总监有过一次简短交谈。他说只要我们在价格上能谈得拢，他就愿意与我签署涵盖铁路全线的一年合同。……我坚信在五年内，铁路会计方法将会从根本上被彻底改变。"

9月28日，何乐礼与纽约中央和哈德逊河铁路公司总裁昌西·德普签署了一份合同：总额5000美元，从1897年2月1日起分期按月支付。

那时候，美国州际商务委员会正在强化对道路交通的监管。它发布命令，要求铁道公司的会计师向该委员会提供许多额外的统计数据。这个新要求立即受到铁路主管们的强烈反对，他们声称，为了满足这些新要求，他们必须大幅改变货运统计方法，而这笔开销将高达数百万美元。不过，正当他们为此而大声疾呼时，他们惊讶地发现纽约中央铁路的总监竟对此持完全不同的观点，他表态说："中央铁路不会反对，机电制表机能按要求毫不费力地做计算，这些额外的麻烦和成本对我们来说将会是微不足道的。"

纽约中央铁路总监一语惊人。其他铁道公司的精算师们闻讯后如梦方醒，纷纷行动起来。不久，全国各大铁道公司给何乐礼下订单的速度就远远超过了他的出货能力。

11月12日，一只黑猫在何乐礼家的院子里游荡。第二天，13日星期五，又来了另一只神秘的黑猫。当家人正在为黑猫的征兆疑惑时，他们收到了何乐礼的一封信："我们终于与俄罗斯人会了面，他们属于我们了。"

11月25日，何乐礼登上一艘前往俄罗斯的远洋轮，去"为俄罗斯政府提供我发明的机电制表机"，也去同沙皇政府签订正式合同。根据这份合同，何乐礼获得了67571美元。他将在纽约获得首付22000美元，第二笔23000美元将在不迟于3月29日发货的前提下，以同样的方式在纽约支付，而所剩余额将在俄方接收机器后，付给何乐礼在圣彼得堡的代表。

不出所料，何乐礼制表机果然在俄国普查中取得了成功。那次普查结果表明，俄罗斯人口也在高速成长，达到了1.29亿人，比上届的人口多了近6200万。所增人数几乎就是1890年美国人口的总数。

何乐礼在获得俄国政府合同后不久，决定正式成立公司。1896 年 12 月 3 日，制表机公司（Tabulating Machine Company）在纽约注册。新公司定价为 10 万美元，分成 1000 股，每股 100 元。何乐礼担任总经理，并以 502 股股票获得了对公司的控股权。

沃森的秘密任命

当何乐礼专注于制表机的革新，设法将机电制表进一步推向更具潜力的商业市场时，时势也在造就另一位年轻领袖。

1903 年的俄亥俄州代顿市，人杰地灵，富裕昌兴。新厂房里生产着铁道车辆、油漆、磅秤和收银机；在自家的自行车车行里，莱特兄弟怀着梦想，不断探索飞翔奥秘，寻求飞机革新。

一位年近三十、身材挺拔、举止潇洒的年轻人，托马斯·沃森[1]，快步走进代顿的商业街。大街上，电车马车川流，叮叮当当；人行道上，绅士女士华装盛服，熙熙攘攘。沃森目不旁视、神色匆匆，身旁琳琅满目的大小店面形同虚设。

穿过市中心，踏上缓缓上坡的街道，沃森看见了国家收银机公司[2]（NCR）总部的建筑和它周围的厂房。NCR 是美国最成功、最具创意的新型企业。公司浅褐色砖瓦建筑群俯瞰着恬静的池塘和盎然的花园，房屋园林有致，小桥流水叮咚。比起各地比比皆是的血汗工厂，真是天壤之别，令人惊叹。

公司主楼大门前，高耸着六根洁白的立柱，挺拔庄严。主楼里，在公司创始人办公室内，总裁约翰·帕特森[3]和二把手休·查尔姆斯[4]正在等待沃森。

沃森首次到访总部，又不明白为何受邀。走近大楼时，他心中不禁忐忑。NCR 在外名声赫赫，在内更是人才济济。沃森明白自己不过是一个业绩还不错的收银机推销员，刚表现出具备领导纽约州罗切斯特分部的能力。

---

1 托马斯·沃森（Thomas John Watson Sr, 1874—1956），美国艺术与科学学院院士，商人，曾任 IBM 董事长兼首席执行官。他在从 NCR 学到的经验中发展了 IBM 的管理风格和企业文化。
2 国家收银机公司（National Cash Register，NCR），是一家软件、咨询和技术公司，提供多种专业服务和电子产品。
3 约翰·帕特森（John Henry Patterson，1844—1922），实业家，国家收银机公司创始人。
4 休·查尔姆斯（Hugh Chalmers），企业家，14 岁进入 NCR 并最终成为副总裁。他在 1908 年创立了查尔姆斯汽车公司，以生产高端汽车而闻名。

几天前，当查尔姆斯布置此行时，他敦促沃森及早赶火车，且再三叮嘱他对此"严加保密"。

总裁办公室并不大，陈设简单：一张办公桌，一块黑板，一只木架上放着一大本便于讨论时书写和草绘的帕纸簿，墙上一幅带镜框的NCR厂区鸟瞰图。总裁帕特森的红木办公桌上放着一台立式电话和一只长方形木盒，盒子上有五只按钮，用来传唤他的秘书和亲信。

简短寒暄后，查尔姆斯请沃森坐下，正式向他布置任务。

沃森将去筹建一家由总部私下资助、买卖旧收银机的公司。他们解释道，二手收银机销售虽然是个新行业，但它正在侵蚀着NCR新收银机的销售市场，已经妨碍了公司对收银机市场的全面控制。为了维护公司的利益，沃森的新公司必须"削弱并彻底捣毁二手收银机市场"。

事不宜迟，帕特森接着强调，沃森需要尽快回家打点行装，搬迁到代顿，及早筹建新企业。

会议简短，任务紧迫。初出茅庐的沃森尽管一头雾水却感觉良好，甚至有点受宠若惊。回到罗切斯特，沃森旋即赶去位于纽约州和宾州交界处的老家，看望重病中的父亲。父亲因爱尔兰大饥荒而移民美国，一生清贫勤劳。

沃森告诉父亲，他要去筹办一家公司，而他的预算将是一百万美元。

一百万！对这父子二人而言，这简直是不可思议！"嗯，我很高兴。"沃森回忆他父亲是这样说的，"你向来做其他人都能做的事，而这次却截然不同。"

"这是一个极好的机会。"父亲又强调。

帕特森和查尔姆斯都非常欣赏沃森在罗切斯特的表现，时间虽不长却从中看到了他的闯劲和能力。于是，他们就挑选了沃森，委以重任，给他一个施展能力的机会。

这是沃森人生的首次突破，也是他个人命运的分水岭。可惜当晚他的父亲就撒手人寰，仙逝归天。

1878年，在开往欧洲的一艘轮船上，詹姆斯·里蒂[1]对船舱里的一台能自动计算螺旋桨转速的机器大感兴趣。里蒂在代顿开沙龙，常为店里杜之不绝的员工揩油而烦恼。看着看着，他忽然触类旁通，联想到可以用类似的方法来发明能自动跟踪商品销售情况的机器。

1　詹姆斯·里蒂（James Jacob Ritty，1836—1918），酒馆老板、发明家。

回国后，在机械师哥哥的帮助下，里蒂兄弟首创收银机，于1879年11月4日正式提交了专利申请，并将其命名为"里蒂廉洁收银员"。可惜事与愿违，里蒂不久就失望地发现业主们似乎对收银机兴趣缺缺。于是，他在失望之余考虑到自己的主业，就毅然将这个萌芽中的新企业和专利全都卖给了几位俄亥俄州的投资人。

约翰·帕特森是这些幸运的投资家之一，当时他正和自己的哥哥一起在俄亥俄州办矿。1884年，帕特森兄弟买断了收银机专利，一起创立了国家收银机公司。

起初，收银机市场微乎其微。人们很难将机械与企业管理相关联，更想不到机械能提高企业管理的效率。但是，帕特森并不气馁。他相信，一旦业主明白收银机不仅可以防止员工揩油，而且还能提高企业的经营效率为他们省钱，他们的态度就会改变。他知道关键是要让足够多的业主们明白一个道理：收银机的收据首次为企业管理提供了及时准确的物流信息，能让业主有的放矢地控制库存量，从而使经营效率倍增。

帕特森还进一步认识到：企业需要改变销售理念。推销员不应该单单注重销售，而是要设身处地地主动为业主着想，帮助他们解决实际问题。为了贯彻他的新理念并且统一销售质量，帕特森创立了一整套新销售制度，包括划分销售区域、制定配额、采用佣金、提倡奖励等。另外，他还编写了一个标准销售手册，要求推销员严格按手册中的销售指南行事，逐字逐句，不得偏离。

帕特森的管理方法也与众不同。他把新提拔的高管送往海外，让他们尽情挥霍。相信他们在饱尝奢华重返代顿后，会对金钱更加渴望，因此也就会更加努力来取悦于他。

不仅如此，帕特森也以关心员工著称。他非常重视员工福利，为他们提供热食、作息制、餐厅、浴室、医疗服务、健康教育和娱乐场所。此外，他还为员工兴办了幼儿园、社区中心、社区俱乐部、游乐场和乡村俱乐部。当健身运动风靡美国时，帕特森为员工添置了各种设施，供他们娱乐。他还要求身穿白衬衫、背心和打领带的管理人员在办公桌后面定时站起身，整齐划一地伸手、触脚，做保健体操。当然，帕特森如此行事并不仅仅是为了员工们的娱乐，而是相信这会使他们更有活力，工作得更好。他的一位传记作家写道："他真的不懂快乐，也不懂娱乐。他关心的决不是快乐和娱乐的内涵，而是它们对提高工作效率的作用。"

无论如何，帕特森把NCR办成了一个既充满创造力又与众不同的"奢华"

的崭新场所。公司餐厅里，天天供应着热食，让员工们围着大圆桌共同用膳；运动场里，棒球、网球、步行道应有尽有；殖民地风格的 NCR 工业教育大厅里，时刻培训着工头和推销员；有着高尔夫和骑马的乡村俱乐部也对所有员工开放。另外，NCR 还有一个占地 1100 英亩的森林公园和一片名为"丘陵和峡谷"的露营地。

因此，帕特森获得了"销售之父"的美称。

帕特森格外重视推销员，称他们为"美国销售力量"，亲自给他们上课，设立配额制。他还邀请完成配额的推销员加入"百分俱乐部"，为他们举办年度嘉奖会。在隆重的嘉奖大会上，他对推销高手更是宠之以美酒佳肴，赏之以名利地位。当然，NCR 的广大员工也没有让帕特森失望。在 1890 年，NCR 只卖出 9091 台收银机。然而在 1902 年的头十个月，它就销售了 42403 台。

可是就在这时，帕特森突然惊讶地发现，在市场上一马当先、一往无前的 NCR 居然在不知不觉中，给自己挖了坑，绊了自己的脚。由于他的收银机不仅性能卓越而且又经久耐用，一些头脑灵活的独立经销商就开始收购旧 NCR 收银机，并将二手收银机重新打包转售给那些本欲添置新 NCR 机器的企业。

当帕特森发现居然有人在用 NCR 的产品来打击 NCR 时，他怒不可遏，决心制止。

经营二手收银机

接受任命后不久，沃森就在 NCR 销声匿迹了。

当他的新公司"沃森二手收银机"初具规模后，沃森就把它的总部迁往芝加哥，并更名为"美国旧收银机公司"。通过传单和明信片广告，他的公司生意亨通，很快盈利。当然，利润只不过是锦上添花。醉翁之意不在酒，沃森的使命是捣毁二手收银机行业，他志在必得。

在生意上，沃森的策略是各个击破。他先瞄准一座城市，再选择打击旧收银机店铺的最佳街区，然后就在那里装模作样地做起二手收银机生意来。因为有 NCR 在暗中资助，沃森根本不需要计较成本，高价买入，低价卖出，很快就搞得对手应接不暇，苟延残喘。这时，他又长袖善舞，转身施与软功，同倒了霉的对手交朋友。当对手的店铺濒临倒闭奄奄一息时，他再故作姿态，假惺惺地出高价买断对手的生意，并要求他们在合同中声明，除了鸟也不去下蛋的几个州之外，从此不再染指二手收银机业务。因此，沃森的店铺就总是能在它的地盘上称王，一枝独秀，从而也就能随心所欲地操纵价格，谋取厚利，再将利润偷偷回笼总部。

就这样，一城又一城，换汤不换药，沃森乐此不疲。

帕特森崇尚垄断。他坚信强而有力的垄断远比激烈的竞争更合理、更有效。垄断能统一质量，控制价格；垄断能提高效率，扩大规模。他相信只有这样，企业才能蓬勃发展。此外，他还坚信收银机事业是神授特权，在这方面的任何挑战都是对他本人的直接侮辱。

沃森初出茅庐，对帕特森言听计从，深信不疑。五年来，他呼风唤雨，他的对手节节败退。在帕特森的眼里，这是一次非凡的胜利。沃森做到了帕特森所期望的一切，甚至更多。然而，虚假的成功掩盖不了它内里的龌龊和缺德。它是沃森事业的起点，也几乎成了他的终点。

那么，沃森为什么会接受此任，而且全力以赴呢？

1874年2月17日，托马斯·沃森生于纽约州坎贝尔的一个清贫移民家庭，是五个孩子中的老幺，独子。他的父亲一生坎坷，早年遇到了爱尔兰大饥荒而逃到美国，可是，他的家庭农场土地贫瘠，还遭遇了连年的经济萧条。后来，他们家的住房又毁于一场大火，而1889年约翰斯敦洪水[1]更是把他们家赖以生产木材的小树林全部冲毁。

沃森从小在自家农场帮工，学业乏善可陈。在朋友眼中，沃森好像继承了他母亲的亲和力，讨人喜欢，爱开玩笑。中学后，沃森去埃尔米拉的米勒商业学校读书，不久觉得所学无用，又于1891年回到家乡。他做过图书保管员，也推销过乐器和缝纫机。

可是，他发现在家乡赚钱实在太难，就决定去纽约州的水牛城碰运气。但是没想到，厄运还是紧紧跟随着他。有一天，当他在赶着马车四处兜售缝纫机的途中造访一家酒吧时，他的缝纫机连同马和车统统被洗劫一空。从此，他滴酒不沾。后来，他听从父亲的建议尝试推销股票，可是他上了证券掮客的当。于是，他开了一家肉铺，可是又几乎血本无归。

接二连三的失败，重挫沃森的自信心。有一天，他情绪低落地走进NCR在水牛城的办公室，将肉铺的收银机移交给店铺新主人。好在性格使然，沃森在任何情况下都爱与人攀谈。在收银机交接手续完毕后，他就乘机同NCR的推销

---

[1] 约翰斯敦洪水：1889年5月31日，在宾州约翰斯敦镇上游的南福克大坝突然溃决，导致2208人死亡。

员约翰·兰奇搭话，向他讨工作，而且在受到拒绝后也不气馁，仍然时不时就给兰奇打电话，再三恳求。

1896年11月，22岁的沃森如愿成了NCR的新成员，跟着兰奇学销售。兰奇做事认真，要求严格。"每天晚上和每天中午他都要检查，"沃森后来回忆道，"每天一两次，从不间断。"汇报工作时，如果沃森说"我还没接到新订单，不过有不少好生意都快拿下来了"，兰奇听后就会大声问："还差多远？你能拿出订单来给我看吗？我能看到订单吗？我对将要到手的生意不感兴趣。我要的是签了字的订单。"

沃森喜欢兰奇的直率，认真跟他学销售诀窍。九个月后，他被提升为水牛城的正式销售代理。四年后，NCR派沃森去纽约州罗切斯特，去整顿深陷困境的罗切斯特分部。初生牛犊不怕虎。沃森敢作敢为，很快就把他的部门改造成了NCR最出色的分支之一。也就是在那里，沃森遇到了查尔姆斯并得到赏识。三十年后，查尔姆斯写信给身居IBM总裁的沃森，回忆他俩在罗切斯特的美好时光。他在信中饶有兴味地谈道："我们在穆特先生的地盘捣毁了霍尔伍德。"霍尔伍德是一个与NCR竞争的收银机品牌。在NCR行话中，"捣毁"就是要不择手段打败对手，并彻底取而代之。

沃森重返NCR

二手收银机生意把沃森带到代顿。它的成功给了沃森经营自己事业的信心，1908年，它又为沃森赢得了NCR助理销售经理的职位。助理销售经理在NCR是个要职，有机会跟帕特森直接打交道。

在管理上，帕特森一手对员工关怀备至，另一手却像拿破仑，用铁腕保持着对公司和员工的绝对控制。他时而任意解雇，时而又任意提拔。年轻的沃森对帕特森言听计从，而且还有样学样，对他的方法深信不疑。帕特森长沃森30岁。他视沃森为自己的门徒，很快就又提升沃森为销售经理，管理二百多个分部和九百多名销售人员。

然而，沃森在担任销售经理时，证明他并不仅仅是个帕特森的木偶。在过去20年里，NCR内部从未有人胆敢挑战帕特森的销售指南。可是，事实上，这个指南过于僵化，它要求推销员生搬硬套，不仅告诉他们在销售时应该怎么说，还要求他们的手势应该怎么做。沃森当面向帕特森指出这个销售指南窒息创新，并且成功说服了他。然后，他又和他的心腹乔·罗杰斯一起编写了一个新销售指南，给予销售员自我发挥的余地，允许他们视情况而灵活反应，充分发挥主观能动性。此外，新指南还鼓励推销员建立自己的风格。

NCR 的销售人员喜欢这个宽松的新制度，他们的业绩也更加亮丽。1911 年，NCR 收银机销售额突破了十万台，是两年前销售额的两倍多。团队的销售成绩提高了沃森的声望，使他成为一颗在公司里徐徐上升的明星。

帕特森也对沃森赞赏有加。在代顿高档区自己住所附近的西一街 428 号，他建造了一个公寓，供沃森免费居住。他还赠名车给沃森，引他赴宴，会代顿精英，参加名人俱乐部。一时间，他俩仿佛形影不离，一起骑马散心，一起出席各种活动。

沃森第一次见到何乐礼制表机是在纽约州罗切斯特。他的母亲在丈夫去世后搬到了安大略湖畔的罗切斯特，那里有不少沃森的老朋友。有一次，沃森在探望母亲时，去伊士曼柯达看望老朋友比尔·艾姆斯。艾姆斯在柯达也是一名销售经理。他告诉沃森，他有一个可以监控每一个推销员表现的新系统。

"他的墙上有一张图表，"沃森这样回忆道，"他指着图表对我说，'汉布利是一个在堪萨斯城工作的推销员。某月某日，他在圣路易斯做了某事某事'。老实说，我向来以为自己是个丝毫不比艾姆斯逊色的销售经理。听他这么一说，我惊叹道，'天哪，比尔，请告诉我你的诀窍。'"

于是，艾姆斯就带沃森去了会计部，得意洋洋地向他展示了何乐礼制表机。艾姆斯说，这种机器用穿孔的方式将原始数据永久记录在一种长方形的硬卡片上，然后再自动处理卡片，将原始数据转换成统计表格。艾姆斯还让他的同事杰克·戈勒姆抽出几张柯达推销员的数据卡。艾姆斯随便说了其中的一个名字，戈勒姆就能找到相应的卡片，然后读那个推销员的销售数据。

"这让我大开眼界，"沃森说。回到 NCR，他立刻联系了位于华盛顿特区的何乐礼制表机公司。当制表机安装完毕并运行一段时间后，沃森召集他的地区经理开会。会上，他得意洋洋地详述了每一个销售地区的统计数据——都是一些总部在过去无法编制的数字。

"我一面说，一面看着沃尔特·库尔、迈耶·雅各布斯和弗雷德·海德，"沃森后来回忆道，"因为这三个人办事向来认真，对自己管辖的区域和手下推销员了如指掌；他们还常聚在一起互相交流。听着听着，海德先生站了起来。他身材高大，令人尊重又有魅力。他说：'我想向你和你的部门致敬。我向来以为自己熟知员工的工作。没想到在这里，你居然告诉我许多我在离家前根本不知道的事。'"

沃森一面得意地看着这些大男人的困惑神态，一面继续卖他的关子，吊他们胃口。直到午餐后，他才领众人去了会计部，洋洋得意地自揭谜底，向他们展示了机电制表机。

在代顿，沃森的朋友逐渐增多，社交圈亦越来越高档。但他仍然独身，形单影只。1912年春，在一场俱乐部晚宴上，他遇到了珍妮特·基特里奇。他俩过去曾短暂会面但并不相熟。珍妮特是亚瑟·基特里奇的女儿，时年29岁，未婚。她的父亲掌管一家生产火车车厢的工厂，是个有名望的人，还被代顿俱乐部选为代顿之星。

珍妮特容貌和善，有着一双清亮爱笑的眼睛和高高的颧骨。她穿着讲究，却不时髦。在沃森眼里，珍妮特安静、得体、腼腆。在晚宴上，她是沃森之外唯一不碰酒杯的人。珍妮特后来告诉她的孩子，当她发现沃森也滴酒不沾时，就想要找个机会同他交谈。

于是，他俩开始约会，坠入爱河。后来的事证明，珍妮特是沃森的绝佳补充。她能控制沃森的自负和反复无常的脾气。她为人谦和，却柔中带刚，善于用关爱来弥补权势之人的不足。1912年底，沃森向珍妮特求婚，她欣然应允。这是沃森的世界正要越变越糟时，所发生的唯一美事。

1912年2月22日晨，5英寸厚的新雪覆盖代顿。雪皑皑，天昏昏。人们打开当天报纸，一条爆炸性新闻跃然纸上。《代顿每日新闻报》的头条是："联邦大陪审团起诉NCR男人帮。"在这条发稿于辛辛那提的消息的第一段中写道："在这里，30名代顿国家收银机公司的官员和员工被特别联邦大陪审团以违反谢尔曼反垄断法的罪名起诉。"两段后，文章列出了被起诉人名单。约翰·H.帕特森列首位，几个名字之后是托马斯·J.沃森，还有帮助沃森加入NCR的约翰·兰奇，沃森的好友乔纳森·海沃德，以及沃森的心腹乔·罗杰斯。

近年来，塔夫脱总统的政府正在大力推行反垄断政策。美国政府和工薪阶层普遍认为垄断会窒息公平竞争，并对商业巨头日益增长的权力越来越感到不安。塔夫脱的总检察长乔治·威克舍姆已先后打赢了对美国烟草公司和标准石油公司的反垄断诉讼，也正在对美国钢铁公司提起诉讼。

在这种环境下，NCR当然也未能幸免。因为它正牢牢控制着整个收银机行业且占据了90%的市场，而它惯用的极端手法也在业界广为人知。反垄断调查员已经盯了NCR多年，然而帕特森却蔑视他们。不过，这次情况与以往不同，政府有了一个明星证人——突然被帕特森解雇的他的昔日红人休·查尔姆斯。不用说，查尔姆斯对帕特森耿耿于怀，而且他对 NCR 乃至沃森的二手收银机公司的经营手法和运作都了如指掌。

政府把它对 NCR 的指控定为刑事罪，一旦罪名成立被告就可能入狱。沃森白手起家，刚刚咸鱼翻身：有了地位，有了房子，有了新生活，还承担起了母亲和姐姐的生活。没想到，这好日子还没过几天，就不得不面对成为阶下囚的现实。

1912 年 11 月 19 日，审判在辛辛那提地方法院正式开场。政府在法庭上严厉抨击了 NCR，还列举了一系列听上去与黑帮无异的手法。查尔姆斯又在作证时详细叙述了二手收银机的经营手法以及沃森所起的作用。而他本人却因此而免于起诉。

法庭上，法官霍华德·霍利斯特告诉陪审团："这些人不应该是因为其他人的所作所为而受到审判。"换句话说，如果沃森或其他任何人被定罪，那必须是因为他们自己的所作所为，而不是由于上司或其他员工的所作所为。由此，沃森坚信自己的清白。即使在晚年，他也对此坚信不疑。

1913 年 2 月 13 日晚，约 10 点半，陪审团一致宣判 NCR 有罪。除埃德加·帕克外，政府对被告提出的三项指控全都成立。接着，法官霍利斯特以 5000 美元的保释金释放了被告，让他们等候宣判。NCR 的律师立即就此提出上诉。几天后，法官宣布，在法院看来，NCR 高管犯有影响现代商业的行径。然后，他宣判每个被告一年监禁，等待上诉结果。

这次审判和判决让沃森认识到，在这个世界上还有比工作和晋升更重要的事情。从此，他要向世人证明，他绝对不是一个唯利是图、以自我为中心的骗子。

代顿大洪水

判决之事暂时告一段落，NCR 缓慢恢复。帕特森仍然全面掌权，另外 28 个被定罪之人，包括沃森，都已回到各自岗位。不久前，联邦政府刚换届，新总统伍德罗·威尔逊上任。于是，他们就都将希望寄予新总统，希望能在上诉中获胜。

1913 年 3 月下旬，豪雨连连，俄亥俄州上下沉浸在无休无止的狂风暴雨中。

25日晨，帕特森在滂沱大雨中驱车上班，沿途河水泛滥。帕特森一直担心代顿可能发生灾难性水灾，曾屡次告诫那些漫不经心的市政官员。到达公司后，他在6点45分召集全体高管在总部楼顶上开会，随即发出救灾动员令。

NCR总部在代顿市区旁的一个缓缓上升的斜坡上，地处高地。如果暴发洪水，它可能是代顿市民唯一的避难之地。帕特森动员全体员工，立刻分头去收集食物、药品、饮用水、床铺和毯子。同时，他命令木工车间放下手上一切活，立即动手造平底救生船。各级领导虽然应声从命，却大多暗自不以为然，觉得帕特森反应过度。

上午8点，汹涌浊黄的大水在代顿街道上奔腾涌流。居民们纷纷撕地毯、扯被单，裹着要紧财物和食品往楼上拖。约8点30分，轰隆隆一阵巨响，城边一条堤坝突然决了堤。顷刻间，滔天大水铺天盖地席卷而来。全城上下，顿时天翻地覆。躲避不及的马匹和马车在巨大的漩涡里，像树叶子一般团团转；市中心店铺橱窗应声破碎，飘出一具具衣冠楚楚的木质服装模特儿；代顿街道上，家具、钢琴、木棚屋，凡此种种，随流翻卷，横冲直撞。

水位猛涨，淹没了街灯，淹没了房屋。美国历史上最严重的一场大洪水，就此拉开序幕。不到中午，俄亥俄州境内的许多火车轨道被淹没，主要交通停滞，大批电线杆倒塌，信息严重受阻。代顿的情况最严重，交通停、信息断，俨然一座水中孤城。

下午，代顿绝大部分地区已经淹在水里。"在第三街和主街的拐角处，水深3英尺，法院的仿古希腊建筑像泥海中的一个孤岛。"《辛辛那提时报之星》的一名目击记者写道，"整个市中心都已被洪水淹没，林荫大道以东的高档住宅区成了威尼斯。"沃森、帕特森以及基特里奇的寓所都在那里。

位于高地的NCR相对安全，成百上千的民众从四面八方纷纷涌来。在帕特森的果断领导下，NCR成了代顿的临时避难所。总部场地上竖起了各种手写标志，为灾民指路：自助餐厅，睡觉场所，理发室，牙科诊所，等等。在NCR的一栋建筑里还设置了停尸房。工人们划着刚造好的平底船四处搜救。滔滔洪水中救人，场面动人，景象凄惨，令人心碎。"在国家收银机公司，近千名无家可归的洪水灾民得到庇护。"《华盛顿时报》报道说，"在一个办公室里，有一个壮汉像孩童般大声痛哭。他曾四处寻找家人，医院、学校、教堂和难民收容所，哪里都没有。"

夜幕降临，大雨仍然铺天盖地，狂泻不止。"每当肥大的雨滴落入水中，水里就会翻出一个个像鸡蛋大小的气泡。"《麦克卢尔杂志》的文章写道。水位仍在迅猛上升。

水灾当天，沃森正在纽约出差。闻讯后，他立即在纽约筹集赈灾物资。次日清晨，他已联系好火车，并得到多家食品批发商的支持，将满满的 39 车食品装上火车。送走第一列赈灾火车后，沃森马不停蹄，又想方设法四处寻找可能伸出援手的人，到处恳请企业和富人解囊相助。当第二列火车就绪时，有关代顿这场空前洪灾的消息已经充斥纽约的大小报刊，其中多篇谈到沃森的救援火车。纽约人纷纷主动联系他，慷慨捐赠。"纽约市民对您的求助呼吁做出了高尚的回应。"沃森在发给帕特森的电报里写道。与此同时，其他城市——底特律、盐湖城、托莱多，也纷纷向代顿派去救援列车。

28 日，洪水开始消退，媒体高度评价 NCR 的抗洪表现。帕特森发自内心的同情心和坚决果断的领导力受到了各界人士的广泛称赞。当然，帕特森也深谙公关之道，懂得机不可失。他邀请记者同他一起与灾民们同吃同住，让记者用他的打字机写稿，并使用公司电报专线向外发稿。

一时间，帕特森声名鹊起，成了全国乃至世界各地报纸杂志上的"抗洪英雄"。3 月底，赦免 NCR 的请求出现在全国各大报刊上。代顿亦不落人后，传出一份请求威尔逊总统赦免 NCR 的请愿书。不过，帕特森本人却告诉记者："我不求赦免。我要的只是在高一级的法院里得到公正审判。我是无辜的。如果有罪，我愿与其他人一起坐牢。"

威尔逊请他的司法部长对此调查，提供意见。4 月初政府表示，除非帕特森主动寻求赦免并承诺接受总统赦免令，否则不予考虑。

珍妮特坚信沃森的无辜。4 月 17 日，她和沃森在刚整修完毕的基特里奇宅邸里结了婚。婚礼极其简朴，只有家人和包括帕特森在内的几位友人。伴郎是海沃德。新人接着就去西海岸度蜜月，珍妮特亦很快怀孕。几周后，帕特森在他们回到代顿时，送给他们一份意想不到的大礼：一幢位于代顿郊外的与帕特森的别墅和农场紧相邻的乡间别墅。

判决阴影渐远，新婚生活甘甜，沃森的天空渐渐晴朗。可是，天有不测风云，人心更是叵测难料。一直对沃森如此慷慨、如此关爱有加的帕特森，突然覆手为雨，铁下心来做切割，想要彻底摆脱沃森及其他被判有罪的人。代顿洪水重塑了帕特森和 NCR 的形象，于是他决心趁热打铁，清扫门庭，重振 NCR。

沃森为 NCR 服务了 17 年。在那里，他这个曾经一事无成的无名小卒被一步步推上社会和商业的高峰；也是在那里，他交了许多朋友并遇见了商业之父、销售之父和抗洪英雄——帕特森。可是现在，他忽然又要回到原点，被迫离开自己钟爱的公司。

沃森痛定思痛，知道自己必须离开代顿这个新故乡。可是，哪家公司会愿意雇用一个像他这样的"罪人"来担任企业高管呢？

1914 年初，40 岁的沃森毅然决然地向产期日近的珍妮特告别，离开代顿，前往纽约。

痛定思痛，沃森重新启程

纽约市布罗德街和华尔街的交会处是美国的金融中心。约翰·摩根[1]为建造他的金融总部大楼，斥巨资在那里购买了一大片房地产。他的白色新大厦仿佛是一座城堡，庄严神圣地保护着里面的财富。白色大厦对面就是美国股票市场的心脏——纽约证券交易所。证交所的古典复兴建筑高雅庄严，大理石柱廊的上方有个山形墙，墙上镌刻着 11 个栩栩如生的人物雕像。正当中的女性代表正直，而在她两侧的雕像则分别代表农业、采矿、科学、工业和发明。

距离摩根大楼街角约 90 米的布罗德街 25 号，耸立着另一座建筑。这幢 20 层大楼，虽然没有证交所或摩根大楼气派，却也有着它的典雅和庄重。双门入口旁有两根白色立柱，大厅里明亮宽敞，白色大理石地上有一条长走廊，而石膏天花板上则是装饰精致、金箔衬托。

1914 年初冬的一天，沃森裹着一身寒气，跨进大门，进入大厅。他定了定神，沿着走廊，径直向前，走了足有 40 步，在长走廊一端，停下脚步。只见眼前的深色橡木接待台形状奇特，像一艘擦得油光锃亮的救生艇。艇里的一位接待生热情招呼他，向他示意艇后方的电梯。

电梯在顶层停下。沃森走出电梯，应邀与弗林特公司的弗林特先生会面。

查尔斯·兰莱特·弗林特[2]时年 64 岁，中等身材，目光炯炯。天生微卷的灰发梳理齐整，一对浓密坚挺的八字胡，看上去更像是个上世纪的人。弗林特是一个极有胆量的人，声名显赫，阅历丰富。

1850 年 1 月 24 日，弗林特出生在缅因州托马斯顿附近的一个造船家兼船长

---

[1] J.P. 摩根（John Pierpont Morgan，1837—1913），著名金融家、投资银行家，在 19 世纪后期和 20 世纪初期统治着华尔街的企业金融。

[2] 查尔斯·兰莱特·弗林特（Charles Ranlett Flint，1850—1934），IBM 的前身计数制表记录公司的创始人，"信托之父"。

家庭。他从 18 岁起在码头打杂。一天，他在摆渡轮上遇见商人威廉·格雷斯[1]就上前攀谈，主动表示愿免费为格雷斯服务。1872 年，格雷斯在组建自己的航运和贸易公司——格雷斯公司时，邀请弗林特做他的合伙人。1880 年，格雷斯当选纽约市长，成为弗林特的第一位高层朋友。

在格雷斯公司，弗林特参与了南美洲的航运和政治。作为军火商，他用重型武器改造商船，然后再将它们作为战舰卖给交战中的南美各国。他也在哥伦比亚向秘鲁走私鱼雷。就这样，他在南美的交战国家之间见风使舵，左右逢源。

当美西战争[2]迫在眉睫时，时任美国海军部长西奥多·罗斯福，要求弗林特发挥他的专长和关系，帮助美国海军获得军舰。从此，弗林特和罗斯福就成了哥儿们。当日历翻到 1900 年代时，弗林特已经是罗斯福总统、哈里森总统和麦金利总统的朋友，也是世界各地的独裁大佬和皇宫贵族的座上客。他也经常与商业巨头安德鲁·卡内基和查尔斯·施瓦布共同狩猎和捕鱼。

弗林特为人勇敢自信，做事爽快直接。不管别人的要求多么离谱，只要承诺就必守信。然而，与敢于冒险的性格相反，他远离恶习，不吸烟，很少喝酒或喝咖啡。他喜欢新奇发明和精巧的新鲜玩意儿。汽车一问世他就定购了汽车并资助赛车。白炽灯发明后，他是纽约市首批在住宅里安装白炽灯的人。他也洞察飞机潜力，与莱特兄弟达成协议，首先将他们的飞机卖到海外。这样，奥维尔·莱特也成了弗林特的朋友。

更厉害的是，弗林特在那时候就看到了商业数据的重要性。他在 1911 年成功说服何乐礼，收购了他的机电制表机公司。然后，他又将它与另两家公司合并，成立了一家名为"计数制表记录公司[3]"的新型公司。弗林特是个合并企业的高手，他所采用的通过企业合并和信托来扩大企业的做法，在当时被认为代表了美国工商业发展的方向。因此，他被《纽约时报》誉为"信托之父"。

不过，计数制表记录公司的这次合并并不成功。一方面，新公司过于分散，包括纽约州恩迪科特、代顿、华盛顿特区、底特律以及纽约市。另一方面，它的三家分公司的领导不懂合作，要么相互蔑视，要么公开对抗。公司的内耗这么大，联合的优势自然也就失去了。

就在这当口，沃森走进了弗林特的办公室。

---

1 威廉·格雷斯（William Russell Grace，1832—1904），商人、政治家，纽约市第一位罗马天主教市长。
2 美西战争：1898 年西班牙和美国爆发的战争。始于缅因号战舰在哈瓦那港时的沉没事件，其结果是美国获得了波多黎各、关岛和菲律宾的主权，并对古巴建立了保护国地位。
3 计数制表记录公司：Computing-Tabulating-Recording Company (C-T-R)。

弗林特在仔细考察沃森的同时，沃森也在了解弗林特和他的公司。他很快看出弗林特急需一个敢于冒险的人。计数制表记录公司已经岌岌可危，它的1200名员工四处分散，它的领导层内斗不断，它的总市值约300万美元，而它的债务却高达650万美元。不过，沃森发现自己能够听懂这家公司的使命——通过打卡、计算、记录、制表和打印的自动化，来显著提高业务流程的效率。另外，他也满意地发现计数制表记录公司已经锁定了从工时记录器到机电制表机的一系列专利。

为了给公司物色新领袖，弗林特专门组织了一个搜寻委员会，并亲自面试了沃森和其他候选人。谈得越多，了解越深，他就越喜欢沃森。因此，尽管沃森官司在身，弗林特最终还是决定冒险用他。当然，董事会里的意见并不一致，据说一位董事对弗林特大声喊道："他在监狱服刑时，谁来管理公司？"

1914年5月4日，星期一，沃森从格林威治乘地铁进入曼哈顿下城，前往位于布罗德街50号的计数制表记录公司总部。总部离弗林特在布罗德街25号的办公大楼不远。沃森的办公室小而朴素，白色的墙壁，破旧的百叶窗，一只抛光橡木办公桌和一部烛台式电话。这就是沃森在新公司的第一天。

到1911年，何乐礼的公司已经有了100多家大客户和数百家较小的客户。尽管有的对手比他早打商业市场，但何乐礼机器的技术和质量很快就为他赢得了压倒性优势。因此，在他首先开发出来的制表机市场上，他的系统独占鳌头。

不过，这个新市场在那时的体量还非常有限。绝大多数公司仍然因循守旧，坚持使用老旧的手工方式。他们固步自封，坚持不厌其烦地将越来越庞杂的数据写在或打在纸张上，再把它们存放在浩如烟海的庞大文件馆中。然而，大江东去，这种依赖手工处理数据的日子毕竟已经屈指可数，日臻完善的何乐礼系统的能力和效率已经无法忽视。

何乐礼是一个发明家，却不是一个企业家。他乐见经济回报，却又觉得公司对增长和利润的追求与他的探索和研究精神相悖。当然，他也懂得自己喜欢做的研究需要由商业上的销售来资助。以往的痛苦经历也告诉他，没有商用市场，他的公司多半已经在债务和绝望中告终。

但是，比起他的健康状况，他的内心纠结就显得次要了。何乐礼身躯过大，又终生对高能量美食情有独钟，再加上一生的过劳和压力，他那51岁的身体已经不堪重负，力不从心。他的医生一直担心他的心脏，执意让他改变生活方式，减轻生意上的负担。

穿孔卡

赫尔曼·何乐礼

缩放穿孔和按键穿孔

人口普查机

哈佛马克一号

托马斯·沃森

亨利·巴贝奇组装的演示差分机模型

1920年1月计数制表记录公司的销售目录封面

何乐礼向来不喜欢别人对他指手画脚，但面对自己的身体状况，他也知道自己别无选择。正巧此时，百万富翁弗林特主动与他接洽，询问他对出售公司的意愿。

弗林特发现制表机美妙无比，被它深深吸引。制表机能够在几分钟内处理数百张穿孔卡片的惊人速度，以及在计数后，将每张卡片送入正确抽屉的奇特分拣方式，强烈刺激了他那原本仅局限于资本和财政方面的想象力。他发现自己不仅看见了一台精妙的机械设备，而且也看见了一个能够引领商业潮流的崭新方法。他惊喜地发现制表机正是他自己一直在寻找的那种能够将秩序置于混乱之上的化繁为简的新型工具。商业决策的关键虽然离不开直觉，却也关乎逻辑，甚至更甚。因此，弗林特被何乐礼制表机深深触动，并确信自己正在目睹一个能够帮助人类全面掌控信息的重大革新。

首次接触后，不难想象，何乐礼拒绝了弗林特的提议。但是数月后，在医生的反复敦促下，何乐礼又不得不重新考虑与弗林特重启谈判。弗林特的目标很简单，就是将何乐礼的公司与其他公司合并，以便打造出一支能够在精密商业机器领域里引领潮流的主力军。弗林特欣赏制表机的卓越，也钦佩何乐礼的成就，但是他认为制表机公司太小，根本无法摘取那日益成熟的累累硕果。

他俩进一步的讨论进展顺利，何乐礼最终同意把他的公司出让给弗林特。弗林特也毫不含糊地给了他一个丰厚报价——120万美元。对一个仍处于成长初期的企业来说，这是一笔巨款。不过除了健康上的考虑之外，何乐礼决定接受弗林特的提议也是因为不少公司董事和员工拥有制表机公司的股份且已跟随他多年，这么做他们也就能从中获益。何乐礼虽不是个感情用事的人，但他牢记那些表现忠诚的人。

于是，计数制表记录公司就在1911年7月5日诞生了。

1914年4月，弗林特和沃森约定，沃森年薪25000美元，外加1200股股票约值36000美元。比起沃森的职位，这份薪酬似乎并不丰厚，股票的份额还不到公司股份的百分之一。不过，这份合同还约定沃森可以从公司的净利润中提成百分之五。可见，沃森更注重现金和利润提成。

考虑到沃森的官司，弗林特为了保险起见就决定先任命他为总经理，拥有最高运营权，一旦对NCR的判决被推翻就立即升他为总裁。

1914年秋，NCR的律师向辛辛那提美国地方上诉法院提起上诉。它以2000页的篇幅详细列举了在原审中主审法官所犯的393处错误。然后，上诉法院在经过 4 个月的审理后批准重审。

威尔逊政府与上届政府的着重点不同，它不愿为重审该案而分心，就决定与被告和解。新拟定的和解协议令，一方面对 NCR 高管轻描淡写地打了手心，另一方面也让威尔逊表明他不是个对大公司唯命是从的木偶。同时，政府还表明立场，只要帕特森和其他被告愿意在协议令上签字，政府就愿意放弃重审。结果，除了沃森之外，所有被告都在协议书上签了字。

沃森拒绝和解是因为他坚信签名就等于认罪，而他没有犯任何罪。这是一个非常大胆的决定，好在政府并没有同他较真，最终不了了之。于是，计数制表记录公司董事会就在 1915 年 3 月 15 日开会，正式任命沃森为总裁。

掌管和塑造 IBM

沃森开始全面掌管公司时，世界正值多事之秋。1914 年至 1915 年间，以德国为首的同盟国与协约国之间的斗争日益激烈，美国与欧洲之间的贸易一落千丈。1917 年初，美国被迫卷入第一次世界大战，企业资源和年轻员工纷纷卷入战争。1918 年，西班牙流感肆虐全球，造成 2100 万人死亡。在美国，它造成 67.5 万人死亡——是美国在第一次世界大战中死亡人数的 10 倍。在这段时间里，战争和死亡的灾难不断，各行各业都在挥之不去的痛苦阴影中苦苦挣扎。一战结束后，满目疮痍的经济刚开始恢复却又在 1921 年突然崩溃，把刚刚取得的一点成果一卷而空。

在动荡中，保持公司稳定自然是沃森的第一要务。此外，他也花了大量时间和精力来扩充自己的班子。在用人上，沃森主要靠直觉在公司内悉心寻找。"当我加入公司时，"沃森在多年后的一次演讲中说，"我们的三个部门并非没有组织，但在这三者之间缺乏章法。虽然每个部门都不缺乏想法，但大多不切实际，目标过于宏大而无法实施。董事们告诉我，'为了重振公司，你必须走出去，聘请外部人才。'我告诉他们，'这不是我的策略。我喜欢在自己的队伍里培养人才，再提拔他们。'"沃森认为忠实的员工会和公司一条心，更可能做到尽心尽力，矢志不渝。

计数制表记录公司没有自己的公司文化，各个部门我行我素，所以部门之间摩擦不断，根本无法培养出能够相互整合的黏合剂和润滑剂。因此，沃森这个 NCR 的模范生就开始在公司里培育属于它自己的文化特质。

沃森注重服装，相信体面的衣服能掩盖他那卑微的出身和贫乏的教育。只要穿上量身定做的深色羊毛西装和背心，再配上白领衬衫和真丝领带，他就感觉自己忽然变成了一个备受敬重的富有的银行行长。沃森虽然从来没有要求所有员工都穿得像他一样，但他常告诫说，如果你要拜访重要人物，那你就必须像他们那样穿着。

沃森致力于重整公司的外在形象。任职初期，他去了总部 11 楼的一个销售办公室。一进房间，他就看到一张老旧斑驳的橡木桌和三四把风格各异的椅子。沃森见状非常失望，就给员工写了一份备忘录："发现我们以这种方式经营业务，我感到痛心。那里见不到我们的产品。我在那里时走进来一家公司的销售经理。他环顾四周，草草问了一两个问题就拂袖而去。"沃森无法容忍公司里的这种萎靡草率的态度。

沃森不喝酒。然而在那个年代，商人们在午餐时经常喝酒，甚至与人在办公室里共饮。然而，就像衣着规范，员工慢慢注意到沃森的个人好恶，开始效仿。没有哪位经理愿为下属的饮酒而承担责任，所以他们纷纷自行禁酒。

除了饮酒和着装，沃森还将他的个人价值观向公司推广。他重视健康，告诫员工要适当运动，呼吸新鲜空气，饮食合宜，睡眠充足。受审判的经历让他刻骨铭心，于是他痛定思痛而倡导诚信。他教导员工，必须行事正派，以信誉为重；与人打交道时，尤其是在面对竞争对手时，必须以礼待人。不过，说来容易，做来难。沃森发脾气时，他强调的礼貌就会在不知不觉中溜走。

沃森不仅倡导诚信，他也提倡独立思考，极其重视调动员工的主观能动性。有一天，沃森召开了一个有关销售和广告的会议。会上，与会者全都默不作声，没有人提建议或谈想法。沃森大失所望，突然从他的座位上跳起来，冲到会议室的前方。"我们的通病是思考不够！"他生气地说，"我们得到报酬，不是因为用脚工作，而是因为用了我们的头脑。"

后来，在 IBM 随处可见一个写着"思考"二字的长方形标志。无论是在办公室、会议室、车间、建筑物入口处、自助餐厅还是在公司文件和文具上，它无所不在，处处可见。此外，沃森还创办了一份名为《思考》的月刊，不仅对内部发行，而且也向外发送约 6 万份，不仅送给自己的客户，也送给政治家以及任何他认为重要的人。在 IBM 发布的各式各样的广告里，当然也都离不开"思考"二字。到 1930 年代中期，这个"思考"标志已为许多美国人所熟知，且能立即将它与 IBM 和沃森联系起来。

沃森牢记 NCR 文化，就在计数制表记录公司创建了百分百俱乐部。销售人员只要达到或超过配额就能成为当年的俱乐部会员,参加为期一周盛大的年度大会。他也为员工兴办了乡村俱乐部,培训校舍以及为公司宣传的报纸。

尽管外部形势不尽如人意,计数制表记录公司却在困难中逐渐成长。1914年至1917年,公司的年收入翻了一番,从420万美元增加到830万美元;1918年,收入升至900万美元;1919年为1100万美元;1920年为1400万美元。员工人数保持在3000人左右。

为了保持计数制表记录公司在技术上的压倒性地位,沃森决定在纽约成立一个公司实验室。他说服何乐礼的工程师尤金·福特[1]从麻省搬到纽约,再把一间阁楼改建成实验室并委托福特招募最优秀的工程师。福特首先聘请了汽车设计师克莱尔·雷克[2],一年后,又从NCR招来了收银机设计师弗雷德·卡罗尔[3]。卡罗尔的最大贡献是发明了卡罗尔印刷机。这种高速旋转印刷机每分钟可以生产1000张卡片,使计数制表记录公司能以低廉的成本大量生产穿孔卡片,获取厚利。1917年,沃森聘请了詹姆斯·布莱斯[4]。在接下来的20年里,布莱斯指导或参与了几乎所有制表机新产品的研发工作,共获得了四百多项专利,并在1936年被美国专利局授予在世的十大美国发明家之一的称号。

1917年,沃森在重组和精简公司时,把加拿大的三家子公司合而为一,并给它一个新名称——国际商用机器公司(IBM)。1923年,他又把这个名称用于拉丁美洲的子公司。后来沃森越来越喜欢这个新名称,结果就在1924年2月5日将计数制表记录公司正式改名为IBM,并向纽约证券交易所递交了IBM的上市申请。

在1920年代的中后期,沃森面对的是一个在10年前无法想象的世界。忽然间,美国三分之二的家庭用上了电,一半装了电话,三分之一拥有收音机;主妇们忙着为自家厨房添置冰箱;车站里,年轻人嚼着从自动投币贩卖机中吐出来的三明治;查尔斯·林德伯格飞越大西洋,为之振奋的人们觉得世界正在自己眼前缩小;晚宴上,知识男女一本正经地谈论着X光、死光、健康射线和射线枪;年轻一代更是对新鲜玩意儿如痴如醉,热情拥抱科学、自动化和层出不穷的发明创造。

---

1 尤金·福特(Eugene Ford),他直接与何乐礼合作,改进了穿孔卡制表机的设计。
2 克莱尔·雷克(Clair Lake),早期IBM计算机发明者和穿孔卡中矩形孔的专利权持有人,他为哈佛马克一号的构建做出了重大贡献。
3 弗雷德·卡罗尔(Fred Carroll),开发了一系列高速旋转印刷机,彻底改变了IBM的穿孔卡生产方式。
4 詹姆斯·布莱斯(James Wares Bryce, 1880—1949),工程师、发明家,在美国专利局成立一百周年之际,他被誉为在世的十大美国发明家之一。

很快那个曾经熟悉的社会，在沃森的眼前变得面目全非。年轻人追求时髦，玩世不恭；妇女提高裙摆，袒露臂膀，扭来扭去做健身；男人挤进地下酒吧，在众目睽睽下吻女人，听喧闹嘈杂的音乐，并以弗洛伊德为幌子公开谈性说爱；然而，汽车、高速公路、形形色色的杂志和广告又把这个乌七八糟、分崩离析的国家盲目而又奇妙地重新编织在一起。

经济随之飙升，一年增长 6%，另一年增长 13%，且毫无放缓迹象。卡尔文·柯立芝总统信心满满地为公司祝福，宣称美国的商业就是商业。几年前成众矢之的工业股，忽然摇身一变，人人趋之若鹜。一时间，人们争先恐后，唯恐落下那正在致富道路上风驰电掣的特快列车。利令智昏的商人更是自命不凡，自以为是那引领潮流、改天换地的革命家。

形势逼人，沃森也不甘人后，坚信他的制表机必将能因应时势，迎来全新时代。他相信制表机必将激发大众的想象力，可以使爵士时代的名士精英、胆大蛮勇的投资家以及报纸杂志的作家们都惊喜振奋。其他机器通过对体力的机械化，使人的双手更有效，可是制表机却史无前例地通过对脑力的自动化，使大脑更有效。这真是古往今来，绝无仅有啊！

"它们仿佛真的会思考。"弗林特先生在描绘自己公司的产品时，得意地向人夸耀。

对数据处理的思考越深，沃森的新想法也就越多。他相信没有任何机器可以同制表机相比。而且，小荷才露尖尖角，大戏好戏都在后面呢。

他敦促 IBM 的工程师开发新火车票系统——一种可以用于自动制作车票和跟踪乘客的完整系统。在售票处，售票员只要揿下相应的按钮，系统就能自动在车票上记录目的地、列车号、里程、票价和税金的确切信息。在列车上，乘务员用特制工具，在车票上补充乘客的其他消费信息。最后，铁路总部统一对这些卡片作归类和统计，再按要求汇编出从售票员佣金到特定路线是否需要增减服务或车辆等各类商业信息材料。

沃森还想把制表机安装在银行的分行里。那时候，银行前台出纳的主要业务是用笔在出纳单上记账，然后再将它们汇总，送到后台，由那里的会计师凭人工，对出纳记录进行重整、归类、做账。因此沃森就想，为什么不能把自动化直接推向与客户直接接触的前台？于是，他设想在每个出纳窗口安装一台打卡机，让出纳员直接在穿孔卡上记录交易。然后在后台，制表机自动读卡，做相应的会计处理和制表。最后，再由分拣机来帮助银行及时识别拖欠的贷款和评估分行业绩。

沃森不仅关注制表系统的大方向，也极其留心微小细节。一次，他在现场修理报告中发现，打卡机在潮湿环境里容易出故障，就立刻与工程师讨论，建议在机器内部安装加热灯泡，以保持机械零件的干燥。

当然，成功也离不开专利，沃森在 NCR 时就懂得了专利的作用。新发明能推动销售，而且专利也能阻止类似发明的出现，从而束缚对手。布莱斯是 IBM 的何乐礼，他的专利让沃森咄咄逼人。另外，沃森也通过收购竞争对手来为 IBM 增添新鲜血液。在罗伊登·皮尔斯[1]羽翼未丰时，IBM 收购了他的打卡机公司，不仅获得了皮尔斯的专利，也得到皮尔斯本人。结果，皮尔斯后来又为 IBM 赢得了更多专利。

IBM 的另一个秘诀是穿孔卡。这种在表面印刷了数百个孔位的长方形卡片，是制表机的数据存储装置。它的每个孔位都对应着某个特定信息。而且，IBM 卡只能用在 IBM 机器上。一旦客户把它的信息记录在 IBM 卡上，并不断将新信息存储在这种卡片上，它就被 IBM 绑定了。因为，客户若想换另一家数据处理公司，就必须将记录在数以百万计的 IBM 卡片上的所有信息全都转移到另一种卡片上。有些保险公司需要用整个楼面来存放 IBM 卡片，它们怎么可能转换那么多的卡片呢？因此，IBM 穿孔卡就成了只赚不赔的摇钱树，成了沃森的尚方宝剑。

此外，沃森也明白数据处理是一个新兴技术。聪明的工程师将会不断改进制表机，聪明的推销员也会不断发现新的应用和客户。只有那个能够将研发和营销都做到极致的公司才能摆脱对手，无往不胜。而他的使命，就是要把 IBM 打造成这样的公司。

经济大萧条

1929 年 10 月 24 日，黑色星期四，美国股市开始崩盘。投资人和投机家纷纷认为市场被高估，争先恐后地狂抛股票。纽约证交所和往常一样在上午 9 点开盘。到 11 点，股市总值已蒸发了 90 亿美元。惊恐中的纽约人慌忙涌向华尔街。此时，德高望重的老银行家摩根先生力挽狂澜，从他的白色大厦里走出来，宣布他和其他银行家已经决定共同救市。他还安抚民众，一切即将好转。于是，

---

[1] 罗伊登·皮尔斯（John Royden Peirce），企业家、发明家。

市场应声反弹，将当天的损失减少到 30 亿美元。

周五和周六的股市相对稳定，星期一重新下跌。周二早晨，恐慌气氛沉重笼罩华尔街，令人窒息。开盘仅 3 分钟，美钢股就被抛售了近 65 万股。顷刻间，股市狂泻，迅速抹去前一年市场的全部增幅。中午，心怀侥幸的投资家猜想摩根又会救市，市场开始反弹。可是，这一次所有银行家全都按兵不动。于是，市场重新坠落。收盘前，焦头烂额的交易员为出清手中持股，气急败坏地狂呼乱叫。一时间，交易大厅里一片混乱，吼叫声震耳欲聋，场面惊心动魄。收盘时，全天交易量超过 1600 万股，创下了一个一直保持到 1968 年的纪录。由于交易量过大，市场的总损失无法估算，也许 150 亿美元，也许超过 300 亿美元。华尔街股灾的信息也通过电报线传向各地，投资人眼巴巴地看着自己的资产在眼前流失不止。一位在经纪公司查看股市的男子，因心脏病突发而猝死。密苏里州堪萨斯城的约翰·施维茨格贝尔对同事喊道："告诉孩子们（客户们），我还不起欠他们的钱。"说罢，就对着自己的胸膛连开两枪。

第二天清晨，10 月 30 日，美国人在痛苦的经济现实中醒来。《纽约时报》头版头条题为《股市历史上最灾难性的交易日》。沃森却不为所动，对记者说："这场给许多人带来巨额账面或实际损失的惊慌，也许会让许多人或多或少地感到迷茫，有人也许会对美国商业失去信心……我坚信，公众无须惊恐，不要以为金融或商业萧条即将来临。"

沃森是大错特错了。股市的这次大崩盘，举国上下为之震惊。商人惊慌失措、窒息经济，公司进退失据、争相裁员。股市从此一蹶不振，全国经济也跟着令人震惊地突然瘫痪。

祸不单行，11 月 17 日凌晨 4 点 20 分，何乐礼故于心力衰竭，享年 69 岁。IBM 出版物《商用机器》称，何乐礼"对商业的发展做出了巨大贡献"。它称："何乐礼博士的发明，降低了商业和统计组织中的劳动强度、精神压力和人为错误率。商业和人类福利都因为他对世界进步的贡献而广为受益。"

11 月 18 日，星期一，沃森在总部的董事会议室召集公司高管开会。"先生们，过去几周发生了很多事，我想今早我们应当聚一聚，"沃森开始说，"我们中间有些人也许不得不为财务而苦恼，从而分散了对主要工作的注意力。这个主要工作，你们当然都明白，就是建设 IBM，把它打造得更强大更完美。……我们要投身于这个使命，这个艰巨的使命，而完成它的唯一方法就是建设性地积极思考和工作，我们必须立即行动起来。"

沃森接着细数了 IBM 所面临的各种挑战。他认识到 IBM 的业务量将会下滑，也相信每家企业都将经历"暂时的放缓"。但他强调，IBM 决不坐以待毙，必将找到增长之道。因此，IBM 必须为它的机器开辟新市场，积极向那些自认为不需要数据处理技术的企业推销制表机，并加倍努力地进军国外。

他宣告："我们绝不只等事情发生，我们必须使事情发生。"

面临危机，首席执行官往往首先选择削减研发预算来降低成本。然而，沃森却相信工程能推动销售。他布置的第一个任务是，研发部门必须开发出适销对路的新产品。然后，他向各个部门一一交代任命。他要求制造高管着眼于降低成本，提高生产效率；要求财政部门提高收账能力，防止其他公司以经济为由拖欠债务。最后，他号召大家振作精神，齐心合力。"我希望这里的每个人，都觉得自己能完成比以往更艰巨的工作……这是全力以赴、共同奋斗的时刻。如果会议上还有人心存疑虑，请单独与我交流，我会乐意与他讨论，帮助他。"

危难中，沃森毅然将赌注全都押在他那坚定不移的乐观精神上。可是，商业世界的上空早已是乌云密布。美国经济在 1930 年收缩了 8%，1931 年又收缩了 7%，而且毫无好转的迹象。3000 多家银行先后倒闭；失业人数每月增加数十万，总数达到了 1200 万，占全国劳动力人口的 20% 以上；街道上，领救济汤的队伍越排越长；公司或减产或倒闭，供应链也跟着紧缩。面对这一波波灾难，赫伯特·胡佛总统束手无策，无所作为。

时世艰难，IBM 自然不能幸免。大多数企业一方面缺乏购买制表机的资金，另一方面随着员工工资的急剧下降，雇用大量文书来处理数据也未必比使用机器更昂贵。因此，办公设备市场在 1930 年暴跌 50%，而且继续下滑。

经济崩溃的现实与沃森的计划越来越矛盾。于是，他试图凭借自己的主观意愿来扭曲现实。"工业发展何时才能重启？"他在罗切斯特商会上自问自答，"我说它从未停止过。有些人可能对此怀疑，但这是事实。是的，随着大萧条渐行渐远，我们正在走出困难，你会发现勇于创新的天才和思想新颖的人士正跃跃欲试。工业发展从未停止过。"1930 年 4 月 1 日的《福布斯》杂志进一步介绍了沃森的观点：企业已变得如此优良和高效，以至于它不可能陷入深度萧条。"我没有看到严重衰退的迹象，"沃森告诉记者，"事实上，我认为 1930 年最终会是一个非常好的年份。"

结果，沃森接连做了两个差点毁掉 IBM 的危险决定：第一，工厂不停工，公司不裁员；第二，增加研发资金，哪怕世界各地的公司都在做相反的事。

《华尔街杂志》的约翰·克雷斯威尔写了一篇有关沃森的采访专题。"沃森先生认为，这个时代的问题与其说是生产过剩，不如说是生产不足，"文章写道，企业不应该为担心供大于求而削减开支，恰恰相反，企业应该更努力地生产和销售。因为产品将会反过来振兴经济，引导事态朝正确的方向发展。"要正面面对这个问题，一方面销售更多机器，另一方面尽量稳定工资。"

沃森坚信 IBM 能够战胜萧条。他断定当时只有 5% 的商业会计采取了机械化，因此待开发的市场空间巨大，即使是在困难时期也一定有销售机会。他进一步推断，IBM 机器对企业的重要性将会如此之大，即使企业目前裹足不前，它们的态度在经济复苏时必将迅速转变。到那时，被压抑的需求就将会井喷似的爆发。所以，IBM 必须做好准备。

因此，沃森要求工厂继续生产机器和零件，然后将多余的产品储存在仓库里。1929 年到 1932 年，他将 IBM 的生产能力提高了三分之一。很清楚，他这样做的最大风险是时间。如果 IBM 的收入因大萧条而下降或持平，它的资金大约能维持两到三年。但是，如果 IBM 的收入在 1933 年之后继续下滑，那么运营工厂和库存的负担就会威胁公司的生存。沃森后来回忆他在当时对高管们说的话："我说，'不，国家的情况会更好，我们的销售队伍会更强大，我们会做更多生意……我要抓住机会，为销售足够多的机器而准备好充足的零部件。'"

在外人看来，沃森对研发的态度几近疯狂。1932 年 1 月 12 日，沃森宣布 IBM 将斥资 100 万美元在恩迪科特首创厂区研发实验室。他想要通过兴办实验室向世人表明：尽管经济低迷，但他要创造而不要破坏，要进取而不要退缩。他还在 1932 年 7 月的奠基仪式上，戏剧性地与官员们一起为新闻摄影师摆姿势，合影留念。

结果，IBM 果然推出了一系列新产品，将潜在对手远远抛在身后。1930 年代初，它推出了 405 型字母记账机，可以每分钟处理 150 张卡片，并首先以文字形式制作表格。它还推出了 600 系列制表机，首次实现了乘除法运算。1934 年，IBM 推出了针对银行的自动化系统，实现了沃森 10 年前的构想。这个新系统既大又贵。结果，主要银行对它反应迟钝，而小型银行从未接受它。

峰回路转，IBM 猛然崛起

经济持续低迷，恢复遥遥无期，沃森在生产和研究上下的赌注眼看就要血本无归。IBM 已经走上了不归路。

1929 年到 1934 年间，IBM 的年收入原地踏步，在 1700 万到 1900 万美元之间徘徊。1932 年，IBM 的股价跌到 1921 年的水平并持续呆滞，11 年的市值收益就此灰飞烟灭。形势比人强，胆战心惊的公司董事几次私下讨论罢免沃森，但又不了了之。熟悉内情的一位记者写道："他不知道自己的处境有多么险恶。"

到 1934 年，经济仍旧毫无起色，沃森只剩奇迹可求了。大萧条以来，他一意孤行，一直在反其道而行之。IBM 扩大了工厂产能；在恩迪科特建造了工程实验室和校舍；员工总数非减反增，从 1930 年的 6346 人增加到了 7613 人；仓库里，多余的产品和零部件更是堆积如山。

1934 年 2 月 26 日，公司创始人、沃森的人生贵人查尔斯·弗林特去世，享年 84 岁。

经济状况异常严峻，国内外形势也很不妙，而且越来越糟糕。希特勒德国的军事化和日本在亚洲的侵略，严重妨碍了全球贸易的恢复和成长。沙尘暴席卷美国中西部，摧毁庄稼，毁坏农场。因此，摆脱萧条的任何希望统统被军阀和大自然一扫而光。

沃森和 IBM 深陷绝境，处境岌岌可危。

沃森是个商人，他的政治立场多变，在两个大党中间摇摆不定。1920 年代中期，胡佛担任商务部长时，他结交了共和党人胡佛并应胡佛的邀请参加了 1929 年的总统就职典礼。罗斯福担任纽约州州长时，沃森又结交了民主党人罗斯福，是罗斯福在 1933 年就职典礼上的宾客。他曾给新总统写过几封有关国债、资本利得税等话题的长信，也经常受邀参加白宫晚宴，并与总统保持书信往来。

罗斯福在 1933 年登上总统大位后，他的新政理念逐渐成形。然而，美国的商人普遍鄙视罗斯福，讨厌他的进步想法，认为他是个仇商的社会主义者。不过，沃森与他们不同，他鼎力支持罗斯福并赢得了总统的信任，经常作为总统的朋友近距离了解总统的想法和计划。

1935 年 8 月 14 日，罗斯福正式签署了《社会保障法》。出人意料的是，总统大笔这一挥，居然梦笔生花，一方面给政府和企业出了一道巨大的信息处理难题，另一方面却又奇迹般地将 IBM 从绝境中拯救出来。

这项新法案决定在美国创建一个全国性的社会保障体系。它要求每一个雇员向一个全国性的共同社保基金定期缴款，从而有资格在退休或在挣工资的配偶去世后，从这个基金里提取应得的份额。

可是这一来，为了保证新体系的正常运作，每一个企业都需要记录和跟踪它的每一个员工的工时、工资以及需要缴纳的社保金额，然后再将这些数据按规格汇编制表，定期提交给联邦政府。而政府在收到这些材料后，也必须及时处理这些来自全国各地数以百万计的报表，并跟踪社保资金，再按时将支票发送给应得的人。

结果，一夜间，全国上下对会计机器的需求突然暴增。企业无论大小纷纷添置商用制表机。连锁店伍尔沃斯的一位管理人员告诉IBM，为了处理和保存社保记录，他的公司每年必须花费25万美元。不用说，各级联邦政府的这项开支也是大幅增长。

仿佛天上真的掉下馅饼，IBM久旱逢甘霖，突然枯木逢春。毋庸置疑，当时全国上下除了IBM，没有任何一家企业可以满足这么大规模的需求。因为只有在它的仓库里，机器和零配件堆积如山；而且也只有在它的工厂里，不仅人员齐全且设备调试得当。更何况，它的生产从未停顿，因此它还可以迅速增产。另一方面，IBM也一直在开发新产品，它的机器更好、更快、更耐用。结果，IBM赢得了几乎所有罗斯福新政的会计合同。沃森也就成了一个当之无愧的英雄。

峰回路转。IBM就此进入坦途，它的收入亦逐年增长：1934年，1900万美元；1935年，2100万；1936年，2500万；1937年，3100万。IBM完全主导了数据处理业，并经久不衰、一口气持续增长45年，创下了一个工业史上前所未有的纪录。

多年后，一位作家问沃森，他是否在当时就预见到《社会保障法》的重要性。沃森对此予以否认，并表示虽然这个法案在通过之前曾经经过漫长的辩论和反复修改，但他并没有想到这个新法会给企业和政府带来这么重的统计负担。没有人能如此先知先觉。况且，国会完全有可能否决这个法案。无论如何，沃森的执着，歪打正着，不仅拯救了IBM，而且还一举将它推向成功之巅。

哥大教授的指点

1840年代，阿达·洛夫莱斯在介绍分析机的通用性时写道："一旦有了采用穿孔卡片的想法，算术的范畴就被超越了，分析机就不再仅仅是一台'计算器'。它有了完全属于自己的地位。这种能组合各种通用符号，还能无止境地进行各种变换和扩展的机制，将物质的操作和抽象的思维有机地联系了起来。"

阿达的文字表现了她对数学的深刻理解，同时也显示出她那高屋建瓴的思考能力和丰富的想象力。从分析机的通用性，她又联想到她喜爱的音乐，说：

"假如和声及音乐创作中音调的基本关系可以用数学来表达和改编，那么引擎就能编制出任何复杂程度的、精致而又科学的音乐作品。"

然而人才难得，很少有人可以像阿达那样思考。沃森是个商人，不难想象，他并没有这样的眼光。他通常只是将IBM机电制表机视作一种处理数字的设备，适用于诸如人口、金钱、库存等方面的统计工作。他没有想到宇宙间的景象几乎都能用数字来表达和模拟，所以计算自动化其实通用于各行各业。当然，话说回来，在当时，非但沃森没有这种眼光，就是在他的那支优秀的研究团队里，也没有人有这样的洞察力。

那位向沃森传递好消息，从而彻底改变了IBM发展轨迹的人叫本杰明·伍德[1]。他是一位面容羞涩、举止笨拙的哥伦比亚大学教授。

在哥伦比亚大学，伍德开创了标准化测试，旨在比较和研究不同地区的教育质量。许多事，特别是有意义的事，往往是听上去容易做起来难。伍德的研究难在他的每一次调查都需要给数以万计的考卷评分。因此，他雇了数百名年轻女性，把她们集中在哥大的汉密尔顿大厅里，人工阅卷，5美元一份。

目睹汉密尔顿大厅里拥挤嘈杂的环境和繁琐低效的工作，伍德忽然意识到，应该有更好的方法。因此，在经过一番分析和思考后，他给十家商用机器公司的总裁写了信。结果，只有沃森一人回应他。

根据伍德的回忆，沃森的电话简单明了，公事公办。"我是托马斯·沃森。我非常忙，只能抽出一小时。请在12点准时到世纪俱乐部。下午1点，我另有约会。"

纽约的世纪俱乐部是个闷热的商人会馆。沃森在那里订了一个私人餐厅，为时一小时。沃森读了伍德的信。在这封信中，伍德提出了关于用制表机给大批学生的标准化考试进行自动评分的设想。读毕，沃森心想，伍德不过是个有些想法的无名教授，并不是个怀揣支票本、手握大权的大学校长。不过尽管如此，他还是决定给伍德一个小时。

到达俱乐部，注重外表和个人气质的沃森在见到微微发抖的伍德时，心中暗想这一个小时肯定是要打水漂了。于是，他吩咐秘书留在门外，时间一到就打断他们。

伍德开始向沃森仔细解释他的项目所面临的挑战。可是，当他注意到沃森脸上流露出来的那种心不在焉的轻蔑表情时，他忽然灵机一动，决定孤注一掷，

---

[1] 本杰明·伍德（Benjamin D. Wood，1894—1986），纽约科学院院士，教育家、研究员，哥伦比亚大学教授。

扩大讨论范围。于是，他跳开考卷，转而向沃森解释将 IBM 的机器用于测量人的智力和心理的可能性。他告诉沃森，这些抽象概念都能定量描述。事实上，任何事物都能用数学——数字和公式来表达。因此，无论是生物学、天文学、物理学还是其他任何领域，IBM 机器都有用武之地。他进一步强调说："在生活中的各个领域，IBM 机器都必定能做出根本和绝对必要的贡献。"

伍德的话完全出乎沃森的意料，他听着听着，忽然恍然大悟，内心豁然开朗。过去，他总是通过 IBM 在企业或政府的会计和记录部门中所占的份额来寻找公司的潜在市场，然而现在，在他对面的这个神经质的教授却告诉他，IBM 的潜在市场其实是无所不在，没有止境。

秘书在 1 点钟轻轻敲门，探头向沃森示意。然而，沃森却向他摆摆手，让他离开。

这时轮到沃森来劲了，反过来向伍德刨根问底。于是，这二人就这样你来我往，你一句我一句，居然一口气讨论到下午 5 点半。

两天后，三辆卡车驶入哥伦比亚大学。沃森给伍德教授送来了制表机、分拣机和打孔机——伍德可能需要的所有机器。

就这样，伍德教授为沃森指点迷津，为 IBM 指明了未来的发展方向。而沃森也成全了伍德，并成就了百年来经久不衰的标准化测试事业，为教育做了一件大好事。

沃森从此欣赏伍德，对伍德的研究百般夸奖。他还经常抽空，不经通知就直接去哥大了解伍德的新成果，观察他如何使用 IBM 机器。沃森也常常邀请伍德访问 IBM，聘他为咨询顾问，请他与工程师和销售经理一起讨论 IBM 在科学界的应用。与此同时，IBM 还帮助伍德在哥伦比亚大学成立了第一个机械化计算实验室——哥伦比亚大学统计办公室。后来，IBM 又与哥大天文系合作，在校园里建立了沃森天文计算实验室。

伍德和沃森，一位是终极学者，一个是终极商人，从此相互爱戴。沃森请伍德测试评估他的孩子，而伍德则试图帮助他的孩子增进学业。沃森还出资邀请伍德和他的妻子去缅因州度假，赠送礼物。

沃森荣任国际商会主席

沃森的事业渐入佳境。然而，美国大萧条却仍然没有转机，经济还是萎靡不振。席卷中西部的沙尘暴更是雪上添霜，重创农业。结果，经济和民生的艰难导致了社会的动荡。在通用汽车、福特汽车、各大钢铁厂甚至在百老汇剧院，静坐、怠工乃至暴力罢工此起彼落，劳资双方的鸿沟越来越深。

疆界外，法西斯分子也是甚嚣尘上，正一步步地将世界推向黑暗，推向深渊。欧洲首当其冲。在德国，希特勒的威权日增。1935 年，他开始公开镇压犹太人；1936 年，德国与日本和意大利结成轴心国；1938 年，德军吞并奥地利，且于 1939 年征服捷克斯洛伐克和波兰，最终挑起新的世界大战。在意大利，可笑浮夸的墨索里尼成了那里的法西斯领袖，他的军队侵略并接管了埃塞俄比亚。在西班牙，弗朗西斯科·佛朗哥将军率领军队造政府的反，并且在意大利和德国的帮助下挑起了一场残酷的内战。1939 年，佛朗哥赢得战争，从而在暴君的餐桌上分得一杯羹。与此同时，法西斯力量也在亚洲肆虐，侵略成性的军阀对日本政府的控制越来越强；他们用武力一步步扩张大日本帝国的版图；他们侵略中国，烧杀、抢掠、奸淫，无恶不作。

在内忧外患的形势下，罗斯福总统面对挑战，似乎总是能情况越严峻就变得越高大。1936 年，他在以压倒性的胜利获得连任后，一边在国际舞台上与英国首相丘吉尔肩并肩地对抗希特勒和墨索里尼，一边又在国内想方设法与持续的经济衰退苦苦斗争。

沃森欣赏罗斯福总统，想把自己塑造成为罗斯福在商业界的翻版。他正在经营一家重要性日益受到重视的公司，他们生产的"思考机器"也正在变革企业和政府现有的会计和记录保存方式。顶着大萧条的逆风，IBM 正在不断壮大。从 1935 年到 1939 年，它的收入增长了 81%，从 2100 万美元飙升至 3800 万美元；利润也增长了 29%，从 700 多万美元增加到 900 多万美元。水涨船高，IBM 的业务遍布全球。它在欧洲的主要国家，南美和北美的大部分国家及日本都有自己的子公司，并且多由当地人经营销售和服务。

因此，沃森的知名度越来越高，并被视为商业领袖和纽约社会精英，常常给成百上千人发表演说。他也与罗斯福总统关系密切，相互通信，互相拜访。

沃森觉得更上一层楼的时机已经到来，就决定去争取国际商会主席的席位。作为一个商人，他想要像罗斯福那样在政治舞台上有所表现，成为一个具有远见卓识、受人尊敬的领袖。因此，他想要亲自参与世界大事，实现历史性变革。不过，商业和政治是两股既交织又矛盾的力量。你中有我，我中有你，成功的商人能够在复杂多变的美国政治上有所作为的例子并不多见。

在 1936 年柏林奥运会上，希特勒推行的军事扩张主义及他对优等种族的信念在世人面前表露无遗。世界各地的人民虽然对此深为不安甚至义愤填膺，却又束手无策。

  为了避免被卷入另一场战争，美国民众选择了孤立主义，欲将自己的国家同世界分开。然而另一方面，美国的公司在过去 15 年里已经走向世界，它们越来越依赖来自远方的利润。很多公司在同德国做生意，不少大企业还在德国经营自己的工厂。因此，即使在德国阻止外国公司的利润离境后，许多美国公司仍竭力保持同德国子公司的商业关系。它们普遍认为德国终将占领欧洲的大部分地区，一旦退出德国，那么今后也许就再也回不去欧洲了。IBM 当然也不例外，德国的市场对它至关重要，是仅次于美国的第二大市场。

  1937 年国际商会代表大会预定在柏林召开。而沃森也如愿以偿，将在那里作为新一任主席，在纳粹宣传工具操办的仪式上，在全世界的众目睽睽下宣誓就职。任重道远，沃森抱着他那一贯的乐观态度，相信自己可以通过国际商会和 IBM 来化解国与国之间的矛盾，阻止战争。

  1937 年 6 月 24 日，沃森和妻子珍妮特在柏林火车站下了车。他们是从伦敦出发的。在英国时，沃森曾是国王乔治六世的宾客，而乔治六世在一个月前刚被加冕为英国国王。几天后，沃森夫妇的长子，23 岁的小汤姆·沃森也来到柏林，与他们相会。

  到达后不久，他们就感到柏林的气氛异常紧张。珍妮特悄悄告诉儿子，他们的朋友韦特海姆即将以近乎无偿的方式抛售他们家的百货公司，然后离开德国。在当时，这可不是一件微不足道的小事。韦特海姆百货公司[1]是一家建于 1896 年的享誉世界的大型连锁百货公司。在柏林韦特海姆商场中庭的全玻璃屋顶上，悬挂着巨大的水晶吊灯和波希米亚玻璃吊灯，光彩夺目，场面壮丽；宏大的百货大楼里分布着 83 部电梯，人来人往，川流不息；在明亮灯光照耀下，商场各色橱窗里展示着来自全球各个角落的商品和奢侈品，五彩缤纷，琳琅满目。韦特海姆是个犹太人，他的家族是柏林最富有的家族之一。1935 年，纳粹青年暴徒开始在柏林横冲直撞，到处打砸犹太企业的橱窗和窗户，韦特海姆百货公司也未能幸免。韦特海姆的家人告诉珍妮特，不断升级的恐吓和迫害说服他们全家，必须离开，逃往瑞典。

  韦特海姆家的经历，让沃森家人真切地了解到犹太人的痛苦遭遇，以及纳

---

[1] 韦特海姆百货公司（Wertheim），二战前德国一家大型百货连锁店，由格奥尔格·韦特海姆创立。

粹对他们的无理迫害。然而，沃森还是按既定安排行事。在一个有95名美国公司高管和来自43个其他国家的1515名代表出席的隆重仪式上，他被正式任命为国际商会主席。

代表大会的第三天是沃森与世界历史相遇的一个难忘的日子。6月28日，纳粹官员陪同沃森走进帝国总理府的一个优雅房间。希特勒已在那里，坐在一张摆放着典雅茶具的茶几旁。房间里另外还有四人：国际商会的前任主席、荷兰人芬特纳·范弗利辛根；长得圆滚滚、留着山羊胡子的国际商会德国部主席亚伯拉罕·弗罗温；国际商会名誉主席里弗代尔勋爵及希特勒的翻译。室内摆设高雅，鲜花怡人。入座后，宾客与元首同席，一起用茶，相互交谈。

总理府外，聚集了一大批来自世界各地的记者。会见结束后，沃森来到心情急切的记者面前，兴奋地告诉他们，希特勒在会谈中向他作出了"个人承诺"："不会有战争。没有国家想要战争，也没有国家负担得起战争。德国当然也不例外。"毫无疑问，这正是沃森梦寐以求的信息。他心情激动，暗自庆幸不虚此行：希特勒亲口承诺不会有战争！

当晚，沃森作为贵宾，在德国歌剧院聆听管弦乐队演奏贝多芬交响曲。厅堂里，纳粹标语和旗帜高悬。当希特勒走进偌大的剧场时，德国人全体起身，齐声振臂高呼：胜利万岁！向纳粹致敬！一时间，观众群情激昂，呼声震耳欲聋。沃森身临其境又恍如隔世，竟差点儿也下意识地跟着举起手，呼喊起来。

在接下来的几天里，沃森聆听了纳粹的各种演讲，也参加了优雅的各式家宴，包括在国民经济部长哈尔马尔·沙赫特家以及空军司令赫尔曼·戈林家。而宣传部长约瑟夫·戈培尔在弗里德里希·威廉三世的18世纪城堡中举办的一场盛大宴会，更是将沃森的访问推到了最高潮。

在那场盛宴上，3000名宾客大快朵颐，兴高采烈地对酒高唱德国民歌。正当众人酒酣耳热时，戈培尔和沙赫特向众人示意安静，并且邀请沃森上前。不难想象，此时此刻的沃森不免头脑昏昏，想入非非。他曾经梦想世界和平，结果在这个伟大的首都，他真的被尊为世界领袖。不仅如此，他还神奇般地说服了希特勒，让希特勒相信做生意比打仗更好。这时，他真的以为他已经成功扭转历史，把世界从自我毁灭的战争道路上成功转换到了通往繁荣和兴旺的康庄大道。

当沃森走向戈培尔时，他在想些什么呢？对纳粹的恭维，他会感到内疚吗？他会后悔出现在这种场合中吗？宴会厅安静下来，静得能听到摄影机胶卷转动的咝咝声。前任国际商会主席范弗利辛根也被召唤上前，站在沃森身旁。

国民经济部长沙赫特在众目之下展开一枚附着红黑白三色缎带的德国鹰星十字勋章。这是德国专门授予外国人的二等荣誉勋章。勋章的金色与白色珐琅相间的十字架躺在纳粹的卐字符上，字符的每个角都饰着一只德国鹰。与这十字奖章搭配，还有一颗佩戴在左胸上的六角星。

面对着前任和新任国际商会主席，沙赫特开始演讲。他感谢获奖者和国际商会为促进全球贸易所作的贡献，他也感谢获奖者和国际商会把代表大会带到柏林来。他接着表示，"当你在为国际商会工作时，你也在为德国工作"。沙赫特的讲话并没有提到IBM，也没有提到制表机。显然，无论德意志帝国是否欣赏IBM的产品，它向沃森颁发奖章决不是因为这些产品。

沙赫特给沃森和范弗利辛根佩戴勋章，再将绶带斜挎在他们的右胸前，然后说："作为德国的承诺，请接受这份嘉奖。我们真诚希望在重建世界贸易的过程中与你们精诚合作，共同提高所有国家的经济和文化福祉。"

宴会厅掌声雷动。沃森面露喜色，似乎对自己所犯的糟糕政治过错茫然不知。

贸易能换来和平吗

离开柏林后，沃森继续周游欧洲，先后访问了11个国家。他深信商业贸易可以避免战争，就一路向人传播"通过世界贸易实现世界和平"的信念。

在意大利佛罗伦萨逗留时，他又犯大错，在IBM举办的一个销售展览会上，向那个意大利独裁者致敬。"今天早上，我要向你们的伟大领袖贝尼尼托·墨索里尼致敬，"他对听众说，"我认为你们的墨索里尼是一个开路先锋。种种迹象表明，在他的领导下，最古老国家之一的意大利正在变成一个崭新的国家。由于你们的领袖墨索里尼的开拓性工作，我相信当代意大利人必将深受其益。"

沃森确实是个政治素人，但他并不见得真的会天真到看不见法西斯的累累恶行。他花了一个多月时间访问欧洲，与许多国家的国王和总理会面交谈。在1937年的欧洲，同任何一位欧洲领袖的交谈都不可能离得开德国，而且话题也不可能避得开有关纳粹德国迫害犹太人、镇压天主教徒或任何不属于希特勒优等种族范畴的人的种种罪行。沃森非常关心时事，而那时报纸杂志上的报道也都离不开纳粹暴行。况且，他还会收到来自IBM欧洲办事处的内部材料。当然，他也知道韦特海姆家族的遭遇。总之，他远比大多数美国人更了解德国法西斯的倒行逆施。

但是，沃森和1937年的许多美国人一样，虽然他们的内心或许会对纳粹感到不安甚至愤慨，但他们又心存侥幸，不想担当。由于希特勒最凶残的计划在那时候还没有展开，美国商界领袖普遍仍对他抱有幻想，对德国市场依依不舍。

1937年8月18日，沃森在瑞士日内瓦逗留时，给德国国民经济部部长沙赫特写了一封信。他在信中试图拿捏批评与帮助的微妙分寸。"作为朋友，如果我不向你传达我所了解的情况，那么我对你或你的国家将是不公平的，"他写道，"另外，我还想提请你注意，在美国，贵国的种族问题及与教会的冲突已经离间了许多原本对德国友好的人。"而这将会损害德国与美国的贸易和政治关系。可见，沃森一方面想客观地告诉沙赫特，反纳粹情绪在美国正在日益高涨，但他又避免表达个人对纳粹政策的态度。他竭力避免激怒沙赫特，就谨慎地强调说，"我真诚地秉持建设性态度，希望能有助于人"。

在1938年的那个水晶之夜[1]前夕，沃森收到了阿曼德·梅的一封信。梅先生和沃森相熟，是美国卵磷脂公司董事长。他在信中质问沃森为什么接受纳粹奖章，他还询问沃森对纳粹迫害犹太人的感受。

"我收到的每一件奖章，都是为了表彰我通过世界贸易来促进世界和平的努力，"沃森在回信里解释说，"我想补充一点，在去年的旅行中，除了德国，我还在瑞典、南斯拉夫、比利时和法国被授予奖章。"他强调说，"我是一个国际主义者。我与各式各样的政府合作，不管我是否赞同他们的所有准则。"

沃森接着陈述道："至于我对犹太种族主义的态度，众所周知，我总是想方设法帮助他们。"IBM在匈牙利、捷克斯洛伐克、荷兰、南斯拉夫和罗马尼亚的分部经理都是犹太人。"两周前，我们帮助了三名犹太人逃离奥地利。一两天前，我通过电报又救出来四名急需帮助的人。"同时，沃森也在信中寻求梅的帮助，问他是否愿意雇用一位50岁的父亲。因为，沃森当时正出资设法帮这位父亲的一家四口离开欧洲，迁往美国卵磷脂公司所在的亚特兰大。

就像一个拥有铲土机的人选择用铁锹挖地，沃森有能力为世人做更大的事，但他却选择为少数人做些事来麻痹自己的良心。水晶之夜发生后，梅先生又给他写了信，说："但我不相信国际商会会对这一可怕的祸害视而不见……在你的

---

1 水晶之夜或碎玻璃之夜，也称十一月大屠杀，是1938年11月9日至10日由纳粹突击队和警卫队准军事部队及希特勒青年团和纳粹德国各地的平民参与的针对犹太人的大屠杀。

整个职业生涯中，没有什么比归还这个奖章更好的事情了。当你知道自己为人类做了一些事情时，你会感到满意。"

1939年初，沃森终于觉醒，就直接给希特勒写了一封信。他在信中指出，民主国家"对贵国失去的善意"势必伤害各国间的贸易。"我恭请您考虑运用黄金法则来对待那些少数群体。"可是，令人难以理喻的是，那封信未能送达希特勒，被原封不动地退了回来。

于是，那些本来就认为沃森和纳粹是一丘之貉的人，就怀疑沃森其实是虚晃一枪故意写错地址，从而既可以声称他斥责了希特勒又能避免这样做的后果。但是，希特勒的地址怎么会错呢？任何一个信封上恐怕只要写着"阿道夫·希特勒，德国"，不管哪里的邮政局都应当知道该怎么办。

1939年3月7日，沃森的秘书又给希特勒寄了一封简短的后续函。"在前往南美旅行之前，沃森先生让我将随附的信件转发给您，该信上次被退回，未能送达。"结果，这封标注了"个人"的信显然是到达了它的目的地。

在1939年举办的纽约世界博览会期间，当沃森正在努力为IBM的活动造势时，犹太领袖纷纷取消了他们的参观计划。纽约犹太牧师委员会的J. X. 科恩还将邀请函退还给沃森，并表示对沃森接受希特勒的勋章感到"震惊和悲伤"。1940年春，德军在占领波兰和荷兰后开始进攻法国。狂热的纳粹党人也开始执行希特勒鼓吹的最终解决方案，疯狂抓捕犹太人，把他们投入种族隔离区和集中营。

纳粹奖章越来越像一个挂在沃森头颈上的枷锁。

1940年5月下旬，小汤姆·沃森加入了美国陆军国民警卫队。自己的儿子决心与希特勒作战的事实，彻底打破了沃森的迷思。1940年6月6日，沃森将奖章打包寄还给希特勒，并且在信中指出，希特勒在避免战争及发展与其他国家贸易这两个方面都欺骗了他。"鉴于贵国政府目前的政策与我一直为之努力和获得勋章的原因背道而驰，我不得不将它退还。"同时，他还把这封信的内容向媒体公开，把它发表在世界各地的报纸上。

纳粹德国对此耿耿于怀，它的官员们齐声声讨IBM。希特勒更是怒不可遏，宣布永远不准沃森踏上任何德国控制的土地。IBM德国子公司德霍马格的上上下下，也因此而人心惶惶。"沃森先生的这个愚蠢举动后患无穷，"它的一份内部备忘录说道，"这种行为迟早会严重伤害公司和所有人。这决不是危言耸听，因为这必然会被视为对元首的直接侮辱，从而也是对德国人民的侮辱……这表明美国人非常激动，因此美国直接介入的危险性更大了。"备忘录最后表示，如果这样的事果真发生,那么德霍马格就与纽约总部切割,让沃森咎由自取,自食其果。

1941 年世界局势急转直下。12 月 7 日,日本轰炸了珍珠港。四天后,德国对美国宣战。于是美国也就对日本和德国宣战,从而被正式卷入第二次世界大战。作为政治家,沃森彻底失败了。他的那些"通过世界贸易实现世界和平"的努力都好像是痴人说梦,不仅误判了商业的力量,也误读了纳粹的动机。

不过,这对 IBM 来说也未必是一件坏事。世界正在巨变,科技也在巨变。为了 IBM 的生存和发展,它需要一个专心致志的领袖。

艾肯构想机电计算机

哈佛商学院的西奥多·布朗教授与沃森私交甚笃。有一天,他向沃森介绍了一个哈佛的年轻才俊霍华德·艾肯[1]。艾肯当时是哈佛物理系博士生,对计算自动化情有独钟。他发表过一篇有关高速计算机的开创性论文,也有志建造计算机。可是,他的尝试并不顺利,哈佛否决了他的申请,部分原因是高昂的预算。

见面时,艾肯告诉沃森,他可以利用 IBM 现有的制表机零部件,"再加上一些额外工作和布线"就可以建造一台实验超级计算机。他还说,为保证科技的不断创新,有必要研制出在性能上远远超过现有任何计算设备的新型计算机。

沃森很快就对艾肯的想法表示赞赏。他历来尊重常春藤盟校的学术,又有过与哥伦比亚大学合作共赢的成功范例,所以他期望和艾肯的合作可以进一步增进 IBM 同哈佛大学的关系。于是,他很快就把艾肯介绍给当时被誉为工程师之父的 IBM 资深工程师詹姆斯·布莱斯。

艾肯提交的《自动计算机器提案》内容翔实,意义重大。他想创造一台能提供"更强数学和物理科学计算方法"的机器,并指出,"许多最新科学发展"都离不开高度复杂的现象,而为了追踪、理解和预测这些现象,人们必须找到能够进行复杂计算的合理方法。否则的话,人们就不可能充分研究这些现象。事实上,有些貌似高不可攀的问题其实"不是因为其理论的高深,而是由于机械计算手段的不足"。

---

[1] 霍华德·艾肯(Howard Hathaway Aiken,1900—1973),美国物理学家,计算领域先驱。他是 IBM 哈佛一号的最初概念设计师。

接着，艾肯又在提案中列举了有别于普通制表机的"科学计算机"的四大设计特点：首先，数学用机器必须"能够处理正数和负数"；其次，数学用计算机器必须"能够支持和运用"多种超越函数（例如三角函数）、椭圆函数、贝塞尔函数和概率函数；再次，为了用于数学，计算机器必须做到"一旦运算过程建立起来，它的执行需要完全自动化"；最后，为数学设计的计算机器应该"能够逐行计算而不是逐列"。因为在微分方程的求解中，一个值的计算往往取决于先前的值。

艾肯断言，只要具备了这四个特征就能将现有的穿孔卡计算机器转换成一种新型机器——那种被他称为"专适于科学目的"的机器。此外，他还认为这台机器可以完全由IBM现有的零部件组建而成。不过后来的事实证明艾肯的想法是过于乐观了，世界上第一台机电计算机不仅需要全新的部件，而且它的结构和工作方式都要比制表机复杂得多。值得注意的是，这份提案与查尔斯·巴贝奇对分析机的设想虽然相隔100年，却有异曲同工之妙。

1937年11月初，艾肯把他的提案正式递交给布莱斯，并于1938年初参观了位于恩迪科特的IBM研发实验室，从而开始了与布莱斯团队的合作。1939年初，IBM董事会正式批准了这个项目。在获得授权后，IBM工程团队旋即展开机器的开发工作，艾肯的角色也跟着变成了顾问和指导。

1900年3月8日，霍华德·海瑟薇·艾肯出生于新泽西州的霍博肯。他的父亲丹尼尔·艾肯是印第安纳州的一个富家子弟，母亲玛格丽特是个德国移民的女儿。艾肯是他们唯一的孩子。

童年时，艾肯随父母和外祖父母搬到了位于芝加哥以南约150英里的印第安纳州州府印第安纳波利斯。他的父亲是个酒鬼，动不动就殴打妻子。一家人深受其扰，只好在无可奈何中艰苦度日。在一次类似的痛苦事件中，12岁的艾肯终于忍无可忍，从壁炉边抄起一根拨火棍，把父亲赶出门外。此后，他和他的家人再也没有见到过那个酒鬼。

他父亲的那些富有亲戚们迅速作出反应，纷纷宣布断绝与艾肯和他母亲的一切关系。那时候，中产阶级"女士"通常没有技能，很难外出找工。而且，她们也觉得这样做有失体面，见不得人。因此，供养母亲和外祖父母的责任，全都落到了少年艾肯的肩上。

为了一家人的生存，艾肯不得不提前退学，去找了一份安装电话的工作。他在晚年时喜欢告诉朋友，印第安纳波利斯红灯区的所有电话都是他亲手安装的。不过，少年艾肯虽然打全工，却还是挤出时间来修习自己感兴趣科目的函授课程。一位心地善良的老师知道后为之感动，并爱才惜才，就亲自拜访了艾肯的母亲，恳求她允许艾肯复学。可是不工作，怎么能维持家庭生计呢？于是，老师在了解情况后，又想办法给艾肯在印第安纳波利斯的电热公司找了一份电工助理的工作。

新工作是夜班。所以，艾肯白天上学，晚上工作，一举两得。平心而论，大多数十几岁的孩子连自己的学习都顾不过来，怎么谈得上维持一家人的生计呢？不过，少年艾肯就是与众不同，他不仅以优等生的荣誉从高中毕了业，而且他的函授课程也从未间断过。

天道酬勤。毕业后，命运又一次眷顾艾肯。这次，他得到了学区公共教育总监米洛·斯图尔特的帮助。由于全职工作，艾肯尚缺申请大学理工科专业所必需的部分学分。斯图尔特就专门为艾肯设置了考试，同时，他还给每一家中西部大学城的电力公司写信，请求他们雇用这个年轻人。艾肯最终被威斯康星州的麦迪逊天然气和电力公司录用，担任夜间电话接线员。因此，艾肯于1920年和母亲一起搬到了麦迪逊，进入威斯康星大学攻读电气工程。在那里，他白天上学，下午4点到午夜去公司上班。

威大电气工程系主任爱德华·贝内特教授对年轻的艾肯影响至深。25年后，艾肯写信给贝内特教授，邀请导师参加世界上首台机电计算机投入使用的仪式。他在信中写道："我真心期望您能参加这个仪式，因为这台机器的成功，在很大程度上是由于您在我的学生时代对我的悉心栽培。"他在信尾的签字前写了"尊敬您的"。

1955年，艾肯在瑞典和德国的演讲中提到了贝内特教授的教学对培养他学术成长的重要性。他回忆说，贝内特教授曾教导他新知识体系发展所必经的四个阶段。第一个阶段是观察，当"调查员对某个主题几乎一无所知"时，"除了从自然中观察新的事实外，别无他法"。第二个阶段是分类，当观察者有足够多的事实而能够把它们"分开"时，就要"将它们分门别类"，再"按它们的重要性来排序"。第三个阶段是演绎，这是"一门新学科诞生"的时刻。在此阶段"从已知事实中推演出新事实"成为可能，因此就不再是"每当需要新信息时都必须去大自然做观察"。最后是辨析，在这个阶段里存在着"大师们的范例被盲目接受，高妙的言辞扼杀思辨"的危险。然后，艾肯以计算机为例，向他的听众讲解了贝内特模式在计算机发展过程中的应用。

1923年，艾肯获得电气工程理学学士学位。毕业后，他还是像以往那样一面全职工作，一面在威斯康星继续学习。1932年，他去芝加哥大学攻读研究生。可是，他失望地发现芝加哥大学是"一个糟糕的机构"，他不喜欢那里的课程和研究项目。于是，"两个学期后，我决定去哈佛"。

1933年，艾肯进入哈佛大学文理研究生院。然而，艾肯在哈佛物理系的表现并不理想，险些被经典物理"踢"了出去。幸好危机时，命运又一次眷顾，查菲教授向他伸出援手，把他收入门下。埃默里·莱昂·查菲[1]在哈佛举足轻重，并在真空管理论和电子学领域深得业界同行的尊重。

艾肯博士论文的主题是空间电荷，这是一个与微分方程密不可分的领域。艾肯回忆道："在一定程度上，论文的目标几乎变成了求解非线性微分方程。"当时解微分方程的唯一方法是"极端耗时"的手工计算。结果，他很快发现这个方法根本行不通，必须采用"机械化和编程化"。可是经过调查分析，他又发现现有的系统，包括哥伦比亚大学卢瑟福天文实验室发明的、使用了IBM穿孔卡制表机的新计算自动系统，都不足以在合理的时间内解决他的论文所需要解决的各种问题。

于是，艾肯就看见了一个崭新的机会。

哈佛马克一号

二战期间，艾肯的计算机项目在IBM被列为美国陆军的几个战时特殊项目之一。艾肯本人也应征加入了美国海军预备队，被分配到位于弗吉尼亚州约克镇的海军水雷战术学校。在军校，他以少校军衔担任高级教官，给年轻军官上电力和电子学课程。艾肯似乎很享受在海军的服役，但也对被战争剥夺了他与IBM团队密切合作的机会而感到失望。所幸IBM工程师已经熟悉他的想法和理念，布莱斯团队也有足够能力来独自推动项目的进展。

不过战争和技术上的复杂性，还是导致了这个项目的一再延误。1943年1月，艾肯的新机器终于组装成功，即将整机测试。当时，二战正如火如荼，军方希望通过测试来考察它在战场上的用途。

新发明本身就是工程上一个了不起的成就。它长50英尺，宽3英尺，高8英尺，重量超过5吨。整台机器共有75万只大小零部件和数百英里长的布线，

---

[1] 埃默里·莱昂·查菲（Emory Leon Chaffee，1885—1975），美国物理学家。1911—1953年任哈佛大学教授。

还有数百只旋钮排布在一块车库门大小的面板上。在机电计算机的中央，整齐排列着 72 只存储计数继电器，供操作员像电话交换台话务员那样通过拔出或插入电线插头来调节机器运作。另外，还有一块超过 3 米半宽的面板，上面安装着带有旋钮和插头的插值器。机器远端的一个架子上放着输入和输出设备，包括两台打字机、一个进卡器和一个打卡器。

当然，最核心的功能是编程。操作员可以按照各种任务的不同要求在穿孔纸带上编程，再由机器根据纸带上的程序指令进行千变万化的计算。这台机器每秒钟可以做三个加减法，做乘法需要六秒钟，而对数或三角函数计算大约需要一分钟。

艾肯将新机器命名为"哈佛马克一号[1]"，而 IBM 却较为中性地称它为"自动序列控制计算器[2]"。这种称呼上的差异在表面上似乎微不足道，但也在一定程度上反映出在艾肯和 IBM 之间缺乏共识。而且随着机器的不断完善，这两者间的裂痕变得越来越深。艾肯是一介书生，又因为战时服役而与机器的实际建造脱节，他不知道在机器研发中 IBM 团队做出了多么大的努力，也不知道 IBM 为此投入了多么大的资源，所以就主观地把这台机器视为自己一个人的成果。

1944 年夏，马克一号在哈佛大学组装完毕，即将揭幕。8 月 6 日，星期天，沃森和夫人珍妮特乘火车抵达波士顿车站。天公不作美，外面大雨滂沱。沃森下车时环顾四周，寻找哈佛的欢迎人群。在类似情况下，他所到之处总是会有重要人物在站台上等待他，盛情欢迎他。可是，他发现站台上冷冷清清，只有 IBM 波士顿分部经理弗兰克·麦凯布一个人孤零零地撑着雨伞等待他们。更令沃森吃惊的是，接他们去下榻酒店的车并不是哈佛派来的豪华轿车，而是麦凯布的雪佛兰。

大雨中，沃森夫人弯腰屈背勉强进入后座，麦凯布和沃森也躬身相继钻进雪佛兰。沃森关上车门，心里不是滋味，但忍着未对麦凯布发泄。接着，麦凯布递给他一份当天的报纸。沃森扫了一眼，双眼一亮，发现马克一号居然出现在头版头条上！这不但比典礼早了一天，也比预定的新闻发布日期提前了一天！这时，麦凯布小心翼翼地告诉沃森，波士顿所有报纸都将马克一号放在了头版头条，并且按照艾肯和哈佛所透露的信息，异口同声地把发明全部都归功于艾肯一人。

1　哈佛马克一号：Harvard Mark I，是二战后期战争中使用的最早的通用机电计算机之一。
2　自动序列控制计算器：Automatic Sequence Controlled Calculator (ASCC)。

"哈佛的自动大脑",《波士顿邮报》夸张地渲染,并称艾肯是"举世最伟大计算器的海军发明家"。这篇文章只提到 IBM 一次,连它是共同发明者和资助者都没有说。

为马克一号大造声势,这确实是沃森想要做的。但是,怎么可以忽略 IBM 呢?艾肯和哈佛为什么要在没有咨询 IBM 的情况下擅自提前公开发布新闻稿呢?而且,新闻稿为什么要把艾肯描述为唯一的发明者呢?

那一刻,世界上最倒霉的人大概就是麦凯布了。沃森怒不可遏,在车里咆哮起来。他不停诅咒艾肯,直到麦凯布把汽车停在波士顿的科普利酒店前。沃森冲进房间时仍然怒气冲天,他立刻给东道主打电话,一边痛斥他们,一边大声宣称将拒绝参加安排在第二天举行的揭幕仪式。

艾肯和哈佛的一位院长立即赶到科普利,反复向沃森郑重道歉,请他重新考虑。"你不能只把 IBM 当作嫁衣裳!"沃森对着艾肯怒吼,"我看待 IBM,就像你们哈佛同仁看待自己的大学一样!"最后,在众人的反复劝说下,沃森总算冷静下来,同意按计划在典礼上发言,以后再与哈佛正式交涉。

马克一号的落成典礼是一件大事。与会的有马萨诸塞州州长,四位海军上将和许多其他部队长官,哈佛教职员工、哈佛院长和哈佛管理委员会成员以及建造马克一号的三名主要 IBM 工程师和另几位机器的操作人员。在午餐和两点半举行的仪式中,沃森已经恢复如常,演讲应酬,魅力十足。

艾肯演讲的语气也与新闻稿的大不相同。他仔细介绍了机器的开发过程,并给予 IBM 工程师应有的赞赏。他也回忆了自己与 IBM 工程师詹姆斯·布莱斯的"第一次接触",说布莱斯"三十多年来一直是计算机零件的发明者",并强调布莱斯的发明涉及"计数器、乘法器和除法器以及所有其他机器和零件……它们已成为你们今天下午将看到的自动序列控制计算器的组成部分"。艾肯还说,布莱斯凭借他在计算机领域的丰富经验很快看出了艾肯提出的科学机器的价值,所以他"培育并鼓励了这个项目"。最后,艾肯进一步明确表示,他本人"为以科学为目的的机器提出了要求",是 IBM 的员工将他的理想变成现实。

当仪式接近尾声时,沃森赠予哈佛大学 10 万美元,获得与会者的一致赞扬。

巴贝奇光芒

不少人相信,艾肯对计算机的想法以及马克一号的设计都深受巴贝奇的影响。机械计算先驱莱斯利·科姆里也于1946年在《自然》杂志上发表了一篇题为《巴贝奇梦想成真》的文章。而艾肯本人也认为自己是巴贝奇的继承人，经常向人指出他的想法与巴贝奇的相似之处。

1871年10月18日，巴贝奇黯然与世长辞。然而，他的儿子亨利并未灰心，继续默默耕耘，努力薪火相传。亨利·普雷沃斯特·巴贝奇少将是巴贝奇的小儿子。十几岁时，亨利和他的哥哥杜格尔德曾经在巴贝奇的绘图室和车间里学习机械技能。后来，亨利对差分机和分析机的设计有了很好掌握，并在印度等地服役的几次长休假期间与父亲建立了亲密的关系。因此，巴贝奇就在晚年把他的图纸、工作室和计算引擎的幸存实物全都传给了亨利。

1875年，亨利在正式退役后承继了父亲的工作，先后组装了6台小型差分机演示模型，并将它们分别送给了剑桥大学、伦敦大学学院和曼彻斯特大学等多所大学。1886年，他又赠送给哈佛大学一台。

1937年，艾肯在提出有关发明一种新型计算机的想法后，他失望地发现"哈佛物理系的教师对我想做的事缺乏兴趣"。不过，尽管如此，他的这个想法还是成了系里的一个新话题。一天，物理系主任在与物理实验室技术员卡梅罗·兰泽交谈时谈到了艾肯的这个想法。不料，兰泽听后惊讶地表示他"不明白为什么我们要在物理实验室做这种事呢，因为我们已经有了一台这样的机器，但从未有人使用过它"。

艾肯听到这个消息后，大吃一惊，就立刻去找兰泽，问"那台机器在哪里"。于是，兰泽就领艾肯到老物理研究实验室的一个阁楼里。果然，那些后来"陈列在计算机实验室大厅里"的齿轮装置就在那里等着他，旁边还有一封亨利的信。亨利在信里不但描述了这些齿轮的功用，还介绍了他父亲设计的计算引擎的其他部件。

艾肯见到这些物件后目瞪口呆，"觉得巴贝奇好像是从过去在亲自向他说话"，并表示说："如果巴贝奇能活在75年后的今天，我就要失业了。"从此，艾肯常常向人宣传巴贝奇，一再表达他对巴贝奇的感激之情，并称自己是巴贝奇的现代传人。

如今，哈佛马克一号不再完整无缺，它的一大部分机械装置保存在位于华盛顿特区的史密森尼学会。

第三章

电子计算

哈默幻影

1870 年代，第二次工业革命蓬勃兴起。法拉第的电磁研究和西门子的发电机仿佛新版普罗米修斯，为人类送来了一份大礼——电。化黑暗为光明，从此人类社会进入电气时代，日新月异。

1881 年，当何乐礼和比林斯医生一起斟酌机电计算的可行性时，在美国新泽西州门洛帕克的爱迪生实验室，一位为大发明家托马斯·爱迪生工作的年轻工程师威廉·约瑟夫·哈默[1]，偶然发现了一个难以理解的物理现象。

当时，爱迪生实验室正站在电灯研究的最前沿，为生产既可靠又具经济价值的商用电灯泡而不断推陈出新。爱迪生对未来充满信心，预言道："我们将使电变得如此便宜，以至于只有富人才会去点蜡烛。"

灯泡的原理很简单，就是在抽除了空气的玻璃球内，给安装在两个电极之间的一根灯丝通电，让它发光。爱迪生的团队在那时已经懂得，除尽灯泡内部的空气是延长灯丝寿命的关键，所以他们就把研究重点放在寻找最佳灯丝材料以及最有效的抽真空方法之上。

一天，哈默在做研究时意外发现：在一定电压下，真空灯泡内的正极周围

---

[1] 威廉·约瑟夫·哈默（William Joseph Hammer，1858—1934），美国电气工程师先驱、飞行家，曾担任爱迪生先锋者协会主席。

会发出一种奇异的神秘蓝光，而正极上的导线和灯泡的玻璃也会跟着逐渐变黑。经过思考，爱迪生试着在灯丝附近插了一块金属片。他接着困惑地发现：当板片带正电时，会有电流从带负电的灯丝流到并不与之接触的板片上。反之，当板片通上负电时，没有任何反应。这个研究似乎表明，在一定条件下，灯泡内的灯丝和板片之间存在一个无形的通道，里面流淌着一股来路不明的电流。

对这个被称为"哈默幻影[1]"的神奇现象，爱迪生十分困惑，一时无法解释。但他是个经验丰富的发明家，不会错过任何一个潜在的机会。1883年，他为这个发现申请了专利，并精明地将其更名为"爱迪生效应"。

时间宝贵，爱迪生的时间更宝贵。摆在他面前的研究课题太多，而且爱迪生效应似乎也没有直接的商业应用，所以对这个现象的研究就被搁置一旁。

不过，别的科学家却对爱迪生效应产生了浓厚兴趣。他们做了许多实验，设法弄明白在真空玻璃管的内部到底发生了什么事。最后他们发现，爱迪生效应是由于在通电所产生的温度的激发下，真空管内的两个电极之间，存在着一股由阴极逸向阳极的电子流。

人们通常称这种能进行"热电子发射"的真空玻璃管为"电子管"或"真空管"。电子管的外表虽然和电灯泡差不多，但它的设计功能并不是为了发光，而是要最大限度地扩大和控制这股热电子流。

为电子管乃至电子学奠基的三位重要先驱分别是物理学家约瑟夫·约翰·汤姆森[2]爵士，电气工程师和物理学家约翰·安布罗斯·弗莱明[3]爵士，以及美国发明家李·德弗雷斯特[4]。

1897年，汤姆森在剑桥大学的卡文迪许实验室发现了电子。他证明，如果给一片金属通电或加热到白炽化，就像爱迪生效应那样，它就会发射出大量电子，形成电流。电子是物理学的一个重大发现，汤姆森因而获得了1906年的诺贝尔物理学奖。

1904年，弗莱明在为马可尼公司工作时，为了改善跨大西洋无线电信号的接收而发明了第一只热电子真空管，即二极管。1906年末，德弗雷斯特在对二

---

1 哈默幻影：Hammer's Phantom Shadow。
2 约瑟夫·约翰·汤姆森（Sir Joseph John Thomson，1856—1940），英国物理学家，获1906年诺贝尔物理学奖。
3 约翰·安布罗斯·弗莱明（Sir John Ambrose Fleming，1849—1945），英国皇家学会院士，电气工程师、物理学家。
4 李·德弗雷斯特（Lee de Forest，1873—1961），美国发明家、电气工程师，是具有重要意义的电子学领域的早期先驱。1906年他发明了第一个实用的三极真空管，这有助于开启电子时代，使无线电广播和长途电话成为可能，并导致了有声电影以及不计其数的其他应用的发展。

极管进行了系统而又深入的研究后发现，如果在真空管两极之间加一块栅极，那么，他就能通过这个第三极来放大电信号。

三极管是第一只实用的信号放大装置，是电子领域的基石，使无线电广播、长途电话、有声电影、电视以及其他各种应用成为可能。所以，三极管的意义非凡，影响深远。

实践和理论相辅相成。有了电子管的发明家，也就有了电子学的理论家。艾肯的博士论文指导教授查菲博士，是一位在电子学领域享有盛名的理论家。他布置给艾肯的论文题目是空间电荷传导领域中的一个方向，而空间电荷研究的问题就与爱迪生效应有关。

就像爱迪生实验室为了寻找更可靠的电灯泡，"意外"地发现了通往另一个领域的门户，从而开创了一个崭新的领域——电子学，艾肯为了研究空间电荷传导，也"意外"地发现了计算方法的严重不足，从而走上了实现计算"机械化和编程化"的道路。

巧的是，无独有偶，当艾肯在 1937 年向 IBM 建议研发计算机时，在美国中部的爱荷华州立学院（爱荷华州立大学的前身），数学和物理学教授约翰·阿塔纳索夫[1]也早已认识到了计算工具的严重不足，他也在为发明更理想的计算工具而冥思苦想。

阿塔纳索夫魂游象外得灵感

阿塔纳索夫在威斯康星大学攻读博士学位时，他的论文题目是《氦的介电常数》，旨在运用量子力学的方法来研究氦在电场中储存电能的能力。然而为了研究氦的微观性能，他必须大量求解一种波函数的线性偏微分方程，即薛定谔方程。结果，他被论文所需的计算弄得精疲力尽。

阿塔纳索夫只是想使用量子力学的新方法，通过计算来研究原子内部的结构和粒子的运动，可是线性偏微分方程的繁琐计算却一而再再而三地向他揭示了计算工具的严重不足。

对寻求更理想的计算机器这件事，阿塔纳索夫的内心十分纠结。他是一个

---

[1] 约翰·阿塔纳索夫（John Vincent Atanasoff，1903—1995），保加利亚科学院外籍院士，美国物理学家、发明家，因发明第一台电子数字计算机而闻名。

在量子力学这门新兴学科里学有所成的理论物理学家,平心而论,他实在不想也没有时间去发明一台新机器。可是另一方面,作为一名科学家,他亦无法对计算方法正在阻碍科学发展这个事实熟视无睹,假装视而不见。

他后来写道:"我无可奈何地得出结论,如果想要一台通用于科学的,特别是适用于求解线性方程组的计算机,我就不得不自己去建造它。我有着充实的生活,有太多事要做,我不想去寻找和发明,但很遗憾的是,我正在转向那个方向。"一言以蔽之,阿塔纳索夫担心他会把自己最好的年华,浪费在一个很可能会吃力不讨好的努力上。

1937年12月的一个夜晚,当阿塔纳索夫为新计算机器的设计而百思不得其解时,他钻进了自己钟爱的那辆崭新的八缸福特车。他回忆道,由于"想不出任何解决方法,我的情绪糟糕透顶,真是沮丧至极"。另一方面,他对自己的新福特却非常满意。那辆新车不仅快捷、舒适、平稳,而且机动性一流,得心应手。驶着驶着,他感到自己的内心渐渐平静下来,悠悠然竟在不知不觉中魂游象外。

"当我终于重返地球时,我正在穿越距离我的办公桌189英里以外的密西西比河。"认识到这一点,阿塔纳索夫不由自主地打了个激灵,立即回到自己的那个实际而又严肃的本相,暗自说:"快放弃这个该死的愚蠢举动。"

不久后,阿塔纳索夫在伊利诺伊州高速公路旁的一个酒馆招牌前停下车,走进一家小酒馆。好在伊利诺伊州不像爱荷华州,他可以买一杯酒来犒劳自己。于是他就坐下,点了波本威士忌和苏打水。

酒吧后方的收音机轻轻播放着音乐。几乎就在一个可人的女侍者给他端来饮料的那一刹那,阿塔纳索夫又一次魂游象外。一个包含着所有要素的完整计算系统忽然出现在他的脑海里。"我觉得自己不再那么紧张,我的思绪又转向了计算机,"他回忆道,"我不明白为什么那时自己的头脑会那么灵,然而先前却无法工作。无论如何,事情似乎变得很好,很酷,很静。"于是,他信手拿过一张餐巾纸,迅速将脑海里的想法记录下来。

在酒吧里坐了几小时并仔细想通每一个概念后,"我上了车,调转车头,以较慢的速度打道回府"。

1903年10月4日,约翰·文森特·阿塔纳索夫出生在纽约州汉密尔顿,是家中的长子。母亲伊娃·卢塞纳·珀迪是个喜欢阅读和擅长数学的教师,父亲伊万·阿塔纳索夫则是个电气工程师。伊万在13岁时,为了逃脱奥斯曼政府的凶残统治,在他母亲的安排下,随舅舅从保加利亚辗转来到美国。读书成人后,伊万曾在新泽西的一家爱迪生电厂里担任工程师。后来，由于家人的健康原因，他又率全家搬到了佛罗里达州坦帕以南的新兴小镇布鲁斯特。

阿塔纳索夫从小学习优异，并在成长岁月中受到了父母的鼓励和引导。9岁时，他帮助父亲给他家的房子布线接电，父亲还送给他一把新式的计算尺。他如获至宝，爱不释手，几周内就掌握了它，并且从此迷上了数学和数学工具。"那把计算尺是我的宝贝。"他甜蜜地回忆道。小镇布鲁斯特条件有限，学校里教的材料满足不了他的求知欲，于是他就在家里读父母的书。一天，他在无意中发现了父亲的大学数学教科书，就自学起来。遇到不懂的内容时，他就向母亲求教。结果，阿塔纳索夫只用两年时间就以全优的成绩从高中毕业。接着，他考了数学执照且找了一份工作，为上大学存钱，作准备。

1921年，阿塔纳索夫在他18岁生日前不久，进入了佛罗里达大学。当时正值"物理学的黄金时代"，爱因斯坦更是阿塔纳索夫的偶像，所以他想在大学里学物理，成为一名物理学家。可惜佛罗里达大学在当时并没有物理专业，他只好选择了与物理最接近的电气工程专业。与众不同、创意十足又才华横溢的阿塔纳索夫在大学里表现优异，1925年毕业时，他的平均成绩是佛罗里达大学到那时为止的最高分。

接着，他申请了心仪已久的物理学硕士。第一个录取他并给他提供资助的学校是爱荷华州立学院。尽管他后来也收到了哈佛大学的录取信，但他心志已定，决定前往爱荷华州立学院，去那个玉米地带的小镇艾姆斯。

1926年6月，阿塔纳索夫获得物理学硕士学位，并接受学院邀请留校教数学和物理。1927年初，阿塔纳索夫又搬到麦迪逊市，去威斯康星大学攻读博士。在那里，他遇到了自巴贝奇以来，每一位计算机先驱都有过的相似经历：在苦苦求解数学方程时，他梦想一种可做得更好更快的计算机器。1930年，阿塔纳索夫获得了威斯康星大学理论物理学博士学位，并回到爱荷华州立学院担任助理教授。

瓜熟蒂落。阿塔纳索夫终于认识到自己在电气工程、数学和物理学上的训练，给了他创造计算机这个历史使命的能力。

勇敢迈步

1938年，阿塔纳索夫花了整整一年的时间来仔细琢磨他在伊利诺伊州小酒馆里得到的那个灵感。最后，他为电子计算归纳出四个要素：第一，采用电子管和电子电路；第二，采用二进制，利用电子管的开与关这两个状态来进行计算；第三，存储装置使用再生记忆电容器；最后，通过直接的逻辑状态而不是抽象计数方法来做计算，即直接通过电子管的开关状态，而不是依靠间接的齿轮运动来做计算。

随着思考的深入和系统化，阿塔纳索夫认识到时机已趋成熟。于是，他在1939年春向爱荷华州立学院申请了650美元的经费，并很快得到批准。一天，阿塔纳索夫在校园里遇到他的朋友、工程学教授霍华德·安德森。交谈中，阿塔纳索夫谈到他正在寻找一名聪明、主动、会动手、能独立思考又熟悉电子产品的研究生。安德森听后，向他推荐了一个刚完成学士学位的年轻人克利福德·贝瑞。

同年夏天，阿塔纳索夫在与贝瑞第一次会面时，仔细考察了这个年轻人并留下良好印象。贝瑞的知识面广且扎实，为人热情又富有进取心。当阿塔纳索夫概述自己的想法时，贝瑞既敢问又敢言，提出不少有意思的建议。他似乎毫不费力地理解了阿纳塔索夫的想法，而且对这个项目也颇感兴趣。

阿塔纳索夫和贝瑞的工作很快有了起色。在一块面包板大小的木板上，贝瑞建造了一个由11只电子管和50只电容器组成的纯电子计算系统，并于10月顺利进入调试。阿塔纳索夫向人介绍说，"它只能做相当于十进制的八位数字的二进制加减法"，但它的计算准确无误，而且完全符合阿塔纳索夫为电子计算所设定的四项原则。几周后，阿塔纳索夫向学校领导展示了这台样机，并获得了进一步的资金——110美元用于材料，700美元用于费用。

这就是电子计算的平凡开初。它貌不惊人，只是来自一名教师的一个梦想，一个研究生的一双巧手，并且发生在玉米之乡的一所普通工学院。难怪在当时，爱荷华州立学院的领导和阿塔纳索夫的同事都没有对这个发明表现出多少理解或热情。那些闲逛到物理楼地下室的人都对它有点不屑一顾，而学院上层的"支持"也只是区区数百元而已。

适者生存。阿塔纳索夫只好精打细算，将新一轮的设计限制在求解线性方程组上。1940年1月，贝瑞开始切割角铁，动手建造新一代样机。他心灵手巧，不仅承担了大部分建造工作，而且还承担了调试和改进的责任。结果，项目又进展顺利，新机器只用了几个月就顺利建成，进入测试。

8月，阿塔纳索夫写了一份35页的稿子，详细叙述了这台机器，并用打字机和复写纸做了几份复件。一份用于申请资金，一份让贝瑞保留以便用于下一台机器的构建，一份发送给了爱荷华州立学院聘请的一位芝加哥专利律师。可惜由于各种说不清的原因，那个律师把这事拖了下来，没有去申请任何专利，从而在多年后引起了一场持续数年的法律纠纷，导致多少伤害和苦毒。

电子计算样机初步验证了阿塔纳索夫对电子计算的设想。这时，他忽然开始担心，会不会从某地、某名校或某大公司突然杀出一个程咬金，把他们的成果统统抢走。于是，他就决定去参加美国科学促进会的一个年会，以便了解科学界的最新动态。

12月，阿塔纳索夫驱车前往费城赴会。会议期间，他参加了约翰·莫奇利[1]博士主讲的一个讲座。在演讲中，莫奇利介绍了他使用自己研发的计算工具来预报天气的工作。此外，他还将话题转向计算机器本身，说他正设想用电子管来制造一种新型计算机器，并强调说电子计算可能是进行更复杂大气理论研究的唯一方法。

果然也有科学家这么想！阿塔纳索夫心头一震，亦惊亦喜。

讲座结束后，他匆匆走向讲台，向莫奇利自我介绍说他本人也一直在研究计算机的电子电路，他的样机是纯数字化的，没有齿轮，也不用继电器。一时间，这两位科学家一见如故，相见恨晚。简短交流各自的想法和项目后，阿塔纳索夫仍觉得意犹未尽，就邀请莫奇利在方便时访问爱荷华。

1941年6月，莫奇利驱车前往爱荷华探望阿塔纳索夫。他在13日星期五抵达，花了几天时间察看正在调试中的那台计算样机，并与阿塔纳索夫和贝瑞做了详尽讨论。

1941年底，国际形势每况愈下。12月7日，日军对美国不宣而战，偷袭了珍珠港。12月11日，德国向美国宣战。在小城艾姆斯，美国的参战终止了爱荷华州立学院的新计算样机的工作。尽管阿塔纳索夫从纽约一家私人公司获得了5000多美元赠款，但战争状态造成了各种物资和零部件紧缺，而且他也不得不将自己的全部精力转移到另一个国防项目上。同样，贝瑞也必须投身于新的国防工作。

1942年夏，贝瑞与阿塔纳索夫的秘书结了婚，前往加利福尼亚工作。9月，

---

[1] 约翰·莫奇利（John William Mauchly，1907—1980），美国物理学家，与皮斯普·埃克特一起设计了第一台通用电子数字计算机——ENIAC。

阿塔纳索夫本人也离开了爱荷华州，前往华盛顿特区的海军军械实验室工作。就这样，贝瑞离开了，阿塔纳索夫也离开了。爱荷华州立学院物理大楼的地下室里只剩下那台样机，积攒灰尘，形单影只。

军队的燃眉之急

1943 年初，战场上的形势对于盟军来说异常严峻。纳粹德国在欧洲大陆横冲直撞，控制了那里的大部分土地，法西斯主义更是甚嚣尘上。美军和英军在北非与法西斯军队苦苦作战，难解难分。只有在南太平洋，美国的太平洋舰队和盟军略有斩获，经过半年浴血奋战，他们击退了瓜达尔卡纳尔岛上的日本侵略者。

在逼人的战争形势下，美国人民终于振作起来，团结一致，众志成城。工厂里，工人们干劲冲天，生产出一批批威力越来越强大的火炮。可令人意外的是，那些运往欧洲和非洲的新火炮却因为无法有效瞄准而几乎前功尽弃。

炮兵在战场上凭目视和经验来瞄准火炮的时代早已一去不复返。为了有效瞄准，炮手需要使用射击表格来帮助他们统筹应对各种复杂的现场因素，例如温度、湿度、风向、风速、海拔高度和火药种类等，不一而足，甚至连火药的温度也很重要。可见对炮手来说，火炮的射表手册就像是火炮的眼睛，不可或缺，至关重要。

然而，射表的制作是一个耗时而又繁琐的数学制表过程。每一个表格都需要用一组微分方程来计算出 3000 条轨迹的准确数据。而且，每门炮、每种炮弹都必须有与之相对应的射表。更麻烦的是，后来发现地理也是一个大问题，尤其是在非洲。1942 年秋，当美军在非洲登陆时，陆军发现那里较为松软的地面造成了炮弹飞行轨迹的差异，结果为欧洲战场制作的射表在非洲就失去了作用。

美军的这一类制表工作都是在隶属于陆军军械部的阿伯丁试验场，通过试射和数学计算来完成的。位于马里兰州哈福德县的阿伯丁试验场是一个历史悠久的陆军兵器试验中心，专门负责检验常规武器以及训练军械人员。此外，它也负责检测外国陆军武器的性能。

二战期间，在阿伯丁有一个以女性为主体的计算员团队。她们使用一种效率极其有限的台式计算器做计算，每制作一个完整的射表，通常需要一个多月。

显而易见，阿伯丁的制表速度根本无法跟上战时军工厂空前高涨的生产效率，这成了一个备受关注的瓶颈。

战争事大，人命关天。提升制表效率成了军队的燃眉之急。陆军立即为此专门立项，任命阿伯丁弹道研究实验室的赫尔曼·戈德斯坦[1]中尉为项目负责人，要求他务必尽快从根本上提高制表效率。同时，陆军也立即向宾夕法尼亚大学的摩尔电气工程学院寻求帮助，并在那里组建了一支编外文职计算员团队，以进一步增强数学计算的能力。

战争开辟离奇人间路，从而也能彻底改变人生。临危受命的戈德斯坦于1913年出生于芝加哥的一个犹太人家庭。他曾就读芝加哥大学，相继于1933年获得数学学士学位，1934年获得硕士学位，1936年获得博士学位。他也曾在外弹道数学理论权威吉尔伯特·艾姆斯·布利斯手下担任过三年研究助理。1939年起，他在密歇根大学任教。

1942年7月，戈德斯坦被征召入伍。他是一个身材瘦长、书生气十足的年轻学者，平时满脑子想的都是数学难题而不是政治问题。因此，他实在不是一块在战场上决胜斗勇的料。于是，他的一名前导师就向一个有军方关系的朋友介绍说，戈德斯坦在办公桌后面工作会对国家更有利。就这样，戈德斯坦来到了阿伯丁试验场的弹道研究实验室。

难能可贵的是，戈德斯坦凭借他这么浅薄的军中资历，居然在军队面临危机时被委以如此重任。一天，当一筹莫展的戈德斯坦中尉在摩尔学院为火炮射表的制作而苦苦思索时，一个宾大研究生问他有没有听说过新聘教授约翰·莫奇利。接着，那个研究生又告诉他，莫奇利博士想造一台可以取代所有计算员的电子计算器，然而，不可思议的是，宾大的教授和院长都对这个倡议置之不理。最后，那个研究生感叹道，这实在是太愚蠢了。

戈德斯坦听后大吃一惊，简直不敢相信自己的耳朵。山重水复疑无路，柳暗花明又一村，果然是天无绝人之路。

戈德斯坦立即去找莫奇利。当莫奇利明白了戈德斯坦的来意后，他也不敢相信自己的耳朵。真是谢天谢地，他立刻意识到军队才是他的救星，可以成全他的梦想。于是，他就如数家珍，把他的设想一五一十地向戈德斯坦细说了一遍。

---

[1] 赫尔曼·戈德斯坦（Herman Heine Goldstine, 1913—2004），美国数学家、计算机科学家。他协助开发了ENIAC。

戈德斯坦听后，如获至宝。莫奇利的想法给了他实现重大突破的希望。于是，他就走进约翰·格里斯特·布雷纳德[1]教授的办公室，询问莫奇利曾经递交给他的一份倡议书。可是，布雷纳德怎么也找不到那份 6 个月前的文件，只好根据莫奇利秘书的速记，重新做了一份。然后，布雷纳德就在倡议书上写了一个模糊而又勉强的评语"饶有兴趣的读物"，把它发了出去。

戈德斯坦是个很有悟性的数学博士，他很快领会了莫奇利想法的核心——用电子元件取代机械齿轮来制造新型计算机。齿轮很难在一微秒内停止或启动，但这对电子来说却是轻而易举，因此，电子计算机器必然会更迅速、更准确。于是，他说服自己的上司把这个想法带到军队高层去寻求资金。

不过，宾大上下好像都没把戈德斯坦当回事儿。"布雷纳德博士对此嗤之以鼻，"莫奇利在日记中写道，"他告诉我，戈德斯坦嫩得很，其实还是个涉世未深的孩子，根本不知道事情深浅。"另外，也有不少人认为戈德斯坦是病急乱投医，抓到一根稻草就把它当作宝贝。

同样，宾大的射表计算员也认为莫奇利的奇特想法是异想天开。"我们只当他疯疯癫癫，在做白日梦。"一名女计算员回忆道。

埃克特和莫奇利的白日梦

其实在摩尔学院的实验室里，有两个人在一起做白日梦，那就是约翰·威廉·莫奇利和约翰·皮斯普·埃克特[2]。

莫奇利于 1907 年 8 月 30 日出生于俄亥俄州辛辛那提。9 岁时，当父亲塞巴斯蒂安·莫奇利去华盛顿卡内基科学研究所担任地磁部门的首席物理学家时，莫奇利随父母和姐姐海伦搬到马里兰州的小镇切维切斯。莫奇利是个学业优秀又静不下来的孩子，他的床头挂着一块小牌子，上面问道："我现在该怎么办？"他的高中成绩近乎完美，被公认为数理方面的天才，并在高四时担任校报编辑。

莫奇利的父亲是个物理学博士，他知道科学家待遇偏低，就鼓励自己的儿

---

[1] 约翰·格里斯特·布雷纳德（John Grist Brainerd, 1904—1988），美国电气工程师、教授，曾任宾大摩尔电气工程学院院长。
[2] 约翰·皮斯普·埃克特（John Adams Presper Eckert Jr, 1919—1995），美国电气工程师、计算机先驱。他和莫奇利一起设计了第一台通用电子数字计算机——ENIAC。

子去学工科，成为一名工程师。结果他如愿以偿，莫奇利获得了约翰斯·霍普金斯大学的工程奖学金。可是在大二时，莫奇利发现工科课程乏味无趣，开始厌倦。他后来回忆道，工程学的都是一些属于"食谱"之类的东西。为设计一根能承受特定负载的悬臂梁，你就去查美国钢铁公司的标准手册，从而决定需要多少钢材和几颗铆钉。因此他相信，只有"物理学家才能让男儿尽情尽兴"。于是，莫奇利在本科读了两年工程后就直接转读约翰斯·霍普金斯大学的物理研究生，研究分子光谱学。1932 年，莫奇利成为博士。

埃克特比莫奇利小 12 岁，于 1919 年 4 月 9 日出生于费城，在费城日耳曼敦区的一座豪宅里长大。他的父亲是一个开发房地产的百万富翁，在名人、财富和权力的圈子里左右逢源。埃克特 5 岁时，他和家人一起在迈阿密的一个高尔夫球场同沃伦·哈丁总统邂逅，并合影留念。不过，埃克特并不单单是个由自家司机接送上名校的富家子弟。5 岁时，他就开始勾勒收音机和扬声器的草图。12 岁时，他的磁控帆船在费城科学博览会上获奖。14 岁时，他在父亲的一栋高层公寓楼里，用新型电气装置更换了原来的那套老旧烦人的、使用电池的对讲系统。

埃克特在申请大学时，他的数学考分雄居全国第二，被麻省理工学院录取。可是，他的母亲无法接受自己唯一的孩子离开家，而他的父亲也希望他去读商学院。于是，他们就安排埃克特去了宾夕法尼亚大学的沃顿商学院。入学后，埃克特很快厌倦商务课程，想转学物理。可是物理系没有空位，他就只好在 1937 年转读宾大的摩尔电气工程学院。1940 年，年仅 21 岁的埃克特申请了他的第一个专利，并在两年后获得授权。

莫奇利毕业时正值大萧条。他的父亲一语成谶，社会上果然不需要刚获得博士学位的物理学家。莫奇利无奈，只好留校又做了一年研究助理，最后找到宾州乌尔西努斯学院的一份工作。

乌尔西努斯学院是一所训练医学预科生和培训高中教师的小学校，它的课程设置只需要一门基础物理课。学校期望低，莫奇利就开始做自己最想做的事——预测天气。利用在朋友那里获得的气象数据，他试图用数理统计的方法来寻找预测天气的模式。然而，当他面对从 200 家气象站收集来的 20 年逐日气象数据后，他很快意识到自己需要一台更快更好的计算机器。

"我一直在想，一定有更好的东西。"他回忆道。于是，他就和他的学生自己动手造了各式各样的小工具，包括一台能够测量数据变化的谐波分析仪。一天，在带学生去斯沃斯莫尔学院考察时，他意外地发现那里的物理学家使用电子管，正在以令人难以置信的速度数算宇宙射线。他忽然想，能不能像这个实验一样，用电子管来做计算呢？这不就有了更快的计数方法了吗？

1941年夏，美国陆军部要求宾夕法尼亚大学摩尔电气学院对外开一门为期10周的"电子防御培训"课程，向物理学和数学等科学领域的专业人士提供电子学速成培训。军事领导人注意到武器和战争的方方面面正在迅速成为一种电子化对抗，必须为备战培养这方面的人才。莫奇利闻讯后就报了名，不过，他只是想为自己的天气预报机器学习更多的电子知识而已。

莫奇利是参加这门课的两名博士之一，也是班上年龄最大的学生。然而，他却被分配给了摩尔学院的一个最年轻的实验室指导员——埃克特。

莫奇利和埃克特志趣相投。埃克特是一个对动手比对教书更感兴趣的人，他对规定的实验室指导工作打不起任何精神。而莫奇利知道自己需要什么，他也对简单实验毫无兴趣。结果，在分配给他们的实验室时间里，他俩经常天南海北，把时间都花在讨论其他的奇思异想上了。"我们坐在实验室桌子上，荡着双腿，说个不停。"莫奇利回忆道。

莫奇利想造一台没有任何移动部件，只有电子穿行其间的机器。电子的速度接近光速，这样的机器必定能以令人难以置信的速度做计算，而且它的计算也将会非常准确。

那么有没有可能造出这样一台电子计算器呢？能，埃克特相信。困难吗？当然不会容易，但并非不可能。

随着备战工作的深化，不少宾大教师被征召入伍。结果歪打正着，莫奇利幸运地收到了宾大聘书，成为摩尔学院的一名教师。1942年8月，莫奇利正式向院方提交了一份长达7页的倡议书，名为《使用高速真空管装置做计算》。他相信电子计算将会比现有的机电计算精确得多，也快得多。"如果所使用的设备采用电子方式进行计算，就可以大大提高计算速度，因为这种设备的速度可以远远高于任何机械设备的速度。"他在提案中写道。

在科学探索中，那些唾手可得的果实都已经被采摘，所以学术研究正在不断深化，向原子的内部和遥远的宇宙进军。然而，更复杂的问题往往都会需要更高效的计算工具。因此，计算能力的不足就必然会阻碍学术上的发展和进步。

可是，莫奇利的备忘录并没有引起校方的重视。对于那些历来注重基础理论研究的宾大教授来说，这不过是一个爱做白日梦的人的又一个并不那么高明的冥想。"当时我们都对莫奇利没有太多信心。"宾大研究主任卡尔·钱伯斯说。

"西蒙，给戈德斯坦钱"

1943 年 4 月初，当戈德斯坦中尉驾着军车驶出费城时，他无法掩饰自己内心的忐忑不安。他们正要为一项昂贵的绝密项目，去会见军方高层以及最重要的科学家，向陆军正式提出倡议。车声隆隆，景色匆匆，中尉边开车，边开小差。戈德斯坦坚信，他们的这个倡议对于盟军赢得战争是必要的。但是，他也知道包括麻省理工学院等重要学术机构在内的不少大牌科学顾问都已断定这一类想法是愚蠢的，是一条死胡同。尽管如此，戈德斯坦已经决定背水一战，把自己的声誉甚至职业生涯全都押在车后座上的这两个读书人身上。

任重道远。戈德斯坦明白自己在军中的地位和分量，他也清楚知道自己将要在会上向上司推荐的也是两名学术界的无名小辈——一个是乳臭未干的孩子，另一个是半癫半狂的梦想家。4 月 9 日开会那天，埃克特刚好 24 岁。老实说，戈德斯坦自己也不明白军方怎么会把他们的想法当成一回事。想到这里，戈德斯坦不禁朝后视镜瞥了一眼，看见后座上的莫奇利和埃克特，还在用铅笔在纸上疯狂修改和补充他们的提案。

车声隆隆，景色匆匆，戈德斯坦中尉木然地猛踩油门。

这是个几近绝望的时刻，军方高层是如此紧张，以至于他们竟然会愿意去听一个新任中尉的天方夜谭。德国的 U 型潜艇正在大西洋四处猎杀盟国的军舰和商船。而且，它们近来又在美国的大西洋沿海以及墨西哥湾出没，令人心惊胆战。欧洲和非洲战场上，更是战火纷飞，如火如荼。

"战争期间，人们会寻求有任何新想法的人。"一名射表计算员回忆道。莫奇利也明白，战争是他的那个古怪提议枯木逢春的唯一希望。"战争变得更糟了，"他说，"我第一次提出想法时，我们还未到达绝境。"

军人性质使然，部队军官都是些爱猜疑的人，他们懂得偏执和多疑的重要性。因此，想要得到阿伯丁领导层的赞同和支持谈何容易。其实，在戈德斯坦这一行人访问前不久，就曾有一组科学家在阿伯丁向军方决策者讲述过最新发现的核裂变科学，同时也介绍了如何利用这个新发现来制造出威力无比巨大的炸弹。阿伯丁拒绝了这个提议，但后来又被罗斯福总统亲自否决。

戈德斯坦发现参加会议的不仅是一个军官群体，而且也是一个拥有可观学术资格的团体，包括弹道研究实验室主任莱斯利·西蒙上校，以及陆军实验室的技术顾问、著名数学家奥斯瓦尔德·维布伦[1]。维布伦是位声望极高的普林斯顿大学教授，他和爱因斯坦一样，是普林斯顿高等研究院的第一批教授。

戈德斯坦准备好一场苦斗，但他多虑了。也许是因为他们的想法与上一场科学白日梦相比，更容易被军方高层理解，或许只是因为它比较便宜，而且在学术上也不那么匪夷所思，也可能是由于上次他们否决了那个不着边际的新想法却又尴尬地被总统否定了。毕竟，电子已为人所知，也已经是日常生活的一部分，比如无线电、雷达、电话和新兴的电视。再说，莫奇利和埃克特提出的也不是一门新科学，他们只是要将现有技术转换为电子技术。他们提议的通用机器能用来计算射表，用于风洞测试，甚至还可能预测天气模式。总之，它不像制造一枚能毁灭一座城市的巨无霸炸弹那么匪夷所思。

会议没开多久，维布伦博士就突然打断了戈德斯坦中尉。他侧过身，椅子后倾在它后面的两条腿上，大声说："西蒙，给戈德斯坦钱。"

没想到，事情竟然就这样成了！陆军很快就给了宾夕法尼亚大学一份开发合同，并为头 6 个月的工作提供了 61700 美元的初始拨款。弹道研究实验室的助理主任保罗·吉隆上校还为新机器命名：电子数值积分计算机[2]，并秉承军队的代号传统，给了它一个首字母缩写词 ENIAC。

战争推动科学。这么高的期望以及那么多的公共资金就这样落到了这几个无名小卒身上。"如果没有战争，我想不会有人会给一个 24 岁的孩子这么多钱去做某件事。"埃克特后来说。不过，年轻也有它的优势。他补充说："如果莫奇利和我都大 5 岁，有着更丰富的经验，我们也许就会'知道'造一台真正的电子计算机是不可能的。"

电子计算机诞生了

虽然内心激动，跃跃欲试，但埃克特和莫奇利还是小心翼翼地开展工作。他们的"施主"并不知道，虽然他俩对设想中的那台机器有一个粗略想法和大

---

[1] 奥斯瓦尔德·维布伦（Oswald Veblen，1880—1960），美国数学家、几何学家、拓扑学家，其研究成果应用于原子物理学和相对论。
[2] 电子数值积分计算机：Electronic Numerical Integrator and Computer (ENIAC)，是第一台图灵完备的可编程通用数字计算机。

体框架，但他们并不知道应该怎么来动手创建它。而且，他们也没有艾肯那么幸运，并没有像 IBM 这样的坚强后盾。"我们做的最明智的事就是慢慢起步。"埃克特说。

经过反复讨论，他俩决定 ENIAC 由三个主要部分组成：计算装置、存储单元和程序控制器。计算装置负责数学运算，比如：加法单元，高速乘法器，除法和平方根元件。存储单元用来存储数字和指令。它们绝大多数是电子化的，以求电子的高效。然而，它也有一部分是带有机械开关的装置，以便安装在大型面板上，供操作员为计算设置常数。程序控制器负责协调和指挥整台机器运行。当然，除了这三个主要部分外，ENIAC 还需要各种外围控制装置，例如启动单元和保持同步的循环单元。ENIAC 在总体上采用了模块化设计，它就像一支乐队，其中指挥控制全局，乐手们各司其职。

1943 年 7 月工作正式展开时，学校分配给 ENIAC 项目 12 名年轻教职工。虽然摩尔学院在那时仍然对这个项目半信半疑，但新项目的喜悦和战争的压力仍然极大地激发了团队的士气。盟军开始对希特勒和墨索里尼发起反攻，并攻入了西西里岛。美国空军也在轰炸罗马。部队对射表的需求达到了狂热程度，而 ENIAC 团队也是不分昼夜，天天连轴转。工作人员在奇怪的时间进进出出。埃克特和莫奇利都是夜猫子，几乎夜以继日地工作。ENIAC 的时间表也要求每个人每周工作 7 天。

戈德斯坦中尉是项目的军方代表，他几乎与埃克特和莫奇利形影不离，经常共用三餐。他不仅负责小组供需，也热衷于机器的设计和建造，并和工程师一起讨论逻辑电路和数学方法。"他是让此事运转的润滑剂。"埃克特曾这样评价戈德斯坦。

真空电子管的基本功能是调节和放大电流，并不是计数。可是，莫奇利在斯沃斯莫尔学院的物理实验里看到了电子管计数的惊人速度，让他耳目一新，并深受启发。当然，这只是一个灵感。"虽然我们一开始就对它寄予厚望，但我们远不能确定计算机能否成为现实。可是，在三个月结束时，我们知道它能。"埃克特说，"我们试建了许多不同的计数电路，最终找到了一个能满足我们机器所需、具有极高安全系数的电路。这是我们能完成工作的第一个切实证据。"

然而，更关键的问题是：怎样才能让那么多的电子管一起工作呢？众所周知，电子管很容易烧坏，极不可靠。而且只要有一只管子烧坏，就会导致整个计算中断。但是，ENIAC 的设计却要用 5000 只管子，而且全都需要以每秒 10 万个脉冲的速度运行。也就是说，在每一秒钟内它都会有 5 亿次失败的机会。

可见，这是关乎成败的关键。在那时候，有点常识的人都知道，只有 30 只电子管的电视机经常需要维修。难怪有那么多专家，包括麻省理工学院的科学家会对莫埃二人的这个想法表示怀疑。而且更严重的是，由于战争造成了熟练工人的流失，电子管的质量也在下降。"如果它能工作，就得万分小心。"埃克特说。

埃克特反复试验，想找到最可靠的电路和最合适的电子管。结果他发现，如果将电压降低到电子管设计的电压之下，就能延长电子管的寿命。他最终采用了低于标准 10% 的电压。"我们也很保守谨慎。如果制造商给产品标定系数范围，我们的允许范围就更小。"埃克特说。另外，为了防鼠咬，他甚至还在笼子里关了几只小老鼠，先饿它们几天，然后把不同种类的电线放进笼子，从而由此挑出最不开胃的品牌用于 ENIAC。"人们认为我对标准如此挑剔是疯了。"他说。

埃克特对工作一丝不苟，有时甚至指手画脚。"没有哪一个工作人员……他没有告诉他应该在哪里焊接接头。"一名团队成员说。有时，埃克特会在清晨赶来，告诉工程师放弃他们的做法，因为他在夜里想出了更好的办法。虽然如此，队员们仍然尊重埃克特，并真心喜欢他。"埃克特制定了最严格的标准且严格执行、毫不例外，"戈德斯坦写道，"埃克特的标准是最高的，他的能量几乎是无限的，他有非凡的独创性，他的智慧非凡过人。自始至终，他赋予了项目的完整性，并确保了它的成功。"

莫奇利的性格不同。虽然，他的搭档完全以工作为导向，但他更倾向于以人为本。"他喜欢交谈，并且似乎从对话交流中发展出了许多新想法，"团队的一位成员回忆道，"莫奇利会灵机一动，接着就疯狂地为之连续工作数周。然后，他又会连续几个星期不做任何与计算机有关的事，去赶他的教学或其他事。"

埃克特在接受采访时说，作为一个典型的工程师，他认为像他这样的人是对像莫奇利那样的物理学家的一个必要补充。"物理学家关心的是真相，"他说，"工程师关心的是完成任务。"

与此同时，戈德斯坦一直在想办法从外面寻找帮助。一家电话公司派遣了具有丰富布线经验的技术人员前来兼职，负责机器内部的大部分接线和布线工作；贝尔实验室为 ENIAC 提供了所需的电话部件；IBM 也设计了一种特殊的读卡机，专门用于 ENIAC 的输入。戈德斯坦还请来一家工程公司给 ENIAC 设计散热系统，以排放数千只电子管产出的巨大热量。

莫奇利深知出色的设计在于简单实用。ENIAC 有这么多的元件，所以必须格外小心。可是，莫奇利和埃克特并不能完全主宰项目规模。迫于战场形势，阿伯丁的领导层不断扩大计划的范围，迫使 ENIAC 的设计被一改再改，而且越改越复杂。结果，ENIAC 的电子管数量从 5000 只增加到了近 18000 只。

埃莫二人像母鸡呵护小鸡一样，时刻精心看顾机器，或去除劣质焊料，或排除劣质管子，力求尽善尽美。随着电子管数量的激增，弥漫着霉尘味的房间里热得像只蒸笼，每个人都穿着汗衫挥汗工作。一天晚上，埃克特在机器旁边的一张小床上睡着了，两名技术人员把他连人带床一起抬到电梯里，然后把他放在二楼一个面积相似但空无一物的房间里。埃克特醒来，大吃一惊，跳下床来，以为他的机器"被盗"了。忙中取乐，项目成员有时就这样用青年人的恶作剧来排解和舒缓巨大的压力以及或大或小的挫折。

1944 年 6 月中旬，就在盟军在诺曼底登陆以及艾森豪威尔将军宣布"形势已经逆转"后没几天，ENIAC 第一阶段的工作终于完成。它包括两个完整的累加器和 1000 多只管子，大约是最终设备的十五分之一。于是，埃莫二人就试着用它来处理一些比较复杂的计算，比如指数函数、抛物线和正弦函数。结果，每次测试都成功了。

"我们终于做到了！"他们跑出房间，冲着同事兴奋地喊道。

"我们在 204 盏小霓虹灯泡上看到了答案，"埃克特说，"这足以使必要的少数人相信电子计算机已经诞生了。"

1945 年秋，ENIAC 竣工，人类首次实现了电子智能化。它是一个重 30 吨，占地相当于一套三居室公寓的庞然大物，里面共有 17468 只真空管，7 万只电阻，1 万只电容器和 50 万个焊点。它也是一个用电 174 千瓦的电老虎，相当于一个大型广播电台所用的电力。然而，最重要的是，它的计算速度是当时其他计算机器的 500 倍。

编程女先锋

1945 年春末夏初，一份备忘录在摩尔学院的女计算员中间流传，它有关于被紧锁在学院楼一楼门后边的一台神秘机器。结果，有 6 名女士从数百名计算员中脱颖而出，被挑选去参加 ENIAC 的编程工作。这样，她们就成了自阿达之后，世界上最早的一批计算机程序员：弗朗西斯·比拉斯·斯宾塞，伊丽莎白·詹宁斯，露丝·利希特曼·泰特尔鲍姆，凯瑟琳·麦克纳尔蒂，伊丽莎白·斯奈德·霍尔伯顿（昵称贝蒂）和玛琳·韦斯科夫·梅尔策。

ENIAC 程序员先被派往阿伯丁试验场学习 IBM 制表设备。经过 6 星期的培训回到学院后，她们就都只能靠自己了。除了几张海报大小的关于 ENIAC 的图表和示意图外，几乎没有任何其他像样的指导材料——甚至连一本晦涩难懂的说明书也没有。她们只好时不时去打扰工程师，一点一滴，自己摸索把任务逐步转化为程序的正确方法。"从图表中学习 ENIAC 的最大好处是我们开始了解它能做什么和不能做什么，"詹宁斯说，"因此我们在诊断问题时，几乎能够追到单个电子管。"

在完成了军队布置的一些绝密任务后，ENIAC 公开亮相的时机终于来临。陆军和宾夕法尼亚大学准备在 1946 年 2 月 15 日为它举办一场盛会和一个新闻预展。戈德斯坦上尉决定在揭幕典礼上做一个关于弹道轨迹计算的现场演示。因此，他在两个星期前邀请詹宁斯和贝蒂到他的寓所，问她们是否能给 ENIAC 编程，并且能及时完成任务。"当然可以。"詹宁斯兴奋地保证。有机会在这个关键时刻一显身手，她俩跃跃欲试。

男士们明白这个演示的成败完全掌握在这两位女士手中。一个星期六，莫奇利带来一瓶杏子白兰地，给她们打气。"真好喝，"詹宁斯回忆道，"从那天起，我的橱柜里总是放着一瓶杏子白兰地。"几天后，院长拿来一只棕色纸袋，里面装了一瓶还剩下五分之一的威士忌。"好好工作。"他勉励她们。詹宁斯和贝蒂并不好酒，但这些礼物达到了它们的目的。"演示的重要性给我俩留下深刻印象。"詹宁斯说。

演示的前一天是情人节，尽管詹宁斯和贝蒂都是性格开朗活泼的人，但她们并没有去过这个节。"相反，我们被那超棒的 ENIAC 困住了，忙着对程序做最后的修正和检验。"詹宁斯回忆道。因为她们遇到了一个既顽固又令人哭笑不得的问题：虽然程序完美无误地输出了炮弹轨迹数据，可它就是停不下来，即使是在炮弹击中地面后，它还是继续往下走，"就好像是一颗假设炮弹以与它在空中飞行的相同速度在地底下钻洞，"詹宁斯形象地描述道，"除非我们解决这个问题，否则我们知道这个演示会很丢脸，会弄得 ENIAC 的发明者和工程师无地自容。"

詹宁斯和贝蒂一直工作到深夜，试图赶在新闻发布会之前解决这个问题，但她们怎么也找不到问题的症结所在。午夜时，她们只好作罢，贝蒂需要赶最后一班火车回她的郊区公寓。

神奇的是，贝蒂居然在睡梦中把问题想通了。"我半夜醒来，想那个错误到底出在哪里……我起床，赶上那天的早班火车，去查看一条电线。"果然问题出在程序做循环时的最后一步,一个设置差了一位。于是,她找到那只开关,只一拨,问题就解决了!"贝蒂在睡觉时可以做比大多数人清醒时更合乎逻辑的推理,"詹宁斯惊叹道,"当她睡觉时,她的潜意识解开了她的意识没能解开的一个结。"

在演示中,ENIAC 仅用了 15 秒就完成了一组弹道轨迹计算,而计算员即便使用计算器也需要数周时间。这个对比真是非常有戏剧性。另外,莫奇利和埃克特也知道怎么锦上添花,专门设计了一个直观的灯光模拟装置。"在计算轨迹时,累加器积累的数字所对应的显示从一个点移到另一个点,灯光开始像拉斯维加斯跑马灯上的灯泡一样闪烁不停。"詹宁斯说,"我们完成了我们想要做的事。我们已对 ENIAC 成功编程。"

ENIAC 登上了《纽约时报》的头版,它的标题是《电子计算机闪现答案,可能加速工程》。故事的开头这么说:"今晚,战争部宣布了战时的最高机密之一,一台惊人的机器首次将电子速度应用于迄今为止难以解决且过于繁琐的数学任务。"该报道在报纸的内页里占据一整页,并且附有一张莫奇利、埃克特和房间大小的 ENIAC 的照片。

尽管女士们为这个项目的成功作出了重大贡献,可是她们并没有受到相应的公平待遇。詹宁斯回忆道:"贝蒂和我在演示后就被忽视和遗忘了。我俩仿佛是在扮演一部突然出现了糟糕转折的引人入胜的电影里的角色,在这部电影里,我们像狗一样累死累活地工作了两个星期,并做成了一件非常令人震撼的事,然后就突然从剧本中销声匿迹了。"

原来在那天晚上,在宾大著名的休斯敦大厅里举办了一场烛光晚餐,里面坐满了科学名人、军职要员和大多数为 ENIAC 工作过的人。但是,詹宁斯和贝蒂不在那里,其他女程序员也都不在那里。"贝蒂和我没有受到邀请,"詹宁斯说,"所以我们真的感到十分诧异。"正当那些男人和贵宾觥筹交错时,詹宁斯和贝蒂踏着一个异常寒冷的二月的夜色各自黯然回家。

当然,话也要说回来,近水楼台,在那里工作也有优势。在这 6 位女士中,最终有 3 人和 ENIAC 项目的工程师结了婚。

冯·诺伊曼结构

虽然是战时的最高机密,但早在 ENIAC 公开亮相的两年前,就发生了一个使它提前在科学界曝光的偶然事件,从而立即引起了外界的关注。

1944 年夏,在阿伯丁火车站的月台上,戈德斯坦中尉惊讶地发现享誉世界的数学家约翰·冯·诺伊曼[1]也在等着同一班火车。戈德斯坦参加过冯·诺伊曼教授的几次讲座,所以一眼就认出了他。"我从未同他单独见过面,"戈德斯坦这样说,"我是个自说自话的人,所以决定去和这位名人聊聊。"

冯·诺伊曼是由于希特勒在欧洲的倒行逆施而来到美国的一大批著名科学家之一。1933 年至 1941 年间,326 位科学家和学者被迫背井离乡,漂洋过海,来到大洋彼岸的美国定居。在这批精英中,有不少最著名的科学家集聚在位于新泽西州的普林斯顿大学,例如,尼尔斯·玻尔、阿尔伯特·爱因斯坦、斯塔尼斯拉夫·乌拉姆、尤金·维格纳、约翰·冯·诺伊曼等等。1939 年 8 月 2 日,爱因斯坦署名的一封信促使罗斯福总统启动了旨在开发原子弹的曼哈顿计划。而乌拉姆、维格纳和冯·诺伊曼都是曼哈顿计划的核心人物。

戈德斯坦凑上前去套近乎时,冯·诺伊曼虽然彬彬有礼却只是勉强敷衍他。可是,当戈德斯坦话锋一转,谈到自己正参与研制一台每秒可以做 300 次计算的机器时,"他突然变了,"戈德斯坦回忆道,"他找到了他一直在寻找的东西。"

也许是名人效应,也许是冯·诺伊曼的个人魅力,戈德斯坦中尉似乎立刻昏了头。明知 ENIAC 是个机密项目,而且他后来也承认当时并不知道冯·诺伊曼参与了在洛斯阿拉莫斯的更加秘密的曼哈顿计划,但他还是忘乎所以地向冯·诺伊曼透露了 ENIAC。

巧的是,冯·诺伊曼也真的不知道 ENIAC。作为洛斯阿拉莫斯的科学代表,冯·诺伊曼曾向军方询问过计算机的现状,并被告知艾肯的马克一号。然而,军方高层似乎并不熟悉 ENIAC,没有向冯·诺伊曼提及它的研发。

1930 年代后期,冯·诺伊曼对使用数学来模拟爆炸冲击波的方法产生了极大兴趣,他也因此而成为曼哈顿计划的一员,研究一种可以将炸弹的钚内核压缩到临界质量的爆炸透镜。评估这种内爆概念需要解大量数学方程,以便计算出爆炸后压缩空气或其他材料的流速。因此,冯·诺伊曼的首要任务是了解当下高速计算机的状况和能力。

他去了哈佛,但发现马克一号依赖机电装置,它的计算速度不够理想,需要用几个月的时间才能完成他的计算。此外,尽管纸带输入对编程很有用,但

---

[1] 约翰·冯·诺伊曼(John von Neumann, 1903—1957),美国国家科学院院士,数学家、物理学家、计算机科学家、工程师和博学家。

在调用子程序时，必须依靠手工来切换纸带。因此，冯·诺伊曼相信能满足他的要求的更为合理的方案是，制造一台以电子速度运算并能在内存装置中存储和修改程序的新型计算机。

冯·诺伊曼没有想到在火车站的一次偶然交谈中，居然听到了这么重要的消息。于是，他立刻接受戈德斯坦的邀请，择期前往费城参观正在建设中的ENIAC。

在秋天里的那次访问中，冯·诺伊曼了解到 ENIAC 的计算的确快，仅用不到一小时就解完了一个偏微分方程，而哈佛马克一号需要近 80 个小时。

但是，ENIAC 毕竟是刚刚起步，而且它的设计又在军方的干预下被一改再改，结果它的结构被改得面目全非，既臃肿又杂乱。因此，莫奇利和埃克特在年初已经开始设计第二台机器——EDVAC（Electronic Discrete Variable Automatic Computer，离散变量自动电子计算机）。与 ENIAC 相比，EDVAC 的功能将会更强，结构也会更加精简优化。它采用二进制而不是十进制，使用水银延迟线作为存储器，并建立了存储程序计算机[1]概念。不过，EDVAC 的设计还远未完成，仍有不少尚待攻克的难关。

在谈到冯·诺伊曼时，埃克特说："我并不熟悉大数学家，所以我没有听说过他。对我而言，冯·诺伊曼无异于张三或李四。我知道戈德斯坦非常崇拜他。"不过，在第一次见面时，冯·诺伊曼就解出了埃克特提出的一道难题。"他很快就掌握了我们正在做的事。"埃克特回忆道。

从此，冯·诺伊曼就成了这个项目的常客，并很快对项目产生了强有力的影响。他是一个天生的导师，经常把项目组召集到教室里，一起在黑板前辩论。他时而踱步思考，时而凝神沉思，时而又高谈阔论，有着一股令人生畏的独特力量。奇怪的是，埃克特在某些方面很像冯·诺伊曼。他们都会不耐烦，也都会通过交谈来作思考，并且把想法和概念玩得像弹球机里的弹球那样灵动：冲来撞去，光芒四射。

"冯·诺伊曼和泰勒有一个共同点，"埃克特在 1980 年的一次采访中回忆道，"如果你试图告诉他们一些他们已经懂的事，他们会立即打断你，根本不等你结束。这两个人比我见过的任何人都倾向于这么做。我在某种程度上也是如此。"埃克特在这里谈到的泰勒就是著名理论物理学家、氢弹之父爱德

---

[1] 存储程序计算机（Stored-program computer），是一种将程序指令存储在存储器中的计算机。这与使用插接板或类似机制存储程序指令的系统形成对比。

华·泰勒。

一旦冯·诺伊曼在项目里站稳脚跟，埃克特和莫奇利反而有时觉得自己变成了配角。冯·诺伊曼的传记作家诺曼·麦克雷指出，冯·诺伊曼擅长抓住别人的好想法，把它们贴切地表达出来，并扩展推动它们。就这样，EDVAC 渐渐成了冯·诺伊曼的创造物，尽管在他到达摩尔学院之前，新机器的许多改进计划都已拟就。

1945 年初，冯·诺伊曼应召前往洛斯阿拉莫斯，并在那里住了很长一段时间。当时，曼哈顿计划正在争分夺秒地为最后试验做准备，而原子弹的设计也在他的计算中日臻完善。与此同时，他还挤时间把 EDVAC 的设计和结构概括成文，并把材料交给戈德斯坦进行编辑和打字。

6 月 30 日，冯·诺伊曼的这篇长达 101 页的文章《EDVAC 报告初稿[1]》（简称《初稿》）正式问世。这是一个文情并茂的出色作品，它将计算机结构与人脑结构相比拟，还把 EDVAC 的电路称作"神经元"。更重要的是，它不仅是一篇概念性论文，而且也是一张构建计算机的蓝图。

起初，埃莫二人并没有过分关注这事，只把它当作一份由冯·诺伊曼编写的关于他们工作的内部总结。然而令人费解的是，《初稿》除了提到莫奇利的一个建议外，冯·诺伊曼没有提及项目里的任何人。然而，他却将其中的有些想法归功于项目外的学者，比如哈佛大学的霍华德·艾肯。

"这微弱的赞美实在可耻，其他那么多想法应该属于谁呢？"莫奇利回忆道，"这似乎是戈德斯坦的专属特征，在制作复印件时，戈德斯坦除了冯·诺伊曼之外没有在上面写任何人的名字。"学院的一位负责人在 1947 年的一份备忘录上也写道："我问戈德斯坦博士是否应该把这些材料列为机密，他说因为它仅供 EDVAC 工作组内部使用，而且它也不是正式报告，所以没必要将它列为机密。"

后来发生的事，无疑改变了计算机的发展进程，但是也同时引发了一场持续至今的关于知识产权的重大争论。因为戈德斯坦虽然以内部文件为由，拒绝将报告列为机密，但他却私自向冯·诺伊曼的学术同仁发送了 24 份副本，包括一些远在英国的同行。结果没过多久，新的请求就从四面八方纷至沓来，《初稿》也就在不知不觉中又流出去了数百份。埃克特和莫奇利感觉到他们对自己

---

1 EDVAC 报告初稿（First Draft of a Report on the EDVAC），它包含了对于使用存储程序概念的计算机逻辑设计的描述，该概念后来被称为冯·诺伊曼结构。由于冯·诺伊曼在文章里未提其他贡献者的名字而引起争议。

 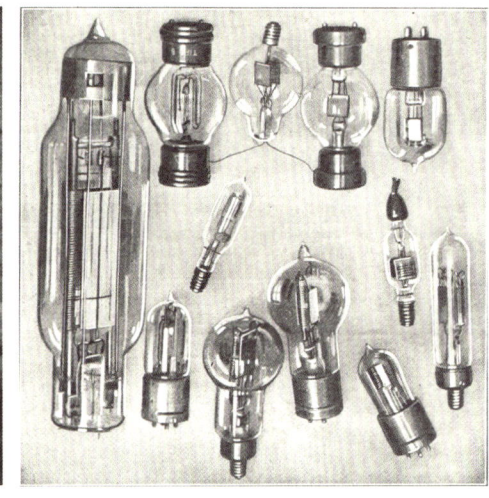

李·德弗雷斯特和他的两个电子管　　　　　　　　　　　　李·德弗雷斯特收藏的早期电子管

约翰·阿塔纳索夫　　　　　　　　　　　　　　　　　　阿塔纳索夫 - 贝瑞计算机

埃尼亚克（ENIAC），格伦·贝克（后）和贝蒂·斯奈德

约翰·莫奇利

UNIVAC I

约翰·埃克特

罗伯特·奥本海默（左）和约翰·冯·诺伊曼，高等研究院建造的计算机

的想法失去了控制，就急忙也给 EDVAC 编写了一份总结报告。可是，他们的报告被列为机密，几乎没有什么人听说过这份报告。

那么，究竟是谁负责安全分类呢？戈德斯坦！

根据《初稿》所描述的计算机蓝图，世界各地的不少大学先后研制出了自己的计算机。由于《初稿》上只有冯·诺伊曼一个人的名字，那些新机器的创造者就在他们的文章里异口同声地感谢冯·诺伊曼一人，并且都强调说他们的新产品是基于约翰·冯·诺伊曼的这个伟大作品。

1946 年 1 月 12 日，在 ENIAC 揭幕前一个月，摩尔学院的计算机团队在《纽约时报》的头版读到了一篇关于冯·诺伊曼的文章，并惊讶地发现那篇文章说他提出了一个可以进行电子计算的新机器的提案。

冯·诺伊曼的《初稿》就此一鸣惊人，产生了极其深远的影响。他的这个为学术界提供电子计算机设计蓝图的举动被当作是一个崇高而又恰当的策略。许多学者相信这个举动不仅推动了科学的发展，而且防止了新领域被商业利益挟持。

"我当然打算尽自己的一份力量，尽量将这个领域保留在公共领域（从专利的角度看）。"冯·诺伊曼曾对一位同事这样解释道。他说他写这份报告有两个目的，一方面"有助于澄清和协调 EDVAC 工作组的思想"，同时也能"进一步发展建造高速计算机的艺术"。他说，他并没有试图声称对这些概念拥有任何所有权，而且他也从未给它们申请专利。

如此，冯·诺伊曼就成了一名计算机专家，经常为了推广计算机而四处做演讲。后来，《EDVAC 报告初稿》里面的设计思想被业界定名为"冯·诺伊曼结构"，至今仍体现在现代计算机的设计中。

埃莫二人被逼上梁山

1946 年情人节的第二天，ENIAC 正式对外揭幕。

于是，曾为它定名的吉隆上校，写信通知摩尔学院，军方很快就会解除对 ENIAC 的安全限制。他说："建议你们将此提议转告参加 ENIAC 工作的所有发明人，让他们考虑提交相应的专利申请。"

其实在两年前，摩尔学院就研究过专利问题，且早在 1944 年 8 月 30 日就为这事在华盛顿特区开过会。埃克特和莫奇利在当时与校方达成的协议是，如果围绕 ENIAC 的工作产生了值得授予专利的发明，那么他们就有权申请专利。而宾大和其他教育机构可以为了非商业的目的建造和使用计算机。

然而，时过境迁，ENIAC 现在已经不再是个梦想。因此，学院内部就有了不同的想法。有人认为，当初宾大校长致信埃克特和莫奇利，把专利申请权交给他们的做法过于大意。他们争辩说，这台机器是根据学校的战时合同开发的，埃莫二人试图将一个公共项目商业化是不合适的。而且更关键的是，新任研究主管欧文·特拉维斯教授也同意这种观点。

特拉维斯教授在战时应召入伍，不久前刚重返学校。他要求埃莫二人和学校签订一份专利协议，将未来机器的专利权授予宾大。"所有希望继续被大学雇用的人都必须将他们的专利交给大学。"特拉维斯在一次会议上这样说。

其实，为了保护教授对发明和创新的积极性，许多大学对专利的态度都比较宽容。可是特拉维斯坚持他的立场。另外，宾大上层也有人怀疑埃莫二人的动机，觉得他们胸襟狭窄，所热衷追求的是商业贪欲，而不是科学理想。

面对校方的新姿态，埃克特试图通过军方来向宾大施加影响。3月21日，他在写给吉隆上校的一封信中说，他如果不能从宾夕法尼亚大学获得与 ENIAC 相同的专利协议，他就将不得不离开 EDVAC 的开发工作。

没想到在第二天，院长哈罗德·彭德突然出人意料地向埃克特和莫奇利发出最后通牒，并且要求他们在当天下午 5 点之前作出答复。院长表示，埃莫二人若想留在学校，就必须放弃对未来专利的要求，以便"证明你们将宾夕法尼亚大学的利益放在首位，而且在这里工作时你们的个人商业利益从属于大学的利益"。

埃克特和莫奇利在收到这样的最后通牒后，觉得别无选择，只好辞职。距离 ENIAC 的那场荣耀而又亮丽的揭幕仪式仅仅过去 5 周。

忽然间，昔日的强大靠山没有了，朝夕相处的团队也没有了。

于是，埃克特和莫奇利就去 IBM 拜访沃森。交谈时，沃森邀请他们来 IBM 创办一个计算实验室。可是埃克特和莫奇利却想要先把业务卖给 IBM，然后再以个人名义加入。结果，双方没有谈拢。

埃莫二人离开后，沃森对他身边的人说："莫奇利穿那么难看的袜子，反正我也不想让他参与我的生意。"

普林斯顿高等研究院那时正准备在冯·诺伊曼的指导下开展计算机的研发工作。冯·诺伊曼已经聘请了戈德斯坦。同时，他似乎摆脱了《初稿》阴影，也邀请埃克特来担任普林斯顿高等研究院的首席工程师。不过，埃克特没有接受他的邀请。莫奇利认为他也收到过普林斯顿大学的邀请，但戈德斯坦和其他当事人后来都说没有这回事，冯·诺伊曼看不起莫奇利，不会邀请他。

因此，莫奇利和埃克特就决定自己干。他们一直相信计算机在商业应用上有着巨大潜力，而且计算机在商业领域的发展会比在学术界快得多。再说，埃克特的父亲也会支持他们。他深谙经商之道，人脉关系又广，知道费城的哪些有钱人可能会愿意投资新公司，哪家银行可能会给科技公司发放贷款。

1946年4月，莫奇利在给朋友的一封私人信件中写道："我们觉得开发商业电子计算机的时机即将到来——如果不是由我们，也会由其他人来完成。一些大公司正在追求这一目标。"

通用自动计算机

1946年10月，埃克特和莫奇利在费城创办了电子控制公司，并着手研制一台新型商业计算机——通用自动计算机[1]（UNIVAC）。1947年12月22日，他们又将公司注册为埃克特-莫奇利计算机公司（EMCC）。

EMCC在1949年已发展到134名员工，并签订了6个通用自动计算机合同，总价值为120万美元。然而，天有不测风云。1949年10月25日，埃莫二人的最重要金主亨利·施特劳斯在一次飞机失事中丧生。施特劳斯是他们的朋友和商业顾问，教他们做生意，把他们带到自己的羽翼之下且帮助他们的公司起飞。可是在他去世后，他的公司的董事会对计算机失去兴趣，就想要讨回投资。这一来，埃克特和莫奇利就需要立即筹集43.8万美元。

于是，他们又去拜访沃森。沃森的长子小汤姆也在场，他发现莫奇利是个"穿着邋遢、喜欢藐视传统的瘦高个"。埃克特向沃森父子介绍了他们的工作以及所取得的成果，并提议将EMCC的多数股权转让给IBM。可是，IBM在那时已经在全力推动自己的计算机开发计划，而EMCC是它在这方面为数不多的竞争对手之一。因此，IBM律师告诉沃森，由于存在反垄断问题，IBM不可能收购EMCC。

---

[1] 通用自动计算机（Universal Automatic Computer, UNIVAC），是美国生产的第一台用于商业的通用电子数字计算机。

1950 年 2 月 15 日，打字机制造商雷明顿兰德公司[1]为了挤进新兴的计算机领域，就同意帮助 EMCC 偿还它的全部债务，并以 10 万美元购买它 60% 的股票。而且，雷明顿兰德还同意让埃克特和莫奇利主持为他们专设的计算机部门，并能从该部门的利润中提成 5%，为期 8 年。此外，由于埃克特和莫奇利已经在 1947 年 6 月 26 日正式提交了一份长达 200 页的 ENIAC 专利申请，雷明顿兰德还同意在协议期限内向他俩支付 50% 的专利收入，并保证每人 18000 美元的年薪。

1951 年 3 月，第一台 UNIVAC 正式投入使用。它不仅比 ENIAC 更精简更高效，而且它还巧妙地采用了埃克特在 23 岁时获得专利的那个磁带技术。"这是一个相当大的成就，"莫奇利后来在一个介绍计算机发展的录像中这么说道，"离开摩尔学院仅 5 年后，我们就生产了第一台商业计算机以及它的磁带装置。"

可是，与 IBM 竞争谈何容易。为了推销 UNIVAC，雷明顿兰德煞费苦心，甚至不惜使用噱头。1952 年总统大选的日子日益临近，公司研究实验室负责人阿特·德雷珀忽发奇想，建议根据先期选票用 UNIVAC 来预测选举结果。结果，哥伦比亚广播公司的著名主持人沃尔特·克朗凯特[2]同意把它作为一个娱乐性实验来试试看。

在实验时，UNIVAC 程序员先从 8 个关键地区获得先期选票，把它们转录到计算机磁带上，再送给 UNIVAC 处理，以便让它通过将先期选票的结果与过去的投票模式相比较而作出预测。结果，UNIVAC 在屏幕上显示德怀特·艾森豪威尔大胜，计算机终端跟着也打印出他的胜率大于 99%。

真的吗？所有民意测验都预测这将是一场势均力敌的竞争！为了保险起见，哥伦比亚广播公司和雷明顿兰德就决定不把这个令人尴尬的预测结果泄露出去。因此，程序员只好匆忙修改参数，使双方的结果更加接近。

然而，出人意料的是，艾森豪威尔果真在大选中大获全胜，赢得了 442 张选举人票，而他的民主党对手阿德莱·史蒂文森只得到 89 票。UNIVAC 的最初预测与这个结果相比仅差 4 票，它的准确率超过了 98%！

于是 UNIVAC 声名鹊起，它的销售也得到了改善。1953 年春，通用电气成为第一个非政府采购者，购买了第 8 台机器。随后，大都会人寿保险公司、美

---

[1] 雷明顿兰德公司（Remington Rand Inc.），一家早期的商用机器制造商。它最初是一家打字机制造商，后来成为 UNIVAC 系列大型计算机的制造商。
[2] 沃尔特·克朗凯特（Walter Leland Cronkite Jr, 1916—2009），美国主持人、记者，从 1962 年到 1981 年担任哥伦比亚广播公司晚间新闻主编。

国钢铁公司、杜邦公司和富兰克林人寿保险公司也都纷纷签了约。事实上，如果雷明顿兰德同意让企业租赁机器，而不是坚持直接购买，它就可能会吸引更多的客户。

与此同时，IBM 在小汤姆的果断领导下，凭借其丰富的资源和传奇般的销售队伍，也正在向电子化迅速转型且追赶上来。它在研发上的投资很快超过雷明顿兰德，而它生产的计算机性能也可以与 UNIVAC 匹敌。1955 年，IBM 700 系列[1] 计算机的订单量首次超过 UNIVAC。同年，雷明顿兰德就被斯佩里公司[2] 收购。新公司定名为斯佩里兰德公司。

1956 年 6 月 19 日，沃森先生与世长辞，结束了他那传奇般的精彩人生，享年 82 岁。《纽约时报》写道："在很大程度上，国际商业机器公司反映了给它起名并带领它走向卓越的那个人的性格。"艾森豪威尔总统也向媒体发表声明："托马斯·J. 沃森的逝世，我们的国家失去了一个真正优秀的美国人——一个首先是伟大的公民和伟大的人道主义实业家。我失去了一个好朋友，他的咨询建议总是以对人民的根深蒂固的关注为标志。艾森豪威尔夫人和我以及他在许多国家的成千上万的朋友一起，向沃森夫人及其家人表示由衷的同情。"

到 1960 年代中期，IBM 已经在计算机市场上独大。因此，计算机市场上的竞争就被描写成"IBM 和七个小矮人"之间的竞争。比如在 1965 年，IBM 占据了 65% 的计算机市场，而在那七个小矮人中，斯佩里兰德最大，占 12%；其次是控制资料公司，占 5%；霍尼韦尔和巴勒斯公司各占 4%；通用电气、RCA 和 NCR，各占约 3%。

然而，斯佩里兰德虽然处境凶险，却在这个关键时刻得到了一件新法宝——ENIAC 专利。1964 年 2 月 4 日，经过长期的研究和数不清的挑战，莫奇利和埃克特终于获得了这项计算机专利，从而赋予斯佩里兰德向其他计算机制造商收取版税的权利。

说来也怪，如果莫埃二人的申请在 1947 年就及时得到批准，那么它的 17 年正常寿命应该在 1964 年到期。现在倒好，这个专利被拖到 1964 年才发布，那么它的有效期就将持续到 1981 年，而计算机销售量在这个时期却要大得多。因此，虽然斯佩里兰德的市场份额正在不断下滑，但它现在得到了一个可以在快速增长的计算机行业里争强斗狠的新法宝，直至 1981 年。

---

1 IBM 700 系列：IBM 在 1950 年代制造的第一个大型商业计算机系统。
2 斯佩里公司（Sperry Corporation），一家设备和电子公司，1986 年被巴勒斯公司敌意收购。巴勒斯公司后来又将合并后的业务命名为 Unisys。

谁创造了电子计算机

早在 1956 年，ENIAC 专利还在审批时，斯佩里兰德就与 IBM 达成了一个秘密协议。这份交叉许可协议规定，一旦斯佩里兰德获得 ENIAC 专利，IBM 同意在 8 年内支付 1000 万美元的专利使用费，以及 110 万美元首付。

现在，斯佩里兰德果然专利在握，就把它的枪口对准其他 6 个小矮人。1967 年，它与霍尼韦尔公司[1]之间的特许权谈判为了使用费而陷入僵局。于是，这两家公司就互相起诉，争先恐后地跑到不同法院去抢占先机。最后，明尼阿波利斯法院得到了这个纠纷的综合案例。

由于 ENIAC 专利已经获得联邦政府的批准，霍尼韦尔明白自己虽然在明尼苏达州占主场优势，但它仍将面临一场苦战。因为，除非它能找到爆炸性新材料，否则法官不太可能会愿意去推翻政府的裁决。

起初，霍尼韦尔认为那份新曝光的秘密交叉许可交易可以引起这种震撼效果。因为 IBM 为它的专利使用权只支付了 1110 万美元，可是斯佩里兰德现在却要向霍尼韦尔索取 2000 万美元，而 IBM 的计算机销售额是霍尼韦尔的 16 倍。更何况，斯佩里兰德总共向 6 个小矮人索求 1.5 亿美元，可是在计算机市场上，这 6 个小矮人的总份额只有 IBM 的三分之一。

但是霍尼韦尔又一想，就觉得这也许还不够保险。因为斯佩里兰德与 IBM 之间的交易是在 1956 年签订的，现在已经是 1967 年，此一时非彼一时，法官很有可能会裁定诉讼时效已过。所以经过权衡，霍尼韦尔决定还是要去挖掘新的材料。

真是天赐良机。霍尼韦尔专利部门的总法律顾问亨利·汉森恰好是爱荷华州立学院电气工程专业毕业生 R. K. 理查兹的同学。理查兹写过一本不起眼的、关于计算机开发的书，里面谈到了爱荷华州立学院的约翰·阿塔纳索夫以及他的计算机。

于是，霍尼韦尔的律师就顺藤摸瓜，在爱荷华州立学院的帮助下找到了正在华盛顿特区工作的阿塔纳索夫。交谈中，律师满意地发现阿塔纳索夫的情况非常适合霍尼韦尔的案子。莫奇利和阿塔纳索夫之间有着关于计算机开发的书面记录，而乍一看阿塔纳索夫的机器和 ENIAC 似乎差不多。再说，阿塔纳索夫没有采取过任何措施来保护自己的利益，所以如果法院想找理由去推翻斯佩

---

1 霍尼韦尔公司（Honeywell International Inc.），一家跨国集团公司，建于 1906 年。

里兰德专利，那么他就提供了一条不错的途径。换句话说，法官可能不愿意把 ENIAC 的专利转授他人，从而违反传统而引起别的争议。现在，法官可以直接用阿塔纳索夫来让这个专利失效。由于前一个法院并不知道阿塔纳索夫，所以明尼阿波利斯法官可以根据他掌握的新信息而名正言顺地推翻先前的裁决，这种做法远比说专利局犯了错更为可取。

ENIAC 专利是一个详尽而又广泛的文件，共提出了 148 项权利索求。该文件称，ENIAC 是"我们所知的第一台通用自动电子数字计算机"。这个措辞表面上似乎可以抵挡阿塔纳索夫的声明，因为他的机器只是一台可以解决某一类问题的专用机器，但是在法律上，这么广的范围反而让这个专利变得非常脆弱。

因为归根结底，阿塔纳索夫有一台"计算机"，埃克特和莫奇利也有一台"计算机"。如果问谁的发明在先，那当然是阿塔纳索夫。毋庸置疑，这两台机器无论是在设计上还是在结构上都截然不同。而且，这两台机器在计算速度上也有着天壤之别，ENIAC 每秒能做 10 万次循环，而阿塔纳索夫的机器受到它的存储装置的限制，每秒只能做大约 60 次。更何况，阿塔纳索夫的机器从未正式投入使用。阿塔纳索夫自己也承认，由于存在各种问题，每 1 万到 10 万次计算就会出现一次错误。但无论如何，它们都是计算机。就像自行车和汽车，它们的差别确实是巨大的，但它们都是轮式交通工具。

另一个关键问题是：莫奇利的想法究竟是不是来自阿塔纳索夫的这个粗糙工具？换句话说，ENIAC 是从阿塔纳索夫的机器中衍生出来的吗？阿塔纳索夫对此的答案是肯定的，而这正是霍尼韦尔所需要的。

1971 年 6 月 1 日，这个案子在明尼阿波利斯正式开审，由法官厄尔·拉尔森主持。拉尔森法官连续几个月每周 4 天，共听取了 77 名证人的证词，而他们的证词又牵涉到另外 80 人。律师们总共出示了 32654 件展示品，其中包括一本厚厚的描述查尔斯·巴贝奇作品的书。1972 年 3 月 13 日，听证结束时，法庭记录长达 20667 页。

阿塔纳索夫在作证时说，尽管很难从 ENIAC 的任何特定部分追溯到他的机器，他仍然相信 ENIAC 的整体概念源于他的机器。因为，莫奇利从他那里窃取的是有关制造电子数字计算机的想法。

莫奇利对此断然予以否认，坚持说他在去爱荷华州之前就一直在研究数字设备：在乌尔西努斯学院时，他就制造过一台原始的数字密码机，还曾试图在战前将其出售给军方，但未成功；他也创建过数字计数电路；他还保存了一些收据，这些收据表明他在访问爱荷华之前就购买过电子管。此外，他在 1939 年

9月27日的一封信中用了"电子计算机器"这个词，而他在给朋友的信中还谈到了一种使用电子管的"电子计算机器"。因此，所有这一切都证明他在拜访阿塔纳索夫之前，就已经有了数字计算机的概念。

不仅如此，莫奇利还强调说，当他看到阿塔纳索夫的计算机时感到非常失望，觉得那是一堆垃圾。"这是一个机械装置，"他说，"它使用了一些电子管做操作，但它的速度仍然受到限制……就整体而言，它不完全是电子的。"接着，他又表示他去爱荷华州的确是想吸收所有新想法，可是他在那里并没有发现任何有用的新想法。一旦看到阿塔纳索夫机器，"我不再对它的细节感兴趣"。

不管莫奇利说这番话的动机如何，他应该知道在法庭上讲的每一句话都必须经得起推敲，特别是对方律师的反驳。结果，霍尼韦尔出示了莫奇利在1941年9月30日写给阿塔纳索夫的一封信。他在信中说："最近我想到了一些关于计算电路的不同想法，其中一些或多或少是混合的——把你的方法与其他东西结合起来，也有一些与你的机器完全不同。我想问的是：从你的角度来看，是否反对我建造某种包含你的机器的某些功能的计算机？"更要命的是，莫奇利甚至还在信中问阿塔纳索夫："对我们在这里建造阿塔纳索夫计算器的道路，你是否开放？"

这封信的影响是毁灭性的。虽然有关ENIAC的倡议是在这封信的一年后才提出的，而且ENIAC的构建也确实是用了完全不一样的新想法，但是，这封信削弱了莫奇利认为阿塔纳索夫的工作无关紧要的观点，他打了自己的脸，也自己埋葬了自己。因为，这封信明白无误地表明他并没有认为那台机器只是"一堆垃圾"。

尽管莫奇利的同事纷纷作证，说莫奇利从未向他们提及阿塔纳索夫或他的爱荷华之行。可是这在法庭上并不能起什么作用，只有莫奇利才能解释为什么他从来没有向他的同事提起过这次旅行。而且，他的话在法庭上也已经失去了效用。

听证结束后，又过了将近7个月，法官拉尔森才做出决定。出人意料的是，在这个长达200多页的裁决中，法官选择了一条简单的路径，判定ENIAC专利申请提交的时间晚了6个月，因此无效。

专利法规定，专利申请必须在发明首次"公开使用"的一年内提交。ENIAC专利申请于1947年6月26日提交，可是拉尔森法官认为，ENIAC早在1945年12月就曾协助洛斯阿拉莫斯做过一次试验，而这应该属于公开使用的范畴。虽然那是一次秘密试验，而且是最高机密，但是因为这台机器已交给它的客户使用，而且基本上都是由发明者以外的人操作的，所以，它不再处于埃克特和莫奇利的"监督"之下，他们不再控制这台机器。

原来在那时，匈牙利出生的理论物理学家爱德华·泰勒刚刚设计了一颗氢弹，为了验证它的性能，他的科学家团队需要计算这枚氢弹在每一百万分之一秒时的反应力。这是个无比艰巨的计算任务，仅输入数据就要用将近 100 万张穿孔卡。于是，在冯·诺伊曼的撮合下，这个绝密任务就在 1945 年秋来到宾大，交给了 ENIAC 项目。詹宁斯和她的一些同事随之应召帮助戈德斯坦设置机器。ENIAC 果然完成了这个任务，而且它的结果还表明泰勒的设计存在缺陷。随后，波兰数学家斯塔尼斯拉夫·乌拉姆和泰勒以及后来被证明是间谍的克劳斯·福克斯[1]合作，根据 ENIAC 的计算结果对初始概念做了修正，使氢弹最终能按照设计的要求而引发大规模热核反应。

对此，斯佩里兰德立即发表声明，说 ENIAC 在那时仍处于"实验性"阶段，洛斯阿拉莫斯的试验只是一次试运行。但是，法官坚持认为洛斯阿拉莫斯的工作实际上属于正常使用。另外，拉尔森法官又进一步指出，即使是根据宾大的那次 ENIAC 公开亮相来算，埃莫二人提交申请的时间也已经超过一年。此外，英国科学家道格拉斯·哈蒂于 1946 年 4 月 20 日在《自然》杂志上发表过一篇关于 ENIAC 的评论文章，这也发生在提交申请的一年多前。更要命的是，拉尔森还把冯·诺伊曼的《EDVAC 报告初稿》当作证据，说这份报告"公开披露了 ENIAC"，所以是一个"预期性出版物"。它比 ENIAC 专利申请早了 2 年。

法官拉尔森在判决中还抨击了斯佩里兰德，认为斯佩里兰德在 1963 年试图修改这份专利申请的行为是"后期权利索求"，旨在将后来对该领域的贡献纳入 ENIAC 专利，并通过修正案来延长专利寿命。"故意延长垄断期限是严重违反宪法和专利法的行为。"拉尔森写道。

至于阿塔纳索夫和 ENIAC，拉尔森法官表示他发现阿塔纳索夫的"面包板模型确立了设计基本原则的合理性"。"ENIAC 声称拥有的一项或多项主题源于阿塔纳索夫，ENIAC 声称拥有的发明源于阿塔纳索夫，"法官说，"埃克特和莫奇利并没有首先发明自动电子数字计算机，该主题相反是从约翰·阿塔纳索夫博士那里衍生而来的。"

对于埃克特和莫奇利来说，这真是一个无比残酷的裁决。多年前，他们曾眼巴巴地目睹自己的发明和想法被归功于冯·诺伊曼一人，而现在，法官又剥

---

[1] 克劳斯·福克斯（Klaus Emil Julius Fuchs, 1911—1988），东德科学院院士，理论物理学家，苏联特工。

夺了他们最后的骄傲,连 ENIAC 的专利也被判为无效。

平心而论,专利确实是一个棘手的问题。如果仔细找,你会发现几乎每一个发明都包含着对于他人工作的暗示,因为这是知识发展的基础。人们总是从已知出发,设法推进它,努力扩展它。因此也就不存在某一个绝对界限,可以被发明家用作依据,并据此宣称:是的,这是一个崭新的东西,一个新颖而又值得称赞的"想法"。

毫无疑问,莫奇利从阿塔纳索夫那里学到一些东西,但莫奇利和埃克特也曾向其他公司学习,并获得了各方面的帮助。其实,每个人都同意 ENIAC 是一个独特的系统,它不仅是在一些崭新的想法中诞生,而且它也结合了以往的经验和知识。不错,阿塔纳索夫可以认为莫奇利窃取了他的理论,可是人们并不能单单为理论申请专利,因为只有能够有效工作的发明才可以用来申请专利。莫奇利对爱荷华州的一次访问怎么能就此将 ENIAC 的发明一笔勾销呢?

因此,埃克特就把自己的命运放在长远的历史观上。他认为,他和莫奇利与爱迪生或莱特兄弟并没有什么区别,他们的发明在技术上都不是同类中的首创,但却是最完美的。

"许多人在爱迪生之前就开始造灯泡了,有些甚至比他早五年就开始生产了。爱迪生所发明的是一个包含了经过改进的灯泡以及各种功能和元件的新系统。"埃克特在 1980 年对历史学家南希·斯特恩这样说,"阿塔纳索夫没有系统。我们建立了一个有效系统。他的东西不符合专利局的定义。我们的符合。"

1991 年,埃克特又在东京的一个演讲中重申:"莫奇利和我实现了一个完整可行的计算系统。其他人没有……如果爱迪生是白炽灯的发明者,那么按照同样的标准,莫奇利和我显然是计算机的发明者。"

"改变世界的人面对着历史的两条道路而立,"英国计算机先驱莫里斯·威尔克斯在向埃克特的一次致词中说,"他们的一半工作被视为是过去努力的结晶,另一半则为未来指明了新方向。埃克特尤其如此。ENIAC 是早期努力的结晶。"

爱因斯坦也曾经说过:"一个新想法突然出现,而且是以一种相当直觉的方式出现,但直觉只不过是早期智力经验的结果。"

1989 年,当史密森尼学会筹办一个关于计算机发展的展览时,它的研究人员准备将计算机的发明归功于埃克特和莫奇利。可是当爱荷华州国会议员尼尔·史密斯听到这个消息后,他申辩说这个荣誉应该属于阿塔纳索夫。于是,政治敏感的史密森尼就立刻退缩了。

结果，在史密森尼博物馆的这个展览里，阿塔纳索夫的照片被放在一个名为"电子计算机的起源"的计算机先驱的行列中。史密森尼介绍说，阿纳塔索夫"制造了第一台电子计算机"，不过，它又指出，这是一台从未完全投入使用的专用机器。然而，就在这个区域的旁边，史密森尼布置了一个有关ENIAC的巨大展示，包括一些引起参观者极大兴趣的原始部件。而在它的电视屏幕上，埃克特自豪而又细致地不停讲述着这个巨大奇迹的创造过程。

"这是ENIAC的一部分，"一位游客在那里参观时，对他身旁的十来岁且精通计算机的儿子说，"这是首台计算机的一部分。"

"说到创造历史，"那少年人倒吸一口凉气，"究竟是谁创造了它？"

第四章

晶体管

布尔的思维法则和香农的联想

1832 年，一个在一片旷野里漫步的 17 岁青年，在他心智最敏锐的时刻，突然领悟：人类的所有心理过程都能用数学术语来严谨明了地表达。如果这个青年人能够从那时起就专心致志，潜心发掘这个伟大灵感，那么就好了。可惜，好事多磨，事情往往不尽如人意。

这位青年名叫乔治·布尔[1]。1815 年，他出生在英格兰林肯郡，是一个鞋匠的儿子。他受过小学教育，父亲有时也会抽空教他。可是由于家境贫寒，他未能接受进一步的正规教育。后来，在一位林肯书商的帮助下，布尔自学了语言学，包括拉丁语和希腊语。一次，林肯郡的一份报纸刊登了布尔翻译的一首拉丁诗。没想到，一位学者竟因此指责他抄袭，因为他认为布尔在语言上不可能有这么高的造诣。

布尔 16 岁时在海格姆学校担任初级教员，从而承担起父母和三个弟妹生活的责任，一面养家糊口，一面坚持自学。他在 17 岁时阅读了牛顿的《自然哲学的数学原理》，并将自己的学习重点从语言学转移到数学。19 岁时，布尔在林肯

---

[1] 乔治·布尔（George Boole Jnr，1815—1864），英国皇家学会院士，自学成才的数学家、哲学家、逻辑学家。他的工作主要在微分方程和代数逻辑，最著名的是《思维法则》，其中包括布尔代数。布尔和克劳德·香农一起被誉为"为信息时代奠定了基础"。

郡开设了自己的学校，并逐渐挤出更多的时间从事数学研究。

幸运的是，尽管布尔缺乏正规科学训练，一家新期刊的编辑仍然同意发表他的论文。而且，更幸运的是，他的一篇文章引起了数学家奥古斯都·德·摩根的注意。这位德·摩根就是那位曾经教授阿达·拜伦数学的教授，他不仅学养丰厚、著作等身、育人有方，而且慧眼识人。他发现了布尔的非凡才华，就帮助布尔在爱尔兰皇后学院（今科克大学）获得了一份教职。如此，布尔终于有了稳定收入和时间，可以专心对人类思维进行系统研究。最后，他高屋建瓴，用一种独特的数学方式实现了对人类思维的伟大概括。

1854 年，经过 10 年的紧张工作，布尔发表了他的杰作《思维法则》，并在此基础上创立了一整套有关逻辑和概率的数学理论。在文章的开篇，他介绍说："以下条约的设计，是为研究那些进行推理的心灵运作而制定的基本规则，用微积分的符号语言来表达它们，并在此基础上建立逻辑科学。"这是一种全新的、连专家都觉得有些晦涩难懂的方法。所以，它最初的影响非常小。

《思维法则》的核心，是用数学语言来描述人类日常生活的要素。布尔通过分析语言的基本结缔组织来检查人的日常心理过程。他证明，所有人类推理都可以简化为一系列是或否的决定。而且，每一个决定都可以用代数来表达和演绎。就这样，布尔为逻辑代数奠定了基础，后人也为此将逻辑代数称作布尔代数。

所以，当艾肯和阿塔纳索夫在 1937 年为发明计算机而冥思苦想时，早在 1850 年代，已经有一位自学成才的维多利亚学者发明了一整套有关思维逻辑的崭新法则——布尔代数，一种最适合于计算机器的数学方法。

1937 年不仅是巴贝奇发明分析机的 100 周年，而且这一年对现代计算机来说，也是个不同寻常的神奇年份。正当阿塔纳索夫和艾肯在为计算机的设计和制造绞尽脑汁时，麻省理工学院的研究生克劳德·香农[1]也在这一年为计算机理论完成了一个开创性的突破。他在那年提交的一篇论文后来被公认为有史以来最有影响力的硕士论文，也被《科学美国人》称为"信息时代的大宪章"。

香农在密歇根州的一个小镇长大，在那里他做过模型飞机和业余无线电。后来，他进入密歇根大学，主修电气工程和数学。在读大四时，他回应了一个

---

[1] 克劳德·香农（Claude Elwood Shannon，1916—2001），美国国家科学院院士，数学家、电气工程师、计算机科学家和密码学家，被誉为"信息论之父"和"信息时代之父"。他和乔治·布尔一起被誉为"为信息时代奠定了基础"。

贴在公告板上的求助告示，应邀前往麻省理工学院帮助范内瓦·布什[1]教授维护和操作他的微分分析仪[2]。布什教授是一位享有盛誉的科学家和发明家，时任麻省理工副校长和工学院院长。他在1927年研制的这种微分分析仪，可以用来求解多达18个自变量的微分方程。

香农被布什教授的计算机器深深吸引，尤其是那些用于控制电路的电磁继电开关器。当电信号驱使继电开关噼啪噼啪地自动接通或关闭时，这些开关装置就在各自所在的计算电路里发挥了自己的作用。

1937年夏，香农向麻省理工学院请假，前往美国电话电报公司（AT&T）属下的研究机构贝尔实验室工作。当时，贝尔实验室位于曼哈顿哈德逊河畔的格林威治村。那是一个以将想法转化为发明而著称的避风港。在那里，抽象理论、奇思妙想与实际问题相互交织；或在走廊，或在自助餐厅，古怪的理论家、手巧的工程师、粗壮的机械师、务实的问题解决者混在一起，不着边际地谈天说地，在不知不觉中孕育出宝贵的思想结晶。贝尔实验室也就此成了数字时代创新最重要的发祥地之一。

在贝尔实验室，香农目睹了电路在复杂的电话系统中的强大作用。各种功能的电路通过电磁继电开关各司其职，或自动路由呼叫，或自动平衡负载，五花八门，千变万化。香农看着看着，他的思绪不知不觉地将这些电路的工作原理与另一个同样令他着迷的主题联系起来——乔治·布尔的逻辑系统。

布尔先生通过使用代数符号和方程式来表达逻辑语句的方法，从根本上提高了人们对逻辑的概括能力。布尔代数将思维决策简化为对于是或否、1或0、真或假这种对偶性的演绎。他给真命题赋值为1，给伪命题赋值为0。然后，他通过一系列基本逻辑运算法则来演算命题，就像它们是数学方程式一样。

这时香农联想到，其实，继电开关的开与关这两个状态，正好可以用来表达布尔逻辑的二元性。同时他也发现，他可以设计由继电开关组成的控制电路来实现布尔的逻辑运算法则。

当香农在秋天回到麻省理工学院时，布什教授对他的新想法颇感兴趣，就鼓励他将这些想法纳入他的硕士论文。在这篇题为《继电器和开关电路的符号分析》的论文中，香农写道："通过继电器电路可以进行复杂的数学运算。数

---

1 范内瓦·布什（Vannevar Bush, 1890—1974），美国国家科学院院士，工程师、发明家和科学管理者，二战期间领导了美国科学研究和发展办公室，几乎所有战时军事研发都通过它进行，包括雷达的重要发展以及曼哈顿计划的启动和早期管理。

2 微分分析仪：Differntial analyser。

字可以由继电器和步进开关的位置来表达，继电器组之间的互连可以表达各种数学运算。"香农还写道："事实上，在有限数量的步骤中，任何可以使用'若''或''和'等词来完全描述的逻辑演化过程，都可以通过继电器来自动完成。"一旦有了这种决策能力，机器就可以通过编程来自动执行复杂的计算，而无需操作员的恒定指导。

"通过继电器电路，可以做复杂的数学运算。"他最后总结道。

布尔先生在《思维法则》中，对人类的思维用数学的方法进行了系统的分析和概括。他指出了推理的二元性和对称性，并证明了决策可以用代数符号来表达和推演。而香农的研究成功地将布尔理论应用在计算机器的设计理论上，他在论文中指出，逻辑推理的二元性和对称性可以用继电器开关的对偶性来表达，继电器电路可以进行复杂的数学运算。

布尔通过布尔代数对人类日常思维进行了理论上的概括和升华。香农又将布尔代数与继电器开关系统相关联，为计算机实践提供了理论基础和发展方向。因此，布尔代数有时也被称为开关代数。

凯利对电子继电器的猜想

早期的继电器是一种电磁开关装置。它看上去就像一只捕鼠器，一端安装了电磁铁。当电流通过磁铁时，它会吸引继电器上的金属条，金属条受此激发而动，将开关接通。一旦电流被切断，磁力立即消失，金属条就弹回原处，继电器断开。

继电器在电话系统中至关重要。在 1930 年代，贝尔系统每天都要依赖成百上千万只不同复杂程度的继电器来提供电话服务。仅从纽约到旧金山的一条电话连接就需要二三百只继电器。因此，在 AT&T 负责研发的贝尔实验室就对继电器研究格外重视。

1930 年代后期的一天，贝尔实验室的研究主任默文·凯利[1]博士突然醒悟，作为电话网络核心的机电开关交换机迟早会被电子替代品取代，电磁继电器也会被电子开关装置取代，而且这种转变已经为期不远。当然，这只不过是一个

---

[1] 默文·凯利（Mervin Kelly，1894—1971），美国国家科学院院士，工业物理学家，曾担任贝尔实验室的研究总监、总裁和董事长。

预感，凯利并不清楚下一步该怎么办。

听到凯利的这个观点，实验室新秀比尔·肖克利[1]相信凯利是对的。同时，他还相信答案就在固体物理学——一门关于电子在固体材料中运动的新学科。于是，肖克利行动起来，他的第一个想法是一种在硅晶体中含有碳触点的装置。他还希望这种装置能产生放大作用，从而可以增加电信号的强度。他知道实验室已有人做过类似尝试，但是都未成功。

1938年12月，肖克利去找了资深研究员沃尔特·布拉顿[2]博士，并向他建议说如果能找到正确的方式制造氧化铜整流器，那么也许可以在铜的氧化层中插入一个网格来控制电流，使之成为放大器。他的想法与李·德弗雷斯特在1906年的想法相似，德弗雷斯特在那时发现，如果在真空管的两个极之间加一个栅极，那么他就能通过这个第三极来放大电信号。按照贝尔实验室的规范，肖克利于1939年12月29日，在他的实验室笔记中记录了这个想法。他写道："我突然意识到，在原则上，使用半导体而不是真空管的放大器是完全可行的。"

这种在实验室日志中记录下来的条目通常称作"披露"，是迈向潜在专利的一步。次年2月27日，J.A.贝克尔按照惯例，在肖克利的条目上加注了评语"阅读—理解"，以此来认证这个条目。

在贝尔实验室，布拉顿在晶体设计和实验这方面的经验最丰富，是这方面的权威。肖克利知道，为了进一步研究他所设想的新装置，他需要布拉顿的实验经验和动手能力。

沃尔特·布拉顿于1902年2月10日出生在中国厦门，他的父亲当时在那里的"听闻男童学校"任教。后来，沃尔特又随家人回到了他们的家乡——华盛顿州。一家人先在斯波坎落脚，父亲在那里担任股票经纪人。沃尔特9岁时，他家又搬去华盛顿州东部托纳斯克附近的一个牧场。

沃尔特是他家五个孩子中的老大。他有两个妹妹在孩提时去世，一个幸存的妹妹玛丽以及后来也成为科学家的弟弟罗伯特。他的父母都非常重视文化修养且都毕业于华盛顿州沃拉沃拉的惠特曼学院。午饭后，他们常抽出时间来给孩子们朗读各种书籍。

---

1 比尔·肖克利（William Bradford Shockley Jr, 1910—1989），美国国家科学院院士，发明家、物理学家和优生学家。他曾领导贝尔实验室的一个研究小组，该小组成员包括约翰·巴丁和沃尔特·布拉顿。这三位科学家后来因"对半导体的研究和晶体管的发现"而共同荣获1956年诺贝尔物理学奖。
2 沃尔特·布拉顿（Walter Houser Brattain, 1902—1987），美国国家科学院院士，物理学家，他与科学家同事约翰·巴丁和威廉·肖克利于1947年发明了点接触晶体管，从而共同获得1956年诺贝尔物理学奖。

长大后，布拉顿跟随父母的足迹来到惠特曼学院——一个深受他喜爱的地方。在那里，像许多伟大的科学家一样，他遇到了优秀的教师，如物理老师本杰明·布朗和数学老师沃尔特·A.布拉顿。这两位教师也都教过他的父母。只要与布拉顿谈论他的生活，用不了多久，他就会流露出自己对这些人的感激和爱戴，尤其是对布朗。在遥远沙漠中的这所仅有 500 名学生的大学里，这两位老师，年复一年，诲人不倦，悉心培养来自附近农场和牧场的不成熟且教育程度偏低的孩子，并将他们改变成一个个优秀的科学家和工程师。布拉顿毕业那年，他是惠特曼学院物理专业的四名学生之一。在一个争取哈佛奖学金的全国性竞赛中，他们四人都进入前十名，包括那名获胜者。

布拉顿进入俄勒冈大学攻读物理学硕士学位，后来又获得奖学金去明尼苏达大学攻读博士学位，师从约翰·泰特和约翰·范弗莱克[1]。范弗莱克博士也是阿塔纳索夫的博士学位导师，他在 23 岁就获得了哈佛大学博士学位。毕业后，他先后在明尼苏达大学和威斯康星大学任教。后来，他回到哈佛担任教授，并与他人共同荣获 1977 年诺贝尔物理学奖。

在惠特曼学院，布拉顿第一次品尝了物理学革命的滋味：在布朗先生的课堂上，布朗向他们介绍了普朗克和量子。在明尼苏达大学，范弗莱克的课程是纯理论的，老师和学生一起沉浸在最新的量子概念中。他们没有课本，因为没有人能在每周都颠倒过来的情况下编写和印刷教材。那时候，即使是像范弗莱克教授这样的冲击波骑手也必须加倍努力，才能确保课堂内容的高水平。

1928 年布拉顿从明尼苏达大学毕业后，向华盛顿国家标准局和贝尔实验室递交了求职申请。标准局爽快地录用了他，而贝尔却对他的申请拖拖拉拉。加入标准局后不久，他碰巧被挑选去接待一位来访的贝尔实验室高管。结果，布拉顿给那人留下了很好的印象。临别时，那位高管对布拉顿说，如果想去贝尔工作就同他联系。于是，布拉顿就打了电话，并于 1929 年加入贝尔实验室。当肖克利在 1936 年来到实验室时，布拉顿已经是一名深得理论物理学家信赖的第一流实验物理学家了。

布拉顿仔细听了肖克利的新想法。他喜欢这个年轻人，但他指出，他和贝克尔已经尝试过类似的东西，而且没有成功。可是，肖克利不为所动，坚持自己的观点。

---

[1] 约翰·范弗莱克（John Hashbrouck Van Vleck，1899—1980），美国国家科学院院士，物理学家、数学家。1977 年，他因对固体中电子磁性行为的理解做出的贡献而与他人共同荣获诺贝尔物理学奖。

"比尔，"于是布拉顿对肖克利说，"如果真的那么重要，如果你告诉我你想怎么做，如果可能的话，我们会这样做的。我们可以试试。"

布拉顿按照肖克利设想的规格制作了几个装置。可是，他发现每个装置都产生了"零"。肖克利知道后，虽承认这些结果不理想，但他还是觉得这个想法似乎是合理的。1940年2月29日，布拉顿和肖克利在实验室笔记本上描述了一种在理论上可以产生半导体放大效应的改进装置，然后他们各自在上面签了名。

威廉·肖克利

1910年2月13日，小威廉·肖克利出生在一对侨居伦敦的古怪的美国夫妇家中。

比尔的母亲梅，从小在她的母亲和继父的抚养下，在新墨西哥州和密苏里州长大。她是一个偶尔会发哮喘、有着自己想法的女孩。在学校里，她表现出了艺术和数学天赋，并自己敲开了进入位于加州帕洛阿尔托的斯坦福大学的大门。她欣赏斯坦福大学男女同校且免费。梅在大学里学到了充分的地质知识，就在学成后独自乘马车前往正在蓬勃发展中的内华达州采矿小镇托诺帕，帮助继父在那里的勘测业务。就这样，梅成了美国第一位女性副矿产勘测员。

在旧西部的这个最后一批女少男多的城镇里，梅无所畏惧，并对周围的男人丝毫不感兴趣。她长得不算特别漂亮，最引人注目的是她那一头几乎垂到膝盖的深色金发。平时，她总是高盘长发，似乎决心孤芳自赏，不会让任何一个男子看到它披散下来的模样——一直到她遇到了威廉·肖克利，一个从麻省理工学院培养出来的采矿工程师。

威廉以矿业投机为生，会说8种语言。实在是命运弄人，他其实更适合做一名语言学家，而不是商人。多年来，威廉一直听天由命，过着那种危机四伏的冒险家生活，四处游荡。梅在鸟都不去的荒山野地里遇到威廉，就忍不住写信告诉母亲说："在内华达州中部，我非常惊讶地遇到一个可以和我谈论意大利绘画的人。"

威廉已经52岁了，比梅大22岁，还留着即将变成纯白的胡子。他的几位祖先参与了麻省理工学院的创立，所以他去那里读了书。毕业后，威廉作为一名数学专业的平庸学生，好不容易在加州和内华达州的矿业公司里找到工作。

后来，他又在伦敦的一家矿业公司就职，开始了他在亚洲各地的漫游和闯荡，逃脱一个困境又落入另一个险境，周而复始。在中国的一个省，甚至还有人悬赏要他的人头。

难怪梅在托诺帕的荒原里为之倾倒。威廉从那些遥远而又神秘的地方，给她捎来了远方所承诺的一切。情人眼里出西施。在梅的世界里无人能与威廉相比，而他的年龄无疑也是他的长处。梅深深相信，威廉的成熟和智慧是无与伦比的。1908 年 1 月 20 日，梅和威廉喜结连理，旋即启程，前往伦敦。

肖克利夫妇在伦敦过着愉快的生活。只不过威廉始终赚钱乏术，常要为债务而搬来搬去。在伦敦这座诱人的城市里，他们还有几位麻省理工学院和斯坦福大学的好朋友，包括赫伯特·胡佛和他的妻子李·亨利。后来，胡佛成了斯坦福大学的校长和美国总统。

梅的孕吐始于 1909 年 6 月 12 日，但她和她的丈夫都不明白发生了什么事。如果说梅对这种事知之甚少的话，那么她的丈夫就更是一无所知了。热心的胡佛夫人送来一本书，列出了怀孕可能出现的各种情况，梅在读完之后宣布，她再也不怀孕了。

1910 年 2 月 13 日，梅生下了她的小宝宝。第二天早上 9 点 45 分，威廉在日记中写到他听见儿子的哭声，那"强烈的、穿透性的、充满活力的哭声"。许多女性可能都在分娩的某个时刻发誓永远不再经历下一次，但梅是认真的。威廉也完全同意。生产时的血腥和疼痛令他震惊，他发誓再也不会让妻子重新遭受这种痛苦。"很长一段时间，我都对这个婴儿不感兴趣，因为我的神经因梅的痛苦而动摇了。这当然是一件该死的事……我很高兴它结束了。"

他俩给孩子取名为小威廉·布拉德福德·肖克利，昵称比尔。

比尔脾气暴躁。几乎从第一天起，他就表现出了一种爆发性的愤怒。这让他的这一对可怜的父母感到惊讶和不安，后来还真的被他吓得不轻。随着时间的推移，这种爆发性变得更糟。比尔还未满月时，老威廉就在日记中写道："他有脾气暴躁之嫌，而且很可能会证明是一个难以处理的话题。在访客面前，他是一个很乖的婴儿，他会保持安静。"1 岁生日后，威廉注意到比尔的脾气更加暴躁，会"用最大的声音尖叫，曲身后仰，直到看起来会拧断自己的脖子，或因为撞到什么东西而伤到头"。比尔的大多数脾气似乎都是对着自己的双亲而发的，而当有其他人在一旁时，他非常活跃，魅力十足。老威廉和梅都对比尔束手无策。

1913 年 4 月，肖克利一家离开伦敦回到美国，搬到帕洛阿尔托的韦弗利街，同梅的母亲和继父住在一起。这样的安排本来就不理想，更何况梅和母亲莎莉无法和平相处。可是，威廉仍然谋生乏术，他们别无选择。

比尔的脾气没有任何缓和的迹象。于是，忧心的威廉尝试了心理医生。可是，心理学家的各种方法也都对比尔无效。一名芝加哥的著名专家甚至建议他们向比尔泼冷水，结果还是没有用。老威廉只好彻底认输。

到了读书的年龄，梅开始教比尔数学和艺术，他的父亲教他科学和地理。后来，威廉把比尔送到帕洛阿尔托童子军校，希望纪律会对比尔有益。在那里，比尔的成绩多数是 A 且学会了在外面控制自己，把最有用的脾气留给家里的梅和威廉。

童子军校每年要花费威廉 920 美元，这是一笔他几乎负担不了的费用。最后，还是通过梅与胡佛夫妇的关系，威廉在斯坦福大学找了一份教授采矿工程的工作。不过，尽管如此，童子军校的负担还是非常沉重。

老威廉于 1924 年 11 月 8 日轻度中风。然后，也许是为了摆脱与梅的母亲的紧张关系，他们搬到洛杉矶附近的一间小房屋。1925 年 5 月 26 日威廉去世，享年 69 岁。15 岁的比尔看着自己的父亲，一个他深爱且敬重的人就这样离开了他，一定非常伤心。从此，这位长着长胡子的长者，就常在比尔的心里厮守缠绕，相依相随。30 年后，当肖克利在 1955 年着手组建那个为硅谷催生的半导体公司时，他在笔记本上潦草地写下了一个神秘的致敬辞："3 月 30 日。燎原世界的想法，父亲骄傲。"

不久，比尔被加州大学洛杉矶分校录取。校园在他家的步行距离之内。1928 年，比尔又转入加州理工学院。

从加州理工到麻省理工

加州理工学院位于富饶而又怡人的小城帕萨迪纳，是一个纯科学和工程的学术中心。从一开始，它就吸引了来自哈佛和麻省理工等校的优秀教师，并帮助研究人员建立自己的实验室，让他们自由选择想要做的研究且为他们提供充足的资金。一手师资，一手研究，这就营造出了一个绝佳的学术环境。同时，加州理工也鼓励系与系之间的互动，打破了东部大学趋于保守的古老传统，给学校带来一种令人兴奋的新鲜气息。

几年前，化学家亚瑟·诺伊斯和董事乔治·埃勒里·黑尔把著名物理学家罗伯特·密立根[1]从芝加哥大学吸引来加州理工担任校长，并获得了 400 万美元的慈善捐赠。

1905 年，爱因斯坦在一篇新发表的论文里阐述了光电效应[2]。一石激起千层浪，他的新理论遭到物理学界的普遍反对。密立根也不例外，不过他并未停留在言论上。相反，他埋头做了近 10 年的实验来研究爱因斯坦的这个新理论。结果，事实胜于雄辩，密立根的实验证明了光电效应定律的正确性。1921 年，爱因斯坦"因为他对理论物理学的贡献，尤其是对光电效应定律的发现"获得了诺贝尔物理学奖。1923 年，密立根也"因为他在电的基本电荷和光电效应方面的工作"获得了诺贝尔物理学奖。

凭借密立根的声望，加州理工从世界各地吸引了更多的杰出科学家前来参观、讲学、逗留和工作。埃德温·哈勃在加州理工学院开始了他对星系的精湛分析；阿尔伯特·迈克尔逊因为在克利夫兰测量光速而获得诺贝尔奖，他在帕萨迪纳重复了这个实验；莱纳斯·鲍林[3]是一位年轻的教师，他最终赢得了两个诺贝尔奖（一个化学奖，一个和平奖）；爱因斯坦也多次来此访问和讲学。密立根还聘请了化学家、物理学家、户外运动者、哲学家查尔斯·托尔曼，而托尔曼教授带来了理论物理学家、数学家亨德里克·安东·洛伦兹。

加州理工的那个美妙的学院俱乐部——雅典娜神庙，在肖克利入学的第二年开业，一举成为伟大科学家和思想家的迎宾馆。那时正值物理学的黄金时代，如果你想看看那个时代的推动者和震动者，你最好去雅典娜神庙的大厅里逛一逛。

肖克利喜欢莱纳斯·鲍林创建的班级结构，这与他在加大洛杉矶分校的经历大不相同。加州理工将学生分组，每组 15 至 20 人，同组的学生在一起修相同的课程。无论专业是什么，所有大一和大二的学生都修差不多的课程。虽然在洛杉矶分校上过学，肖克利仍需从大一开始读。不过，物理专业也有例外，后来肖克利被选入提供加速指导的两个荣誉小组中的一个。入选这两个组的竞争非常激烈，然而，组内的竞争更是有过之而无不及。为了保持竞争力，肖克利每年暑假都会去斯坦福大学选修额外的课程，尤其是物理。

---

1 罗伯特·密立根（Robert Andrews Millikan，1868—1953），美国国家科学院院士，实验物理学家，因对基本电荷的测量和光电效应的研究而获得 1923 年诺贝尔物理学奖。
2 光电效应（Photoelectric effect），是指由紫外线等电磁辐射引起材料释放电子的现象。这种方式释放的电子称为光电子。
3 莱纳斯·鲍林（Linus Carl Pauling，1901—1994），英国皇家学会院士，美国国家科学院院士，化学家、生物学家、化学工程师、和平活动家、作家和教育家。1954 年获得诺贝尔化学奖；1962 年获得诺贝尔和平奖。

加州理工学院有两位教授对肖克利影响最大。一位是教过他理论物理学的威廉·V. 休斯顿[1]。休斯顿是一位出色的教师，肖克利一生都记着他。后来，他去莱斯大学担任校长。另一位是极富想象力的理查德·托尔曼[2]。托尔曼的视野延伸到科学所能触及和理解的边缘。正是他的工作和密立根的钱，将爱因斯坦请来加州理工学院。

1920年代中期，物理学界在爱因斯坦和玻尔的引领下发生了一场量子革命。为了理解量子的深刻意义，这两位科学巨人展开过几场辩论。爱因斯坦在1926年写给马克斯·玻恩的一封信中写道："量子力学固然是堂皇的。然而我的内心却有一个声音告诉我，它还不是真实的东西。这个理论描述了很多，但它并没有真正带领我们更接近那位'创世者'的秘密。无论如何，我相信他［上帝］不是在掷骰子。"1927年10月，第五届索尔维会议在比利时举行，主题是"电子和光子"。在这个被誉为"物理学全明星阵容"的会议上，海森堡和玻尔组成一个统一战线，旨在完善后来被称为量子物理的"哥本哈根诠释"。它的基本理论包括：薛定谔的波函数，玻恩的概率解释，海森堡的测不准原理，以及玻尔的互补原理和测量时的波函数坍缩。他们告诉与会者，这些关于量子的理论是完整的。也就是说，实验测量的未知或不确定性不是由于对量子缺乏知识或理解，而是基本且永远无法获得的。可是对此，爱因斯坦完全不认同。他坚持认为，测量中的不确定性不是根本性的，而是由于不完整的信息造成的，如果能知道的话，就必然能准确解释测量的结果。最后，玻尔那一派的观点占了上风。"保守派"爱因斯坦的态度也因此由怀疑变为沮丧。

密立根认为爱因斯坦错了，托尔曼也这样想。肖克利坐在托尔曼的办公室里，与导师一起谈论这场论战，并且密切关注着有关话题和报道。有时，他也会在校园里看见爱因斯坦在雅典娜神庙的棕榈树林中漫步。密立根请爱因斯坦来加州理工学院，部分原因就是想说服他，希望他能够接受并加入这个关于量子的新学派。

这是一个量子理论在科学界惊天动地的时期，层出不穷的物理事件不断发生。物理专业的学生都不由自主地被卷入了这股五光十色的新潮流中。在加州理工学院的四年里，肖克利的世界发生了根本性变化。当牛顿和麦克斯韦的确

1　威廉·V. 休斯顿（William V. Houston, 1900—1968），美国国家科学院院士，物理学家，对光谱学、量子力学和固体物理学做出了贡献。1946年出任莱斯大学校长。
2　理查德·托尔曼（Richard Chace Tolman, 1881—1948），美国国家科学院院士，数学物理学家、物理化学家，对统计力学做出了许多贡献。在爱因斯坦发现广义相对论后不久，他还对理论宇宙学做出了重要贡献。

定性从本质上让位于量子的不确定性时，物质的物理性也就随之逊色于数学性了。量子物理学抛弃了整个旧有原子概念，诞生了崭新的量子力学，它是玻尔、海森堡、玻恩、德布罗意和薛定谔思想的总汇和融合。

青年才俊肖克利，如鱼得水，尽情陶醉在这一切之中。

1932年秋，肖克利驱车跟随他祖先的足迹来到麻省理工学院。他曾向麻省理工学院和普林斯顿大学提出申请，但麻省理工学院的回应比普林斯顿大学的录取信早了几天。他的麻省理工学院导师是物理学家约翰·斯莱特。斯莱特听说肖克利在他感兴趣的科目上会做得很好，但对不关心的科目会草率、一带而过，于是，他就提前告诫肖克利，这在麻省理工行不通。

肖克利在麻省理工学院的津贴是每月80美元。由于囊中羞涩，他承担了异常繁重的教学任务，这就减少了他的研究时间。第二学期，他又增加了工作量，修了4门课，还教12个小时。即使按照麻省理工学院的标准，这也是非常繁重，但肖克利实在磨蹭不起。由于大萧条，连麻省理工学院也遇到了资金问题，研究生的助学金都被缩减。肖克利的津贴从80美元降至77美元。"因为学院亏欠太多"，他告诉母亲，并表示要进一步减少开支。

更麻烦的是，他和斯莱特教授处不好。斯莱特的才智不是问题，据说他也是一位很好的老师，"非常准确"。不过，他好像并不是一名优秀的研究生导师。肖克利说他冷漠无助。但几年后，他俩又重归于好且成为贝尔实验室的同事。

在麻省理工学院的第一年，肖克利遇到一位志同道合的朋友——詹姆斯·菲斯克[1]。菲斯克和肖克利一样，也有着中产阶级的背景。他来自一个律师和法官的家庭，上的是罗德岛的公立学校，包括一所技术高中，培养他在木工和机械车间等方面的技能。显然，这也为他就读麻省理工做好了准备。

肖克利与菲斯克一起发表了一篇科学论文。"我们一起做了一些工作，"菲斯克说，"我们彼此了解，而且我们都有一点奇怪，比如我们总是对恶作剧感兴趣。"

一天早上，校长卡尔·康普顿[2]走进他大楼里的一个新自动电梯，去他的办公室。康普顿按了一只按钮，电梯升错了楼层。他以为自己按错了按钮就再试

---

[1] 詹姆斯·菲斯克（James Brown Fisk，1910—1981），美国国家科学院院士，于1959年至1973年任贝尔实验室总裁。
[2] 卡尔·康普顿（Karl Taylor Compton，1887—1954），美国国家科学院院士，著名物理学家，1930—1938年任麻省理工学院院长。

了一次，可是电梯又去错楼层。正在疑惑时，他看到一个学生，就请学生按正确的按钮，结果，电梯还是停错了地方。一连三次都错了，校长摇了摇头，很绅士地走出电梯。

原来在前一天夜晚，肖克利和菲斯克神不知鬼不觉地潜入大楼，拧开固定电气控制装置的面板，重设了电梯的接线。

麻省理工学院与普林斯顿大学有一个非正式协议，让两校研究生交流互访。在普林斯顿，肖克利和他的同学听了尤金·维格纳的演讲，结识了爱因斯坦。同时，他们也与那里的研究生建立并加深了友谊，包括肖克利的好朋友弗雷德·塞茨[1]。

塞茨曾在斯坦福大学读本科。1930年，他曾转到加州理工学院一年，学习更深的课程。在加州理工，塞茨也在鲍林营造的学术氛围中如鱼得水，并在威廉·休斯顿教授的理论物理课上认识了肖克利。后来，塞茨成为普林斯顿大学的研究生。他也曾搭乘肖克利的车，从洛杉矶出发一起横跨美国去东岸上学。

肖克利逐渐走上麻省理工的轨道。斯莱特同意和他分手后，他就为自己找了一位新导师菲利普·麦科德·莫尔斯。莫尔斯既风趣又有魅力，而且绝顶聪明。不过，他也坦率地承认自己缺乏那种天才的想象力，无法在智力上实现伟大科学家的历史性飞跃。莫尔斯也是一名好老师，他的两个门生肖克利和理查德·费曼[2]后来都获得了诺贝尔物理学奖。

毕业前三个月，肖克利收到了一份在耶鲁大学临时教学的邀请。其实，菲斯克先得到这个职位，后来由于他在北卡罗来纳大学得到了更好的机会，就婉拒了这个邀请。因此，斯莱特教授就向耶鲁大学推荐了肖克利。1936年，美国仍深陷在大萧条中。任何工作机会都是一份大礼，尤其是理论科学。然而，就在肖克利收到耶鲁聘书的那一天，贝尔实验室的默文·凯利博士来到麻省理工学院面试可能的候选人。凯利曾在纽约见过肖克利，当莫尔斯教授向他透露耶鲁大学聘书一事后，他立即给总部打电话请求得到授权，当场录取肖克利。

于是，1936年6月26日，肖克利在获得博士学位并从麻省理工毕业后，来到贝尔实验室。

---

[1] 弗雷德·塞茨（Frederick Seitz, 1911—2008），美国国家科学院院士，物理学家，于1968年至1978年任洛克菲勒大学校长。
[2] 理查德·费曼（Richard Phillips Feynman, 1918—1988），美国理论物理学家，与朱利安·施温格和朝永慎一郎共同获得1965年诺贝尔物理学奖。

旷世才子约翰·巴丁

早在 1936 年，默文·凯利就确信真空管是一个技术上的死胡同。他相信未来将属于半导体，所以，他从麻省理工招来了在量子力学和固体物理学上学有所长的新一代物理学家肖克利。

肖克利相信凯利的判断，就鼓动实验高手布拉顿同他一起研究。可是二战中断了他们的努力，在导师莫尔斯的召唤下，肖克利毅然放下实验室的研究，参加了国防工作。1945 年 1 月，随着德国和日本法西斯的节节溃败，时任贝尔实验室执行副总裁凯利就向五角大楼询问是否可以借用肖克利，哪怕是兼职。

在贝尔实验室，凯利博士是求新求变的原动力。在那里，"没有人能阻挡凯利。"詹姆斯·菲斯克回忆道。默文·凯利是密苏里州人，中等身材，精力充沛。他本科主修采矿工程，并因为在犹他州度过了一个艰辛而又漫长的夏天而从此放弃采矿，去芝加哥大学攻读物理学博士学位。在芝大，他参加了密立根教授的那些著名的有关光和电的实验。

凯利相信基础科学研究，同时他也相信半导体开关装置的问世是不可避免的。所以，他就到处寻找人才。于是，在菲斯克的推荐下，他的眼睛盯上了物理学家巴丁博士。

约翰·巴丁[1] 于 1908 年 5 月 23 日出生于威斯康星州麦迪逊市，是一个中产阶级家庭的五个孩子之一。他家家境殷实，颇有成就。父亲查尔斯·拉塞尔·巴丁是约翰斯·霍普金斯大学医学院的首届毕业生，也是威斯康星大学医学院的创始人之一。母亲阿尔西亚·哈默是个东方艺术专家且从事室内设计。

巴丁在威斯康星大学获得电气工程学士和硕士学位后，于 1930 年移居匹兹堡，在那里的海湾研究实验室工作，从事石油勘探理论和技术方面的研究。但是，巴丁很快厌倦了石油工程师的工作和生活。1933 年冬，他重返学校，进入享有盛誉的普林斯顿大学物理系。这是一个不同寻常的跳跃，巴丁在考试和面试中一定表现出了出类拔萃的素质。巧的是，他和肖克利的好朋友塞茨以及布拉顿的弟弟罗伯特都是著名物理学家尤金·维格纳的学生。肖克利和菲斯克很可能是在那些往返于麻省理工和普林斯顿之间的互访中认识巴丁的。

巴丁在晶体和表面物理学上的造诣深厚。"他以一种看似吝啬的方式，将他

---

[1] 约翰·巴丁（John Bardeen, 1908—1991），美国国家科学院院士，物理学家、电气工程师。他是唯一一位两次获得诺贝尔物理学奖的人。

的才能像吐珍贵的金块一样一点一点发挥出来，这是他举止的一个特点。"塞茨写道，"他很有天赋，包括愿意以坚持和耐心来解决复杂的问题。"

毕业后，巴丁搬到明尼阿波利斯，在明尼苏达大学担任物理学助理教授，在布拉顿的导师约翰·泰特手下工作。研究中，他将量子理论与固体物理学相结合，发表过多篇重要论文。同时，他还钻研超导，卓有成效。有趣的是，巴丁在那里还结交了正在攻读博士学位的中国学者卢鹤绂[1]。卢鹤绂后来成了著名的核物理学家，被誉为中国的"核能之父"。

二战期间，巴丁在华盛顿的海军军械局工作，研究磁性水雷和鱼雷。战后，如果不是贝尔实验室介入的话，巴丁也许就会重返明尼苏达大学。

菲斯克告诉凯利，他和肖克利都想要约翰·巴丁，并称他是"世界上能找到的最强的理论家"。"当然，比尔·肖克利是世界上最能干的人之一，而且向来就是，"菲斯克数年后说，"但他意识到我们需要更多人，我们都认为这个国家可能只有三个人有资格在这里，而约翰尼（约翰的昵称）可能是最合适的那个人。"

就这样，巴丁收到了凯利的邀请。巴丁回忆道："我可以研究任何与材料有关的理论问题，所以从这个角度来看，它看上去非常好。"当然，凯利也给了他丰厚的报酬，巴丁的薪水将会是他在明尼苏达大学工资的两倍。

肖克利团队攻克半导体

人才到位后，团队就开始专心研究。其实在当时，物理学家对半导体知之甚少。他们知道半导体具有两象性——它既不能自由导电也不能完全绝缘，而它的电导率随温度和纯度的变化而变化。换言之，半导体是一种似是而非，又像又不像的材料。说它是导体吧，在绝大多数情况下，它不导电；说它是绝缘体吧，在一些条件下，它却又能导电。

然而，凯利博士就是要利用半导体的这种又像又不像的性质来创造新一代的开关装置。他相信，如果能找到一个能有效控制半导体材料的导电与不导电这两个状态的方法，那么他设想中的半导体开关装置就实现了。肖克利完全同

---

[1] 卢鹤绂（1914—1997），中国科学院院士，核物理学家，被誉为"中国核能之父"。他在1979年应巴丁等学者邀请去伊利诺伊大学等20所大学和研究机构讲学。

意凯利的想法。而且他还进一步联想到，如果像德弗雷斯特那样，在半导体的两极之间也安置一个类似栅极的东西，那么这个装置也许就能像三极管那样放大电信号了。

二战期间，仍然有一些地方在继续研究半导体。其中比较著名的有贝尔实验室、麻省理工学院和宾夕法尼亚大学（肖克利的好朋友塞茨在那里）。然而，最活跃的中心却是在普渡大学物理学家卡尔·拉克-霍罗维茨[1]的实验室里。1942年，拉克-霍罗维茨在一份报告中介绍说，他使用各种掺杂材料，包括硼、铝、镓、铟、砷和铋，制造出了P型和N型半导体[2]。由于材料性能非常不稳定，他的研究人员开发出了能够显著改进生产晶体的工艺，从而成功制作出大块的材料锭，包括可以承受高压的锗锭。

"最讽刺的是，"普渡大学的科学家兰德尔·威利后来回忆道，"偶尔我们三三两两地在午餐时会问自己，'为什么我们不能在上面放置一个网格，从而制作一个三极管来控制电子呢？'"可惜，由于需要赶其他任务，他们并没有在这方面深入研究下去。

那时候，没有人能比拉克-霍罗维茨更了解锗的物理学了。可是在1945年，当战争显然已经接近尾声时，拉克-霍罗维茨和普渡大学做出了一个令人匪夷所思的灾难性决定：将实验室的侧重面从锗物理的应用，转移到纯理论研究。

1945年4月17日，肖克利在贝尔实验室重整旗鼓，重新展开了对半导体的研究。他着手设计了场效应放大和开关装置，并用PN结[3]和硅来代替1939年所使用的氧化铜。"在这里考虑的这种装置，也许可以由含有硼和磷杂质的硅制成，"他在实验室日志中写道，"显然，在将这些想法用于实践时存在极大困难，不过，这种方法的性质表明这个方向有很大的可能性。"

肖克利的计算表明，这种装置应该能行。可是，他的实验却没有成功。因此，找到肖克利的设想错在哪里就成了实验室的首要任务。当时，肖克利和另一名化学家共同管理这个由34名科技人员组成的固体物理小组。他的团队成员包括巴丁和布拉顿，而他本人则向物理研究主任菲斯克直接报告。

巴丁加入团队后，肖克利首先向他介绍了自己的想法，想看看这位理论科

---

[1] 卡尔·拉克-霍罗维茨（Carl Lark-Horovitz，1892—1958），物理学家，以其在固态物理学方面的开创性工作而闻名，并在晶体管的发明中发挥了重要作用。
[2] P型和N型半导体：在半导体中掺入受主杂质，比如硼，就得到P型半导体；掺入施主杂质，比如磷，就得到N型半导体。
[3] PN结：通过掺杂剂扩散等工艺，将P型半导体与N型半导体制作在同一块半导体衬底上，这两种半导体材料之间的边界或界面称为PN结。

学家能否发现失败的原因所在。于是，巴丁就对这个问题仔细研究了整整两周。可是，他也没发现设计上有什么错。他和肖克利一样感到困惑，觉得难以理喻。因此，巴丁就继续专心思考和研究，力图查出一个究竟来。

1946年3月19日下午，巴丁突然醒悟过来。于是，他走到布拉顿的黑板前，一边画示意图，一边向布拉顿解释。布拉顿边看边听，一时只有点头的份。最后，布拉顿表示他需要先静下心来仔细思考一下。

不久后，布拉顿又把巴丁叫回实验室，走向黑板，并对巴丁说，看我是否跟上你了。结果，巴丁同意他俩完全理解对方的想法。

肖克利设想，假设那些被吸引到晶体表面的电子，会像在晶体内部的电子一样自由运动。然而巴丁认识到，也许这些电子被困在了晶体表面，形成一道屏障，从而阻挡了其他电子进入晶体内部。

在新思路的指导下，布拉顿和巴丁全神贯注地投入新一轮试验。可是，难以理喻的是，肖克利在这时并没有积极参加进来。也许他被那束巴丁的思想闪光击中，也许他对巴丁的理论半信半疑，也许他忙于其他事务，总之，他采取了超然的态度，放手让布拉顿和巴丁自己去尝试。于是，布拉顿和巴丁以及团队的其他成员开始专心寻找室温下突破表面电子屏障的方法。

1947年4月，布拉顿通过用光照射N型硅而成功显示出这种表面势垒。5月，他开始研究掺杂对硅的影响。8月，肖克利提出突破障碍的唯一方法是使用非常高能的电子，并请布拉顿在他的日志中为他的想法签了名。

10月下旬，实验日志里的条目数量开始骤增，尤其是在布拉顿的日志里。随着工作的不断深入，布拉顿和巴丁之间形成了一种独特的共生关系，一个由巴丁的大脑和布拉顿的双手组成的创造性机体。肖克利有时偶尔会过来看看发生了什么，并提出一些建议。在与肖克利的一次交谈中，巴丁建议用锗来代替硅作为实验材料。因为当时对锗的研究远甚于硅，而且在必要时可以从普渡大学的拉克-霍罗维茨实验室直接得到锗锭。

1947年11月被后人称为"奇迹月"。实验越做越有希望，越做越有趣。布拉顿和巴丁不由自主地被一种无形的力量吸引到了一个神秘的地方。在那里，一个新进展引向另一个新进展，挫折也能给予启示。实验团队振奋不已，忘我工作。周末消失了，工作时间也在不知不觉中越来越长，10小时，12小时，14小时。

12月15日，布拉顿用蒸金的方法在晶体上设置了两个距离非常接近的点：一个点作为栅极，另一个作为金属板。由此，他们观察到了轻微的放大效应。

12月16日下午,巴丁受到德弗雷斯特三极管的启发,建议尽量缩短锗晶体上的这两个点之间的距离。因此,布拉顿设计了一个结构:将一块金箔粘在一个看上去像个箭头一样的小塑料三角锥形上,然后他用剃须刀片在三角形尖端的箔片上切出一道细缝,从而形成两个相距仅 0.04 厘米的金触点。"仅此而已,"布拉顿回忆道,"我小心翼翼地用剃须刀切,直到电路接通,再把它压在一根弹簧的一端,然后,把它放在一块锗上。"

"我发现如果我把它调节得恰到好处,"布拉顿回忆道,"我就得到了一个能放大 100 倍的放大器,并达到了音频范围的清晰度。"

这是一个粗糙到几乎荒谬的装置,简直无法将它与一场天翻地覆的革命相联系。但是,巴丁和布拉顿立刻认识到他们取得了一个非同小可的成就。当晚,巴丁和布拉顿通了个电话。他们相信他们已经成功地以一种有用而又具体的方式控制了半导体内部的电流。这时,布拉顿意识到他们必须立即做什么。

"我想,我们最好给肖克利打个电话。"

晶体管的诞生

最常见的半导体元素是硅和锗。硅的原子核周围有 3 层电子云。在那最外层的云中,有 4 个电子旋转其中。在硅晶体中,为了达到稳定状态,它的每个硅原子都与相邻的硅原子互相共享其 4 个外层电子中的一个,因此,每个硅原子的四周都被另外 4 个硅原子包围着。这种规则重复的三维结构形成了晶格。锗的最外层的电子云中也出没着 4 个电子。所以,锗与硅的半导体性质相似。

硅或锗的晶格稳定而又坚固。由于它最外层电子云中的每一个电子都与它四周的原子共享,所以,这种晶格的内部没有自由电子,故不能导电。然而,这种状态可以通过掺杂的方法来改变,使它具备导电能力。例如,砷是一种半导体的掺杂元素,它的最外层电子云有 5 个电子,如果在纯硅中加入一点点砷,那么当砷原子与硅混合后就会多出一个电子。电子带负电,所以这种有着多余电子的晶体,被称为 N 型半导体。反之亦然,硼属于另一类掺杂元素,它最外层电子云有 3 个电子,如果在纯硅中加入一点点硼,那么当这两种原子混合后就会产生空缺(缺少电子),成为 P 型半导体。

通常,人们将具备放大、开关等功能的半导体装置称为"晶体管"。由于布拉顿和巴丁试制成功的晶体上有金触点,他们的发明就被称为"点接触晶体管[1]"。

肖克利对电话里传来的好消息"非常兴奋",布拉顿后来回忆道。为了共同的目标,肖克利的团队齐心合力、锲而不舍,终于实现了历史性突破。听到这个令人振奋的消息后,项目里的任何人当然都会兴奋异常。不过,道理虽然如此,肖克利的内心还是纠结起来。

"坦率地讲,巴丁和布拉顿的点接触晶体管在我心中激起了矛盾的情绪。我对团队成功的喜悦,被自己不属于发明者的挫败感抵消了,"他后来承认,"我有点沮丧,因为我的个人努力在8年前就开始了,但它却未能为我自己产生出重大的发明创造。"他的老朋友塞茨也相信布拉顿的这通电话改变了肖克利,认为他的性格从此开始变化,变得狭隘、偏执和失衡。

听到这个消息时,肖克利的确深以为豪。显然,巴丁和布拉顿已经取得了一个历史性突破,实现了凯利博士用半导体装置来取代笨拙的电子管的梦想。而且,这个新发明来自自己的下属,自己的团队,自己的实验室,并且是在他的督导之下。AT&T经营着世界上最大、利润最高的垄断企业之一,它一定会慷慨奖励那些为它的霸主地位做出杰出贡献的人。所以,肖克利完全有理由相信他会因此而受到奖赏。这绝对不是一个问题。

可是又一想,巴丁和布拉顿才是这项发明的主角,而他本人更像是一个指导顾问。他放手让手下人做实验,自己却从与团队的日常互动中脱离出来。大意失荆州,他居然不自觉地忽视了那个至高的荣耀和奖赏。

功劳究竟归谁?在实验室之外,肖克利所做的贡献会被外界充分认同吗?他的参与,是否足以让他获得他所渴望的那种至高的荣誉呢?

起初,肖克利和他的团队忍着不把新发明通告高层管理人员。"这非常重要,如果要告诉凯利这件事,那就必须万无一失。在没有充分把握前,他们不想盲目宣传。"布拉顿说。

经过反复验证,肖克利终于决定将好消息告诉高层。他的秘书贝蒂·斯帕克斯用打字机打了一份由肖克利签署的备忘录——《关于半导体的报告》,并邀请了实验室主管前来参观。

1947年12月23日,物理研究主管哈维·弗莱彻和他的上司拉尔夫·布朗观看了巴丁和布拉顿的演示。"通过设备的开或关,可以听到语音水平的明显增益。"布拉顿写道。巴丁也在那一天的日志中写道:"电压放大是通过在特别处

---

[1] 点接触晶体管:Point-contact transistor,是第一种被成功演示的晶体管。

理的锗表面上使用两个金电极获得的。锗是高背压 N 型。对表面进行阳极氧化，以在表面附近产生 P 型导电性。"肖克利和其他目击者在巴丁的条目上签了字。

这一天，被历史纪念为晶体管时代的诞辰。

其实，肖克利的保留态度还有一个原因。他在几个月前就一直在考虑另一种晶体管，一种可能更有用且更具经济效应的晶体管。点接触晶体管确实令人印象深刻，但他不相信这个电线伸在外面，用蜡和弹簧固定起来的脆弱装置会有实用性。他有一个更好的主意。

肖克利要创造一个一体式晶体管，将所有物理特性都封装在晶体内部。28 日，肖克利走进自己的办公室，在日志里简要地概括了他的新计划，并让同事认证了他写的条目。然后，他就乘上前往芝加哥的火车，去那里参加几个科学会议。

第一个会议结束后，距离下一个会议还有几天空当。元旦前夜，肖克利把自己独自关在旅馆房间里，开始了他的研究工作。两天内，他洋洋洒洒地写了整整 19 页。1948 年 1 月 2 日，肖克利把他的笔记装入一只信封，用航空邮件寄回办公室，请人将材料贴在日志里，然后交给巴丁签名。接下来，肖克利又抽空对设计作了增补，主要是关于他的装置的半导体厚度。1 月 9 日，他回到实验室。1 月 23 日，肖克利终于把他在芝加哥酒店里构思出来的那只装置完全想通了，这个装置要比巴丁和布拉顿的简单得多。他后来将其命名为"结型晶体管[1]"。

肖克利认为，巴丁和布拉顿的点接触晶体管并没有彻底解决电子管的问题。一方面，它确实使用很少电力，它不需要预热时间，它也可能会更可靠。但是，另一方面，它制造起来既困难又昂贵；它的体积虽然可以造得比任何真空电子管都小，但小多少仍有限度；它也非常脆弱，实验室的门关得太重就会使它出差错；而且，它还有杂音，有时甚至会干扰其本身的功能。

然而，肖克利的结型晶体管却能解决电子管的所有问题。它将使用更少的电，没有预热期，并且有可能以微观尺寸制造。此外，即使你把它往墙上扔，它多半还是能继续使用。它也几乎不会产生噪声。

接下来，就需要有人来帮助肖克利构建结型晶体管了。布拉顿博士正忙于改进他的点接触晶体管，无法分身。所以，肖克利就向摩根·斯帕克斯[2]求助，

1　结型晶体管：Junction transistor。
2　摩根·斯帕克斯（Morgan Sparks，1916—2008），美国科学家、工程师，于 1951 年帮助开发了微瓦双极结型晶体管。

请他帮助建造结型晶体管。

起初,斯帕克斯举步维艰,几乎一无所获。他遇到的一个主要问题是,找不到正确的掺杂工艺来制造所需要的锗晶体。有一位科学家曾这样描述掺杂的难度,"就好像在你甚至不知道杂质是盐的情况下,试图将一小撮盐均匀分布在一车厢糖中间一样"。

贝尔实验室还有几位科学家也在研究这个问题,可是,他们在经济和技术上都遇到了困难。戈登·蒂尔[1]的研究最终突破了技术上的难关,但在一开始,他的资金申请始终得不到回应。管理人员似乎都没有把他的想法当一回事。另外,还有威廉·普凡[2],他后来发明了生产晶体的区域熔化技术,但管理层包括肖克利本人在内都曾积极劝阻他。

1948年6月30日,AT&T决定在其位于曼哈顿西街的礼堂里为点接触晶体管的发明举行新闻发布会。梅于29日专程从旧金山飞来,参加这场贝尔实验室的聚会。她和肖克利的妻子琼,以及另外两位发明家的妻子一起在AT&T的行政餐厅享用了丰盛的晚餐。

发布会上,由于巴丁和布拉顿都不习惯面对媒体,所以就由肖克利回答大多数记者的提问。肖克利在演讲和应对记者时,自如而又自信。不过,令实验室惊讶的是,媒体对他们的发明好像并没有多少兴趣。各大报纸杂志都低估了这个故事的意义,连《纽约时报》也淡化了晶体管发明的重要性,只在第46页的"广播新闻"栏目中,用四英寸半的篇幅作了一个简短报道。

肖克利在研究结型晶体管时,做了大量笔记。除了为满足《物理评论快报》编辑的约稿外,他还决定自己写一本书。于是,他奋笔疾书,在1950年出版了他的唯一著作《半导体中的电子和空穴以及在晶体管电子学中的应用》,并将它献给梅。

肖克利的著作一鸣惊人,一举成为20世纪科学著作的经典之一。在这部图文并茂的著作里,肖克利通过详尽的公式和图表,捕捉到了当时有关半导体的一切。他甚至还将知识向未来推进5年,提前向读者详细描述了有关结型晶体管的概念。因此,这本书被英语世界的几乎所有电气工程课程和大多数固体物理课程当作教科书或参考书。

---

1 戈登·蒂尔(Gordon Kidd Teal,1907—2003),美国工程师。他发明了一种应用直拉法生产极纯的锗单晶的方法,被用于性能大幅改进的晶体管。他与斯帕克斯一起发明了一种改进工艺,用于制造双极结型晶体管所需的配置。他最为人铭记的是在德州仪器首先研制成功硅晶体管。
2 威廉·普凡(William Gardner Pfann,1917—1982),美国国家科学院院士,发明家、材料科学家,以其对半导体行业至关重要的区域熔化技术的发明而闻名。

乔治·布尔

克劳德·香农

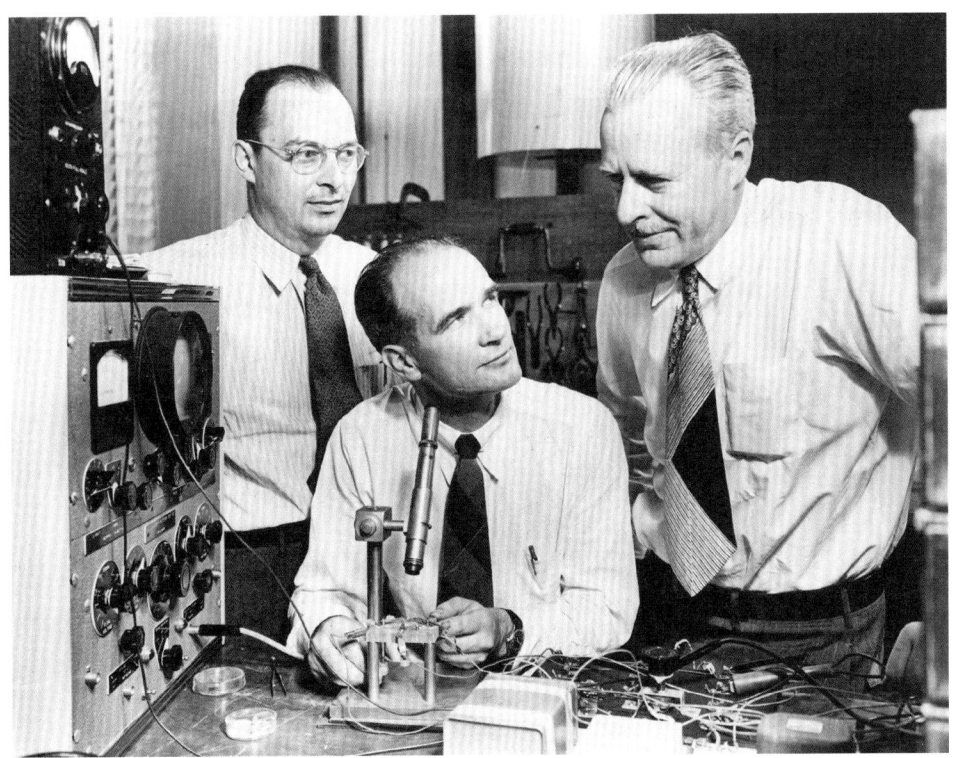
从左到右：巴丁、肖克利、布拉顿

戈登·蒂尔(左)和摩根·斯帕克斯

第一只晶体管　　位于山景城圣安东尼奥路 391 号的肖克利半导体实验室原址前的人行道

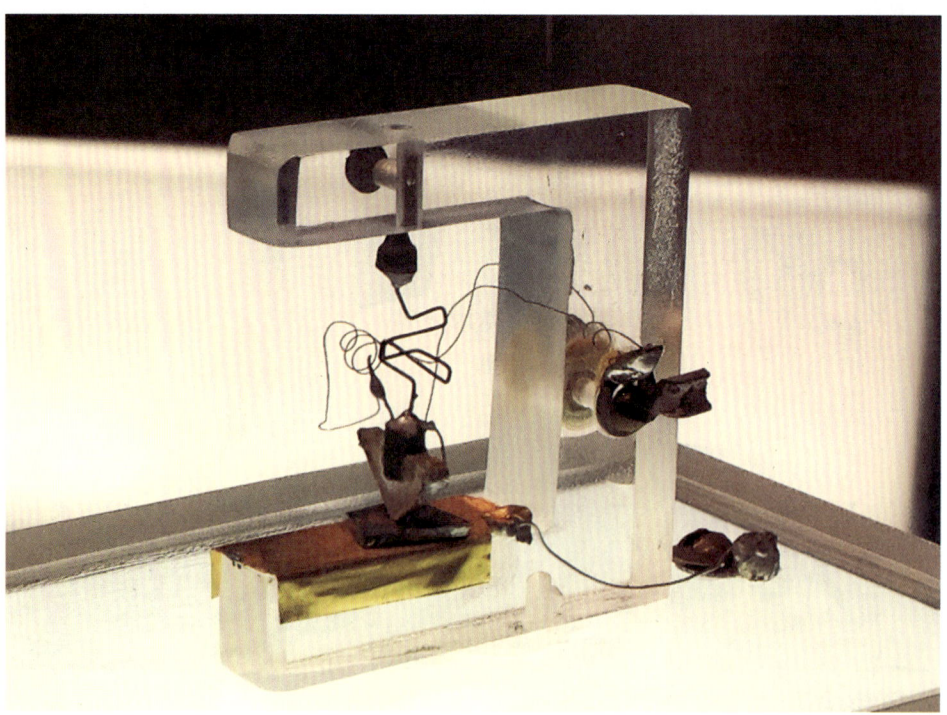

与此同时，斯帕克斯一直在专心研制结型晶体管。他沿用戈登·蒂尔创建的晶体制作流程，先将微小的掺杂剂颗粒添加到熔化的锗晶体中，然后，再将这种混合物晶体像抽丝一般从坩埚里小心翼翼地抽出来。掺杂剂原子以百万分之几的数量分散在锗的分子结构中。

1949年4月7日，斯帕克斯和他的助手鲍勃·米库利亚克专注地看着液态晶体从蒂尔的机器里缓缓流出，并随着它而忙碌起来。这个晶体就好像是一个极其微小的半导体三明治，被微小的掺杂颗粒改变为具有P-N-P的分层结构。它中间的N层非常薄，大约只有百万分之八到十英寸（毫英寸）。接着，他们又用微型刀片小心切割这个晶体，一边切，一边清洁表面。最后，他们得到了一个小于100毫英寸（比一粒沙子稍大一点）的工作晶体。

当晚，斯帕克斯打电话告诉肖克利，他和米库利亚克已经成功制成了结型晶体管。兴奋之余，肖克利承认他当初应该支持蒂尔等人的尝试。

值得指出的是，为电子时代提供原动力的每一只晶体管都来源于肖克利团队发明的半导体。现代社会已经离不开它，无论是计算机、手表、烤箱、飞机、CAT扫描设备、汽车、相机、宇宙飞船，还是人手一只的手机，无一例外。

肖克利果然燎原了世界。

1951年，贝尔实验室对外公布了肖克利的结型晶体管，并举办了一个以晶体管为专题的研讨会。在那时，已有不少人认识到了晶体管发明的重要性。近300名客人，包括100名军事承包商，应邀参加了这个为期五天的会议，聆听实验室科学家讲述这种装置的性能和特点。由于潜在的军事用途，研讨会受到"限制"，在场的每个人都必须获得军事情报部门的许可，还必须是宣誓保密的美国公民。凯利博士告诉与会者，贝尔实验室已经可以少量供应点接触晶体管，而结型晶体管则还需要一年。会后，实验室发表了研讨会论文集，并注明"限制"二字。后来禁令被解除，这本传奇般的论文集得以再版，并被业界亲切地称作"贝尔妈妈菜谱"。

新闻媒体也跟了上来。1952年，《基督教科学箴言报》的科学作家鲍勃·考恩断然预测电子管收音机的终结。1953年，《财富》杂志发表了一篇题为《晶体管年》的文章。它写道："豌豆大小的定时炸弹"已作好取代电子管的准备，"新固体装置将提升信息处理和计算机的可靠性、紧凑性和低能耗……提升到可以想象的任何复杂程度"。

ENIAC的问世，标志着电子管计算机登上历史舞台，把科技发展推向新高潮。但与此同时，它也将电子管的缺陷暴露无遗。电子管计算机庞大笨重，能耗惊人又热浪滚滚。更严重的是它的性能不稳定，因为电子管时不时就会烧坏。于是，《财富》杂志预见，未来显然在于埃克特和莫奇利的机器同巴丁、布拉顿和肖克利的微小半导体装置之间的联姻。

肖克利执意创业

1947 年底，巴丁和布拉顿成功发明点接触晶体管后，肖克利开始独自研究他的结型晶体管。他那曾经团结一致的团队也就不可避免地逐渐解体。布拉顿喜欢这个团队，就恳求肖克利保持团队的团结，舒缓组内的紧张气氛。在与小组成员私下交谈后，困惑中的布拉顿给肖克利写了一封信，试图找出解决问题的方法。

肖克利在收到信后就写了回信，可是却又没有将它寄出。在那封回信里，他耐人寻味地写道："我被一种不可抗拒的诱惑压倒，就是想借着月光不用绳索进行攀登。这与我所学的攀岩教学背道而驰，这并不说明训练不佳，而只是一种坚强的信念。"

巴丁对肖克利更不满。他被肖克利排除在结型晶体管的研究之外，肖克利也阻碍他对材料在低温下的超导性能进行研究。于是，巴丁在 1951 年 7 月写信告诉凯利博士他准备离开，并指责肖克利"利用这个团队来为他自己的想法服务"。

后来，巴丁去了伊利诺伊大学厄巴纳-香槟分校。在那里，他的超导研究又为他在 1972 年赢得了第二个诺贝尔物理学奖，从而一举成为两个诺贝尔物理学奖的唯一得主。居里夫人也获得了两个诺贝尔奖，物理学和化学；加州理工的莱纳斯·鲍林也赢得两个，化学和和平奖。人才难得。巴丁博士的离去实在是贝尔实验室的一大损失，所引起的震动可想而知。

肖克利和斯帕克斯研制成功结型晶体管后，贝尔实验室在晶体管的生产和应用上步伐缓慢。肖克利懂得晶体管，相信它的远大前景。另外，他也窥见了晶体管在经济上的巨大潜力，相信如果有人能够把握和引导这门新技术的方向，那么就可以尽情攫取这个无穷无尽的宝藏。此外，他也对自己在贝尔实验室的地位不满，觉得公司管理层虽然想方设法笼络他，却又不提拔他。

其实，看清别人容易，看清自己却难。他似乎没有意识到，自己在人际交往这方面的能力明显不足，已经有意无意地得罪过不少同事。而且，他也有对人漠不关心、麻木不仁的口碑。任何人若达不到他的标准，就会被他赶出实验室。也许正因如此，他的好朋友菲斯克虽然比他晚加入贝尔实验室，却已经在掌管他们的部门，而且工资待遇也比他高。

于是，肖克利困惑地想，自己真的发明了一个了不起的东西，而他的好朋友只不过是一名官僚。但是，他们在实验室里的地位却倒了过来。情况怎么会是这样的呢？

此处不留人，自有留人处！肖克利开始向外试探，希望能找到一份更好的工作，或能找到一个愿意出资来帮助他创办公司的人。耶鲁大学很快表示愿意为肖克利提供任何他想要的东西，加州大学伯克利分校也是如此。可见，他在物理学界的声望有多么高！但是，肖克利对这些机会没有太大兴趣。凯利博士了解肖克利，知道他想成为百万富翁，就决定帮助他，为他安排了一个与劳伦斯·洛克菲勒通话的机会，后者有意支持一家初创公司。可惜，他和洛克菲勒最终未能达成共识。

肖克利在这段时期阅读了不少有关资本的书籍且与多位实业家见面，包括位于旧金山湾区的惠普公司创始人之一威廉·休利特。他写信告诉梅："很多人愿意在未来几年支持我设立新企业，金额超过 50 万美元。"

1955 年 2 月，在洛杉矶商会举办的一个年度盛会上，两名电子学先锋获得了嘉奖：一个是电子管的发明者李·德弗雷斯特，另一个是电子管替代品的发明者之一肖克利。会上，肖克利与商会副主席阿诺德·贝克曼[1]坐在一起。贝克曼先生是一位杰出的实业家，早年曾在贝尔实验室参加过对电子管的研究和开发工作。在加州理工学院担任教授时，他发明了多种测量仪器并将这些发明转化为创立贝克曼仪器公司的基础。

同年 9 月，贝克曼和肖克利达成协议：贝克曼将为肖克利设立一个实验室，作为贝克曼工业公司的一个新部门。肖克利则表示，将组建"一支世界上最具创造力的团队来开发和生产晶体管以及其他半导体装置"。

科技企业，人才是关键。于是，肖克利开始四处搜寻人才，筹建队伍。他在科学期刊里搜索，也在物理学家关系网中寻找。10 月 10 日，他在笔记本上记

---

[1] 阿诺德·贝克曼（Arnold Orville Beckman，1900—2004），美国艺术和科学院院士，化学家、发明家。在加州理工担任教授时，他基于 1934 年发明的 pH 计创立了贝克曼仪器公司，pH 计后来被认为"彻底改变了化学和生物学的研究"。

下了罗伯特·诺伊斯[1]早先在表面晶体管这方面所做的一些工作。这是肖克利第一次提到这个将成为他最著名的雇员的人。无论管理企业的能力如何，肖克利挑选最优秀人才的能力是无与伦比的。

催生硅谷的肖克利实验室

肖克利半导体实验室的兴衰只用了不到一年半时间。可想而知，它对肖克利的影响至深，但对他周围的世界和我们今天的生活，它的影响却更深更广。在商业历史中，肖克利创业的甘苦沉浮自成一格。

肖克利挑选了很好的赞助人，贝克曼是一个备受敬重的成功企业家。1900年，阿诺德·奥维尔·贝克曼出生在伊利诺伊州的农村。读小学时，他在当地的五分钱娱乐场弹钢琴。到高中毕业时，他已经赚了比父亲更多的钱。在伊利诺伊大学，他获得了化学工程学士和硕士学位。接着，他又在加州理工学院获得了博士学位。毕业后，他留在加州理工教书。后来，他又成立了自己的公司，并带领它蓬勃发展。1953年，贝克曼工业公司的盈利高达2100万美元，生产从导弹到地震仪等诸多方面的各种产品。

肖克利和贝克曼的商业联姻也是合情合理的。他俩都与加州理工学院有着深厚渊源。作为一名企业家，贝克曼对自动化情有独钟，他敏锐地认识到自动化的秘密就在于晶体管。作为一名物理学家，肖克利的声誉如日中天，他对半导体的掌握也是无人可及。同时，肖克利也渴望取得商业成就而致富。

贝克曼希望肖克利在南加州兴办这个崭新的晶体管实验室，或许就在加州理工附近，这样就会离他的公司非常近。但肖克利却另有主张，他已定睛自己的故乡——北加州。因为那里有他的老母亲和老朋友，而且那里的圣克拉拉山谷在那时还是一片空气清新、景致怡人的净土，仍然是杰克·伦敦笔下的那个"阳光亲吻[2]"的圣克拉拉山谷。

现在人们普遍认识到，以帕洛阿尔托为心脏的圣克拉拉山谷，之所以能经受住来自其他地区的经济技术强权的挑战，在很大程度上是因为它的地理位置

---

1 罗伯特·诺伊斯（Robert Norton Noyce, 1927—1990），被誉为"硅谷市长"，美国国家科学院院士，物理学家，于1957年和1968年与他人共同创立了仙童半导体公司和英特尔公司。
2 阳光亲吻："sun-kissed" Santa Clara Valley，杰克·伦敦的著作《野性的呼唤》的主题之一是当巴克离开他长大的"阳光亲吻"的圣克拉拉山谷时，他将恢复其与生俱来的本能和特性的狼遗传。

和气候。工程师和科技专家有能力为自己选择去处，而他们中的绝大多数都选了那里。肖克利也是如此，而且是一名最早的代表。

圣克拉拉山谷的另一个诱人之处就是斯坦福大学。在那时候，对硅谷兴起厥功至伟的两位关键人物是，大学教务长兼工程学教授弗雷德里克·特曼[1]和年轻的工程学教授约翰·林维尔[2]。

特曼与香农师出同门，都曾在麻省理工读书，也都是范内瓦·布什教授的博士生。1951年，特曼带头创办了斯坦福工业园区。在那里，大学出租土地给高科技企业。结果，惠普、伊士曼柯达、通用电气和洛克希德等公司先后迁入斯坦福工业园，使之成为一个创新的温床。后来，工业园区被改为研究园区，成为一个在美国乃至在世界各地被纷纷效仿的楷模。特曼的父亲刘易斯·麦迪逊·特曼是一位著名的心理学家和斯坦福大学教授，他以修订斯坦福-比奈智力量表和发起对高智商儿童的纵向研究（称为天才遗传研究）而闻名。

林维尔在1950年代初期曾是麻省理工学院的工程学助理教授，并请了一年假去贝尔实验室研究晶体管。在那里，他参加过肖克利举办的几次研讨会，并阅读了肖克利团队的内部研究论文。他回忆道，"肖克利的名字在贝尔实验室真的是如雷贯耳。"一年后，林维尔来到斯坦福。

当林维尔得知肖克利打算来北加州创办公司时，他立即想到结盟并鼓动特曼教授。于是，特曼亲自向肖克利解释说，斯坦福大学和肖克利的实验室之间的关系将会是互惠互利的。林维尔更是主动为肖克利查看当地房地产市场，找到三个可能适合于新公司的地点。

特曼相信肖克利对半导体未来的信念和把握，所以希望斯坦福能尽早参与其中。他也特别希望斯坦福大学的学生和教授能及时了解半导体以及半导体生产的发展趋势，紧紧跟随肖克利所指引的方向。因此，特曼教授挑选了他的一名最好的研究生，刚完成博士学位的吉姆·吉本斯参加肖克利的新实验室，以充当将新技术移植到学术界的管道。

贝克曼最终接受了肖克利的建议。于是，硅谷就诞生在了北加州的圣克拉拉山谷，而不是在帕萨迪纳所处的圣盖博山谷。"肖克利将硅放在了硅谷。"肖克利团队的另一位著名成员戈登·摩尔[3]说。

---

1 弗雷德里克·特曼（Frederick Emmons Terman, 1900—1982），美国国家科学院院士，教授、学术管理者。他与肖克利被广泛认为是硅谷之父。
2 约翰·林维尔（John G. Linvill, 1919—2011），美国国家工程院院士，斯坦福大学电气工程系教授。
3 戈登·摩尔（Gordon Earle Moore, 1929—2023），美国国家工程院院士，商人、工程师、英特尔联合创始人兼名誉董事长。他提出了摩尔定律，观察到集成电路中晶体管的数量大约每两年翻一番。

肖克利的梦之队

1956年2月14日,贝克曼和肖克利在旧金山召开了新闻发布会,正式宣布他们的计划,成立肖克利半导体实验室。肖克利在会上预测,晶体管将取代电子管,它的产量将在未来5到10年内增加100到1000倍。事实证明,这是一个严重的低估。当记者问肖克利为何离开贝尔实验室时,他坦率地回答:"人只活一次。我要为改变而做些别的事。"

肖克利在演讲中还提到了晶体管将彻底改变"电脑"的用途,并预言有朝一日人们会用机器报税。在1956年,只有肖克利敢作这么大胆的预言。当时,几乎所有计算机都在使用电子管,晶体管进入大型机算机是在五年之后才发生的事。

贝克曼很快就为晶体管的专利许可向贝尔实验室支付了25000美元。《帕洛阿尔托日报》在它的报道中援引"当地电子公司发言人"的话说,贝克曼-肖克利联盟对当地经济有两个有利因素:晶体管的发明者对晶体管的进一步开发,将"为该行业打开新视野";本地公司也将在肖克利及其团队所取得的进步上占地利之便。这更是一个历史性的低估。

在林维尔的建议下,肖克利在山景城圣安东尼奥路391号租了一间面积仅有2255平方英尺的曾用于储存杏子的简陋小屋。有了自己的实验室,肖克利旋即展开组建团队的工作。

肖克利挑选科学人才的能力在这时被发挥得淋漓尽致。他不惧艰辛又事无巨细,从美国的一端找到另一端,且为此访问了欧洲。他在《化学与工程新闻》等出版物上刊登广告,并去其他科学实验室访问和搜寻。一天,他在帕萨迪纳参加美国物理学会的一个会议。演讲时,他告诉听众其实他是想为自己的实验室招揽人才。此外,他还与劳伦斯利弗莫尔实验室等大型国家机构协商,以取得拒绝应聘者的姓名。就这样,肖克利找到了摩尔。

戈登·摩尔,时年28岁。他的父亲是个副警长。小时候,他在北加州圣马特奥县的小渔村佩斯卡德罗长大,在10岁时随家人搬到距离帕洛阿尔托不远的红木城。摩尔拥有伯克利的化学学士学位和加州理工学院的博士学位。

由于那时候在加州很难找到技术性工作,摩尔就去了华盛顿特区郊外的约翰斯·霍普金斯大学应用物理实验室,从事由联邦政府拨款的基础科学研究。闲暇时,他计算了纳税人为他所发表的每一篇科学文章的成本,并得出结论:"我不确定社会是否能从我所做的事情中充分受益。是做一些更实际的事情的时候了。"因此，他向外做了一些试探。劳伦斯利弗莫尔实验室给了他一份工作，但他觉得"他们想让我做的工作并不那么令人兴奋"，故而并未应聘。因此，肖克利就在劳伦斯利弗莫尔实验室提供的名单里发现了摩尔，并在电话里告诉摩尔，他正在筹建一家研制硅晶体管的公司。

摩尔用老派的话来形容是一位绅士：高个、安静，已稍谢顶。在实验室里，他以善于选择正确的研究方向，再用最有效的方法来产生最佳结果而受人尊重。而且他也像肖克利那样，有一种在几分钟内就可以解决其他人需要数月才能解决的问题的天生能力。

摩尔接受了肖克利的邀请。他的未来搭档，物理学家罗伯特·诺伊斯（昵称鲍勃）也是如此。

诺伊斯英俊、健壮、善于交际。他的笑容明亮灿烂，他的魅力能感染整个房间，而他的头脑更是出类拔萃。肖克利也许更聪明，但诺伊斯更有智慧。记者汤姆·沃尔夫在《时尚先生》中，给诺伊斯作过一个简介。他写道，诺伊斯似乎有一种属于他的氛围。"拥有它的人，对所做之事似乎有着超凡的洞察力，他们让你看见他们的光环。"

诺伊斯是一个原汁原味的美国原型。他在爱荷华州的一个小镇长大，是一名公理会牧师之子；他曾是一名童子军，也是毕业典礼上的致辞生；他曾就读于一所小型公理会学校——格林内尔学院，又在麻省理工学院获得了博士学位。

从麻省理工毕业后，诺伊斯去了费城的一家电器制造商——菲尔科。但是，他发现菲尔科对研究并没有太大兴趣。1956年1月的一天，诺伊斯接到一个电话，听到听筒里说"这是肖克利"，他立即反应过来。"这就像拿起电话和上帝作交谈，"诺伊斯风趣地回忆道，"当他来这里组织肖克利实验室时，他打了个呼哨，我就来了。"肖克利在电话里也告诉诺伊斯，他想要研制硅晶体管。

然而，加入实验室并不像想象中的那么容易。在参加前谁也没有想到，肖克利对社会学的痴迷居然不亚于他对晶体管的热情。他盲目地相信了很多这方面的荒唐东西。他要求每一个新员工都必须去纽约的一家心理学公司作一系列测试。

其实，肖克利凭直觉就能正确识别人才。他根本不需要任何其他验证。可惜的是，他的心里似乎总是弥漫着一种莫名的不安全感，而且愈演愈烈。在他的坚持下，摩尔和诺伊斯都去了纽约，花了一整天时间连接单词、解释插图，在云里雾里被扎扎实实地折腾一番。最后，那家公司将结果寄给肖克利。肖克利则一不做二不休，把每个人的结果张贴在实验室里公之于众。

令人啼笑皆非的是，那家纽约公司告诉肖克利，这两位将要打造历史上最成功的企业之一的未来创始人都非常聪明，但他们永远不会成为非常优秀的经理。

功夫不负有心人，肖克利招募了一批才华出众的研究人员。这十几名既聪明又能创新的年轻人，正是他引领半导体行业开天辟地所需要的那种类型的人。除了摩尔和诺伊斯之外，他还找到了让·霍尔尼[1]——一位出生于瑞士的天才物理学家，以及从西部电气[2]公司挖来做他的助理主任和生产经理的迪恩·克纳皮克。

"有一天，他来到麻省理工学院，出现在我的实验室里。我想，天哪，我从来没有遇到过这么才华横溢的人。"物理学家杰伊·拉斯特[3]回忆道。于是，"我改变了自己的整个职业规划，对自己说，我想去加利福尼亚和这个人共事"。

这是一个完美团体，一支梦幻之队。真的，肖克利不可能做得更好。

缺了一功

1956 年 4 月 14 日，肖克利的团队开始工作。那时候，对半导体的研究和开发几乎都是以锗为基础的。然而，肖克利却坚信半导体的未来属于硅。他多次向人们明确表示要制造硅晶体管。在这方面持这种观点的人也许不止肖克利一人，但他是最有名望的那一位。

现在，肖克利有了自己的半导体研究和制造公司，他为硅振臂一呼，那些从事锗工作的人就都停了下来，转向硅。行内人都相信肖克利的智慧和判断，他亲手挑来的每一位研究人员包括诺伊斯和摩尔也都赞同这个决定。是"肖克利把硅放在了硅谷"。摩尔说。事实上，如果没有肖克利的这个决定，我们现在也许会讨论锗谷而不是硅谷，计算机的革命也许仍会来临，但它可能会来得慢一些，它的深度和广度也会不同。

然而，令实验室工程人员吃惊的是，肖克利突然又对自己的目标作了一些

---

[1] 让·霍尔尼（Jean Amédée Hoerni，1924—1997），美国工程师、硅谷前辈，也是创建仙童半导体的八叛将成员之一。他开发了平面工艺，这是一个可靠制造晶体管和集成电路等半导体器件的重要技术。
[2] 西部电气（West Electric Company），一家电气工程和制造公司，运营时间是 1869 年至 1996 年。它在其生命周期的大部分时间里都是 AT&T 的子公司。
[3] 杰伊·拉斯特（Jay Taylor Last，1929—2021），美国物理学家、硅谷前辈，也是创建仙童半导体的八叛将成员之一。

微妙调整。他仍然打算用硅来制造半导体器件，但它们不再是结型晶体管，而是一种四层二极管，一种他在贝尔实验室研究过的全新器件。

这种被称为肖克利二极管的器件采用了一些新概念，是一种有着P-N-P-N四层结构的二极管。它很适用于贝尔系统中的开关设备，或许也会适合五角大楼的一些特殊用途。问题是，这种四层结构半导体的制作难度实在太高。

诺伊斯认为，刚启动的公司一上来就以肖克利二极管为主打产品是不明智的。一方面，它的市场有限。另一方面，没有人——包括肖克利在内——知道如何才能可靠地制作它。初创公司应该发挥自己的长处，将开发具有广泛用途的产品放在首位。实验室的其他资深研究人员也都同意这种观点。

肖克利不为所动，仍然坚持要求自己的员工设计和制造这种二极管。实验室的气氛应声而变，一根无形的弦慢慢绷了起来。由于这种二极管需要在硅的两面掺杂，因此硅晶体就必须制作得非常薄，从而导致它变得非常脆弱。尽管第一批产品解决了易断的问题，但它们的性能却不可靠，根本无法使用。当团队发现他们真的生产不出令人满意的肖克利二极管时，那根紧张的弦就绷得更紧了。

其实，万事开头难，失败并不稀奇。再说，失败也不要紧，毕竟失败是成功之母。只要能找到原因，对症下药，改进就好。可惜肖克利并没有这么想，他可能觉得听取员工的意见而改变方向不是他想要的管理方式。

"对聪明的年轻人，他非常有吸引力，"特曼教授后来解释说，"但是，为他工作就难上加难了。"

有一名员工数周后就辞职了。

不久，肖克利就开始与副手迪恩·克纳皮克争吵起来。其实，一个好团体为工作辩论不但无法避免，而且也是必要的。问题是，肖克利竟然称克纳皮克为"病态的骗子"。贝克曼听说后深感不安，就向纽约的那家心理测试公司寻求帮助。可是，这种公司又哪里会有什么办法呢？

更有甚者，肖克利还经常羞辱他的员工，丝毫不顾员工的感受。当他认为有人犯了错误时，他常用的口头禅是："你确定你有博士学位吗？"一次，他对研究员杰伊·拉斯特声嘶力竭地厉声尖叫。结果，连拉斯特的同事都觉得无法忍受。冶金学家谢尔顿·罗伯茨立即表示要辞职，让·霍尔尼也是如此。

肖克利的内心缺乏安全感。他不能容忍任何人像他一样聪明，好像时刻都在同这样的人竞争。就像在贝尔实验室与布拉顿和巴丁对抗一样，他现在也开始对自己的员工表现出了同样的对立情绪。他似乎根本没有意识到，这些才智出众的人都是自己亲手百里挑一，好不容易才请来的自己人啊。

有一次，特曼教授的门生吉本斯和肖克利合作写论文。其间，吉本斯发现了一种巧妙的新方法来设计雪崩式晶体管。而且，这种方法对肖克利的二极管项目也会有所帮助。吉本斯向肖克利汇报时，肖克利正要去欧洲出差，于是就告诉吉本斯，他将会在飞机上阅读这个初稿。

不久后，吉本斯果然收到了肖克利寄来的评语。读罢，吉本斯心想："嗯，真有趣。这只不过是一种不同的观察方式，没有什么差别。我不认为它更好。这只是一种有损于真实核心所在的表面文章。"

肖克利回来后，就向吉本斯询问论文的进展。吉本斯回答说，他一直在等肖克利回来，并未做任何改动。接着，他进一步解释说，"我想这是基于我的模型，我想知道为什么您需要这么做。"

"这不是你的模型，"肖克利厉声说，"如果你没有足够的聪明来看出那些改进，我想知道你是否有足够的聪明来为我工作！"

有一天，一个秘书被门上一个掉了头的揿钉划了一道口子。肖克利断定这是有人有意为之。于是，他就命令所有员工去旧金山接受测谎仪测试。第一个去的人"无罪"而归，其他员工全都断然拒绝。面对众人的反抗，肖克利别无他法，只好让步，不了了之。

生产不出像样的产品，肖克利半导体实验室的经济状况自然不妙。它几乎没有收入，也没有像样的客户。如果肖克利的实验室能够生产出足够多性能可靠的肖克利二极管，它也许就能敲开西部电气和陆军通信兵团的大门。这样的话，肖克利实验室也许就会有希望打开局面。可是，它根本做不到。

"他无法正视自己做了错误决定这个事实，因此他开始责备周围的每一个人，"杰伊·拉斯特回忆道，"他非常暴虐。我从他的宠儿变成了他所有问题的原因之一。"

毫无疑问，为了推动一个新想法，每个具有变革精神的创新者都必须执着，坚持不懈。不过微妙的是，凡事又都有个度，有个分寸。一旦拿捏失当，执着也许就变成了固执，远见卓识也就变成了虚无缥缈的妄想。

诺贝尔奖荣耀光照

1956 年 11 月 1 日凌晨，联合新闻社的一位记者给肖克利打来电话，说他、巴丁和布拉顿共同获得了 1956 年度的诺贝尔物理学奖。

清晨，天方亮，肖克利就拿起电话，告诉梅这个喜讯。"比尔给我打电话。诺贝尔奖，"梅像往常那样在日记里简短扼要地写道，"他以为这是个万圣节的把戏。"

那天上午的大部分时间，肖克利都在接记者和朋友的电话。对刚才所发生的这件事，他多少有点感到震惊。当晚，他和他的第二任太太艾美以及梅，一起去了当时在帕洛阿尔托最好的中餐馆"明苑"。他的幸运饼干说道："为了更好的运气，您必须等到冬天。"

关心诺贝尔奖的人都知道，近几年，晶体管发明人的名字每年都被包括在诺贝尔委员会所认真考虑的候选人名单中。比如，在 1954 年，他们进入了最后一轮的筛选。因此，剩下的唯一悬念是肖克利会不会有份。尽管诺贝尔委员总是守口如瓶，谣言还是会在颁奖前不胫而走，神不知鬼不觉地从斯德哥尔摩流向四面八方，让被传说者胆战心惊、焦虑不堪又不知所措。如果谣言成真也就罢了，反之，这种莫须有的中伤会导致多么深重的痛苦和不必要的难堪。

现在，尘埃终于落定。布拉顿和巴丁通了话，互相祝贺。他也给远在加州的肖克利发了一封电报。接下来，他们就都被淹没在那些没完没了的电报和电话里。巴丁起初表示不愿意去瑞典，担心这种旅行会侵犯他的隐私和安宁。不过，不久后他又动了心，告诉布拉顿想与之同行。

世界上没有任何一个奖项能同诺贝尔奖相比。顿时，获奖者的故事和照片纷纷出现在各种报纸杂志的头版。从此，"诺贝尔奖得主"或"桂冠得主"这两个词就被放置在获奖者姓名前，被永远记录在各种出版文献中。他们的名字也将会被各种名堂的请愿书或赠款提案无休止地追逐，而且，他们在余生中公开发表的一切言论都将被视作权威，其分量远远超出对一个区区凡人的信念。

按照惯例，负责这个奖项的瑞典皇家科学院，通常从以往获奖者以及各个领域的杰出科学家中征集候选人名单。布拉顿知道有一个人仅给他和巴丁提了名，另外还有一人给他们三人提了名。贝尔实验室的诺贝尔奖获得者克林顿·戴维森[1]也提了他们三人的名字。当然，这个奖也脱不开政治。贝尔实验室和美国科学机构一致认为晶体管的发明应该得到诺贝尔奖，同时，他们可能也得出结论，肖克利有资格获得这份殊荣。

---

1 克林顿·戴维森（Clinton Joseph Davisson, 1881—1958），美国国家科学院院士，物理学家，因在著名的戴维森-格尔默实验中发现电子衍射而获得 1937 年诺贝尔物理学奖。

肖克利听到有人反对他的传言后就向斯德哥尔摩询问，大概是想知道究竟是谁在反对他。科学院回信告诉他，委员会的所有程序都是保密的，不会向外透露任何细节，并且请他尽情享受这份荣誉。

点接触晶体管是肖克利的团队发明的，所做的实验也都是基于肖克利对于半导体的理解。虽然他的想法后来被证明有所偏差，巴丁和布拉顿的发明还是证明了他的突破性理论的正确性。而且，他的结型晶体管又进一步为晶体管找到了可行的制作方法。所以，肖克利在这方面的贡献其实是毋庸置疑的。

接下来几周，他们都忙于安排行程、应付采访并疯狂地购置行装。邀请他们出席各种社交和商业活动的信函也从欧洲各地纷至沓来。肖克利告诉艾美，放手购买她需要的任何东西。

这三个得奖者还约定在赴瑞典前与他们的家人和实验室的朋友一起在纽约共聚，并共同参加庆祝晚宴。自称"晶体管祖母"的梅也不甘落后，宣布要去欧洲。她怎么能错过自己儿子那最伟大、最荣耀的时刻呢？

纽约的晚宴取得了巨大成功。获奖者进入宴会厅时，受到了热烈的起立鼓掌。布拉顿承认在那晚的大部分时间，他都强忍着眼眶里的泪水。"一个诚实的人不得不承认，最亲近的人的赞誉确实是那甜美动听的音乐，非常非常美好，如果不是最美好的话。"

12月10日，星期一，是诺贝尔颁奖典礼的大日子。肖克利和其他获奖者先在一个礼堂的前厅排练，然后像在正式的仪式上一样被护送到礼堂的过道里。一位官员向他们讲述了具体的流程和安排。接着新闻记者各就各位，看着获奖者走上颁奖台，由诺贝尔秘书代替国王的位置。

下午3点30分，他们三人身着正装，前往斯德哥尔摩音乐厅。宾客首先入座。然后，瑞典王室在号角声中光临。最后，新获奖者以更大的声势，由佩戴着蓝黄双色腰带的学生带领，排着两排缓慢走进礼堂，并在舞台上排成一个倒"V"字形，获奖者在右边，官方赞助者和他们的陪同人员在左边。就座时，每个人都向坐在舞台右前方的王室鞠躬。他们身后，坐着历届获奖者以及负责颁奖的各院校和机构的成员。

舞台前覆盖着黄色菊花，大厅的天花板像水晶般闪闪发亮。在管风琴的银管下，瑞典的黄色和蓝色国徽悬挂在阿尔弗雷德·诺贝尔半身像的上方。诺贝尔发明了炸药，并且为了赎罪而创立了这个奖项。

艾美和梅坐在前排。瑞典的精英和贵宾在她们身后，一排又一排，一层又一层，齐聚一堂。除了孩子，每个人都穿着正式，男士身着黑色西服和雪花般洁白的衬衫；女宾风采照人，如花似锦。

国王古斯塔夫六世发表演讲，并向获奖者一一颁发卷轴和诺贝尔奖章。上前受奖时，每个获奖者都先向国王鞠躬，然后拿着奖品回到自己的座位。肖克利上前时，艾美的脸上洋溢着自豪的笑容，梅的双眼紧盯爱子，一刻不离。

表彰完毕后，管弦乐队在舞台后方的楼座里奏起了瑞典国歌，王室随即离去。

肖克利在礼堂前厅遇到了艾美和梅。他把卷轴和勋章交给瑞典的一位官员，让他转交给市政厅去展示。然后，他就陪同艾美和梅，一起回到酒店稍作休息。

由于各方面的原因，瑞典决定减少那年晚宴的规模。正式宴会通常在市政厅举行，大约有1300名宾客，其中有250名学生。那一年，晚宴只有175人，在证券交易所举行。

宾客和新获奖者按时重新聚集在图书馆，然后一个个被单独介绍给国王和王后。接着，众人排成一队，每位女宾挽着一名男士，在他的陪伴下，进入餐厅。

瑞典国王向艾美伸出手，让她排在队伍的最前列。肖克利则陪伴一位诺贝尔奖官员的妻子。简·巴丁发现自己被苏得曼兰公爵护送，而凯伦·布拉顿则由挪威驻瑞典大使陪同。他们走到一张长桌前，在个人名牌后面，女士先入座，然后轮到男士。

国王首先祝酒（虽然他并不喝酒，只喝水）。接着每位获奖者，按颁奖典礼相反的顺序祝酒。轮到肖克利时，他说每个人都已经说了所有要说的，而且都非常好，他没有什么好补充的了。祝酒后，宴会的气氛轻松起来。布拉顿保留的菜单是，鲑鱼，配1949年德国白葡萄酒；火鸡，配1953年法国红葡萄酒；法国香槟和点心。最后是咖啡和白兰地。晚餐后，学生作了表演，年轻人的歌声优美动听。接着，一个女孩用英语发表欢迎辞。西里尔爵士随之作了答谢。

返回酒店后，众人又都去了酒吧，喝了更多的香槟，"我们的头脑当然都很奇怪。"布拉顿事后承认。凌晨2点，在酒店管理人员开关几次灯之后，新获奖者终于回房就寝。

第二天早上，获奖者前往诺贝尔基金会办公室领取奖金支票，三位物理学家每人12083.35美元。在东道主的精心安排下，这个美妙的节日又继续数日。当诺贝尔周终于圆满结束后，肖克利率家人去了欧洲的几个地方，在那里访问和讲学。最后，一家人在圣诞节前回到加州。

肖克利成了诺贝尔奖得主，到达了物理学家的巅峰。诺贝尔奖获得者，在他的余生中无论再做什么,这个头衔依然存在。这也许是威廉·肖克利一生中最快乐的时刻。

八叛将揭竿而起

1957年5月,贝克曼先生自己遇到了一些麻烦。贝克曼公司所在的行业以周期闻名,而它现在正在无可奈何地走进新一轮的衰退中。公司收益一下降,股票就跟着萎靡不振。按比例分析,在研究经费上花费最多的部门是肖克利半导体实验室。于是,贝克曼就飞到帕洛阿尔托,召集肖克利和实验室的资深职员开会。会上,他向大家介绍了公司的经济状况,并要求与会者留意开支。

突然,肖克利以极其愚蠢的方式,作出一个令人难以理喻的回应。只见他猛然起身,当众对着贝克曼说,他认为贝克曼的这番话太过分,令人无法接受。"阿诺德,"他说,"如果你不喜欢我们在这里所做的事,我带这组人无论去哪里都会找到支持。"

说罢,肖克利径直走出房间,留下了一群目瞪口呆的资深职员和一个受到屈辱的恩人。贝克曼只好尽可能礼貌地离开会议室,飞回洛杉矶。

第二天上午,八九名员工决定应该让贝克曼知道公司里究竟发生了一些什么事,就推摩尔为代表,给贝克曼打电话。

"这不是一个严肃的威胁,"摩尔告诉贝克曼,"现在,肖克利即便这样想,他也带不走这支团队。"

"那里的情况不太好,是吗?"贝克曼问道。

"是,的确不好。"

贝克曼自愿在肖克利不知情的情况下再飞来旧金山湾区,与这群不满的人会面。5月29日,八名员工与贝克曼共进晚餐。接下来几天,他们又见了两三次面。这些研究人员的信息很简单:肖克利必须离开。否则,他们准备集体退出。这样的话,贝克曼的这个子公司将会失去几乎所有资深研究员。不过他们也表示,这只是个下下策,他们愿意妥协。

最后,贝克曼和这些人找到一个折衷方案。首先,贝克曼将用他的影响力帮助肖克利在某大学,可能是斯坦福大学,获得一个永久性教职。接着,他将请肖克利转任实验室高级顾问,不再担任主任。然后,他将从总部派一名专业人士来管理肖克利半导体实验室。贝克曼最后表示,今后实验室的重要科技决定都将由一个以诺伊斯为首的研究委员会负责。

参加会谈的人都赞成贝克曼的这个方案。贝克曼还建议由他的部下乔·刘易斯来管理这个实验室，这八人也都认为刘易斯听上去非常合适。后来，刘易斯也确实在肖克利不知情的情况下到访过。

不过，对于这些背着肖克利的行动，贝克曼可能感到了内疚。大约在6月的第一天，肖克利在办公室收到贝克曼打来的一个电话，邀请他们夫妇俩在旧金山的杰克塔尔酒店与贝克曼共进晚餐。肖克利毫不知情，以为这纯属社交就通知了艾美，让她作好准备。

见面时，礼貌寒暄后，他们各自点了饮料在大厅里等候座位。贝克曼像往常一样，直截了当。"很抱歉，"他对肖克利说，"我有件事不得不告诉你。"接着，贝克曼就概述了正在发生的那些事，并告诉他大多数博士都在离开的边缘，而肖克利的管理方法是问题的症结所在。最后，贝克曼暗示一切都取决于肖克利：如果他留下，那些人就会离开；如果他让位，他们会留下。

肖克利猝不及防，目瞪口呆。匪夷所思的是，他怎么会真的对此毫无察觉呢？要么他那偏执的触角错过了那一连串的信号，要么他太过骄傲，视而不见，拒绝接受事实。

肖克利一言不发。

服务员过来告诉他们，桌子已经就绪。他们随之入座，点餐。艾美浏览菜谱时，肖克利和贝克曼在一旁只顾交谈。贝克曼告诉肖克利，为了让他摆脱困境，贝克曼和众叛将已经议定了一个妥协方案，让肖克利转任实验室顾问。

贝克曼一边谈，一边催促艾美用膳。可是，艾美感到心烦意乱，无法下咽，就禁不住问丈夫，如果那八人离去，他是否可以重新开始。肖克利回答说，他认为他可以。同时他也相信，斯穆特·霍斯利是忠诚的，会留下来，另外还有几人也可能会留下来。不过他担心，除了霍斯利之外，他有可能会失去所有博士。

艾美又转过头来，问贝克曼："您准备帮比尔解决这个问题吗？"

贝克曼答非所问，回避了艾美的问题。

"好吧，也许我们可以以某种方式重新开始。"艾美说。

回家路上，肖克利和艾美默默不语。第二天，肖克利一大早就去了实验室，准备亲自去与叛将会面。他想一个个单独谈，以查明究竟是哪些人参加了这次反叛，另外，他也想搞清楚贝克曼是否夸大了问题的严重性。

肖克利显然还未意识到问题的严重性，就打算按忠诚度来分别召见。第一个被约见的是工程师C.T.萨。萨如实告诉肖克利,他没有参加反叛,而且他也对贝克曼晚餐一无所知。下一个被召到肖克利办公室的就是摩尔。

摩尔回忆道:"我告诉他,是的,我是这个团伙的一员,而且,他的其他资深职员基本上也都如此。"接着,他又告诉肖克利没有必要再去问其他人。他们都已经决定了。

肖克利听后,立即起身,离开办公室。

当晚大约7点,肖克利走进家门。看到他的神态,艾美心里全明白了。

"是真的吗?"

"是的。"

肖克利倒在客厅的一张短沙发上。在艾美的一生中,她从未见过任何人的脸像她丈夫的那样惨白。

肖克利明白自己失败了。

其实,肖克利感到惊讶这本身就令人惊讶。他的日记里充满了麻烦的种种迹象和信号。摩尔曾警告过他,研究人员的士气不振;诺伊斯也曾告诉他,他们把时间花在了错误的产品上。然而,肖克利似乎并不把这些当一回事。

不过至此,尘埃并未落定。接下来,就轮到那八个人惊讶了。

与肖克利夫妇共进晚餐后一两天,贝克曼又召开了一次会议。他在会上告诉与会者,他已经决定肖克利将继续执掌实验室,但他也希望大家能找到一个解决问题的新方法。

那八人原来以为他们已经有了协议,可是这一来,他们又发现根本不是这么回事儿。贝克曼一个反复,就把他们尴尬地晾了起来。

6月3日,诺伊斯要求与肖克利单独谈话。根据肖克利的笔记,讨论非常"现实"。诺伊斯告诉肖克利,他们背着他是因为他们觉得没办法与他直接交流。因此,他们这么做并不是"为了整他"。此外,他们也都不想被解雇。

6月6日,贝克曼打电话给肖克利,询问他对研究小组的看法。肖克利告诉贝克曼,他认为诺伊斯在技术上不错,"但不成熟"。他认为霍斯利是个更好的物理学家。他又说,反叛的人都是些"不成熟的、软弱的领导者,在真空中寻找领袖"。

不久后,贝克曼亲自出面,又制定了一个新方案:半年内不解雇任何人;给予科学家更大的发言权,并由一个临时委员会负责决策,直到贝克曼可以派来一名职业经理;非技术性决定将掌握在经理手里;贝克曼对公司发生的事情拥有最终权力;9月3日前,肖克利将获得一份新合同。同时,贝克曼还派他的助手莫里斯·哈尼凡担任他的联络人。

8月,肖克利去马萨诸塞州参加一个物理研讨会。他在实验室里的眼线埃尔默·布朗给他写了一封信,告诉他贝克曼的妥协方案并没有奏效。在哈尼凡与员工的一次会议上,克纳皮克针对哈尼凡的组织结构图说,他不相信这种东西。布朗还报告说,诺伊斯仍然对肖克利做出的技术决定感到愤怒,并坚信他是在追求错误的技术。不过,哈尼凡也提醒诺伊斯,肖克利仍然是主任并将继续担任该职。

霍斯利领导的小组开始生产肖克利二极管:第一周72只,第二周200只。他们的目标是将产量提高到每周1000只。然而,诺伊斯和他的同伴却仍然继续研究硅晶体管的制造工艺,好像根本无视肖克利的命令。

因此,肖克利的实验室在事实上已经一分为二,双方各行其是,南辕北辙。最后,那八人终于认识到,这绝对不是一个长久之计。"我们被扎扎实实地包了饺子,我们意识到,我们必须离开。"杰伊·拉斯特回忆说。

当贝克曼被迫在肖克利和八叛将之间做出选择时,他退缩了。"由于我对忠诚的错误理解,我觉得我亏欠肖克利,应该给他足够的机会来证明自己,"贝克曼后来解释说,"如果我能知道我现在所知的,我会和肖克利说再见的。"

1957年9月,肖克利在他的笔记本上写道:"9月18日星期三——团伙辞职。"

那八人离去时,他们已有腹案。10月1日,仙童半导体公司[1](也称非兆半导体公司、快捷半导体公司)成立,隶属于仙童摄影器材公司[2]。新公司位于帕洛阿尔托查尔斯顿东路844号,离肖克利实验室不远,由诺伊斯管理研究,摩尔负责生产。

不久后,仙童的事业渐入佳境,进入肖克利梦想中的那个美好乐园。

---

1 仙童半导体公司:Fairchild Semiconductor Inc,是晶体管和集成电路制造的先行者。
2 仙童摄影器材公司:Fairchild Camera and Instrument Corporation。

第五章

集成电路

德仪制成硅晶体管

在得克萨斯州的达拉斯，有一家为石油公司提供勘探服务的名叫"德州仪器[1]"的小公司，它的执行副总裁帕特里克·哈格蒂[2]是一个警醒的人。哈格蒂敏锐地看到了晶体管的潜力，就决定抓住契机带领德州仪器向晶体管开发转型。他勇气十足地说："我们若想成为巨人，与巨人竞争，哪里会比在巨人也刚起步的领域里朝着巨人迎面而上更合适的呢？"然而，德州仪器在那时实在是一个微不足道的小公司，没有几个人听得见哈格蒂的声音，当然也更不会有人拿这种不着边际的话当真了。

耐人寻味的是，人才济济的贝尔实验室虽然是一个名副其实的创新大熔炉，可是它却不擅长将自己的发明进一步发扬光大。晶体管也是如此。光阴荏苒，晶体管的发明转眼已逾数年，可是贝尔实验室却未能找到批量生产晶体管的有效方法。

当然，大也确实有大的难处。作为一家受到政府严密监管的超大型企业，

---

1 德州仪器：Texas Instruments (TI)，一家总部位于达拉斯的跨国半导体公司。
2 帕特里克·哈格蒂（Patrick Eugene Haggerty，1914—1980），美国国家工程院院士、工程师、商人。德州仪器的联合创始人、前总裁兼董事长。在他的领导下，德州仪器从德州一家小型石油勘探公司成长为半导体行业的全球领导者。

贝尔对新产品的生产并不饥渴，而且美国的法律也限制它利用自己的垄断地位进入其他市场。于是，为了躲避公众的批评和政府的反垄断制裁，贝尔实验室主动向其他公司开放了晶体管的专利许可。任何企业若想开发晶体管，只需要向它支付一笔低得难以令人置信的费用——25000 美元。而且，贝尔还公开举办各种研讨会，直接对外传授制造晶体管的技术。

但是，尽管如此，德州仪器在争取晶体管许可证时还是遇到了麻烦。哈格蒂回忆道，贝尔实验室里的人"显然对我们这种自以为可以在这个领域培养出竞争力的厚颜无耻感到啼笑皆非"。他们无法想象一家小石油公司可以改头换面，彻底改造自己。

"这个行业不适合于你们，"贝尔实验室矜持地忠告。"我们认为你们做不到。"

哈格蒂是一个足智多谋的人，这当然难不倒他。1952 年春，他的执着和信念终于感动贝尔实验室，允许德州仪器购买制造晶体管的许可证。不久，哈格蒂又从贝尔得到了一个更大的宝贝——戈登·蒂尔。

蒂尔博士是一个待人和气的物理化学家，并已在贝尔实验室被公认为是一名制作单晶材料的专家。肖克利结型晶体管的研制，在很大程度上得益于蒂尔发明的一种运用提拉法制作极纯的锗单晶的新工艺。

1951 年底，蒂尔盲目回应了哈格蒂在《纽约时报》上投放的一则招聘半导体研发主任的广告，并如约和哈格蒂见了面。不过，他并不认为去德州的一家无名小公司是个明智选择。毕竟，他在贝尔实验室已经工作了 20 年，要说服他离开这家世界上最好的研究机构谈何容易。

可是，哈格蒂并不气馁。他已经得到了制造晶体管的许可，知道接下来的最关键任务就是打造一支优秀的半导体团队。显然，蒂尔就是这个关键任务中的最关键人物。机不可失，他知道自己必须说服蒂尔，请他前来德州仪器领导这个前途无量的新晶体管项目。

因此，哈格蒂又与蒂尔联系且邀请他搬到达拉斯来领导德州仪器的半导体研发。与哈格蒂共过事的人都知道他的说服力。结果，蒂尔在他的一片盛情下，接受了在德州仪器领导一个实验室的邀请，并且决心在那里组建一支第一流的科学家和工程师团队，一支能够帮助德州仪器脱胎换骨从而在半导体行业雄踞一方的崭新团队。

哈格蒂在面谈时曾经问蒂尔对半导体未来的想法。"锗是晶体管的最佳材料吗？"

"不,"蒂尔回答说,"硅更好。"

蒂尔在加入德州仪器后,首先联系了自己的母校布朗大学,了解优秀毕业生的情况。学校给他的第一个名字是威利斯·阿德考克[1]。阿德考克博士和蒂尔一样,也是一名物理化学家,当时正在俄克拉荷马州塔尔萨的斯坦诺林石油公司工作。1953年4月,阿德考克加入了蒂尔的团队。接下来的几位成员分别是加州理工学院的化学家莫特·琼斯、物理学家杰·桑希尔和博学家埃德·杰克逊。

由于硅对氧具有极高的亲和力,硅的提纯极具挑战性。因此,开发硅晶体管是一个非常大胆的选择。许多科学家在那时候预测,至少还需要数年才有希望开发出具有生产价值的硅晶体管制造工艺。另外,也有人认为永远不可能批量生产这种晶体管。

1953年夏,蒂尔团队开始夜以继日地攻关,一边试制性能可靠的硅晶体,一边研究制造硅晶体管的方法。为了生长硅晶体,他们首先对硅拉晶机的温度控制和计时系统作了重大改进。经过反复试验,阿德考克逐渐开始掌握生长单晶硅的诀窍,晶体质量越来越好。有了理想的硅晶体之后就需要对它进行掺杂。对于掺杂工艺的研究,与其说是科学,不如说是艺术。若想了解它、掌握它、驾驭它,就必须具备灵活的巧思和坚韧不拔的毅力。

1954年3月12日,阿德考克终于在那个漫长而又黑暗的令人精疲力竭的隧道尽头,窥见了一丝曙光。于是,他就告诉蒂尔,生长结型硅晶体管的工艺正在日趋成熟。

一个月后,蒂尔团队使用从杜邦公司购买的一种高纯度硅材料,终于生长了一只具有负极-正极-负极(NPN)的硅晶体。它的两侧分别是发射区和集电区,中间是大约千分之一英寸厚的基区。4月14日早上,他们从一只晶体上小心翼翼地切下一片1/4英寸厚的薄片,并将仪表的电触点接触到这片晶体上。几分钟后,"我目睹了生长第一只结型晶体管的行动过程。"哈格蒂回忆道。

就这样,蒂尔团队首先揭开了生产硅晶体管的奥秘。对德州仪器来说,这是一个决定性的时刻。突然间,它已成为一个引领半导体行业的开路先锋,虽然外部世界对此一无所知。

---

[1] 威利斯·阿德考克(Willis Alfred Adcock, 1922—2003),美国国家工程院院士,物理化学家、电气工程师和大学教授,曾参与第一颗原子弹的研制并协助发明了硅晶体管以及集成电路。

对蒂尔来说，这个突破也真是及时。他即将参加在代顿举行的无线电工程师学会全国大会，并需要在会上发表演讲。他事先给演讲定的标题是："硅和锗材料及其器件的一些最新发展。"大会召开前四天，蒂尔又和哈格蒂商量，德州仪器可不可以在会上不仅宣布硅晶体管的发明，而且宣布它已正式投入生产。他对哈格蒂说，他的团队已有几台拉晶机正在工作，另外他们还设置了一条组装晶体管的生产线。哈格蒂表示赞同。

5月10日，会议在代顿如期召开。蒂尔回忆道："在上午的会议上，演讲者不知不觉地为我们作着铺垫。他们异口同声地表示，那种期望在几年内开发出硅晶体管的想法是多么不现实。他们还劝告业界同行暂时满足于锗晶体管。我们这些德州仪器的代表坐在下面非常尊重和兴奋地听着，因为我的口袋里正躺着几只毫无瑕疵的硅晶体管。"

轮到蒂尔演讲时，他先向听众通读了31页讲稿中的前24页，里面只字未提他的团队在德州仪器所取得的最新成就。会场里的人群听了一天缺乏新意的技术论文，自然都难免分心和走神。

就在此时，蒂尔用平静的语气，突然向他的听众宣布说，"与我的同行所说的相反"，硅晶体管已经是一个事实，而且德州仪器正在生产它。

一阵沉默后，场上有人喊道："你是说，你们正在生产硅晶体管吗？"

"是的，"蒂尔努力按捺住自己的自豪感，平静地回答道，"我们正在生产三种类型硅晶体管。我的口袋里恰巧就有几只。"

这时蒂尔脱离讲稿，打开身旁一台事先准备好的转盘唱机，开始播放一首摇滚乐曲。接着，他把电唱机放大器里的锗晶体管，浸入一只装满了滚烫热油的烧杯里。锗晶体管立刻因高温而失效，摇滚乐声戛然而止。当与会者正在诧异时，蒂尔把唱机切换到另一个使用硅晶体管的放大器，摇滚乐声重新响了起来。这时，蒂尔又把那个放大器的硅晶体管浸入热油中。令人惊奇的是，这次音乐居然照播不误！

通过这个演示，蒂尔一箭双雕。不但向世人宣告了硅晶体管的诞生，同时也在世人面前将硅晶体管和锗晶体管的性能做了生动对比。事实胜于雄辩。会场上一片哗然。一位与会者拿起大厅里一只公用电话的听筒，对着它大声喊道："他们在德州生产硅晶体管了！"

1954年5月，硅时代就这样在蒂尔的外套口袋里戏剧性地降临了。德州仪器一鸣惊人，比业界最乐观的估计还早了数年生产出结型硅晶体管，从而当之无愧地成为引领潮流的业界领袖。

一鸣惊人的袖珍收音机

有了研发半导体的团队,又成功开发了硅晶体管,哈格蒂相信德州仪器的未来就在于半导体。于是,他把目光转向计算机巨人——IBM,相信 IBM 为了更新它的大型计算机,必然很快就会需要购买大量晶体管。然而,事情却没有这么简单。IBM 对哈格蒂的想法根本无动于衷,因为它几乎没听说过德州仪器,而且它也对半导体没有多少兴趣。

不久,哈格蒂认识到,原来 IBM 乃至电子行业的那些龙头老大都还在抱着电子管酣睡,他们都需要用晶体管来敲打敲打。"我们知道自己在半导体这方面做得很好,"哈格蒂在 25 年后回忆道,"然而,我们的现实世界却对此充满疑虑……在我看来,德州仪器必须制造某种戏剧性效果,来证明大批量生产性能可靠而且价格适中的晶体管是切实可行的,德州仪器有能力生产它们并已为此做好了准备。"

当然,好汉不吃眼前亏。哈格蒂又想,既然行业巨子都在沉睡,与其同旧市场纠缠,不如旁敲侧击去寻找和开发新的市场。因此,他想到袖珍收音机,就在 1954 年夏向各大无线电制造公司发出询问,试图了解它们与德州仪器合作,共同研发便携式收音机的意愿。

可是,大多数无线电公司的反应也与计算机公司的差不多。它们都认为电子管既便宜又可靠,没有必要,至少目前没有必要去尝试在技术上不成熟又在价格上过于昂贵的晶体管。再说,既然现有台式电子管收音机的市场那么好,袖珍收音机又怎么会有前景和希望呢?

就在哈格蒂为下一步斟酌时,一家芝加哥的投资公司询问他,德州仪器是否愿意与一家在印第安纳波利斯的小公司埃尔迪俄[1]合并。埃尔迪俄擅长生产各种电视机配件,例如信号放大器和 UHF 频道转换器。因此通过它,德州仪器就有了一条便捷而又低成本的生产晶体管收音机的途径。

于是,哈格蒂就与埃尔迪俄的总裁埃德·都铎会面。但双方未能在合并一事上谈拢,于是他们就退而求其次,决定联合起来一起开发半导体收音机。

一个星期五的傍晚,哈格蒂打电话请资深工程师保罗·戴维斯去他的办公室。见面后,哈格蒂让戴维斯立即着手设计和组建一个晶体管收音机的"面包板"模型。戴维斯是一位无线电专家,曾经在达拉斯的一家无线电公司担任总

---

[1] 埃尔迪俄:Industrial Development Engineering Association Inc (IDEA)。

工程师。他听后，点头同意。

"很好，"哈格蒂立即说，"下星期三我才需要它。"

原来他已约定在下周三与埃尔迪俄的主管会面，因此他想，如果能在他的办公桌上演示一台可以工作的晶体管收音机，那么他就能抢占先机，进一步说服埃尔迪俄。

戴维斯后来回忆道："作为德州仪器的工程师，我们习惯于在开发项目中完成紧迫的时间表……德州仪器工程师似乎善于在这一类项目中取得成功。"

当然，哈格蒂交代的任务是几乎完成不了的。在四天时间里，戴维斯和他的新团队需要设计和构建一台能够正常工作的演示版晶体管收音机。但问题是，这种收音机的"基本电路从未被构想过，更不用说设计了"。戴维斯回忆道，"我们不仅不知道解决方案，我们甚至还不明白摆在面前的到底是些什么样的问题。那真是一个非同寻常的星期五傍晚。"

电路设计师罗杰·韦伯斯特接受了项目中最艰巨的任务——信号放大器的电路，就是"一个能将高频电信号放大数千倍的电路"。于是，他与埃德·杰克逊和马克·坎贝尔一起，立即投入这个未知世界。他们不仅没有合适的线圈或变压器，而且还要使用现有的在无线电频率下表现得并不怎么理想的晶体管。

刚从得克萨斯农工大学毕业的吉姆·尼高也加入了他们的行列。尼高回忆说："我真的很惊讶，因为我刚毕业两个月就参与了世界上首台晶体管收音机的开发。很少有人会有这样的机会。"而这也意味着他必须不分周末周日也不分白天黑夜，在一个极具技术挑战性的哈格蒂项目里，与德州仪器最优秀的工程师一起夜以继日地工作。

于是，新团队的成员都搬进了他们的家外之家——一个无线电屏蔽的房间里。

周二下午，疲惫而兴奋的团队带着他们的"面包板"晶体管收音机来到哈格蒂的办公室。"它清楚地接收到了所有本地电台，音质也非常好。"哈格蒂对这个新成果非常满意。戴维斯的团队真的在四天里完成了一个奇迹！

星期三，当埃尔迪俄的代表走进哈格蒂办公室时，即使有人心存疑虑，但只要见到那台演示版晶体管收音机，他们的疑虑也就烟消云散了。于是双方达成协议：由德州仪器和埃尔迪俄联合设计和生产零部件，再由埃尔迪俄组装和销售十万台袖珍收音机（Regency TR-1）。双方还决定：为了赶上圣诞节的促销活动，他们将在10月中旬在纽约和洛杉矶同时向外推出这台定价49.45美元的新型晶体管收音机。

时间紧迫，两家公司迅速行动起来。在一次设计会议上，哈格蒂认为6只三极管太多，最多5只。听后，韦伯斯特和埃尔迪俄的迪克·科赫进行了简短交谈，然后离开会议室。不到一小时，他们回来报告说，已经用一只二极管替换了一只检波三极管，而且它"工作得差不多好"。这样，三极管的总数降到了5只。

但是这还是太多，哈格蒂又说。原来为了降低成本，他心里早有自己的目标——4只三极管。几周后，科赫果然将总数减到了4只。就像史蒂夫·乔布斯那样，哈格蒂也能向他身边的人投射出一个扭曲的现实，以此来激励他们去做那些曾被认为是完全做不到的事。

1954年10月18日，Regency TR-1正式公布于众。结果，消费者对它好评如潮，青少年更是对它如痴如醉。如此，德州仪器的袖珍收音机就成了历史上最受欢迎的新产品之一。

IBM总裁小汤姆·沃森也购买了100台袖珍收音机，并把它们分发给了那些仍然对晶体管心存疑虑的高管和核心工程师。据报道，小汤姆对他们说："如果得克萨斯州的那家小公司可以用这种价格使这些收音机工作，那么他们也就能制造出晶体管来让我们的计算机工作。"

后来，"我们与IBM签署了一项协议，并开始年复一年地向它供应大批晶体管。"哈格蒂满意地回忆道。

更根本的是，晶体管收音机成了信息时代的第一个"技术赋予装置个性化"的范例。从此，收音机不再仅仅是那种在客厅里由全家共享的台式设备。它成了一种属于个人的装置，让人们随时随地都能聆听属于自己的音乐——哪怕是那些被家长禁止的音乐。

晶体管收音机的出现与摇滚乐的兴起之间也存在着一种共生关系。埃尔维斯·普雷斯利的第一张商业唱片《没关系》与袖珍收音机几乎同时问世。这种叛逆的新音乐让每个孩子都想拥有一台属于自己的收音机。他们都梦想自己能手持袖珍收音机，或是在海滩上或是在地下室，随心所欲，悠然自得。从此，他们就能远离自己父母那双不赞成的耳朵，也能远离那些控制着台式收音机旋钮的手指。相辅相成，这种反传统的音乐也就因此而得到了惊人的发展。

晶体管收音机彻底改变了人们对电子技术的看法，尤其是年轻人。哈格蒂也因此而让晶体管亮丽转身，成为每个人的宝贝。从此，晶体管不再被大公司和军队独占，它也不再冷漠、高高在上。相反，它赋予人们属于自己的自由空间：培养个性，激发创造力甚至发泄反叛精神。当然，也有人对此持完全不同的意见。"我对晶体管的唯一遗憾是它被用于摇滚乐。"沃尔特·布拉顿有时这样感叹。

电路设计遭遇数字束缚

设计电路就好像是造句。句子的基本元素是：名词，动词，形容词等；电路的基本元件是：电阻器，电容器，晶体管。电阻器好像一只限制电流的喷嘴，可以用来调节和稳定电流和电压；电容器好像一种可以吸收电能的海绵，并能根据需要逐渐或一次性释放电能；二极管像一只单向导电阀门；三极管能控制电流，它既能放大电信号，也可用作无触点开关。通常，人们将二极管和三极管统称为晶体管。所以，设计电路就是利用晶体管、电容器、电阻器之间的合理组合和连接，来构建不同功能的电流回路系统。

与句子不同的是，有用的电路往往又庞大又复杂，动不动就需要将数万、数十万甚至数百万只元件合理地连接在一起。在真空管时代，设计人员对能量、热量和尺寸的考量限制了电路设计的范围。因为没有必要去设计一台开机后不久就会融化的巨无霸机器。然而，随着晶体管的到来，这些对设计的限制好像就都迎刃而解了。现在，电路设计家似乎可以放开想象力，放手去创造能将火箭引导到月球，或者能控制全球即时通信网络的电子系统了。这种电路往往包括几万、几十万甚至更多的晶体管，以及与之匹配的、数量更加惊人的电阻和电容器。

为什么不呢？反正不需要考虑尺寸、能耗和散热。在纸面上，这些超级电路的确可以傲视以往的任何成果。你只要准备好电子元件，把它们按照各自的物理性能合理地连接在一起，然后再……

不过，有一个问题……

电路必须是一条完整而又不间断的路径，从而让电流沿着这条路径畅流。这意味着电路的所有组件都必须连接在一个连续的回路中：电阻器接二极管，二极管接三极管，晶体管接电容器，凡此种种，不一而足。更有甚者，每个元件都可能与电路的其他部分有多个互连。这就带来了一个问题：这种比迷宫还要复杂的互连，全都要依靠手工焊接来完成。而焊接不仅昂贵耗时，而且又不一定可靠。一个具有 10 万只元件的电路，很可能需要 100 万个不同的焊点来连接它的元件。

即使有人——例如五角大楼在冷战时——可以支付这么昂贵的手工劳动，也很难有人能完美无瑕地构建一个高度复杂的电路。比如，当时最新型的航空母舰所用的电路有 35 万只电子元件，共需要数百万个手工焊接点，逐一电焊这些连接以及测试每一个连接的人工成本往往高于所有元件的总成本。不久后，人们又在计划一台有朝一日能引导火箭登陆月球的计算机。然而，它的电路也许需要数百万只元件。谁能可靠生产这么庞大复杂的电路呢？谁又有本事把这样的电路塞进一枚火箭呢？

1957 年，正当仙童半导体公司成立以及苏联发射人造卫星之际，贝尔实验室副总裁杰克·莫顿在一篇为庆祝晶体管诞生十周年而撰写的文章中写道："一段时间以来，电子人已经在'原则上'知道如何通过对各种数字化信息的传输和处理来极大地扩展他们的视觉、触觉和心理能力。然而，所有这些能力都受到了所谓'数字束缚[1]'的限制。这类系统由于其复杂的数字特性，需要数百、数千甚至数万个电子装置。"

后来，莫顿在一篇文章中又写道："为了构建一个完整的系统，每个元素都必须单独制造、测试、包装、运输、拆包、重新测试和互连。任何系统要作为一个整体来发挥作用，它的每一个元件及其连接都必须能可靠运行……如果我们必须依靠单个分立元件来生产大型系统，那么这种对大型系统的'数字束缚'就为未来的进步设置了数字障碍。"

本质上讲，1950 年代在电子前沿探索的这一小群工程师，遇到了一种与 1590 年代在航海前沿探索的那一小群海员所面临的相类似的困扰和挑战。那时，在大洋最西端的中美洲海岸边，探险家爬上桅杆举目西望，"以一种疯狂的猜想"看见一片广阔的新海洋和一个崭新的世界正在天涯向他们招手。但是，可望不可即，他们只能望洋兴叹，根本无法到达那片迷人而又充满希望的新天地。未来仿佛就在眼前，但却又遥不可及。同样，一个宏伟的新电子世界正展现在电子工程师的脑海里，但他们却又不可能实现它。

此外，电路中的电线也会降低电流的速度。计算机电路里的晶体管随着电子信号而打开和关闭：一个穿过导线的电脉冲到达晶体管，晶体管导通；另一个脉冲出现，晶体管关闭。无论晶体管本身的切换速度有多快，它必须在脉冲的指导下作切换。电路中的接线越长，脉冲信号就必须传得越远。在 1950 年

---

[1] 数字束缚：Tyranny of numbers，是 1960 年代前后计算机工程师面临的一个问题。由于涉及大量组件，工程师无法提高其设计的性能。因为每个组件都需要与其他组件连接，而连接通常是手工串接和焊接。

代，计算机速度的主要限制因素就是这些电子信号通过电路的传播时间。大型计算机的连接线长达数英里，脉冲从电路的一端传到另一端需要可观的时间，这就影响了计算的效率。

于是，电子工程师无可奈何地陷入两难。一方面，为了提高解决问题的能力，他们必须将更多的晶体管设计到电路里。可是另一方面，更多的晶体管意味着更多更长的连接线，从而降低了计算速度。结果，增加计算能力的努力反而会导致计算能力的下降。"数字束缚"显然阻碍了计算机的发展。

"很明显，在这种情况下，大小决定了性能。"鲍勃·诺伊斯回忆道。然而，"在限制计算速度的意义上，不仅仅是性能，电子电路的大小和复杂性也决定了成本、可靠性和实用性。"

"在技术圈子里的很大一部分人都在寻找解决这个问题的方案。"他又说，"显然，市场正在等待着一位成功的发明家。"

杰克·基尔比

时势造英雄，杰克·基尔比[1]就是那个应运而生的发明家。1923 年，杰克出生在密苏里州的杰斐逊城，但他童年的大部分时间都是在堪萨斯州的大本德度过的。大本德是一个位于阿肯色河朝南弯向密西西比河的繁华小镇。他的父亲是一名电气工程师，在中西部的电力公司工作，最终升任为堪萨斯电力公司总裁。堪萨斯电力是一家总部在大本德的中型公用事业公司，其小型发电厂分散在该州的西部。

杰克在大本德的公立学校上学。夏天，他父亲常开一辆 1935 年的别克大车带着他穿越大平原，巡视电力公司的一个个偏远设施。巡视时，他们常常需要在发电站的工程设备里爬来爬去，或试图找出发电机电枢发生故障的原因，或测试新型变压器的效率。

当 1937 年的暴风雪席卷堪萨斯州，造成道路堵塞和电话中断时，老基尔比借用了邻居的业余无线电，来联络分散在四面八方的客户和业务。就这样，杰克对业余无线电着了迷。他小心扭动表盘上的旋钮，左右转动大天线，并将耳

---

[1] 杰克·基尔比（Jack St. Clair Kilby，1923—2005），美国国家工程院院士，电气工程师，1958 年在德仪工作期间发明了集成电路。而仙童半导体的罗伯特·诺伊斯在基尔比之后不久也发明了集成电路。2000 年基尔比荣获诺贝尔物理学奖。

机紧紧贴在耳朵上，以便分辨出在那深邃的夜空中，从远方传来的微弱无线电信号。他为这种无线通信工具的功能所倾倒，更对它的神秘机制充满好奇。然而更重要的是，少年杰克就这样亲身体会到了科技的力量，也目睹了科技工具如何切实改善普通人的生活和遭遇。"在我十几岁的时候，我第一次经历了一场冰风暴，"大约60年后他回忆道，"我第一次看到了无线电以及电子设备如何真正影响人们的生活，让他们了解现状、保持联系并给他们带来希望。"不久后，杰克自己动手组装了一套业余无线电，把玩它、改进它。

当杰克进入大本德高中时，他已立志从事电气工程事业，并将目光投向了培养工程师的圣地——麻省理工学院。1941年6月的一天，他乘上一列连接西部平原与东海岸的快车，前往麻省理工所在的小城剑桥。在那里，他花了一个月的时间参加麻省理工学院入学考试训练。

可惜事与愿违，杰克考了497分，比录取线低了3分。虽然，这正如他在获得诺贝尔奖那天所指出的那样，从长远来看，这一切都是人生给他的最好安排。可是在当时，麻省理工的拒绝信却是年轻基尔比的首次人生挫折，仿佛是个毁灭性的打击。不仅如此，那封拒绝信还造成了一个更急迫的危机——幼稚的杰克孤注一掷，没有申请任何其他大学。

结果经过一番周折，杰克终于被他父母的母校伊利诺伊大学录取。但是，没想到他的大学生活刚开始，日本就轰炸了珍珠港。大一新生基尔比也就此成了基尔比下士，被分配到驻扎在印度东北部茶园里的一个陆军前线无线电维修站。

军队是个大熔炉，每一个人都能在那里学到新本领。基尔比所属的部队是最早尝试游击战的美军之一，他们从印度派小股士兵乘飞机越过喜马拉雅山，然后空降到缅甸，组织当地抵抗力量抗击日本侵略者。当时，这些美军小部队都配备了一种肩背式的无线电通信装置，以便同自己的基地联络。可是这种便携式发报机不仅重达60磅，而且在丛林中经常出故障。对此，陆军的统一回应是，这已经是最优良的无线电发报机了。

战场上，人命关天。为了支援前方，基尔比部队的工程师在一个布满灰尘的小帐篷里，建起了一个前线无线电实验室，并且派基尔比到加尔各答的黑市去淘收音机旧零件。结果，基尔比的实验室向前方送去了经过改造的，比部队所标配的更轻、更好的发报机。

二战后，基尔比回到伊利诺伊大学，渴望了解雷达以及其他新电子技术。可是，他在这方面并没有得到满足。1947年，基尔比完成了传统的工程教育从大学毕业,去了密尔沃基的中央实验室[1]工作。

中央实验室生产用于收音机和电视机的电子零部件。这是一个竞争异常激烈的行业,每千只零件价格的一美元成本之差,就可能会决定是否能赢得一个巨额合同。"这是一门关于成本敏感度的速成课。"基尔比后来回忆道。

在1940年代后期,无线电工程师已经确定了每一种电子元件的最佳材料:电阻器采用碳,电容器用金属和陶瓷,连接线用银或铜。因此,中央实验室的竞争策略是提高生产效率,而不是改变材料。它创造了一种在同一个陶瓷底座上一次性制作出多个电子元件的新方法,能使众多电子元件一蹴而就,一气呵成。虽然在实践中,中央实验室遇到了许多困难,仅取得局部成功,但是将多个电路元件一次性集成的概念,像一粒种子一样在基尔比的心里扎下了根。

工作中,基尔比自觉地培养独立分析问题和解决问题的能力。为了扩大视野,他广泛学习和阅读。他在晚上修研究生课程,平时也经常翻阅技术文献,还参加了各种讲座。一天晚上,他在马凯特大学聆听了约翰·巴丁对一项新发明的描述,这个新发明无需真空电子管就可以实现信号放大和快速开关。这简直不可思议!巴丁博士所讲述的这个新装置,令基尔比耳目一新,也对他所知的电路规则提出了全面挑战。于是,基尔比就开始寻找和阅读关于这种新型固体装置的文章和资料。当然,基尔比的阅读也并没有局限在电子学。一次,他偶然翻阅了一份牙科产品目录,并饶有兴趣地读到了一种使用小型喷砂机清理蛀牙的新技术。

当时,中央实验室正在研发一种在陶瓷底座上通过印刷微小碳粒来制造电阻器的新工艺。由于机械精度的限制,新工艺无法保证印刷碳块的尺寸,所以也就不能生产出性能相同的电阻器。于是,基尔比的经理就将攻关任务交给他,嘱咐他尽快完成任务,还要求新方法必须既便宜又简单。结果,基尔比想起那只微型牙科喷砂机。不出所料,这个牙科工具果然非常适合于清除陶瓷底座上的多余碳粒,从而确保了电阻器的印刷尺寸和性能。

当贝尔实验室在1952年宣布将为晶体管的专利颁发许可证时,中央实验室支付了25000美元的许可证费用,并安排基尔比去参加一个为期十天的半导体新技术速成班。在贝尔那里,他终于认识了那个不受电子管限制的奇妙世界。回到密尔沃基,基尔比踌躇满志,坚信从贝尔学来的新想法将对中央实验室的生产和包装产生重大影响。

---

[1] 中央实验室:Centralab,是环球联合公司的一个部门,当时生产助听器、收音机和电视电路的电子零件。

然而，制造工艺的现实很快使他了解到晶体管电路的局限性。在实验室里，基尔比和他的同事在设计助听器或无线电放大器时，可以将闻所未闻的众多电子元件压缩到一个微小的空间里。可是在生产车间，由于这些电路有着太多互连，而且元件之间又靠得那么近，人的手根本无法完成这么精细的工作！

"贝尔实验室的杰克·莫顿认为电子设备正面临着'数字束缚'，"基尔比回忆道，"这是一个完美的术语，因为在有些新电路里，部件和连接的数量实在太大了。这个事实清楚表明，它妨碍了工程师放手去做他们想要做的事。"

就这样，基尔比也认识到电子世界遇到了一个极其重要却又令人无可奈何的挑战。晶体管的问世打开了人们的视野，可是除非有人能够找到一个从这种数字束缚中解脱出来的新方法，否则人们只能望着晶体管的美好前景兴叹。

同时，基尔比还认识到，能为数字束缚解套的方法一定需要大量资源——比中央实验室多得多的资源。"我觉得，"基尔比后来写道，"受到资金限制的小团体不可能具有竞争力。我决定离开公司。"1958年初，他将自己的简历寄给了多家大公司。他相信新兴电子行业是一个靠个人真本领运作的世界，也许没有麻省理工的学位也不要紧。

果然，基尔比在行内的名声和他的多项专利为他敲开了大门。IBM、摩托罗拉及德州仪器的威利斯·阿德科克都向他发出了邀请。

集成电路在德州仪器诞生

1958年，德州仪器已经在电子行业中崭露头角。在总裁哈格蒂的引领下，它自强不息，不断创新。当晶体管还是一个新奇而又不可靠，而且每只成本至少15美元的装置时，哈格蒂从贝尔实验室请来了戈登·蒂尔，请他开发一种可靠的、能批量生产的、售价为2.50美元的晶体管。蒂尔做到了。接着，哈格蒂又要求蒂尔和阿德考克研制硅晶体管。结果，蒂尔在1954年无线电工程师学会全国大会上宣布，"与我的同行所说的相反……我们正在生产三种类型硅晶体管，我的口袋里恰巧就有几只。"后来，哈格蒂又力排众议推出了一个大胆设想——创建袖珍收音机。结果，袖珍收音机一鸣惊人，一举成为引领电子潮流的典范。更重要的是，袖珍收音机提高了普通人对晶体管的认知，而德州仪器也就在电子行业里越来越引人注目。

当德州仪器正准备顺势更上一层楼时，它的工程师也感受到了数字束缚的压力。阿德考克为此专门立项并亲自挂帅，旨在尽快克服这个障碍。他的新团队首先研究了一个名为"微模块"的想法，它将电路的所有组件都制造成相同的尺寸和形状，并在每个组件之间内置连接线。因此，这种尺寸相同的模块就可以像孩子的乐高积木那样灵活拼接和组合，从而可以按需制作成各种不同的电路。对德州仪器来说，研究这种方法与其说是因为它的内在优点，不如说是由于它对美国陆军的重要性。因为在那时，每个军种都在寻找对电路互连问题的解决方案，而陆军认准了微模块。如果德州仪器能及时实现这个想法，那么它就必将成为所有陆军承包商的宠儿。因此，当基尔比在5月里向阿德考克报到时，微模块是实验室里最热门的课题。然而，基尔比却从一开始就不喜欢这个方法。

对基尔比来说，微模块的基本缺陷在于它对问题的错误定义。他认为，晶体管电路遇到的真正问题是数字束缚，即电路中众多元件所形成的数量和互连问题。然而，微模块并没有解决在复杂电路中存在大量单个组件的这个数量问题。

没有人愿意有意识地去做一件错事。因此，当基尔比想到自己放弃了一份好工作，举家搬到达拉斯，却可能被派去做一个偏离了目标的项目时，他的心情沉重起来。

那时候，德州仪器实行一种集体休假制度：每年7月，全体员工同时休假数周。由于基尔比新来乍到，没有攒足假期，就只好一个人独自留在公司的半导体实验室里上班。形单影只，他的心情更加低落。多年后他回忆道，当时"我觉得，很有可能在假期结束时就会被派去研究微模块——除非我很快就能想出一个好主意来"。

在空无一人的实验室里，基尔比平静下来，开始动脑筋仔细分析新公司的经营策略及其特点。不难发现，德州仪器对硅的投入甚巨。为了巩固自己在硅晶体管开发竞赛中的领先地位，德州仪器已经为开发硅和硅晶体管投资了数百万美元。"如果德州仪器打算做点什么，"基尔比后来解释说，"它势必会涉及硅。"

这个结论为基尔比提供了分析和思考的基点。他开始思考，仔仔细细地思考。他问自己，究竟还能用硅做什么呢？

基尔比想到，德州仪器已经能通过对纯硅的掺杂来制造半导体器件。同时他也想到，一块没有任何杂质的纯硅是一个绝缘体，它的内部不会有电荷流动。也就是说，纯硅会像一只电阻器那样阻挡电流。

第五章　集成电路　｜　175

硅……电阻器……基尔比心头一颤。他又想了一想，情不自禁地自问：硅电阻器？

为什么不呢？一条未掺杂的硅片当然可以充当电阻器。它的性能也许不如标准碳电阻器那么好，但它能行！

于是，基尔比又进一步想到，利用 PN 结半导体的特性，其实应该也可以用硅来制造电容器。虽然坦率而言，它也许看上去根本不像一只电容器，它的性能也不可能与一只标准的、用金属和陶瓷制作的电容器相比，但它也能行！

硅晶体管、硅电阻器、硅电容器，这不就意味着，每一种电路元件都能用硅这同一种材料来制作吗？那么，再进一步想，既然能用同一种材料制造电路里的各种部件，那么德州仪器为什么不能也像中央实验室那样，尝试在同一块材料上一次性制造出多个电路部件乃至整个电路呢？

由此及彼，举一反三。就这样，基尔比形成了他的一体化思想，一个注定将彻底改变电子学的革命性想法！

基尔比想得越多、思考越深，这个一体化概念就越有吸引力。如果所有电路部件都在一块硅片上集成，它们就能够在半导体晶片内部有机相连。无论电路多么复杂，都不会用到焊接，也就没有焊点。因此，电路元件数量的障碍自然也就不复存在了，复杂电路的所有组件就都能挤进一片极小的硅片中了。

1958 年 7 月 24 日，基尔比打开他的实验室日志，写下了他的一体化想法："以下电路元件可以在一块切片上制作：电阻器，电容器，分布式电容器，晶体管。"另外，他也粗略地描绘了如何通过正确排列 N 型和 P 型半导体材料来实现每一种电路元件。

大约四十年后，当记录在基尔比旧笔记本上的这句话在诺贝尔奖颁奖典礼上宣读时，整个电路可以制作在单个硅片上的想法已经是如此普遍，以至于它已出现在初中教科书里。然而，在 1958 年，基尔比的这个建议却是如此惊人，简直令人难以置信。"在当时，没有人会用半导体材料制造这些组件，"基尔比解释说，"它不能制成非常好的电阻器或电容器，而且半导体材料被认为非常昂贵。用优质半导体材料去制造只值一分钱的碳电阻器的想法似乎非常愚蠢。"总之，用高质量的硅来制造一只电阻器，就好像用黄金来打造一辆大篷车那么匪夷所思。也许你能这么做，但又何必枉费心机呢？

有时，基尔比也对自己的这个新想法心存疑虑："真不能确定这个计划的某个环节会不会有致命缺陷。"当然，找到确切答案的唯一方法就是去试制一个集成电路的模型，对其测试。可是，这需要上司的同意。

杰克·基尔比（中）与德州仪器的工程师

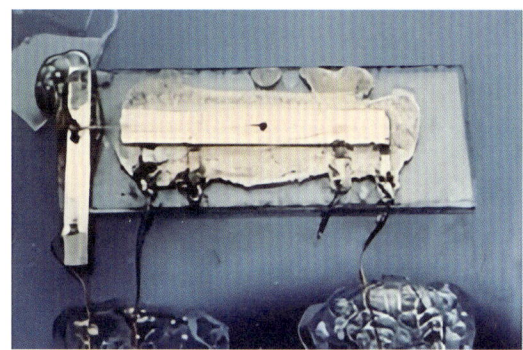

基尔比的第一个集成电路

1959年，罗伯特·诺伊斯与他人共同发明了集成电路

假期结束，当返回的人们纷纷展开对微模块的研究时，基尔比将他笔记本中的想法和草图向威利斯·阿德考克作了介绍。"威利斯并没有我那么兴奋。"基尔比后来回忆道。其实，阿德考克也对这个想法颇感兴趣，只是对它的可行性和实用性有所顾虑。"它真是复杂繁琐。"阿德考克后来说。

对阿德考克来说，他首先需要尽快研制出微模块好让军队放心。这是重中之重。他实在不可能在此时抽调人员去验证基尔比的模型。可是基尔比不肯罢休，一再鼓动他。最后，他们达成协议：如果基尔比真的能用硅片制成一只电阻器和一只电容器，那么阿德考克就会进一步授权在单个半导体材料上构建一个一体化电路。

基尔比小心翼翼地从一条纯硅上刻出一只电阻器。然后，他又用一条双极硅带，将PN结连接起来，制成一只电容器。接着，他将这些微小粗糙的元件连接在一个测试电路中，检测它们的作用。阿德考克在仔细检查了这些结果后，就批准基尔比在单只硅片上进一步尝试构建一个完整电路。

为了能测试每一种电路元件，阿德考克为这个试验选择了相移振荡器电路。振荡器可以将直流电转变成交流电，而且它的这种转换能够直观地显示在示波器上。成功与否，在示波器屏幕上一目了然。

1958年9月12日，基尔比的一体化振荡器电路终于就绪。它半英寸长，像牙签那么窄。基尔比小心翼翼地把将它粘在一个玻璃载片上，它的连接线向四周伸展。

基尔比正准备向公司的内部人员演示时，一位富有历史感的同事不失时机，给这个装置拍了照。看见身边有人照相，基尔比心里一阵愧疚，觉得这个新发明的外表真是太粗糙、太令人遗憾了。

周围的人越聚越多，连公司董事长马克·谢泼德也出现在围观人群中。基尔比看着他的小宝贝，心想，这家伙可得争气啊。于是，他看了看电池，又检查了一下那个微小而又丑陋的一体化电路，再由电路查看了示波器的接线。他的内心异常紧张。接着，他又摸了摸示波器上的刻度盘，抬头看了看阿德考克。阿德考克则对他耸了耸肩，仿佛示意他"放松点，别慌"。最后，基尔比又检查了一遍接线，暗自吸了一口气，就按下开关。

说时迟那时快，一条明亮的绿色光蛇开始在屏幕上以完美的正弦波起伏游动，不止不息。成功了！集成电路，这帖能够医治数字束缚的灵丹妙药奏效了！房间里的人们看看示波器上的正弦波，又看看紧张兮兮的基尔比，再看看那片小而丑的硅片，每个人都露出了会心的笑容。

一个崭新的电子时代就这样在德州仪器诞生了！

曾任德州仪器公司副总裁、后为台积电创始人的张忠谋是这段历史的见证人之一。他在自传中写道：

"正当我日以继夜，在 NPN 扩散型生产线上拼命时，一件惊天动地的大事在我眼前默默发生。让我解释为什么惊天动地的事却默默发生。简单得很，'惊天动地'是后来的影响，'默默发生'是当时的事实。我入德仪不久，结识了一位和我几乎同时加入的同事，他有一个令人深刻印象的外表，出奇的高（200多厘米）、瘦削，最显眼的是巨大的头颅。那时他30多岁，但看起来似较苍老。加入德仪前，他在俄亥俄州工作。我们同为德仪新雇员，同样都来自东部，年龄也差不多，所以就很快熟悉了。常常下午五六点，一天的工作告一段落时，一起喝一杯咖啡聊天。他告诉我他在研发部工作，正想把好几个电晶体[1]、两极体，加上电阻，组成一个线路放在同一粒矽晶片上。他又说，德仪总裁海格底对他的研究很有兴趣，认为这是半导体未来发展的方向。那时我在公司里渐渐有了点懂得电晶体的名声，所以有时他也问问我的意见。老实说，那时要我做一个电晶体都有困难，把好几个电晶体再加别的电子原件放在同一粒矽晶片上，还要它们同时起作用，简直是匪夷所思。但我也极尽所能回答他问我的技术问题。过一阵子后，他告诉我已做出一个初具规模的线路。我为他高兴，但也不禁想，这玩意儿要有实际应用，还远得很。

"这人是杰克·基比，他的发明就是积体电路。"

仙童半导体殊途同归

再说那八叛将离开肖克利半导体实验室后，于 1957 年 10 月创办了仙童半导体。一阵喧嚣过后，尘埃落定，大家静下心来专心研发双扩散晶体管。

在计算机技术史的这个节点上，并不需要天才就会知道当时电子行业所面临的最急迫问题是数字束缚。所以在那时，诺伊斯也常思考这个关于电路中电子元件数量及其互连的问题。多年后，当他重新思考那段经历时，觉得一体化

---

[1] 在张忠谋的这段回忆里有一些名称上的差异，敬请读者留意：电晶体——晶体管，两极体——二极管，矽晶片——硅晶片，积体电路——集成电路，海格底——哈格蒂，基比——基尔比。

的想法应该更早在仙童出现。他说:"从我们厂里刚刚制作出来的晶体管,一只接一只完美排列在晶圆上,接着我们需要小心翼翼把它们一只只切开来,并不得已雇用了数千名女工用镊子将它们一只只捡起来,然后再要试着将它们重新连接起来。这一切看上去真是愚蠢至极。这不仅昂贵,而且又不可靠,它显然束缚了所构建的电路的复杂性。答案当然是从一开始就不需要把它们分开来。可是在当时,竟然没有人意识到这一点。"事实上,诺伊斯那时也受到常规思想约束,只专注于那种将电路元件尺寸规范化和小型化的标准想法。

无法摆脱电路的数字束缚,诺伊斯只好将注意力转向另一个技术难题:生产环境的污染。晶片生产时,晶体管的微小 N-P-N 三层结构对周围环境的要求非常高。一片灰尘、一个杂散电荷,甚至一丝污染气体都可能破坏层与层之间的联结,从而影响晶体管的性能和作用。

1958 年的一天,让·霍尔尼带着一个设想走到诺伊斯的办公桌旁。他向诺伊斯建议,在 N-P-N 三层晶片结构的表面,像在三层蛋糕上裱奶油那样铺放一层氧化硅。这样,这个表面氧化层就能防止晶片内部受到污染。"就好像在一只二氧化硅的茧中构建晶体管,"诺伊斯解释说,"这样它就不会受到污染。这也好比是一个在丛林里设置的手术室。先将病人安放在一只塑料罩里,然后你在里面做手术,这就能防止丛林中的苍蝇叮在伤口上。"

由于霍尔尼的新方法在晶片表面铺放了一层平坦的氧化物,他的方法被称为"平面工艺[1]"。仙童的技术人员一致认为,霍尔尼的这个想法是晶体管技术的一项突破性进步。于是,诺伊斯就请公司的专利律师约翰·罗尔斯为这个发明准备一份专利申请。

然而,罗尔斯律师在听了诺伊斯的叙述后却表示,他感觉这个平面概念还能在电子领域里找到其他应用。于是,他建议仙童在这方面作进一步研究,以便用尽可能广泛的语言来编写这份申请。之后,每次谈到平面工艺的专利时,罗尔斯总会试图启发诺伊斯,反复问他:"用这个想法,你还能做什么?"

多年后回首,诺伊斯清楚地看到,正是由于这位律师的循循善诱,他的思维才摆脱了常规的束缚,重新激发想象力而实现飞跃,形成自己的一体化思想。

还有什么?你还能做什么? 1959 年新年伊始,诺伊斯一直在思考这个问题。他在自己的日志上画草图,又与他那稳重而又谨慎的朋友摩尔反复讨论这

---

[1] 平面工艺(Planar process),是半导体行业中使用的一种制造工艺,用于构建晶体管的各种组件,然后将这些晶体管连接在一起。

个问题。

当诺伊斯仔细考虑霍尔尼的平面工艺时,他想到了另一个用途。与晶片的微小层状区域相比,导线的体积相对较大,所以为晶体管的不同N-P-N区域安装导线的工艺极具挑战性。而霍尔尼的这种将氧化物奶油涂在三层硅饼上的方法,能够解决这个问题。就好像在蛋糕上插蜡烛那样,技术人员可以将连接线在确切的位置插入晶片表面的氧化层。"值得注意的是,我想做的是让晶体管变得非常小,"诺伊斯解释道,"嗯,我不能在上面连接电线,因为它太小了。但是现在有了平面涂层,我就能连接一根肥大的电线(肥大电线,你知道,它只有一根人类头发的四分之一),让它穿过氧化物。"

由此及彼,这个认识又将诺伊斯领向另一个新的,甚至更好的想法:其实根本不需要用外接电线。诺伊斯想到,其实可以在氧化层的表面直接印刷微细的铜线或其他金属线,所以根本用不着去戳穿涂层。这样做的优点是,与对齐和插入外接线相比,打印是一种更快捷的工艺。只要将"导线"印在氧化物涂层的表面,每只晶体管的所有连接都可以在制作时一蹴而成。

不过,再等一等。诺伊斯又更进一步想到,如果可以在单个晶体管的区域上印刷布线,那么,为什么不能将多只晶体管同时制作在同一片硅上,并将它们用印刷线连接起来呢?而且,为什么要只停留在晶体管上呢?既然可以在同一片硅晶片上构建多只晶体管,那么是不是可以在同一片晶片上构建其他电路元件呢?能否在同一晶片里内置电阻器呢?是否能内置电容器呢?再进一步想,可不可以在同一片硅芯片上构建一个完整的电路呢?这样,不是就摆脱了数字的束缚了吗?

"我不记得有任何类似时候,关上灯,整个东西就都呈现在那里,"诺伊斯回忆说,"更像是每天你都会说,好吧,如果我能做到这一点,那么也许我也能做到那一点,而那点又会让我做到这些,最后你就形成了整个概念。"

元月的一天,诺伊斯走进摩尔的办公室。在黑板上,他向摩尔展示了在一张硅晶片中的两只晶体管可以通过氧化层上的印刷铜线来互连。几天后,他又回到黑板前,向摩尔演示了如何在同一块材料中使用未掺杂的硅通道来制作电阻器。没过几天,他又在黑板上画了一只硅电容器。举一反三,接二连三,一个崭新的想法,带来另一个巧思。

诺伊斯的创造性思想旅程始于与基尔比完全不同的起点,但却到达了相同的目的地。基尔比首先想到那个在同一种半导体材料中构建所有电路元件的"疯狂"想法。接着,作为对这个概念的补充,他想到了各种元件可以通过在它们的表面铺放"导线"而相互连接。然而诺伊斯却不同，他首先形成了在半导体晶片上印刷导线的想法，然后，由此及彼，联想到其实电路里的各种元件都可以同时制作在同一片芯片上。

异曲同工，殊途同归。两条路都通向了一体化思想，也都通向了半导体集成电路。

1959年1月23日，"点点滴滴都聚集到了一起"。于是，诺伊斯在他的实验室笔记本里仔仔细细地写了整整四页，对集成电路作了一个完整的描述。"在许多应用中，"他写道，"为了能够在制造过程中实现器件之间的互连，同时减少尺寸、重量等等，以及降低每只元件的成本，最好在一片硅晶片上制造多个装置。"诺伊斯接着解释了如何在硅晶片上制造电阻器和电容器，以及如何通过直接在晶片上印刷金属线来连接一个完整的一体化电路。另外，他还画了一个集成电路的草图——一个可以相加两个数字的"加法器"电路。因此，在基尔比形成他的一体化想法后六个月，诺伊斯也驶入了同一个港口。

基尔比的旅程稍占先机，而让·霍尔尼的平面工艺使诺伊斯的航线更加切实可行。

专利属谁

1959年1月28日上午，德州仪器的半导体实验室听到了一个来自仙童的可怕"谣言"。当这个令人不安的消息传到公司律师塞缪尔·米姆斯那里时，他立即给埃尔斯沃思·莫舍律师打了一个紧急电话。莫舍律师是华盛顿特区一家专利律师事务所的合伙人，是个在专利律师协会举足轻重的长者。在米姆斯的敦促下，莫舍承诺在一周内向专利局提交一份完整的申请。

经过研究，莫舍、米姆斯和基尔比决定编写一份范围广泛的专利申请。这样，德州仪器就能抢占先机，借助法律的力量，把这个专利当作手中利器，以震慑任何试图制造、使用或销售类似装置的人或组织。

莫舍律师要求他的助手，在编写文件时力求清晰透彻、言简意赅，以最确切的语言来阐明基尔比发明的革命性和广泛性。他认为基尔比的发明适用于任何集成电路的构建，并强调说，"以这种方式制造的电路不受任何复杂性或配置的限制。"此外，为了使这把宝剑更加锋利，莫舍还向任何可能试图通过细微改动来规避这个专利的人作出明确警告，"这种改变和修改，被认为属于本发明的范围。"

然而在这刀光剑影的表象下,基尔比专利申请的作者其实面对一个棘手问题:自基尔比成功展示了他的集成电路原型以来,四五个月已经过去了,可是德州仪器在这方面的进展几乎为零。换言之,它的团队至今未能找到一种可行的方法来制作它。所以,没有人,包括基尔比在内,知道具有生产价值的集成电路会是一个什么模样。

一体化思想涉及两个全新的概念:集成和互连。基尔比成功地将所有电路组件集成到同一片硅芯片里,但他并没有彻底解决芯片内部元件的互连问题。为了在上司失去兴趣前尽早向他们展示自己的新想法,基尔比只是在匆忙中拼凑了一个临时装置。在这个装置里,芯片里的独立组件之间都靠手工用细小的金线连接,使得这个史无前例的集成电路看起来就像是一只蜘蛛侠编织的金蜘蛛网。

甚至在几十年后,当工程师看到这份专利申请书里的那张描写基尔比装置的示意图时,他们都会忍俊不禁,称它为"飞线图(Flying wire picture)"。真的,这张金蜘蛛网离那集成电路的理想境界,实在是相去甚远。基尔比当然也知道这张飞线图的缺陷。但是,时间紧迫,只要一想到仙童他就明白不能再犹豫不决了。因此,在最后关头,基尔比和米姆斯律师在申请中做了一个补充,"不仅可以使用金线来进行电器连接……也可以通过其他的方式来做连接。例如……可以将氧化硅蒸发到半导体电路晶片上……然后可以将金或其他材料铺放在氧化物上,以进行必要的电器连接。"

1959年2月6日,德州仪器的团队正式向专利局递交了一份包含五页文字和四页附图的申请。专利的发明人往往需要等待数年才能收到专利局的结果,基尔比也不例外。审查官先后提出了不少问题,而德州仪器也都尽可能详细地一一作答。

1961年4月26日,基尔比接到一个华盛顿律师打来的电话,通知他专利局已经颁发了集成电路的专利。可是,授予人并不是杰克·基尔比!

与德州仪器的同行一样,从德州仪器吹来的风言风语也促使仙童半导体的员工行动起来。1959年2月底或3月初的某个时刻,消息传到了硅谷。那消息说,德州仪器即将宣布一种全新的电路,这种电路将所有部件集成到单个硅芯片里,从而彻底去除了分立的电子元件。对每一家电子元件的生产商来说,这是一个令人不安的消息。忽然间,他们的基本产品都落入了将被淘汰的境地。

仙童管理层为此召开了紧急会议，专门来讨论这个新动向。令与会者吃惊的是，诺伊斯在会上向他们透露，其实他本人也已经形成了集成电路的基本思想。于是，大家又都松了一口气，将希望寄托在诺伊斯的发明上。

当然，首先需要申请专利。专利局向来将未裁决的申请视为机密，所以诺伊斯和他的专利律师约翰·罗尔斯看不到基尔比的专利申请。3月中旬，当德州仪器对外正式公开宣布它的新"固体电路"时，大家都明白这家达拉斯的公司肯定已经向专利局提交了申请。那么这就意味着，仙童半导体需要一个法律上的盾牌。他们的专利必须将诺伊斯的创造与基尔比的发明严格分隔开来，以确保仙童半导体能够进入集成电路市场而不必担心德州仪器向他们亮剑。

申请时，仙童并不知道诺伊斯有一个明显优势：那就是基尔比在真正解决芯片内部的互连问题之前就匆匆提交了专利申请，而诺伊斯的构想不但实现了电路元件的一体化集成，而且它也圆满解决了互连问题。只有诺伊斯的发明是一个完整的发明。

基尔比的灵感来源于集成。他在单个硅晶片中构建了整个电路里的所有元件。由此，他才进一步考虑电路元件的互连问题。诺伊斯却不同，霍尔尼发明的平面工艺首先启发了他对于互连的思考，然后再由互连而联想到了集成。由于仙童半导体已经在霍尔尼平面工艺上积累了不少经验，所以诺伊斯在他的专利申请中提供了有关芯片内置互连的精确描述和绘图。同时，诺伊斯和罗尔斯律师还将他们的申请定名为"半导体装置和连接结构"，进一步突出了诺伊斯发明的互连特征。

在申请中，诺伊斯列出了新发明的三个主要目的：首先是互连，"以改进器件的引线结构，用于与各个半导体区域进行电连接"；然后是集成，"单一电路结构"将"多个电路装置集成到单一的半导体主体中"；最后是精简制作，"先前的实践中，电连接……必须通过将导线直接固定在组件上……通过本发明，可以在同一时刻一起沉积引线，并以同样的方式制作组件本身。"

不仅如此，罗尔斯律师还在这份专利申请中加了三张集成电路的附图，来分别说明该发明在三种典型电路中的应用。而这些附图所描绘的结构与如今生产的集成电路的结构基本相同，非但没有电线，更没有飞线。

仲夏时分，一切就绪。1959年7月30日，仙童提交了它的专利申请。21个月后，这份申请获得批准：美国专利第2981877号。

因此，罗伯特·诺伊斯成了集成电路的发明者。

基尔比对诺伊斯

可想而知，诺伊斯获得集成电路专利的消息，在德州仪器引起了极大震动。不过，德州仪器的律师也都不是等闲之辈，而莫舍律师更是这方面的高手。他们都知道每一份专利申请通过专利局的进程各不相同，所以同一个发明的第二份申请后来居上、首先获得专利的例子并不鲜见。为此，政府制定了一个被称为"干涉程序（Interference proceeding）"的特殊机制，专门用来处理这方面的申诉。干涉程序作判断的基本原则是优先者先，只要发明人能证明他的想法在先，那么他就有权获得这个专利。

莫舍为此提交了必要的文件。1962年5月，诺伊斯和基尔比各自收到一个商务部文件的副本，其中提到专利干涉委员会已经正式将"基尔比对诺伊斯"列为第92842号干涉。委员会还附上一份表格，要求他们各自列出产生想法的最早日期和证据。由于基尔比和诺伊斯都妥善保存了实验室日志，他们都有自己的准确答案：基尔比是在1958年7月，而诺伊斯则是在1959年1月。

正在双方分别与干涉委员会交换文件材料时，专利局也批准了基尔比对集成电路的申请。因此，在1964年6月，杰克·基尔比也获得了集成电路的专利，第3138743号。

1964年7月28日，发明双方和他们的律师聚集在莫舍的华盛顿办公室里，听取和检查有关此案的第一批证据。会议非常简短，基尔比首先在会上介绍说，他在1958年7月得到了这个想法。接着，莫舍的一位同事也讲述了他在1959年2月提交基尔比专利申请的过程。最后，双方做了简短的交叉问答。

不巧的是，就在这当口，深受仙童信赖的专利律师约翰·罗尔斯不幸去世。接替他的是罗杰·博诺沃伊[1]。博诺沃伊律师是罗尔斯公司的一名初级成员，他在前一阶段的工作中引起诺伊斯的注意并赢得信任。现在，斗争双方真是力量悬殊，一边是初出茅庐的博诺沃伊，而另一边却是大名鼎鼎的莫舍，而且有利因素似乎都在莫舍这一边。

三个月后，双方又在帕洛阿尔托的一个实验室里聚集，听取仙童半导体的回应。其实，对于优先发明这个基本问题，仙童的人实在没有什么可多说的。大家都知道基尔比的想法早。因此，博诺沃伊律师转而进攻基尔比的飞线图。

---

[1] 罗杰·博诺沃伊（Roger S. Borovoy, 1935— ），律师，曾在仙童摄影器材公司和英特尔公司担任顾问，使他处于美国半导体革命的核心地位。

因为业界在1964年已经确定了集成电路的外观，它没有任何外接线，所以一点儿也不像基尔比的那个飞线装置。

当诉讼当事人聚集在帕洛阿尔托听取仙童半导体的证词时，博诺沃伊请来了一位斯坦福大学的电气工程教授。这位教授作为专家证人指出，没有人能够按照基尔比专利申请中的叙述来构建集成电路。而且，申请书插图里的那些凭借手工的接线显然都是错误的。另外，申请中有关在氧化物上铺放金的方法也存在缺陷。你可以在氧化物表面铺金，但"它粘不住"。

在博诺沃伊的细心策划下，这位斯坦福专家又将基尔比专利中的语言"铺放"与诺伊斯的措辞"附着"作了对比。专家说，"铺放"在技术上没有明确的定义。相比之下，"附着"是一个精确的技术术语。

一个月后，当发明家和律师再次聚集在达拉斯的一个实验室里听取德州仪器的反驳时，莫舍律师也请来了一个专家。这位来自基尔比的母校伊利诺伊大学的工程师表示，他完全不同意那位斯坦福大学教授的意见。他说，金能粘在氧化层上，所以"铺放"和"附着"之间不存在本质上的区别。

于是，你来我往，专家证词又花了六个月，直到1967年2月24日，干涉委员会终于作出决定。它说，在审查了专家们对"铺放"和"附着"的分歧后，委员会观察到"我们对那个证词并不特别印象深刻"。接着它说，基尔比的专利申请虽然并不完美，但显然已经满足了专利的条件。所以，剩下的问题是哪个发明家的想法在先："由于诺伊斯没有能通过证词来确定之前的任何日期……基尔比必须占先。"

因此，杰克·基尔比在提交专利申请八年后终于被裁定为集成电路的发明人。德州仪器也终于可以在电子行业里亮剑了。

可是这还没完。因为任何美国人只要不同意联邦机构的决定，就有权上诉。于是，仙童半导体行使了这项权利。1968年秋，莫舍和博诺沃伊一起出现在上诉法院，再次就集成电路的专利问题进行辩论。

一年后，上诉法院在1969年11月6日发表了它的意见。这次，法院的决定将焦点完全集中在"铺放"和"附着"的差异上。它的判决说，"基尔比未能证明'铺放'这个词……已经在电子或半导体艺术中获得了'附着'所必须遵守的含义。"接着，上诉法院又说，干涉委员会忽略关键短语之间的差异的做法"显然是错误的"。因此，上诉法院推翻了干涉委员会的意见。罗伯特·诺伊斯重新被官方认定为集成电路的发明人。

这样，就轮到莫舍上诉了。于是，在上诉法院发表意见后六个月，莫舍律师向美国最高法院提交了一份简报,要求大法官审查上诉法院的这个意见。六个月后,最高法院对他的要求作了个简短答复:"拒绝。"

就这样,在杰克·基尔比提出专利申请的十年零十个月后,罗伯特·诺伊斯最终赢得了集成电路的专利。

共享殊荣

然而在这过去的十年里,当这两家公司的律师为了抢夺专利而忙得不亦乐乎时,集成电路早已在一波又一波浪潮的推动下,成为信息时代的一块重要基石。因此,在最高法院作出最后裁决时,半导体芯片生产已经是一个价值数十亿美元的庞大产业。

机不可失,时不再来。所以早在1966年夏,在干涉委员会发布它的意见之前,德州仪器、仙童半导体以及十几家其他电子公司的高管就曾聚集在一起举行过一次峰会,并就集成电路的制造和生产达成一份协议。该协议指出,德州仪器和仙童半导体决定相互承认对方对这个历史性发明的权利,并相互授予对方生产集成电路的许可。至于其他那些想要进入这个市场的公司,它们都必须从德州仪器和仙童半导体那里分别获得许可,并且向这两家公司缴纳芯片生产所得利润的2%至4%来作为特许权使用费。

其实,除了各级法院的裁决之外,另外还有一个更重要的法庭需要做出裁决,那就是社会人士的意见。有时民意也许比最高法院的任何判决更加重要。那么在社会法庭上,集成电路的功劳究竟应该归谁呢?究竟哪一位应该作为它的创造人而载入史册,从而青史留名呢?

古往今来,有关名和利的讨论从来不易,搞不好就变成了无休无止的争论,而且往往还会因此而引起丑陋不堪的行为。然而这一次,由于这两位天才的良善内心,这种事并没有发生。几乎从一开始,这两位工程师就都非常慷慨地认同对方的工作和成就。因此,科学界和工程界也都认为,基尔比和诺伊斯应该共同分享对一体化思想的赞誉。

所以,仙童半导体在法庭上大获全胜的那一天,几乎没有人注意到这则消息。这个耗费十年,又花费了超过100万美元费用的法律劳动,结果只获得了一个几乎是无关紧要的结论。贸易期刊《电子新闻》在一篇以《专利上诉法院就集成电路对诺伊斯做出裁决》为标题的报道中写道,"集成电路专利的逆转不会导致太大变化。"

后来，基尔比和诺伊斯都因为克服数字束缚而获得了国家科学奖，并且也都以集成电路发明者的身份被列入国家发明家名人堂。在工程教科书中，基尔比因为将组件集成一体而受到赞誉，而诺伊斯则因为发明了一种连接这些组件的实用方法而受到称赞。

诺伊斯在1990年不幸去世后，杰克·基尔比还获得了1993年京都奖，以及2000年的诺贝尔物理学奖。在这两个场合上，基尔比都明确指出"仙童的鲍勃·诺伊斯提出了类似想法，以及制作它的实用方法"。

1980年代末的一天，传记作家托马斯·罗伊·里德问基尔比和诺伊斯，为什么他们的发明没有为他们赢得诺贝尔奖。听后，他们二人都表示一体化的想法不属于获得诺贝尔奖的范畴。

"本质上，我们所研究的仅属于工程开发，"诺伊斯回答道，"只要看一下以往的诺贝尔奖，你就会发现它注重的是科学上的重大发现。"

里德不肯让步，就把话挑明。他说，也许是如此。但是，晶体管在发明仅仅九年后就赢得了诺贝尔奖，而集成电路的发明已逾30年——斯德哥尔摩却只字不提。

"但那是不同的，"诺伊斯用老师般的语气耐心地说，"1956年的奖项不是因为那个装置的发明，而是因为晶体管效应的物理学。"

阿尔弗雷德·诺贝尔明确表示，他的奖项旨在授予"那些……为人类带来最大利益的人"。20世纪下半叶，没有任何一个科学发明为人类社会作出了比集成电路更大的贡献，但它的发明者却与诺贝尔奖无缘。在那三十多年的时间里，诺贝尔委员会忽视了集成电路的伟大意义，从而将罗伯特·诺伊斯拒之门外。

2000年10月10日，基尔比作为诺贝尔物理学奖的最新得主，应邀参加了一个新闻发布会。基尔比在演讲时，首先向罗伯特·诺伊斯表示致敬，并说："我很抱歉他已离去。如果他还活着，我想我们会分享这个奖项。"

第六章
从仙童到英特尔

1965年,《电子》杂志邀请仙童半导体研发主任戈登·摩尔,为该杂志35周年纪念刊撰稿,并请他为半导体行业的未来十年做预测。于是,摩尔写了一篇题为《把更多元件塞进集成电路》的简短文章。他在文章里推测,集成电路中的元件数量大约每年翻一番。到1975年,每平方英寸半导体内可能包含多达65000只电子部件。

十年后,摩尔在一个国际电子器件会议上,对他的预测率做了修改。他预测,一直到1980年前后,半导体的复杂性仍将每年翻一番。之后,它将下降到大约每两年翻一番。接着,英特尔高管大卫·豪斯又进一步解释道,摩尔修正的元件数量每两年翻一番的定律,意味着计算机芯片的性能大约每18个月翻一番。

摩尔对半导体发展趋势的这个推论,一直被英特尔乃至电子业用来指导未来的发展战略,并被加州理工教授卡弗·米德[1]定名为"摩尔定律"。

摩尔定律给电子行业的宏观和微观发展趋势作了量化预言。既然决策人知道微处理器的功能每一年半可以翻一番,那么他们就可以比较合理地预测什么时候能够将微处理器装入汽车、袖珍计算器乃至数字手表。因此,数字电子技术迈出的每一步,例如微处理器价格的降低,内存容量的增加,传感器的改进,

---

[1] 卡弗·米德(Carver Andress Mead, 1934—),美国国家工程院院士,美国国家科学院院士,科学家、工程师,担任加州理工学院工程和应用科学戈登和贝蒂·摩尔名誉教授。

甚至连数码相机中像素的数量,都与这个定律息息相关。不要焦躁过急,更不要拖拉滞后。在摩尔定律的指导下,日新月异的电子产品引领了数据时代的技术发展和潮流,极大提高了生产力和经济增长,从而成为新时代的开路先锋。

仙童半导体的兴衰

话说 1956 年 11 月 1 日,上午 9 点,新桂冠得主肖克利博士兴冲冲地带着他的新团队来到帕洛阿尔托的一家餐馆,用香槟早餐来庆祝他的诺贝尔物理学奖。回想起来,这不仅是肖克利人生的顶点,也是肖克利实验室的巅峰。那天,肖克利团队的每一个员工都兴奋异常,他们都曾憧憬与这位世界级大师共事,而此时他们正在和这位伟人一起举杯同贺。

可惜好景不长。对那一刻时光的美好记忆很快就被与肖克利共事的毒辣光线侵蚀耗尽。更不妙的是,不久后,他的一些员工就已聚在一起另谋出路。杰伊·拉斯特回忆道:"一天晚上,我们在维克多·格里尼奇家会面,讨论我们下一步的行动。我们坐在那个饰有深色镶板的房间里,心情都异常沉重。虽然我们都能轻而易举地找到新工作,但是我们喜欢在一起。那天晚上,我们决定去找一个可以让我们作为一个团体在一起工作的方式。于是我们又自问,'怎样才能让一家公司雇用一个八人团队呢?'"

尤金·克莱纳接受了这个任务。1957 年 3 月,克莱纳向肖克利申请,允许他去洛杉矶参加一个展览会。不过实际上,他却飞到了纽约去同他父母会面,请他们帮助寻找投资人。经过指点后,他又给他父亲在华尔街海登·斯通有限公司的一位朋友写了一封信。他在信中表示:"我们相信,我们能在三个月内帮助一家公司进入半导体行业。"

克莱纳的信最终转到了阿瑟·洛克[1]的办公桌上。洛克毕业于哈佛大学商学院,是一位 30 岁刚出头、擅长风险投资的年轻分析师。读罢信,洛克就对他的上司巴德·科伊尔提议,值得为此去西部调查一番。

当洛克和科伊尔在旧金山的克利夫特酒店与那些人见面时,他们发现这些人中缺少一位领袖。原来,诺伊斯仍对肖克利抱有希望,并未参加第一次会

---

1 阿瑟·洛克(Arthur Rock, 1926—),美国企业家、投资者。他是英特尔、苹果、科学数据系统和泰莱达等大型公司的早期投资者。

面。幸好，摩尔很快就说服了诺伊斯，同意去与潜在的投资人见面。洛克回忆："我一见到诺伊斯就被他的魅力吸引，我看出他是他们的领袖。他们对他言听计从。"

经过商讨，这八人达成一个协议，决定一起离开肖克利实验室，并一起去创建一家新公司。于是，科伊尔顺手拿出一张崭新的一美元纸钞，让他们在上面一一签字，以此来作为一份象征性的合同。在纸币上签名的人分别是：罗伯特·诺伊斯，戈登·摩尔，让·霍尔尼，杰伊·拉斯特，维克多·格里尼奇，尤金·克莱纳，谢尔顿·罗伯茨，朱利叶斯·布兰克。后来，他们在科技界常被称为"八叛将"。

那时候，投资人还没有为初创公司提供种子资金这种概念，所以很难为创办一家完全独立的公司集资。于是，那八人就开始寻找一个愿意为他们建立半自治部门的企业赞助商，就像贝克曼先生对肖克利所做的那样。于是在接下来的几天里，他们仔细研究了《华尔街日报》，并准备了一份共有35家大公司的名单。

回到纽约后，洛克就按这个名单上的顺序打电话一一询问。可是，没有一家公司对此感兴趣。"他们都觉得自己的员工不会同意，因此就都不愿意承担一个单独部门，"洛克回忆道，"我们在同他们周旋了数月之后正要放弃时，有人建议我去见谢尔曼·费尔柴尔德[1]。"

费尔柴尔德是仙童摄影器材公司的创办人，也是 IBM 的最大单一股东。他的父亲乔治·温思罗普·费尔柴尔德[2]是一位曾经连任六届国会议员的政治家，也是 IBM 的创始人之一、最大单一股东和首任董事长。

费尔柴尔德很早就表现出了过人的发明天赋，在哈佛读大一时，他发明了第一台同步摄影机和闪光灯。后来，他又先后研发了航空摄影、雷达照相机、飞机场和网球场照明、录音机、平版印刷机、彩色雕刻机和抗风火柴。不仅如此，他还是一个传奇式的冒险家。在那八位志趣相投的年轻人身上，费尔柴尔德或许看到了自己的影子，就很爽快地决定支持他们。

费尔柴尔德在初次见面时，也是一眼就看出了诺伊斯的潜力。他后来说，正是诺伊斯在陈述晶体管愿景时所表达出来的激情和远见最终说服了他。当时

---

[1] 谢尔曼·费尔柴尔德（Sherman Mills Fairchild，1896—1971），美国企业家和投资者，创立了70多家公司，包括仙童航空、仙童工业以及仙童摄影器材公司。

[2] 乔治·温思罗普·费尔柴尔德（George Winthrop Fairchild，1854—1924），纽约六任共和党众议员，1915—1924年担任 IBM 的前身计数制表记录公司的董事长。

诺伊斯对谢尔曼说，他们准备用硅来作为晶体管的基础材料。因此，新公司将开发和利用地球上第二丰富元素——硅。由于硅其实就是砂子，晶体管的材料成本将会微不足道，未来的竞争焦点必然会集中在研究和制造上。此外，价廉而又功能强大的晶体管将会使消费产品和电器变得如此便宜，以至于将它们扔掉并升级到更新的型号比修理它们更划算。

诺伊斯的这番议论，为未来半个世纪的电子革命指明了方向。难怪费尔柴尔德听后，二话不说就慷慨地向新公司投资了150万美元，并承诺让八人团队以及投资公司海登·斯通拥有这家新公司。但是，他保留在五年内从他们手中买回公司的权利。

"当时我们并未意识到我们会留下的是这样一份遗产……谢天谢地肖克利是如此偏执，否则的话，我们也许仍然会待在那里。"杰伊·拉斯特说。

吉人自有天相，诺伊斯等八人选择的时间也正好。由于哈格蒂在德州仪器推出了袖珍收音机，市场对晶体管的需求正在日益增长且将不断飙升。而且，苏联在1957年10月4日发射了第一颗人造卫星后，与美国的太空竞赛就此拉开了序幕。当美国的民用太空计划和军用弹道导弹计划都需要将计算机装进火箭的鼻锥里时，来自航空航天的挑战就成了电子行业的巨大商机。

1957年10月1日，仙童半导体成立，隶属于仙童摄影器材公司。这种关系与肖克利实验室和贝克曼工业公司之间的关系极其相似。诺伊斯明白：仙童半导体若要生存，就必须尽快生产出第一批晶体管并将它投放市场。同样，新公司若想盈利，就必须找到一种革命性的低成本方法来制造这些晶体管。否则的话，仙童就逃脱不了被大晶体管公司无情碾压的悲惨命运。

在诺伊斯的领导下，仙童仅用三个月就研制出了硅晶体管的样品，并用它向IBM叩门，把它用在一个IBM与军方签订的新型轰炸机航电设备的项目里。仙童后来的人事总管杰克·耶尔弗顿告诉公共广播电视公司，"鲍勃能吸引所有人。他笑容可掬，机敏过人。当他走进房间时，人们会侧耳倾听。"此外，诺伊斯也有一种传奇般的自信，使仙童和后来的英特尔看上去比实际规模大得多，从而为公司争取到了宝贵的时间和机会。

幸运的是，IBM接受了仙童半导体的建议，向它订购了100只硅晶体管。由于硅晶体管比传统的锗晶体管更能承受高温和高压，它更适合于未来的新型轰炸机。因此，它的单价被定为150美元，是锗晶体管的30倍。

胜负在此一举。倘若这事能成，仙童半导体就能凭借自己的新技术以及IBM的光环而一鸣惊人，这样，仙童也就有了立足之地。不过，反之，后果就将不堪设想了。

这时诺伊斯展示了他的领导才能。他果断地将仙童技术团队一分为二，由摩尔和霍尔尼分别挂帅担纲，让他们用不同的方法研制硅晶体管。五个月后，仙童提前交付了这个新装置。由于公司刚起步，一切因陋就简，拉斯特就去一家商店购买了现成的垫盒来放置仙童的首批产品。

IBM对仙童的硅晶体管极其满意。于是，仙童也就因此而旗开得胜，为自己争取到了参加其他大合同的竞标机会。不久后，它力压群雄，包括德州仪器在内，在激烈竞争中赢得了一份联邦政府的大合同，向美军的民兵核弹道导弹的制导系统提供晶体管。

然而，正当仙童踌躇满志，怀着发财致富的大梦，立志在军方和国家航空航天局（NASA）的竞标中不断争强斗胜时，它跌了一大跤。按照惯例，仙童把它的样品交给政府，由专门检查员测试它们在温度、压力和重力下的性能是否符合军用标准。结果在测试中，政府的工作人员发现有些仙童的晶体管只要用铅笔的橡皮头轻轻一敲就会失效。拉斯特回忆道："突然间，我们没有可靠的产品。我们发现，当我们把它们密封起来时，有时壳子里的微小金属片会松动，使装置短路。我们真的非常害怕。公司可能就此完结。我们必须解决这个问题。"

诺伊斯像往常那样沉着冷静。他又让摩尔和霍尔尼分别带队，相互竞争，以寻找出不但水平高而且质量稳定的新工艺。结果，霍尔尼的团队在竞争中发明了平面工艺，使晶体管制造技术实现了一次突破性飞跃。

霍尔尼的平面工艺源于一种用于印刷广告和海报的光刻技术。晶体管设计师在使用这种方法时，首先用手工绘制晶体管。此时，设计的尺寸可以非常大，甚至有一面墙那么大。然后，他们再用摄影的方法将完整的设计缩小在一张透明胶片上。接着就像印照片那样，在硅晶圆上涂一层光敏化学物质，再通过胶片让它曝光。当强光穿过透明胶片照射到晶圆的表面时，透明胶片上的暗区和线条在晶圆上的相应区域就不会曝光。这样就可以用酸来蚀刻未曝光的区域，以便在这些区域里按需要而或添加半导体杂质，或附着金属导线。

霍尔尼融会贯通，在印刷和电子这两个截然不同的领域之间成功地架起一座桥梁，并在那电子彼岸将电子世界降为二维，使它变得平坦。有了平面工艺，半导体设计师不仅可以用它来制造越来越精细的电子元件，而且可以将许许多多的晶体管设计在同一片晶圆上。就像整版邮票的设计和印刷那样，只要先在每张透明胶片上重复累加所绘制的晶体管，人们就可以像印刷整版邮票那样，随心所欲地让晶体管准确无误地倍增。此外，霍尔尼的平面工艺还可以在芯片表面像在蛋糕上裱奶油那样铺放一层氧化硅，以防晶片内部受到污染，从而极大地提高了晶体管的可靠性。

结果，霍尔尼的新工艺不仅解决了民兵导弹项目的可靠性问题，而且立即淘汰了制作晶体管的其他方法。忽然间，其他半导体公司为了生存都不得不调整心态，寻求与仙童的合作，以获得它的专利许可。因此，仙童半导体凭借平面工艺，一举成为晶体管制造业的领袖。

1961年5月，约翰·肯尼迪总统宣布："我相信，在这十年结束前，本国应该致力于实现让人类登上月球并安全返回地球的目标。"结果，仙童半导体凭借它的平面工艺和集成电路赢得了向阿波罗登月计划供应微芯片的合同，并及时完成了任务。

又是政府和企业，又是航天和军工，又是专利许可费，仙童半导体找到了发掘宝藏的秘诀，它的利润就源源不断地流向东部，存入仙童母公司的金库。如果费尔柴尔德对他的投资曾经有过任何疑虑的话，那么现在这些疑虑就都烟消云散了。于是他就行使了买断权，将仙童半导体收归己有。

1965年春，诺伊斯在一次重要的行业会议上宣布，把仙童集成电路的价格降为一美元。与会听众听后都倒吸一口凉气，面面相觑。要知道，这个价格不仅远低于当时芯片的行业标准价，而且也低于仙童自己的生产成本。然而，诺伊斯对半导体的发展趋势充满信心，他想，为什么不能根据摩尔的预测用一两年后的价格来定价，以便在对手做出反应之前就占领市场呢？

诺伊斯的传记作者莱斯利·伯林写道："在大幅降价后不到一年，市场大幅扩张，以至于仙童收到的一份订单就相当于整个行业前一年电路产量的百分之二十。一年后，计算机制造商巴勒斯公司一次就向仙童订购了2000万只集成电路。"

水涨船高。急剧增长的半导体订单对仙童母公司的市场价值产生了巨大影响。伯林又写道："在1965年的头十个月，仙童摄影器材公司的股价急剧上升了447%，从27点飙升至144点，仅10月份就上涨了50点。这是当时在纽约证券交易所上市的所有股票中涨幅最大的。它的销售额和利润也都再创历史新高。"当IBM也决定向仙童争取平面工艺的授权时，仙童的股价就冲得更高了。

1959年，费尔柴尔德行使了他的买断权，诺伊斯和另七位联合创始人不得已，只好将自己的股票以每人25万美元的价格卖给了母公司。这样一来，他们就从仙童半导体的创始人变成了它的普通员工。另外，总公司的管理层也拒绝了诺伊斯的请求，没有授予他向有价值的工程师发放股票期权的权利。如此，总公司就播下了不和的种子。

仙童母公司以当时东海岸的经营方式来对待仙童半导体的成功：它一面将仙童半导体的绝大部分利润占为己用，一面也给了仙童半导体的高管更好听的职位和更高的薪水。在新泽西，没有人想到这对西海岸的那些崇尚平均主义的员工来说是多么不能令人接受。他们推崇惠普公司，都热衷于"有福同享，有难同当"的理念。另外，那里的不少精英之所以选择在加州发展，就是为了摆脱传统僵化的经营方式。更何况，新科技公司与传统的企业不同，需要将其大部分利润重新投放到对新产品的开发上，以便在瞬息万变的激烈竞争中不断推陈出新，克敌制胜。

仙童半导体的人才开始流失。离开前，那些人都想：从前的同事肯定不比自己聪明，他们并没有什么特别了不起的过人之处，可是他们都发财了。于是，那些人就不禁自问：为什么还要像个傻瓜一样继续待在这里呢？

一名员工更是在离去前，用大字一字一页地写道：我——要——发——财。

危机首先出现在制造部门。当时，半导体市场蒸蒸日上，订单从四面八方源源不断地涌来。然而，仙童的科技人才却在这个关键时刻不断流失。人员不足，生产跟不上，延期交货的订单就越积越多。因此，就在机会的风吹来，仙童理应乘势而大有作为时，它的交付率却在不断下滑，它的收益率也随之大幅收缩。结果到1966年底，仙童只能按期交付三分之一的订单。

母公司只把仙童半导体当作自己的摇钱树，它没有认识到人才对新兴企业的重要性，它也没有认识到研发资金直接关乎公司兴亡。在一片大好形势下，在如此多新订单的冲击下，仙童半导体却步履维艰，动摇起来。在过去8年里，它曾经呼风唤雨、发展神速，从最初的八人发展到12000人，年销售额更是高达1.3亿美元。如今它却因为分配不当而众叛亲离，还未尽享丰收的喜悦就被严冬追了上来。

天地万物，唯人为贵，科技产业更是如此。半导体产业的繁荣对人才产生了一个巨大的引力场，到1960年代中期，美国国内的电子工程师、固体物理学家和计算机科学家已经供不应求。因此，芯片公司无论大小都别无选择，想方设法挖掘人才甚至抢夺人才。仙童半导体曾经得天独厚，群英荟萃，这时自然就成了猎头和招聘人员的终极目标。

起先，问题并不明显。然而，随着时间的流逝，越来越多人感到厌倦，纷纷离去。其中，最可惜的是在 1961 年，让·霍尔尼、杰伊·拉斯特和谢尔顿·罗伯茨一起告别仙童，自己成立了一家由阿瑟·洛克资助的初创公司——阿美科，后来又改名为特力得公司。如此，仙童半导体就变成了电子行业的一棵枝叶繁茂而又长满了毛茸茸果实的美国梧桐树：每日每夜，只要一有风吹草动，仙童的种子都会随风飘扬，落在附近的某个地方，再发芽而长成新树苗。

当诺伊斯的得力助手查尔斯·斯波克[1]告诉他，准备去国家半导体担任总裁兼首席执行官时，诺伊斯并没有挽留他。诺伊斯后来回忆道："我想，他离开时我黯然神伤，不禁落泪。坦率而言，我觉得事情正在分崩离析，我感受到了一个巨大的个人损失。要知道，本来一直在和自己喜欢的人一起愉快工作，结果却要和他们分手，这种打击对我来说几乎是毁灭性的。"

斯波克的离去终于引起了仙童摄影器材公司的重视，它也着急起来，想要止血。可惜它还是离不开自己的老一套：将诺伊斯召到新泽西，在那里参加没完没了的各种会议。从广告费用到组织结构图，他们事无巨细、不厌其烦地仔细分析和研究每个部门的每一个细节。诺伊斯百无聊赖，就在笔记本上涂抹起来，"设法从东海岸脱身！"

这时，无需高超的洞察力就能察觉仙童半导体已经走上了不归路。1968 年夏的一天，诺伊斯回到山景城后悄悄把摩尔拉到一旁。摩尔回忆道，"鲍勃来找我，他说，'开一家新公司怎么样？'然而，我的第一反应却是，'不，我喜欢这里。'"

仙童总公司也进一步认识到了问题的严重性，就同意为大约 100 名仙童员工设立一个 30 万股股票期权的计划。可惜，为时已晚，而且数量也太少了。其他芯片公司对从仙童跳槽过去的新员工，仅红利这一项动不动就是数千股。因此，仙童的每一扇门都在流失人才。每到周五，员工们就会情不自禁地互相询问，这个星期又走了哪些人？

一个月后，诺伊斯又一次走进摩尔的实验室，向他提出相同问题。此前，诺伊斯也已与阿瑟·洛克交换过意见。当诺伊斯告诉洛克自己准备离开仙童时，老朋友洛克半开玩笑地问道："怎么耽搁了这么久呢？"接着，他又表示说："是时候了！"只要诺伊斯能说服摩尔，而且他俩都愿意拿出一些自己的钱来表明决心的话，洛克就会帮助他们筹集资金。

---

[1] 查尔斯·斯波克（Charles E. Sporck, 1927—2024），美国工程师和高管，1967—1991 年间担任国家半导体公司首席执行官兼总裁。

这一次，摩尔同意了。"他总有办法让你想跟他一起去冒险，"多年后，摩尔笑着说，"所以最后我说，'好吧，我们走吧。'"

于是，仙童半导体这家传奇般的科技公司就这样不幸地走向终点。然而，从它那儿撒出去的一百多家公司的种子，却秉承着仙童的创业热情和竞争精神，将圣克拉拉谷打造成了一个数字时代的大熔炉，蒸蒸日上，恒久昌兴。

1971年《电子新闻》的专栏作家唐·霍夫勒，撰写了一系列题为"美国硅谷"的专栏文章。结果，"硅谷"这个名称就被传播开来，沿用至今。

多年后，一位硅谷记者在谈到仙童半导体时写道：硅谷那家最著名的公司仿佛从未真正存在过。相反，它像是一个幻觉，像是一场魔幻的灯笼表演。在那盏盏魔灯的神秘照耀下，那家已消失了15年的小公司又显现出来，并在如今的现实中投射出一个扭曲而又巨大的幻影。当谈到这家神话般的公司时，人们有时会想象它仍然活着，仍旧拥有那超凡脱俗的智慧、无与伦比的产品以及令人难以置信的销售额。而且，它仿佛魔幻般的忽然集硅谷所有半导体公司于一身，翩然成为一家举世最大、最具创意又最令人兴奋的半导体公司。

诺伊斯和摩尔创办英特尔

在帮助诺伊斯等八人组建仙童半导体公司后，阿瑟·洛克一直在实践中培育和推动一个在数字时代堪比微芯片的新事物——新型风险投资。

二战结束前，风险投资基本上是一个巨富及其家族的专属领地。比如，J.P.摩根、瓦伦堡家族、范德比尔特家族、惠特尼家族和洛克菲勒家族等都是这类投资家或家族的著名代表。又比如在1938年，劳伦斯·洛克菲勒出资创建了东方航空公司和道格拉斯飞机公司，而且洛克菲勒家族还拥有多家公司的大批股份。而"真正的"风险资本投资公司是在1945年之后才开始出现。它们集资的来源更为宽广，并且将其投向被认为具有高增长潜力，或已证明具有高增长能力的初创、早期或新兴产业。

洛克把这个新理念带到了西部，在硅谷开创了硅时代的风险投资。当洛克将诺伊斯等八人与仙童摄影结合在一起时，他和他的投资公司也在这笔交易中获得了股份。从仙童半导体的经验中洛克发现，初创资金并非必须来源于一个富豪或一家大公司，其实从多方面自筹的资金也能完成类似的交易。同时，他也发现，"钱在东海岸，但令人兴奋的公司在加利福尼亚，所以我决定搬去西部，因为我知道我可以将这二者联系起来。"

阿瑟·洛克在纽约州罗切斯特长大，是一个俄罗斯犹太移民的儿子。他曾在父亲的糖果店里做过冷饮售货员，并由此而培养出了一种判断人的良好直觉。他的经典投资格言之一是：押宝于人而不是创思。因此，在判断投资对象时，洛克除了审查商业计划外，还要同寻求资金的人作深入的个人访谈。"我非常相信人，我认为与人交谈，比过分了解他们想做什么更重要。"

1968年，当诺伊斯打电话向洛克寻求退出仙童半导体的策略时，诺伊斯问道："如果我想开一家公司，你能帮我筹到钱吗？"其实，对笃信将宝押在最好骑士身上的洛克来说，钱并不是问题所在。有什么会比一家将由诺伊斯和摩尔来领导的企业更符合他的投资理念的呢？因此，他几乎没有问诺伊斯想要做什么，就一口应允。

"鲍勃刚打电话给我，"洛克回忆往事，"我们是很久的朋友了……文件？几乎什么都没有。诺伊斯的名声已经足够了。我们准备了一份一页半的小传单，但在人们看到它之前我就筹足了资金。如果今天你尝试这样做，它可能是一叠两英寸厚的文件。律师不会允许你在不告诉别人风险是什么的情况下筹集资金。"

洛克又说，"这是我做过的唯一的一个能百分之百确信成功的投资。"

1957年，当洛克为那八叛将寻找去处时，他曾拿出一张便笺簿纸，请诺伊斯等拟就了一份带编号的大公司名单，然后他按次序一一去电，再在名单上划去相应的名字。十一年后，他又拿出一张纸来，自己准备了一份潜在投资人的名单。同时，他又按每股5美元的价格，逐个算出每人在第一轮50万股股票中的份额。结果，他这次融资只划掉了一个名字。而且，由于大多数人都想占更大份额，洛克还不得不用另一张纸来记录被修改的配额。

不到两天，投资者就全额认购了这个价值250万美元的英特尔私募。其实对于这次集资，洛克的目标不仅仅是为了帮助诺伊斯和摩尔筹集资金。根据诺摩二人的业绩记录以及他自己的人脉，这将是易如反掌，因此他同时也希望找到一些能对新业务提供各方面有用专业知识的投资者。

洛克的这个名单里也包括了诺伊斯的母校格林内尔学院。饮水思源，诺伊斯专门给自己的母校留了一个投资机会。巧的是，学院董事会成员之一是"奥马哈先知"——沃伦·巴菲特。虽然这次投资似乎违反了巴菲特著名的投资原则，但正如他在2002年对传记作家莱斯利·伯林所说的那样，"我们赌的是骑士，不是骏马。"

英特尔在短短两天内就完成了数百万美元初始集资的消息震动了电子世界。同时，它也让华尔街认识到，新一代高科技公司即将以一种全然不同的姿态崭露头角。

桑德斯创立超威半导体

诺摩二人创立英特尔后不久，仙童总部为仙童半导体找到了诺伊斯的替代人——莱斯特·霍根[1]。霍根曾任摩托罗拉的副总裁和总经理，是个令人畏惧又深受尊敬的人。此外，霍根还带来了自己的硬汉团队，一个被后人称作"霍根英雄"的团队。

新官上任三把火，霍根快人快事，首先向仙童半导体的管理层发威。结果，管理上层几乎被一锅端，仅有销售和营销总监杰瑞·桑德斯[2]一人幸免。

华丽、聪明、口快、英俊，桑德斯完全兑现了人们对1970年代加州高科技商人的那种刻板形象。但在那裁剪得体的意大利西装和蓬松完美的发型背后，这个营销主管其实并不像他表面所表现的那样。

桑德斯出生在芝加哥那个险恶的南区，他的父亲是一个放荡不羁的交通信号灯修理工。童年时，桑德斯跟随他的母亲在一连串肮脏的廉价公寓里搬来搬去，而他的父亲则时不时酗酒闹事，神魂颠倒。后来，桑德斯由祖父母抚养成人。像许多穷苦孩子一样，桑德斯曾梦想利用自己的出众容貌去影视界闯荡。

但在伊利诺伊大学就读的第一个学期里，他的美梦彻底破灭。一天，在一场美式足球赛后，一伙寻事的地痞袭击了他，打断了他的下巴、头骨和肋骨，并用开罐器在他的脸上刻划。最后，冷酷毒辣的歹徒又无情地把他扔进一只垃圾桶，任由他血流不止，奄奄一息。那群歹徒离去后，幸亏有一个朋友及时伸出援手，把他抱进汽车后备厢，送去一家医院的急诊室。

康复并整容后，桑德斯的那个备受女孩子痴迷追崇的帅哥明星梦碎，只好将他有限的电气工程背景用于实践。可是，不久后他又发现，如果想要一辆公司的汽车、一份丰厚的薪水和一张空白的报销单，他做错了行当。在日新月异的电子业，销售员的待遇远比工程师的优厚。

---

1 莱斯特·霍根（Clarence Lester Hogan，1920—2008），美国物理学家，微波和半导体技术的先驱。
2 杰瑞·桑德斯（Walter Jeremiah Sanders III，1936— ），美国企业家、工程师，超威半导体联合创始人兼长期首席执行官。

于是，桑德斯毅然改行，并从此顺风顺水，不断高升。在仙童的洛杉矶办事处，他把事业办得风生水起，而他自己也名利双收。在那群星璀璨的好莱坞山上，他有一栋豪宅、一个迷人的妻子、一辆黑色凯迪拉克，以及对唐培里侬香槟的一种特殊嗜好。就好像是歪打正着，桑德斯如今更像是一个电影大亨，而不是一个电子产品的行家里手。

当然，在这浮华和炫耀的表象后面，是一个坚定而又勤奋的人。桑德斯一直深受诺伊斯的青睐和信赖，然而，他未能受到思想更趋保守的摩尔的待见。像许多工程师那样，摩尔蔑视推销员，将他们视为必要之恶。摩尔知道那句老话"做一个更好的捕鼠器，世界就会为你开辟一条道路"并不一定正确，但是，他却希望如此。所以，这也许就是为什么桑德斯没有收到英特尔邀请的原因。

桑德斯也是一个精明人。他明白，虽然这次霍根对他高抬贵手、另眼相待，可是在霍根这样一个改朝换代的新国王面前，自己毕竟只是一个前朝旧臣。他在仙童半导体的处境是险恶的，他的地位也是岌岌可危的。

果然不出所料，一天，霍根把桑德斯叫到办公室，直截了当地告诉他，他已经是多余的了。唯一令人欣慰的是，尽管其他忠实于仙童的人都在接到通知的两周内就被解雇，桑德斯却拿到了一年薪水作为补偿。

六周后，也就是1969年初，桑德斯给老朋友埃德·特尼打了一个电话。特尼曾是仙童最好的推销员之一，桑德斯也曾重用过他。被霍根解雇后，特尼一直住在一个滑雪胜地的一间小屋里。

"想开一家公司吗？"桑德斯问。

"怎么，想做唱片生意？"特尼知道桑德斯心里有一个秘密的娱乐界野心。

"不，造半导体。"

桑德斯接着解释说，有四名仙童员工找过他，他们正在寻找一个总裁级的人物来帮助他们筹款办公司。因此，桑德斯给他们提出两个条件：首先，他相信未来属于英特尔正在研制的数字电路，而不是他们四人想去制造的那种模拟电路。另外，他需要带一些自己的人进来。

数周后，桑德斯组建了一支新团队：带头提出倡议的那四名仙童员工，桑德斯本人，特尼，另一位前仙童的同事以及丹麦工程师斯文·西蒙森。具体分工是：桑德斯负责筹款，特尼负责销售和营销，西蒙森则负责数字电路开发。同时，他也准备好了一份供潜在投资者参考的计划。此外，洛杉矶的一家投资公司"资本集团"的董事长还给了他一张5万美元的个人支票以备急用。

准备工作初步就绪后，桑德斯首先联系了阿瑟·洛克，并呈交了他的计划。

那是一份内容翔实又有理有据的周详计划。它用精湛的术语、准确的细节和直观的曲线，为集成电路的美好前景和巨大潜力做出了有力的分析和论证。同时，它也详细说明了新公司将开发怎样的产品，如何生产，以及各种产品的销售价格。最后，它又对八位创始人的背景作了概述，并预测新公司将在七个季度后盈利，十个季度后实现正现金流。

可是没想到，洛克这个在硅谷大名鼎鼎的风险投资家，竟然从摆在他面前的那份七十多页长的文件中抬起头来，轻轻叹了一口气。

"嗨……太晚了。"他说。

桑德斯见状，立即拿出他那口若悬河的看家本领，诉说起来。但是，洛克虽然说话礼貌却又态度坚定，根本不为所动。他说，市场上已经有数十家半导体公司，再成立一家类似的公司实在是为时已晚。桑德斯刚想分辩，洛克就用双眼制止住他，并轻声解释道：在他做过的投资中，所有亏本的投资都是由营销人员经管的。

这真是一个不祥之兆。

果然，数周很快变成了数月，桑德斯发现自己距离为融资设定的175万美元目标越来越远。于是，团队里就有人动摇起来，怀疑是否值得继续下去。桑德斯意识到关键的时刻已到，就把全体成员召集到自己家里一起开会，并给仍在仙童工作的人准备好了辞职信，让他们为新公司的成立做好准备。最后，他宣布公司将在1969年5月1日正式注册开张，并承诺在7月底之前筹集到所需资金。

当有人问桑德斯这样做是否现实时，他自信地回答："我们绝对会弄到钱。我们绝对会弄到钱。"

几周后，诺伊斯接待了一位不速之客。来者自称汤姆·斯科尼亚，是一位刚执业的年轻律师。

"我来这里代表杰瑞·桑德斯。"斯科尼亚坐下时说。

"欢迎。"

"不过，我是来这里讨钱的。"斯科尼亚开门见山，并且一边把桑德斯的商业计划递给诺伊斯，一边告诉他超威半导体已经在特拉华州注册成立。

诺伊斯草草翻阅计划，不禁困惑起来。他对半导体行业了如指掌，他知道桑德斯打算做什么，他也认识超威的每一个创始人。很明显，这个拟议中的半导体公司虽然在营销和销售上不可小觑，可是它在研发和制造新产品这些关键环节上却非常薄弱。

"你的意思是他们真的要制造这些东西?"他问。

两人双目刚一对视,就都情不自禁地哈哈大笑起来。明人不说暗话。斯科尼亚知道在诺伊斯面前没有必要去遮遮掩掩,也更不必去唠叨桑德斯的品质。

结果,不出桑德斯所料,诺伊斯接受了他的邀请。因为在这个夸张傲慢的营销经理身上,诺伊斯早就发现了一颗不屈不挠的非凡内心。

诺伊斯支持桑德斯的这个事实,为超威半导体筹集资金的努力提供了关键性动力,极大地提高了投资人的信心。1969年6月20日,桑德斯、特尼和斯科尼亚飞往洛杉矶,与资本集团的工作人员一起盘点和确认每一个投资人的投资额。然而时机不巧,当天早上纽约股市大幅下跌,投资人都不约而同地谨慎起来。结果,经过一番周折,他们终于在下午5点勉强凑到150万美元。超威半导体就此正式诞生。

后来,桑德斯感叹道:"鲍勃·诺伊斯总是说英特尔只花了5分钟就筹集了500万美元。而我却花了500万分钟才筹集到5块钱。这太可怕了。但我矢志不渝,坚持不懈。我知道我有一个故事。我知道我们能够赚钱。"

后起之秀葛洛夫

1963年,仙童聘请了一位感情强烈而又才华横溢的年轻匈牙利难民——安德鲁·葛洛夫[1]。一开始,刚从加大伯克利分校获得化工博士学位的葛洛夫,一边在摩尔的研发团队工作,一边继续在伯克利授课。可是他很快就在仙童的研发部崭露头角,不仅成了戈登·摩尔最忠实的弟子,而且也迅速得到提拔成为研发部的二把手。在摩尔这个前辈的身上,葛洛夫看到了一个科学家应有的那种直言不讳、严谨务实和理智诚信的优良品质。在摩尔的团队里,葛洛夫也找到了施展抱负的空间。

1968年夏,葛洛夫和摩尔参加了在科罗拉多州举行的一个技术会议。由于摩尔迟到了一两天,葛洛夫就像往常那样向摩尔叙述会议概要。能给心目中的英雄当顾问,葛洛夫非常自豪。可是,当他发现摩尔似乎有点心不在焉时,生性直率的葛洛夫就忍不住问摩尔究竟怎么了。

---

[1] 安德鲁·葛洛夫(Andrew Stephen Grove, 1936—2016),美国国家工程院院士,企业家、工程师,英特尔第三任首席执行官。

"我已决定离开仙童。"摩尔告诉他。

"那我想跟你一起去。"葛洛夫听后脱口而出。

摩尔未置可否,继续说他正准备去创建一家新的存储芯片公司。接着他又补充:"顺便说一下,鲍勃·诺伊斯也参与此事。"

就这样,葛洛夫加入了诺摩二人的计划,并最终与他俩一起形成了诺伊斯口中的那只"三头怪兽"。葛洛夫回忆道:"戈登没有拒绝。我不记得他说了什么。我的意思是,他并没有拥抱我。不过,在我在场的情况下,他从来没有拥抱过我或其他任何人,所以我们开始兴致勃勃地讨论什么是英特尔。"

1936年,安德鲁·葛洛夫,昵称安迪,出生在匈牙利的一个犹太人家庭。二战时,当德国坦克开进匈牙利时,他被迫躲藏起来。纳粹失败后,匈牙利成了苏联的卫星国。对葛洛夫的那个侥幸在大屠杀中幸存下来却又饱受苦难的家庭来说,他们的生活仅略微得到改善。和许多匈牙利家庭一样,葛洛夫的家人每天都要为食物和燃料绞尽脑汁。1950年代的布达佩斯是一座凄凉的城市。

1956年,苏联用坦克推翻了试图改革的匈牙利政府,并扶植了一个亲莫斯科政权。20岁的葛洛夫因此而成了一名富有政治意识的大学生。显然,那些曾向坦克投掷过自制燃烧弹的年轻人在布达佩斯是没有前途的,而且他们的处境也是危险的。于是,在一个昏暗的夜晚,葛洛夫毅然越过了匈牙利和奥地利的边境线。

数周后,葛洛夫登上一艘在二战中运载过美军的锈迹斑斑的轮船来到美国,投奔在布朗克斯的一个叔叔,并在纽约城市学院注册,攻读化学工程。当葛洛夫第一次走出纽约地铁站,首次置身于曼哈顿的摩天大楼之中时,他不禁浮想联翩:

"我突然止步。我在摩天大楼的怀抱之中。我看着它们,目瞪口呆。

"摩天大楼看上去就像照片中的美国。突然间,我为意识到自己真的到了美国而震撼。对我来说,没有什么比摩天大楼更能象征美国了;现在我站在街上,正伸长脖子、抬头仰望着它们。

"这也意味着我离我的家乡有多么令人难以置信的遥远——或者说是我曾经的家乡。"

为了自立,葛洛夫半工半读,一边学习,一边在餐馆打工。他很不喜欢纽约,但仍然发奋读书,并以全班第一的优异成绩毕业。为了摆脱纽约的严寒,葛洛夫选择了阳光明媚的加州,准备去旧金山附近的加大伯克利分校攻读化学工程博士学位。此时,这位年轻人也已不再孤单。在纽约附近的卡茨基尔山一家度假酒店打工时,服务生葛洛夫遇到了一位名叫伊娃的匈牙利姑娘,两人志趣相投而终成眷属。

许多年后,在一次演讲活动中,一位女士问葛洛夫:"据我所知,您从未回去过布达佩斯。您能谈谈您对祖国的感受吗?"

"我能,"葛洛夫听后回答,"但我不相信自己能成功把它传达给你。我很难解释它是什么。我在匈牙利的生活——按我的理解——是一段负面经历。

"对不起,显而易见的那些事确实是显而易见的。经历战争显然是负面的。被枪射击是负面的。但那不是……那些东西……有些已经被改变了。

"而在我的心灵深处无法改变的是:在6岁时被告知'就像你这样的犹太人杀死了耶稣基督,我们将把你们全都抛进多瑙河'。8岁时,我有一个好朋友,当我告诉他我是谁时——他父亲记下了所有细节,以确保德国人回来时这个人不会漏网。

"革命后,在一艘横渡大西洋的轮船上,一位匈牙利牧师向船上人发出忠告,你们必须抛开反犹太主义。而他们却对此愤愤不平。

"我的生活被诸如此类的种种个人经历摧残玷污。情感上,我实在没有精力卷进去。对我来说,实在没有任何理由去揭那些伤疤。"

英特尔的金发姑娘

诺伊斯和摩尔的公司于1968年7月18日成立。当时科技公司流行的名称不外乎"电子""半导体""电气"等。起先,诺摩二人也落入俗套,不过几个回合后,他们找到了一个绝好的新名称——英特尔,含有集成电子和智能的意思。

秉承创始人朴实无华的风格,他们没有为新公司举办正式的成立仪式。那天上午,诺伊斯、摩尔和洛克先去签署了必要的加利福尼亚州注册文件,然后就回到公司上班。洛克担任董事长,诺伊斯和摩尔分别担任首席执行官和首席运营官。诺摩二人后来都表示,其实他们的头衔完全可以轻易对换。"我们并不在乎谁有什么头衔,"诺伊斯对自己儿子说,"头衔只是为了帮助公司外面的人了解你的工作。"多年后,摩尔补充道:"他和我一起工作了那么长时间,这样做我们都觉得非常平常自在。"

最初几周,在租来的建筑里只有零零星星几张桌椅,以及十来名员工陆续从车上卸下来的几箱实验室新设备。生产区域也是因陋就简。葛洛夫回忆道,

"晶圆厂区看起来就像威利·旺卡[1]的工厂，四散杂乱的软管和电线，嘎嘎作响的老旧机器——就好像是那莱特兄弟拼凑飞机的半导体翻版。在当时，这已是最先进的制造设施，但以如今的标准看，它简陋得令人难以置信。"

万事开头难。起初，诺摩二人甚至未能确定究竟要去创造什么：多芯片内存模块？肖特基双极型存储器？硅栅金属氧化物半导体（MOS）存储器？思来想去，仍然举棋不定。最后，他俩就决定索性每种类型的产品都去试试。后来，摩尔幽默地将这称为"金发姑娘的半导体原则[2]"。

1969年春，英特尔推出了它的第一款产品：3101静态随机存取存储器（SRAM），一种采用了双极技术构建的新型存储芯片。尽管不是故意而为之，但它给了行业里的其他公司一个错觉。行业观察家很早就在猜英特尔的创始人可能会涉足内存业务，因为这也是仙童的强项，只不过，他们不清楚英特尔究竟会从哪种存储芯片着手。现在，英特尔3101的问世似乎回答了这个问题——它将成为一个双极SRAM制造商。然而，他们没有想到，其实这只是金发姑娘的第一次尝试，只是英特尔组合拳的第一招。

1837年，当巴贝奇设计他的分析机时，为了合理提高计算效率，他将分析机的核心一分为二——作坊和库房。作坊做计算，库房放数据。这个划时代的先见，经过近代科学家的传承和发扬，演化成了现代计算机的概念：中央处理器和存储器。

存储器，也称内存，大致分为两类：存放软件的只读存储器（ROM）和存放数据的随机存取存储器（RAM）。1963年，仙童半导体的罗伯特·诺曼发明了双极静态随机存取存储器（SRAM）。这里的"静态"指的是这种存储器在通电状态下，里面的数据能恒久保持。

1965年，IBM的系统360采用了SRAM。之后，SRAM的需求不断增长。然而，由于SRAM存储的每一位数据都需要6只晶体管，它的造价昂贵，体积偏大，而且制造困难。因此，任何想要进入SRAM市场的公司都必须准备若干年才能全面投入生产。然而，英特尔的3101 SRAM这么快就问世了，实在是不可思议，甚至令人震惊。况且，它读取数据的速度是仙童SRAM的两倍。

---

1 威利·旺卡（Willy Wonka）是英国作家罗尔德·达尔1964年出版的儿童小说《查理和巧克力工厂》、1972年续集《查理和大玻璃电梯》以及根据这些小说改编的几部电影中的虚构人物，旺卡巧克力工厂的古怪创始人和老板。

2 金发姑娘原则（Goldilocks principle）得名于儿童故事《金发姑娘与三只熊》。故事中的金发姑娘（也叫金凤花）品尝了三碗粥，发现自己最喜欢不太热也不太冷、温度刚刚好的那一碗粥。"尝试"和"刚好"这两个概念很容易理解并适用于广泛的学科，包括心理学、生物学、天文学、经济学和工程学。

于是，业界一片哗然。在这么短的时间内，英特尔的制造设施怎么已经全面就绪了呢？更何况研发了一个崭新的产品！其实，即使对摩尔来说，这也是一个非凡的奇迹。"初创企业是一个激动人心的时刻，"他解释说，"英特尔在初创时并没有从零开始，而是立足于现有基础之上：我们找到了一家半导体小公司曾经用过的设施。硅谷到处都是小型半导体公司，其中不少都还能追溯到仙童半导体。那个建筑有许多我们需要并能够利用的公用设施，这就降低了启动成本，同时也争取到了时间，如果我们搬进一栋完全空置的建筑，那就另当别论了。而且更重要的是，我们也聘请了一批又年轻又有能力的员工。在仙童，我们懂得初创企业的优势之一是有机会自己培训管理人员。我们希望能招到那种可以与新公司发展合拍的有能力的员工。"

推出 3101 SRAM 那天，18 名英特尔员工一起聚在公司的小餐厅里，共举香槟，互相祝贺。英特尔已经起步，本着创新者的姿态，它已向业界展示了出众的开发和生产能力。

当业界同行发现英特尔的目标似乎只是那个可预测的 SRAM 市场时，他们的恐惧感在一定程度上得到了缓解。只是他们万万没有想到，其实这只是金发姑娘的第一个尝试。

数月后，英特尔又推出了采用金属氧化物半导体[1]（MOS）技术的 1101 SRAM。比起 3101 采用的双极技术，MOS 没有双极那么快，而且军方还发现，它的防辐射能力也有所不及。但是，它易于设计和生产，而且它的芯片能造得更小、更密集。此外，英特尔的 MOS 芯片采用了一个被称为硅栅[2]的新设计，使芯片表面的晶体管能够自对齐，从而大大简化了芯片表层的安置步骤，从根本上提高了芯片的良率。硅栅技术是年轻的意大利物理学家费德里科·法金[3]在仙童半导体发明的。

行业中的人都知道，从双极型到 MOS 的转变非常困难，有些芯片公司甚至到 1970 年代中期还未能完成这种转变。可是，英特尔不仅采用了 MOS，还在工艺中加入了硅栅技术，而且这一切都似乎做得不费吹灰之力。因此，如果

---

[1] 金属氧化物半导体：Metal-oxide-semiconductor (MOS)，是场效应晶体管的一种，最常见的是通过硅的受控氧化制造。它有一个绝缘栅极，其电压决定了器件的导电性。

[2] 硅栅：在半导体电子制造技术中，硅栅或自对准栅极是一种晶体管制造方法。该技术确保栅极可以自然且精确地与源极和漏极的边缘对齐。

[3] 费德里科·法金（Federico Faggin, 1941— ），物理学家、工程师、发明家和企业家。他因设计第一个微处理器英特尔 4004 而闻名。1968 年，他在仙童半导体发明了自对准 MOS 硅栅技术，该技术使 MOS 半导体存储芯片、CCD 图像传感器和微处理器成为可能。

说英特尔的首款芯片给客户、供应商和行业媒体记者留下了深刻印象,那么向MOS的这次轻松转变就赢得了人们的尊重。

于是,开张仅一年出头,英特尔就已跻身芯片行业的前列。不过这还没完,金发姑娘的魔袖里还藏着其他宝贝。

1959年10月,IBM推出了第一台小型商用计算机——IBM 1401。那七个小矮人知道后不甘示弱,也跟在它的后面奋力追赶。1969年,小矮人霍尼韦尔为了在竞争中抢得先机,就与英特尔接洽,询问能否研发一种新型存储芯片:动态随机存取存储器(DRAM)。与SRAM相比,DRAM存储数据所需的晶体管数量要少得多,所以,它们不仅速度快而且体积小。不过美中不足的是,DRAM是"动态的",它的内容会缓慢遗失,需要定期刷新。

按照霍尼韦尔的设计,英特尔在1970年初向它交付了1102 DRAM。虽然,这让霍尼韦尔非常满意,可是英特尔却认为霍尼韦尔的设计不够完善。于是,摩尔就设立了一个内部项目来设计一种全新的MOS DRAM。摩尔还要求新的设计必须与霍尼韦尔的设计不同,以免导致利益冲突。1970年10月,英特尔正式推出了它自己设计的DRAM装置——英特尔1103。

如此,英特尔就有了高端和低端这两种类型内存芯片。双极芯片英特尔3101在极端情况下性能优异,适合于军事和航空航天,在国防部和NASA深深扎下了根。然而,进入1970年代后,随着越战和冷战的逐渐降温,MOS芯片以其低廉和微型的特征赢得了新兴消费电子世界的青睐。半导体行业随之转向,走上了大众化的道路。因此,英特尔1103成了英特尔的"摇钱树",几乎横扫整个内存芯片市场。

改变世界的微处理器

1954年,德州仪器在哈格蒂的领导下,推出了袖珍半导体收音机,首先成功使用小型电子产品打入了个人消费市场。不久,小型化的风也刮到了台式计算器市场。开发台式计算器的先锋是卡西欧,它在1957年前后曾雄心勃勃地试图独占这个新兴电子市场。但是很快,包括佳能、索尼、东芝在内的其他日本公司都争先恐后地加入了这场角逐。

1960年代,仙童半导体、德州仪器以及摩托罗拉不断推出成本更低、性能更好的半导体元件,这就进一步加快了计算器小型化的发展步伐。弗里登于

1963 年推出了第一台晶体管计算器。接着，东芝首创了采用半导体存储器的计算器。1965 年，奥利维蒂发布了第一款可编程台式计算器。

1960 年代中后期，计算器业务在集成电路的推动下几乎实现了垂直增长。新型计算器的性能不断提高，而它的价格却保持稳定，消费者和零售商的购买欲日益高涨。另一方面，半导体元件性能的提高也降低了研发计算器的难度，从而降低了进入这个市场的门槛。利润高，门槛低。于是，新手蜂拥而入，都期望在这个市场上分一杯羹，发一大笔财。然而，物极必反，乐极生悲。不久，风云突变，行业重新洗牌。强者虎视眈眈，弱者惶惶然而不可终日。

比司康[1]是日本的一家属于这种在劫难逃的小公司。风暴来临时，它既不具备过人的商业智慧，也没有充足的经济资本。不过在危机中，比司康表现出了一种不寻常的冒险精神。1969 年，当多数对手在狂风骤雨中束手无策时，比司康不肯罢休，毅然把宝全都押到了一个疯狂的技术骰子上。

半导体行业那时普遍相信，从理论上来讲，通过最新的 MOS 工艺，可以将多种功能一起集成在单一晶片上。比如，将计算器的多芯片主板里的全部功能一起整合在同一块芯片里。不过人们也认识到，这种想法在技术上存在着各种难以克服的障碍——设计、掩模制作、制造、散热、编程、测试等。因此没有一家理智的公司，愿意把自己的宝贵财富投放在这个未经证实的概念上。然而，濒临绝境的比司康变得无所畏惧。不成功，便成仁。它绝地求生，毅然抓住了这个看似不可能的新想法。经过一番周折，比司康总裁小岛义雄（Yoshio Kojima）在加州找到了他的合作伙伴——英特尔。

英特尔的第 12 号成员是泰德·霍夫[2]。霍夫博士是个瘦高个儿，角质眼镜后面那双专注的眼睛略带憨厚。他很早就展现出科学发明的天赋。高三时，他在西屋科学竞赛中进入决赛而赢得了全国性关注。随后，霍夫就读雷恩斯勒理工学院。暑假期间，他去通用铁路信号公司工作并申请了两项专利。毕业后，他前往斯坦福大学，于 1959 年获得硕士学位，再于 1962 年获得电气工程博士学位。在博士论文研究中，霍夫和他的导师伯纳德·威德罗共同发明了被沿用至今的"最小均方滤波器"。

英特尔在初创时面临太多挑战，所以它一开始并没有认真关心过"芯片里

---

1 比司康（Busicom Co. Ltd）是一家制造和销售计算机产品的公司，总部位于东京。它拥有英特尔第一款微处理器 Intel 4004 的权利，该微处理器是比司康和英特尔在 1970 年合作创建的。
2 泰德·霍夫（Marcian Edward "Ted" Hoff Jr., 1937—   ），微处理器的发明者之一。

的中央处理器"这个新概念。然而，泰德·霍夫却不同，他熟悉这个新想法，而且对它的潜力深信不疑。因此，当诺伊斯把比司康项目带到英特尔时，霍夫就毛遂自荐要求负责这个新项目，并且管理比司康派往英特尔总部工作的那支日本设计团队。根据合同，比司康团队负责设计；英特尔负责生产且因为为制造这种新型芯片套件而获得 10 万美元定金，以及在不少于 6 万套芯片的订单中每套获利 50 美元。

对诺伊斯来说，这是一笔不错的交易。比司康团队将承担全部重任，而英特尔只需要提供实验室设备且在需要时提供建议和帮助。然而，当霍夫发现比司康设计了一套由 12 只芯片组成的装置后，就"对它的复杂性感到震惊"，并认识到比司康的设计不仅不会成功，而且会带来灾难性的后果。他后来解释道："英特尔是一家初创公司，我们很多人都对它的成功充满希望，所以我不想让一次重大努力变成一个灾难性事件。"

因此，尽管英特尔让他每天只花几分钟时间去"督导"，霍夫很快就把自己的大部分时间都用在了新来者身上且反复试图改变他们的想法。"我并不负责这个项目的设计，但我很快就把手伸到了不该伸的地方。"

可是，他越是这样做，比司康团队就越反感，越要坚持己见。于是，霍夫就对诺伊斯说，"我认为我们可以简化这个设计"，自己来制作一种可以由软件控制的通用芯片，而不是像比司康团队设计的那种只限于计算器的专用芯片。

这时，诺伊斯发现自己又一次站在一个十字路口上。在最关键的时候，他曾经组建过两支团队分别由霍尔尼和摩尔领导，让他们平行开发，相互竞争。于是，他又如法炮制，决定让比司康团队照常工作，霍夫也继续提供必要帮助，并对霍夫说："你能不能进一步探讨这些想法？有一个后备方案总是好的。"

在接下来的三个月里，霍夫潜心研究他的大规模集成[1]课题，并最终形成了他的四芯片设计：一只主处理器芯片（CPU），一只用于工作数据的存储芯片（RAM），一只存放程序的只读存储器芯片（ROM），以及一只负责输入输出的芯片（I/O 寄存器）。这种架构不仅具备通用性，而且最终有可能被集成在单个芯片里，进一步降低成本提高效率。

1969 年 8 月，霍夫认识到自己的专长是硬件，就从仙童挖来了 28 岁的斯坦利·马佐尔[2]。马佐尔是一个说话温和、态度谦逊的年轻软件工程师，他为霍夫的

---

1 大规模集成（Large-scale Integration, LSI），每个芯片有数万只晶体管。
2 斯坦利·马佐尔（Stanley Mazor, 1941— ），美国微电子工程师。他与霍夫、嶋正利和法金共同发明了世界上第一个微处理器架构 Intel 4004。

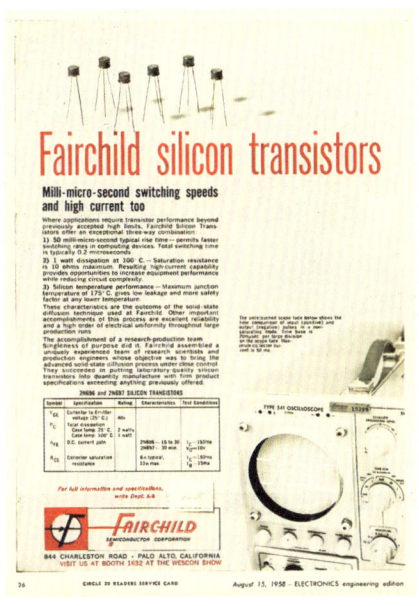

八叛将

从左到右：戈登·摩尔、谢尔顿·罗伯茨、尤金·克莱纳、罗伯特·诺伊斯、维克多·格里尼奇、朱利叶斯·布兰克、让·霍尔尼和杰伊·拉斯特

仙童半导体制作的第一个硅晶体管广告

阿瑟·洛克

安迪·葛洛夫、罗伯特·诺伊斯和戈登·摩尔，1970年

戈登·摩尔和罗伯特·诺伊斯，1970 年　　　　　　　　　费德里科·法金

英特尔 4004，1971 年

英特尔 8088　　　　　　　　　英特尔奔腾处理器 75 MHz

四芯片装置设计了软件,并为主处理器芯片编写了指令集。就这样,他俩在两周内就完成了英特尔4004的初步设计,成为大规模集成的第一个范例。

于是,诺伊斯致信比司康总裁小岛义雄,表达了他对比司康设计的担忧,并简单描述了英特尔的新设计。诺伊斯在以往的日本行里了解到日本文化中礼节的重要性,就先强调"我并不是批评比司康计算器的设计",然后再表达自己的想法。他指出,比司康计划中的那种高度复杂的计算器电路意味着"我们不可能以每套50美元来生产这些单元,哪怕是最简单的套件",事实上,若能以每套300美元的价格制造这些大而复杂的芯片组就已经很幸运了。最后,诺伊斯问道:"继续在这个设计的基础上开发是否合理?或许应该放弃这个项目?"

一连串后续信件就此在太平洋上空往返穿梭。1969年10月,比司康派了一支技术专家队伍来到山景城。正巧此时,在圣克拉拉工作的比司康设计团队撞上了预期中的那堵墙。霍夫回忆道:"我们为来到这里的日本公司经理举办会议,让他们听取自己工程团队的汇报。同时,我们也陈述了自己的想法,那就是:我们的新方法超出了计算器的范畴,可以有许多其他方面的应用。"

由于自己的工程师已经为这个设计工作了数月,比司康起初对霍夫的设计持怀疑态度。但是随着讨论的深入,日本经理们渐渐认识到了霍夫想法的优越性,那就是:霍夫设计的通用芯片组不仅可以用于生产比司康想要的那种计算器,而且还能用它来开发一系列更为复杂的计算器,而且不需要为此一一构建全新的芯片。在竞争日益激烈的市场中,任何能让比司康以更低的价格生产出更好的计算器的东西都是求之不得的。因此,既然霍夫有信心交付他的四芯片组,那么又有哪个日本工程师会去拒绝他呢?

结果,"他们喜欢这种方法,选择了我们的设计。"霍夫回忆道。英特尔团队没有预料到比司康的转变会如此迅速和彻底,竟会这么爽快地接受了霍夫的四芯片设想。而比司康在交付了10万美元的定金后表示希望很快就能看到实物,以便证明这种新设计确实能顺利投入生产。

与一般工程师的那种刻板的书呆子形象不同,29岁的年轻意大利人费德里科·法金是个衣着无瑕、说话和气、可亲可爱的人。然而不仅如此,这位两年前刚从意大利移居美国的哲学教授之子,已经踏上了一条通往伟大发明家的艰辛而又卓越的道路。他在仙童半导体发明了MOS硅栅技术,他也将会发明诸如触摸板和触摸屏幕之类的革命性产品。

英特尔成立时,法金也像其他仙童员工那样怀着好奇和羡慕的心情,密切注视着几个街区之外的这家炙手可热的新公司。毋庸置疑，仙童真的待他非常好。不过对于像法金这样的天才来说，仅平稳和舒适是不够的。他要站在半导体创新的最前沿，他也渴望那种似乎已经转移到了英特尔的引领潮流的精神和魄力。

因此，当英特尔向他招手时，法金毫不犹豫地投入了英特尔的怀抱。而更令他兴奋的是，他在1970年4月报到后发现自己将掌管一个英特尔的最新项目，去研制一种神话般的单芯片处理器。

雾里看花，不免想入非非。然而，当法金进一步了解该项目的现状后，他又很快回到现实当中。他回忆道："据推测，霍夫和马佐尔已经完成了芯片组的架构和逻辑设计，只剩下一些电路设计和芯片布局。然而，这并不是我在英特尔开始工作时所看见的，这也不是嶋正利[1]从日本来到这里时所发现的。"

嶋正利是比司康设计团队的一名重要成员，是一个才华出众的半导体工程师。此时，他刚来到英特尔，检查霍夫芯片项目的进展。"嶋正利希望能审查逻辑设计，以便在确认了比司康可以用它来生产计算器后就返回日本。可是当他发现自从大约六个月前的上一次访问以来，项目并没有任何实质性进展时，他非常生气。用生硬的英语反复说：'我是来这里检查的。这只是一个想法。没有什么可检查的。'为他的计算器所商定的时间表已经被无可挽回地破坏了。"因此，法金暗自叹道，"所以，当时我的处境是：还没有开始，就已经落后了"。

明人不说暗话。法金向嶋正利坦承事情经过，并表示将会立即着手弥补失去的时间。接着，他就把主处理器芯片的部分工作分配给了擅长逻辑设计的嶋正利，而他自己则"天天疯狂工作12到16个小时"，努力解决霍夫在4004设计中遗漏下来的一些问题，以便使芯片能真的变得更小更快。此外，他还需要一方面尽量降低芯片能耗以防表面硬化，另一方面却又要让它产生足够强的可读信号。

其实，这就是英特尔挑选法金的原因。因为在世界上只有一个半导体物理学家，也就是那位发明了MOS硅栅工艺的专家，知道下一步该怎么办。于是，"我先解决了剩余的架构问题，然后确定了芯片组设计体系的基础，最后，我开始进行逻辑电路的设计和四芯片的布局。我需要使用硅栅技术，为随机逻辑设计研发一种崭新的方法。这是过去从未尝试过的。"法金回忆道。

1970年夏末，法金和嶋正利成功完成了四芯片组的设计，并牢牢把握了它

---

[1] 嶋正利（Masatoshi Shima，1943— ），日本电子工程师。他是世界上第一个微处理器英特尔4004的架构师之一。

的底层技术。英特尔也随之将其命名为4000系列，表明它还不是一个一体化的装置：4001是个2048位ROM，旨在保存程序；4002是个320位RAM，用作操作数据的缓存；4003是个10位输入输出寄存器，用于将数据馈送到主处理器，并且暂存或移除结果；4004最重要，是个4位元中央处理器。

后来，当英特尔正式生产出单芯片微处理器之后，业界一般用中央处理器芯片的名称来统称早先的芯片系列。因此，当人们现在谈到英特尔4000系列时，他们通常将其简称为4004微处理器，或4004。

设计完毕后，研制微处理器样本的工作在1970年10月正式展开。最早完成的是4001。法金和嶋正利拿到样本后，将它连接到一个专门为它设计的测试仪上，它成功了。他俩互相庆贺，并通报了霍夫和英特尔管理层。接着是4002和4003，也都是完美无瑕。法金内心虽然激动，但并不惊讶。他已证明了硅栅或晶体管自对齐设计的有效性，而其他的关键技术都已有成功的经验。

元旦前夕，晶圆车间送来了第一批4004处理器芯片样本。法金最担心的就是这只芯片。它是中央处理器芯片的首创之作，所以它的架构是全新的。此外，它的复杂性也远远超过了其他三种芯片中的任何一种。因此，法金一直在担心是否会有考虑欠周之处。于是，他小心翼翼地将一只4004芯片轻轻放入测试装置，怀着近乎恐惧的心情启动它。

没有任何反应……

芯片居然死一般的沉寂，就连一丝丝微弱或混乱的信号都没有。法金见状，心都要碎了。情况居然比想象的更糟！当他接着又将为数不多的新芯片一只只放入测试仪时，他的心情就更沉重了。他万万没有想到，居然每一只样本都像石头一般死寂。显然，前一阵的一片苦心和一天又一天的忘我工作都付诸东流了。法金虽然知道这种芯片极具挑战性，但他万万没有想到情况竟然会这么糟糕，它们居然连一丝气息都没有！于是，他沮丧地暗想道，看来是要用剩下来的假期和元月的大部分时间去同它死磕了。

然而几小时后，他就在显微镜里惊讶地发现了4004失败的原因。原来，这种芯片的电路是由一层层的分电路叠加而成的，可是制造人员在生产时遗漏了其中一整层。谢天谢地，看上去这与设计无关！法金啼笑皆非，却也松了一口气。于是，他回家度过了一个意外而又欢乐的新年。

"大失所望的三周后，又收到了新一轮的4004芯片。当我将2英寸大小的晶圆装入探测器时，我发现自己的手在不住颤抖。夜深人静，实验室里仅我一人。我不停祷告，祈求它能勉强工作，使我能着手找出其他小毛病，以便在下一轮就能生产出可供交付的装置。当我逐渐发现电路的每一个区域都在工作时，我的情绪越来越激动。凌晨3点，我在一种既疲惫又兴奋的奇怪状态中回到家里……在那强烈的满足感中，所有辛苦都得到了补偿。"法金回忆道。

法金向诺伊斯报告了这个好消息。1971年2月，在英特尔与比司康签订最初合同的将近两年后，英特尔为4004的全面投产做好了准备。同时，马佐尔也为驱动4004的软件编写了代码。一切就绪。

3月中旬，英特尔向比司康发送了第一批4000系列芯片组。从此，半导体就跨入了微处理器时代。1971年11月，英特尔在《电子新闻》刊登的一则有关4004微处理器的广告里，采用了"集成电子新时代"这个标题。然而，摩尔走得更远，他将微处理器描述为"人类历史上最具革命性的产品之一"。

计算机行内的人都把英特尔4004视为一个令人难以置信的新奇事物。它的计算能力足以同ENIAC相匹敌。然而，ENIAC占据了相当于一整套公寓的空间，使用了18000只真空管，消耗了相当于一个大型广播电台的电力。可是，4004却能放入一只火柴盒，且摇一摇盒子就会发出嘎嘎声。更何况，它的售价只有60美元。

1972年4月，英特尔发布了第二款微处理器。由于英特尔4004是一款4位元微处理器，英特尔就把这款8位元微处理器定名为英特尔8008。8008在性能上取得了重大突破，它的晶体管数量增加了50%，它的速度更提高了近8倍。

完成了8008的工作后，法金开始考虑如何将四芯片系统改造成单芯片装置，真正实现单芯片计算机的梦想。他向管理层提出了研发新芯片的建议，他也将嶋正利招募进英特尔。经过几个月的犹豫，英特尔管理层在董事会的默许下终于给微处理小组开了绿灯，同意研发单芯片微处理器——8080。1974年3月，英特尔正式向公众推出了英特尔8080微处理器。

三个月后，德州仪器推出了它的微处理器。接着，摩托罗拉以及其他半导体公司也都陆续加入了这场竞争。但此时，英特尔凭借它的三款微处理器——4004，8008，8080，已经取得了市场的主导权。

英特尔微处理器的发布唤起了人们在商用计算机中使用这种芯片的强烈兴趣，而在最早尝试它的先锋中有一对来自西雅图一所私立高中里的少年骇客——比尔·盖茨和保罗·艾伦。由于他们在读到《电子》杂志的一篇报道后是如此兴奋，以至于盖茨在许多年后仍然记得它所在的页数。于是，艾伦就问盖茨，如果这款芯片真的可以像计算机一样运行并且可以对它编程，为什么不为它编写一种编程语言，尤其是一个 BASIC 版本呢？

一天，他俩凑了 360 美元，在当地的一家电子商店里购买了一只 8008 芯片。艾伦曾生动地回忆那一刻："销售员递给我们一个小纸箱，我们当场打开它，第一次看到了微处理器。在一个铝箔包装里，粘在一小块不导电的黑色橡胶上，是一个大约一英寸长的薄矩形。对于两个在大型主机前度过成长岁月的人来说，这是一个令人惊叹的时刻。"这时，盖茨对销售员说："买这么小的一个东西，这可是一大笔钱啊。"但盖茨和艾伦都对它印象深刻，因为他们知道这个小芯片包含了一整台计算机的大脑。盖茨回忆道："那些人看到这些孩子进来买 8008 芯片，觉得是有史以来最奇怪的事。我们非常小心地拆开铝箔包装，生怕会弄坏这东西。"

后来，他们首先尝试让 8008 支持 BASIC 程序语言，但未成功，于是他们就用这只芯片给当地的一家交通咨询公司造了一台分析郊区街道上车流量的"计算机"。

英特尔上市

在现代成功公司的故事里，往往离不开公司首次对外公开发售股票这个既困难又激动人心，更具变革性的大事件了。

困难指的是，在人手已经严重紧缺的情况下，必须为上市而额外投入大量人力和物力。上市前的公司，尤其是科技公司，一般都很年轻，虽然生机盎然却又稚嫩。在这个关键的时刻，牵一发而动全身，每一个人都至关重要。可是，公司为了上市必须将各部门的骨干一分为二。一半去做那看似不可能的工作——把公司运营得更好，而另一半则必须为上市铆足劲去做一连串冲刺：撰写招股说明书，寻找潜在承购人，筹办首次公开募股的路演，并跟随路演周游各地乃至世界，向形形色色的陌生人游说。

说它激动人心，是因为等它尘埃落定后，那些曾为创立公司而付出的辛勤工作和失去的宝贵时光以及婚姻和友谊所承受的巨大压力，都有望换来美好而又丰盛的补偿。世人也将目睹这种不可思议的疯狂回报而目瞪口呆，唏嘘不已。这种美景带来的兴奋感本来就很强烈，而它在上市的前几天就会变得令人窒息，尤其是在事先无法确定上市日期的情况下。

上市也是变革性的。从公司股票代码和价格首次出现在纽约证券交易所或纳斯达克的股市报价跑马灯上的那一刻起，公司就亮丽转身，今非昔比了。它的发展轨迹将与以往截然不同，它与员工的关系也将彻底改变。从此，季度成长和长期战略将对公司同等重要，若不是更重要的话。而且，让股东满意也变得与让客户满意或保持员工士气一样重要。那些发了财的员工通常会说他们想继续留在公司里。可是，由于公司的转型无法避免官僚主义，公司对创始员工的态度也似乎总是会变得越来越冷漠。于是，在新财富的诱惑下，昔日明星就免不了蠢蠢欲动了。

不过，英特尔在 1971 年初准备上市时，科技公司上市并不多见。当时，也许只有英特尔员工、投资人以及华尔街经纪公司会关心此事。况且，与即将到来的那种动不动就数十亿美元的上市相比，英特尔筹集的资金相对较少，即使以当时美元的价值计算也是如此。更何况英特尔是一家实实在在的企业，它与后来那些还未盈利甚至还没有可用产品就上市的互联网公司截然不同。超威半导体的创始人杰瑞·桑德斯说："那时候，只有当我们是真正的公司、拥有真正的客户和真正的利润时，我们才被允许上市。"因此，英特尔的上市冲刺也没有十年后苹果公司首次公开募股时那么复杂和烦人。备案和招股说明书的准备以及上市路演虽然不易，但都还不是公司骨干的死亡之旅。诺伊斯领导了这个工作。在 1971 年春季和夏季的大部分时间里，他都在签署文件，给员工、投资者和潜在股东写信或演讲，并接二连三地去同承购商会面。

与几十年后同类科技公司的上市相比，英特尔的上市确实显得平淡。但对当时的英特尔而言，这次公开对外融资的活动却是一件关乎存亡的大事。因为它急需现金，而且是大量的现金。英特尔有三条主要的内存芯片产品线，一个雄心勃勃而又昂贵的微处理器研究项目，还有一个正在兴建中的新总部。这其中的每一项都需要大量资金来维持。仅靠成功的存储芯片销售业绩，英特尔根本满足不了这么巨大的资金需求。尽管存储芯片的产量有望不断上升，而且英特尔也已将对手抛在后边，但是如果没有充足的现金流，它就无法承担研发和扩张的庞大需求，那么它也就无法满足摩尔定律所规定的增长率。更严重的是，如果英特尔满足不了市场的需要，不耐烦的顾客就会取消订单，跑到对手那里去。那么，后果就不堪设想了。

1971 年 10 月 13 日，英特尔上市。它对外发行 30 万股，而创始投资人和员工股东则持有 220 万股。开盘时，每股价格为 23.50 美元。对于创始股东而言，这次发行意味着他们最初每股 4.04 美元的投资获得了很高的回报。也有不少英特尔资深员工立刻成了百万富翁。那时候，一座硅谷豪宅售价约 50 万美元，一辆法拉利豪车售价 15000 美元。正如诺伊斯所期望的那样，许多员工包括钟点工都因此而梦想成真，变得富有，甚至比最疯狂的梦想还要富有。当然，对于传教士之子诺伊斯和警官之子摩尔来说，这就更夸张了。他们都在这一天不可思议地变成了千万富翁，成为硅谷最富有的人之一。

数月后的一天，在一场家宴上，诺伊斯起身，拿起一片直径 3 英寸的硅芯片，大声说："各位，我想让你们看看这个东西。"当宾客的目光都被吸引过来后，他宣布："这个东西将改变世界。它将彻底改变你的家。在你们家里，你们都会拥有计算机。你将能获得各种信息。你也不再需要钱。一切都将以电子方式进行。"

多事的 1974 年

在英特尔成立的最初几年，几乎没有人会拒绝去那里工作的机会。然而，罗杰·博诺沃伊却是那少数人之一。他曾是罗尔斯公司的一名初级成员，罗尔斯律师突然辞世后，博诺沃伊临危受命，带领仙童的律师团队帮助诺伊斯争取集成电路的专利。不过，在诺伊斯向他发出邀请时，他觉得初创公司并不适合他的发展，并半开玩笑地对诺伊斯说，英特尔在一段时间内不需要这么能干的律师，也许等几年再说吧。

于是，在英特尔上市三年后，诺伊斯又向他发出了邀请。博诺沃伊也随之欣然应邀。报到前，他决定在家里先休息几天。

这时，他意外地接到一个电话。

"罗杰，我是安迪·葛洛夫。"

"嗨，安迪。"博诺沃伊答道。接着，他礼貌地说了几句期待加入英特尔的客气话，并等待葛洛夫也礼节性地做出相应回应。可是，葛洛夫并不是那种圆滑善聊的人，而且他打电话也不是为了欢迎博诺沃伊的到来。

"我要你去解雇泰德。"

"什么？"

博诺沃伊知道当时英特尔法律部门有两名律师。诺伊斯曾告诉他，这两人都将由他领导。此外，博诺沃伊也知道这两人中资历较深的那一位叫泰德·维安，头衔是"公司法律顾问"。维安也许不是一个耀眼的明星律师，但他绝对是一个称职的律师。

"我要你去解雇泰德。你知不知道这个行业刚进入低迷期？要知道，我正在裁减工程师。既然要裁工程师，就不应该聘请律师。如果你想来，你就得解雇他们中间的一人：泰德或另一位。"

"安迪，我从未同泰德共事过。我不认识他啊。"

"我不在乎是哪一个，除非踩在我的尸体上，我们决不能一面增加律师的人数，同时却叫工程师离开。解雇其中一个。"

这事发生得如此突然，博诺沃伊虽然是个见过世面的律师，却真的犹豫起来。当然，他也明白葛洛夫的苦衷，半导体行业正不景气，英特尔也正在裁员。于是，他允诺在上班后立即研究这个问题，但在眼前他真的不可能做任何事。

"我压根不认识那另一位律师，"最后，他这样说，"此外，我真的认为你最好亲自去和泰德谈谈。"

几天后，博诺沃伊律师开始了他在英特尔的第一天工作，他发现泰德·维安现在是英特尔法律部门的唯一成员。原来，葛洛夫已同泰德谈过话，让泰德解雇那另一位律师。

博诺沃伊顶住了葛洛夫的强硬作风，同时也从中察觉了在英特尔内部真正的权力到底在哪里。"从公司开业那天起，安迪就是它的总裁，"他回忆起维安事件时说，"在我的脑子里从未有过任何疑问。安迪是每一个人的老板。他是让事情变得轰轰烈烈的人。"

因此，虽然博诺沃伊在书面上应该直接向诺伊斯报告，但他从一开始就认识到，实际上，他将向葛洛夫报告。"在我踏进大门之前，从接了那通电话的那一天起，我就知道谁是老大了。"

1974年，市场落入衰退，电子业上空乌云密布。英特尔忽然发现，自己在内存芯片的激烈竞争中虽然曾经一马当先，却已越来越力不从心，恐怕一失足就会全军覆没。因此，它不得不接受只有削减开支才能生存这个现实，并在年底开始大规模裁员，解雇了3500名员工中的30%。

实在是当局者迷，英特尔在那时候并没有意识到，其实自己创造的微处理器已经为它开辟了另一片前景无可限量的新天地。"8080确确实实地创造了微处理器市场。4004和8008揭示了它，而8080使之成为现实。"法金回忆道，"随着8080的推出，它真的可以说是改变了人类。与许多深具里程碑意义的发明不同，8080的非凡特性几乎立即就被世界各地等待它到来的数千名工程师认可。

不到一年，它就被设计进了数百种不同的产品里。从此，旧貌换新颜，一切都变得今非昔比了。"

可是，英特尔虽然手里握着这个历史性的新产品，它的决策层却对它的前景半信半疑。葛洛夫也是如此，只把它视为诺伊斯的一个浪费公司资源的个人研究项目，从未把它当回事。因此，在内存芯片项目告急时，他就毫不犹豫地从微处理器项目里调走了霍夫和马佐尔。

结果，帕特里克·哈格蒂又一次抓住了历史性契机，带领德州仪器急起直追。尽管德州仪器发明的第一只微处理器芯片的尺寸是英特尔8080的三倍，他也没有气馁。1974年，德州仪器终于推出了在功能上与英特尔8080相似的TMS-1000。而且，它的价格更便宜。不久后，德州仪器又将TMS-1000设计进了它的另一个革命性产品——袖珍计算器。就这样，德州仪器摇身一变，成了世界上最大的微处理器制造商，它的年收入也是英特尔的六倍。

于是，就像是二十年前的那个曾经在贝尔实验室里坐立不安的肖克利，失望不已且又痛心疾首的法金，宣布他将离开英特尔。

"那是在1974年10月上旬，我决定创办一家新的微处理器公司……归根结底，是因为我辛苦至极，他们却把我所做的一切都视为理所当然。虽然我帮助公司取得了成功，我还是必须为每一件该做的事去极力争取。我为英特尔制成了他们有史以来最快的静态RAM。当然，还有微处理器。然而，我还是花了九个月的时间才说服他们，让我制造8080。不过，真正让我下定决心的是英特尔拿走了我在仙童时代取得的一项发明，他们先告诉我它行不通，当他们发现它行得通时，就为它申请了公司专利。既然如此，为什么还要为一个对我麻木不仁的公司浪费我的精力呢？"

安迪·葛洛夫知道后就把法金叫到他的办公室，用和解的态度要求法金留下来。法金回忆道，"安迪试图用甜言蜜语来说服我留下来。他告诉我，我在英特尔的未来会非常美好。这与平时那个安迪截然相反。但我没有动摇，告诉他，我的主意已定。"

"听到这里，安迪完全变了，几乎变成了一个恶毒的人。我记得他告诉我，'无论你要做什么，你永远不会成功。你将没有任何东西可以告诉你的子孙。'这些话暗示我不会在半导体方面留下任何遗产。我永远不会因为我在英特尔所做的事而受到赞扬。他好像是在诅咒我。"

"我记得自己盯着他，心想，'你这个王八蛋。'但是，我没有勇气当着他的面说出这种话来。我还是太尊重他的权威了。"

就这样，英特尔失去了一位那个时代最伟大的发明家之一。当然，法金也不是一盏省油的灯。他并没有自己一走了之。相反，他不仅带走了嶋正利，还带走了另一位年轻的英特尔才俊拉尔夫·昂格曼[1]，昂格曼在两年前刚加入英特尔，却已晋升为微处理器研发经理。于是，法金就和昂格曼一起在库比蒂诺创立了齐洛格[2]，并先后研发出多款最好的微处理器。

葛洛夫果然说话算话。在半导体这个激烈竞争的小世界里，他与法金偶尔会不期而遇，但葛洛夫再也没有和法金说过一句话。同时，法金的名字也从所有英特尔官方历史记录中消失殆尽。在接下来的三十年里，英特尔出版物、年度报告、网站，甚至连博物馆资料都将微处理器的发明全部归功给了泰德·霍夫一人。非但如此，连马佐尔和嶋正利也都成了英特尔假宣传的歪曲对象，同法金一起被英特尔彻底"遗忘了"。因为对葛洛夫来说，退出英特尔已经罪不可赦，与英特尔竞争更是大逆不道，而那些胆敢两件事都做的人就都必须扔进地狱去让烈火焚烧了。

法金的声誉直到 2009 年，葛洛夫离开英特尔舞台多年后才得到平反。在一部有关诺伊斯和肖克利以及现代硅谷的纪录片《真正的革命者》的首映式上，法金和多年来一直努力为丈夫讨回公道的妻子埃尔维雅一起，应赞助方英特尔的邀请出席了这个活动。当法金在舞台上出现时，观众中的英特尔元老都起立鼓掌向他致意。从此之后，他又重新回到了英特尔的故事中。

1974 年的裁员产生了极其可怕的后果。英特尔的员工们向来以自己的公司为傲，他们坚信英特尔是一家与众不同的新颖公司，也相信自己是精英中的精英，不同凡响，否则，像英特尔这么耀眼的公司，以及像摩尔这样的传奇式科学家，怎么会雇用他们呢？再说，诺伊斯向来信奉"一家人"，他不是以不愿意解雇任何人而备受推崇和信赖的吗？

诺伊斯果真伤心至极，气愤地对一位朋友说："为了华尔街那该死的几个点，我们不得不去摧毁人们的生活。"

时任董事长洛克也回忆说，1974 年的裁员似乎令鲍勃·诺伊斯精神崩溃。于是，他认真考虑了将英特尔与另一家公司合并的可能性。这当然也意味着英

---

[1] 拉尔夫·昂格曼（Ralph Kelley Ungermann, 1942—2015），美国工程师、企业家。他因与法金共同创立 Zilog 以及与查尔斯·巴斯共同创立 Ungermann-Bass 而闻名。由于他在 Ungermann-Bass 工作，他被认为是数据通信行业的创始人。

[2] 齐洛格（Zilog）是一家微处理器、微控制器和专用嵌入式片上系统产品制造商。

特尔的终结，可是毕竟这么做的话，就有可能挽救员工们的工作和英特尔的技术。"鲍勃真的不喜欢指出别人的缺点，不喜欢降他们的职，更不用说是要他们离开了。担任首席执行官的这个方面让鲍勃崩溃。"

因此，绝望中的诺伊斯联系了查尔斯·斯波克，欲将英特尔卖给国家半导体公司。然后，他又将此事告诉了摩尔。摩尔听后，表示他愿意去同查尔斯会面，同时他又向诺伊斯建议说，"我想尝试经营管理英特尔一段时间。"

诺伊斯听后释然，立即应允。那么，英特尔领导层应该如何重组呢？传记作家莱斯利·伯林写道："诺伊斯和摩尔邀请葛洛夫在桑尼维尔一家僻静的餐厅共进午餐。'我觉得，我不能花那么多时间在英特尔，'诺伊斯对葛洛夫说，'你有没有准备好承担更多责任呢？'永远镇定自若的葛洛夫仅停顿片刻就回答，'你可以把这份工作交给我。'"

于是，摩尔转任首席执行官，而葛洛夫则晋升为首席运营官并加入了董事会。阿瑟·洛克很愿意回到自己投资的本职，就欣然将董事长一职让给了诺伊斯。葛洛夫知道虽然在名义上他仍要向诺伊斯汇报，但他真正的上司是摩尔。葛洛夫向来尊重摩尔，把他视为长者。而对如何管理英特尔，摩尔也总是对葛洛夫言听计从。

过去，葛洛夫一直把微处理器视作一个分散公司资源的眼中钉。但是，时过境迁，现在他有了掌管全局的责任和权力，他终于认识到，内存芯片的前景不容乐观，也许微处理器才真是英特尔的希望所在。而英特尔也在1974年的年度报告里告诉股东：内存的业务正在像自由落体般不断下降。因此，随着内存业务和其他电子产品的触底式下滑，微处理器成了英特尔的唯一希望。

管理团队的理想组合

若想了解善于交际的罗伯特·诺伊斯，首先要记住他生来就是一名公理会信徒。他的父亲和两位祖辈都是这个教派的牧师，而该教的核心之一是拒绝形形色色的等级制度。清教徒净化了教会，他们反对一切浮华排场和权威等级，甚至还取消了高高在上的讲坛。而那些将这种反传统的教义传播到美国大平原的人，包括公理会主义者，都秉承了这种精神。

同时人们也要记住，诺伊斯从学生时代起就喜欢无伴奏合唱。每周三晚上，他都会去合唱团参加十二声部合唱的排练。无伴奏合唱曲不依赖主唱和独唱；

复调乐曲将各种声音和旋律融合交织，不分主次。"你的部分取决于其他人，它也总是衬托其他人。"诺伊斯曾经这样解释道。

戈登·摩尔生性朴实无华。他不搞专制，反对对抗，对权力陷阱避而远之。他的性格安静内敛，与诺伊斯正好互补。诺伊斯善于交际，能用他那与生俱来的光环效应影响客户，而敏感温和的摩尔却喜欢待在实验室，用微妙独特的问题或刻意的沉默来引导他的工程师。诺伊斯眼光远大、纵览全局，而摩尔却对细节一丝不苟，尤其是对工程和技术方面的细节。

因此，诺伊斯和摩尔是一对天生的合作伙伴。然而作为领袖，那就要另当别论了。由于他俩都厌恶等级，不愿专横，所以他们都不是那种当断则断的经理。他们也都爱循循善诱，不爱驱使驾驭，所以这两人也都不愿直接面对人与人之间的矛盾和分歧。

于是，就有了安迪·葛洛夫。出生在布达佩斯的犹太人葛洛夫，并不是出身于那种在公理会唱赞美诗的牧师家庭。而且，他生长在法西斯主义不断高涨的中欧，从小就作为一名犹太人学到了关于权威和权力的残酷课程。在他8岁那年，纳粹接管了匈牙利。他父亲很快就被送进集中营，母亲带着他被迫搬进一个拥挤不堪的犹太人公寓。每次出门，葛洛夫必须在胸前佩戴一只黄色的大卫之星来表明犹太身份。一天，他生了病。于是，母亲恳求一位非犹太朋友带来一些做汤的原料。结果，母亲和那位朋友都被逮捕。获释后，葛洛夫随母亲用假身份得到了一个好心朋友的庇护。

二战结束后，一家人总算重新团聚。可惜好景不长，苏联接管了政权。葛洛夫在他的回忆录《游向彼岸》中写道，"到20岁时，我经历了匈牙利法西斯的独裁统治，德国的军事占领，纳粹的最终解决方案，苏联红军围攻布达佩斯，战后几年里的一段混乱民主，高压政权以及被枪口镇压下去的一次民众起义。"可见，这一切与在爱荷华修剪平整的草坪上歌咏的小镇合唱团，以及那些圆润动听的悦耳赞美诗是多么不同，真可谓天壤之别啊！

葛洛夫极其尊崇摩尔。当摩尔告诉葛洛夫关于离开仙童的打算时，葛洛夫立即表示想要跟他一起去。"我真的很尊重他，无论他去哪里我都想跟着去。"葛洛夫说。不过，葛洛夫虽然对摩尔的科研能力和人品钦佩折服，却对他的管理方法不以为然。除了提供温和的建议之外，摩尔几乎不行使任何管理人员的职权。每当争论和冲突发生时，他总是束手无策，在一旁静静观望。"他要么天生就不能，要么就是不愿去做一个经理应当做的事。"葛洛夫无奈地说。与温良的摩尔不同，好斗的葛洛夫向来认为坦诚相待不仅是一个管理人员应有的态度，同时也是一种在生活中不可或缺的美德，值得称赞。

不过，葛洛夫对诺伊斯的管理风格更反感。在仙童，当诺伊斯对一位几次因为醉酒而迟到会议的部门负责人姑息忍让时，葛洛夫怒火中烧。"当我看到鲍勃管理着一家陷入困境的公司时，我与他的交往除了不愉快就是沮丧，"他回忆道，"如果有两个人发生争执，而当大家都指望他做出决定时，他有时会露出一种痛苦的表情说，'也许你应该去解决这个问题。'不过更多时候，他并不这样说，而只是转移话题。"

后来，葛洛夫才明白，其实有效的管理并不只是需要一位强有力的领导。它可以来自高层不同人才的合理组合。就好像是制造金属合金，只要能找到正确的元素配方，就可以生产出刚强的合金。多年后，葛洛夫阅读了彼得·德鲁克[1]的《管理实践》。德鲁克把理想的首席执行官分别描述为一个主外者、一个主内者和一个行动者。这时，葛洛夫恍然大悟，原来这种特质可以体现在一个领导团队中，并不是非要集中在一个人的身上。接着，他又进一步认识到，事实上英特尔正是如此。于是，他复印了有关章节，同时寄给了诺伊斯和摩尔。

阿瑟·洛克也深知领导团队合理组合的重要性。此外，他还强调了英特尔三位首席执行官先后顺序的重要性。他认为，诺伊斯是"一个富有远见的人，他知道怎样激励人，并能在公司起步时向他人传播公司的信念"。一旦做到这一点，英特尔就需要由一位能引领每一波新技术潮流的人来领导，"戈登就是这样一位杰出的科学家，他知道如何推动技术的更新和演变。"然后，当数十家公司开始在同一个市场上激烈竞争时，"我们就需要一位刚强严肃的经理来不屈不挠地奋力推动我们的事业不断向前发展。"葛洛夫正是这样一个人。

IBM 的个人电脑计划

1978 年 6 月，英特尔推出了最新微处理器——8086。将 8 位元的 8080 用户带入了更为完善快捷的 16 位元处理时代。1979 年，英特尔又推出了 8086 的经济版——8088。8088 和 8086 一样，都属于 16 位处理器，所操作的数据具有 16 位元的复杂度。但不同的是，8088 传输数据的机制采用了较为便宜的 8 位元通

---

[1] 彼得·德鲁克（Peter Ferdinand Drucker, 1909—2005），美国管理顾问、教育家和作家，其著作为现代管理理论的哲学和实践基础做出了贡献。

道，所以它的速度稍逊。

厄尔·惠斯通是英特尔在佛罗里达州的一名优秀的销售工程师。为了给最新的产品打开销路，他想到了IBM。虽然蓝色巨人从未向英特尔购买过任何微处理器，但管它呢，试试何妨。于是，他拜访了位于佛罗里达州博卡拉顿的IBM开发中心，并吃惊地遇到了一位意想不到的听众。

在1970年代，IBM凭借其360系列完全主宰了大型计算机市场。但在冰箱大小的小型机市场上，它败给了数字设备公司（DEC）和王安实验室。然而更糟糕的是，在新兴的个人计算机市场上，它似乎又要被甩在后边了。"欲让IBM推出个人电脑就好像是要教大象跳踢踏舞一样。"一位专家更是这样宣称。

不过，IBM的首席执行官弗兰克·卡里[1]并不以为然。他说，世界上最伟大的计算机公司当然可以制造自己的个人计算机。只不过，他又轻声抱怨说，在公司里做任何新事，好像都需要三百人去工作三年。这时，IBM博卡拉顿开发实验室主任比尔·洛[2]开了口。"不，先生，您错了，"他说，"我们可以在一年内完成一个项目。"于是，洛的自信为他争取到了为IBM创建个人电脑的项目。

对在IBM内部发生的这些事，惠斯通当然一无所知。他哪里想到，自己在无意中竟然叩了一个秘密的IBM项目之门。这项目是如此机密，以至于IBM决定将英特尔完全蒙在鼓里。因此，惠斯通虽然幸运地叩开了这个秘密项目的一条门缝，但他和他的应用工程师却根本不知道IBM在建造什么。

一切都是如此神秘。惠斯通回忆："当我们去提供技术支持时，他们会让我们的技术人员站在一块黑色帷幕的一侧，而他们的技术人员和产品原型则在另一侧。我们问一个问题，他们就回答发生了什么。我们真的是在黑暗里尝试解决他们的问题。运气好的话，他们会让我们把手伸过去，在幕布的另一侧摸来摸去，煞费苦心地寻找症结所在。"

当IBM向英特尔要求8088的第二来源时，英特尔才意识到这个项目的重要性。因为，只有当一个组件对某个公司的产品线具有战略意义，使它无法承受供应来源的脱节时，它才会要求第二来源。随着1980年变成1981年，英特尔逐渐开始意识到自己售给IBM的微处理器并不是用于打印机或文字处理机这类产品。原来，世界上最大的计算机公司正在向个人计算机领域进军！

---

1 弗兰克·卡里（Frank T. Cary, 1920—2006），美国高管、商人，1973—1983年任IBM董事长，1973—1981年任首席执行官。

2 比尔·洛（William Cleland Lowe, 1941—2013），曾任IBM高管，被称为"IBM PC之父"。

英特尔从不待见超威半导体，自然不会愿意和它一起分享这个来之不易的果实。可是，市值400亿美元的IBM，是英特尔的20倍，胳膊拧不过大腿。因此，在蓝色巨人的压力下，英特尔只好勉强同意将第二来源的权利交给超威半导体。

英特尔一让步，IBM就与桑德斯接洽，邀请超威半导体就未来微处理器的发展计划去给IBM高层做一个简单介绍。于是，一个由超威副总裁组成的代表团很快就被派往纽约州北部的一个IBM办公楼，向IBM的高管们介绍超威的销售、营销、半导体、芯片和新产品开发的方方面面。没过多久，英特尔也打来电话，询问超威是否愿意谈谈未来的合作。

经过两三次会议，超威慢慢琢磨出滋味来：原来，英特尔想让超威作为它的微处理器的第二来源。这时，桑德斯和他的左右手就都犹豫起来。给英特尔的产品作第二来源当然理想，这无疑会使超威在微处理器市场上占据更有利的地位。可是，桑德斯拿不准葛洛夫的心思，不知道英特尔的这只葫芦里究竟装了什么药。智者多虑。他满腹狐疑地想，如果过两年英特尔突然食言，转而去找法金的齐洛格，那么他不就将成为硅谷的一大笑料了吗？经过反复权衡，桑德斯最后表示，超威愿意加入英特尔的阵营，但这必须是一种长期的合作伙伴关系，而且必须能确保超威在未来很长的一段时间里拥有对英特尔产品更为广泛的权利。

要是在其他情况下，这无异于异想天开。不过，IBM即将推出个人计算机的消息已经泄露出去，不需要天才就能将近来所发生的事与之联系起来。超威明白，英特尔找它作第二来源只有一个原因：IBM的枪口正抵着葛洛夫的脑袋，告诉他只有与桑德斯签约才能让8088进入IBM个人电脑。

看清形势后，桑德斯就有了底气。于是，他直截了当地拒绝为提供第二来源而向英特尔支付任何额外的专利使用费或许可费。理由很简单，因为它的规模还不到英特尔一半，根本负担不起。经过一番周折，双方最终达成了一份有效期为十年的协议；若五年后，任何一方想取消协议，就必须提前一年通知对方。

IBM个人计算机采用英特尔芯片的决定，很快就使英特尔的微处理器产量提高了1000倍，并且使它获得了全面支配微处理器市场的能力。于是，英特尔的事业如日中天，蒸蒸日上。可是，对超威来说，情况就完全不同了。第二来源的交易本来应该让它分得一杯羹，可是事实上，它却陷入了一场与英特尔的旷日持久的法庭诉讼，被逼到了一个濒临崩溃的危险境地。

事实上，英特尔起初并没有认识到赢得 IBM 个人计算机项目会对它产生这么深远的影响。摩尔回忆："在 IBM 的任何设计胜利都是一件大事，但我当然没有意识到这次更重要。而且我相信其他人也都没有想到。"惠斯通回忆道："每年需要一万台就是一个大客户。没有人想到个人电脑业务的规模会增长到每年数千万台。"

当法金得知 IBM 在个人电脑设计中采用了英特尔芯片后，觉得自己就好像是"当头挨了一棒"。他知道完了，一切都完了。

如此，英特尔就成了微处理器市场的唯一赢家。其他半导体芯片公司要么被遗忘，要么被收购，要么急忙去抢利基市场。只有摩托罗拉由于苹果电脑的兴起而得以幸免。

八十年代初的芯片泡沫

1980 年代初是一个不寻常的时期，多种影响深远的新数字产品接二连三地问世：视频游戏，家用游戏机，科学和可编程计算器以及个人电脑。尽管这些产品的功能各不相同，它们却都离不开存储芯片。因此，市场对存储芯片的需求日益高涨，供不应求。世界各地的新兴数字企业制造商，无论是在美国，在欧洲，还是在亚洲，都由于存储芯片的短缺而不得不放缓装配线，甚至停顿。一时间，洛阳纸贵，存储芯片一货难求，在数字产业引起了恐慌。

对存储芯片的恐慌，首先造成了重复订购的现象。一些制造商在英特尔下了第一笔订单，由于交货日期一再拖延，他们就惊慌失措地再下一笔更大的订单，希望以此来引起英特尔的重视。而当这些都不能奏效时，他们就更慌了，就去找其他制造商，在那里订购能与英特尔产品兼容的芯片。

忙中添乱，雪上加霜。这就人为地恶化了存储芯片的状况。尽管半导体行业意识到这种不断高涨的需求里掺入了莫须有的人为因素，但它无法确定问题的深浅。更何况，这是一个自己会不断恶性循环的动态。

对每一个生产厂家来说，产品装配线就好像是那一条条关乎生死存亡的命脉，经不起哪怕一丁点儿的波折。数月过去了，情况仍在不断恶化，不少客户面对这越变越糟的局面就慌乱起来，开始不择手段地寻找存储芯片的替代来源。于是，病急乱投医，他们找到了半导体的灰色市场。

半导体灰色市场大多分散在硅谷的一些小型仓库里。事实上，经营这种仓库的人一开始都是守本分的。他们只是在半导体公司更新产品线时，从那里购买剩余的淘汰产品并将它们保存下来，以便为有特殊需要的企业服务。然而，随着内存需求的急剧增长，灰色市场的掮客突然发现有些新数字公司为了确保其生产线的正常运行，愿意出离奇的高价购买芯片。于是，见钱眼开，一些见利忘义的人就冒起险来。

最早的方法还勉强说得过去。有些头脑灵活的人用各种方法获得被半导体工厂报废而丢弃的存储器废品。然后，对它们逐一测试，将勉强能用的芯片拿出去卖。那时候，有些客户已经是饥不择食，就半推半就地装起糊涂来。只要芯片在他们的产品里勉强过得去，其他就眼开眼闭，不予追究了。

可是不久后，连这种来源也都枯竭了。于是，灰色变成了黑色。在金钱的诱惑下，形形色色的犯罪集团纷纷行动起来。各种居心叵测的人纷纷渗入存储器供应链的方方面面，无孔不入，无所不用其极。

离奇的事接连发生。存储芯片不论好坏都会不翼而飞；背负赌债的员工被勒索后，在上夜班时不锁后门，或耍其他花招，让罪犯钻空子；女工在歹徒的胁迫下，将芯片藏在胸罩里；甚至还有当地帮派成员，因为"狗咬狗"而自相残杀。

存储器的枯竭对远东也造成了冲击，那里的新生消费电子企业同样需要大量的存储芯片。因此，一些亚洲商人提着装满现金的公文包飞抵旧金山机场，奉命不惜代价寻找内存芯片。一次，一个交易的双方，在一家旅馆的两个紧相邻的房间里微微开启了房间之间的一扇内门，以便神不知鬼不觉地通过门缝交换钱和货。可是，双方又都做贼心虚，都不愿意先脱手。于是，他们就在那扇虚掩的门缝里僵持起来，一边用力拉对方的公文包，一边又要紧抓着自己的包不放，同时还要掩住自己的面孔。

科技繁荣及其一夜暴富的前景几乎总是会连带产生一定程度的犯罪和欺诈行为。但它从来没有像1979年至1981年的那个繁荣期那么糟糕。为了满足不断提高的配额，晶圆厂和装配线工人的工作节奏越来越快，步子越跨越大。结果，有些不堪劳苦的人就开始滥用药物来舒缓压力。于是，无孔不入而又唯恐天下不乱的毒贩们就纷纷闻风而来，在公司停车场肆无忌惮地做起交易来。

间谍活动也是此起彼伏。一些外国公司在硅谷半导体工厂附近设立监听站，还有一些国家向硅谷派遣间谍，专门刺探技术情报。

1981年下半年，内存芯片引起的科技泡沫终于破灭，虚假的繁荣导致了数字市场的崩溃。消费和工业电子市场对内存的需求一停滞，购买商就争先恐后地取消订单。可怕的是，他们并不只取消一份订单，而是取消了他们在几个月前因恐慌而下的所有重复订单。因此，一个商人取消的一份订单可能很快就连带变成了四份，而他在其他地方也许还有更多份重复订单。

顿时，芯片生产商如梦方醒，乐极生悲，尝到了恶性循环的苦果。风声鹤唳，英特尔又一次面临风暴，又要接受新一轮的考验和历练。

芯片泡沫破灭，市场一片萧瑟。半导体企业纷纷行动起来，想方设法缩减开支：或裁减员工，或停止建设，有的甚至还推迟或削减研发。英特尔在1974年的那一波危机来临时，也曾是这么做的。它裁减了近三分之一的员工，还停止了一个晶圆工厂的建设。

不过，有时也会有人敢于逆流而上，反其道而行之。1929年，当美国经济大萧条时，IBM总裁沃森就曾知难而进，非但没有裁任何员工，还扩大了生产和研发的规模。同时，他又苦心开导销售人员，让他们动脑筋不断开源。然后，他又将多余的机电制表机存放在仓库里，为经济复苏做准备。后来，IBM幸运地遇到了罗斯福新政，那些堆积在仓库里的机电制表机就都枯木逢春有了用武之地，及时而又有力地推动了罗斯福新政的施行。IBM从此步入坦途，成为蓝色巨人，沃森也成了业界的一个当之无愧的领袖。

无独有偶。面对1981年的风暴，葛洛夫也抛开剧本决心一搏。他宣布，英特尔不但不裁员，而且还要坚持研发、增加生产、全面投资。在阿尔伯克基兴建的一个晶圆工厂也照常施工，并按期在1982年秋竣工。不过，在需求恢复前，新晶圆厂暂不上线。此外，新晶圆厂的聘用和培训计划也不变。新员工培训结束后，先将他们暂时安排在其他部门。

1981年10月，葛洛夫又宣布了一个备受争议的"125%解决方案"。方案规定：在接下来的六个月里，每个英特尔员工（不包括小时工），每天必须无偿额外工作两小时。硅谷历史学家迈克尔·马龙写道，"在一家每周工作60小时已是常态的公司，'125%解决方案'简直就是一场噩梦。随着冬天的来临，员工们通常在黑暗里上班，又在黑暗里下班。家庭关系为之紧张，工作情绪随之低落。不过，员工们也明白，否则的话，他们也许就会加入其他半导体公司同行的行列，要么在招聘队伍里徘徊，要么在招聘广告前游荡。一些员工更是含蓄地戴上了印着'125%解决方案'的防汗带，以彰显公司的这个'血汗工厂'的新形象。"

当时的硅谷人都还记得：在1974年的那个经济衰退期间，惠普为了不裁员，制定了一个两周工作九天制。作为交换，员工则每两周放弃一天工资。

不管正确与否，英特尔没有退缩。1982年3月，英特尔发布了新一代微处理器——80286。它是第一款专门为个人计算机设计的"现代"微处理器，也是80x86家族的第一个成员。当时，英特尔8086/8088正在为IBM个人电脑提供动力，而80286则将为所有克隆个人计算机提供动力。

80286显著提高了晶体管的数量，从8086的29000只增加到了134000只。同时，它也增加了一系列附加功能，包括：多任务处理，内置内存保护以及实时过程控制。此外，它还突破性地创造了既能"向前兼容"又能"向后兼容"的新特性。由此，英特尔向软件开发商作了一个重大承诺：无论英特尔微处理器将如何变化，它的兼容性将保证为它设计的软件不受影响。

英特尔能够在最严峻的市场和经济形势下及时推出新型微处理器这一事实，彰显了英特尔员工在"125%解决方案"期间的献身精神，以及葛洛夫无所畏惧的斗志。而当克隆个人计算机的先锋康柏电脑决定采用80286时，对于微处理器的竞争就基本结束了。

然而，80286的问世虽然意义重大，但它并未能解英特尔的燃眉之急。英特尔一开始曾假设市场最晚到1982年年中就会重新回升。可是，这并没有发生，而且这低迷的经济似乎还要无限期地延续下去。葛洛夫和他的团队突然认识到，最近雇用的3000名员工实在是为时过早，根本用不上。如果到1983年情况还是这么糟糕的话，英特尔就必须裁员了。

因此，在摩尔的支持下，葛洛夫又行动起来。11月，英特尔宣布全面减薪10%并冻结薪酬至1983年年底。一个月后，英特尔又宣布将公司12%的股份以2.5亿美元的价格卖给了IBM。这是一个双赢的决定：对蓝色巨人来说，为了确保个人计算机的成功，这些钱算不了什么；而对英特尔来说，它获得了足以渡过这个经济难关的资金，解了燃眉之急。

良率先生巴雷特

在英特尔的历史上，1984年是一个整合之年。IBM计划在8月份推出新一代个人电脑，而英特尔也为了回应市场对80286的需求，进一步提高了产量，不但阿尔伯克基的晶圆厂全面投入了生产，英特尔还在东南亚开设了另一家工厂。

也是在这一年，克雷格·巴雷特[1]在英特尔留下了持久的印记。1964年，巴雷特从斯坦福大学获得材料科学博士学位后，曾在丹麦大学担任富布赖特研究员，后来他又在英国做了两年北约博士后研究员。在欧洲的研究结束后，他回到斯坦福大学，在材料科学与工程系任教。在那里，他发表了40多篇关于微观结构对材料性能影响的科技论文，并出版了一本经典教科书《材料工程原理》。1974年，35岁的巴雷特结束了他在学术界的杰出生涯且放弃了斯坦福大学终身教职，来到英特尔。

在半导体芯片生产中，良率一直是一个令人头痛的问题。英特尔也不例外。虽然制造芯片的设备不断更新，生产芯片的工艺也取得了长足的进步，但英特尔在生产新型芯片时，它的淘汰率仍高达50%，甚至更高。这就造成了一个非常矛盾的局面。一方面，行业不景气，英特尔千方百计地紧缩开支，先是不给员工加薪，后来更是削减了每个人的工资。然而，另一方面，英特尔每天都在把花费了巨大人力物力和财力所生产出来的一大部分产品当作废品扔掉。

更严重的是，英特尔芯片的质量也出现了问题。有一次，葛洛夫的一个副手同一名工程师一起拜访了惠普公司在温哥华的一个打印机部门。会谈时，惠普的材料副总裁用手指着那名英特尔工程师，对葛洛夫的副手抱怨道，"你知道，我经常在这里看到这个人，我知道他正试图将英特尔的东西设计到我们的产品里。但我却不遗余力地在设计中剔除这些东西，因为我不愿意像你们这样提供售后服务，更不希望出现像你们这样的质量问题。"

不久后，有关芯片质量的讨论又成了半导体业界的一个更为广泛的话题。

1980年3月的一个早晨，一位名叫理查德·W·安德森的美国计算机高管在华盛顿特区的一次行业会议上发表了一篇后来被称为"安德森震撼"的文章。安德森是惠普公司的一个部门经理，正是他——虽然有些不情愿——决定开始为惠普电脑购买日本的存储芯片，并在这次华盛顿会议上分享了他的故事。

"我们在1974年首次在我们的计算机中引入了半导体存储器。那时候，我们所有的存储器都来自美国供应商。然后在1977年，16K，也就是16千位的RAM开始出现。我所熟悉的首批产品来自美国供应商，我们赶紧把这种设计引入我们的产品线中……"

"然而，在产品引入几个月后，一直与我们合作的那个美国供应商发现，要

---

[1] 克雷格·巴雷特（Craig R. Barrett, 1939—   ），美国国家工程院院士，企业高管。1998—2005年任英特尔首席执行官。2005—2009年任英特尔董事会主席。

么是由于产量，要么是由于产能，他们无法满足我们的数量需求，这就使我们陷入两难。因此，经过一番痛苦思考后，我们决定与一家日本公司谈谈，一段时间以来，这家公司一直打电话和我们联系，并一直向我们推荐他们的存储器产品。我想首先声明的是，我们采取了非常谨慎的态度，因为我们对二战后日本产品的印象还记忆犹新，也就是说，它们便宜、成本低、质量差。因此，我们的工程师进行了非常严格的资格认证；我们惊喜地发现，它们通过了认证。"

安德森接着说，随着时间的推移，他从这家日本公司购买了越来越多的芯片。尽管这一事实并没有立即显现出来，但惠普逐渐意识到日本的存储电路存在显著差异。他说道："我们在进货检验中发现的故障减少了；在生产周期中发生的故障减少了；在客户手中出现的产品故障也减少了……不仅质量好，实际上还优于我们以往与国内供应商合作的经验。"

"然后到了1979年，"安德森继续说道，"一场真正的市场紧缩打击了内存供应商，尤其是美国制造商……我们发现供应不足。所以我们又回到日本，为我负责的产品线额外认证了两家日本供应商。又经历了同样体验：卓越的品质。"

接着，安德森又补充道，惠普对比了大约30万只存储芯片的性能记录，其中一半来自三家日本供应商，另一半来自三家美国制造商。结果数据显示，三家日本公司的产品的质量均高于最好的美国制造商。"所以，这是一组显著的统计数据，我想对于美国供应商来说，这可能也是令人担忧的统计数据。"安德森说道。

许多美国工程师在1950年代形成了他们对于日本产品的偏见，认为"日本制造"是廉价和俗气的代名词。甚至在1970年代，硅谷还流行着一种观点：你可以毫无顾虑地将你的技术授权给任何一家日本公司。因为你知道，日本人永远无法做出像样的东西来威胁你。此外，美国公司也一直相信糟糕的芯片质量是半导体生产的性质所然，是无法避免的。

然而，安德森陈述的事实胜于雄辩。日本半导体同行用他们的成果彻底戳穿了这些自欺欺人的鬼话。一石激起千层浪，安德森的报告在美国的半导体业界引起了巨大反响和震动。同时，它也引起了巴雷特的重视。

他回忆道，"简而言之，我们的所有结果——良率、产出时间、资本化——都非常糟糕。"同时，他也认识到英特尔必须重新回到原点，从最根本的地方入手来解决质量问题。于是，"我们制定了更高标准，我们对工程人员进行了用统计方法来控制工序这方面的培训，我们更加注重设备的选择和管理，我们也更进一步推动了技术的发展。"

巴雷特在研究良率时逐渐形成了一个"准确复制"的想法，就是将一个地方的成功经验和设施配备准确无误地推广到其他地方。"我的想法是从麦当劳那里得到的，"他回忆道，"我问自己，为什么无论去哪里，麦当劳炸薯条的味道都是相同的呢？我告诉我的人说，'我们要成为半导体行业的麦当劳。'"也就是说，巴雷特想先在小范围内找到提高产品质量的最佳设备和工艺，然后再像麦当劳那样，将成功的范例"准确复制"到英特尔的每一条生产线上去。

资深副总裁格里·帕克也回忆道："我们一直为能够在工厂里不断提高制造工艺引以为豪。不过，用中断生产的方式来调整工艺流程的代价显然太大。因此，我们在1985年将晶圆五厂转变成一个技术开发设施。当我们在那里找到一个能够提高良率的新工艺时，世界各地的制造团队都必须准确无误地复制这个工艺。"

结果，巴雷特的方法奏效了。没过几年，英特尔的成品率就上升到了80%，设备利用率也从以往的区区20%，提升到了惊人的60%。因此，就英特尔财务而言，除了微处理器的发明之外，没有任何一个想法对公司的贡献能与巴雷特的"准确复制"相比。

事实上，巴雷特的这个贡献也远远超出了英特尔的经济范畴。从此，美国芯片企业都不再需要为自己的低良率而唉声叹气了。它们都纷纷效仿英特尔的成功经验，生产出了具有竞争力的半导体装置。

因此，巴雷特在1980年代不仅拯救了英特尔，而且也拯救了美国的半导体行业。所以，巴雷特博士也就成了英特尔的一颗耀眼亮丽的明星。

定睛微处理器

英特尔以可喜的16亿美元收入向1984年告别，前几年的牺牲所带来的回报比任何人想象的都要丰厚。可惜好景不长，1984年下半年，英特尔芯片的订单又开始下滑，重新亮起红灯。

这次挑战来自远方，来自日本的芯片公司。一段时间以来，日本大公司对制造存储芯片的工厂投资甚巨。没想到，他们误判了市场对这些芯片的真实需求以及同行间类似投资的规模，从而导致了内存芯片的严重过剩。于是，市场上存储芯片的价格一落千丈。

其实，决策误判只是一部分原因。这次价格下跌还隐藏着另一个更深层、更要命的因素：那就是日本半导体企业为了摧毁美国的半导体公司，悄悄实行了两级定价。由于日本工业客户在购买日本芯片时能得到政府的投资补贴，日本半导体公司就在国内人为地将存储芯片的价格抬高，同时又将在海外销售的相同芯片的价格压到低得令人难以置信的水平。因此，在实质上，这是一场人为操纵的价格战。

结果，大浪淘沙。许多企业或倒闭，或苟延残喘，或被迫淘汰出局，或被兼并。英特尔也深受其害。它曾经以内存芯片起家且精通此道。从15年前诞生那天起，英特尔就一直是存储芯片行业的一个领袖，并能与时俱进、不断创新。而今风云突变，英特尔决策层越来越清楚地认识到，局势已经严重失控，英特尔已经落入一个可怕的内存芯片价格战陷阱。

其实，早在1982年，已有不少英特尔高管对此有所察觉，并曾向葛洛夫和摩尔施压，建议他们退出内存业务的竞争。随着局势的恶化，管理层的这个呼声也变得更强烈更急迫。可是，英特尔毕竟是一家由这两个创始人亲手缔造的内存公司，这个问题对他俩来说实在是太沉重了。因此，他们一直对此举棋不定，犹豫不决。

葛洛夫回忆道："然而在1984年秋天，一切都变了。业务持续放缓，似乎没有人再愿意买芯片了。那些积压的订单忽然像春雪般消融殆尽。经过一段时间的怀疑之后，我们开始削减产量。可是，由于长时间的扩张，我们未能以与市场下滑相应的速度减产。即使我们的业务急剧收缩，我们仍在增加库存。"

摩尔对此也回忆道："我们从一开始就从事内存业务，这是我们尝试的第一个产品领域。总的来说，我们在这方面做得相当成功。可是有两代产品，我们没有做好，从而失去了领先地位。不过，我们在研发百万位内存的投入使我们重新获得了领先地位。我们开发了技术，我们也研制出了产品。于是，我们又面临一个新抉择：应不应该为重新成为主要参与者，而再向新建设施投资4亿美元呢？当时，内存行业正在亏损大量资金，看起来产能将永远过剩。难啊，这在情感上真的非常困难。数字就摆在我们面前，看上去获得回报的机会实在不容乐观。"

葛洛夫又回忆道："一段时间以来，为了与日本的高质量、低价格、大批量生产的元件竞争，我们一直在内存上亏钱。由于生意一直很好，我们就坚持寻找那个能给我们带来转机的神奇答案……然而，一旦业务全面放缓，当我们的其他产品不再能弥补这些亏损时，这种损失就真的伤筋动骨了。因此，对于需要寻找一种不同于内存的策略、一种可以止血的策略的想法,就变得越来越紧迫了。"

葛洛夫和摩尔是英特尔内部最后两名仍然设法保留内存业务的领袖,当然他们两人也是最重要的决策者,拥有最后决定权。可是这个话题对他俩来说是那么痛苦,那么伤感情,以至于葛洛夫后来也承认,他几乎提都不想提它。"我们开了一次又一次的会议,互相吵来吵去,结果除了一些相互矛盾的提案之外,什么都没有……与此同时,随着激烈的争论,我们的损失越来越大:1984 年的收入是 16.3 亿美元,1985 年的收入下降到 13.6 亿美元,1986 年的收入又下降到 12.6 亿美元。那都是些严峻而又令人沮丧的年头。在那段时间里,我们努力工作却不知道如何才能使事情变好。我们迷失了方向。我们在死亡的幽谷里徘徊。"

究竟是什么束缚住了英特尔呢?葛洛夫认为原因有二:"首先,内存是我们的'技术驱动力'。就是说,我们总是首先在内存产品上开发和完善我们的技术,因为它们最容易测试。一旦这个技术在存储器上进行了调试,我们就会将其应用于微处理器和其他产品。第二个原因是'全套产品线'法则。因为,我们的销售人员需要完整的产品线才能在客户面前做好工作;如果他们没有完整的产品线,我们的客户就会更愿意与拥有完整产品线的竞争对手开展业务。"

一天,葛洛夫终于意识到,其实只有他和摩尔真正相信这两条理由。于是,他又扪心自问,是不是他们还有一个难以启齿的原因——乌纱帽?如果他们一手抓的内存业务以失败告终,那么董事会会不会就此另请高明呢?"我记得 1985 年年中的某个时候,在这种漫无目的的徘徊持续了将近一年之后,我和戈登·摩尔在办公室里讨论我们所处的困境。我们的情绪非常低落。我看着窗外那只正在远处旋转着的大美洲游乐园的摩天轮,然后转过头来问戈登,'如果我们被踢出去,董事会引进一位新的首席执行官,你想他会怎么做呢?'戈登不假思索就回答道,'他会让我们摆脱内存。'我双眼木呆呆地盯着他,接着说,'那你我二人为何不走出去,然后回来自己这样做呢?'"

比喻归比喻,形势不饶人。摩尔和葛洛夫当断则断,终于做出了退出 DRAM 的决定,令英特尔管理团队大大松了一口气。董事会也为此做了表决。阿瑟·洛克后来说,那次投票是"我作为董事会成员做出的一个最痛苦的决定"。相比之下,诺伊斯毫不犹豫地投了赞成票。他的夫人安·鲍尔斯告诉传记作家伯林:"他认为日本人已经碾压了内存。他希望微处理器能提供另一条出路。"

摩尔伤心地感叹道："英特尔退出了 DRAM。我们曾拥有百分之百的市场。随着时间的推移，我们从百分之百变成了零。"

这个决定虽然得到了英特尔管理层的热烈拥护，但普通员工的态度却截然不同。许多员工的英特尔生涯都是在内存业务中度过的，他们对英特尔内存装置的信心就像他们对自己公司的信念一样。于是，他们都为自己的命运担忧起来。

为人厚道的摩尔回忆道："现在决定退出那么重要的业务，意味着内部必将发生许多事。真的会有数千人，要么被迫重新雇用去做其他事，要么被解雇。我们希望能重新雇用他们。"可是，形势比人强，对于英特尔内存部门的大多数员工来说，摩尔的心愿最终被证明是不现实的。这一次，英特尔共裁了 7200 人，占总员工的三分之一。"这真是一个可怕的过程，"公司项目副总裁迪克·布歇回忆道，"我们并不是解雇不称职的人，他们中的许多人都是资深且又事业有成的。"

1985 年和 1986 年间，英特尔关闭了七家工厂。当时的局势是如此严峻，以至于英特尔高层好几次聚在诺伊斯家的客厅里，秘密讨论"若真的到了那个地步，如何关闭英特尔"。

不过即使如此，英特尔仍有两件法宝：首先是研发，即使在这个最黑暗的时刻，英特尔仍然坚持研发，并始终将其支出维持在公司收入的 30% 的高水平。而且，英特尔还拥有 IBM 个人电脑以及克隆产品的微处理器合同。因此，即使是在这个生死关头，英特尔依然掌握着一件能够克敌制胜的法宝——微处理器。

1985 年 10 月，就在决定退出内存业务的当月，英特尔正式推出 80386 微处理器。为了彰显个人计算机行业的全球性，英特尔决定 386 同时在旧金山、伦敦、巴黎、慕尼黑和东京公开发布。

386 是英特尔的第一只 32 位微处理器，共有 27.5 万只晶体管，比 286 总数多一倍。386 的设计是如此优良，经过多年的调整和更新，它的速度比原来的快了数百倍，直到进入 21 世纪，它仍在嵌入式系统和移动电话中得到广泛使用。

IBM 倾向于再用几年 286，就决定暂缓使用 386。这一来就为形形色色的克隆公司提供了一个宝贵的可乘之机。1986 年 8 月，后起之秀康柏电脑首先推出了第一台基于 386 的个人电脑克隆机。更重要的是，这也为其他克隆公司进入个人计算机市场打下了基础。结果，克隆公司的发展是如此神速，以至于到 1987 年底，IBM 已变成其首创的个人电脑行业中的另一个参与者。

塞翁失马，焉知非福。失去了内存芯片市场的英特尔，一转身又主宰了微处理器市场。不过，美中也有不足。对葛洛夫来说，他面前还有那个形影不离而又让他芒刺在背的超威半导体。在他看来，桑德斯巧妙利用了诺伊斯的那副软心肠以及 IBM 的压力，狡猾地获得了那个 8086 第二来源交易。

如今，诺伊斯早已不是他的顶头上司，蓝色巨人也已今非昔比，被自己的克隆越抛越远，失去了对英特尔的影响力。再说，葛洛夫无论如何也不会允许英特尔重蹈 IBM 的覆辙，去让超威半导体像康柏电脑那样反客为主。因此，他决定先发制人。他认为，自己的公司完全没有理由去喂养那只爬在自己身上贪婪吸吮的寄生虫。更何况，它何止是一只微不足道的虫子，它分明是一个抢走了 15% 市场份额的不折不扣的吸血鬼。

因此，当英特尔推出 80386 时，葛洛夫宣布英特尔是这款微处理器的唯一生产商。"我们不想把芯片放在一只银盘子上，再将它拱手让给其他公司。我们要确保我们应该享有的那份价值丰厚的回报。"同时，英特尔又进一步强调，放弃第二来源是因为那些合同伙伴的产品不符合英特尔标准。

超威当然也不是等闲之辈。当它明白英特尔的真实意图后，就一不做二不休立即决定自行克隆 80386。于是，早有准备的英特尔就走上法庭，向超威半导体提起诉讼。结果，双方就在法庭上大打出手，都恨不得将对方置于死地而后快。

与此同时，英特尔也铆足劲来独自满足市场对微处理器日益增长的需要。葛洛夫写道："我们必须倾全力来满足整个行业的需求。这促使我们想方设法提高制造能力。我们调整了多个内部资源，使得数家工厂和多条流水线能同时生产这种芯片。我们对增产做出了重大承诺，我们没有缩手缩脚。"

令人鼓舞的是，英特尔在这时终于等到了有利的经济形势。1986 年夏，在美日两国共同签署的一份协议中，日本承诺向美国半导体开放它的市场。8 月，英特尔又赢得了与日本巨头 NEC 的一场纠纷，维护了英特尔对其微代码的版权。从而，也给离岸芯片克隆敲响了丧钟。

1987 年初，美国半导体业的订单达到四年来的最高水平。第一季度末，英特尔实现了一年来的首次利润：2550 万美元。雨过天晴，世界各地的英特尔员工纷纷举办"重新赢利"派对，共同庆祝这个来之不易的成果。4 月，为了表彰葛洛夫在艰难岁月里的非凡贡献，董事会在摩尔的推荐下正式任命他为英特尔的首席执行官。摩尔转任董事长，并表示不再参与公司的日常工作。

这是董事会以及摩尔博士的一个重要表态。多年来，葛洛夫一直受着约束。他的头脑和能力广受赞扬，但他的办事方法和冒险精神却时常令人怀疑和担忧。

通过这次提拔，他的董事会和他的导师公开宣布：水到渠成。葛洛夫已经表现出了充分的智慧和冷静，也已经成功带领公司度过了那个最艰难的时期。现在，他理当成为这家价值数十亿美元公司的首席执行官。同时，董事会也投票决定从 IBM 那里悉数回购英特尔股份。

同年，电子界也对葛洛夫的成就表示赞赏。当诺伊斯博士从里根总统手中接过国家技术奖章时，葛洛夫博士也获得了电气电子工程师学会向他颁发的 1987 年工程领导奖。

英特尔的芯

1988 年，英特尔呼啸而出。1987 年，它的收入总计 19 亿美元，比前一年增长了 51%，而且大部分增长发生在下半年，预示着新一轮的繁荣即将到来。

市场对个人计算机的需求不断高涨，一波又一波，后浪推前浪，看似永不止息。于是，80286 芯片就从世界各地的英特尔工厂里喷涌而出。这种需求归功于新应用软件的飞速发展，从文字处理到电子表格到游戏，从政府到企业到家庭，不仅范围广，而且层出不穷，多彩多姿。当然，这一切也都离不开微软开发的视窗操作系统。1985 年 11 月 20 日，微软历史性地首次发布了微软视窗。从此，方便灵活的图形视窗取代了笨拙木讷的文字视屏，计算机也从高大上的政府和科技殿堂来到了普通人家。

然而，就在这一派大好形势下，英特尔发现了一个令人忧心的问题：早在 1985 年，它就发布了 80386，为什么至今还有那么多人仍然在使用仅配置了 80286 芯片的电脑呢？

经过市场调查和分析，英特尔终于认识到：原来，许多消费者和商业客户只用电脑做简单的文字处理和少量的电子表格，他们都觉得没有必要为了更强的中央处理器去花钱更新。再说，中央处理器在普通人心目中也只是一个时髦的技术术语。他们不懂，而且也没有必要去搞清楚中央处理器到底是怎么回事。

针对这种情况，英特尔就对症下药，在 1989 年推出了一个名为"红色大叉"的广告活动。这则广告的内容极其简单，却又令人难以忘怀。在一整页的篇幅里，它只有三个大而黑的数字"286"，一个横穿过这三个数字的红色大叉，以及在右下角的一个小小的英特尔标志。如果没有这个标志，人们也许会以为这是一个来自英特尔对手的恶意攻击。

英特尔企业营销集团副总裁丹尼斯·卡特领导了这场标新立异的广告活动，旨在打破僵局，在半导体芯片和普通人的认知之间建起一座跨越沟壑的桥梁。他说，"英特尔386芯片是一款成功的产品，但它却被深陷在高端市场里。因此它的销量停滞不前，普通人都认为英特尔286中央处理器就够好了。然而，视窗3.0操作系统即将问世，它给人们提供了一个转向32位处理器的令人信服的理由。但是，这个消息未能在市场上广为传播。于是，我们想用一种醒目的方式来传达这个消息，英特尔386 SX中央处理器为进入32位世界提供了一种经济实惠的方式。"

不过，无论英特尔多么渴望将它的信息传达给大众，用亲自诋毁自己的一个现有成功产品的方法来推销其替代品的做法实在是营销中的一大禁忌。谁知道这个行动会不会不仅扼杀了现有产品，而且也扼杀它的替代品乃至毁掉整个公司呢？毕竟，英特尔一半以上的收入都来自286啊。

卡特和葛洛夫当然也都懂得这个道理。卡特回忆："我们担心如果人们不理解这场广告运动，我们很可能就会得不偿失，反而伤害自己。横穿286的红色×旨在吸引注意力，以便排除其他广告的干扰。但它也有可能就此杀死了286，却又不能把人们转移到英特尔386中央处理器上来。所以，微电脑元件集团的总裁大卫·豪斯曾将它称为一场'吃掉自己婴儿'的运动。"

因此，在全面推出"红色大叉"活动之前，英特尔首先在科罗拉多州丹佛市进行了试运行。不出所料，这个广告产生了极好效果。于是，葛洛夫就给整个活动开了绿灯。同时，他也给戈登送了一份备忘录，说："这则广告富有想象力，而且大胆、咄咄逼人，连我都印象深刻。它得到了营销部门头头脑脑的祝福，其中包括被当作冷漠旁观者前来咨询的盖尔巴赫。"不过，"我猜你会讨厌它"。

不过，无论讨厌与否，摩尔为此签了名。"红色大叉"活动也不负众望，取得了巨大成功。不久，消费者就开始将他们的个人计算机称为386机器，就像它是个品牌的名称一样。

光阴如梭，转眼到了1991年。两年前，英特尔推出了80386的替代品80486。然而就像之前的情况一样，486又受到了人们的质疑。更糟糕的是，超威半导体也已在1990年成功构建了自己的386克隆，并且凭借它的性能和价格很快占领了50%以上的386市场。于是，《微处理器报告》就宣称："半导体行业历史上最有价值的垄断即将结束。"

前堵后截。显然，英特尔必须取得80486的胜利，否则后果将不堪设想。

卡特无法忘怀那场"红色大叉"运动。可是，时过境迁，必须有所创新。于是，他就考虑重新设计一个更有创意且内涵更深的新版本，一个能够将计算机内部的英特尔微处理器彰显在大众面前的新标志。

葛洛夫向来勇于创新，就鼓励说，这个想法"非常棒，卡特应该去实现它"。于是，卡特就为寻找一个能够理解他想法的合作伙伴，走访了多家广告公司，并对广告设计师说，"我们需要把处理器在计算机里突显出来。这真的非常重要。它是看不见的。人们对它茫然无知。他们也不认识我们。怎样才能做到这一点呢？"

就这样，他在犹他州盐湖城找到了达林·史密斯·怀特广告公司。结果，"英特尔的芯[1]"应运而生且很快成为商业史上最成功的品牌之一。通过它，英特尔向世人郑重承诺，购买内置英特尔芯片的计算机将保证具备最先进的技术，而且它也能与为英特尔 x86 处理器系列编写的所有软件兼容。

在 1990 年代余下的时间里，"英特尔的芯"成了公司营销活动的重中之重。英特尔亦为之豪爽地投放了 5 亿美元。葛洛夫向来不鸣则已，一鸣惊人。他追求的绝不仅仅是市场上的几个份额，他要全盘通吃。就是说，他要取得一个历史性的胜利，从而在行业中形成一个不可逾越的鸿沟，以至于竞争对手不仅回不来，而且也不知道怎样才能回来。

"英特尔的芯"从此就与个人电脑如影随形，一起席卷全球，一起进入家家户户，一起进入每一个人的心田。当英特尔的对手走进电子产品商店，看到那一排排贴着"英特尔的芯"标记的个人电脑，再打开电视机看到关于这个品牌标志的无休无止的广告时，他们就知道一切都完了。

"英特尔的芯"赢得了人心，英特尔也就征服了世界。两年后，《金融世界》杂志将英特尔列为全球第三大最有价值的品牌。九年后的一份调查发现，英特尔是仅次于可口可乐的全球第二知名工业品牌。

奔腾的芯

1990 年 6 月 3 日，星期天，鲍勃·诺伊斯像往常一样晨泳。他突然感到疲倦就回到屋内，躺在沙发上……没想到，他就这样撒手人寰，与世长辞，享年

---

[1] 英特尔的芯：Intel Inside。

62岁。

对熟悉他的人来说，这简直是不可思议。鲍勃总是那么健康，充满活力。况且，他也正在兴冲冲地筹划着他的下一次滑雪旅行，为他的另一个伟大冒险做着准备。他怎么会突然就死于心脏病呢？杰瑞·桑德斯伤心地落了泪，史蒂夫·乔布斯也哀伤心碎。摩尔更是如此，甚至在一年后只要一谈到他的这位挚友，就会热泪盈眶，说不出话来。

布什总统打电话给诺伊斯的遗孀安·鲍尔斯表示哀悼，好像诺伊斯是一位国家元首。20多位参众议员在国会记录中留下了悼词。国防部长和未来的副总统迪克·切尼称诺伊斯为"国家的财富"。苹果计算机的官方评论真挚地写道："他是这个山谷中的巨人之一，他为我们所想要成为的一切提供了榜样和灵感。他是一个终极发明家，终极叛逆者，终极企业家。"

1990年代是电子业历史上最奇怪、最不寻常也最令人振奋的十年。在那期间，商业周期消失了，电子业在没有收缩和裁员的情况下突飞猛进。当科技行业在五光十色的泡沫中不断膨胀时，科技人兴高采烈，甚至忘乎所以。他们根本顾不得暂停喘息，更不愿意重组重建。

毋庸置疑，这荣景来自日新月异的互联网。然而，互联网离不开个人电脑，而电脑靠的是芯片。可见，芯片才是核心的核心，关键的关键。

1993年3月，英特尔发布了它的第五代微处理器——奔腾[1]。照常理，这款x86微处理器本该命名为80586或586。但是在不久前的一项法院判决中，法官否决了英特尔为数字设置版权的要求。因此，这就迫使英特尔去寻找更有创意的名称。

在奔腾的互联网时代，奔腾芯片真的就奔腾起来。它不仅成全了英特尔的梦想，而且也为互联网提供了它所需要的一切。就其采用率和规模以及文化影响力而言，英特尔奔腾可能是有史以来最成功的一款微处理器。当一期《财富》杂志以"新计算机革命"作为它的封面标题时，它的封面特写照片就是将这个标题文字叠加在一只奔腾芯片之上。

然而，"祸兮，福之所倚；福兮，祸之所伏"。互联网也不例外，它也是一把双刃剑。1994年10月里的一天，由于位于加州福尔瑟姆的英特尔客服中心的一名技术支持员对一个客户电话处理不当，结果一石激起千层浪，引起了一连

---

[1] 奔腾（Pentium）是英特尔于1993年3月22日推出的第五代x86微处理器。

串出人意料的连带事件。两个月后，当尘埃落定时，英特尔损失了近5亿美元。

事情是这样的。

来电者自我介绍，说他是弗吉尼亚州林奇堡学院数学系的托马斯·尼斯利[1]。接着，尼斯利教授说，当他在一组计算机上做有关素数研究的计算时，得到了一些反常的结果。更确切地说，就是他的电脑在做1除以824633702441时，得出了错误答案。

尼斯利温文尔雅，却又绝对自信。他解释说，他已检查了自己编写的程序，也反复核对了数据和软件，甚至还没完没了地重启电脑。另外，他也清除了硬盘里的一大堆不必要程序，以防它们影响计算。不仅如此，他还在一家计算机商店里的一台机器上核对。但是，所有结果都指向同一个出错根源——奔腾芯片。总之，奔腾的数学计算有毛病。

在理想状况下，尼斯利的电话应该被立即转接给奔腾团队内部的专家。尼斯利是一名数学教授，不是个玩电脑游戏的青少年。他已确定这个问题与微处理器本身有关。而且，他在做了足够多的核对测试后，初步证明这个英特尔旗舰芯片的内部存在瑕疵。然而，与尼斯利交谈的那位英特尔工作人员并没有谨慎地将这通电话列为高度优先事项。他只是含含糊糊地对尼斯利说，芯片没有问题，一定是你的计算机系统的其他部分出了问题，然后又说，公司会回复你。

其实，对这一类电话，英特尔真的不感到特别意外。就像汽车在推出新车型时，时常会发生窗户上下不顺畅或门缝不密封之类的小毛病，每一代微芯片问世时出现小错误也不是什么新鲜事。通常在发现问题后，英特尔会先通知他们的商业客户，然后在下一代芯片研发中加以修复。因此，英特尔并没有否认尼斯利教授的说法，只是将其视为一个不那么重要的孤立事件。

然而，接下来发生的事就完全让英特尔措手不及了。

六天后，尼斯利教授不再等待英特尔的回电。他想，一定还有人遇到过这个问题。于是，他就给他的朋友和同行发了电子邮件，一一询问。尼斯利的一个熟人在了解了情况后也像他一样吃惊，就在一个有着2000万用户的电子公告板上留言，询问是否有人遇到过这个问题。

"接着，"尼斯利回忆道，"就好像星火燎原。"不到一周，就有100多人在他们的奔腾计算机上尝试了尼斯利的计算。同样，他们也都惊讶地发现那只大

---

[1] 托马斯·尼斯利（Thomas Ray Nicely，1943—2019），美国林奇堡学院（现林奇堡大学）数学教授，以数论领域的研究而闻名。

吹大擂的新型芯片居然连除法都做不对！

于是，这个故事立刻就成了互联网上第一批最伟大的段子之一在网络上疯狂发酵，并迅速传染大众媒体。而且，它真的具有一个精彩段子的所有佐料：小人物大卫对抗商业巨人歌利亚的大无畏精神；对于将人的生命乃至人类的命运交托给电子和计算机的无限恐惧；对高科技奇才的那种盲目崇拜和无端妒忌；凡此种种，不一而足。《华尔街日报》认识到奔腾的漏洞和英特尔的冷漠有可能置这家巨型公司于危险之中，就决定日复一日地报道这个故事，并为它的读者准备了一个问与答的专栏。《新闻周刊》也写道："似乎一夜之间，计算机世界发起疯来。如果英特尔隐瞒这个缺陷，那么技术人员都会推测，究竟还会有多少其他缺陷呢？结果，一些英特尔芯片的顾客和计算机制造商也都激动起来。一个世界上最大的公司的高管说，'我很不满意'，英特尔的沉默是'掩盖真相'，英特尔'必须立即开诚布公'。"

其实，英特尔并没有对尼斯利教授的询问置若罔闻，而且也已确认了这个问题。不过，它的内部调查同时又认为这种情况极其罕见，没有必要立即采取行动。因为，这仅是一个在每 90 亿次除法操作中出现一次的舍入误差。

可见，当英特尔调查人员选择像以往那样对待奔腾的这个缺陷时，他们只是用工程师的方法来对待一个具体的技术问题。他们并没有意识到，自己的芯片所打造出来的互联网时代已经对社会产生了多么深刻的影响。其实，那数以百万计的个人电脑消费者根本不关心数学概率。他们所担心的是，到底能不能信任自己的计算机，尤其是那些贴着"英特尔的芯"的个人电脑。当人们无法从英特尔那里即刻得到令人满意的答复时，他们就把英特尔的行为视为背叛了。因此，这些小人物就一起使用了互联网赋予他们的神圣新权力。因为，他们再也不需要像以往那样无可奈何地窃窃私语了，相反，他们都要用来之不易的新发言权，捍卫自己的权利。

在排山倒海的网络攻势的压力下，英特尔终于让了步，给尼斯利送去了几只新奔腾芯片。但是，精灵早已越瓶而出，仅对拿着软木塞的人示好是不会把精灵重新装回瓶子里去的。于是，这事就越变越大，越变越离奇了。

对英特尔来说，这简直就像一场醒也醒不过来的噩梦。技术优势和企业自豪感向来是英特尔赖以生存的两大支柱，同时也是葛洛夫衡量自己的标杆。现在，它们都受到了无休无止的无情攻击。

令人啼笑皆非的网络笑话甚嚣尘上，此起彼伏。

问：贴在奔腾计算机上的标签"英特尔的芯"的另一个名称是什么？

答：警示标志。

新标签："英特尔的芯/勿做除法"。

另一则笑话：

问：为什么英特尔不把奔腾称作 586？

答：因为他们在第一只奔腾上把 486 与 100 相加，得到了 585.99999。

硅谷的一位匿名高管感叹道："英特尔显然未能意识到，它不仅进入了一个新市场，而且也进入了一个新的文化维度——更快、更肤浅、口味更变幻无常。在这个世界里，事实往往让位于情绪、大众恐慌……"

与此同时，英特尔的所有反应不仅迟钝，而且往往是适得其反的。它同意更换一部分坏芯片，但仅限于那些应用程序最有可能遇到这个错误的客户，而不是那些虽然搞不懂这个错误却又被这个错误吓坏了的普通用户。英特尔不明白市场和广大消费者要的不是小修小补，而是要立即根除这个问题。所以，它抵制了外界要求它全面召回所有奔腾处理器的呼声。相反，它继续制造这款有缺陷的芯片，就像什么事都没有发生过一样。

11 月 22 日，葛洛夫在斯坦福大学商学院讲课时，接到一个紧急电话。英特尔的传媒通信主管告诉他，CNN 电视台的工作人员准备来英特尔。他们听说了奔腾处理器上的浮点缺陷，并将播出这个故事。

当天晚上，CNN 果然播出了它的报道。

主持人简·霍普金斯：英特尔的股票今天下跌一又八分之三点，以六十四又四分之三收盘。今天有消息称，它最先进的奔腾芯片里存在一个错误。英特尔首次承认，它在夏天就知道了这个缺陷。史蒂夫·杨一直在跟踪这个故事。史蒂夫，如果英特尔已经知道几个月了，那么它的客户呢？

史蒂夫·杨：情况是这样，简，这则消息大约两周前开始在高端奔腾用户中传播开来。英特尔表示，它的普通客户永远不会注意到这个问题，但越来越多的英特尔客户对英特尔处理这种情况的方式感到不安。英特尔承认其奔腾微处理器自 1993 年 3 月发货以来就有一个微妙的错误。在极少数情况下，奔腾的这个缺陷会导致复杂的数学计算出错。英特尔表示，它在今年夏天早些时候发现了这个问题，并在大约两个月前将它排除了。这意味着该错误至少存在于 200 万只芯片中。但英特尔表示，这是普通用户每 27000 年才会遇到一次的问题，实在是一个不可能事件。

杨接着说：英特尔表示它只收到一个投诉，但 CNN 商业新闻记者已经同从科学家到政府的十几位奔腾客户作过交谈，他们表示自己已经失去信心，而且互联网上有数百条令人担忧的消息……英特尔未发布召回奔腾的通知。它说，如果哪一位担心的客户想要更换芯片，英特尔会核实这个客户是否真的需要。位于加州帕萨迪纳市的那所担任研发无人航天器任务的喷气推进实验室，在接到科学家的内部投诉后，正在讨论是否继续依赖奔腾个人计算机。英特尔已在其品牌忠诚度活动上花费了数千万美元。然而，它在互联网和商业杂志上面临的这个人际关系问题，很可能会蔓延到主流媒体上来。这一事件可能会削弱英特尔将奔腾定位为首款适合于科学工作站的芯片的能力……

在福尔瑟姆的英特尔客服中心，电话灯在 CNN 的报道播出后几分钟就开始闪烁不停。第二天，该中心已超负荷运转。来电量从每天 1500 个激增至近 7000 个。愤怒的电话如潮水一般涌来，导致整个福尔瑟姆中心无法正常打入和拨出电话。

葛洛夫坚信自己是对的。奔腾的这个漏洞实在太罕见了，以至于它对 99.99% 的英特尔客户来说是毫无意义的。因此，没有必要为这些客户去浪费数百万美元，免费更换他们的芯片。作为一名科学博士，葛洛夫相信英特尔没有做错任何事。而且他的理性也告诉他，不能屈服于市场上的那些层出不穷的近乎歇斯底里的情绪。

"我在这个行业工作了 30 年，从英特尔成立之初就在英特尔工作，我在一些非常困难的商业环境中幸存下来。但这次截然不同，比其他的考验要严峻得多。事实就是如此，这是一片陌生而又险恶的土地。白天我不停工作，但当我回到家时，心情就会沉重起来。我觉得满目疮痍，四面楚歌。怎么会到了这个地步呢？"葛洛夫回忆道。

许多硅谷的人相信，葛洛夫的自负不会让他屈服于那种他认为是非理性的愚蠢行为，除非董事会介入，否则他会带着英特尔顽抗到底。在繁荣时，葛洛夫是一个了不起的首席执行官。在萧条时，他也是一个出色的领袖。但是，很少有人相信他能正确应对这些在这么大规模上表现出来的人类弱点。

不过，诸如"毫不留情的竞争者"以及"冷酷无情的老板"这类名声，掩盖了葛洛夫的其他优点。事实上，他不但善于吸取经验教训，而且也能在事实面前作出勇敢抉择。就像他曾经毅然放弃内存芯片，转而全心全意开发微处理器那样。

随着奔腾危机的恶化，葛洛夫在他的隔间附近设立了一个"作战室"。葛洛夫和他的助手们每天聚在那里讨论策略，但却收效甚微。

葛洛夫回忆："然后是 12 月 12 日，星期一。早上 8 点，我走进办公室，在我助理留下的一个电话留言小夹子里,有一张折叠着的电脑打印件。正如突发新闻那样,它只有一个标题。大致说:IBM 停止了所有基于奔腾计算机的发货……顿时,四面八方的电话响个不停。我们的热线来电数量激增。我们的其他客户都想知道究竟发生了什么事。一周前还很平和理智的语气,现在变得困惑和焦虑。我们全面进入防守状态。"

他又回忆道:"周一,也就是 12 月 19 日,我们彻底改变了自己的政策。我们决定为所有想要更换的人更换部件,无论他们是在做简单的统计分析还是在玩电脑游戏。这是一个艰难的决定。到那时为止,我们已经发送了数百万只这样的芯片,我们猜不到其中究竟有多少会回来,也许只有很少,也可能是全部。"

那天,英特尔董事也召开了一个紧急董事会会议,正式推翻旧政策。他们决定在市场收盘后再宣布这个决定,并安排在第二天清晨为股票分析师召开一个电话会议。英特尔估计这笔费用将达 4.75 亿美元。最后,英特尔又宣布,今后它将立即向外界公布在未来微处理器里发现的任何缺陷。

通过这个事件,葛洛夫意识到良好的管理、巧妙的营销和无情的竞争在互联网新时代是不够的。在半导体这个精密的工程领域里,致命的威胁随时随地都可能会从天而降。因此,英特尔必须警醒,必须时刻保持清醒的头脑和谦逊的态度。

葛洛夫急流勇退

虽然奔腾瑕疵引起的风暴渐行渐远,但葛洛夫和他周围的人都知道,1995 年将会是一个艰难之年。桑德斯已承诺超威半导体将在 1995 年推出奔腾的竞争产品。另外,还有一个时隐时现的威胁又一次抬头。那就是,一种使用了与英特尔 x86 完全不同架构的另一类微处理器的问世,它可能会后来居上,席卷半导体市场。

这是因为苹果、IBM 和摩托罗拉组成了一个新联盟——AIM 联盟,并推出了一种崭新的微处理器——PowerPC 601。它采用的 RISC[1] 架构与 x86 的 CISC[2]

---

1 RISC,Reduced Instruction Set Computer,精简指令集计算机。
2 CISC,Complex Instruction Set Computer,复杂指令集计算机。

架构完全不同，它的性能可以和奔腾相匹敌，而它的价格只有奔腾的一半。凭借摩托罗拉在芯片制造上的丰富经验，IBM 在计算机领域的巨大营销能力，以及苹果在优雅设计和易用性上的卓越声誉，PowerPC 一问世就震撼市场，成为英特尔芯片的最强劲对手。此外，由于不少专家认为 RISC 架构在理论上比 CISC 更优越、更有前途，PowerPC 的威胁就更胜过超威这类公司的克隆产品了。

不过世事难料，PowerPC 的发展并没有像专家们预期的那么理想。当 AIM 联盟试图构建一款在性能上比奔腾高出 60% 的新型芯片 PowerPC 604 时，它的努力并没有成功。试想英特尔在这一路上走过来的曲折经历，再想想去年奔腾所遭受的挫折，结果，当它正式出货时，它的性能仅比奔腾芯片高出 15%。

另外，由于苹果很少让其他制造商生产与它的产品兼容的硬件，使得苹果电脑的价格过于昂贵，因此，苹果的这种软硬件通吃的策略，反而削弱了它在个人计算机市场上的竞争力。尽管苹果在出版和图形设计这些方面的表现卓越亮丽，果粉更是忠诚如一，事实却越来越清楚地表明，苹果电脑不可能突破 10% 的市场份额，这样，它也就无法撼动英特尔和微软在个人电脑市场上的绝对统治地位。

此消彼长。这时，英特尔却捷报频传。它发明了一种能显著提高芯片速度的新工艺，将最高规格奔腾的时钟速度从 100 兆赫提高到 120 兆赫，继而又增加到了 133 兆赫。于是，奔腾产品系列的价格也跟着一降再降。接着，英特尔又快马加鞭推出了高能奔腾[1]。高能奔腾的晶体管数量首次突破 500 万只，被广泛用于动力服务器以及工程工作站这一类高端产品，从而为公司带来了 80% 以上的丰厚利润率。不仅如此，高能奔腾还锦上添花，一举夺得了世界上最快芯片的桂冠，为 CISC 架构芯片赢得了一个决定性的胜利。

相比之下，超威半导体的情况却不如人意。它虽然在 1995 年销售了超过 900 万只微处理器，但绝大多数是 486 等级的芯片。原定于 1995 年夏推出的 K5 芯片，在发现它无法达到比奔腾性能高出 30% 的公开目标后，它的发布时间就被一拖再拖。

在英特尔完美执行力的对照下，超威显得步履蹒跚，不堪重负。不过，英特尔本身也正在发生深刻变化。与 AIM 联盟的竞争让它越来越清楚地认识到，未来成长的关键并不在于把 x86 克隆对手逼得走投无路，而应该是竭尽全力地

---

[1] 高能奔腾（Pentium Pro）是英特尔开发和制造的第六代 x86 微处理器。

不断提高 x86 芯片在整个个人电脑市场上的占有率。于是，英特尔就在 1995 年 1 月宣布结束与超威半导体的长期斗争，并且与超威一起决定放弃所有未决法律案件，不再为以往发生的任何事提出新诉讼。同时，双方还同意重新拟定一份新的专利交叉许可协议。

令硅谷媒体着迷的是究竟是哪家公司先眨了眼。于是，他们就在双方交易的附带文件里寻找蛛丝马迹：按照仲裁员的要求，英特尔为一个 386 旧案向超威支付了 1800 万美元，而超威也因侵犯了一个在 486 芯片中使用的在线仿真器专利而向英特尔支付了 5800 万美元。

内行看门道，支票上的数字其实并不是那么重要。对超威半导体来说，它在法庭上与英特尔年复一年的抗争，每年都要耗费 4000 万美元，而且它也要消耗管理层的宝贵时间和精力。比如在一个关键案件的审理中，桑德斯曾在法庭整整待了一天，口干舌燥地对陪审团苦苦陈述，力图赢得他们的同情和支持。而现在的这份和解协议却能一了百了，将超威彻底地从这些没完没了的法律缠累中解脱出来。而且，英特尔的这份和解书也反映了一个事实：那就是英特尔的法律骚扰策略虽然可以在短期内阻击竞争对手，但它却是与自己的长远利益相违背的。因此，英特尔战胜了自己，决心彻底摆脱那些与超微之间"说不清，理还乱"的恩恩怨怨。

可贵的是，葛洛夫和桑德斯都对此采取了自我克制的态度。由于这两人之间的矛盾实在太深太激烈，和解双方的总法律顾问就决定退而求其次，将谈判降到两家公司的首席运营官级别。当协议最终完成并公布后，桑德斯曾表示愿意捐弃前嫌与他的宿敌握手言和，但是，当记者转而询问葛洛夫时，他却不置可否。

1996 年 11 月，葛洛夫在计算机行业最重要的一个贸易展览会上发表了主题演讲。他的演讲与其说是一个单纯的演说，不如说是一场载歌载舞的多媒体演示。凭借最优质的视频和音响，葛洛夫生动而又令人信服地陈述了自英特尔 4004 在四分之一个世纪之前问世以来，电子技术取得了多么巨大的进步。同时，这个演讲也反映了葛洛夫本人在这期间走得有多远。1970 年代的那个戴着厚眼镜、金项链、怒发冲冠的葛洛夫变成了一个 1996 年版的新人：衣着得体，皮肤黝黑，饶有异国情调的他乡口音，还有那如同山地自行车运动员一般的精瘦身材。

显然，葛洛夫已不再是那个诚挚而又不善交际的物理学家，也不再是那个知道如何让半导体工厂顺利运转却又在秘书哭哭啼啼时不知所措的工程师。如今，他已成为一个不折不扣的名人。一个不但登上了商业杂志的封面，而且还备受英特尔股东和员工尊崇的人。

1996 年，《财富》杂志在发现葛洛夫正在接受前列腺癌的治疗后，请他介绍是怎么发现肿瘤并如何寻找和研究对策的。于是，在一篇题为《我们不情愿的作者挺身而出》的文章里，作者附上了葛洛夫写的一篇 7000 字自述，并向他致意："《财富》杂志很荣幸他选择我们的杂志，来作为他评论自己疾病的讲坛。"

1997 年 12 月 23 日，正值晶体管发明五十周年之际，美国人早晨醒来，发现安迪·葛洛夫被评为《时代》杂志的年度人物，得以与当代一些最伟大的人物一起分享这个不寻常的荣誉。总编辑沃尔特·艾萨克森[1]在他亲自撰写的主题文章里指出，在这一年的大新闻中，最大的那条新闻应该是"新经济"。然而，这个新经济的核心是"微芯片"，而微芯片行业的核心是安迪·葛洛夫。

实至名归，功成名就。匈牙利犹太难民葛洛夫成为当代最有权势也最受尊敬的商业领袖之一。在他的领导下，他的公司发展得比以往任何一家大公司都快，他的公司也为全世界提供了 80% 以上的微处理器。不仅如此，葛洛夫也是一个畅销书作家。他在著作中向世人谆谆告诫说："成功滋生自满。自满导致失败。只有偏执狂才能生存。"

1998 年 3 月 26 日，61 岁的葛洛夫急流勇退，辞去了英特尔首席执行官一职。首席运营官克雷格·巴雷特被任命为英特尔的第四任首席执行官，葛洛夫任公司董事长，摩尔任名誉董事长。

诺伊斯-摩尔-葛洛夫时代就此落幕，英特尔掀开了新的篇章。

---

[1] 沃尔特·艾萨克森（Walter Seff Isaacson, 1952— ），美国著名传记作家，传主包括本杰明·富兰克林、阿尔伯特·爱因斯坦、史蒂夫·乔布斯和埃隆·马斯克。

第七章

苹果电脑

史蒂夫·乔布斯

1955年初，乔安妮·希布尔怀着身孕前往旧金山。在那里，她得到一位好心医生的照料。该医生为未婚母亲提供庇护，接生婴儿，并安排封闭收养——孩子不能同亲生父母联系。

乔安妮来自威斯康星州乡村的一个德国裔家庭，在威斯康星大学读研究生时，她爱上了来自叙利亚的助教阿卜杜勒法塔赫·詹达利。1954年夏，乔安妮随穆斯林男友前往叙利亚，在霍姆斯度过了两个月，向男友的家人学习叙利亚烹饪。而当这对情侣回到威州时，乔安妮发现自己怀了孕。由于他俩都是23岁的学生，就决定暂不结婚。

乔安妮对收养人只有一个要求，就是那收养她孩子的人必须是个大学毕业生。因此，那位好心肠的医生就帮她的婴儿找了一个律师家庭。可是，在1955年2月24日，当一个男婴呱呱坠地时，那对夫妇突然打了退堂鼓，说他们想要一个女孩。结果，这个初生婴儿就来到了一个普通人家。

精于机械的高中辍学者保罗和从事簿记员工作的普通妇女克拉拉给他们的新宝宝取名史蒂文·保罗·乔布斯[1]，昵称史蒂夫。

---

[1] 史蒂夫·乔布斯（Steven Paul Jobs，1955—2011），美国商人、发明家和投资者，因共同创立苹果公司而闻名。他也是NeXT的创始人以及皮克斯的董事长和大股东。

当乔安妮失望地发现自己的孩子被寄养给了一对连高中都未毕业的夫妇时，就拒绝在收养文件上签字。结果，僵局一拖就是数周，甚至在婴儿已经被安顿在乔布斯家之后也是如此。不过，乔安妮最后还是让了步，转而要求乔布斯夫妇承诺给一个储蓄账户存款，以便专用于支付孩子将来的大学教育费用。

史蒂夫六七岁时的一天，他同一个住在对马路的小女孩坐在草坪上聊天。"这是不是说你的亲生父母不要你呢？"那女孩儿问。"一时间，我的脑海里如同电闪雷轰，"乔布斯回忆道，"我记得自己跑回屋里，哭了起来。我的父母说，'不，你必须懂。'他们表情诚挚认真，并看着我的眼睛说，'我们特别挑选了你。'他们二人都这么说，还一字一句地为我重复一遍。他们强调了那句话中的每一个词。"

舍弃、选中、特别。这些概念成了乔布斯的一部分，并塑造了他对自我的认知。"知道自己被收养，可能使我更加独立自主，但我从未感到被抛弃。我一直觉得自己很特别。我的父母使我觉得自己很特别。"在谈到保罗和克拉拉时，乔布斯又强调说："他们百分之一千是我的父母。"

在乔布斯上小学前，他母亲就开始教他读书了。不过，早开窍却导致了一些意想不到的问题。"最初几年有点无聊，所以我经常捣蛋。"而且，他也不愿意接受权威。"我遇到了一种以前没有遇到过的权威，我不喜欢它。他们真的几乎抓住了我。他们几乎真的捣毁了我的好奇心。"

乔布斯开始搞恶作剧。起初，他只是耍小聪明，可是到三年级，他的恶作剧就变得有点吓人了。"有一次，我们在瑟曼老师的椅子下引爆了一个爆炸物。她紧张地抽搐了一下。"不难想象，在读完三年级之前，他已被学校送回家过两三次。不过，他父亲在那时已经看出了乔布斯的特别，就用平静而又坚定的口吻对老师说，希望学校也能认识到这些。"看，这不是他的错，"保罗告诉乔布斯的老师，"如果你不能让他感兴趣的话，那是你的错。"

乔布斯四年级的老师伊莫金·希尔是个有见识又有魅力的女士。乔布斯非常感激她，说她是"我生命中的圣人之一"。在观察乔布斯数周后，希尔老师发现奖励才是最好的办法。"一天放学后，她递给我一本数学练习簿，并说，'我想让你把它带回家去做。'我心想，'你疯了吗？'然后，她拿出一根硕大无比的棒棒糖，说，'你若完成它并基本做对的话，我会给你这个，外加5美元。'不到两天我就交了它。"可喜的是，乔布斯很快就不再需要贿赂了。"我只想学习，使她满意。"

作为回报，希尔老师给他买了一套用来磨镜头和制作相机的业余爱好工具包。"我从她那里学到的东西比任何其他老师都多，如果不是她，我肯定会被送进监狱。"同时，这个经历进一步强化了他很特别的信念。"我们班，她只关心我。她在我身上看到了一些东西。"

四年级将要结束时，希尔老师对乔布斯作了测试。"我的分数在初二水平。"他回忆道。现在，不仅乔布斯自己和他的父母，连学校老师也都清楚他在智力上的出类拔萃了。因此，学校破例建议他连跳两级直接升入七年级。不过，乔布斯父母明智地决定让他只跳一级。

乔布斯的青少年成长期正值硅谷突飞猛进。惠普，斯坦福研究园，肖克利半导体，仙童半导体，英特尔，层出不穷，后浪推前浪。"在成长过程中，我从这个地方的历史中得到启发，"乔布斯说，"这让我想成为其中的一部分。"

像大多数硅谷的孩子那样，乔布斯被周围大人的所作所为深深感染。"附近的大多数爸爸都在做非常奇妙的事，比如光伏发电、电池和雷达，"乔布斯回忆道，"我从小就对这些东西情有独钟，并且经常向人请教。"与他家相隔七家的拉里·朗，给少年乔布斯的影响最大。"他是我心目中惠普工程师的典范：既是一个业余无线电行家，又是一名电子专家，"乔布斯回忆说，"他拿来一只碳粒式麦克风、一块电池和一只扬声器，然后把它们放在门前的那条车道上。他和我对着碳粒式麦克风讲话，扬声器就响起了放大的声音。"乔布斯的父亲曾经告诉他，麦克风必须与电子放大器搭配才能扬声。"所以我跑回家，告诉我爸爸他错了。"

有了电子本领，乔布斯的恶作剧就升级到了电子水平。有一次，他给自己家安装了扬声器。由于扬声器也可以当麦克风用，他就在壁橱里构建了一个控制装置，在那里监听其他房间里发生的事。一天晚上，当他戴着耳机在偷听父母的卧室时，被父亲逮了一个正着。

晚上，乔布斯成了拉里·朗家车库里的常客。后来，朗先生把那只让他着迷的碳粒式麦克风送给了他，并把他的兴趣引向业余配套工具包。这种工具包"预先配置了电路板和零部件，并且使用了颜色编码，而它的手册也解释了工作原理"，乔布斯回忆道，"它让你意识到你可以建造和理解任何东西。一旦你制作了几只收音机，那么当你在目录里看到一台电视时就会说，'我也能建造它'，虽然你并没有这个本领。我很幸运，因为当我还是个孩子的时候，我爸和那些配套工具包就使我相信我能造任何东西。"

朗先生还把乔布斯带进了惠普探索者俱乐部。这是一个由15名学生组成的小团体，每周二的晚上在惠普公司餐厅聚会。乔布斯回忆说："他们总是从某个实验室请一名工程师来介绍他的工作。我爸开车送我。我就到了天堂。惠普是发光二极管的鼻祖,所以我们讨论了如何使用它。"乔布斯的父亲当时在一家激光公司工作,所以乔布斯就对激光的话题特别感兴趣。一天晚上,在一次讨论会结束后,他请求惠普的一位激光工程师让他参观全息实验室。

探索者俱乐部鼓励孩子们自己动手,于是乔布斯就自己制作了一只频率计数器,来测量每秒钟电子信号的脉冲数。由于他需要一些惠普生产的零件,就拿起听筒给惠普首席执行官打电话。"那时候没有不公开的号码。所以我找到帕洛阿尔托的比尔·休利特后,就给他家打电话。他接了电话并和我聊了20分钟。他给了我零件,而且他也帮我在制造频率计数器的工厂里找了一份工作。"所以,乔布斯在霍姆斯特德高中的第一个暑假是在那家工厂里度过的。"我爸早上开车送我,晚上再来接我。"

在高中的最后两年里,乔布斯的心智大开,同时他也发现自己站在一个十字路口上,要么成为那种整天沉浸在电子世界里的极客,要么成为那种热衷于文学和创造性工作的人。"我听了很多音乐,我也阅读了更多科技领域以外的书籍——莎士比亚、柏拉图。我喜欢《李尔王》。"

乔布斯还选修了一门后来在硅谷传为美谈的电子课程。老师约翰·麦科勒姆是一名很有才能的前海军飞行员,非常善于用各种方法来激发学生的兴趣。另外,他还有一个塞满了晶体管以及其他各种零件的小储藏室,并经常把钥匙交给他宠信的学生。

作为一名退伍军人,麦科勒姆老师相信纪律并尊重权威。然而,乔布斯却不以为然,而且他也不再掩饰自己对权威的厌恶,常会摆出一种又古怪激烈又冷漠叛逆的模样。麦科勒姆老师后来回忆道:"他通常在一个角落里独自做事,真的不想和我或班上其他人打交道。"因此,老师也从未把小储藏室的钥匙交给他。

有一天,乔布斯需要一只零件,就给底特律的一家制造商打了对方付费电话,告诉对方自己正在设计一种新产品,想测试这种零件。几天后,那只零件由空运送到学校。当麦科勒姆老师追问他究竟是怎么一回事时,乔布斯用挑衅的态度自豪地讲述了他的故事。"我很生气,"麦科勒姆事后说,"我不希望我的学生去做这种事。"然而,乔布斯却不服气地表示:"我没钱打这个电话,而他们有的是钱。"

电子大王沃兹

在麦科勒姆老师的班上读书时,乔布斯与一个已毕业的学长交了朋友。他叫史蒂芬·沃兹尼亚克[1],昵称沃兹。在学校里,沃兹是一个传奇式的电子奇才,也是麦科勒姆老师的得意门生。然而,他虽然几乎比乔布斯大5岁,但在情感和社交上,他仍只是一个高中极客。

沃兹在父亲那里学到很多本领。弗朗西斯·沃兹尼亚克毕业于加州理工学院,在洛克希德公司担任火箭科学家,是一个极其崇尚工程技术的人。"我清楚记得他告诉我,工程是你在这个世界上能达到的最高境界,"沃兹回忆父亲这样说,"那些能够制造对人们有益的电子设备的人,可以把社会提升到新的高度。"

沃兹记得小时候在周末去他父亲的工作场所,在那里见到了各式各样的电子零件。父亲"把它们放在我的桌上,这样我就有东西玩了"。他还入迷地观看父亲如何设法使屏幕上的波形线保持平整,以验证他设计的一条电路。"我看得出,无论我爸做什么都是重要而且有益的。"当沃兹询问电阻器和晶体管的功能时,他的父亲就在黑板上仔细作答。"在解释电阻时,他一直追溯到了原子和电子。在我二年级时,他给我解释了电阻器的工作原理,不是通过方程式,而是让我想象它。"

沃兹的父亲还曾在家里的一块小黑板上,向他解释晶体管:如果在晶体管的一端输入正电压,另一端输出负电压,这其中一定涉及"反相器",就是一种逻辑门。他甚至手把手教沃兹如何用二极管和电阻制作"与门"和"或门",并展示了如果在逻辑门之间放置一个晶体管,以放大信号并将一个门的输出连接到另一个门的输入。

此外,弗朗西斯还向自己的儿子灌输了他对极度膨胀的个人野心的厌恶。因此,沃兹在这方面与乔布斯迥然不同。在2010年的一个苹果产品发布会上,沃兹回忆道,"父亲告诫我,'你总要居中。'"因此,"我不愿同史蒂夫这样的高阶人士共事。我爸是一名工程师,而这正是我的目标。我太敏感害羞,无法成为像史蒂夫那样的商业领袖。"

沃兹变成了一名"电子孩童",智商测试的结果更是高得出奇[2]。但他发现自

---

1 史蒂芬·沃兹尼亚克(Stephen Wozniak,1950—),美国科技企业家、电气工程师、计算机程序员、慈善家和发明家。1976年,他与乔布斯共同创立了苹果电脑公司,并被广泛认为是个人计算机革命最杰出的先驱之一。
2 沃兹在自传中写道:"到了六年级,我在数学和科学上已经非常拔尖,所有人都知道这一点。我接受过智商测试,结果告诉我们,我的智商在200以上。"

己比起去同小姑娘交接眼神,他更善于同晶体管交流,更糟糕的是,由于长时间在电路板前弓背曲腰,他长成了一副矮胖微驼的模样。然而,在乔布斯对碳粒式麦克风感到既困惑又迷恋的年龄,沃兹已经使用晶体管、继电器、灯泡和蜂鸣器构建了一个对讲系统,将六个邻居小朋友的卧室联系在一起;而在乔布斯根据配套工具包组装业余电子装置的年龄,沃兹已经在组装市面上最先进的收音机了。

沃兹在家里浏览了父亲大量的电子学杂志,并对那些有关新型计算机的故事颇感兴趣,尤其是那台功能强大的 ENIAC。他觉得布尔代数亲切自然,也发现计算机原理简单易懂。八年级时,他设计制作了 1 台包括十块电路板、100 只晶体管、200 只二极管以及 200 个电阻器的计算器。之后,他在一个地区性比赛中获得头奖,虽然那次比赛的参赛者包括直到十二年级的高中生。

中小学的那些科学项目,使少年沃兹获得了一个贯穿他整个职业生涯的核心能力:耐心。他回忆道:"耐心往往被严重低估。回想从三年级到八年级到那些项目,我一点点学习,逐步摸索如何组装电子设备,几乎不用翻阅书本。有时候我会想,哇,我真是太幸运了。似乎我的人生被引向了一个极其幸运的方向——从小就学会了一步步完成事情。我学会了不过分担忧最终结果,而是专注于眼前的每一个步骤,并在执行时尽可能做到完美。"

当同龄的小男孩开始去同女孩子约会时,沃兹失望地发现这种事远比设计电路来得复杂。"以前我很吃香,骑自行车什么的,突然间我被社会拒之门外,"他伤感地回忆,"好像在很长一段时间里没有人跟我说话。"

于是,孤独寂寞的沃兹就开始用恶作剧来排解心中那些莫名其妙的郁闷。一天,他制作了一只会像定时炸弹那样滴答滴答作响的电子节拍器。然后,他用胶带把节拍器连同几只大号电池绑在一起,写上"含有炸药",再将它藏在学校的一只储物柜里,并且还精心调节它,使它在储物柜被打开时"滴答"得更快。

当天晚些时候,他被叫去校长办公室。一开始,他想入非非地以为自己又一次获得了学校的最高数学奖。但是,在办公室里迎接他的却是一名警察。原来,校长在看见那只装置后,就勇敢地把它捧在胸前,奔向足球场,然后再屏住气拔去它的电线。听后,天真的沃兹禁不住憨笑起来。于是,他就被送进了少管所,还在那里过了夜。不过即便身陷囹圄,沃兹仍不忘恶搞,教犯人如何解开吊扇的电线,然后对他们说,"把这些电线拉过来,接触到铁栅栏,当狱卒来开栅栏时,他就会被电击!"

1969年秋，沃兹进入科罗拉多大学。大一时，他花了太多时间恶作剧，以至于有几门课未通过，被留校察看。因此在第一个学年后，他转学到了离家不远的德安扎学院。在德安扎愉快度过约一年后的一天，沃兹的朋友比尔·费尔南德斯建议他去认识霍姆斯特德的一个高中生。"他叫史蒂夫。他像你一样欢喜恶搞，而且他也像你一样喜欢制作电子产品。"

　　在硅谷历史上，这也许是自30年前比尔·休利特走进戴维·帕卡德家车库以来的最重要的一次会面。"史蒂夫和我在家门前的人行道上坐了很长时间，分享各自的故事——大多是我们的恶作剧，以及我们做了些什么样的电子设计，"沃兹回忆道，"我们有很多相同之处。通常，我真的很难向别人解释我做了些怎么样的设计，但史蒂夫一听就懂。我喜欢他。他身材消瘦，却瘦而结实，劲头十足。"乔布斯也印象深刻，"沃兹是我遇到的第一个比我更懂电子产品的人。"他接着又说，"我马上就喜欢他了。我比自己的年龄稍成熟一些，而他却小了一点，所以就抵消了。沃兹非常聪明，但在情感上他和我的年龄相仿。"

　　除了对计算机的共同兴趣外，他俩也都热爱音乐。"就音乐而言，那是一段不可思议的时光，"乔布斯回忆道，"这就像生活在那个贝多芬和莫扎特还活着的时代里。真的。人们会那样回顾它。沃兹和我深深沉浸其中。"而且，沃兹还诱发了乔布斯对鲍勃·迪伦的追随和赞美。

　　沃兹曾制作了一只可以发射电视信号的袖珍装置。于是，他就经常带着那只装置出没在正在房间里看电视的人群中，比如学生宿舍，然后，他偷揿按钮，使电视图像因静电而变得模糊不清。当有人起身去轻轻敲打电视机时，他又松开按钮，使画面清晰。一旦毫无戒心的观众按照他的意愿而坐也不安、立亦不宁时，他会把事情变得更诡异，使画面一直模糊不清，直到有人把羊角天线举在头顶上时方肯罢休。

　　一天，一群学生围着电视看肯塔基赛马。沃兹特意等到最后的冲刺时才启动干扰器，让电视信号消失。没想到那些学生顿时暴跳如雷，像野兽一样咆哮起来，甚至把椅子砸向电视！他们真是气疯了，如果那是一个人，他们肯定会把那人打成肉泥。

　　多年后，在一次主题演讲中，乔布斯的视频在播放时遇到一些麻烦，于是，他就脱稿饶有兴致地向观众讲述了那只捣蛋装置。"沃兹把它放在他的口袋里，然后我们就去学生宿舍……一群人正在那里看《星际迷航》，他使电视画面模糊，于是就有人试图去调整它，然而，那人刚立起身，他又使图像恢复，而当那人刚坐下时，他会再次破坏它。"

第一次合作

1971年9月的一个星期天，沃兹正准备开车去他的第三所大学加大伯克利分校时，他读到了母亲留在厨房桌上的一篇《时尚先生》杂志的文章。在这个题为《小蓝盒的秘密》的故事里，作家罗恩·罗森鲍姆描述了黑客和电话窃听者如何通过模仿AT&T网络路由信号的音调来寻找免费拨打长途电话的一些方法。

"读到一半时，我忍不住打电话给我最要好的朋友史蒂夫·乔布斯，并把这篇长文的部分内容读给他听，"沃兹回忆道，"我告诉他，根据这个故事，这整个系统可以被攫取，被攻击。"

那篇文章的主人公是一个自称"嘎吱船长"的黑客。嘎吱船长发现，那种为促销"嘎吱船长"品牌的早餐麦片而附带赠送的玩具哨子，能发出与电话路由呼叫信号相同的音调，因此，可以用这哨子来欺骗电话系统，免费打长途电话。此外，这篇文章还进一步透露，在某期《贝尔系统技术期刊》中可以找到用于路由呼叫的各种频率，不过AT&T在发现了这个问题后已经要求各地图书馆把那期杂志从书架上撤下来。

接到沃兹的电话后，乔布斯明白他们必须立刻弄到那份期刊。"几分钟后，沃兹来接我，我们一起去了斯坦福线性加速器中心的图书馆，看看能不能找到它。"乔布斯回忆道。

尽管那个图书馆在星期天闭馆，但他们知道一扇很少上锁的门。乔布斯回忆道，"我记得我们在书堆里疯狂地翻找，沃兹最终找到了那份有着所有频率的期刊。我们打开它，天哪，它就在那里。我们不停地自言自语，'这是真的。天哪，这是真的。'一切都列在那里——各种音调，各种频率。"对那一刻，沃兹也是历历在目，"我几乎在浑身发抖，起了一身鸡皮疙瘩。那真是一个脑洞大开的时刻。"

当晚，沃兹在"桑尼维尔电子"打烊之前赶到那里，买了制作音调模拟器的零件。乔布斯也拿来了那只他在惠普探索者俱乐部制作的频率计，用来校音。午夜时分，他们的音调模拟器基本就绪，进入调试。可惜其中一只振荡器不够稳定，他们的模拟器未能产生足以乱真的信号。

沃兹回忆道："使用史蒂夫的那只频率计数器，我们虽然能看到不稳定性，却就是无法让它工作。第二天一早我要去伯克利，所以决定一到那里我就着手制作一个数字版本。"

尽管没有人尝试过制作数字版蓝盒，但沃兹面对电子挑战向来无所畏惧。在同宿舍一名音乐系学生的帮助下，他在感恩节前用自己设计的晶体管电路制成了一只小蓝盒。"这是一个最令我引以为豪的电路，"他说，"我现在仍认为它真的是不可思议。"

于是，一天晚上，沃兹驱车从伯克利来到乔布斯家，给他在洛杉矶的一个叔叔打长途电话。可是号码弄错了，对方是个陌生人。不过这没关系，反正他们的小蓝盒工作了！"嗨！我们不花钱给你打电话！我们不花钱给你打电话！"沃兹兴奋地对着听筒语无伦次地喊道。在电话另一端的那个人被他弄得莫名其妙，既困惑又恼火。不料此时，一旁的乔布斯也掺和进来："我们从加州打来！来自加利福尼亚！用一只蓝盒。"这一来，那人一定更困惑了，因为他也在加利福尼亚州啊。

小蓝盒立马成了这两个捣蛋大王的法宝，屡试不爽，越玩越没分寸。一天，沃兹拨通了梵蒂冈的电话，并假冒基辛格的德国口音，说："我们正在莫斯科开峰会，我们需要与教皇交谈。"对方听后礼貌地告诉他，现在是凌晨5点半，教皇还未起床。一小时后，当沃兹再次打去时，他被接电话的那位主教识破。"他们意识到沃兹不是亨利·基辛格，"乔布斯回忆道，"我们用了一只公用电话。"

不过，就在这二人乐此不疲而不可自拔时，乔布斯突然醒悟：其实这只神奇的小蓝盒也可以被包装成一个有用的产品！于是，"我收集了其他组件，比如外壳、电源和键盘，并考虑应该如何定价。"乔布斯说。

包装好的小蓝盒约有两副扑克牌那么大，而零部件成本约为40美元。因此，乔布斯将它定价为150美元。接着，他们就带着小蓝盒在大学宿舍里出没兜售。"我们大约制作了100只蓝盒，而且几乎卖了个精光。"乔布斯回忆道。

一天，在桑尼维尔的一家披萨店里，这两个初出茅庐的小商人带着一只刚做好的小蓝盒，准备驱车去伯克利。由于乔布斯急需用钱，就临时起意向邻桌的人兜售。不出所料，对方果然颇感兴趣，表示要去车里取钱。"所以，我们走到那辆车旁，沃兹和我，我手里拿着蓝盒，那家伙钻进车，把手伸到座位下，拿出一把枪来，"乔布斯回忆，"他用枪对着我的肚子，说，'兄弟，交出来。'我的头脑飞转起来。车门还开着，我想也许我可以把门猛地向他的腿关去，我们可以逃，但他很可能会开枪射我。所以，我小心翼翼地把它递给了他。"

回想起来，正是这只小蓝盒为他俩今后更大的冒险埋下了伏笔。"没有蓝盒，就不会有苹果，"乔布斯断言，"我百分之百确定这一点。沃兹和我学会了如何在一起工作，我们获得了我们有能力解决技术问题并将其投入实际生产的信心。"而且,见到自己创造的小玩意儿,居然糊弄了价值连城的 AT&T 设备,"你无法想象这给了我们多么大的信心。"沃兹也说,"兜售它们也许不是一个好主意,但它让我们体会到,利用我的工程技能以及他的眼光,我们能做些什么。"

里德学院的熏陶

1972 年春,乔布斯开始和克里斯安·布伦南约会,他俩年龄相仿,但她的年级比乔布斯低一级。克里斯安天生丽质,浅棕色秀发,清亮碧绿的双眸,高颧骨,再加上娇弱的气质,真是美丽动人。由于她正默默忍受着父母婚姻破裂的痛苦,她也显得敏感脆弱。乔布斯回忆道:"我们一起制作了一部动画片,然后开始交往,她成了我第一个真正的女朋友。"

布伦南则坦诚地说:"史蒂夫有点疯狂。因此我迷上了他。"

乔布斯真的与众不同。在一个邻居的影响下,他一直在强制性节食,只吃水果和蔬菜;他学会了不眨眼地盯着人看;他亦喜欢在漫长的沉默中时而爆发出一阵阵连珠炮般的短语。他精力旺盛又性情多变,似乎总是在令人沉醉依恋和令人毛骨悚然这两个极端之间不停地激烈震荡,再加上他那披肩长发和凌乱胡须,活脱脱就像是一个疯狂的巫师。

"他像发了疯似的变幻莫测,"布伦南回忆道,"他总是焦躁不安,好像有一团黑暗笼罩着他。"

夏天,乔布斯在高中毕业后就和布伦南一起搬进了附近山上的一间简陋小屋。"我要和克里斯安住在一间小屋里。"他向父母宣布。

"不行,这绝对不行,"父亲听后生气地说,"除非踩在我的尸体上去。"可是,乔布斯哪里听得进,只说了声再见就消失得无影无踪。

17 年前,乔布斯的父母在收养他时立过誓:让他上大学。所以他们一直在勤奋工作,尽心尽责地为他的大学基金存钱。这笔钱虽然不多,但足以供他毕业。

可是,乔布斯越来越任性,起初他根本不想上大学。"我想,如果不读大学的话,我也许就会去纽约,"他回忆道。因此,当他的父母敦促他去申请大学时,他就以被动攻击的方式对付他们。他根本不考虑像伯克利这样的又好又便宜的公立学校，而且沃兹当时也在那里；他也没有考虑离家又近又有可能会获得奖学金的斯坦福大学。"去斯坦福的孩子都已知道自己想做啥了，"他说，"他们并不追求真正的艺术。而我想要的却是更具艺术性和趣味性的东西。"结果，乔布斯我行我素，只申请了里德学院。

里德是一所位于俄勒冈州波特兰市的私立文科学院，是全美最昂贵的院校之一。父母对他苦苦相劝，希望他不要去那里，并告诉他这远远超出了他们的承受能力。可是，他们的爱子却毫不留情地向他们发出最后通牒：如果不能去里德，那么他哪儿也不去。可怜天下父母心。于是，这对老夫妇的心就软了，不再坚持。

里德以其自由奔放的嬉皮士生活方式而远近闻名，然而，这种生活方式却和严格的学术标准奇妙地结合在一起。结果，不少里德的学生在那里迷失彷徨，1970年代的辍学率一度高达三分之一以上。

1972年秋，乔布斯的父母开车送他去波特兰，然而反叛的乔布斯却不让他们走进校园。更过分的是，他甚至连一声再见或一句感谢的话都没有！后来，他后悔地说道："这是我一生中最感羞愧的事情之一。我麻木不仁，伤害了他们的感情。我不该如此。为了确保我能去那里，他们一直是多么辛苦地工作，但我却不肯让他们留在自己身旁。"

不久，乔布斯在里德认识了一个像他一样留着胡子的新生——丹尼尔·科特基。科特基来自纽约的一个富裕郊区，他聪明低调，有着一种甜美的花童气质，而他对佛教的兴趣又使他略显成熟。虽然他的精神追求使他对物质财富无欲无求，不过，他仍然对乔布斯的那么多的迪伦录音带印象深刻。

乔布斯几乎每天都在同科特基以及他的女友伊丽莎白·霍姆斯厮混。他们搭便车去海边玩耍，在寝室里对生命的意义喋喋不休。他们也一起参加当地寺庙的爱情节，并去禅宗中心享用免费素食。"真是有趣，"科特基说，"但也很有哲理，我们对禅宗非常认真。"

他们开始分享书籍，包括铃木俊隆的著作《禅者的初心》。他们还在伊丽莎白卧室上方的小阁楼里建造了一个冥想室，并用印度版画、地毯、蜡烛、熏香和冥想垫来装点它。乔布斯说："我们有时会在那里服用迷幻药，但主要是在冥想。"

乔布斯深受佛教有关直觉的影响。"我开始意识到，直觉的理解和意识比抽象的思维和理智的逻辑分析更为重要。"不过，他那炽热强烈的性格使得他难以真正达到禅者的那种内心的平静，他的禅宗意识也未能使他彻底超然，为人圆润。

当乔布斯读到20世纪早期的营养狂阿诺德·埃雷特的著作《无黏液食疗系统》时，他的饮食就变得更加极端了。他只吃水果和不含淀粉的蔬菜，相信只有这样才能防止体内产生出有害的黏液，他也常通过长时间的禁食来清洁自己的身体。他说："我以我那典型的疯狂方式一以贯之、执着不懈。"

他和科特基曾一度整周只吃苹果，后来，乔布斯索性尝试禁食。他从两天的禁食开始，并最终将其延长到一周或更长时间，然后再用大量的水和叶子蔬菜来结束禁食。"一周后的感觉棒极了，"他说，"无需消化所有这些食物，使人活力倍增。我的状况达到了极致，觉得随时都可以起床徒步走去旧金山。"

一次偶遇，乔布斯认识了罗伯特·弗里德兰。弗里德兰虽然比乔布斯大4岁，却仍是一名本科生。起初，他就读于缅因州的鲍登学院。但在大二时，他因持有大量迷幻药而被捕，并在弗吉尼亚州的联邦监狱里蹲了两年。出狱后，弗里德兰在1972年秋来到里德。

像乔布斯和科特基一样，弗里德兰深深沉浸在东方灵性里。1973年夏，他去了印度，并见到了被其追随者称为马哈拉吉的尼姆·卡罗利·巴巴[1]。秋天回来时，弗里德兰给自己取了一个灵性的名字，并穿着凉鞋和飘逸的印度长袍在校园内外四处走动。在校外的一个车库上方的一个小房间里，乔布斯成了弗里德兰的常客。弗里德兰坚称，开悟状态确实存在且能实现。乔布斯听后，深为震撼，为之倾倒。乔布斯说："他让我进入了一个完全不同的意识层面。"

科特基认为，乔布斯的有些性格特征是从弗里德兰那里学来的。"弗里德兰教了史蒂夫现实扭曲场，"科特基说，"他极具魅力，有点像骗子，能让局势屈服于他那超强的个人意志。他善变，自信，有点独裁。史蒂夫欣赏这些，在同罗伯特交往后，就变得像他了。"另外，乔布斯也从弗里德兰那里学到了如何让自己成为众目睽睽的焦点。弗里德兰能在自己周围投射出一种闪亮的光环。"他走进一个房间时，你会立刻注意他。史蒂夫刚来里德时完全不是这样的。在与罗伯特共度时光后，其中一些就退去了。"

在位于波特兰西南约40英里处，弗里德兰帮助他的一个性格古怪的瑞士百万富翁叔叔管理一个占地220英亩的苹果农场。在东方灵性的影响下，弗里德兰把它改造成了一个名为"合一农场"的公社。于是，乔布斯就常常与科特

---

[1] 尼姆·卡罗利·巴巴（Neem Karoli Baba，1900—1973），也被称为马哈拉吉，印度教大师、印度教神哈努曼的信徒。他在印度以外的地区闻名，是20世纪六七十年代前往印度的许多美国人的精神领袖。

基、霍姆斯以及其他志同道合的启蒙寻求者一起去那里劳动，共度周末。

尽管公社本应该是一个远离尘世的避难所，弗里德兰却把它当作一个经济业务来运作，分配他的追随者或去砍伐、出售木柴，或去制作苹果压榨机、木柴炉，或去从事其他无偿的商业活动。一天晚上，乔布斯躺在厨房的一只桌子底下，发现不断有人进来互偷冰箱里的食物。这种公社经济学显然与他的乌托邦理想不符。"它变得非常物质化，"乔布斯回忆道，"每个人都曾为罗伯特的农场尽心尽职，接着他们纷纷离去。我亦对此深感厌恶。"

同时，乔布斯也开始厌倦大学生活。他喜欢里德，却又讨厌必修课。因此，当他发现原来在校园里的那些浓烈的嬉皮士气息的表象之下，学校其实有着极其严格的课程要求时，他震惊不已。于是他开始翘课，只去上那些自己喜欢的课程。

而且，乔布斯也开始对将父母辛苦积攒的金钱，大笔大笔地花在似乎毫无价值的教育上而感到深深内疚。"我的工薪阶层父母的所有积蓄都花在了我的大学学费上，"他在斯坦福大学的一个毕业典礼上追忆，"我不知道我的一生到底要做什么，也不知道大学将如何帮助我弄明白。而我正在这里花光我父母的毕生积蓄。所以我决定退学，相信船到桥头自会直。"

他又说，"从我退学的那一刻起，我就不必去修那些我不感兴趣的必修课，而去修那些看上去有趣的课程了。"其中一门是书法课，乔布斯在看到校园海报上的那些美轮美奂的书法时，不禁为之所动。"我学习了衬线体和无衬线体，学习了不同字母组合之间的间距大小，学习了出色排版的优美之处。它的那种美丽、历史感以及艺术上的微妙是科学所无可企及的，我发现它迷人至极。"

后来，在乔布斯的产品里，技术总是能同杰出、优雅、人性化，甚至浪漫的设计相结合。"如果我在大学时未修那门课，麦金塔就不会有多种字体或按比例间隔的字体。而且由于视窗只是麦金塔的拷贝，因此很有可能就不会有任何个人电脑会配置它们。"

于是，乔布斯就这样在里德的边缘游荡，勉强度日。平时，他总是赤着脚，只有在下雪时才穿上拖鞋。因为需要钱，他在心理学系实验室找了一份工作，负责维护一些用于动物行为实验的电子设备。克里斯安偶尔会来里德看他。他俩的关系时好时坏。不过那时，乔布斯主要专注于对自己的内在修炼，以及对启蒙的个人探索。

"我是在一个神奇的时代成长起来的，"他回忆道，"它强化了我对什么才是真正重要的认知，就是去发明杰出的东西而不是去赚钱，并尽己所能把事物归还到历史和人类意识的洪流中。"

乔布斯在雅达利

1974 年 2 月，在里德学院待了 18 个月后，乔布斯搬回父母家并开始找工作。在 1970 年代的高峰期，《圣何塞水星报》刊登的技术招聘广告有时多达 60 页。其中一则吸引了他："又有趣，又赚钱。"于是，他走进视频游戏制造商雅达利[1]的大厅，对着一个被他那一头乱发和邋里邋遢的模样吓了一跳的人事主管说：给我一份工作，否则我就不走。

雅达利的创始人诺兰·布什内尔[2]是个极具远见卓识的企业家。他身材魁梧，充满魅力，并颇具表演才能。就像弗里德兰所做和乔布斯所学的那样，他也长袖善舞，极善于利用自己的人格魅力来扭曲现实。而他的总工程师艾尔·奥尔康[3]却是一个脚踏实地的人。那时，雅达利的撒手锏是一个叫作《乓》的视频游戏机。游戏时，两名玩家在屏幕上对打乒乓：屏幕上的两条可操控的线代表双方的乒乓球拍，一只光点则代表乒乓球。

当乔布斯穿着凉鞋来到雅达利大厅，厚着脸皮讨那份工作时，有人问奥尔康该怎么办。"有个人告诉我，'大厅里有个嬉皮士。他说，除非我们雇用他，否则他就不走。我们究竟是该去报警，还是让他进来呢？'我说，把他带来！"奥尔康回忆道。

奥尔康在乔布斯身上发现了一些特长，就接受了他，并把他派给了工程师唐·朗。没想到，第二天朗就对他抱怨说："这家伙是个满身散发着狐臭的讨人厌的嬉皮士。你为什么要这样对待我呢？而且他是又臭又硬，实在难对付。"

乔布斯深信，即使他不经常使用除臭剂或淋浴，他那种以水果为主的素食不仅能防止体内黏液的产生，而且也能杜绝体味。可见，这与事实是多么不符。

---

1 雅达利（Atari, Inc.）是一家视频游戏开发商和家用电脑公司，1972 年创立。雅达利是视频街机和视频游戏行业的形成的一个关键参与者。

2 诺兰·布什内尔（Nolan Kay Bushnell，1943— ），美国商人、电气工程师。他创办了雅达利等 20 多家公司，是视频游戏行业的创始人之一，已入选视频游戏名人堂和消费电子协会名人堂，且被《新闻周刊》评为"改变美国的 50 人"之一。

3 艾尔·奥尔康（Allan "Al" Alcorn，1948— ），美国计算机工程师前辈、计算机科学家，因创造最早的视频游戏之一《乓》而闻名。2009 年，他被 IGN 网站评为有史以来 100 名最佳游戏创作者之一。

对旁人来说，这种理论实在是近乎荒谬，令人啼笑皆非。

朗和他周围的人都想让乔布斯滚蛋，不过布什内尔却另有主意。"气味和行为对我来说不是一个问题，"他说，"史蒂夫虽然浑身长刺，但我有点喜欢他。所以，我让他去做夜班。这是挽救他的一种方式。"于是，乔布斯每天就在朗和其他人离开后才去上班，并工作到凌晨。即使如此，他在公司里仍以鲁莽著称。偶尔与人打交道时，他经常口出不逊，称别人是"笨蛋"。

尽管乔布斯为人傲慢，雅达利老板却喜欢他。"和其他与我共过事的人相比，他更有哲理，"布什内尔回忆道，"我们常讨论有关自由意志与决定论的话题。我较相信事物的确定性，相信我们是被编了程的。若能取得完整信息，我们就能预测人们的行为。史蒂夫的看法却恰恰相反。"

通过挖掘芯片的潜力，乔布斯提高了有些游戏的趣味，而布什内尔那种鼓励游戏人自创游戏规则的理念也深深打动了他。此外，他也非常欣赏雅达利游戏的易用性。它们没有说明书，简单得足以让一个醉醺醺的新手轻易上手。比如，雅达利《星际迷航》游戏的提示是："1.插入25分硬币，2.避开克林贡人。"

不过，并不是所有同事都对乔布斯避之不及。制图员罗纳德·韦恩[1]成了他的朋友。韦恩曾创办过一家制造老虎机的公司。虽然那次创业失败了，乔布斯却对个人居然可以创办公司的想法大感兴趣。"罗恩是个了不起的人，"乔布斯说，"他创办过公司。我从未见过这样的人。"于是，乔布斯就对韦恩表示，他可以去借5万美元，然后，他们一起去设计和销售老虎机。只不过，一朝被蛇咬，十年怕井绳。韦恩有了前车之鉴，并没有接受这个年轻人的倡议。

乔布斯急于赚钱的原因之一是他想要像弗里德兰那样去印度寻求灵性的启蒙。"对我来说，这是一个严肃的探索，"他说，"我已接触过启蒙思想，我想搞清楚自己究竟是谁，以及我与事物之间到底是怎么样的关系。"科特基了解乔布斯，他认为乔布斯如此追求的部分原因也许是由于他不知道自己的亲生父母。"他的灵魂里有一只洞，他一直在努力填补它。"

当乔布斯告诉雅达利他想辞职，去印度寻找精神大师时，奥尔康被逗乐了。"他走进来，双眼盯着我说，'我要去寻找我的大师。'我说，'啊，这太棒了。给我写信！'他又要我予以资助，我告诉他，'想得美，你做梦去吧！'"

---

[1] 罗纳德·韦恩（Ronald Gerald Wayne, 1934—　），1976年4月1日，他与史蒂夫·沃兹尼亚克和史蒂夫·乔布斯共同创立了苹果电脑公司，负责为企业提供行政监督和文件记录。12天后，他以800美元的价格将新公司10%的股份全部卖回给乔布斯和沃兹，一年后接受了最后的1500美元。

不过，奥尔康还是给他想出一个去欧洲出差的点子，并说："从那里去印度肯定会便宜一点。"

乔布斯到慕尼黑后不久，那里的经理就向奥尔康抱怨说，乔布斯的穿着和气味简直就与流浪汉无异，而且他的举止粗鲁。"我问，'他解决了那个问题吗？'他们说'是'。我说，'如果你还有任何问题就给我打电话，我有更多像他这样的人！'他们说，'不，不，下次我们会自己解决。'"另一方面，乔布斯则对德国经理喂他大肉和土豆极为不满。"他们甚至连蔬菜这个词汇都没有。"他在电话里夸张地向奥尔康抱怨。

当他在四月里的一天，在新德里走下飞机时，滚滚热浪一股脑儿扑面而来。他经人介绍，去了一家旅馆。可是，那家旅馆客满了。于是，他去了一家他的出租车司机坚称上乘的旅馆。"我能确定他受了贿赂，因为他带我去了个一塌糊涂的地方。"

乔布斯问店主，水是否经过过滤，并傻乎乎地相信了店主的回答。"我很快得了痢疾。我发起高烧，真的病倒了。在大约一周内，我就从160磅降到了120磅。"

后来，他总算搭乘火车和汽车辗转到了在喜马拉雅山脚下奈尼塔尔附近的一个村庄。那是尼姆·卡罗利·巴巴的居住之地，或曾经的住地。因为在乔布斯抵达前，这位大师已经仙逝。

于是，乔布斯就在那里租了一间在地板上放了一个床垫的小房间。主人供他素食，并帮助他恢复身体。"那里有一本前旅行者留下的英文版《一个瑜伽士的自传》。因为无事可做，我读了好几遍。我在附近的村庄里兜来兜去，痢疾就痊愈了。"乔布斯还在那里结交了一位致力于根除天花的流行病学家，拉里·布里连特[1]。两人成了终生朋友。后来，拉里掌管了谷歌的慈善部门以及斯科尔基金会。

乔布斯的好友科特基于夏初也抵达印度。于是，乔布斯就返回新德里，与他会合。接着，他俩乘坐公共汽车在印度四处周游。乔布斯此时已不再寻找智慧大师，只想通过虔诚的苦行来寻求启蒙。

多年后，乔布斯坐在帕洛阿尔托的花园里，回顾了他的印度之旅及其深远影响："对我来说，回到美国比去印度更像是一种文化冲击。印度农村人并不像

---

[1] 拉里·布里连特（Lawrence Brilliant, 1944— ），美国流行病学家、技术专家、慈善家和作家，1973年至1976年间与世界卫生组织合作，帮助成功根除天花。

我们这样使用智力，他们用的是直觉，而且他们的直觉比世界上其他任何地方的人更强。在我看来，直觉是一种超强的东西，比智力更强。这对我的工作产生了很大影响。

"西方的理性思维不是一个与生俱来的人类特征，是从后天学到的，是西方文明的一个伟大成果。在印度的村庄里，他们从未学过它。他们学到了其他东西，这在某种程度上同样有价值，但也不能一概而论。这就是直觉和经验智慧的力量。

"在印度村庄待了七个月后回来，我看到了西方世界的疯狂及其理性思考的力量。你若坐定下来观察，你会发现自己的头脑是多么忙碌。你若想让它安静下来，它会更糟。不过，随着时间的推移，它确实能平静下来，而在此时，就有了听到更微妙的东西的机会——那时你的直觉开始绽放，你能更清晰地看事物，也更能置身于当下。你的思维正在减速，而此刻你的眼前却一望无际。"

1975年初的一天，罗纳德·韦恩闯进奥尔康的办公室。

"嘿，史蒂夫回来了！"他大声说。

"哇，把他叫来。"奥尔康立即答道。

这时，乔布斯穿着藏红花色的长袍，赤着脚，慢吞吞地走进来。

"我能回来工作吗？"乔布斯问道。

"他活脱脱就像是一个哈瑞奎师那教徒，不过，真的很高兴见到他，"奥尔康回忆道，"因此我说，当然！"

乔布斯像以前那样，一般在夜晚工作。而在惠普上班的沃兹，恰巧就住在附近的一个公寓里。于是，沃兹就常在晚饭后过来玩电子游戏。他对《乓》如痴如醉，还自己复制了一台，并将它与家里的电视机相连接。

1975年夏末的一天，诺兰·布什内尔不顾"乒乓游戏已走到尽头"的普遍看法，决定开发一款单人版《乓》。这个游戏没有对手，只是用一个代表球的小光点去击打屏幕上的一堵墙。每击中一次，墙上的砖就减少一块。

这时，布什内尔想到乔布斯，就把他召进办公室，并在小黑板上画了一个草图，吩咐乔布斯去做设计。接着，布什内尔又强调说，最多用50只芯片，而每一只省下来的芯片都有额外奖励。布什内尔是个极其精明的老板，他找乔布斯其实是另有所图。"我这是一箭双雕，"他回忆说，"沃兹是个更优秀的工程师。"

当乔布斯请求沃兹给予帮助并提出平分报酬时，沃兹高兴至极。"这是我一生中最美妙的一个提议，去设计一款真的将为人所用的游戏。"他回忆道。乔布斯要求他在四天内完成设计，并且需要尽量少用芯片。

当时，沃兹并不知道这个期限其实是乔布斯强加的，因为他要去合一农场收获苹果。同样，沃兹也不知道减少芯片数量会有额外奖金。

"这种游戏多数工程师可能需要几个月的时间，"沃兹回忆道，"我觉得自己做不到，然而史蒂夫却让我确信自己能做到。"于是，沃兹白天在惠普画草图，晚餐后就直奔雅达利，在那里开夜车。而他身旁的乔布斯，则将电路元件按照沃兹的设计，小心翼翼地安装在一块面包板上。

结果，他们真的在四天内完成了这个工作，而且沃兹的设计只用了 45 只芯片。

人们的记忆各不相同，但多数人认为乔布斯只和沃兹平分了收入，而未包括布什内尔为节省 5 只芯片所支付的奖金。沃兹在十年后才知道这笔奖金，他说，"我想史蒂夫需要钱，但他没有告诉我真相。"乔布斯对此予以否认。"我不知道这个指控从何而来，"他说，"我把我得到的钱的一半给了他。我和沃兹一直是这么做的。"

乔布斯非常欣赏雅达利游戏的易用性。"这种简单性影响了他，使他成为一个非常专注于产品的人，"韦恩说。同时，乔布斯也从布什内尔那里学到了百折不挠的精神。奥尔康对此回忆道："诺兰不接受别人说'不'，这就给了史蒂夫如何才能做大事的第一印象。诺兰不会像史蒂夫那样羞辱人。但他也同样不屈不挠。我很恐惧，但要命的是，事情就这样做成了。在这方面，诺兰是乔布斯的导师。"

布什内尔也有同感。"我在史蒂夫身上看到了一些企业家身上的讲不清的东西，"他说，"他不仅对工程感兴趣，而且对商业也是如此。我教导他，你若表现得信心十足，那么就会成功。我亦告诉他，'假装胸有成竹，人们就会信以为真。'"

苹果一号

1975 年 1 月《大众电子》的封面标题令人瞩目："世界上第一个微型计算

机套件，可与商用型号媲美。"只不过深究起来，这个名为"牛郎星 8800[1]"的套件似乎只是一堆价值 495 美元的电子零件而已。按照说明书，用户需要依样画葫芦，将零件逐一焊接到电路板上，而且它的功能也十分有限。然而，对于广大电子爱好者和黑客[2]来说，它却预示着一个崭新时代的到来。比尔·盖茨和保罗·艾伦在阅读了这篇文章后就决定为牛郎星 8800 编写 BASIC 编译器。同样，该文也引起了两位电子爱好者戈登·弗伦奇和弗雷德·摩尔的重视。

弗伦奇和摩尔当时正在硅谷筹办一个业余兴趣小组——家酿计算机俱乐部，就决定把牛郎星 8800 当作俱乐部首次会议的主题。在会议传单上，摩尔写道：你在组装自己的电脑吗？终端、电视、打字机？若是这样，你也许会想来这里与其他志同道合的人相聚。会议定于 1975 年 3 月 5 日，在弗伦奇家的车库里举行。

沃兹的好友艾伦·鲍姆在惠普的公告板上看见这张传单后，就打电话约沃兹同往。"那是我生命中最重要的一个夜晚之一，"沃兹回忆道。与会者约有 30 人，他们轮流介绍了自己的兴趣爱好。轮到沃兹时，他神情紧张地说他喜欢"电子游戏、酒店付费电影、科学计算器设计和电视终端设计"。

会议专门安排了一个介绍牛郎星 8800 套件的演示，不过沃兹对它的性能并不那么印象深刻。他想，为什么不直接用计算机键盘输入指令和数据？为什么不让计算机将输入的内容和运算结果投射到连接的电视屏幕上？再进一步，为什么不插入磁带录音机来存储程序和数据？

就像阿塔纳索夫在伊利诺伊的一个小酒店里休息时，一个包含着所有要素的完整计算系统忽然出现在他的脑海里那样，"就在那天晚上，在那个初次会议的夜晚，个人电脑的完整构想突然呈现在我的脑海里。一瞬间。就这样，"沃兹这样回忆道，"当晚，我就在纸上勾勒后来被称为苹果一号的草图。"

一开始，沃兹准备用牛郎星 8800 所使用的微处理器——英特尔 8080。可是，当他发现 8080 的"价格几乎比我每月的房租还要高"的时候，就决定改用摩托罗拉 6800。因为他的一个朋友能以 40 美元的单价买到它。之后，他又在旧

---

1 牛郎星 8800（Altair 8800）是 MITS 于 1974 年设计的一款基于英特尔 8080 芯片的微型计算机。它最早出现在 1975 年 1 月号《大众电子》封面上。之后，人们的兴趣迅速增长。它是第一台商业上成功的个人计算机，而它的第一个编程语言是微软的创始产品牛郎星 BASIC。
2 黑客（Hacker）是指精通信息技术并通过非常规手段达到目标的人。在大众文化中，这一术语通常与安全黑客联系在一起，指的是那些利用漏洞或攻击手段侵入计算机系统并获取原本无法得到的数据的人。然而，黑客行为在某些情况下也可以具有正面含义，并被合法机构用于合法目的。需要注意的是，黑客行为还可以有更广泛的含义，指任何巧妙的变通解决方案，或者泛指编程和硬件开发。

金山的一个展览会上发现了另一款更便宜的芯片。后来发生的事表明，正是沃兹的这个看似平常的决定，使得英特尔与苹果失之交臂，从而产生了极其深远的影响。

每天傍晚下班后，沃兹就在家里随便吃些东西，然后重新返回惠普，在自己的办公桌前挑灯夜战。他把零件摊放在自己的隔间里，逐个研究它们的性能，然后再小心翼翼地把它们焊接在主板上。硬件装配告一段落后，他又自己编程，用软件来指挥微处理器执行任务。两个月后，终于一切就绪。"我在键盘上敲了几只键，看着一个个字母显示在屏幕上，惊讶不已。"

1975年6月29日，对个人计算机而言，这是一个意义非凡的日子。因为"这是历史上第一次有人在键盘上输入一个字母，并在自己计算机的屏幕上实时看到它显示出来。"沃兹回忆道。

乔布斯深知这个发明的意义，就陪沃兹一起去参加家酿俱乐部的聚会，帮着搬电视、设置演示。那时，家酿俱乐部已吸引了100多名爱好者，并转移到了斯坦福线性加速器中心的礼堂。由于沃兹怯场不愿在会上发言，人们就在会后聚集在他周围，观看他的演示。

除了计算机之外，摩尔还在俱乐部里灌输有关无私交换和分享的思想，沃兹对此深信不疑。"俱乐部旨在'帮助他人'，"他说，"我之所以设计苹果一号，就是想把它赠送给他人。"

然而，比尔·盖茨却对此极为不满。他和保罗·艾伦为牛郎星8800开发了BASIC编译器。可是，当他发现家酿俱乐部成员擅自复制和分享他和保罗的成果时，觉得这很不公平。于是，他就给家酿俱乐部写了一封著名的信，信中问道："正像多数业余爱好者必然已经认识到的那样，你们中的绝大多数人都在肆无忌惮地剽窃软件。这公平吗？……这是在阻碍人编写优良的软件。谁能白白去做专业工作呢？……我向任何愿意来信付钱的人表示感谢。"

盖茨呼吁人们接受软件值得付费的这个举动，最终催生了一个充满活力的新兴产业，其意义与推动个人计算机蓬勃发展的摩尔定律一样重要。有人可能会说，盖茨对世界的最大贡献并不是微软，而是他作为首位倡导"软件本身具有价值"这一理念的角色。

乔布斯也同样不愿意将沃兹的创作拱手让人。因此他劝沃兹，不要将原理图副本随便送人，并说，其实大多数人并没有时间从零做起，"我们为什么不预制印刷电路板，再卖给他们呢？"他的话提醒了沃兹。"每当我设计出超棒的东西时，史蒂夫总能为我们找到一种赚钱的方法，"沃兹说，"我从未想过卖电脑。

是史蒂夫说，'先把他们的胃口吊起来，然后再去卖几台。'"

一个会画龙，一个能点睛，乔沃二人成了梦幻组合。乔布斯了解沃兹，就只说是去一起冒险，"即使赔了钱，我们也会有一家公司。"而这对沃兹来说，绝对比发财更令人向往。"想到我们能这么做，我兴奋不已。两个最要好的朋友创办一家公司。哇，我立刻知道我会这么做。为什么不呢？"

为了自筹资金，沃兹出价 500 美元卖掉了他的 HP 65 计算器，尽管买家后来硬是将这个价格砍去一半；乔布斯则以 1500 美元的价格卖掉了他的大众汽车。但两周后，那买车人又来找他，说引擎坏了。结果，乔布斯只好同意支付一半修理费。尽管遇到了挫折，但他们终于有了约 1300 美元的资金来筹办自己的计算机公司。

一天，沃兹去机场接几天前去合一农场修剪苹果树的乔布斯。两人在回家路上讨论新公司的名字。事不宜迟，因为乔布斯准备在第二天提交创办公司的文件。他们想了不少科技名称，可是又都觉得不理想。忽然，乔布斯想到了"苹果电脑"。"我正在遵守一种水果饮食，"他解释道，"我刚从苹果农场回来。它听起来非常有趣，既生机盎然，又不咄咄逼人。苹果去掉了'电脑'这个词的棱角。"接着，他对沃兹说，如果明天下午还没找到更好的名字，那就使用"苹果"。

许多年后，乔布斯的传记作家沃尔特·艾萨克森问他，苹果标志是不是在向英国计算机先驱艾伦·图灵致敬？图灵在二战时破解了德国战时密码，后来咬了一个含有氰化物的苹果自杀。乔布斯回答说他希望他曾想到这些，但事实并非如此。

尽管公司成立在即，沃兹仍然不肯全职加入苹果。作为一个自豪的惠普人，他觉得继续在那里工作是天经地义的。乔布斯十分为难，知道自己需要一个盟友来帮助他制约沃兹，于是就向罗纳德·韦恩发出邀请。

韦恩也知道很难让沃兹离开惠普，不过他认为这在当时并非必要。重要的是，沃兹的电脑设计必须属于苹果。"沃兹对他开发的电路有一种家长情结，而且还希望将它用于其他应用或给惠普使用，"韦恩回忆道。不过，"乔布斯和我意识到这些电路将会是苹果的核心所在。于是，我们在我的公寓里开了两小时圆桌会议。"韦恩对沃兹说，一个杰出的工程师只有在优秀营销人员的配合下，才不会被人遗忘，而这就要求沃兹将他的设计投入苹果的合伙关系。乔布斯对韦恩的说服力印象深刻，就给了他 10% 的股份。

只不过，尽管韦恩能说会道，苦口婆心，沃兹还是坚持要将自己的设计通告惠普。"我认为我有责任告诉惠普，我的设计是在为他们工作时完成的。这是正确的，也是合乎道德的。"因此在1976年春，沃兹向他的上司介绍了自己的设计。一位高管在观看后，虽表示赞赏，却又认为这只不过是一个业余爱好者产品，至少在当时并不符合惠普的高标准。"我很失望，"沃兹回忆道，"不过，这样我就能毫无顾忌地加入苹果的合伙关系了。"

1976年4月1日，乔布斯和沃兹去了韦恩在山景城的公寓。韦恩自告奋勇，"用法律术语"撰写了一份共有三张纸的文件。文件规定，他们的股份和利润按45%—45%—10%分配，而且任何超过100美元的支出都需要至少两个合伙人的同意。同时，它也划分了职责："沃兹尼亚克承担电气工程的一般责任和主要责任，乔布斯承担电气工程和营销的一般责任，韦恩承担机械工程和文档的主要责任。"乔布斯用小写字母签名，沃兹小心翼翼地用连笔字签名，韦恩用潦草字签了名。

不过，韦恩很快变卦。当乔布斯正在筹划借钱和花钱的各种事宜时，韦恩忽然想起了自己公司的命运。他知道乔布斯和沃兹都没有什么钱，而他的床垫下却藏着金币。考虑到他们的合约将苹果定义为简单的合伙而非公司，他担心潜在的债权人可能会盯着他讨债。因此在7天后，韦恩带着"退出声明"和合伙协议修正书回到了圣克拉拉县办公室。如此，韦恩就自己放弃了苹果。

苹果一号日臻完善。在一次家酿计算机俱乐部的活动中，乔布斯介绍了沃兹的最新进展。可是出乎意料的是，听众反响十分平淡，只有一个人在会后前来攀谈。来者说他名叫保罗·特雷尔，在门洛帕克市皇家大道上开了一家名为"字节商店"的电脑店。他说他对他们的演示颇感兴趣，并拿出名片说，"保持联系"。

第二天，乔布斯赤着脚走进字节商店，对特雷尔说，"我来保持联系。"交谈后，两人达成协议：特雷尔同意向苹果订购50套组装好的电路板，并将单价定为500美元。

于是，乔布斯父母家的房子就成了苹果一号的作坊。乔布斯征召了所有可用之人：他和沃兹，科特基和他的前女友伊丽莎白·霍姆斯，乔布斯的怀着身孕的妹妹帕蒂，还有他的女朋友克里斯安。一开始，学过珠宝课程的克里斯安负责焊接，不过挑剔的乔布斯很快又改派她去做簿记和文书工作，亲自挑起焊接电子元件的重任。

每完成一块主板，他们就把它交给沃兹。于是，"我把每一块组装好的电路板与电视和键盘相连接，测试它是否工作，"沃兹说，"如能通过，我就把它放进一只盒子。否则，我就寻找究竟是哪只脚插错了插座。"

保罗·乔布斯鼎力相助，让苹果团队使用他家整个车库。当他看见儿子对别人发脾气时，他就会问，怎么回事儿啊？怎么那头驴儿又叫唤起来了呢？

克拉拉·乔布斯并不介意她的房屋被成堆的零件和陌生客人占据，但她对儿子越发古怪的饮食习惯深感不安。"她只希望他身体健康，可是他却有各种各样的奇谈怪论，比如，'我是一个果食主义者，我只吃处女在月光下采摘的树叶。'"克里斯安回忆道。

在沃兹批准了十几块电路板后，乔布斯就带着它们去了字节商店。特雷尔看着这一块块既没有电源、外壳，也没有显示器或键盘的电路板，不禁面露难色。可是，在乔布斯的逼视下，他只好同意接货并付了款。

30天后，苹果开始盈利。"由于我在零件上作了些很好的交易，我们能以比我们预想的更便宜的价格制造电路板，"乔布斯回忆道，"结果我们卖给字节商店的50块主板几乎支付了我们制作100块主板所需的所有材料费。"于是，他们在不久后就开始以666.66美元的单价向其他零售商出售苹果一号，却不知道这是个"野兽之数"。沃兹回忆道："说真的，我完全不知道这个含义。我没看过电影《驱魔人》，而且苹果一号对我来说根本不是什么野兽。"

苹果二号

1976年劳动节那天，乔沃二人带着苹果一号参加了在新泽西州大西洋城举办的第一届个人电脑节。当乔布斯在展览会大厅边走边看时，他意识到字节商店的特雷尔是对的：个人电脑应该是一台整机。

"我的愿景是制造第一台现成的计算机，"他回忆道，"我们不再针对少数喜欢自己动手组装电脑，同时也知道如何购买变压器和键盘的爱好者。因为对应于每一个像他们这样的人，就会有一千个希望能直接使用机器的人。"而沃兹也告诉乔布斯，他已经设计了一台更好的机器，不仅能支持色彩、高分辨率图形和声音，而且还可以连接游戏手柄。

于是，在1976年的那个劳动节周末，乔沃二人在旅馆里忙碌起来。正当沃兹忙着摆弄他的那台新原型机时，他突然想在旅馆里的一只投影电视上试试色彩。"我猜想投影仪可能用的是不同的彩色电路，也许不能与我的方法兼容，"他回忆说，"我将苹果二号连接到那台投影仪上，它竟完美地工作起来。"有幸目睹那台苹果二号原型机让那台投影电视五彩缤纷的唯一外人是一名酒店技术员。他说，他察看过展览会上的各式机器，然而，只有这一台才是他想买的。

随着苹果的成长，一个矛盾逐渐显露出来：毋庸置疑，乔沃二人都是苹果的灵魂；然而，他俩对苹果的贡献究竟谁多谁少？真的是相等的50%—50%吗？一天，乔布斯来到沃兹家。沃兹的父亲弗朗西斯口气轻蔑地对他说："你这种人一文不值"，"你没有做成任何东西"。

乔布斯向来控制不住自己的感情，就哭着对沃兹说，"如果我们不能对半开，那就全都归你。"不过，沃兹更明白他俩的共生关系。他知道，如果不是乔布斯，他也许还在家酿俱乐部里免费发放电路板示意图；如果没有乔布斯，他的巧思也肯定不会在计算机展览会上崭露头角。更何况，欲将苹果二号打造成一个现成的消费产品，他那些引以为豪的电子设计绝对离不开乔布斯的敏锐眼光以及对完美整体设计的执着追求。

为了使苹果二号从其竞争对手的平庸外表中脱颖而出，乔布斯决定赋予它一个简单而又优雅的外壳设计。于是在家酿俱乐部的一次会议后，他出价1500美元，请设计师杰瑞·马诺克用新型塑料设计一只漂亮的电脑外壳。马诺克看见乔布斯那副玩世不恭的模样，不禁心生疑虑，就要他先付钱。乔布斯拒绝了他。不过，马诺克还是在几周内用模压泡沫塑料制作了一只线条简洁流畅的外壳。乔布斯见后大喜。

接着是电源。对于像沃兹这样的极客来说，电源实在是太平淡了，可是乔布斯却把它视为电脑的关键部件。而且，他还要寻找一种无需风扇的供电方式，因为他认为风扇与个人电脑对于紧凑、安静、耐用的要求相悖。于是，他向雅达利的老上司艾尔·奥尔康求教。结果，"艾尔给我介绍了聪明人罗德·霍尔特，霍尔特是个烟不离手的马克思主义者，他经历过多次婚姻，是一个百事通。"霍尔特和马诺克一样，初次见到乔布斯时，觉得十分可疑，就说，"我贵得很。"然而，乔布斯一眼就看出他是个有本事的人，就表示钱不是问题。"他只管哄我就范。"霍尔特回忆道。

霍尔特为苹果二号设计了一种新电源，将频率由日常的60次增加到数千次，从而显著降低了所散发的热量。"那只开关电源与苹果二号的逻辑板一样具有革命性，"乔布斯后来说，"罗德并未因此而在历史书中获得荣誉，但他是配得的。现在每台计算机都在使用这种开关电源，它们都抄袭了罗德的设计。"

当然，所有这些都离不开钱。"那种塑料外壳的加工成本约为10万美元，"乔布斯说，"光是把这整件事投入生产就需要大约20万美元。"于是，他找了雅达利老板诺兰·布什内尔。"他问我是否愿意投 5 万美元，他愿意给我三分之一的公司股份，"布什内尔说，"我真的是糊涂一时，竟说了不。回想起来真是令人啼笑皆非。"

布什内尔转而建议乔布斯去找唐·瓦伦丁[1]。瓦伦丁是硅谷传奇人物之一，他不仅在仙童半导体组建过销售团队，而且还在 1972 年创立了一家著名的风险投资公司——红杉资本。一天，西装革履的瓦伦丁开着奔驰来到乔布斯家，见到了不仅外表而且气味也很怪异的乔布斯。"史蒂夫装成一副反文化模样。他留着稀疏的胡子，十分精瘦，看上去就像胡志明。"

然而，瓦伦丁不是光看表面就能在硅谷发迹的。他在交谈中看出苹果的长处和短处后，就对乔布斯说："若想得到我的资助，你需要去找一个懂得营销和分销，并会撰写商业计划的合伙人。"乔布斯听后，立即请求道："请介绍三个人。"

结果，乔布斯从瓦伦丁介绍的人当中挑选了年仅 33 岁的迈克·马库拉[2]。马库拉为人谨慎、办事精明，曾先后在仙童半导体和英特尔工作，并在英特尔上市后成为百万富翁。"我到（乔布斯家的）车库时，沃兹正好在工作台前工作，他自豪地展示了苹果二号，"马库拉回忆道，"我顾不得他俩的蓬头乱发，只是对着工作台上的那个东西目瞪口呆。"

乔布斯一眼就看中了马库拉。"看得出他即使有机会坑你，他也不会这么做。他有一种真正的道德意识。"沃兹也印象深刻，"我觉得他是一个最好的人。"他回忆道，"更好的是，他真的很喜欢我们的东西！"

马库拉毛遂自荐，与乔布斯一起撰写商业计划书，他说，"如果结果令人满意，我就投资，否则的话，你免费获得了我数周的时间。"于是，乔布斯开始在夜晚拜访马库拉家，两人一起放眼未来，彻夜长谈。"我们做了许多假设，比如，有多少人家会配置个人电脑，有些晚上我们一直谈到凌晨 4 点。"乔布斯回忆道。

结果，马库拉自掏腰包拿出 92000 美元，向美国银行安排了 25 万美元的信贷担保，来换取苹果股权。他认为苹果需要重组，他本人、乔布斯、沃兹各持 26% 股份，其余则留给未来的投资者。乔布斯回忆道，当时"我心想迈克也许

---

1 唐·瓦伦丁（Don Thomas Valentine，1932—2019），美国风险投资家。红杉资本创始人，被誉为"硅谷风险投资之父"。
2 迈克·马库拉（Mike Markkula，1942— ），美国电气工程师、商人和投资者。他是苹果电脑公司最初的天使投资人、第一任董事长和第二任首席执行官。

再也见不到那 25 万美元了，他的冒险精神给我留下了深刻印象"。

马库拉接着劝沃兹全职加入苹果。"为什么我不能一边做这事，一边把惠普当作我的铁饭碗呢？"沃兹问道。马库拉说这可不行，并给了他几天时间做决定。"我对办一家公司的想法深感不安，因为我需要去指使人，左右他们的行为，"沃兹回忆道，"我早就想好我绝对不做权势之人。"于是，沃兹去马库拉家，宣布他不离开惠普。马库拉听罢，耸了耸肩说，好吧。

但乔布斯哪里会肯就此罢休。他设法自己哄，又求朋友一起劝；他一会儿哭，一会儿闹，有时甚至大发雷霆。他还去沃兹父母那里哭哭啼啼，恳求他们伸出援手。好在此时，弗朗西斯也看到了苹果二号的前景，就向乔布斯施以援手。

结果，"我在上班和在家里都会接到我爸、我妈、我弟和朋友的电话，"沃兹回忆道，"他们异口同声都说我的决定不对。"不过，这些都无济于事。最后还是他的好友艾伦·鲍姆了解他，对他说全职加入苹果并不代表他非要进入苹果管理层，其实正相反，他完全可以继续做一名工程师。"这话打动了我，"沃兹后来说，"我仍然可以在组织结构图的最底层里做一名工程师。"

1977 年 1 月 3 日，苹果电脑公司正式成立。4 月，苹果二号在旧金山举行的第一届西海岸计算机博览会上以 1295 美元的单价问世。凭借其简洁流畅的米色外壳和友善紧凑的设计，苹果二号一鸣惊人，不仅在博览会上获得 300 份订单，还找到了它的第一家日本经销商。结果不到一年，这家习惯于每隔几周销售十几台苹果一号的公司每个月都能够销售 500 台左右苹果二号。

苹果二号开创了个人计算机时代。并在接下来的 16 年里不断推陈出新，引领潮流。瓜熟蒂落，沃兹也因为他的那些令人叹为观止的电路和操作系统软件设计而当之无愧地获得了历史性殊荣，成为那个时代个人发明创造的楷模之一。然而，乔布斯在此时却失望地发现：尽管他将沃兹的电路板整合到了一个完美的整体包装里，并将苹果二号打造成为一个令人耳目一新的消费者产品；尽管他围绕着沃兹的发明，创建了一家蒸蒸日上的电脑公司；尽管如果没有他，沃兹的发明也许还在业余爱好者俱乐部里绕圈子，人们还是将荣誉单单归给了沃兹一人！

乔布斯他山探宝

1977 年感恩节期间，克里斯安·布伦南发现自己怀孕了。然而，乔布斯却

乔布斯，1972 年   沃兹，1968 年

《大众电子》1975 年元月版封面

苹果一号

苹果二号

乔布斯和麦金塔电脑，1984 年 1 月

不承认自己是孩子的父亲。对不想接受的事，乔布斯总是会去极力排斥它，好像他的意志可以使那事消失似的。必要时，他不仅会去扭曲他人的现实，甚至也要扭曲自己的现实。于是，他把克里斯安怀孕的事，无情地排斥在自己的意念之外。对他的这种冷漠态度，克里斯安痛苦至极却又无可奈何，情绪变得非常不稳定。

无助中，罗伯特·弗里德兰向她伸出援手。"听说我怀孕，他说，来农场生孩子吧，"克里斯安回忆道，"于是我去了那里。"伊丽莎白·霍姆斯和另外几个朋友恰巧也在那里，就去找了一位俄勒冈的助产士。1978 年 5 月 17 日，克里斯安产下一名女婴。三天后，乔布斯飞来见她们，并为新生婴儿起名。合一农场的惯例是给孩子起具有东方精神的名字，但乔布斯认为婴儿既然出生在美国，就应该有一个合适的名字。最后，他们给她起名为丽莎·妮可·布伦南。未用乔布斯的姓。乔布斯旋即返回苹果。"他不想与她或我有任何关系。"克里斯安悲伤地说。

苹果二号将苹果公司从乔布斯家的车库一举推上了一个新兴行业的巅峰。它的销量急剧上升，从 1977 年的 2500 台增加到 1981 年的 21 万台。然而，乔布斯却坐立不安。他知道苹果二号不可能长盛不衰，同时他也明白，无论他在包装上如何煞费苦心，苹果二号总是会被人视为沃兹的个人杰作。因此，他必须去寻找下一个伟大进步，一个非他莫属的更伟大的进步。

起初，乔布斯将希望寄托在苹果三号上，但它失败了。接着，乔布斯聘请了两名惠普工程师来设计一台全新的电脑，而且还令人费解地将它定名为丽莎。那时，以设计师女儿的名字命名计算机的事并非绝无仅有，可是，丽莎是那个被他无情抛弃的女婴啊！他甚至都不愿意承认他俩的父女关系！

丽莎被设想为一台基于 16 位微处理器的 2000 美元机器，而不是苹果二号所使用的 8 位微处理器。然而，由于缺乏沃兹的灵气（他仍在为苹果二号默默工作），丽莎团队的工程师只造出一台平庸乏味的机器，非常令人失望。

一天，正当乔布斯在为新方向而苦思冥想时，丽莎团队的年轻工程师比尔·阿特金森[1]建议他去施乐公司的帕洛阿尔托研究中心看看。

---

[1] 比尔·阿特金森（William "Bill" D. Atkinson, 1951—2025），美国计算机工程师、程序员、摄影师。他在计算机领域的一些重要贡献包括：麦金塔的 QuickDraw 和丽莎的 LisaGraf，动态蚂蚁路径（Marching ants）、双击操作、菜单栏、选择套索、MacPaint（FatBits）、HyperCard、阿特金森抖动（Atkinson dithering）以及 PhotoCard 应用程序。

1970年，位于美国东海岸的复印机巨擘施乐，在斯坦福研究园区设立了一个数值研究机构——帕洛阿尔托研究中心。天时地利人和，该研究中心在科学家艾伦·凯[1]的领导下，成果丰硕。此外，发明家凯还有一句在硅谷广为流传的豪迈名言："预测未来的最好方法就是去发明它。"

听到阿特金森的建议后，乔布斯心中暗喜，因为施乐的风险投资部门正在试图参与苹果的第二轮融资。于是他顺水推舟，向施乐表示："你们若愿意开放施乐帕洛阿尔托研究中心，我就让你们投资苹果 100 万美元。"

后来，作为这个交易的一部分，乔布斯向投资者出售了价值 100 万美元的自己的股票。当苹果公司在一年后上市时，施乐持有的苹果股票价值一跃而为 1760 万美元。不过，事实证明，苹果才是这个交易的真正赢家。

1979 年 12 月，乔布斯和丽莎负责人约翰·库奇[2]等一行人被引入帕洛阿尔托研究中心的大厅，观看演示。由于施乐科学家阿黛尔·戈德堡在事前就发现施乐准备把它皇冠上的那颗明珠拱手献给别人看时，觉得"这真是愚蠢至极，简直是疯了"，于是她就试图不给乔布斯提供太多东西。

因此，乔布斯等人只看到"一个经过严格筛选的有关某些应用程序的展示，主要是一个文字处理的应用程序"。乔布斯大失所望，就打电话向施乐总部施压。

几天后，乔布斯又收到施乐邀请。这次，他带了一支更大的队伍，其中包括比尔·阿特金森以及曾在帕洛阿尔托研究中心工作过的程序员布鲁斯·霍恩。这两人都是行家里手，知道需要探听什么。

戈德堡回忆道，那天"我到办公室时，发现那里闹哄哄的，并被告知乔布斯和一群他的程序员在会议室里"。而当她走进会议室时，她发现一名工程师正在试图通过进一步介绍文字处理程序来搪塞来宾。可是，乔布斯听不下去，就反复喊叫："不要再耍花招了！"

于是，施乐公司的员工聚在一个角落里商量，决定再稍稍多透露一点秘密。接着，科学家拉里·特斯勒开始向来宾展示一种新计算机语言——Smalltalk。不过，他只准备演示其"非机密"版本。"这能迷惑乔布斯，他不会知道他并未得到核心机密。"团队负责人告诉戈德堡。

---

[1] 艾伦·凯（Alan Curtis Kay, 1940— ），美国艺术和科学学院院士、美国国家工程院院士，皇家艺术学会院士，计算机科学家，以其在面向对象编程和视窗图形用户界面（GUI）设计方面的开创性工作而闻名，获 2003 年图灵奖。

[2] 约翰·库奇（John Couch），企业高管和作家，曾任苹果电脑公司的首任软件副总裁和丽莎部门的总经理。

不过，他们小看人了。阿特金森等人阅读过施乐帕洛阿尔托研究中心发表的一系列论文，因此他们知道门道，懂得内容深浅。于是，乔布斯又打电话向施乐的风投部门负责人抱怨。果然，东海岸总部立即又来电要求研究中心和盘托出。戈德堡女士听后愤然离场。

当特斯勒奉命，真的向来宾展示幕后的一切时，苹果团队都惊呆了。阿特金森凑上前盯着屏幕，仔细察看每一个细节，以至特斯勒的头颈可以感觉得到他的呼吸。乔布斯则在一旁手舞足蹈。"他又蹦又跳，我真不知道他是如何看到大部分演示的，但他确实看到了，因为他一直在提问题，"特斯勒回忆道，"对我演示的每一步，他都能切中要害。"

此外，乔布斯还不停地说他简直不敢相信施乐居然未将这些技术商业化。"你们正坐在一座金矿上，"他喊道，"我真不敢相信施乐竟然没有捷足先登、坐享其成。"

特斯勒给苹果宾客一共展示了三个令人叹为观止的发明，首先是计算机如何联网；其二是"面向对象"编程的工作原理；其三是通过位图屏幕而实现的图形界面。虽然这三项发明后来在计算机领域里都产生了极其深远的影响，不过在当时最令乔布斯和他的团队着迷的是"图形界面"。"这仿佛是拨云见日，"乔布斯回忆道，"我看见了未来计算事业的模样。"

当那场会议在两个多小时结束后，乔布斯驾车和阿特金森一起回库比蒂诺的苹果办公室。他的车风驰电掣，他的思想和嘴也是如此。"就是这！"他斩钉截铁，一字一顿，"我们必须抓紧时机！"乔布斯知道，这正是他所热切寻找的那个突破：一台既精巧大方又实惠易用的台式计算机，一台能够进入千家万户的个人电脑。

"需要多久？"他问。

"难说，"阿特金森回答，"也许六个月。"这话虽然过于乐观，却也着实令人振奋。

苹果对施乐帕洛阿尔托研究中心的这次掠劫，有时被认为是工业史上最大浩劫之一。乔布斯偶尔也会为之沾沾自喜，说："毕加索曾说，'优秀的艺术家临摹，伟大的艺术家窃取。'而我们在窃取伟大想法这方面从来不知羞耻。"

不过，想法和现实毕竟不是一回事。事实上，乔布斯和他的工程师不仅显著改进了图形界面的想法，而且能以施乐所无法企及的方式加以实现。例如，施乐鼠标有3只按钮，不但结构复杂、价格不菲（300美元），而且滚动极不顺畅。于是，乔布斯去了一家附近的工业设计公司，并向其创始人之一迪安·霍维表示,他想要一个单价 15 美元的单按钮鼠标。而且,新鼠标无论是在桌面上,还是在牛仔裤裤面上都要能用。结果,霍维做到了。此外,施乐的鼠标无法在屏幕上移动视窗。而苹果工程师的新设计不仅能移动视窗和文件,而且还能将文件放入文件夹中。不仅如此,苹果工程师还与设计师合作,通过开发图标和窗口菜单以及双击开启文件和文件夹等功能,进一步增进了个人电脑的易用性。

其实,施乐高管也没有忽视自己的科学家在帕洛阿尔托研究中心所创造的卓越成果,而且他们也在苹果的丽莎和麦金塔之前,在 1981 年就推出了一款以图形界面、隐喻桌面、鼠标以及视窗为特色的崭新计算机——施乐之星(Xerox Star)。可惜,施乐之星不仅缓慢笨拙(保存大文件要用好几分钟)、成本高昂(零售店单价 16595 美元),而且它只主打网络办公市场。结果,它仅售出 3 万台,以失败告终。

施乐之星发布后,乔布斯和他的团队在第一时间赶到一家施乐经销商那里查看。结果,"我们大大松了一口气,"他回忆道。"我们知道他们没有做对,我们只需要用它价格的一小部分就够了。"

几周后,乔布斯又给施乐之星的硬件设计师之一鲍勃·贝尔维尔[1]打了电话,说:"你们都在瞎搞……为什么不来为我工作呢?"于是,贝尔维尔就加入了苹果,科学家拉里·特斯勒也是如此。

机不可失,事不宜迟。乔布斯开始跳过丽莎项目经理库奇,直接插手阿特金森和特斯勒的工作,并不断向他们灌输自己的各种想法,尤其是对图形界面设计的方方面面。"他随时会给我来电,凌晨 2 点或 5 点,"特斯勒说,"我乐此不疲,但这令丽莎部门的上司十分头疼。"有人在那时就劝乔布斯不要这样做,他也曾听从劝告。可是,他克制不了多久,就会按捺不住。

阿特金森对计算机的杰出贡献之一是视窗叠加,就是将"顶部"视窗在视觉上镶嵌在其"下方"的视窗里。同时,他还使视窗的移动表现得像在桌面上翻看文件,也就是说,随着上方视窗的移动,下方视窗里的内容会相应地逐渐显露或隐藏。由于在计算机屏幕上只有一个像素层,所以在顶部视窗的下方并没有其他被覆盖着的视窗层。因此,视频上的这些有关视窗的叠加和移动,其实都是阿特金森通过一系列复杂编码所营造出来的视觉假象。在技术上,它被称为"区域"。

初生牛犊不怕虎。一开始,阿特金森并不知道这个区域概念的深浅,就一

---

[1] 鲍勃·贝尔维尔(Robert "Bob" L. Belleville),计算机工程师,1982—1985 年任苹果公司工程主管。

门心思地一味死磕。"亏得天真,"阿特金森说,"我以为可以做到,殊不知这是不可能的。"他废寝忘食,把全身心都投了进去。结果在一天早晨,他终于走火入魔,竟然开车一头撞上了一辆停着的卡车,险些送命。乔布斯闻讯,立即赶到医院。阿特金森刚恢复知觉,乔布斯就对他说:"我们非常担心你。"没想到,阿特金森却说:"放心,我还记得区域。"

乔布斯极其关注视窗移动的平顺通畅。他坚持认为,当人们上下滚动鼠标浏览文档时,文档必须随之顺畅移动。"他坚信视窗界面上的内容必须给用户带来良好感觉,"阿特金森说。此外,他们还想要一种能在任意方向随意移动光标的新鼠标。也就是说,这种新鼠标必须使用一只小球而不是小滑轮。一位工程师听后直率地告诉阿特金森,这在经济上不可行。于是,阿特金森在晚餐时将这话转告了乔布斯。结果,他在第二天一早到达办公室后,发现乔布斯已经解雇了那名工程师。

阿特金森和乔布斯一度成为最要好的朋友,常在晚上一起去好地球餐馆。然而,约翰·库奇以及丽莎团队里的其他工程师却对乔布斯的指手画脚严重不满,更对他日益频繁的侮辱感到愤怒。

"在像我这种想要精巧机器的人与像库奇那种瞄准着企业市场的惠普人之间存在着一场拉锯战。"乔布斯回忆道。

一段时间以来,时任首席执行官迈克·斯科特[1]和迈克·马库拉一直在极力为年轻的苹果带来一些秩序,所以他们对乔布斯的言行越来越感到不安。于是,他们在1980年9月秘密策划了一次公司重组。库奇被正式任命为丽莎的部门经理,而乔布斯却失去了对那台以他女儿名字命名的计算机的控制。此外,他还被解除了研发副总裁的职务,只担任董事会非执行主席。

"我非常沮丧,感到被马库拉抛弃,"乔布斯回忆道,"他和斯科特觉得我不适合管理丽莎部门。我对此百思不得其解。"

苹果上市

1977年1月,马库拉加入苹果时,他们三人给公司的估值只有5309美元。

---

[1] 迈克·斯科特(Michael "Mike" Scott "Scotty", 1945—),企业家,1977年2月至1981年3月担任苹果电脑公司第一任首席执行官。

然而在苹果二号问世后，苹果公司成了电子领域的摇钱树，销售从1978年的780万美元上升到1979年的4700万美元，再到1980年的1.18亿美元。结果不到4年，苹果就上市了，而且还一举成为美国股市自1956年福特上市以来最热烈的一次公开募股。到1980年年底，苹果市值已达17.9亿美元，并将300人带入百万富翁的行列。

可是，丹尼尔·科特基不在这个行列里。无论是在大学，在印度，在合一农场，还是在硅谷打拼，他一直是乔布斯的灵魂伴侣。而且，自从在乔布斯家车库参与组装苹果一号那时起，他就一直在苹果工作。可是，由于职位低，他在苹果上市前未能获得任何股票期权。

"我相信史蒂夫，以为他会像我照顾他那样来照顾我，所以我没有去争。"科特基说。其实，即便他只是一名计时技术员而未达到股票期权的一般标准，他也有资格获得创始人股。可是，乔布斯却难以理喻地不肯这么做。"史蒂夫是忠诚的反义词，"苹果早期工程师安迪·赫茨菲尔德[1]说，"他背叛忠诚。他必须抛弃他所亲近的人。"

科特基越等越心焦，就在乔布斯办公室外徘徊，想亲自向他争取。可是每次见面时，乔布斯总是敷衍他。"对我来说，最难接受的是史蒂夫从未告诉我我不够格，"科特基回忆道，"作为朋友，他欠我这一点。当我问他有关股票的问题时，他会告诉我，我必须去找我的经理谈。"

最后，在苹果上市近半年后，科特基终于鼓起勇气走进乔布斯的办公室，决心把话说开。可是刚踏进门，当他看见乔布斯的态度是如此冰冷时，他那满腹的话忽然不翼而飞，眼泪却扑簌簌地掉了下来。"我马上就哽咽不能语，哭泣起来，"科特基回忆道，"我们的友谊就在那一瞬间灰飞烟灭。实在太悲伤了。"

研发电源的明星工程师罗德·霍尔特见状，于心不忍，就想让乔布斯回心转意。"我们必须为你的好友丹尼尔做点什么。"这位马克思主义者十分义气地说，并建议每个朋友都分给科特基一些自己的股票。"无论你给他多少，我就给他多少。"霍尔特强调说。可是乔布斯听后，竟冷冰冰地回答道："好吧。我给他零。"

不难想象，沃兹的态度却是截然相反。在苹果上市前，他就以极低的价格

---

[1] 安迪·赫茨菲尔德（Andy Jay Hertzfeld, 1953— ），是一位软件工程师，曾是1980年代苹果电脑最初的麦金塔开发团队的成员。

将2000股期权转让给了40名不同的中层员工。对多数这些幸运的人来说，他们的收益后来都足以买房。他也为自己和新婚妻买了一套梦想之家，但她很快就与他离婚，并保留了房产。此外，他还怀着慈心向受到了不公平待遇的员工直接分发股票，其中包括科特基、费尔南德斯、威金顿和埃斯皮诺萨。公司里每个人都喜欢沃兹，不过不少人也同意乔布斯，觉得可爱的沃兹真的是"非常天真幼稚"。

1980年12月12日上午，苹果公司以每股22美元的价格上市。结果，第一天就涨到了29美元。年仅25岁的乔布斯的身价也随之一跃而为2.56亿美元。30年后，乔布斯对一日致富作了反思："我从来不用担心钱。我在一个中产阶级家庭长大，故而我从未想过自己会挨饿。而且我在雅达利时了解到我能成为一名不错的工程师，所以我一向知道自己能过得去。当我在大学和印度时，我自愿受穷，即使在参加工作后，我也过着相当朴素的生活。所以，我从相当贫穷——这很棒，因为我不必担心钱——一下变得非常富有，那时我也不必担心钱。我看到有些苹果的人发了财，就觉得他们必须去过不同的生活。有些人购买了劳斯莱斯和各种房产，每栋房都要请一名房屋经理，然后还要有人来管理这些经理。他们的妻子做了整容手术，变成怪模怪样的人。这不是我想要的生活。这太疯狂了。我向自己保证，绝不让这笔钱毁了我的人生。"

乔布斯的最大个人礼物，是赠送价值约75万美元的股票给他的父母。于是，保罗和克拉拉就一次性还清房贷，并为此请他们的儿子来参加一个小小的聚会。"他们一生中第一次没有抵押贷款，"乔布斯回忆道，"他们邀请了一些朋友来庆祝，这真的很棒。"保罗和克拉拉这就知足了，不打算搬到更大住所。"他们对这些不感兴趣，"乔布斯说，"他们过着令他们幸福的生活。"而他俩唯一的挥霍就是每年去乘坐公主号游轮。穿过巴拿马运河"对我爸爸来说是一件大事"，因为这让他回想起二战后，他的海岸警卫队船只在前往旧金山退役的途中经过那里时的情景。

1982年2月的《时代》杂志刊登了一个有关年轻企业家的综合报道。它的封面是一幅乔布斯注目凝神的肖像。它的主题文章赞扬乔布斯"几乎凭一己之力创造了个人电脑行业"。同时，它还说，"26岁的乔布斯，领导着一家在6年前从他父母家的一间卧室和车库里起家的公司，而它今年的预计销售额将达6亿美元……作为一名高管，乔布斯有时对下属严厉粗暴。他承认：'我必须学会控制自己。'"

抢占麦金塔

杰夫·拉斯金[1]是一位富有哲理，既有趣又沉闷的人。他学过计算机，教过音乐和视觉艺术，指导过室内歌剧团，并组织过流动剧院。1967年，他在加州大学圣地亚哥分校撰写的博士论文中预言：计算机应该有图形界面，而不是基于文字的界面。当拉斯金厌倦他的大学教学生涯后，他租借一只热气球，飞到校长住所上方，大声宣告辞职。

后来，拉斯金成了苹果出版部门的经理。他一直梦想为大众制造一台廉价计算机，并成功说服迈克·马库拉，让他组织和领导一个小型开发项目来实现这个目标。一开始，拉斯金给这台计算机起了个女性名字，但后来又觉得这难免有性别主义之嫌，就用他最喜欢的苹果品种"麦金塔（Mac）"来重新命名。

拉斯金设想的机器，是一个售价1000美元，集屏幕、键盘和计算主机为一体的精简装置。为了降低成本，他决定用一只仅5英寸的小屏幕，以及一只极其便宜的微处理器——摩托罗拉6809。

也许是先天不足，麦金塔项目一路走得艰难，摇摇欲坠。每隔几个月它就几乎被砍，但每次拉斯金又都能让马库拉回心转意。当时，麦金塔研究团队只有四名工程师，在好地球餐馆旁边的一个原苹果办公场所内工作。工程师之一是一个金发碧眼、天真烂漫、心理紧张、自学成才的明星——伯勒尔·史密斯[2]。史密斯崇拜沃兹，努力像他那样去不断完成令人眼花缭乱的发明创造。后来，史密斯不幸患了精神分裂症。不过，在1980年代初，他尚能将自己炽热的激情不断转化为工程才华的一席席盛宴。

乔布斯被拉斯金的愿景深深打动，却又对他为了降低成本而做出的种种妥协不以为然。"不用担心价格，先去制定计算机的功能吧。"他告诉拉斯金。但拉斯金不愿在原则上让步，就用讽刺的口吻回了一份备忘录。"从想要的功能出发是无稽之谈。我们必须从价格目标以及各种功能入手，并关注今天和不远的将来的技术。"

这就埋下了冲突的种子。1980年9月，乔布斯被丽莎项目无情驱赶出去后，就把他的目光单单定睛在麦金塔项目上。"史蒂夫开始指手画脚，杰夫开始沉

---

[1] 杰夫·拉斯金（Jef Raskin, 1943—2005），人机界面专家，他于1970年代末构想并在最初领导苹果公司的麦金塔项目。
[2] 伯勒尔·史密斯（Burrell Smith, 1955— ），计算机工程师，他为苹果电脑最早的麦金塔创造了第一个绕线主板原型，并为LaserWriter设计了主板。

默,结果就可想而知了。"团队成员乔安娜·霍夫曼回忆道。

第一次冲突是由于拉斯金对性能不足的摩托罗拉 6809 微处理器的坚持。拉斯金希望将麦金塔的价格控制在 1000 美元内,而乔布斯却决心打造出一款比丽莎更精彩亮丽的新机器。因此,他极力推荐麦金塔改用功能更强大的摩托罗拉 68000,而且这也正是丽莎所使用的。1980 年圣诞节前夕,乔布斯背着拉斯金,要求史密斯使用新芯片为麦金塔重新设计一个原型。于是,史密斯就像他的英雄沃兹那样,夜以继日地发奋工作,在编程上实现了一系列令人惊叹的飞跃。当史密斯在不到三周完成任务后,对于微处理器的选择就不言自明了。

阿特金森曾是拉斯金的学生,不过他站在乔布斯一边。因为他知道,麦金塔需要一只强而有力的处理器来支持那些预想中的图形界面和鼠标功能。"史蒂夫不得不从杰夫手中夺走这个项目,"阿特金森说,"杰夫相当固执,史蒂夫接手这个项目是对的。世界得到了更好的结果。"

乔布斯决心用麦金塔来挑战丽莎。他告诉团队,拉斯金是个梦想家,而他是个实干家,能在一年内完成麦金塔。"我们能制造一台比丽莎更便宜、更好的计算机,并首先推出它。"

1981 年 2 月的一天,乔布斯擅自取消了拉斯金为全公司召集的一次午餐研讨会。沉闷了很久的拉斯金终于爆发,给总裁斯科特写了一份措辞激烈的备忘录。"他是一个糟糕的经理……我喜欢史蒂夫,但我发现无法为他工作……乔布斯经常失约。这已众所周知,几乎成了笑话……他不会将功劳归功于理所应当的人……很多时候,当你提出一个新想法时,他会立即攻击它,说它毫无价值,甚至愚蠢,并告诉你这是在浪费时间。仅这一点就是糟糕透顶的管理;但如果那是一个好想法,他很快又会向他人介绍,仿佛这是属于他的。"

当天下午,斯科特把乔布斯和拉斯金请来,在马库拉面前对质。乔布斯哭了起来。他和拉斯金只有一点共识:无法与对方共事。在处理丽莎项目的矛盾时,斯科特曾站在库奇一边。而这次,他决定支持乔布斯。毕竟,麦金塔是一个微不足道的项目,又在一个遥远的建筑里,能使乔布斯远离总部。"他们想逗我,给我事做,这很好,"乔布斯回忆道。"对我来说,这就像回到了车库一样。我有自己的子弟,一切都在我的掌控中。"

这时,乔布斯想到了沃兹。"我为他最近未做太多事而颇为反感,但后来我想,天啊,若没有他的才华,我哪会有今天。"可是天有不测风云,就在沃兹开始对麦金塔产生兴趣的当口,他驾驶的新款单引擎飞机在起飞时坠毁。他虽然幸免于难,却患上了部分失忆症。乔布斯赶去医院,陪了一阵。可是沃兹在康复后，决定重返伯克利去完成学位。

在乔布斯赢得了麦金塔部门的领导权后不久，斯科特丢掉了公司总裁的宝座。也许是因为掌管公司的巨大压力，他变得反复无常，进退失据。而当他以一种异常冷酷的方式裁减员工后，他就在公司里失去了人心。因此，马库拉不得已，趁斯科特在夏威夷度假之际，召集公司高管，询问是否应该更换他。结果多数人——包括乔布斯和库奇在内——都表示赞同。于是，马库拉开始担任临时总裁。

1983 年 1 月，丽莎问世，比麦金塔早了整整一年。乔布斯虽然不是丽莎团队的成员，但他仍以苹果公司董事长和代言人的身份前往纽约为其宣传。活动当天，应邀来访的报纸杂志记者按序来到他在卡莱尔酒店的套房里，与他会面交谈。

苹果的宣传计划要求乔布斯把这次宣传重点放在丽莎上，不要提麦金塔，以免对丽莎产生不利影响。可是，他哪里控制得住。结果，在《时代》《商业周刊》《华尔街日报》和《财富》的报道中都提到了麦金塔电脑。"今年晚些时候，苹果公司将推出另一款功能较弱、价格较便宜的丽莎版本——麦金塔，"《财富》杂志的报道说道，"乔布斯亲自指导那个项目。"《商业周刊》则直接援引乔布斯的话说："当麦金塔面世时，它将成为世界上最令人难以置信的计算机。"此外，他还坦承麦金塔和丽莎互不兼容。

糖水商人斯卡利

IBM 于 1981 年 8 月推出个人电脑时，乔布斯的团队买了一台，对其进行剖析。结果他们一致认为，这是一台非常差劲的机器。年轻程序员克里斯·埃斯皮诺萨称其为"一次半心半意、陈腐的尝试"。这话虽然尖刻却也有一定道理，因为 IBM 个人电脑使用老式的指令行提示符，并不支持图形显示。于是，苹果就麻痹起来，没有意识到其实企业的技术经理更愿意从像蓝色巨人这样的大公司那里，而不是从一家以水果命名的公司那里购买产品。首款 IBM 个人电脑发布那天，盖茨正巧在苹果参加一个会议。"他们似乎若无其事，"他说，"他们用了一年时间才意识到究竟发生了什么。"

在这种情绪支配下，苹果公司在《华尔街日报》上刊登了一则整版广告，标题是："欢迎，IBM。真的。"它把即将到来的个人计算机之战定位为勇敢而又叛逆的苹果与老牌巨人IBM之间的一对一较量，全然罔顾其他并不比苹果差的公司。

贯穿乔布斯的整个职业生涯，他总是喜欢自视为一个与邪恶帝国对抗的勇敢叛逆者，一个与黑暗势力斗争的无畏战士或佛家武士。"若因某种原因，我们犯了大错而导致IBM获胜，我的感觉是，那么我们就会进入一个大约20年的计算机黑暗时期，"他告诉一位采访者，"一旦IBM控制了某个市场，他们几乎总是会窒息创新。"

迈克·马库拉一直不想担任苹果公司总裁。他只是在意识到有必要摆脱迈克·斯科特之后，才勉强地扮演了这个角色。同时，他也向妻子保证这是暂时的。

光阴荏苒，不知不觉到了1982年底。于是，马库拉夫人就要求他立即去找一个替代者。乔布斯从不缺乏自信，但他也有自知之明，知道自己还需要磨炼。同样，马库拉也觉得乔布斯尚嫩，还不适合担任苹果总裁。于是，他们决定去公司外寻找人才。

最合适的人选是唐·埃斯特里奇[1]，埃斯特里奇在佛罗里达州博卡拉顿创立了IBM个人计算机部门，并成功地推出了IBM个人电脑。尽管乔布斯和他的团队对这台电脑不以为然，但它的销量很快就超过了苹果。埃斯特里奇和乔布斯一样，充满活力和感染力，但不同的是，他愿意将别人的创思全部归功于创造者本人。乔布斯飞赴博卡拉顿，向他提出了100万美元的薪水和100万美元的签约奖金，可是，埃斯特里奇并没有接受邀请，他宁可在正规舰队里充当一名水手，也不想做一个海盗。

于是，乔布斯和马库拉找了一个健谈的企业猎头格里·罗奇，来帮助他们寻找新人选。不久，罗奇的目光投向了在当时最炙手可热的消费者营销奇才约翰·斯卡利[2]。斯卡利是百事公司的百事可乐事业部总裁，他的"百事挑战赛"活动曾所向披靡，取得了广告和宣传上的巨大成功。乔布斯在向斯坦福商学院的学生发表演讲时，听到过有关斯卡利的好评。所以他告诉罗奇，他很愿意同斯卡利见面。

---

1 唐·埃斯特里奇（Philip Donald Estridge，1937—1985），计算机工程师，领导了最初的IBM个人电脑的开发，因此被誉为"IBM PC之父"。
2 约翰·斯卡利（John Sculley III，1939—　），商人、企业家和高科技初创企业投资者。曾任百事公司总裁，1983—1993年任苹果公司首席执行官。

斯卡利的背景与乔布斯的非常不同。他的母亲是曼哈顿上东区的一个外出时佩戴雪白手套的贵妇，而他的父亲是一名华尔街大律师。斯卡利在布朗大学获得本科学位，并在沃顿商学院获得了商业学位。在百事可乐，他通过对营销和广告的不断创新而平步青云。不过，这位商业奇才对产品开发和信息技术缺乏热情。

当斯卡利在 1982 年圣诞节期间抵达苹果总部时，他对那里随意轻松的氛围感到惊讶。"大多数人的衣着比百事可乐公司的维修人员还要随便。"他回忆道。午餐时，乔布斯安静地吃着素菜沙拉，但当斯卡利谈到大多数高管认为计算机带来的麻烦超过了它的价值时，乔布斯开始高谈阔论。他说："我们希望改变人们使用计算机的方式。"

斯卡利在回程飞机上陷入思考，边想边写。当他在想到计算机商店陈列产品的糟糕方式时写道："在店内营销上投资，通过展示苹果产品的潜力来吸引消费者，让他们浪漫地感受到苹果能使他们的生活更丰富！"接着，他在"浪漫"和"生活更丰富"下，重重地划上底线。虽然他并不想离开百事，但乔布斯给他留下了深刻印象。"我被这个年轻、冲动的天才所吸引，我觉得进一步了解他会很有意思。"

1983 年 1 月，苹果在卡莱尔酒店举办了丽莎发布会。在一天的媒体活动结束后，一位不速之客走进苹果套房。于是，乔布斯一面松领带，一面向团队介绍，斯卡利先生是百事可乐总裁，也是一个潜在的大型企业客户。库奇给斯卡利演示丽莎时，乔布斯不断插话，其中不乏那些他最喜欢的形容词："革命性的""令人难以置信的"，等等。他还声称丽莎将改变人们与计算机互动的方式。

然后，他们前往四季餐厅，一个闪耀着优雅和权力的避风港。当乔布斯在吃他的特制纯素晚餐时，斯卡利向他介绍了百事可乐在市场营销上的成功经验。他说，百事可乐的"百事新一代"活动所推销的并不是产品，而是一种生活方式以及对未来的乐观展望。他又说，"我认为苹果有机会创造一个'苹果新一代'。"乔布斯听后，立即表示赞同。

不知不觉，已近午夜。在返回卡莱尔酒店的路上，乔布斯对斯卡利说，"这是我一生中最激动人心的夜晚之一，我无法形容我的内心有多么愉快。"

夜深人静，斯卡利回到康州格林威治的家里，辗转反侧，浮想联翩。他发现同乔布斯交往，实在要比那些有关瓶子的谈判有趣得多。"这刺激了我，唤起我长久以来对成为一名创意大师的渴望。"他回忆道。

于是，你来我往，这段罗曼史就这样慢慢发酵起来。斯卡利因内心纠结而显得若即若离，既抓不住，又未必不可企及。然而，乔布斯在 1983 年 3 月里的一次访问，终于将这转变为一场盲然而又醉人的浪漫故事。"我真的觉得你就是那个人，"乔布斯在他俩穿过纽约中央公园时说道，"我希望你来和我一起工作。我可以从你身上学到很多东西。"乔布斯曾为自己培养过一些父亲般的人物，他知道如何利用斯卡利的自尊和不安全感。而这一招真的起了作用。"我飘飘然，被他迷住了，"斯卡利后来承认，"史蒂夫是我见过的最聪明的人之一。我和他一样对创意充满热情。"

斯卡利对艺术史颇感兴趣，就引路去大都会博物馆，想在那里观察乔布斯是否真的愿意向他人学习。"我想看看他在一个他没有背景的主题上能否接受指导。"斯卡利回忆道。当他俩在希腊和罗马的古迹中漫步时，斯卡利介绍了公元前 6 世纪的古代雕塑和一个世纪后的佩里克利雕塑的区别。乔布斯似乎很乐意拾取他在大学里未曾学到的历史精华，陶醉其中。"我感到我可以做一名优秀学生的导师，"斯卡利回忆道，"我在他身上看到了自己年轻时的影子。我也曾经是一个不耐烦、固执、傲慢、冲动的人。我创思泉涌，这常使我忽视其他事。我也无法容忍那些不能满足我的要求的人。"

他们继续漫步，边走边聊。斯卡利说他度假时会去巴黎的左岸，在素描本上画画。如果他没有成为一个商人，他可能会成为一名艺术家。乔布斯则说，如果他不从事计算机工作，他想象自己也许会在巴黎成为一个诗人。他们沿着百老汇，走到四十九街的一家唱片店，乔布斯向斯卡利介绍了他喜欢的音乐，包括鲍勃·迪伦、琼·贝兹、艾拉·菲茨杰拉德以及温德姆·希尔的爵士艺术家。然后，他们一路走到中央公园西侧的七十四街，来到萨姆·雷莫公寓，乔布斯正准备在那里购买一套复式的塔楼顶层公寓。

高潮发生在顶层公寓的露台上。斯卡利因为恐高而紧贴着墙，"我告诉他我要 100 万美元的薪水，还要 100 万美元的签约奖金。"乔布斯说行，"即使我得自掏腰包，我们也会解决这些问题，因为你是我遇到过的最好的人。我知道你非常适合苹果，而苹果应该得到最好的人。"接着他又说，他从来没有为一个他真正尊重的人工作过，但他知道斯卡利是最能教导他的人。说罢，他双眼一眨不眨地看着斯卡利。

斯卡利心里仍不踏实，就表示或许他们只做朋友，"你无论何时来纽约，我都会非常乐意和你共度时光。"这时，"史蒂夫低下头，目光看着脚。在一段沉重而又尴尬的停顿后，他向我提出了一个让我心神不宁的挑战。'你是想卖一辈子糖水呢，还是想要一个改变世界的机会？'"

斯卡利张口结舌，无言以对。"四个月来，我第一次意识到我无法拒绝。"于是，他俩离开公寓，踏着落日的余晖，穿过中央公园，回到卡莱尔酒店。

不出两月，斯卡利就搬到了硅谷。开头数月，乔布斯每天会同他聊几十次。"史蒂夫和我成了一对灵魂伴侣，几乎是常伴左右的伙伴，"斯卡利回忆道，"我们常常用半句话和短语交谈。"在商讨问题时，乔布斯常会说一些诸如"只有你能理解"之类的话，让斯卡利感到十分受用，心里美滋滋的。不过，蜜月终归只是蜜月。乔布斯慢慢察觉到，其实"我们对世界有着不同的观点，对人有不同的看法，价值观也不尽相同"，他回忆道，"几个月后，我开始意识到这一点。他学东西的速度很慢，他想提拔的人通常都是庸才。"

他俩之间第一次实质性分歧，是为了如何给麦金塔定价。起初，拉斯金给麦金塔设想的售价是 1000 美元，由于乔布斯对麦金塔提出了更高要求，它的价格也就相应提高到 1995 美元。然而，斯卡利在为麦金塔筹划空前盛大的发布和营销活动时，又决定再提高 500 美元。因为他认为营销成本和生产成本一样，都需要包括在产品价格中。乔布斯反对这么做，并愤怒地说："这将摧毁我们所代表的一切。我想要的是一场革命，而不是为了牟取利润。"

"你们不会喜欢这个消息，"乔布斯对他的工程师说，"斯卡利坚持要求我们将麦金塔的售价定为 2495 美元，而不是 1995 美元。"工程师们听后，果然十分失望。赫茨菲尔德指出，我们是为像我们这样的人设计麦金塔的，过高的定价是对我们信念的背叛。于是，乔布斯向他们承诺："别担心，我不会让他得逞！"

可是，到底还是斯卡利说了算，他取得了最后胜利。即使在 25 年后，乔布斯仍对这个决定愤怒不已："这是麦金塔销售放缓和微软主导市场的一个主要原因。"

发布麦金塔

1983 年 10 月，苹果在夏威夷举办了一个销售员大会，它的高潮是一场基于电视节目《约会游戏》的小品表演。乔布斯扮演节目主持人，而他邀请来的三位游戏参赛者之一是比尔·盖茨。随着欢快的节目主题音乐，三位参赛者分别就座。

看上去就像高二学生的盖茨开口说："微软预计，1984 年它的一半收入将来自为麦金塔开发的软件。"这话正合场上 750 名苹果销售人员的心意，他们应声鼓掌欢呼。接着，面带微笑的乔布斯问盖茨，麦金塔的新操作系统是否能成为行业的新标准之一。盖茨回答说："要创建一个新标准，仅创造一些稍有新意的东西是不够的，必须创造出一些真正新颖并能够激发人们想象力的东西。而我所见过的所有机器中，只有麦金塔符合这个标准。"

不过，就在盖茨说这番话时，微软与苹果的关系正在从合作伙伴悄悄转变为竞争对手。微软仍将继续为苹果开发应用软件，但它那不断增长的收入将主要来自微软提供给 IBM 个人电脑及其克隆机的操作系统。1982 年，苹果二号的销量为 27.9 万台，IBM 个人电脑及其克隆机的销量为 24 万台。但是在 1983 年，苹果二号的销量为 42 万台，而 IBM 个人电脑及其克隆机的销量却猛增到了 130 万台。而且，苹果三号和丽莎都在市场上默默无闻。

也就是在苹果销售团队抵达夏威夷的时候，一期《商业周刊》的封面宣称："个人电脑：胜者是……IBM。"它的文章详细报道了 IBM 个人电脑的崛起，并说，"在一场惊人的闪电战中，IBM 在两年内占据了市场 26% 以上的份额，并预计到 1985 年将占据全球市场的一半。另外 25% 的市场将属于能与 IBM 兼容的计算机。"文章还断言："市场霸主之争已经结束。"

这就给即将在 1984 年 1 月发布的麦金塔带来了更大压力。1983 年春，当乔布斯开始筹划麦金塔发布活动时，他想制作一个与他们所创造的产品一样具有革命性和惊人性的商业广告。"我想要那种能让人们停下脚步的东西，"他说，"我想要一声霹雳。"结果，这个任务就落到了恰特/戴广告公司的肩上。而负责此事的人是一位身材高瘦、胡子茂密、头发蓬乱、笑容滑稽、眼光闪烁的人，他叫卢·克劳，是该公司位于洛杉矶威尼斯海滩区的创意总监。

不久后，克劳和他的团队琢磨出一个可以与乔治·奥威尔的小说相呼应的主题标语："为什么 1984 年不会像《1984[1]》那样。"

《1984》是英国作家奥威尔创作的一部反乌托邦小说。这个主题捕捉到了个人计算机革命的时代精神。当时有不少人，特别是一些反主流文化的年轻人，将计算机视为奥威尔式老大哥用来铲除自由和个性的工具。然而，到 1970 年代末，也有人开始将个人电脑视作捍卫个人权利的潜在工具。因此，这则广告就把麦金塔描绘成一个为赋予个人权利事业而奋勇作战的勇士，同时也把苹果塑造成一家酷炫、反叛和英勇的公司，是阻止邪恶大公司利用大型计算机来实现全球统治和全面精神控制的唯一希望。

---

[1] 《1984》是英国作家乔治·奥威尔的一部反乌托邦小说和警示故事。该书于 1949 年 6 月 8 日出版。

乔布斯非常喜欢这个主题。他一直自诩为叛逆者，将自己与黑客的叛逆价值观联系在一起。尽管他离开了位于俄勒冈的苹果公社且在硅谷创办了苹果公司，他仍然希望被视为反主流文化的一员，而不是企业文化的一个新代表。只不过在他的内心深处，他也意识到自己似乎正在与黑客精神渐行渐远。有人甚至说他出卖了自己，不仅将苹果变成了一家上市公司，而且还不愿将股票期权分配给同他一起在车库里打拼的昔日弟兄。更何况，他将要推出的麦金塔电脑也违背了许多黑客原则：它价格过高，而且是一个封闭系统，业余爱好者无法插入自己的扩展卡来添加新功能，甚至连打开它的外壳都要特殊工具。总之，麦金塔是一个封闭而又受限的系统，与老大哥设计的东西如出一辙。因此，乔布斯需要先发制人，用这个"1984"广告来为麦金塔塑造形象，掌握话语权。

斯卡利初次看到"1984"的分镜脚本时颇有疑虑，但乔布斯却坚称这就是苹果需要的那种革命性的东西。于是，他为拍摄这个广告争取到了前所未有的75万美元预算，并计划在超级碗比赛时首映。

"1984"由著名导演雷德利·斯科特在伦敦制作，他挑选了一名女子铁饼运动员来扮演女主角，并在聆听屏幕里的"老大哥"说教的群众中，精心安插了数十名真正的光头党员。通过使用以金属灰色为主色调的冷酷工业场景，影片营造了一种反乌托邦的氛围。而就在屏幕里的老大哥宣布"我们必将胜利！"时，女主角勇敢地冲向前，将铁锤砸向屏幕，而屏幕则应声在一阵闪光和烟雾中消失殆尽。

第十八届超级碗的第三节开始后不久，当突袭者队以压倒性优势在红皮队底线触地得分时，电视屏幕突然黑了足足两秒，刻意在全国观众的心里制造不安和悬念。接着一个诡异的黑白画面伴随着令人毛骨悚然的音乐出现在屏幕上：一群表情呆滞的人列队仿佛像机器人那样木然地行进着。当9600万电视观众看着勇敢的女主角将铁锤砸向屏幕，当那群人因为老大哥的消失而惊慌失措时，一位播音员用平静的声音宣布："1月24日，苹果计算机将推出麦金塔电脑。届时你将明白，为什么1984年不会像《1984》那样。"

麦金塔广告引起了全国性轰动。当晚，三大电视网和50个地方电视台都播出了有关这则广告的新闻报道，从而使它获得了空前的传播效应。后来，它分别被《电视指南》和《广告年鉴》评选为有史以来最伟大的商业广告之一。

不过，令人震撼的广告只是乔布斯产品发布活动的一部分，另一个关键环节是媒体报道。1983年12月，乔布斯带着他的工程奇才安迪·赫茨菲尔德和伯勒尔·史密斯前往纽约，拜访《新闻周刊》。在演示完麦金塔后，他们被带到楼上与传奇人物凯瑟琳·格雷厄姆[1]会面，格雷厄姆对新事物总是充满兴趣。随后，《新闻周刊》派遣了一个科技专栏作家和一名摄影师到帕洛阿尔托与赫茨菲尔德和史密斯实地相处。不久，《创造麦金塔的那群年轻人》问世，它不仅对赫茨菲尔德和史密斯进行了详细而又生动的报道，并且还配有他们俩仿佛像新时代天使般的照片。文章援引史密斯的话说："我想建造 90 年代的计算机，只是我想明天就开始。"此外，这篇文章也谈到了他们的老板："乔布斯为了坚持己见，有时会大声发作，而且这并不总是虚张声势；有传言说，他曾威胁解雇那些坚持认为他的电脑应该包括光标键的员工，因为乔布斯认为这是个过时的功能。但当乔布斯处于最佳状态时，他是一个魅力和不耐烦的奇怪组合，并在精明的沉默和他最喜欢的热情表达'太棒了'之间摇摆不定。"

麦金塔发布活动的最后一步，是 1 月 24 日在德安扎学院举行的发布会。那天上午，拥有 2600 个座位的弗林特礼堂座无虚席。乔布斯穿着一件双排扣蓝色西装外套，一件浆过的白色衬衫，并打了一只浅绿色领结。在后台等待时，他对斯卡利说："这是我一生中最重要的时刻。我真的很紧张。你可能是唯一明白我此时的感受的人。"斯卡利则握住他的手，低声说："祝你顺利。"

会场上灯光变暗，乔布斯出现在舞台上。"在 1958 年，IBM 放弃了收购一家新兴公司的机会，这家公司发明了一个名为静电复印的新技术。两年后，施乐公司应运而生，而 IBM 至今仍为此懊悔不已。"场上的人会意，哈哈大笑。之前，赫茨菲尔德在夏威夷和其他地方都听到过类似演讲，但他感觉这一次乔布斯的表达更有激情。

在历数了 IBM 的其他失误后，乔布斯加快语速，提高感情：现在是 1984 年。IBM 似乎想要夺取一切，而苹果则被认为是抵抗 IBM 的唯一希望。起初，经销商曾张开双臂迎接 IBM，但是他们现在却越来越为那个由 IBM 主导和控制的未来感到担忧，从而转向苹果，认为只有苹果才能确保那自由的未来。可是 IBM 不肯罢休，它想要这一切，它把枪口对准了它的最后障碍——苹果。

"蓝色巨人会主宰计算机行业吗？"乔布斯用激昂的声音问观众。

"不！"他们喊道。

"会主导信息时代吗？"

---

[1] 凯瑟琳·格雷厄姆（Katharine Meyer Graham，1917—2001），美国传媒界头面人物。1963—1991 年领导了家族报纸《华盛顿邮报》。她主持该报报道水门事件丑闻，最终导致尼克松总统辞职。

"不!"他们又喊。

"乔治·奥威尔是对的吗?"

"不!"他们齐声呐喊,震耳欲聋。

随着乔布斯的演讲,观众的低声议论逐渐变成掌声,而掌声又发展成狂热的欢呼和呐喊声。而当他们正在对奥威尔指出的那个未来越来越感到不安时,礼堂里突然变得一片漆黑,舞台上的屏幕开始播放那部"1984"广告影片,将观众情绪推向高潮。短片结束后,全场观众起立,欢呼声响成一片。

这时,乔布斯戏剧性地走到舞台中央的一张小桌旁,桌上放着一只布袋。"现在我要向大家展示麦金塔。"他一边从布袋里拿东西,一边熟练地将电脑、键盘和鼠标连接在一起,然后又从衬衫口袋里拿出一张小软盘,插入电脑。

《烈火战车》的主题曲在会场上响起。乔布斯屏住气,因为前一晚的排练并不顺利,而现在一切都进行得那么完美。"麦金塔"一词在屏幕上像走马灯那样滚动起来,其下方接着出现了"无比伟大"的手写体,一笔一画,就好像是用手在慢慢书写一样。会场上鸦雀无声。忽然,一系列屏幕截图接踵而至:比尔·阿特金森的图形软件包,各种字体的展示,文件,图表,绘画,国际象棋,电子表格以及一幅史蒂夫·乔布斯的渲染图像,图像里还有一连串麦金塔思绪泡泡。

演示结束后,乔布斯微笑着对观众说道:"我们最近反复讨论了麦金塔,但是今天,我想让麦金塔有史以来第一次自己说话。"说毕,他走回计算机前,按了一下鼠标按钮。于是,那台麦金塔就以一种颤而迷人的电子低音,成为有史以来第一台进行自我介绍的计算机:"你好,我是麦金塔。从那只布袋里出来,真是太棒了。"场上顿时欢声雷动。可惜此时,麦金塔没有稍作停顿。它继续说道:"虽然我并不习惯公开演讲,但我想和大家分享我在第一次见到 IBM 大型机时想到的一句箴言:永远不要相信一台你抬不起来的计算机。"人群一片喧哗,几乎淹没了麦金塔说的最后几句话。"显然我能说话。但现在我想坐下来聆听。因此,我非常自豪地介绍一个对我来说像父亲一般的人——史蒂夫·乔布斯。"

场上的人们欢呼雀跃。乔布斯露出笑容,对大家缓缓点头。忽然,他出人意料地低下头,开始哽咽。掌声持续了五分钟之久。

蝎儿舞翩跹

麦金塔项目开展后不久,乔布斯就曾去位于西雅图郊外的微软公司拜访盖茨。微软给苹果二号开发过一些应用程序，因此乔布斯这次来，是想让盖茨和微软团队也为麦金塔做些事。

在微软的会议室里，乔布斯给盖茨描绘了一个能使大众广为受益的计算机宏伟愿景：在加利福尼亚州的一个自动化工厂里，他要以百万计的数量生产一种具有用户友好界面的个人电脑。他所描绘的那种在一端吸入加州的硅元件，而在另一端吐出成品麦金塔电脑的梦幻工厂是如此浪漫，以至于微软团队将他们的新项目命名为"沙子"。

盖茨和艾伦通过为"牛郎星8800"计算机编写BASIC而起家，因此乔布斯想让微软也为麦金塔编写BASIC。苹果自己虽然也开发了BASIC，然而沃兹一直没有在浮点数上下功夫，令乔布斯十分失望。此外，他还希望微软能为麦金塔编写其他应用软件，比如文字处理和电子表格。乔布斯虽与盖茨年龄相仿，但他在那时已是一家上市公司的君王，而盖茨只不过是一家小科技公司的业主。苹果在1982年的年销售额为10亿美元，而微软只有3200万美元。

于是，盖茨决定前往库比蒂诺，以便进一步了解麦金塔及其操作系统。"我记得第一次去那里时，史蒂夫展示了一个应用程序，屏幕上只有一些东西在跳来跳去。"盖茨看后，心里不免失望，而且他也对乔布斯为人处世的态度不以为然。"史蒂夫一直说，'我们其实不需要你，我们正在做一件伟大的事，而且它是保密的。'"

麦金塔的海盗们对盖茨的看法也很勉强。"看得出，比尔·盖茨不是一个很好的倾听者。他不能静下心来听别人向他解释某件事的原理——他必须先跳到前面，自己猜它应该是如何工作的。"赫茨菲尔德回忆道。一次，他们向盖茨展示了麦金塔光标在屏幕上的平顺移动。"你们是用什么硬件来绘制光标的呢？"盖茨问。赫茨菲尔德和他的团队对仅用软件就实现了这个功能而得意，就自豪地说："我们没有使用任何特殊硬件！"但盖茨怎么也不相信，坚持认为只有使用特殊硬件才会有这么平顺的移动光标。"对这种人，你有什么办法呢？"工程师布鲁斯·霍恩回忆说，"这让我清楚认识到，盖茨不是那种能够理解或欣赏麦金塔优雅之处的人。"

不过尽管如此，两个团队都对微软即将为麦金塔开发图形应用软件，从而将个人计算机带入一个崭新的领域而寄予厚望。微软很快就为此组织了一支人数相当可观的团队。"我们在麦金塔上投入的人力比他还多，"盖茨说，"他有十四五个人，而我们有20人。我们真的把自己的生命都押了进去。"而乔布斯也慢慢体会到微软团队的长处。"最初，他们推出的应用程序非常糟糕，"乔布斯回忆道,"但他们一直努力改进,使它们变得更好。"后来,乔布斯对微软的电子表格 Excel 是如此满意,以至于他与盖茨达成一个秘密交易:如果微软在未来两年内专门为麦金塔开发 Excel,而不为 IBM 个人电脑开发,那么他就关闭麦金塔的 BASIC 团队,完全依靠微软。

在库比蒂诺,盖茨得以观察乔布斯与苹果员工的互动。"史蒂夫用最昂奋的方式来激励人,宣称麦金塔将如何如何改变世界,并唆使人们疯狂卖命,从而导致了令人难以置信的紧张气氛和复杂的人际关系。"有时,乔布斯看上去情绪高昂,却又会忽然向盖茨吐露心中恐惧。"周五晚我们一起用餐,史蒂夫会宣称一切都超级棒。然而在第二天,无一例外,他会说,'天哪,这玩意儿能卖出去吗,哦天呐,我得提高价格,很抱歉我对你做了这样的事,我的团队是一群白痴。'"

施乐之星推出时,盖茨看见了乔布斯的现实扭曲场。在苹果和微软团队的一次联合晚宴上,乔布斯问盖茨,迄今为止(施乐)共售出多少施乐之星。盖茨说 600 台。可是就在第二天,当着盖茨和整个团队的面,乔布斯说施乐之星只卖了 300 台,全然罔顾盖茨在前一天刚告诉大家是 600 台。"于是,他的整个团队都看着我,仿佛在问,你会告诉他他是在胡扯吗?"盖茨回忆道。

后来,双方的关系变得越来越复杂。一开始,苹果让微软的应用程序直接使用苹果商标,和麦金塔捆绑在一起出售。"每个应用程序,每台机器我们能拿到 10 美元。"盖茨说。可是,这种安排引起某些软件开发商的不满。此外,个别微软程序可能需要延期。于是,乔布斯援引苹果与微软协议中的一个条款,决定不再这样做。也就是说,微软需要为它的软件开辟自己的销售渠道。

盖茨在那时已经习惯了乔布斯的这种"我行我素"的行事风格,就没有过分计较,而且他猜想解除捆绑对微软也许未尝不是一桩好事。"单独销售我们的软件,我们能赚更多钱。"盖茨说,"如果你相信自己将拥有合理的市场份额,那么这样做效果会更好。"再说,既然苹果松了绑,微软也就可以放手为其他平台开发软件,把 IBM 个人电脑放在首位。事实证明,乔布斯解除捆绑协议的决定对苹果的伤害比对微软的伤害更大。

随着微软为麦金塔开发应用软件的工作的深入,微软团队询问麦金塔操作系统工作原理的问题也问得越深。这就引起了麦金塔团队的警惕,担心微软会复制麦金塔的图形用户界面。"我告诉史蒂夫,我怀疑微软要克隆麦金塔。"赫茨菲尔德回忆道。

他们的担心是有道理的。盖茨确实已经认定图形界面是未来的方向,而且他还认为微软和苹果一样有权复制施乐帕洛阿尔托研究中心的开发成果。他后来坦承,对此"我们会说,'嘿,我们都相信图形界面,我们也都看到了施乐阿尔托'"。

双方在协商时,乔布斯曾说服盖茨,让他同意微软在麦金塔于1983年1月发布后的一年内不为其他公司开发图形应用软件。然而不幸的是,那份协议并没有预料到麦金塔的发布会延迟一年。因此,当盖茨在1983年11月宣布微软计划为IBM个人电脑开发一款全新的操作系统时,他没有心虚。他宣告微软的这个新系统将具有图形界面,并称之为视窗(Windows)。此外,他还在纽约的赫尔姆斯利宫酒店举办了一场类似乔布斯风格的盛大产品发布会。

乔布斯知道后怒不可遏。"马上把盖茨给我叫来。"他命令手下的人。于是,盖茨独自前往硅谷,准备与他周旋。"他把我叫去,是为了对我发脾气,"盖茨回忆道,"我像是应召,去了库比蒂诺。我告诉他,'我们正在开发视窗。'我又对他说,'我们把整个公司都赌在图形界面上了。'"

在乔布斯的会议室里,十来个充满敌意的苹果员工围着盖茨,想看看他们的老板怎么收拾盖茨,为他们出气。乔布斯当然不会令他们失望。"你是在抢劫我们!"乔布斯声嘶力竭,"我信任你,现在你却在偷我们的东西!"而盖茨只是安静地坐在那里,注视着乔布斯的一举一动,然后他细声细气地回了一句经典的话。"嗯,史蒂夫,我觉得看待这件事的方式不止一种。我觉得这更像是我们俩都有一个叫施乐的富邻居,我闯进他家偷电视机,结果发现你已捷足先登。"

盖茨的两天访问引起了乔布斯情绪的全方位反应。显然,苹果和微软之间的共生关系已经演变成了一场蝎子之舞,双方你来我往,或张牙舞爪,或潜伏爪牙,都明白哪怕是一小口蜇伤都可能会带来灭顶之灾。然而,他们又相互依赖,离不开对方。

会议室的那次对峙结束后,盖茨在私下给乔布斯展示了微软的视窗计划。"史蒂夫不知道该说什么好。"盖茨回忆道,"他可以说,'哦,这是一种违规行为',但他没有。他选择说,'哦,这真是一坨狗屎。'"盖茨听后心中暗喜,就应道,"是的,这是一坨不错的狗屎。"结果,这又激起了乔布斯的其他情绪。"在那期间,他粗鲁至极,"盖茨说,"然而有一段时间,他几乎哭了起来,好像在说,'哦,给我一个机会让我了结此事吧。'"于是,盖茨冷静应对。"当别人情绪激动时,我会保持冷静,我的心态会比较淡定。"

像往常那样,当乔布斯想要进行一次严肃谈话时,他就建议去散步。于是他俩就走上库比蒂诺的街道,在往返于德安扎学院的路上兜圈子。"我们必须去散步，这并不是我的一种管理技巧，"盖茨说。"就在那时他开始说，'好吧，好吧，但不要做得太像我们正在做的东西。'"

乔布斯始终无法平息他心中的怒火。在近 30 年后，他告诉他的传记作家沃尔特·艾萨克森："他们全盘抄袭了我们，因为盖茨不知羞耻。"盖茨听说后，就回答说："如果他相信这一点，他就真的陷入了他自己的现实扭曲场。"尽管苹果为使用在施乐帕洛阿尔托研究中心所看到的技术与施乐达成了协议，但这并不足以防止其他公司开发类似的图形界面。更何况，正如苹果公司所发现的那样，计算机界面设计的"外观和感觉[1]"是很难保护的。

当然，乔布斯的失望也是可以理解的。苹果在创新、想象力、执行力和设计等方面所表现出来的能力确实是出类拔萃的，它的产品也确实更出色、更优雅、更卓越。不过，这并没有妨碍微软赢得操作系统的最后胜利，这也就印证了人世间的一个奥秘——最优秀和最具创造性的产品未必能获胜。

"微软唯一的问题是他们没有品位，他们绝对没有品位，"乔布斯在多年后耿耿于怀地说道，"我不是在小题大做，而是在更大的意义上，他们没有原创想法，他们的产品中也没有融入太多文化元素。"

山雨欲来风满楼

1984 年 1 月苹果推出麦金塔电脑后，乔布斯成了一个为人瞩目的公众人物，而他在公司内的地位也得以迅速恢复。斯卡利非但没有限制他，还将丽莎和麦金塔合二为一，交给他统一管理。然而，地位的提高并未使他变得温和。当他站在团队面前宣布两个部门的合并方案时，他率性直言，宣布麦金塔团队的领导人将获得全部高层职位，而丽莎团队的四分之一员工将被解雇。"你们失败了，"他面对丽莎项目的众多员工，冷冰冰地宣判，"你们是一支二流队伍。二流员工。这里有太多二流或三流员工，所以今天我们将释放你们中间的一部分人，让他们有机会去我们山谷里的姐妹公司那里工作。"

比尔·阿特金森在这两支团队里都工作过，他认为乔布斯的这种做法不仅冷酷而且也不公平。他说："这些人都曾勤奋工作，都是优秀的工程师。"不过，

---

[1] 外观和感觉（Look and feel）：在软件设计中，图形用户界面的外观和感觉包含其设计的各个方面，包括颜色、形状、布局和字体等（"外观"）元素，以及按钮、框和菜单等（"感觉"）动态元素的行为。

乔布斯并没有这样想。因为他从麦金塔的经验中悟出一个道理，就是若想建立一支优秀的团队，就必须冷酷无情。"当团队不断壮大时，很容易容忍一些二流员工，然后他们又吸引了更多的二流员工，很快你甚至会有一些三流员工，"他回忆道，"麦金塔的经验告诉我，一流员工只愿意和其他一流员工在一起工作，这意味着你不能容忍二流员工。"

别出心裁的麦金塔发布活动所带来的兴奋随着时间渐渐消退，麦金塔的销售也随之在1984年下半年开始下滑。在使用中，人们发现麦金塔的图形界面虽然令人耳目一新，可是优雅的界面需要大量内存，而麦金塔的内存由于成本限制而严重不足，只有丽莎内存的十分之一，所以麦金塔的速度太慢。另外，麦金塔只有一个软盘驱动器。当乔安娜·霍夫曼为此力争时，乔布斯称她为"施乐教条主义者"，并坚持认为一个软盘驱动器就够了。因此，如果使用者需要拷贝大量数据，他们就要在单个驱动器中频繁更换软盘。更麻烦的是，由于乔布斯坚信风扇与个人电脑的原则相悖，就一如既往地摒弃风扇。结果，麦金塔常因过热而发生零件故障，从而赢得了"米色烤面包机"的绰号。"现实扭曲场可以起到刺激作用，但它终将受到现实的无情审判。"霍夫曼尖锐地指出。

1984年底，丽莎的销售几乎为零，而麦金塔的销售量也跌至每月不到一万台。于是失望中的乔布斯做了一个草率的决定。他把积压在仓库里的丽莎拿出来，逐一安装了麦金塔仿真程序，再打上"麦金塔 XL"的标示，把它们拿出去当作新产品出售。"我怒不可遏，因为麦金塔 XL 不是真的，"霍夫曼回忆道，"它只是为了处理剩余的丽莎而推出去的。它卖得很好，后来我们不得不终止这个可怕的骗局，所以我辞职了。"

赫茨菲尔德在麦金塔发布后不久开始休假，一方面需要恢复体力，一方面也想远离那个他不喜欢的上司鲍勃·贝尔维尔。一天，他得知乔布斯给麦金塔团队的工程师发放了高达5万美元的奖金，就去找乔布斯要奖金。乔布斯告诉他，贝尔维尔决定不给休假的人发奖金。可是，赫茨菲尔德在不久后听说，这个决定实际上是乔布斯做出的，就去质问他。乔布斯一开始支支吾吾、模棱两可，然后说："好吧，假设你说的是真的。那又怎么样呢？"于是，赫茨菲尔德告诉乔布斯，若想用扣发奖金来作为胁迫他回来的条件，那么出于原则，他就不回来了。虽然乔布斯对此最终让了步，但这还是让赫茨菲尔德感到不是滋味。

休假即将结束时，赫茨菲尔德约乔布斯去一家意大利餐厅。"我真的很想回来，"他告诉乔布斯，"但现在的情况看上去真是一团糟。"乔布斯显得有些恼火和不耐烦，但赫茨菲尔德继续往下说，"软件团队士气低落，几个月来几乎没做什么事，伯勒尔为此十分沮丧，他也许坚持不到年底。"

这时乔布斯打断他，说："你根本不知道自己在说什么！麦金塔团队做得很好，我现在正在享受一生中最美好的时光。你完全脱离了现实。"

"如果你真相信这些，我想我就没办法回来了，"赫茨菲尔德难过地说，"我想回去的那个麦金塔团队已经不复存在了。"

"麦金塔团队必须成长，你也必须成长，"乔布斯回答道，"我希望你回来，但如果你不想回来，那就由你。无论如何，你并不像你想象的那么重要。"

赫茨菲尔德没有回苹果。

1985年初，伯勒尔·史密斯果然心生去意。他担心乔布斯会挽留他，同时他也担心自己招架不住乔布斯的现实扭曲场，所以，他有时会去找赫茨菲尔德，商量解脱之法。一天，他兴奋地告诉赫茨菲尔德："我有办法了！我想出一个完美的离职方式，来抵抗现实扭曲场。我只要走进史蒂夫的办公室，拉下裤子，在他桌上尿尿。他能说什么呢？这保险能成。"麦金塔队员知道后都兴奋起来，纷纷押宝说即便是勇敢的史密斯也不会有这种胆量。结果，史密斯在乔布斯30岁生日派对期间终于下定决心，就约见了乔布斯。当他走进乔布斯办公室时，乔布斯嬉皮笑脸地问道："你要这么做吗？你真要这么做吗？"原来，他也听说了史密斯的计划。

于是，史密斯看着他，问道："我必须这么做吗？如果必须的话，我就做得出来。"乔布斯瞪了他一眼，史密斯认为这表示没有必要。因此，他以友好的方式离开了苹果。

紧随其后的另一位是从施乐挖来的杰出工程师布鲁斯·霍恩。当他向乔布斯告别时，乔布斯脱口就说："麦金塔的问题全都怪你。"

霍恩回答道："嗯，实际上，史蒂夫，麦金塔上的许多最好的功能都是我的功劳，我曾经为了争取它们而煞费苦心。"

"是啊，"乔布斯承认，"我给你15000股股票，留下来吧。"当霍恩拒绝他的提议后，乔布斯表现出了他温暖的一面，说，"好吧，给我一个拥抱。"

那期间，真是坏消息不断。然而，这还没完。更坏的新闻是，公司的共同创始人沃兹也要离开。近年来，沃兹一直在苹果二号的部门里默默担任中层工程师，并尽量远离管理和企业政治，充当代表公司本源的谦逊的吉祥宝宝。可是，沃兹心里实在不明白乔布斯为什么不欣赏苹果二号，难道他不明白苹果二号是苹果上市的唯一原因吗？难道他不知道苹果二号一直是公司的摇钱树，占1984年圣诞节销售额的70%吗？"苹果二号团队里的人在公司其他人眼里无足轻重。尽管事实上，苹果二号多年来一直是我们公司最畅销的产品，而且在未来几年内也将是如此。"沃兹伤心回忆。于是，他在极度失望和不平中做出一些与他的性格极不相符的事。有一天，他拿起电话，痛斥斯卡利过分关注乔布斯和麦金塔部门。

沮丧至极的沃兹决定离开，去创办一家自己的公司。由于他觉得自己没有重要到需要越级通知乔布斯或马库拉，就只告知了苹果二号部门的工程主管。结果，乔布斯是在《华尔街日报》的报道中得知这个消息的。沃兹在电话采访中坦率告诉记者，是的，他觉得苹果一直对苹果二号部门不屑一顾，并说："苹果在过去五年中的方向大错特错。"

不到两周，沃兹就和乔布斯一起前往白宫，接受罗纳德·里根总统授予的首枚国家技术奖章。里根总统在授奖时幽默地引用了卢瑟福·海耶斯总统在第一次见到电话时说的话："这是一个惊人的发明，但是谁会想要使用它呢？"

也许是沃兹的离去实在令人尴尬，苹果没有为他举办欢送晚宴。不过，以友好低调的方式告别，符合沃兹的个性。他同意以每年2万美元薪水的方式在苹果兼职，并继续代表苹果公司参加各种活动和贸易展览。之后，乔布斯约沃兹一起散步，且去了一家三明治店。席间，他们友好地天南地北，努力避免触及彼此间的分歧。

本来这事可以就这样慢慢淡忘，可是，乔布斯却不肯消停。几周后的一个星期六，他去了哈特穆特·埃辛格勒的设计工作室。当他在那里看见该设计室为沃兹的遥控装置所设计的草图时，他大发雷霆，并援引两家公司合同中的一项排他性条款说："与沃兹合作对我们来说是无法接受的。"

《华尔街日报》得知此事后，就向沃兹询问，而他也一如既往，开诚布公地说乔布斯是在惩罚他。"史蒂夫·乔布斯讨厌我，可能是因为我对苹果的那些言论。"不过乔布斯告诉该报，"这并不是针对个人的，"他只是想要确保沃兹的遥控器不会看上去像苹果公司制造的东西，"我们不希望看到我们的设计语言被用在其他产品上。沃兹必须去找他自己的资源。他不能依赖苹果的资源，我们不能特殊对待他。"

虽然乔布斯愿意支付设计室为沃兹所做工作的费用，但哈特穆特·埃辛格勒设计室的管理人员仍然惊讶不已。当乔布斯又要求他们把为沃兹绘制的图纸寄给他或销毁它们时，他们断然予以拒绝。于是，乔布斯又写信重申苹果在合同中的权利。结果，那家公司的设计总监赫伯特·普法伊弗不顾风险，公开驳斥了乔布斯关于这场纠纷并非个人恩怨的说法。"这是一场权力博弈，"他告诉

《华尔街日报》,"他们之间存在个人问题。"

赫茨菲尔德听说此事后十分愤怒。他家离乔布斯家约十二条街,乔布斯在散步时有时会路过他家。"我对那个沃兹尼亚克遥控器事件感到非常愤怒,以至于他下一次过来时,我不让他进屋,"赫茨菲尔德回忆道,"他知道自己错了,但他试图辩解,也许在他扭曲的现实中,他能够这样做。"

沃兹即使在生气时也只不过是一只温柔的小熊,他息事宁人,聘请了另一家设计公司,并同意继续留在苹果公司担任发言人。

斯卡利摊牌

乔布斯和斯卡利之间的矛盾有多种原因。有些仅是业务上的分歧,比如斯卡利试图通过保持麦金塔的高价来达到利润的最大化,而乔布斯则希望麦金塔更加亲民实惠。有些却来源于复杂的心理因素,他们对彼此的感情曾经是如此热烈,他们也都曾那么不可思议地相互迷恋。斯卡利认为他俩非常相似,并渴望得到乔布斯的爱戴,而乔布斯则一直在为自己苦寻一个父亲般的人物和导师。只是,当这两人之间的热情不可避免地开始降温时,那强烈情感就产生了巨大的反作用。

对乔布斯而言,问题在于斯卡利没有去努力理解苹果的微妙之处,未能成为一个关注产品的人。斯卡利从前一直在销售汽水和零食,而这些产品的配方基本上都与他无关。再说他也缺乏那种对产品的天生热情,因此,他反而本能地认为乔布斯对技术和设计上的细枝末节的那种执着态度是适得其反的。这无疑就是乔布斯所能想象的最可恶的罪过了。乔布斯回忆道:"我试图向他解释工程细节,但他对产品的创造过程毫无概念。一段时间后,分歧变成了争论。但我发现我的观点是正确的。产品就是一切。"因此,乔布斯开始将斯卡利视为无知,而斯卡利对他的感情的渴望以及认为他俩非常相似的迷思进一步加深了他对斯卡利的蔑视。

而对斯卡利来说,问题在于当乔布斯不再处于那种追求或操控心态时,他往往表现得粗鲁、自私甚至恶劣。斯卡利为人友善,敏感体贴,而且彬彬有礼。就像乔布斯憎恶他对产品细节的无知那样,他非常讨厌乔布斯的粗鲁言行。一次,他们准备去见施乐的副董事长比尔·格拉文,斯卡利事先督促乔布斯注意自己的举止。可是没想到他们才刚坐下,乔布斯就告诉格拉文:"你们根本不晓得自己在做什么。"于是气氛陡变，双方只好草草收场，不欢而散。斯卡利怀着兴致而来却铩羽而归，自然是失望不已。"很抱歉，但我控制不住自己。"乔布斯向斯卡利解释道。

正如雅达利的艾尔·奥尔康所观察的那样："斯卡利笃信使别人开心，并关心人际关系。史蒂夫对此却毫不在意。但是，他确实以斯卡利所无法企及的方式关心产品，并通过侮辱每一个不是一流的员工来防止苹果公司里面有太多笨蛋。"

董事会对他俩的关系越来越感到担忧，于是，阿瑟·洛克就在1985年初和另外几名董事一起对他们二人进行了严厉训诫。他们告诉斯卡利，他必须承担起经营公司的责任，做到令行禁止，而不必过于渴望与乔布斯交朋友；他们告诉乔布斯，他应该去解决麦金塔部门的混乱局面，而不是对其他部门指手画脚。会后，乔布斯回到自己办公室，噼里啪啦地使劲敲麦金塔键盘，反复写道："我不会去批评其他部门，我不会去批评其他部门……"

麦金塔的销量继续下滑，1985年3月的销售额仅为预期的10%。情况实在是令人担忧。乔布斯变得越来越消沉，要么躲在办公室里闷闷不乐，要么在走廊里责备他人。情况越糟，他的情绪波动就越大，对周围人的伤害也就越深。于是，中层管理人员开始站起来反抗。市场总监迈克·默里在一次行业会议期间找斯卡利私聊。当他们正要走回斯卡利的酒店房间时，乔布斯看见他们就想参加进来，但被默里婉拒。谈话时，默里告诉斯卡利，乔布斯正在制造混乱，必须把他从管理麦金塔部门的职位上撤下来。但斯卡利却说他还不想与乔布斯摊牌。于是，默里只好直接给乔布斯写了一份备忘录，批评他对待同事的方式，并谴责那种"以人格诽谤为手段的管理方式"。

有几个星期，这个局面似乎有希望迎刃而解。因为乔布斯迷上了一种全新的平板显示技术，以及另一种可以用手指来控制的触摸屏显示器。无疑，这两者的结合将帮助乔布斯去实现他那"书中的麦金塔[1]"的愿景。一次散步时，乔布斯在门洛帕克看到一栋建筑，就想在那里创建一个秘密研发机构——苹果实验室，来实现这个想法。

斯卡利非常欣赏这个想法。这仿佛是调虎离山，又好像能一箭双雕，既把乔布斯安置到一个他最喜欢的项目里，同时又能摆脱他在库比蒂诺总部的破坏性存在。而且，斯卡利还有一个接替乔布斯的合适人选——苹果公司在法国的

---

[1] 书中的麦金塔：Mac in a book。

首席执行官让-路易斯·加西[1]。加西曾在乔布斯访问法国时勇敢机智地应对他，从而令人刮目相看。

加西飞来库比蒂诺并向斯卡利表示，若能让他全权管理麦金塔部门而又不在乔布斯手下，那么他就愿意接受这份工作。可是，乔布斯在经过一番思考后，放弃了创立苹果实验室的想法，并且拒绝把权力交给加西。加西闻讯，立即返回巴黎，以免多事。

3月里的一天，默里又写了一份备忘录，虽标注为"不得传阅"却分发给了多位同事。"在苹果工作的三年里，我从未见过像过去90天里那样的混乱、恐惧和失调，"他写道，"在下属的眼里，我们仿佛是一艘失去了舵的船在迷雾中漂流。"不过，默里对乔布斯和斯卡利的态度十分耐人寻味。他与乔布斯过从甚密，曾经和他一起合谋破坏斯卡利，但是在这份备忘录中，他把责任归咎于乔布斯。

3月底的一个夜晚，斯卡利终于鼓起勇气，走进乔布斯的办公室。随他而来的还有人力资源总监杰伊·埃利奥特，以便使他的这个举动更为正式。"没有人比我更钦佩你的才华和眼光。"斯卡利开口说。虽然他以前也说过类似的奉承话，但是这次它却包含着不祥的弦外之音。"可是这样下去真的行不通，"他宣布，"我们彼此建立了深厚友谊，"他继续说，"但是，我对你管理麦金塔部门的能力失去了信心。"此外，他还指责乔布斯在背后说他无知。乔布斯没有提防，显得有些惊讶，就说斯卡利应该更多地帮助和指导他："你必须花更多时间和我在一起。"

不过，他很快缓过神来，开始反击，说斯卡利对计算机一窍不通；说斯卡利在管理公司这方面做得糟糕透顶；还说斯卡利来到苹果公司后的表现令他失望。然后，他就哭了起来。

"我打算向董事会挑明这个问题，"斯卡利宣布，"我将建议你辞去管理麦金塔部门的职务。我想让你有所准备。"接着，他劝乔布斯不要反抗，也劝他去开发新的技术和产品。

乔布斯仿佛触了电，从座位上跳了起来，用灼热的目光凝视斯卡利，说："我不相信你会这样做。如果你这样做，你就将毁掉这家公司。"

在接下来的几周时间里，乔布斯的态度一直在摇摆不定。一会儿，他说要

---

[1] 让-路易斯·加西（Jean-Louis Gassée, 1944— ），企业高管。他最出名的身份是苹果电脑的前高管。他还创立了Be，并创建了BeOS计算机操作系统。

去创办苹果实验室,但是下一刻,他又寻求支持,罢免斯卡利。一会儿,他找斯卡利,要求和解,然后一转身,他又在背后猛烈抨击斯卡利。一天,他在晚上9点给公司总法律顾问艾尔·埃森斯塔特[1]打电话,说他对斯卡利失去了信心,因此要求埃森斯塔特去说服董事会解雇斯卡利。接着,他又在晚上11点给斯卡利打电话说:"你真的很棒,我只是想让你知道我喜欢和你在一起工作。"

在4月11日的董事会会议上,斯卡利正式表示,他想要乔布斯辞去麦金塔部门的负责人职务,以便让乔布斯专注于对新产品的开发。阿瑟·洛克随后发言,说他对他们二人都感到失望:对斯卡利,是因为他在过去一年里没有拿出勇气来掌控局面;对乔布斯,是因为他的"行为像一个任性的乳臭未干的孩子"。接着,他建议董事会就此分别同这二人谈话。

斯卡利首先离开会议室。于是,乔布斯直言不讳地指责斯卡利是问题的根源,因为他对计算机一窍不通。可是,他的话音刚落,洛克就大声说乔布斯一年来的表现非常愚蠢,根本没有资格管理一个部门。接着,乔布斯最坚定的支持者菲尔·施莱因也劝他,让他大度让位,去负责苹果实验室。

当轮到乔布斯回避时,斯卡利直截了当地下了一道最后通牒:"你们可以支持我,那我就管理公司,或者我们什么也不做,那么你们就得去找一个新首席执行官。"然后他又表示,如果获得授权,他不会草率行事,而是在接下来的几个月里让乔布斯逐渐过渡。

结果,董事会一致支持斯卡利,授权他选择合适时机罢免乔布斯。

七日风暴

1985年5月初的一天,乔布斯来到斯卡利的办公室,要求再多给他一些时间来证明自己可以管理好麦金塔部门,并保证他会证明自己是一个优秀的运营人员。然而,斯卡利没有退缩。于是,乔布斯就走到另一个极端,要求斯卡利立即辞职。"我觉得你真的失去了状态,"他说,"第一年你真的很棒,一切都很顺利。但后来究竟是怎么了?"

斯卡利向来脾气温和,但这时他开始反驳,指出乔布斯未能开发麦金塔新

---

[1] 艾尔·埃森斯塔特(Al Eisenstat,1930—),律师、企业高管。曾任苹果电脑公司总法律顾问、高级副总裁和董事会成员。

软件，未能推出新机型，也无法赢得客户。结果，讨论变成争吵，两人互相指责谁是更糟糕的经理。最后，当乔布斯径直出去后，在外观望的人看见斯卡利转过身去，背对办公室的玻璃墙，抽泣起来。

5月14日，星期二，当麦金塔团队向斯卡利和其他公司高管做季度总结报告时，事态进一步恶化。当时，乔布斯仍未放弃对麦金塔的控制，当他和他的团队来到公司董事会会议室时，他显得目中无人，并很快就为该部门的工作目标与斯卡利争论起来。乔布斯说他们的目标是销售更多的麦金塔计算机，而斯卡利却表示其目标是为了公司的整体利益。

接着，乔布斯汇报了两个关键项目的进展：一款足以全面取代已经停产的丽莎的新型麦金塔，以及一个将允许麦金塔用户在网络上共享文件的文件服务器软件。当斯卡利第一次听到这些工作都需要延期时，不禁大吃一惊，就对默里的市场营销策略、贝尔维尔的项目进度以及乔布斯的整体管理作出严厉批评。

会后，乔布斯又恳求斯卡利再给他一次机会，让他证明自己有能力管理一个部门。斯卡利拒绝了他。

当晚，乔布斯带着他的麦金塔团队在伍德赛德的尼娜餐馆聚餐。由于斯卡利希望加西做好接管麦金塔部门的准备，加西也在城里，乔布斯就邀请他一起去。聚餐时，贝尔维尔提议为"那些真正理解乔布斯世界"的人干杯。餐后，贝尔维尔又在车里，敦促乔布斯与斯卡利决战。

几个月前，苹果获得了向中国出口计算机的权利，并受邀于1985年5月底在人民大会堂共同签署一份协议。斯卡利决定亲自去。因此，乔布斯就决定利用斯卡利访华的机会进行反击。他找多人散步，分享他的计划。

"我要在约翰去中国期间发动政变。"他告诉迈克·默里。

5月23日，星期四：在与麦金塔部门的高级副手举行的一个例行会议上，乔布斯向他的核心圈子讲述了他打算罢黜斯卡利的计划。他还向公司人力资源总监埃利奥特吹风，但是后者直截了当地告诉他，这个计划行不通。因为埃利奥特曾帮乔布斯探过口风，与一些董事会成员交谈过，但他发现大多数董事会成员都站在斯卡利一边，而且公司里的大多数高级员工也是如此。然而，乔布斯执意孤注一掷。他甚至在停车场散步时，向加西透露了自己的计划。这实在是难以理喻，因为后者是专程从巴黎赶来接替他的。"我错误地告诉了加西。"乔布斯多年后苦笑着承认。

晚上，总法律顾问埃森斯塔特在家里为约翰·斯卡利夫妇和加西夫妇举办了一个小型烧烤聚会。当加西把乔布斯的阴谋计划告诉埃森斯塔特时，埃森斯塔特立即建议他把这事告知斯卡利。

"史蒂夫试图组织一个阴谋集团，并发动政变除掉约翰，"加西回忆道，"我作出了我的选择……我宁愿和斯卡利，也不愿和完全失控的史蒂夫一起工作。"因此，"我在埃森斯塔特家的书房里，把食指轻轻放在约翰的胸上，说，如果你明天去中国，你可能会被赶下台。史蒂夫正密谋除掉你。"

5月24日，星期五： 斯卡利突然取消了他的中国行，决定在早上的例行高管会议上与乔布斯摊牌。乔布斯来晚了，进入办公室时，他意外地发现斯卡利坐在首席上，并未去中国，而在斯卡利旁边的那个属于自己的座位上已经坐了人。于是，他就在另一端坐下。只见他，西装合体，英姿勃勃。

这时，面色苍白的斯卡利宣布搁置原定的会议议程，来解决那个萦绕在每一个人心头的问题。接着，他直截了当地质问道，"听说你想把我赶出公司，"他一边说一边用双眼逼视乔布斯，"我问你，这是不是真的？"

乔布斯毫无准备，不禁暗吃一惊。不过，他向来不缺乏勇气，也不缺乏尖锐和坦诚。于是，他凝聚眼神，也一眨不眨地盯着斯卡利。"我认为你对苹果不利，而且我认为你不适合经营这家公司，"乔布斯的语气冰冷凝重，一针见血，"你真的应该离开公司。你不懂掌控，也根本不会。"接着，他又指责斯卡利不懂产品开发，并抨击道："我曾想请你来帮助我成长，而你却未能有效地帮助我。"

会议室里的其他人都呆若木鸡、目瞪口呆。

斯卡利忍无可忍，终于发作。二十年来从未困扰过他的童年口吃突然复发。"我不……不信任你，我不……不能容忍丧……丧失信任。"他结结巴巴地说。

当然，结巴归结巴，斯卡利也不是一个等闲之辈。当乔布斯宣称自己比斯卡利更适合领导苹果时，他急中生智，决定一搏，要求在场的人表决。

"我和史蒂夫，你们选谁？"

那些僵硬的旁观者开始蠕动。苹果二号部门的执行副总裁兼总经理德尔·约卡姆[1]首先开口，说他喜欢乔布斯，希望乔布斯能在公司里继续发挥作用。接着，他顶住乔布斯的目光表态尊重斯卡利，并支持他管理公司。公司总法律顾问埃森斯塔特也面对乔布斯，说了几乎相同的话：他喜欢乔布斯，但支

---

[1] 德尔·约卡姆（Delbert W. Yocam, 1943— ），曾任宝蓝公司首席执行官兼董事长、泰克公司总裁、首席运营官兼董事，苹果公司高管。

持斯卡利。作为外部顾问出席会议的瑞吉斯·麦肯纳更是直截了当地告诉乔布斯，你还没有为管理公司做好准备。其他人也都站在斯卡利一边。市场部主管比尔·坎贝尔向来欣赏乔布斯，却不太喜欢斯卡利。他用略带颤抖的声音告诉乔布斯，他也决定支持斯卡利，接着他又对斯卡利强调说："你不能让史蒂夫离开这家公司。"

这时，乔布斯似乎彻底崩溃，只说了句"我想我全明白了"，就一个人冲出房间。回到自己的办公室，并把麦金塔计算机团队的忠实员工召集起来后，他就痛哭起来。他说，他将不得不离开苹果。而当他真的朝门口走去时，黛比·科尔曼阻止了他。她和其他人都劝他冷静下来，不要鲁莽行事，应该利用周末时间来重新整理思绪，以防公司分崩离析。

斯卡利被自己的胜利彻底击垮。他好像一名身负重伤的战士，退进埃森斯塔特的办公室，要求出去兜风。当两人坐进埃森斯塔特的保时捷时，斯卡利小声叹道："我不知道自己能不能熬过去。"当埃森斯塔特追问他这是啥意思时，斯卡利答道："我想辞职。"

"你不能走，"埃森斯塔特抗议道，"苹果会分崩离析的。"

"我要辞职，"斯卡利宣布，"我认为我不适合这家公司。"

"你这是在逃避，"埃森斯塔特答道，"你必须勇敢地面对他。"

斯卡利的妻子见到斯卡利在中午就回到家里，十分惊讶。"我失败了，"他悲戚地告诉太太。斯卡利夫人是个易怒的女子，她向来不喜欢乔布斯，也不欣赏丈夫对他的迷思。因此，在她弄明白所发生的事后，就跳上车，径直向乔布斯的办公室飞驶而去。当被告知乔布斯已去好地球餐馆后，她又立即赶到那里，在停车场与乔布斯及其麦金塔团队的那些忠实同伴碰了一个正着。

"史蒂夫，我可以和你谈谈吗？"她说。乔布斯猝不及防，吃了一惊。"你知道认识像约翰·斯卡利这么优秀的人是一个多么大的荣幸吗？"她大声质问。乔布斯未用正眼看她。"你不能在我和你说话时看着我吗？"她又质问。不过，当她遇到乔布斯那百试不爽的凝视时就又退缩了。"算了吧，别这样看我，"她说，"当我看大多数人的眼睛时，我看到一个灵魂。而当我看你的眼睛时，我看到一个无底洞，一只空穴，一个死区。"说罢，她扭头扬长而去。

5月25日，星期六：迈克·默里开车前往乔布斯在伍德赛德的家，建议他接受那个产品梦想家的新角色，并远离公司总部去创办苹果实验室。乔布斯似乎愿意考虑这个建议，就拿起电话，向斯卡利伸出橄榄枝。他问斯卡利，能否在第二天下午见面，一起去斯坦福大学附近的小山上散步。他和斯卡利以前在那里散过步，留下不少美好回忆。因此，散步或许能帮助他们化解分歧。

斯卡利同意在第二天下午见面。昨天他虽曾心生去意，但一夜之后，他已决心留下。

晚上，乔布斯想和默里一起观看电影《巴顿将军》。可是影碟店里没有，因此他们只好观看了1983年根据哈罗德·品特的作品改编的电影《背叛》。

5月26日，星期日：下午，乔布斯和斯卡利按时在斯坦福校园后面会面，并在附近连绵起伏的小山丘和马场中散了几小时步。

乔布斯又一次恳求斯卡利，让他在苹果担任一个运营职务。而斯卡利态度坚定，反复表示这行不通，并敦促他接受那个拥有自己实验室的产品梦想家角色。可是乔布斯一口拒绝，认为这样会让他变成一个纯粹的"傀儡"。

接着，乔布斯突兀地问道："为什么你不能当董事长，而让我担任总裁兼首席执行官呢？"

"史蒂夫，这怎么可能？"斯卡利反问道。

可是，乔布斯还是不死心，又建议他们分担运营公司的职责，由他来负责产品，而由斯卡利负责市场营销和公司业务。

"公司必须由一个人掌管，"斯卡利知道自己有董事会撑腰，就斩钉截铁地说，"我得到了支持，而你却没有。"

回家途中，乔布斯在马库拉家门口停下。马库拉不在家，乔布斯就给他留了一个口信，邀请他明天晚上去乔布斯那里晚餐。接着，他又邀请了麦金塔团队中最忠诚的核心成员。

5月27日，星期一：那天，天气宜人，阳光明媚。麦金塔团队的忠实支持者，黛比·科尔曼、默里、苏珊·巴恩斯和贝尔维尔，提前一个小时来到乔布斯在伍德赛德的家中共同商讨策略。

傍晚，夕阳西下，黛比坐在露台上劝乔布斯接受斯卡利的提议，成为一名产品梦想家，并帮助创办苹果实验室。在这个核心圈子里，黛比是最愿意面对现实的人。然而，其他人却态度坚决，都想说服马库拉去支持一个由乔布斯掌握实权的重组计划。

马库拉到来后，表示愿意听取他们的意见，但有一个条件，就是乔布斯必须保持沉默。"我真的想听听麦金塔团队的想法，而不是看着乔布斯煽动他们叛乱。"他回忆道。

天气变凉后，他们回到乔布斯的几乎没有家具的豪宅内，在壁炉旁坐下。马库拉让他们停止抱怨，将注意力集中在具体的管理问题上，比如是什么造成了文件服务器软件生产的问题？为什么麦金塔的分发系统没有很好地响应需求的变化？

在他们的陈述结束后，马库拉直言不讳地表态反对。"我说我不支持他的计划，这事到此为止，斯卡利是老板，"马库拉回忆道，"他们非常生气，情绪激动并试图组织一场叛乱，但事情是不能这么做的。"

5月28日，星期二：斯卡利从马库拉那儿得知乔布斯的新阴谋后，不禁怒火中烧。上午，他走进乔布斯的办公室，宣布他已经与董事会交谈并得到了他们的支持。然后，他开车去马库拉家，向马库拉介绍了他的重组计划。在获得了马库拉支持后，他回到办公室，又分别给董事会的其他成员打电话，以确定他们依然支持他。

最后，他打电话告诉乔布斯，董事会已经批准了他的重组计划，由加西接管麦金塔部门。而乔布斯可以继续担任董事长，做一名纯粹的产品梦想家。因为至此，诸如苹果实验室之类的秘密项目也已不在考虑之列。

乔布斯明白自己再也不可能扭曲现实了，甚至连上诉的余地也没有了。他痛哭流涕，开始给坎贝尔、埃利奥特、默里等人打电话。当乔布斯给默里去电时，默里的太太乔伊丝正在打国际长途，接线员突然插话说有紧急情况。她告诉接线员，这必须是重要的事。"是的，"她听到乔布斯说。当她的丈夫拿起听筒时，乔布斯正在哭泣，只说了句"都完了"，就挂断电话。

默里担心乔布斯情绪过于低落会做冲动的事，就打电话给乔布斯。但是没有人接电话，于是，他开车去了伍德赛德。敲门时，没有人回应，他就绕到后面，爬上高处，向屋里张望。乔布斯正躺在他那间没有家具的房间里的一只床垫上。

后来，乔布斯终于让默里进去，两人一直聊到天亮。

5月29日，星期三：乔布斯终于拿到《巴顿将军》的录像带，就在晚上看了这部电影。但是，默里不让他重整旗鼓。相反，他敦促乔布斯在周五出席斯卡利的重组大会。因为事到如今，除了扮演一名忠诚的战士之外，他别无选择。

乔布斯被打入冷宫

那个周日的晚上，安迪·赫茨菲尔德和比尔·阿特金森带着前麦金塔团队赶来乔布斯家，欲帮助他排忧解愁。乔布斯过了好一阵，才回应他们的敲门声，并把他们带到厨房旁边的一个稍有些家具的房间里。

"究竟发生了什么事？"赫茨菲尔德问道，"情况真的那么糟吗？"

"更糟。"乔布斯皱着眉头说道，"比你能想象的还要糟糕得多。"

他接着指责斯卡利背叛了他，并表示苹果公司没有他肯定无法运转。他还抱怨说，他的董事长头衔完全是虚的。他实际上已经被赶到了一座被他称为"西伯利亚"的既小又空的楼里。

赫茨菲尔德随即转换话题，开始回忆过去的美好时光。

有一天，乔布斯参观了"图形小组"，这是个由顶尖计算机图形技术人员组成的团队，他们当时为《星球大战》的著名导演乔治·卢卡斯工作，并开始认识到使用高端的 3D 图像进行计算的可能性是无限的。因此，乔布斯就建议苹果董事会考虑收购卢卡斯影业旗下的这个团队。"这些人在图形方面远远领先于我们，遥遥领先，"史蒂夫回忆道，"他们远远领先于任何人。我由衷地相信这将会非常重要。"但那时董事会已经不太重视史蒂夫的意见了，他们放弃了收购这家后来被称为皮克斯动画工作室的公司的机会。

乔布斯的感受和反应是可以理解的。

斯卡利曾是一个父亲般的人物，马库拉也是，而阿瑟·洛克更是。可是在一周内，这三个人都背弃了他。"这要回到他早年被拒绝的那种沉痛感受里去，"他的朋友和律师乔治·莱利后来说，"这是他神话的一个深刻部分，定义了他是谁。"多年后，乔布斯回忆道："我仿佛当头挨了一棒，魂飞魄散，无法呼吸。"

失去洛克的支持尤其令乔布斯伤心。"阿瑟对我来说就像父亲一样，"乔布斯说，"他把我置于他的羽翼之下。"他曾教乔布斯如何欣赏歌剧，他和他的妻子托尼也常是乔布斯在旧金山和阿斯彭的东道主。"我记得有一次开车进入旧金山，我对他说，'天呐，美国银行大厦实在太丑了。'他说，'不，那是最好的。'然后，他开始向我讲述，他当然是对的。"多年后，乔布斯在讲述这个故事时仍然热泪盈眶："他选择了斯卡利而不是我。这真的让我大吃一惊。我从未料到他会抛弃我。"

更糟糕的是，乔布斯最心爱的公司现在正在一个被他视作庸才的人的掌控之中。"董事会认为我不能经营一家公司，这是他们的决定，"他说，"但他们犯了一个错误。他们应该把处理我和处理斯卡利的决定分别开来。他们应该解雇斯卡利，即使他们认为我还没有准备好经营苹果公司。"

一位员工更是对《财富》杂志说："他们切去了苹果的心脏，换上一个人造的。我们只好看它能撑多久。"

几天后，斯卡利告诉一群市场分析师，他认为乔布斯已与苹果无关，尽管他的头衔是董事长。"从经营的角度看，史蒂夫·乔布斯在今天或未来都没有任何角色，"然后，他用决绝的口吻强调说，"我不知道他会做什么。"

在9月13日召开的苹果董事会会议上，乔布斯告诉斯卡利和其他董事成员，他将要离开，去发现下一件大事，去创办一家新公司。

第八章
微软

当太空针塔的电梯飞快地升向那美丽秋日的余晖时,大地正在一个 11 岁的金发少年脚下远去,而城市美景却在他眼前迅速展开。那少年人放眼望去,只见西雅图市中心高楼大厦的玻璃窗在绚丽落日的照耀下,正抛洒出一片绯红的金光;西边远处,一艘渡轮正在埃利奥特湾缓缓而行;而更远处则巍然屹立着连绵起伏的奥林匹克山脉。尽管有阵阵强风吹过峡湾,但从此高处望去,那一片冰冷而又深邃的水域宛如一块巨大的茶色玻璃,而表明那艘正在航行的渡轮的唯一迹象是在它后方掀起的层层浅绿色波纹。

"欢迎来到太空针塔[1],"电梯操作员轻声说道,"您正乘坐西侧电梯,以每小时 10 英里(即每分钟 800 英尺)的速度上升。太空针塔是作为 1962 年世界博览会(又称 21 世纪博览会)的一部分而建造的……"

但是,比尔·盖茨[2]并未听到这些。这时,他的思绪仿佛正在伴随着一艘从卡纳维拉尔角发射的飞船升腾,在一个梦幻般的探索旅程上风驰电掣。

升空 40 秒后,当电梯缓缓滑进位于西雅图上方近 600 英尺高的太空针餐厅泊位时,美景和白日梦就此终结。太空针餐厅的这个晚宴是戴尔·特纳牧师为

---

[1] 太空针塔(Space Needle):位于西雅图的一座观景塔,高 184 米。
[2] 比尔·盖茨(William "Bill" Henry Gates III, 1955—),美国国家工程院院士,因与儿时好友保罗·艾伦共同创立微软而闻名。他曾任微软首席执行官、董事长、总裁和首席软件架构师,是 1970 年代至 1980 年代微型计算机革命的先驱之一。

所有接受并完成他的年度挑战的人举办的。然而，在 1966 年，没有一个人可以与特雷（比尔·盖茨的小名）相比。

回想起来，这个西雅图的夜晚可以追溯到特纳牧师在堪萨斯大学劳伦斯分校任教时创立的一个传统。每当学年开始时，他都会对他的学生提出挑战，要求他们背诵《马太福音》第 5、6 和 7 章，也就是著名的"登山宝训"。后来特纳离开了劳伦斯，辗转来到华盛顿大学对面的西雅图大学区大学公理会教堂，在那里担任牧师。

这家创立于 1891 年的教堂是西雅图最古老的教堂之一。盖茨一家是它的常客，特雷还参加了特纳牧师的坚振圣事课程。在一个星期天早晨，特纳牧师向全班同学提出了他的年度挑战，并表示他将在太空针餐厅请所有能记住登山宝训的人的客。

登山宝训是一段相当难记的经文。它的句子结构复杂，没有押韵，篇幅又长。特纳牧师甚至在 25 年后仍然记得那个下午，他在盖茨家的客厅里坐下，听盖茨背诵。

"看见这许多的人，他就上了山，既已坐下，门徒到他跟前来。他就开口教训他们，说：

"虚心的人有福了……

"哀恸的人有福了……

"温柔的人有福了……"

听着盖茨背诵，特纳牧师不禁震惊。在他的牧师生涯里，没有一个人能够完整无误地背诵这三章经文，人们总是免不了在一些单词或句子上不小心失误。可是，盖茨一开口就背诵如流，没有出现任何差错。

"在他家的那一天，我就知道他是一个不同凡响的孩子，"特纳后来回忆道，"我无法想象一个 11 岁的男孩子怎么会有这样的头脑。而且，我之后的那些询问还进一步揭示了他对经文的深刻理解。"

在那一年，大学公理会还有另外 31 个人结结巴巴地背诵了那些经文，因此，特纳牧师就在那个秋天的晚上带着他的 32 个门徒来到了位于太空针塔顶层的这个豪华旋转餐厅里。

特雷在那个夜晚饱览了这个他将留下深刻足迹的地方。东北方是华盛顿大学和它附近的劳雷尔赫斯特住宅区，盖茨的家就在那里，离华盛顿湖畔不远。向南，西雅图海滨伸入海湾，那里有船只、码头、海鲜馆和特色店。东南方是城市摩天大楼，而在远处，14411 英尺高的雷尼尔山像哨兵一样巍然挺立。东边,是以地平线上的卡斯喀特山脉为背景的贝尔维尤和雷德蒙德郊区。不出数年,盖茨就将在那里缔造自己的软件帝国。

盖茨家世

比尔·盖茨三世幸运地出生在一个慷慨传承天赋的家庭里。他的曾外祖父J.W.麦克斯韦是一个有名的银行家。19世纪中叶,他出生在爱荷华的一个农场里,但他不愿听天由命在田野里战天斗地,就立志去银行出纳员窗口后面寻找机会。于是,他毅然离家前往内布拉斯加州林肯市,开始了他的银行业生涯。自古英雄出少年,他迈出这关键一步时的年龄只有19岁,而他的曾外孙在近一个世纪后创立微软时也正好是这个年龄。

在林肯,麦克斯韦与演说家兼政治家威廉·詹宁斯·布莱恩[1]以及后来在第一次世界大战时担任美国远征军总司令的约翰·约瑟夫·潘兴将军[2]成为挚友。1892年,麦克斯韦接受编辑兼政治领袖霍勒斯·格里利的建议,与妻子一起西迁来到华盛顿州的南本德镇,在那里继续他的银行生涯且成为市长,后来又在州议会任职。1906年,他举家搬到西雅图,在那里创办了国家城市银行,并且在银行界赢得了全国性声誉。

1925年,麦克斯韦的儿子詹姆斯·威拉德·麦克斯韦从华盛顿大学毕业后,也开始了他的银行生涯,在他父亲的银行里担任信使。在大学读书时,他遇到了他未来的妻子阿黛尔·汤普森。阿黛尔是一个聪明、活泼、爱运动的女生,来自卡斯喀特山脉的小村庄埃努梅劳,曾是高中女子篮球队的明星前锋,也是班级的毕业生代表。

麦克斯韦的家庭一直活跃在社区的许多组织中,包括联合劝募会的前身联合善邻会,从而成了西雅图最有社会声望的家庭之一。后来,玛丽·盖茨还是西雅图联合劝募会的第一位女性总裁。IBM总裁约翰·奥佩尔[3]曾说他认识玛丽·盖茨,因为他曾经和她一起在全国联合劝募会的全国董事会任职。不过,

---

[1] 威廉·詹宁斯·布莱恩(William Jennings Bryan, 1860—1925),律师、政治家,曾三度作为民主党提名人竞选总统。
[2] 约翰·约瑟夫·潘兴(John Joseph Pershing, 1860—1948),陆军上将,第一次世界大战期间担任美国远征军指挥官。
[3] 约翰·奥佩尔(John Opel, 1925—2011),1974—1985年任IBM总裁,1981—1985年任IBM首席执行官,1983—1986年任IBM董事长。

麦克斯韦家族里的人虽然富有却不喜欢炫耀，并将这个美德代代相传。

威拉德·麦克斯韦事业亨通，在西雅图享有财富和权力，最终成为太平洋国家银行的副总裁（后来成为第一州际银行，美国第九大银行），并给他们的外孙留下了一笔 100 万美元的信托基金。

1929 年，女儿玛丽[1]出生在西雅图。雨露滋润，天成地就，她长成一个活泼美丽的少女。玛丽和她母亲一样，在华盛顿大学读书时遇到了她的心上人——一个身材高大、爱好运动的法律预科生，比尔·盖茨二世。玛丽是学校啦啦队队员，热情奔放、善于交际，而比尔却腼腆内向。他们是在他们的朋友布罗克曼·亚当斯[2]的撮合下相识的，当时亚当斯是学生会主席，而玛丽是学生会干事。亚当斯后来进入政界，在卡特总统任内担任交通部长，并成为代表华盛顿州的美国参议员之一。他一直是盖茨家族的密友。

比尔·盖茨二世出生在华盛顿州的布雷默顿，离西雅图约有一小时渡轮时间，他的父亲在那里经营一个家具店。他虽然没有像玛丽那样的富裕而又显赫的家庭背景，但他有着同样的进取心和雄心。1943 年高中毕业后，比尔·盖茨二世应征入伍，并在两年后被送往佐治亚州本宁堡的一所军官培训学校学习。1946 年，他以上尉身份退役后申请华盛顿大学，成为家族里的第一个大学毕业生。

1950 年，比尔·盖茨二世在获得法律学位后回到布雷默顿担任助理市政律师。1952 年，他俩在玛丽毕业后不久结了婚。由于布雷默顿是一个随处可见水手、快餐店和文身店的海军基地，并不适于攀登社会或法律阶梯，因此这对年轻夫妇重新回到西雅图。玛丽在学校教书，而比尔·盖茨二世开始私人执业，并最终成为希德勒、麦克布鲁姆、盖茨和卢卡斯律师事务所的合伙人。

1954 年，玛丽·盖茨生下女儿克里斯蒂。一年后，她生下了他们的儿子比尔。

比尔·盖茨

威廉·亨利·盖茨三世（昵称比尔）于 1955 年 10 月 28 日晚上 9 点多在西

---

1 玛丽（Mary Ann Gates, 1929—1994），银行家、社会活动家、教师。她是美国联合劝募协会执行委员会的首位女性主席，华盛顿第一州际银行董事会的第一位女性成员。
2 布罗克曼·亚当斯（Brockman Adams, 1927—2004），律师、政治家。曾任美国众议员、参议员和交通部长。

雅图出生。父母给他起了个小名"特雷",以反映他名字中的"三世"。他的性格与其天蝎座的星座特征出奇地吻合:好斗敏捷,情绪多变,爱支配人,过人的第六感和超强的领导力。正如《世界图书百科全书》所述,天蝎座的人常会赢得他人的尊重,但不讨人欢喜。特雷在七八岁时就从头到尾阅读了这本百科全书。

特雷是个精力异常充沛的孩子,即使在婴儿时也是如此。他学会给自己摇摇篮,并能不间断地摇动数小时。稍大一点后,父母给他买了一只小木马,这一来,爱动的特雷就更加停不下来了。后来他的摇动习惯,就像阿诺德·帕尔默在球场上爱提裤子,或者迈克尔·乔丹在投篮时爱伸舌头一样,成为一个令人津津乐道的美谈。结果上行下效,当人们在重要会议上走进微软经理的房间时,他们常会发现里面的人都在跟着盖茨一起摇动。

四年级时,特雷认识了他最要好的童年朋友卡尔·埃德马克。埃德马克说比尔"在那时就有点古怪",他有一种追求最好的强烈愿望。"任何学校作业,无论是演奏乐器还是写文章,他都会不分昼夜地去完成它。"当然,在四年级儿童眼里的这些古怪行为,其实无非就是盖茨的竞争精神。他们班在那年的第一个重要作业,是写一份关于人体某个部位的四五页报告。而盖茨一口气写了超过30页。后来,老师布置大家去写一篇不超过两页的短篇小说,而特雷的故事却是这个长度的5倍。埃德马克说:"比尔对所做的每一件事都是全力以赴。他总是做得非常好,远远超过其他人。"

有天赋的孩子,也就是那些智商接近或超过天才水平的孩子,在童年时,由于交往和经验不足,有时会在社交上表现欠佳。盖茨父母不想让这种事发生在自己儿子的身上,就鼓励他参加童子军。他父亲曾是一名鹰级童子军,了解童子军活动及其友情的价值。

有一年,在一次童子军联谊会期间,盖茨和一个朋友搜集了一些计算机材料,并展示了计算机的功能。那时候,孩子中间很少有人听说过计算机,而使用电脑就更谈不上了。与那些更关心在圣诞节卖灯泡和糖果的童子军不同,特雷的小分队经常在森林里拉练和露营。在一次为时一周的50英里拉练中,特雷穿了一双不适于步行的新登山靴。第一天行军结束时,他的脚后跟被磨得又红又肿,脚趾也起了一个大水泡。第二天结束时,他的脚不仅红肿而且还在不断流血。队伍中有一个成年人是医生,就给了他一些可待因止痛。第三天,一些童子军帮他扛装备,而他则坚持一瘸一拐地继续前进,直到第四天到达中途检查站后,他才选择撤退。那时他已无法行走,只好打电话给他母亲,让她从西雅图赶来接他。

盖茨 11 岁时，由于他在数学和科学这些方面的表现远超过同龄人，他父母意识到他需要新的学习环境，就在秋季把他送入著名的湖滨学校[1]。这是一所以其严格的学术要求而闻名的私立男校，也是西雅图最高档的学校。它每年约有 300 名学生，而当时的学费大约是 5000 美元。

湖滨学校是一个熔炉，用它的火焰将青少年的活力、耐力、竞争力连同智慧、欲望、眼光和运气一起巧妙地交融汇合，加以锤炼。它将七年级和八年级的学生组成初中部，而九年级到十二年级属于高中部。那些从七年级起就进入湖滨学校，并能在这个高压锅里坚持到毕业的学生被称为"生涯生"。后来，特雷成为一名生涯生。

除了奖励学业优异的学生外，湖滨学校还非常关注那些在某些方面表现出众的学生，并在行政和师资上给予支持和鼓励。"如果你只从表面上看湖滨学校，你可能认为它是一所要求很高、极其注重为大学做准备的精英学校，"作家罗伯特·福尔戈姆说，"但实际上，它会仔细审视每一个学生，尤其是那些在无论哪个方面脱颖而出的学生，并给予他们特权和自由，让他们尽情发挥，即使这也许远远超出了学校的常规范畴。"

1968 年春，当盖茨在湖滨学校的第一个学年接近尾声时，学校做出了一个对他的未来至关重要的决定。当时，美国正准备将宇航员送上月球，而这一壮举得益于计算机的发展。所以，湖滨学校决定让它的学生接触这个新奇的计算机世界。

不久前，数字设备公司（DEC）推出了一台小型计算机——PDP-10。可是，尽管它是一台小型计算机，它的价格还是超出了湖滨学校的预算。所以，学校就只好购买了一台能与之远距离连接并按照使用时间付费的电传打字机。使用时，用户在电传打字机终端输入指令，通过电话线与位于西雅图市中心的一台 PDP-10 直接通讯。那台机器为通用电气公司所有，因此它向湖滨学校收取"学生使用计算机时间"的费用。

湖滨母亲俱乐部专门为此组织了一次义卖活动，筹集到大约 3000 美元。她们原以为这足以维持到那个学年结束，可是她们哪里想得到，对那些喜欢数学和科学的聪明孩子而言，计算机将是一个多么令人迷恋的情人。

春天里的一天，数学老师保罗·斯托克林带领他的学生来到高中部参观计

---

[1] 湖滨学校（Lakeside School），西雅图的一所私立名校，招收五至十二年级男生。

算机。当盖茨在老师的督导下输入几条指令，并惊奇地看着电传打字机在与数英里之外的 PDP-10 通讯后传来相应的回应时，他欣喜若狂。对他来说，这远比科幻小说还要精彩神奇得多。

"第一天，我知道的比他多，但只有在那第一天。"斯托克林老师说，"我们当时真的是在摸索……那时我们谁也不懂多少。这东西不像麦金塔电脑。"

盖茨就此入了迷，只要一有时间，就往高中部跑。不过他很快发现，其实并非只有他一个人走火入魔，他经常需要同另外几个同样也被这强大引力吸引过来的如痴如醉的孩子们争抢计算机时间。其中之一是一个名叫保罗·艾伦[1]的文静的高中生。

那时，他哪里想得到，七年后他俩将组建微软，并且亲手把它打造成一个改变世界的软件帝国。

保罗·艾伦

保罗出生于 1953 年 1 月 21 日，比盖茨大两岁。保罗的父母来自俄克拉荷马州安纳达科，童年时，他们遇到了美国大萧条，后来又跟着世界被卷入战争。逆流而上，他们在困境中都成长为既聪明又有抱负的年轻人。可是，小城安纳达科的机会有限，于是他们就加入了战后的迁徙潮流，首先去了加州，后来又搬到西雅图定居。

保罗的母亲费耶·艾伦在保罗出生后不久，就回到了位于西雅图城北的拉文纳学校教小学四年级。她既聪明好奇又友善亲切，还常会情不自禁地开怀大笑，所以深受学生爱戴。上课时，她用标准的发音朗读故事，并刻意在最有悬念的地方戏剧性地停下来，使得孩子们对第二天的课程充满期待。保罗在入睡前央求妈妈再读一章《瑞士罗宾逊家族》时的感觉也是如此。当保罗的妹妹乔迪[2]在保罗 5 岁时出生后，费耶不再外出工作，对她来说这真是不易，也非常可惜。

保罗的父亲肯尼思·艾伦在华盛顿大学图书馆工作。他用退伍军人贷款购

---

1 保罗·艾伦（Paul Gardner Allen, 1953—2018），美国艺术和科学学院院士，美国国家工程院院士，计算机程序员、研究员、探险家、投资者。1975 年与儿时好友比尔·盖茨共同创立了微软公司，引发了 1970 年代和 1980 年代的微型计算机革命。
2 乔迪·艾伦（Jo Lynn "Jody" Allen, 1959—　），企业家、慈善家。她是保罗·艾伦的妹妹，长期担任保罗·艾伦投资和项目管理公司 Vulcan Inc 的首席执行官。她也是保罗·G. 艾伦家庭基金会的联合创始人兼总裁。

买了一栋房子，于是他们家就搬到了大学北边的一个新开发区——韦奇伍德。那是一个典型的西雅图社区：常绿的丘陵、丰满的樱桃树以及一栋栋坐落在大约四分之一英亩土地上的木结构房屋。

保罗家有一个地下室。它的一侧是洗衣机；另一侧是保罗长大后的化学实验室；第三侧是他父亲的工作空间，墙上钉板上挂着各式工具。保罗母亲的文学书籍实在太多了，就只好以双层叠放在从华盛顿大学淘汰下来的书架上，旁边地板上还堆放着《纽约客》杂志。

费耶的阅读面十分宽广，从经典作品到新潮小说：贝娄、巴尔扎克、简·奥斯汀、奇努阿·阿切贝、纳丁·戈迪默、林语堂。地下室的杂乱是她整洁打理家务的一个例外。她虽然一直想加以整理，但却又舍不得扔掉任何一本《国家地理》杂志。一天深夜，费耶因为害怕独自去洗手间而叫醒了肯尼思，之后他就立下规矩：不可以再读鬼故事了。

保罗在进幼儿园前就学会了自己阅读。一天，当他随便翻阅着一本带插图的启蒙读物时，他突然发现页面变得清晰，其中的文字也跟着变得有意义了。保罗在一个圣诞节得到了一本超大号的图画书，里面包含了一个4岁孩子想知道的一切：蒸汽铲车、拖拉机、挖掘机、消防车等等，真是应有尽有。他爱不释手，每天都要读这本书。母亲发现了他的兴趣，就请一个朋友来给他讲解蒸汽机，以及齿轮、皮带和其他机器零部件的奥秘。

书本给保罗开辟了一个崭新世界。他读到一本关于汽油发动机的书，使他大开眼界。后来，好奇心又把他引到了蒸汽涡轮机、原子能发电厂和火箭发动机。他总是仔细阅读每一本书，虽然不能完全理解，但总是能从中汲取足够多的知识来满足自己。结果，许多神奇的事在书本的熏陶下逐渐变得合乎逻辑，他的悟性越来越好。

1960年，肯尼思晋升为华盛顿大学图书馆副主任，成为西北地区最大图书馆系统的第二号人物。有一天，他问保罗今后想要做什么，并告诫他："当你长大并有了工作后，要去做你喜欢的事。无论做什么，你都应该热爱它。"后来母亲告诉保罗，他父亲曾在职业选择上纠结，因为他似乎更想去教橄榄球，而不是管理图书馆。可是，他最终还是务实地选择了在荧光灯下过这朝九晚五的生活。

高小时，保罗阅读了不少科学书籍，以及从大学图书馆借回家的《大众机械》装订本。这些杂志的封面通常是未来的汽车或机器人，十分令人遐想，其中一些还真的成为现实。随着阅读面的扩大，保罗又发现了比机械还要神奇的电子世界：扬声器、无线电接收器、闪光灯等，丰富多彩、无奇不有。他入了迷，从此随身携带一只装有电池、小灯泡和开关的鞋盒，当然，里面还会有未完成项目所需的各式零件。

当保罗找到他的第一个合作伙伴时，对电子世界的探索就变得更加有趣了。戴着厚重角框眼镜的道格·福尔默是他的同班同学，住在山上约一个半街区的地方。他们都属于那种能花几个小时来讨论物理学或天文学的孩子，又成长在数字时代前夜，因此他们也都对那神奇的电子未来充满憧憬。

1964年圣诞节后的一天，道格向保罗展示了一只集成电路。保罗读过一些有关新兴半导体工业的报道，也读到过德州仪器的杰克·基尔比在1958年发明的那个一体化电路。即便如此，真的看到手中的那只集成电路——一只装载了如此庞大电子容量的迷你化容器，还是令人激动，浮想联翩。当然，保罗在那时并没有意识到，他很快也将走上摩尔定律所预示的那条日新月异的道路。

当保罗的父母知道他六年级的大部分时间都是在教室后面自己阅读时，他们就意识到保罗需要更大挑战。于是，他们想到了湖滨学校。虽然湖滨的学费对于一个中产家庭来说是一笔巨款，可是他们都希望自己的孩子能抓住他们在俄克拉荷马州错过的机会。

"为什么我一定要去上私立学校？"保罗反复问。他的好朋友都准备去附近的公立初中，保罗不想离开他们。

"因为你会学到更多，"母亲回答说，"而且那里会有很多聪明孩子。这对你有好处。"

湖滨学校的入学考试以难度高而著称。保罗决定故意不及格，一了百了。可是当他看到那些关于物体旋转和模式匹配的选择题时，又觉得非常有趣，就想挑战自己。结果，他被湖滨学校录取了。

那时候，人工智能是科学幻想小说的一个热门主题。保罗读到了艾萨克·阿西莫夫的《我，机器人》，那本书提到了机器人第一定律："机器人不得伤害人类，或因为不作为而导致人类受到伤害。"保罗还读了在1966年问世的英国小说《巨人》，它讲述了一个恶毒的超级计算机最终统治世界的可怕故事。在那时候的报纸上，诸如"计算机正在接管"或"自动化政府已经来临"的标题屡见不鲜，保罗对此印象深刻。

保罗的几何老师是湖滨学校科学和数学部主任比尔·道格尔。他是一个经历过二战的海军飞行员，拥有航空工程学的研究生学位，并且在法国巴黎的索邦大学获得了法国文学学位。他一直认为仅靠书本知识是不够的，学生还需要有实际经验。同时，他也认为湖滨的学生在上大学前需要了解一些计算机知识。因此，道格尔老师就在湖滨母亲俱乐部的支持下，建议学校租赁一台可用于计算机分时的电传打字终端机。

一天，保罗在去麦卡利斯特教学楼上数学课的路上，顺便去计算机室兜了一圈。当他打开房门时，咔嗒咔嗒的打字声变得更大了。他看见房间里有一只书架和一个工作台，台面上堆满了手册、笔记本以及卷成一团的黄色纸带。有三个孩子正围着一台电动打字机，而打字机则安装在一个铝脚基座上。那台打字机的型号是 ASR-33，它正通过电话线与远方的一台大型计算机连接。尽管这是一个连显示屏都没有的被动的远程终端，而且又吵又慢，保罗却被它深深吸引，觉得自己可以使用这台机器去做许多事。

1968 年是数字化进程中的一个重要分水岭。3 月，惠普推出了第一台可编程的台式计算器。6 月，罗伯特·登纳德获得了一项有关动态随机存取存储器（DRAM）的专利。7 月，诺伊斯和摩尔创立了英特尔。10 月，法金在国际电子器件会议上宣布了硅栅技术。12 月，斯坦福研究所的道格拉斯·恩格尔巴特在旧金山展示了原始版本的鼠标、文字处理器、电子邮件和超文本。可见，将要在接下来 20 年里发生的不少重大变革都是在这十个月里崭露头角的：廉价可靠的内存，大规模集成，图形界面，"杀手级"应用程序等。若有人在那时就能将这些点连接起来的话，那么他们也许就会预见到数字时代的到来。

大约有 20 名学生算得上是湖滨学校计算机室里的常客，但只有 6 人真正把它视为"宇宙中心"。尽管编写程序在本质上是个孤独的探索，他们之间却形成了一种全新的兄弟情谊。由于没有老师的指导，他们就自己摸索，互通有无，并慷慨无私地相互交流计算指令和技巧。罗伯特·麦考和哈维·莫图尔斯基的年龄最大。里克·韦兰德是一个波音工程师的儿子，他安静、善良、一丝不苟，看上去很像《星际迷航》中的斯波克，只是没有那对尖尖的耳朵。九年级时，里克制作了一台井字棋中继计算机。肯特·埃文斯比里克和保罗小两岁，是个牧师之子。他头发卷曲，精力充沛，对所有事情都充满兴趣。

一天，保罗看到一个身材瘦长、满脸雀斑的初中生挤了进来。当他在电传打字机的键盘上敲字母时，他的手和脚都绷得紧紧的，而他的身体却在不住摇动。他身穿一件套头毛衣，一条棕色长裤，一双巨大的马鞍鞋，外加一头乱糟糟的金发，一副不拘小节的邋遢相。不过尽管如此，保罗很快发现比尔·盖茨真的非常聪明，真的敢于竞争，真的坚韧执着。从此，比尔也成了计算机室的常客。

比尔来自一个即使按照湖滨学校的标准也是十分显赫的家庭，当保罗第一次去他家那栋离华盛顿湖仅隔一个街区的豪宅时，他不由心生敬畏。比尔家订阅《财富》杂志。有一天，比尔给保罗看了该杂志的一个年度特刊，并问他："你猜经营一家财富 500 强公司将会是一种怎么样的感觉？"保罗说他不知道。比尔又说："也许有朝一日我们会拥有自己的公司。"说这话时，比尔只有 13 岁。

湖滨学校的捉虫小高手

1968 年秋，华盛顿大学的四名计算机专家创立了计算机中心公司[1]。它向数字设备公司租了几台计算机，包括一台 PDP-10，专门对外提供计算机分时共享服务。它的创始人之一兼首席科学程序员莫妮克·罗纳的一个儿子在湖滨读八年级，所以她知道湖滨学校的那台电传打字机以及学校与通用电气之间的计算机分时交易。于是，她公司的一位代表就与湖滨联系，询问校方是否愿意改用计算机中心公司，并赢得了校方的支持。

可是，没想到没过多久，比尔·盖茨就给这家新公司添了麻烦。他用 BASIC 编写了一个名叫"比尔"的程序，然而，当他在下一次拨通与远方那台 PDP-10 的联系，欲加载他的程序时，远方的那个系统却宕了机。

于是，过了一天，盖茨重新再试。

"新程序还是旧程序？"那台远方的计算机在接通后通过电传打字机终端问他。

"旧程序。"盖茨在电传打字机上答道。

"旧程序的名称？"计算机又问。

"旧程序的名称是比尔。"盖茨在键盘上敲出答案。

说时迟那时快，计算机中心公司的那个系统又宕了机！在接下来的几天里，盖茨多次尝试加载他的程序，而每一次远方的那台 PDP-10 都立即宕机。

对计算机中心公司来说，这简直是一个梦魇。因为它的核心业务是为客户提供计算机分时服务，而每当计算机宕机时，所有在线付费用户都会立即被踢出系统。而且更糟糕的是，宕机后的计算机就像患了失忆症，会"丢失"刚才处理的所有数据，把为客户做的事忘得一干二净！

---

[1] 计算机中心公司：Computer Center Corporation。

顺藤摸瓜，公司程序员终于找到原因。原来当计算机问盖茨旧程序的名称时，他只需要回答"比尔"就行了，可是他却输入了"旧程序的名称是比尔"。由于那个系统的软件不够成熟，它不知道应该如何处理这么长的输入，就宕了机。当盖茨发现自己只要用一串字母就可以使远方的计算机宕机时，他惊讶不已，原来远方的那个神秘的计算机系统竟然是这么脆弱！

数字设备公司为 PDP-10 提供的软件充其量也是"不稳定的"。顺利时，计算机中心公司的系统大概能顺利运行四小时；而在倒霉时，特别是许多客户同时在线时，系统或许只能正常运行半小时。显然，对于一家专门提供计算机分时共享服务的公司来说，这是不能接受的。于是它就雇了一批人，包括湖滨学校的小计算机迷，让他们在晚上和周末来公司上班，想办法攻击系统，以便发现系统内部的薄弱环节。作为交换，公司让他们免费使用计算机，只要他们详细记录每一只导致系统宕机的"虫子"。

1947 年 9 月 9 日，哈佛大学在使用马克二号时，一条电路发生故障。于是，一名研究助理就在错综复杂的真空管和电线里仔细寻找原因，并发现罪魁祸首原来是一只 2 英寸长的飞蛾。"从那时起，"马克二号研究团队成员、计算机软件先驱格蕾丝·霍珀[1]在 1984 年告诉《时代》杂志说，"每当计算机出现问题，我们就说它里面有虫子了。"（那只著名的飞蛾被保存在位于弗吉尼亚州达尔格伦的美国海军水面武器中心）

因此，在计算机中心公司的计算机系统里捉虫子，就成了比尔和其他小伙伴的神圣使命。在接下来的六个月里，他们在公司的"问题报告书"里共写了 300 多页，而其中多数条目都来自两个人——比尔·盖茨和保罗·艾伦。

计算机中心公司位于西雅图的大学区，原来是一家老旧的别克汽车经销店。放学后，盖茨先回家吃晚餐，然后再赶去儿童医院附近的车站，在那里搭乘 30 路公交车前往公司。当他们完成每天的工作时，往往已过午夜，盖茨一般步行回家。不过，有时某位家长也会开车来接孩子们一起回家。

"计算机中心公司的那些免费时间，使我们得以真正投身计算机，"盖茨说，"我的意思是，我在那时变成一个铁杆，不分昼夜。"此时盖茨 13 岁，即将读完八年级。"我们熬到深夜……那是一段有趣的时光。"艾伦也回忆道。

盖茨和艾伦不仅寻找软件里的虫子，他俩还想方设法寻找有关计算机、操

---

[1] 格蕾丝·霍珀（Grace Brewster Hopper, 1906—1992），美国国家工程院院士，计算机科学家、数学家。她是计算机编程的先驱，开发了编程语言 FLOWMATIC 和 COBOL。她也是马克一号计算机的第一批程序员之一。

作系统以及软件的各种信息，以便更深入地掌握计算机知识。有时，艾伦甚至会帮盖茨翻进垃圾箱，让他在乱七八糟的垃圾里翻找那些被日班扔掉的有价值的资料。

"我会找到上面带着咖啡渣的笔记，学习操作系统。"盖茨道。

肯特·埃文斯经常同盖茨和艾伦一起待到深夜，里克·韦兰德也是如此。在电脑前工作四五个小时后，他们有时会出去买披萨和可乐。那是个黑客的天堂。有时，一个留胡子的高个子大哥也会在晚上过来使用计算机并与他们交谈。他叫加里·基尔道尔[1]，正在华盛顿大学攻读计算机科学博士学位。十年后，他将失去一个在个人电脑革命里的最大商机之一，并在此过程中帮助比尔·盖茨成为一个举足轻重的人。

尽管盖茨、艾伦以及其他湖滨学校的孩子们付出了过人的努力，但数字设备公司的多用户软件继续遇到麻烦，直到7年后所有的漏洞才得到修补。可惜那时，计算机中心公司已经不复存在。

艾伦和盖茨不仅对计算机如痴如醉，他们也对计算机技术的未来充满憧憬。"我俩都对计算机的各种可能性着迷，"艾伦说，"这是一个我们努力吸收知识的广阔领域……比尔和我一直对我们能用计算机做些什么怀有宏大梦想。"艾伦喜欢阅读《大众电子》等杂志，盖茨则喜欢在家里阅读商业杂志。

作为在"现实世界"开展业务的前奏，盖茨和艾伦以及他们的朋友韦兰德和埃文斯一起成立了"湖滨码农小组"。当时，里克·韦兰德和艾伦在十年级，而盖茨和肯特·埃文斯在八年级。他们决定在现实世界里寻找可以用计算机来赚钱的机会。"我是推动者，"盖茨说，"我是那个说'让我们联系现实世界，试着向它销售一些东西'的人。"

湖滨的小码农在1971年初遇到一个重要商机。俄勒冈州波特兰市的信息科学公司主动联系他们，为其客户编写一个薪资程序。信息科学公司有一台PDP-10计算机，它的总裁汤姆·麦克莱恩听到了有关湖滨孩子为计算机中心公司提虫子的故事，也知道他们拥有在PDP-10上编程的经验。

接受任务后，艾伦和韦兰德觉得他们二人就够了。盖茨回忆道："保罗和里克认为没有足够工作可做，所以他们告诉我们，'我们不需要你们。'但后来他们偏离了方向。他们甚至没有编写薪资程序。因此他们又要我回去，我对他们

---

[1] 加里·基尔道尔（Gary Arlen Kildall，1942—1994），计算机科学家、微型计算机企业家。在1970年代，基尔道尔创建了CP/M操作系统，并随后成立了数字研究公司来营销和销售他的软件产品。

说,'好吧,你们要我回来,那就由我负责这件事'……肯特和我最终编写了大部分薪资程序。那是一个COBOL[1]程序。我们得到免费的计算机时间来完成工作,此外,我们还获得了额外的免费计算机时间作为报酬。对每个人来说,这都是一笔不错的交易。"

与信息科学公司的这个业务交易意味着湖滨码农小组必须成为一种正式合伙关系。因此,盖茨的父亲就成了他们的首席法律顾问,指导他们办理各种法律手续。同时,他也协助他们拟就合同。

埃文斯保留了一份关于这个项目的日志。在一篇日志中,他写道:"我们一直在编写一个非常复杂的薪资程序。3月16日是我们的截止日期。这是非常有教育意义的,因为我们通过在商业环境里工作以及与政府机构打交道学到了很多东西。在过去几周里,我们一直在拼命工作,努力完成它。星期二,我们前往波特兰交付这个程序,并且正如他们所说,'就未来的工作达成一个协议'。"

艾伦也在他的自传中写道:"虽然我们未从薪资项目中得到任何收入,但回到PDP-10计算机上的感觉就像是回到了过去。我们不再把自己视为业余爱好者,而更像是那些可能通过编写代码来谋生的人。"

1971年夏,艾伦从湖滨学校毕业,并在秋季进入华盛顿州立大学,主修计算机科学。与此同时,他还和盖茨一起研究另一个赚钱项目——交通数据(Traf-O-Data)。

那时候,地方政府为了获得道路上的车流信息,几乎每个市政府都在使用一种连接着橡胶软管的金属盒,盒内安装了一个纸带打孔装置。每当道路上的车辆压到橡胶软管时,这种交通监测器就会在纸带上自动打孔,记录时间和累积数量。然后,这些原始数据会交给市政当局聘请的私营公司,由他们来把数据转化成工程师可以使用的信息,以确定交通灯的红灯和绿灯在不同时间段里的合理长度,使城市道路取得最佳交通流量。

考虑到这个过程不仅效率低而且又非常昂贵,盖茨和艾伦就编写了一个程序来自动分析这种交通监测数据,以便以更快、更便宜的方式将交通信息卖给市政府。接着,盖茨又在湖滨学校招募了几名七、八年级的学生,让他们把交通纸带上的数字转录到计算机卡片上,然后由他负责将这些卡片输进华盛顿大

---

[1] COBOL: 一种专为商业用途设计的计算机编程语言。

学的计算机，让他们的程序来自动处理这些数据，并生成简单明了的交通流量图表。

克里斯·拉尔森比盖茨小4岁，是那几个以低薪受雇的学生之一。他的表兄布拉德·奥古斯丁也参加了这个工作，另外还有几个学生在需要时也过来帮忙。有时，当孩子们因为学业而不堪重负时，有些母亲也会过来帮忙。这种工作不仅单调低效，而且非常伤眼。一天，比尔对保罗说："为了读这些东西，那些孩子的眼睛都要读瞎了。我们需要去找一个自动化的方法。"

这话提醒了保罗，使他联想到英特尔最新发布的8位微处理器——8008。据报道，这个芯片可以用于计算器、电梯，甚至智能终端，因此保罗相信它应该也能用于交通监测。于是，他就对比尔说："我们可以用芯片来制作自己的系统，这是个最便宜的方法。"他见比尔表现出兴趣，就补充说："不过我们需要找一个人来制造这台机器。"因为，计算机硬件并不是他俩的强项，他们需要第三个合作伙伴。

一个熟人向他们介绍了保罗·吉尔伯特，他是华盛顿大学电子工程专业的学生。经过几次交谈后，吉尔伯特为"交通数据"设计了一个草图。盖茨和艾伦为此勉强凑足360美元，买了一只英特尔8008微处理器芯片。

有了这个名为交通数据的新装置，用户就能通过纸带阅读器，将交通监测数据直接输入该装置中进行处理，从而生成规范化的交通流量图表。于是，盖茨和艾伦就开始兜售交通数据。然而，硬件毕竟不是他俩的长项，这个装置的表现并不理想。玛丽·盖茨曾经回忆她儿子在她家餐室里，向一名市政府官员展示他的交通装置。当那个机器在演示中宕机，那位官员失去兴趣时，比尔央求母亲："告诉他，妈妈，告诉他，它真的可以工作！"

1973年夏，盖茨毕业在即，一个同学问他："你的计划是什么？接下来你要去哪里？"盖茨说，他准备去哈佛大学，并平静地补充道："在25岁前，我会赚到第一个百万。"那个同学了解他，知道他说这话并不是在吹嘘，甚至都不是在猜想。盖茨在谈论未来时总是那么自信，好像他的成功是命中注定的，是必然会发生的，就好像是证明一加一等于二那么确定。

夏天将过，盖茨在上大学前，和艾伦认真讨论了有关组建自己的软件公司的事。他们都相信电脑必然会像电视机那样在家家户户普及，而且这些电脑也都将离不开软件——他们的软件！

"我们总是怀着远大理想。"艾伦说道。

牛郎星的召唤

1974 年夏，盖茨刚在哈佛完成第一个学年，艾伦就想去他那里一起展望未来。对于创业，盖茨也是跃跃欲试，甚至考虑过退学。他告诉父母，他和艾伦正在认真考虑创办一家计算机公司。与此同时，他也去了几家在波士顿的公司为暑期工作面试，其中包括"七个小矮人"之一的霍尼韦尔。出人意料的是，霍尼韦尔的一个经理在面试后又给远在西雅图的艾伦打了一个长途电话。"我刚见过你的朋友，他的能力给我留下了深刻印象，"那人告诉艾伦，"我们也想给你提供一个工作机会。来波士顿吧，一起来敲定此事。"

艾伦正想去东海岸，听到这个消息自然是求之不得，就把东西匆忙塞进汽车直奔东岸，仅用了三天就横跨美国与盖茨会合。接着，他又马不停蹄，穿上自己最好的西装，去同那个经理见面。"我们在电话里谈得很好，"那人对艾伦说，"但事实上我们并没有给你工作。"兴冲冲的艾伦吃了一惊，仿佛被浇了一盆冷水。好在经过一番紧张的谈判后，他还是得到了这份工作，和盖茨一起在霍尼韦尔上班。

艾伦和盖茨在那时都相信计算机事业即将突变，进而引发一场惊天动地的技术革命。届时，家家户户都会拥有计算机。"这必将发生。"艾伦反复对他朋友说。要么去领导潮流，要么被它席卷。"保罗一直说，我们一起去创办一家公司吧，我们这就去做吧，"盖茨回忆道，"保罗看到了技术的发展。他一直说，'否则就晚了，我们会错过机会的。'"

不过，夏去秋来，盖茨仍觉得创业的时机尚未成熟，决定回哈佛继续读书。而保罗则继续留在霍尼韦尔工作。

埃德·罗伯茨[1]是个身材魁伟的电子爱好者。他发现自己喜欢摆弄电子硬件，就毅然参加空军，以便在那里学习更多有关电子学的知识。后来，他被分配到阿尔伯克基郊外的科特兰德基地，就在那里创办了一家名为微型仪器和遥测系统的公司（MITS）。退伍后，他把 MITS 从车库搬进一家名为"魔法三明治"的前餐馆，并将公司业务完全转移到商用计算器市场。

起初，他的公司发展顺利，MITS 很快扩大到 100 多名员工。然而，到

---

[1] 埃德·罗伯茨（Henry Edward "Ed" Roberts，1941—2010），工程师、企业家和医生，于 1974 年发明了第一台商业上成功的个人计算机。他常被誉为"个人计算机之父"。

1970年代初，当诸如德州仪器这样的公司在集成电路的推动下相继进入计算器市场，并掀起一波又一波的价格战后，MITS就招架不住了。

1974年，MITS的亏损已逾25万美元。为了挽救他那濒临破产的公司，罗伯茨忽然灵机一动，决定另起炉灶，用最新型的英特尔8080芯片来为业余爱好者构建一个个人计算机套件。《大众电子》杂志的技术编辑莱斯·所罗门与罗伯茨相识，他正在寻找有关计算机的创作素材，就想进一步了解罗伯茨的这个电脑套件计划。于是，他飞来阿尔伯克基与罗伯茨会面。交谈中，他问罗伯茨，那个尚未命名的套件能在年底前准备好吗？罗伯茨回答说，保证能行。

回到纽约后，所罗门想给这个计算机套件起个名字，就半开玩笑地询问他12岁的女儿。当时，她正在电视机前入迷地观看《星际迷航》，就随口回答道，为什么不叫企业号星舰的目的地"牛郎星"呢？

于是，"牛郎星8800"就登上了1975年元月《大众电子》的封面。星星之火，可以燎原。牛郎星8800也就此成了那颗点燃了个人计算机革命的星星之火。不过，细心的读者在那篇激动人心的封面故事的字里行间也了解到，其实这个套件既没有屏幕也没有键盘，它的内存容量也十分有限，而且，由于没有人为英特尔8080微芯片开发过高级编程语言，牛郎星8800只能用非常复杂的机器语言来编写程序。

在1974年12月的一个寒冷冬日，艾伦穿过哈佛广场[1]去找盖茨。他在一个售货厅前停下，看见即将在明年一月正式发行的《大众电子》。虽然自童年以来，他就经常阅读这本杂志，可是这一期杂志的封面却让他的心怦怦直跳。"世界上第一个微型计算机套件，可与商用型号媲美……"，杂志封面上的大标题这样写道。它的封面上还有一张牛郎星8800的相片：一个长方形的蓝色金属装置，面板上整齐排列着开关和小灯泡。

"我买了一本，一读完就奔去比尔的宿舍，和他交谈，"艾伦回忆道，"我告诉比尔，'看，这就是我们用BASIC做点什么的机会。'"于是，盖茨和艾伦就在兴奋和睡眠不足的奇怪状态下，从哈佛学生宿舍给MITS打了一个长途。

电话另一端传来一个男人的低沉而又沙哑的嗓音，盖茨故作镇定，用他那高亢的声音问道，"你好，这是埃德·罗伯茨吗？"在得到肯定的答复后，他又

---

[1] 哈佛广场是美国马萨诸塞州剑桥市中心附近的，位于马萨诸塞大道、布拉特尔街和约翰·F. 肯尼迪街交叉口上的一个三角形广场。也常指该十字路口周围的商业区和哈佛大学。

带着稚气、绘声绘色地介绍说，他和他的朋友开发了一个适用于牛郎星计算机的 BASIC 程序。

其实他们除了想法之外，什么也没有。不过，罗伯茨对此不以为奇，已多次听到过类似的夸夸其谈。"至少有 50 个人来找我们，声称他们有 BASIC，"罗伯茨回忆道，"我们只是告诉所有人，谁先拿出一个能用的 BASIC 程序，那么谁就能得到这笔交易。"

盖茨和艾伦在打完电话后又给罗伯茨写了一封信，再次强调他们确实有一个能与英特尔 8080 芯片配合使用的 BASIC 程序，并表示愿意以提成的方式，授权 MITS 将他们的软件与牛郎星套件一起出售给业余爱好者。当罗伯茨收到来信并按照抬头上的号码拨通电话时，他发现自己打给了西雅图的一所私立学校。湖滨学校的那个接话人根本没听说过牛郎星套件，也不懂 BASIC，就反问他什么是牛郎星套件。

搞什么鬼，罗伯茨心想。这到底是怎么一回事儿？他们究竟是谁？难道这是个高中生的恶作剧？与此同时，盖茨和艾伦在哈佛的艾肯计算中心没日没夜地埋头苦干。他们已经大言不惭地对罗伯茨夸下海口，现在他们就必须赶在其他夸大其辞的对手之前将其兑现了。

在接下来的八个星期里，他俩在哈佛计算机房里日夜奋战，竭尽全力去做一件连英特尔的一些专家都认为是不可能做到的事——为 8080 芯片开发一种高级计算机语言。盖茨不仅翘课，而且还放弃了他所钟爱的扑克游戏。"一旦比尔开始缺席比赛，他一定是在搞什么名堂，但我们谁都不知道究竟是什么事。"他的一个扑克牌友说。

那篇《大众电子》文章里有一张牛郎星 8800 的原理图，这虽然有些帮助，但艾伦和盖茨需要更深入地理解英特尔 8080 芯片。于是，他们在剑桥的一家电子商店里买了一本由英特尔工程师亚当·奥斯本编写的 8080 芯片手册。

手持英特尔 8080 芯片手册，艾伦坐在艾肯计算中心的 PDP-10 前冥思苦想。由于没有实体牛郎星 8800 计算机，他必须通过编程，指挥 PDP-10 去模拟 8080 芯片的所有性能。盖茨则面临完全不同的挑战，他需要编写异常紧凑的代码，使其适用于牛郎星极其有限的内存。这就仿佛是要把成年人的大脚塞进小孩的鞋子里一样，甚至更难。"问题不在于我是否能编写这个程序，"盖茨说，"而在于我能不能将它压缩到 4K 并使其超快运行。"他最终实现了技术上的突破，成功迈出这个关键的第一步。他后来说，在他写过的所有代码里，他最引以为豪的就是这个在八个星期里完成的 BASIC 程序。"那是一个我写过的最酷的程序。"

盖茨和艾伦二人在计算机实验室里疯狂工作，经常连续几天只睡一两个小时。当盖茨因为筋疲力尽而无法编程时，他就在 PDP-10 后面小憩。有时，他也会在敲键盘时不知不觉地打起盹儿来，然后突然惊醒，重新振作起来编程。

二月底，他们的工作终于初见成效。于是，艾伦飞往阿尔伯克基，而盖茨则留在哈佛计算机房策应。埃德·罗伯茨开了一辆旧皮卡来机场接艾伦。艾伦不知道在阿尔伯克基会发生什么，更没有想到迎接他的居然是一个巨人。而当他们抵达就在著名的 66 号公路旁边的 MITS 时，他更加震惊了。一边是按摩院，另一边是自助洗衣店，原来这是一个因陋就简的小公司！在 MITS 转了一圈后，罗伯茨把艾伦送到城里的一家最昂贵的酒店。可是，艾伦这位未来的亿万富翁哪里付得起这么高级的酒店房间，就只好硬着头皮向罗伯茨借钱。

第二天早上，罗伯茨来酒店接艾伦。MITS 的那台牛郎星机器有 7K 内存，并连接了一台电传打字机和一个纸带阅读器。于是，艾伦就把他带来的 BASIC 纸带输入机器，然后启动程序。

见证的时刻终于到来。这是艾伦第一次触摸牛郎星计算机，他知道，如果在那八个星期的疯狂工作里存在任何缺陷，无论是在他的 8080 模拟器里，还是在盖茨的 BASIC 程序中，它们必然会在此刻原形毕露。他暗自交叉手指。

艾伦的心怦怦直跳。

"内存大小？"牛郎星突然醒来，通过打字机问道。

"7K。"艾伦急忙敲打键盘回答道。

机器旋即表示已做好接受指令的准备。

"打印 2 + 2"，艾伦键入第一条指令。

"4"，牛郎星立即回应。

"当那些人看到他们的计算机开始工作时，真的非常惊讶。"艾伦回忆道，"这是一家半吊子计算机公司。我也暗自惊讶，居然一蹴而就。但我控制住自己，尽量不露声色。"

在目睹自己的机器忽然变成一台有用的计算机的这个历史时刻，"我为之倾倒。这确实令人印象深刻。牛郎星是一个复杂的系统，而他们从未见过它。他们所做的事远远超出了你能合理预期的范围。我从事计算机程序开发已有很长时间，我对那天我们所取得的那么大的进展，真是印象深刻。"罗伯茨回忆道。

接着，艾伦又用尽可能平静的声音说："我们来试一个真正的程序吧。"这时，有人找来一本《101 个计算机游戏》，艾伦就参照它，输入了一个月球着陆器的程序。当他启动游戏程序，看着那只模拟着陆器，在月球表面上尝试几次后平稳着陆时，他周围的人都惊叹不已，觉得难以置信。

多么完美！盖茨的 BASIC 软件和艾伦的模拟器居然都是完美无瑕！"你们是第一个过来向我们展示真货的人，"罗伯茨说，"我们希望你起草一份许可书，让我们可以将它与牛郎星一起销售。详细条款我们稍后再商量。"艾伦听后再也按捺不住，终于喜笑颜开。回到酒店后，他立刻给比尔打电话，向他传达这个激动人心的喜讯。

成功了，我们真的开始做生意了！喜悦中的艾伦，几乎不需要飞机就能飞回波士顿。

这就是个人电脑革命的起点。它始于一只以天鹰座里的那颗最明亮的星星命名的小蓝盒，始于用它来玩月球着陆游戏。30 年前，人们曾经在阿尔伯克基目睹了太阳从南方升起，那颗在黎明前的黑暗中爆炸的原子弹预示了核子时代的到来。而现在，一个新时代又在阿尔伯克基报晓。

1975 年春，罗伯茨邀请艾伦担任 MITS 的软件总管。艾伦欣然接受，随即搬到了阿尔伯克基。而盖茨则重新回到哈佛的扑克牌友中，比以往任何时候都更加认真地思考自己的未来。

创立微软

一段时间以来，盖茨一直在试图让他的父母做好接受这样一个事实的准备，就是他可能从哈佛辍学，和艾伦一起去创办一家计算机公司。可是，当他的父母真的听到这个消息时，他们还是大吃一惊。况且，这家新公司不是在他们的家乡西雅图，也不是在欣欣向荣的硅谷，而是在阿尔伯克基，一个远在新墨西哥沙漠里的陌生地方。

玛丽·盖茨一直反对自己的爱子在获得学位前离开学校，认为这简直无异于学术自杀。更何况，华盛顿州州长丹·埃文斯在不久前刚任命她为华盛顿大学董事会董事，这是州里最显要的政治任命之一。她无法想象若自己的儿子从哈佛退学，这会造成怎么样的影响。不过无论如何，盖茨夫妇都是明智的人，他们意识到自己并没有相应的技术背景来分析和评价创办一家软件公司的合理性。因此玛丽·盖茨转向她的一个新朋友，塞缪尔·斯特罗姆[1]，希望这位德高望重的商业领袖能帮助她的孩子回心转意。

斯特罗姆没有上过大学，是一个白手起家的千万富翁、慈善家和社会领袖。他和玛丽一样，当时也是华盛顿大学的校董。二战结束后，斯特罗姆在西雅图创办了一家电子产品分销公司，后来他通过出让西北地区最受欢迎的汽车零部件连锁店而成为巨富。在 1975 年，他是西雅图商界少数几位既了解计算机技术又能看清计算机方向的长者之一。

盖茨从哈佛放假回家后的一天，斯特罗姆带他去雷尼尔俱乐部午餐。这家成立于 1888 年的老牌俱乐部，深受西雅图政治家、权力经纪人和企业高管的青睐，仿佛是这座城市的权力和商业中心。

"我当然是身兼使命，"斯特罗姆在回忆他花了几小时来挖掘盖茨大脑的经历时说，"他向我解释他在做什么，以及他希望做些什么。我很早就涉足这个行业。他只是谈论他正在做的事……天哪，任何接触过电子产品的人都知道这是多么令人兴奋，一个新时代正悄然兴起。"

盖茨向斯特罗姆介绍了他和艾伦的共同愿景。他说，个人电脑革命才刚刚开始，而最终每个人都将会拥有一台计算机。接着他又说，试想这样一种可能性……我们的软件在不计其数的机器上运行。

在听完这位胸怀大志的年轻人的陈述后，斯特罗姆非但没有劝阻，反而鼓励盖茨去闯。"多年来，我常拿这事和玛丽开玩笑，"斯特罗姆后来回忆说，"我告诉她，我犯了一个可怕的错误，没有给他一张空白支票来填写数字。我被誉为精明的风险投资家，但我确实没有预料到这一点。"

1975 年春，微软诞生。不过，盖茨仍然在哈佛读书，而艾伦也继续在 MITS 上班。

起初，艾伦以为他俩的合伙关系会是五五对分。然而，盖茨却另有想法。"你拿一半是不公平的，"他说，"你在 MITS 有薪水，而我在没有报酬的情况下在波士顿完成了 BASIC 的几乎所有工作。我应该得到更多。我认为应该是六四开。"艾伦听罢，吃了一惊。不过再一想，又觉得盖茨的立场似乎也不无道理。他确实一直在利用业余时间编写代码，还常为自己无法贡献更多而感到内疚。平心而论，盖茨在丰富和优化他们的软件上的确发挥了重要作用，也许六四开是公平的。

---

[1] 塞缪尔·斯特罗姆（Samuel N. Stroum, 1921—2001），犹太裔商人和慈善家，被誉为"西雅图捐赠教父"。

微软成立后不久，当盖茨和艾伦意识到他俩无法及时完成想做的事时，盖茨邀请了湖滨学校的克里斯·拉尔森。接着，他们又从哈佛招募了蒙特·大卫杜夫[1]，让他帮助开发 BASIC 的数学模块。

　　那时候，在 MITS 和微软工作的工程师清一色几乎都是年轻的计算机极客。"在某种意义上，这几乎是一种宗教性工作，因为我们正要向人们提供他们从未想过可能拥有的东西，"MITS 的执行副总裁埃迪·库里回忆道，"无论是在公司员工之间，还是在员工与客户之间都存在一种亲密关系，这在商业企业里是非常罕见的。人们从清早开始工作，一直忙到傍晚。然后他们回家匆匆吃了晚餐，再回来继续工作到深夜。通常情况下，MITS 每天 24 小时，每周七天都有人。"

　　一天，库里接到一位公司高管的电话，说他已经花了一个星期试图联系盖茨或艾伦。然后，那人用兴奋的语气说他发现了一个鲜为人知的秘密——软件人员都只在夜晚活动。这话确实不错，盖茨就是一个典型的夜猫子。有一天，埃德·罗伯茨带着几位来宾参观 MITS，冷不丁，他在软件区域的地板上踩到一个身体。原来，盖茨正蜷缩在那里沉睡。

　　"比尔和保罗都非常非常投入，"库里说，"他们非常清楚自己在做什么，他们有一个明确目标。这不仅仅只是因为他们正在开发 BASIC。我觉得大多数人并没有真正认识到这一点，但是毫无疑问，从我见到比尔那时起，他就一直抱着一个愿景，就是相信微软的使命是为微型计算机提供所有软件。"

　　虽然拉尔森和大卫杜夫是最早的程序员，但他们都是在校学生，只能在暑期工作。里克·韦兰德虽然有时也会来帮忙，可是他也不固定。因此，在 1976 年 4 月加入的马克·麦克唐纳[2]就成了微软的第一名永久程序员。他是湖滨学校 1974 年毕业生，也曾在计算机中心公司参加过对 PDP-10 的攻击行动。由于微软没有自己的办公室，麦克唐纳就在他与艾伦合住的公寓里使用一台计算机终端工作。不久后，韦兰德回到团队，并担任微软总经理。盖茨和艾伦为了留住韦兰德，表示愿意分给他一部分股份，但他最终还是去了斯坦福大学商学院。

　　1976 年的秋天，又有两名程序员加入：史蒂夫·伍德和阿尔伯特·朱。伍德比艾伦和韦兰德大一岁，他虽然也在西雅图长大，但他上的是公立学校，过去并不认识盖茨或艾伦。当他在斯坦福大学即将完成电气工程硕士学位并开始

---

[1] 蒙特·大卫杜夫（Monte Davidoff, 1956— ），程序员，曾是盖茨的大学室友。他最出名的作品是他在哈佛时为牛郎星 BASIC 编写的二进制格式浮点算术例程。
[2] 马克·麦克唐纳（Marc McDonald），微软第一位受薪员工。他因在 1977 年为 NCR 8200 数据输入终端和微软的独立磁盘 BASIC-80 设计和开发了 8 位文件分配表文件系统而受到赞扬。

寻找工作时，他在斯坦福线性加速器中心的就业办公室里看到了一张微软的招聘海报。伍德加入时，微软刚在机场附近的一座银行大楼的八楼租下第一个办公室，并与阿尔伯克基的一所学校签订了一份计算机分时合同，以便使用那所学校的PDP-10系统。

1976年年底，微软得到两个重要客户：国家收银机公司（NCR）和通用电气（GE）。GE想购买BASIC的源代码，而NCR则想要一种能够与其文件系统配套使用的磁盘BASIC。因此，马克·麦克唐纳接受这个任务，为NCR开发"磁盘BASIC"。

微软的生意不错。它第一年的全年收入超过了10万美元，并预计在来年增长两倍。一切都在朝着艾伦和盖茨所设想的那个方向发展。于是，艾伦就在11月向MITS告辞，全职加入微软。两个月后，盖茨也下了退学的决心。

离开哈佛后，盖茨将自己的才华和精力完全倾注于微软，同时他也放眼世界，积极进军日本市场。他回忆道："我在创办微软两年后就进入日本市场，因为我知道，在与硬件公司合作这方面，日本是一个很合适的地方。那里正在进行很多杰出的研究。而且，它是美国之外的最可能的竞争来源。我想抢占先机，免得那里的公司在本国市场成长壮大后，再来国际市场与我们在全球范围内竞争。"

微软进军日本和远东市场的关键人物是西和彦[1]。他与盖茨同龄，身材矮小却才华横溢，是个能言善辩的销售员和充满活力的计算机天才，后来被称作"日本的比尔·盖茨"。西和彦在日本的港口城市神户长大，他家在那里创办了一所私立女子中学。9岁时，西和彦在深夜溜进父亲书房，玩那里的一台王安电脑，从此痴迷计算机。后来他进入著名的早稻田大学，但在两年后辍学，创办了一份计算机杂志。

1977年初，西和彦从日本打电话到新墨西哥州，要同那位"设计了BASIC的人"交谈。当时，日本有几家公司正在考虑进入微型计算机领域，所以西和彦想帮助他们设计计算机，并且提供软件。他在电话里和盖茨交谈后不久，就表示愿意为盖茨提供一张头等舱机票，邀请他来日本谈生意。但盖茨一时脱不开身，就同意在即将在达拉斯召开的全国计算机会议上与西和彦见面。结果，这二人一见如故，一聊就是八小时，并签署了一份一页长的合作协议。这样，西和彦就成了微软在远东地区的第一位代理商。

---

1 西和彦（Kazuhiko "Kay" Nishi, 1956— ），日本商人和个人电脑先驱。

一天，盖茨邀请艾伦出去散步。艾伦暗吃一惊，意识到事不寻常。果然，刚走出一条街，盖茨就开门见山，说："我完成了 BASIC 的大部分工作，而且为离开哈佛我放弃很多……我应该得到比 60% 更多的份额。"

"多多少呢？"艾伦问道。

"我想 64-36。"

艾伦听后茫然，觉得无语也无趣，就只好勉强同意。心想，算了吧，至少再也不必为这种事纠缠不清了。

1977 年 2 月 3 日，盖茨和艾伦正式签订了一份合伙协议。而协议中的一个条款规定，在出现"不可调和的分歧"时，盖茨有权要求艾伦退出合伙关系。

盖茨和艾伦

1978 年，微软即将迎来第一个百万美元年收入，而且它也超出了银行大楼八楼的容量，于是，盖茨和艾伦面临一个选择：去还是留？显而易见，阿尔伯克基并不是一个科研或技术的温床，很难从四面八方吸引顶级程序员。况且，MITS 也已在 1977 年被佛罗里达的珀泰克计算机公司收购，微软已经没有留在那里的必要。

那么，微软究竟应该搬去哪里呢？艾伦在自传中写道："从个人角度来看，阿尔伯克基有许多令人欢喜的地方：夕阳、气候、洁净的沙漠空气。但是，如果你是在水和树木的环抱中长大的，那么一座高海拔的沙漠城市永远不会给你带来那种完全像家的感觉。我怀念太平洋西北地区的绿色，也怀念我的家人。"

接着，他又写道："比尔来我家讨论我们的选择。他坚决反对搬去硅谷。他看到硅谷的人每一两年就换一次工作，这对我们的长期项目肯定不利。那么就只剩下西雅图了，因为比尔也想念他的家人。我们可以在 90 分钟内飞到我们在硅谷的客户那里，再说多雨也是一个优势，可以防止程序员分心。我们同意在年底完成租约后就搬回家去。"

微软的业务蒸蒸日上，金钱以惊人的速度从康懋达、苹果、窝棚电台、NCR、GE、德州仪器、英特尔以及各种原始设备制造商（OEM）客户那里不断流来。与此同时，西和彦也在日本说服了电子巨人 NEC 的经理渡边和也，创建日本的第一台个人电脑，并赴美与微软商讨软件事宜。

渡边在阿尔伯克基的访问虽然短暂，却对盖茨和艾伦的软件开发工作印象深刻。"微软在我们的决策中发挥了重要作用，"他后来告诉《华尔街日报》，"我一直认为，只有年轻人才能为个人电脑开发软件，这些人不打领带，只需要可乐和汉堡，只有这样的人才能开发出适合于年轻人的个人电脑。"

可见，渡边不但看中了微软的产品，也敏锐地察觉了微软的特质和精神。一年后，NEC 推出了日本首台个人电脑——NEC PC-8001。不出三年，几乎所有的日本计算机都在使用微软的软件。

一个星期一的上午，新来的秘书米丽亚姆·卢博发现她的上司四肢摊开，倒在地毯上不省人事。她大惊失色，赶紧跑去找伍德："救命啊！比尔躺在地上，看上去像是晕倒了！"伍德在韦兰德离去后接任了总经理的职务。

没想到，伍德吸着烟斗，慢条斯理地说："啊，他可能整个周末都在这里。别担心，回去做你的事吧。"

"如果有人打电话来找盖茨先生怎么办？我该怎么告诉他们呢？"

"告诉他们，他出去了，"伍德说，"不会说你撒谎的。"

微软是一个高压锅，盖茨驱使别人就像他驱使自己一样。有时他还会像个监工，在周末去停车场巡视，看看谁没有来。大家明明都在拼命工作，盖茨居然还要他们去做更多，那就显得过分，令人反感了。

有一次，为了完成德州仪器 BASIC 的部分工作，程序员鲍勃·格林伯格从周一到周四连续工作了 81 个小时。而当他将要结束他的马拉松时，盖茨问他："明天你打算做什么？"

"我想休息一天。"

"你为什么要这么做呢？"

盖茨仿佛是一台永动机，好像真的不能理解为什么其他人需要放松，需要休息。另外，他也不怕冲突，喜欢通过面对面的激烈争论，甚至说刺耳的话来解决问题。比如，当他感到不满时，他会摇摇头，用讥讽的口吻说："哦，我想这意味着我们将会失去合同，然后应该怎么办呢？"当他发现有人不能及时完成任务时，他会脱口而出："我用不了一个周末就能完成这些代码！"而当有人未表达清楚自己的立场，或当盖茨心情不好时，他的经典嘲讽是："这是我听到过的最蠢的蠢话！"

盖茨在这方面很像乔布斯。他们这么做其实并不是想要利用权威来结束争论，而是希望你能消除他们心中的疑虑。而且，他们也都会尊重那些能够做到这一点的人。所以，不少微软员工都学会了坚持自己的立场，与上司针锋相对。

比如，内向的鲍勃·华莱士曾经当面对盖茨说："比尔，你在说什么？我必须为一种我们从未接触过的语言写一个编译器，它需要一个全新的运行时例程集，而你认为我可以在周末完成它吗？你是在开玩笑吧？"

艾伦回忆道："我一再目睹，你若能提出有力论点且能据理力争，而且你能用数据来支持你，那么比尔的反应就好像是个手里拿着一手烂牌而虚张声势的人。他会低头咕哝道，'好吧，我明白你的意思了'，然后会去努力补救。比尔最不愿意失去有才华的人。他会对我说：'如果这个人离开了，我们会失去所有动力。'"

盖茨和艾伦之间当然也免不了分歧。有一种说法是，他们在所有办公室都安装了结实的门，以确保他俩的争论不被别人听见。不过，如果真是这样的话，那么这肯定未能奏效，因为他俩吵架时，整个银行八楼都能听到他们的声音。

盖茨性子急，渴望确定性，往往不达目标绝不罢休。而艾伦是个牛脾气，如果不同意就不会屈服。因此，他们要么不吵，一吵就是数小时，硬是要把艾伦逼得声嘶力竭。不过，艾伦不是那种爱冲突的人，他厌恶穷凶极恶，但又不愿意无原则妥协，结果就往往被弄得精疲力尽。有一次，在一场激烈的辩论持续了很久之后，艾伦说："比尔，这不会有任何结果。我要回家了。"

"你不能停，我们还没有就任何事达成一致！"盖茨说。

"不，比尔，你不明白。我太难过了，我实在无法再说话了。我需要冷静一下。我要走了。"

盖茨一面喋喋不休，一面紧跟着艾伦走出办公室，进入走廊，直到电梯旁。当电梯门在他俩之间关上时，他还在说："但我们还没有解决任何问题！"

艾伦是个"慢燃先生"。一旦发火就会持续好几个星期。他在回忆录里难过地写道："我不知道比尔有没有注意到我所承受的压力，但其他人是注意到了。有人说比尔的管理风格是微软早期成功的关键因素，但是对我来说，这实在是没有道理。为什么文明和理性的讨论不会更有效呢？我们为什么非要无休无止地激烈争吵呢？"

1978年11月7日珍珠港事件纪念日那天，虽然阿尔伯克基罕见地遭遇了一场猛烈的暴风雪，微软员工仍然聚集在一个购物中心二楼的"皇家前沿照相馆"里，拍了一张团体照。这张微软的十一人合影后来变得非常有名，先后出现在《人物》《时代》《新闻周刊》《财富》《金钱》等著名杂志里。照片里，除了盖茨看上去像个高中新生之外，其他几名男子都好像是1960年代伯克利和平游行队伍里的积极分子。

"回想在波士顿时，比尔和我一直在寻找下一件大事，没想到竟然会在西南部的这个偏远的城市里找到它。现在我们有了一支真正的团队，并且有了明确的方向。四年来，我们真的已经走了很长的路。"艾伦深有感触地回忆道。

微软的搬迁发生在 12 月和 1 月。伍德打头阵，先去了位于贝尔维尤市中心的新办公室安装一台新购置的计算机。贝尔维尤是一个与西雅图隔着华盛顿湖相望的美丽城市。微软终于有了自己的计算机，一台价值 25 万美元的 DEC 2020。由于 DEC 认为微软是一家没有任何实际资产的新公司，就不愿给微软提供信贷额。于是，伍德只好去银行兑现了部分存单来一笔付清。

计算机安装完毕后，包括麦克唐纳和艾伦在内的几位程序员就出发了。而盖茨则带领其他人维持公司的日常运转。1979 年元月，最后一批人终于出发了。鲍勃·华莱士是最后离开的员工之一，当他开着本田思域汽车沿着 66 号公路前往西雅图时，他看见后视镜里出现一个绿点。片刻后，盖茨开着他的保时捷风驰电掣，以超过每小时 100 英里的速度从他身边飞驰而过。"他心急如焚，"华莱士回忆道。"路上的时间都是浪费。你无法编程。"

只不过事与愿违，盖茨在返回家乡西雅图的 1400 英里旅途中，不得不在计划外停顿。因为他两次由于超速被警察拦下，而且，这两次都是被同一架在高速公路上空盘旋着的飞机发现的。

巧取操作系统

1950 年代，IBM 在沃森父子的领导下，凭借"巨脑（Giant Brain）"穿孔卡计算机占领了 90% 的计算机市场。而它在 1964 年推出的 IBM System/360 系列大型计算机也占据了市场 70% 的份额，并树立了行业标准。几十年来，IBM 已经成了计算机的同义词，它也好像是一棵枝繁叶茂的常春藤，虽饱经风霜却又经久不衰。

然而，树大招风风撼树，IBM 引起了美国联邦政府的注意。1969 年 1 月，约翰逊政府在其任内的最后一天向 IBM 提起诉讼，指控它垄断了美国的计算机行业。之后的两届政府也都认为 IBM 的这种市场主导地位应该被削弱，应该把蓝色巨人肢解成蓝色宝宝，就像他们把贝尔妈妈切割成许多贝尔婴儿那样。刀光剑影，虎视眈眈，蓝色巨人四面楚歌。

1975年，当艾伦将BASIC输入牛郎星计算机时，微型计算机革命悄悄拉开了序幕。接着，苹果在1977年推出了苹果二号，而NEC又在1979年开发了NEC PC-8001。后浪推前浪，个人电脑市场日益兴旺。然而，IBM这个计算机巨人却在那个挥之不去的反垄断诉讼的阴影下缩手缩脚，犹豫彷徨。到1980年，它的市场份额已下降到了约40%。

看来，IBM是要和新兴的个人计算机市场失之交臂了。一位专家更是说，"欲让IBM推出个人电脑就好像是要教大象跳踢踏舞一样。"不过，时任IBM首席执行官弗兰克·卡里却不以为然。他说，世界上最伟大的计算机公司当然可以制造自己的个人计算机。结果，这个历史性任务落在了位于佛罗里达州博卡拉顿的IBM开发实验室主任比尔·洛的肩上。

1980年7月，比尔·洛挑选了一支由13名工程师组成的团队，准备不惜代价为IBM开发一款最新型的个人电脑。"如果你要与那些从车库里起家的人竞争，那么你也必须从车库开始，"被比尔·洛任命为团队领袖的唐·埃斯特里奇说道。因此，他打破IBM传统，大胆采用了开放式架构。在硬件上，埃斯特里奇采纳了英特尔推销员厄尔·惠斯通的建议，选择了英特尔微处理器，同时，他又任命杰克·萨姆斯去外部寻找软件。

经过一番调研后，萨姆斯在月底给位于华盛顿州贝尔维尤的微软办公室打了一个电话，要求与比尔·盖茨交谈。接着，萨姆斯又在8月和四名西装革履的人来到微软，而迎接他们的是微软的五位代表：盖茨、艾伦、史蒂夫·鲍尔默[1]、西和彦以及盖茨父亲律师事务所的一名律师。

"我知道比尔非常年轻，但我从未见过他，"萨姆斯回忆他第一次见到盖茨的情景时说，"当有人出来带我们进他的办公室时，我以为出来迎接的那个人是办公室小伙子。那就是比尔。嗯，我可以告诉你或任何其他人，这也是我在下一周告诉IBM高管的，当你和比尔在一起15分钟后，你就不再考虑他是多么年轻或他看上去是什么样子了。他有一个我所遇到过的最聪明的头脑。"

IBM的代表首先要求盖茨和他的团队签署一份保密协议，然后告诉他们IBM正在秘密研发个人电脑，希望微软能为之提供相应的软件。埃斯特里奇后来向《字节》杂志解释IBM为什么没有使用自己的BASIC："IBM有一个出色的BASIC，它很受欢迎，在大型机上的运行速度很快，而且比1980年代微型计算机所使用的BASIC的功能要强得多。可是若与微软BASIC的用户数量相比，

---

[1] 史蒂夫·鲍尔默（Steve Anthony Ballmer，1956—　），商人、投资者，2000—2014年担任微软首席执行官。

艾伦，盖茨，PDP-10

微软早期员工合影
第一排：盖茨、安德丽雅·刘易斯、玛拉·伍德、艾伦
第二排：鲍勃·奥雷尔、鲍勃·格林伯格、马克·麦克唐纳、戈登·莱特文
第三排：史蒂夫·伍德、鲍勃·华莱士、吉姆·莱恩

艾伦和盖茨

鲍尔默和盖茨

微软制作的 IBM DOS

IBM 个人电脑

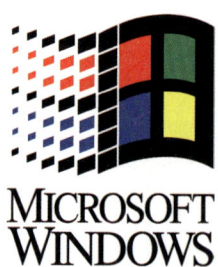

微软视窗的图标

它的用户数量就微不足道了。微软 BASIC 在全球拥有数十万用户。你怎么能反驳这一点呢？"

不过，IBM 在那时不仅需要 BASIC，其实更重要的是，它还需要从外部得到一个微处理器操作系统。因此，萨姆斯在会谈中也询问了有关操作系统的事宜。由于微软在那时并不擅长操作系统，盖茨就转而向萨姆斯推荐了数字研究公司[1]，因为他知道那里正在开发一款全新的 16 位操作系统 CP/M[2]。接着，他又给他的老相识加里·基尔道尔打了电话，说："我要送一些人到你那里去，希望你能好好接待他们，因为你和我都将会在这笔交易中赚很多钱。"盖茨在电话里未提 IBM，因为萨姆斯要求最大限度的谨慎和保密。

盖茨和加里·基尔道尔的关系可以一直追溯到计算机中心公司。当时盖茨正在和湖滨学校的其他孩子们一起绞尽脑汁，攻击那里的计算机。

基尔道尔也是西雅图人，他的父亲拥有一所航海学校。在华盛顿大学读本科时，基尔道尔原打算成为一名高中数学教师——直到一个朋友向他展示了一个计算机程序。他大受启发，就把目标转向计算机，并给他父亲设计了一个能够计算潮汐的程序，而这种潮汐表在过去是由当地的一家出版公司通过手工计算制作的。

1972 年，基尔道尔在获得计算机科学博士学位后，搬到了加州蒙特利半岛附近的沿海小镇太平洋格罗夫，在附近的美国海军研究生院教授计算机科学。与此同时，他还在英特尔获得了一份每周一天的咨询工作，并在业余时间里开发软件，包括那个名为 CP/M 的操作系统。1974 年，基尔道尔和妻子多萝西·麦克尤恩创立了数字研究公司，并且在牛郎星 8800 出现在《大众电子》封面前不久，开始向计算机制造商销售他们的软件以及 CP/M 操作系统。

牛郎星 8800 问世后，个人电脑如雨后春笋，遍地开花。然而，它们都遇到了一个相同的问题，就是没有任何一个计算机应用软件可以通用于各种不同的电脑硬件，例如盖茨和艾伦在哈佛开发的 BASIC 只能用于牛郎星 8800。这时，人们发现了 CP/M 操作系统的优越性，因为操作系统就好像是在硬件和软件之间搭建起来的一座桥梁，把这二者有机地联系起来。于是，许多公司选择了 CP/

---

1 数字研究公司（Digital Research, Inc.）是加里·基尔道尔创办的一家软件公司，旨在营销和开发 CP/M 操作系统。它是微型计算机世界中第一家大型软件公司。
2 CP/M（Control Program/Monitor）是基尔道尔在 1974 年为基于英特尔 8080/85 微处理器开发的一个磁盘操作系统。

M，把它视为事实上的操作系统标准。因为有了它，无论开发商的产品是硬件还是软件，只要能保证自己的产品可以和 CP/M 相匹配就可以了。

微软当然也不例外，它也积极支持 CP/M 且视其为行业标准。不仅如此，盖茨甚至还曾认真考虑干脆和数字研究公司合并。有一天，他飞到蒙特利。当他在基尔道尔家晚餐时，他俩对这个想法彼此交换了意见。"这是一次相当认真的讨论。微软正在考虑搬迁，但他们无法决定是回西雅图还是来西海岸，"基尔道尔回忆道，"我觉得这个想法不错，但我们最终未能达成协议。我不知道我们的性格是否相合。我和他相处得不错，但我们需要进一步探讨这个问题。"

在盖茨通知基尔道尔的第二天，萨姆斯和他的 IBM 团队就从西雅图飞抵蒙特利，准备和基尔道尔当面交谈。然而，迎接他们的却是他的太太麦克尤恩。

"那次会议彻底失败了。"萨姆斯回忆道。

萨姆斯在通告来意前，按照 IBM 惯例，首先要求麦克尤恩和在场的一位律师签署 IBM 保密协议，就像他们也曾要求盖茨这么做的那样。可是令人意外的是，麦克尤恩和那位律师没有同意。平心而论，对于不了解 IBM 的局外人来说，这个协议确实是令人生畏，也令人怀疑。他们并不知道 IBM 在联邦政府的围剿下，其实也是没有办法，不得不格外小心谨慎。

"我们试图克服签署那个保密协议的障碍，好让我们讨论此行的议题，"萨姆斯回忆道，"直到下午 3 点，他们才签署那份协议，确认我们曾去过那里，而他们不会透露此事。我感到非常沮丧。第二天我们回到西雅图，我告诉比尔，我们试图与加里合作的尝试没有成功，未能从他那里获得对于 16 位操作系统的承诺。"

萨姆斯还回忆道，在那次不幸之行后，他立即给基尔道尔打了一个电话。"我告诉他，我们是认真的，我们真的想和他谈谈，我不得不假设我们有了一个糟糕的开端，但是，他不会随便拒绝与我们做生意，我们之间不会有什么宗教式的对立吧。他说，'不，不，不，我们真的很想和你们谈。'"

可是，萨姆斯发现，他和 IBM 的其他同事无法让基尔道尔同意在 IBM 所需的紧迫时间内花钱开发 16 位版本的 CP/M。"我们极力争取从基尔道尔那里得到一个承诺，"萨姆斯说，"当我们做不到时，我告诉他，'看，我们实在没办法和你合作。我们必须有一个时间表和一个承诺。我们可以从盖茨那里得到一个。'"

在数字研究公司发生的这件事后来成了个人电脑行业的一个传奇故事。每当在行业大会上或晚宴上的话题转移到微软及其对DOS[1]操作系统的垄断时，人们常常会情不自禁地一遍又一遍讲述这个故事。不少人为之感慨，认为加里·基尔道尔为了在天空中翱翔而错失了一个千载难逢的良机。然而，基尔道尔虽承认他当时确实是在驾驶飞机，但他说他是去硅谷出差。"那种报道让人感觉我当时是在空中兜圈子，其实我是在出差途中飞行，就像其他人在开车一样。我知道IBM的人要来。"对此，艾伦回忆道："我们试图帮助数字研究公司，但他们搞砸了。他们失了手。我清楚记得比尔对所发生的事情有多么愤怒。他无法相信基尔道尔竟然错过了这个千载难逢的机会，并将整个项目置于危险之中。"

因此，盖茨在1980年9月28日紧急召集艾伦和西和彦开会，讨论如何才能挽救与IBM的这笔交易。一阵沉默后，艾伦说："还有一个操作系统也许可用。我不知道它有多好，但我想我能以合理的价钱得到它。"

艾伦告诉他们，有一家名叫"西雅图计算机产品"的公司，他们在早些时候自行研制了一台8086个人计算机，但发现市场对它缺乏兴趣。原因是它没有与之相匹配的16位操作系统。基尔道尔虽然早已承诺在去年年底发布16位CP/M-86，但他未能兑现他的承诺。更要命的是，他的公司似乎缺乏初创公司所特有的那种紧迫感，没有人知道什么时候CP/M-86才会问世。结果，该公司的工程师蒂姆·帕特森[2]越等越失望，就自己编写了一个被他戏称为"快而脏的操作系统"，并成功将其代码压缩到6K。完成后，他又将其更名为86-DOS。

艾伦的话音刚落，西和彦就喊叫起来："我们必须这么做！我们必须这么做！"不过，盖茨对此有所保留。他不认识帕特森，不敢把这么重要的交易押在一个被称作"快而脏"的未知系统上。可是，他又一想，除非可以找到更好办法，否则他们必将失去整个合同。因此，他在权衡利弊后也表示同意。艾伦回忆道："蒂姆在软件上取得了长足的进步，所以我才会有信心对比尔和西和彦说它可能会有用。尽管我们仍然需要完成它并使其适用于IBM PC，86-DOS将会给我们一个良好开端。至少给我们一个机会。"

于是，艾伦就与西雅图计算机产品的老板罗德·布洛克联系，并最终达成了一份1万美元，外加每一家获得该软件许可的公司的1.5万美元特许权使用

1　DOS（Disk Operating System）是一个用于IBM PC兼容计算机的基于磁盘的操作系统系列。
2　蒂姆·帕特森（Tim Paterson，1956— ），计算机程序员，因创建86-DOS而闻名。该系统模拟了CP/M的应用程序编程接口。86-DOS后来形成了MS-DOS的基础，MS-DOS是1980年代使用最广泛的个人计算机操作系统。

费协议。由于微软在当时只有 IBM 一个客户，所以那个协议的总价值是 2.5 万美元。当然，布洛克在谈判时并不知道那个微软的客户是 IBM。五周后，微软又同 IBM 签署了一份总计 43 万美元的协议：7.5 万美元用于"适应、测试和咨询"；4.5 万美元用于 DOS；31 万美元用于各种 16 位语言解释器和编译器。

1981 年 5 月 1 日，蒂姆·帕特森向布洛克告辞，加入了微软团队。而微软也为这个 IBM 项目积极招兵买马。到 6 月，它的人数比前一年翻了一番，达到约 70 人。同时，艾伦又在 7 月 27 日说服布洛克，以 5 万美元的价格将 86-DOS 买断。于是，鬼斧神工，微软就这样神不知鬼不觉地一箭双雕，不但保住了 IBM 项目，而且还摇身一变成了操作系统的新霸主。

8 月 12 日，就在微软从西雅图计算机产品公司获得 86-DOS 所有权后的两周零两天，IBM 在纽约市的华尔道夫酒店向媒体隆重推出了它的新型个人电脑。"国际商业机器公司已经大胆进军个人电脑市场，专家们认为这家计算机巨头将在两年内夺取这个年轻产业的领导地位。"《华尔街日报》写道。不过当时没有人，包括盖茨和艾伦在内，预料到微软会就此而转变成世界上最大的科技公司，当然也没有人料到盖茨和艾伦将会变得多么富有。而这一切都离不开那个曾经被称为"快而脏的操作系统"。

不到一年，微软就将 MS-DOS 授权给了 70 多家公司，成为 IBM 个人电脑及其兼容机的主要操作系统。到 1991 年，微软每年单单从 MS-DOS 的销售中就能赚取超过 2 亿美元。难怪，行业内会有那么多人为加里·基尔道尔和他的数字研究公司惋惜。

史蒂夫·鲍尔默

1980 年春，史蒂夫·伍德决定离开微软。于是，盖茨转向他的哈佛老友史蒂夫·鲍尔默，请他来微软做总裁助理。"当我们的员工达到 30 人时，仍然只有我、一名秘书和 28 名程序员。我开所有支票，回复电子邮件，接电话——那是一支极好的研发团队，仅此而已。后来我请来了史蒂夫·鲍尔默，他在商业上知之甚多，但对计算机的了解有限。"盖茨回忆道。

鲍尔默是个在底特律长大的瑞士移民之子，他的父亲在福特汽车公司工作。鲍尔默是家里第一个从大学毕业的人，在哈佛大学读书时，他曾担任哈佛深红橄榄球队的经理和狐狸俱乐部的成员，他也在《哈佛深红报》和《哈佛倡导者报》工作过。大二时，他和盖茨住在同一宿舍楼里，两人过从甚密。鲍尔默在1977年以优异成绩从哈佛毕业，获得应用数学和经济学的学士学位。毕业后，鲍尔默在宝洁公司做了几年助理产品经理，然后前往斯坦福大学商学院继续深造。当他接到盖茨的电话时，他在那里学习了大约一年。

在宝洁的时候，鲍尔默重新设计了邓肯·海因斯蛋糕混合面粉包装盒，使其在商店货架上的摆放位置由垂直变为水平，以便通过占用更大的货架空间来排挤对手。鲍尔默后来说，这也正是他想在微软做的事——帮助盖茨排挤竞争对手。

当盖茨试图说服艾伦让鲍尔默加入时，他说，"史蒂夫是个超级聪明的家伙，而且他精力充沛。他将会帮助我们建立业务，我真的信任他。"艾伦曾在哈佛遇到过鲍尔默几次，记得他那双炯炯有神的蓝眼睛和不屈不挠的性格。因此，他在一次出差前同意给鲍尔默不超过5%的公司股份，因为盖茨说除非给鲍尔默股票，否则他不会离开斯坦福大学。

艾伦在出差回来后看到盖茨给鲍尔默的一封信的副本，他惊讶地发现盖茨在信中承诺给鲍尔默8.75%的股份。这远远超过了他俩共同商定的那个份额。他越读越气，觉得盖茨不仅选择无视他俩共同商定的份额，而且还要趁他不在时先斩后奏。

一气之下，他告诉盖茨："由于发现了这件事，我不再想雇用鲍尔默先生，我认为上述几点都是你严重背信弃义的行为。"艾伦对此回忆道，"比尔知道自己理亏，无法狡辩。他无法正视我的眼睛，说：'看，我们需要史蒂夫。我会用我的份额来填补额外的份额。'我说好吧，然后他就这么做了。"

鲍尔默加入后不久就告诉盖茨，微软需要立刻再雇用30名员工，把员工数量翻一番。艾伦完全同意，而盖茨却认为这简直是岂有此理。在开支上，他相信稳扎稳打，并没有意识到在科技行业，这有可能会导致错失良机。因此，他就对鲍尔默大声喊道："你要雇30个人，你知道自己在做什么吗？你是想要这家公司破产吗？"

"我们别无选择！我们有承诺和交付日期！如果我们不雇这些人，我们将会违约！"鲍尔默不甘示弱，也大声吼道。

"如果我们雇了这么多人，但业务却放缓了怎么办？我们会破产的！你疯了吗？我们可能会毁了这家公司！你想毁掉我们吗？"

鲍尔默真诚、直率、大气，有时他虽然生动得有点戏剧性，却从不操纵人。经过一番你来我往后，他终于改变策略，说："行了，比尔，该死的是我，但是我们必须让这些人进来,否则我们就完蛋了。"

鲍尔默很快就成了盖茨在商业战略上的智囊,使微软变得更有组织性和纪律性。尽管在鲍尔默和盖茨之间有时会产生分歧,而且随着时间的推移,这种分歧变得更加频繁和激烈,不过,这似乎并不妨碍他俩之间的互信。"如果你要写比尔,"微软的一位高级执行官说,"你必须给予史蒂夫·鲍尔默足够的关注。他比他选择让人们知道的要重要得多。他是如此聪明,如此热情。他远不止是比尔的副手。他们之间有着如此高度的信任和广泛的沟通。他们相信彼此的智商。他们同样执着。"

艾伦和鲍尔默有时会一起去做招聘旅行,并按照微软的节俭传统合住一个房间。一天早晨,艾伦被一阵阵呼哧声吵醒。他睁开双眼,发现鲍尔默正趴在地上做俯卧撑,心想,这家伙真是太有毅力了。

他们通常会去最好大学的顶尖计算机科学学院招聘,如麻省理工、加州理工、哈佛大学、耶鲁大学和斯坦福大学。有一次,他们在麻省理工的一个拥挤的休息室里,看见一群学生正在齐声朗诵《星际迷航》中的台词。自古英雄出少年,盖茨认为最好要在程序员还没有被其他地方污染之前,趁他们年轻又热情洋溢时就把他们招募进来。有了在霍尼韦尔的那段工作经验,艾伦也深有同感。因此,在一般情况下,他们最喜欢吸收刚毕业的学士,然后才是硕士和博士。他们也都苦心寻找那些最有才华的人。因为优秀的程序员可能比普通程序员的效率高十倍,而对于天才来说,这个比例更可能会是五十比一。

在鲍尔默的努力下,微软的员工数量终于与其收入同步增长,从 1980 年的 40 名员工增加到 1981 年的 128 名,再增加到 1982 年的 220 名。与此同时,盖茨和艾伦也都认识到他们必须仿效硅谷的模式,分享部分股权以留住顶级人才。因此,他们就把年轻的风险投资家大卫·马夸特拉入董事会,请他帮助微软进入金融市场。

1981 年 6 月,微软正式向华盛顿州政府提交了公司的注册文件,并将微软股权分成多份。盖茨拥有 51% 的股权,艾伦拥有 30%。其他股东分别是:鲍尔默 7.8%,马夸特的风险投资公司 5.1%(它投资了 100 万美元),弗恩·拉伯恩[1] 3.5%,戈登·莱特文[2] 1.3% 以及查尔斯·西莫尼[3] 1.3%。正式注册公司虽然没

---

1 弗恩·拉伯恩(Vern Raburn),曾任微软消费产品部门总裁,负责进军零售渠道。
2 戈登·莱特文(James Gordon Letwin, 1952—),软件开发人员,也是早期微软员工之一。
3 查尔斯·西莫尼(Charles Simonyi, 1948—),美国国家工程院院士,软件架构师。他第一个向盖茨介绍了图形用户界面,盖茨后来将此描述为他一生中感受到的两件革命性事件中的第一件。西莫尼创立并领导了微软的应用程序小组,且在那里构建了 Microsoft Office 的第一个版本。

有立即改变什么，但它使微软显得更加正规。同年秋天，微软搬到了一个位于华盛顿湖附近的更大的办公空间。

艾伦患病

那是从 1982 年夏开始的，当时艾伦正在俄勒冈莎士比亚戏剧节上。早在读初中时，他就曾跟随父母去那里观看七天里演九场的戏剧。他的不适感并不像是那种因为用错肥皂而引起的皮疹，而是一种迫使他不停抓挠的困扰。

瘙痒停止后，盗汗就开始了。然后在 8 月，艾伦注意到他的颈部右侧靠近锁骨的地方有一个小而坚硬的肿块。在接下来的几周里，它逐渐长成铅笔橡皮头的大小。它并不痛，而且艾伦也不知道淋巴结附近的任何肿块都是不能忽视的警告信号，就没有太在意它。百忙中的艾伦像大多数 30 岁以下的人一样以为自己刀枪不入，觉得自己的健康是理所当然的。

9 月 12 日，艾伦和盖茨一起去欧洲进行新闻巡回活动。他们从伦敦飞抵慕尼黑，在那里喝了一杯啤酒后，艾伦感觉非常异样。9 月 20 日，当他们前往巴黎时，艾伦感到浑身乏力，精神不振，好像得了流感一样，但并未发烧。他在坚持参加了一场新闻发布会后，就无法继续了，只好飞回西雅图看病。检查时，医生摸了摸他的颈部，说："你需要在明天早上去做活检。"

艾伦就这样住进了在西雅图市中心的瑞典医疗中心，这是他自童年摘除扁桃体以来第一次住院。那天夜晚，他在梦里看见一个像冈比[1]一样的生物粘在他的身上。那东西好像是用黑色焦油制成的，怎么弄也弄不掉它。艾伦在惊恐中醒了过来。

医务人员在 9 月 25 日给艾伦做了活检。麻醉退去后，外科医生表情凝重地对他说："艾伦先生，我已经尽可能多地拿掉，我们的初步诊断是淋巴瘤。"艾伦知道那是癌症，不过仅此而已，而当他知道更多时，他不禁害怕起来。那时候，即使是早期淋巴瘤也只有一半的治愈率。艾伦禁不住联想到自己将不久于人世。他想，他已经度过了 29 个美好岁月。可是，他仍然无法摆脱那种受欺骗的感觉，觉得自己还有许许多多的东西需要去探索去体验。

第二天上午，外科医生带着肿瘤科团队来到病房，他们都面带微笑。"我们

---

1 冈比（Gumby）是一个由阿特·克洛基创作的卡通人物，也是美国"黏土动画时代"的一个代表人物。

有一个好消息，"外科医生说，"你得的是霍奇金氏病。"原来，经过进一步的检查，他们改变了最初的诊断。"如果是早期的话，治愈率约 90%，"他接着说，"你会没事的。你会康复的。"艾伦想要相信他。这听上去真的很好，而且他们每个人的肢体语言都是那么积极，可是前一天的打击实在太沉重，艾伦的内心仍旧惶惶不安。

医院需要进一步给艾伦的病情确定阶段，以了解肿瘤的发展程度。因此他们做了更加具有侵入性的骨髓活检，从髋部抽取骨髓。艾伦犯了一个错，买了一本关于霍奇金病的书，书中展示了肿瘤是如何转移的，并附有生存结果图表，这可真是把他吓坏了。最受煎熬的是等待测试结果，他的肿块还是在不断长大，变成了一枚知更鸟蛋大小。艾伦的爸爸是个睾丸癌幸存者，他对艾伦说："儿子，这种事不会令人愉快，但你必须像一个男子汉那样面对它。"这话听上去真的有点冷酷，但知道父亲曾经经历过这一切并已渡过难关，又让艾伦感到安慰。他要求自己绝对不能屈服于恐惧或绝望，必须坚持下去。

接着，又有一个好消息：艾伦的病被确诊为第一阶段的 A 期。早期霍奇金淋巴瘤是最容易治愈的癌症之一。虽然是飞来横祸，莫名其妙地摸到一张可怕的牌，不过谢天谢地，这并不是那最糟糕的一张。接下来，艾伦开始了为期六周、每周五天的放射治疗。放疗等候区总是挤满了穿着医院长袍的人，其中有些人看似已经病入膏肓。那里总是出奇地静，人们都在静默中等着被叫。有一天，一名男子进来寻找香烟机。护士起身严肃地说："先生，肿瘤病房里没有香烟机。"那人听后，不禁一震，急忙转身出去。

高能 X 光射线对艾伦身体的两侧各照射 90 秒。整个过程，包括准备时间在内，不到一刻钟。技术员看到他那麻利的样子，就说："艾伦先生，从来没有人像你这么利落地跳上桌子再跳下去。"其实，艾伦只是想尽快了事，离开那里。一个月后，当他们开始对着艾伦的脾脏照射时，那恶心感就随之一波又一波地猛烈袭来。他总是赶紧回家，一吐就是几小时。仅仅两个月，他的体重就减少了 20 磅。

艾伦在家里边休息边听音乐，总算有了更多与父母和妹妹相处的时间。不过，他还是需要用其他事来分散注意力，就决定每周去办公室几个下午，以便跟上微软的节奏。再说，这也符合微软那种无论如何也不寻找借口的文化。

有一天，艾伦在盖茨的办公室里讨论 MS-DOS 的收入。微软的固定价格策略帮助它在多个市场上站稳脚跟，但艾伦认为他们持守这个策略的时间太久了。比如：微软在苹果 BASIC 的许可协议上只收取了 21000 美元。然而，在苹果销售了 100 多万台苹果二号后，这就相当于每份 BASIC 的售价只有 2 美分。"如果我们想收入最大化，"艾伦说，"我们就需要改为收取 DOS 的使用费。"盖茨听后轻蔑地问道："你以为我们是如何获得今天的市场份额的？"那口吻仿佛是在对一个不那么聪明的孩子说话。一旁的鲍尔默也以他那一贯的强烈感情站在盖茨一边。"两对一"，艾伦心中黯然，况且当时的他只剩下了半条命（微软后来确实改为计件收费，从而增加了数亿美元的收入。当然，这些都是后话）。

之后不久，艾伦告诉鲍尔默，他可能会去创立自己的公司。他也告诉盖茨，他在微软担任全职高管的日子可能已经屈指可数，而且他觉得自己去创业会让他更加愉快。

12 月下旬的一天晚上，艾伦听到盖茨和鲍尔默在盖茨办公室里激烈争论，就停下脚步。原来，他们是在抱怨艾伦最近的低效，并讨论应该如何通过发放期权来稀释艾伦的股份。听上去，他们对此蓄谋已久。艾伦顿时感到怒火中烧，就冲进去大声喝道："这太岂有此理了！这彻底暴露了你们的嘴脸。"这话虽然是对着他俩说的，艾伦却用双眼直勾勾地怒视盖茨。盖茨和鲍尔默猝不及防，就都呆呆地看着艾伦。而艾伦也不等他们反应过来，又转身离去。

"开车回家的路上，我的脑海里不断回放着他们的对话，我的感觉越来越差，心里实在不是滋味。我帮助创建了这家公司，虽然受到疾病的限制，但仍然是管理层的积极成员，而现在我的合伙人和同事却在密谋算计我。这绝对是不折不扣的唯利是图。"艾伦回忆道。

当晚，鲍尔默在征得艾伦的妹妹乔迪的同意后赶到艾伦家。坐下后，他愧疚地说："看，保罗，对于今天所发生的事，我真的非常抱歉。我们只是在发泄情绪。我们正在努力完成这么多的事，而我们只是希望你能做出更多贡献。但股票之事是不公平的。我不会就此做任何事，而且我相信比尔也不会。"艾伦坦白告诉鲍尔默，这件事让他感到不是滋味。

几天后，艾伦收到了盖茨写的一封长达六页的亲笔信。它的日期是 1982 年 12 月 31 日，而 1982 年也因此成了他俩在微软同甘共苦的最后一年。盖茨在信中为艾伦在无意中听到的那次谈话表示道歉，并从他的角度概括了他俩的合作伙伴关系。

"在过去 14 年里，我们有过许多分歧。然而，我怀疑是否还有哪两个合作伙伴可以在具体决策和看待事物的总体想法上，都能达成如此多的一致。

"有时我会觉得，我对你的能力比你自己还要有信心……从某些方面来看，公司的状况确实非常好……然而，在一个方面，公司的状况却非常糟糕。我们不再像过去那么独特……我们的产品规格和总体做法都不像应有的那么独特。

"保罗,有时候我觉得你是在告诉我,我是一个坏人,或者说公司很糟糕。有时候我觉得你不理解我们为公司所付出的所有努力。

"我知道你比我考虑得更多,但你真的想要单干吗?我理解你想要休息一段时间,但如果你真的想要独自工作,那么你为什么要来波士顿说服我辍学呢?你最擅长是规划和设计,而不是执行。"

是啊,他俩取得的那一系列巨大成功,确实把艾伦的理想和愿景与盖茨无与伦比的商业才华完美地结合起来。但这些都已不再重要。一旦艾伦被诊断出霍奇金氏病,他的想法已经改变。如果他的病情会复发,那么重新回到微软这个压力锅里还有什么意义呢?另一方面,如果他能继续复原,他现在已经认识到人生苦短,不值得把它浪费在不愉快的事情上。况且,艾伦也从未忘记父亲的忠告:"无论做什么,你都应该热爱它。"

元月里,艾伦最后一次作为微软高管与盖茨会面。当他俩坐在盖茨办公室的沙发上时,盖茨仍然想让艾伦感到他有留下来的必要和义务。然而,当他发现自己无法改变艾伦的想法后,他又试图减少损失。微软在1981年重新注册公司后,他们的旧合约已经失效,因此盖茨不再能以"不可调和的分歧"为由强迫艾伦退出。于是,他对艾伦说:"让你继续持有公司的股份是不公平的。"然后,他给艾伦的股票出了一个每股5美元的低价。

当微软消费者产品部总裁弗恩·拉伯恩离职时,微软董事会曾投票以每股3美元的价格回购了他的股票。艾伦知道,盖茨这是想用同样的方法来迫使他出售股票。但他是公司的共同创始人啊。"我不确定我是否愿意出售,"艾伦坚定地回答说,"但我绝对不会讨论低于每股10美元的价格。"

"绝对不行。"盖茨听后断然拒绝。他俩的谈话就此戛然而止,不欢而散。不过事实证明,盖茨的保守态度成全了艾伦。否则的话,后来艾伦的肠子大概也要悔青了。1983年2月18日,艾伦的辞职正式生效。他保留了他在董事会的席位,并随后被选为副董事长。

难产的视窗

1981年夏,乔布斯泄露天机,让盖茨提前观看了苹果正在研发的新计算机原型——麦金塔,及其图形用户界面(GUI)。内行看门道,盖茨不动声色,却对它印象深刻。于是，在同年晚些时候，微软也秘密启动了一个名为"界面管理器（Interface Manager）"的 GUI 项目。

盖茨的愿景是所有个人电脑在视觉上都有相同的图形效果，于是就想把微软的界面管理器像三明治的中间层那样夹在 MS-DOS 和应用程序的中间，以便达到全盘控制图形的效果。也就是说，无论应用程序的功能怎么千变万化，它们在视觉上的基本图形效果都将会保持一致。另外，盖茨还设想在屏幕上显示多个"窗口"，以便用户能同时查看和操作不同的应用程序。

于是，界面管理器项目就在微软秘密展开。然而到了 1982 年的年中，情况突然变得紧迫，因为微软发现还有其他几家软件公司也在为 IBM 个人计算机开发图形用户界面程序。尤其是在那年秋天举办的康德克斯计算机经销商博览会[1]上，一家名为维西[2]的公司郑重宣布了他们的图形用户界面产品。之后不久，苹果也于 1983 年年初推出了第一台带有图形界面和鼠标的个人计算机——丽莎，并在业界产生极大反响。

形势逼人，盖茨觉得他再也不能把界面管理器藏着掖着了。他知道防止潜在客户涌向竞争对手的产品的一个有效方法，就是宣布你的公司正在开发更好的产品。这是一个经过考验的 IBM 策略，当客户普遍希望由自己信赖的公司来制定行业标准时，这种策略非常有效，因为他们会愿意等待市场领导者的产品问世。因此，盖茨就在 1983 年 1 月悄悄向媒体吹风，暗示微软将在维西的产品问世之前推出一款图形用户界面产品。而他的这个承诺是在界面管理器的原型甚至还没有在 IBM 个人电脑上运行之前就匆忙做出的。

为了能成为图形界面标准，微软决心将所有 DOS 用户都吸引和转移到它的图形界面上来。于是，盖茨就铆足劲，不断向计算机制造商和软件开发商推销微软的图形用户界面愿景。与此同时，微软企业传媒副总裁罗兰·汉森[3]发现贸易文章经常把图形用户界面描述为"窗口化"系统，就提出用"视窗（Windows）"这个形象而又通俗的名称来取代"界面管理器"。

但是，好的名称并不足以掩盖这样一个事实，就是微软正在受到那些在图形用户界面上走得更远的对手的严峻挑战。而且更糟糕的是，盖茨未能说服 IBM 采用微软视窗，因为蓝色巨人也在开发自己的图形用户界面系统。不过，

---

[1] 康德克斯计算机经销商博览会：1979 年至 2003 年每年 11 月在拉斯维加斯举办的计算机经销商博览会。
[2] 维西（VisiCorp）：一家早期的个人计算机软件发行商。
[3] 罗兰·汉森（Rowland Hanson, 1952— ），企业家。他说服微软将其新的图形用户界面命名为"Windows"（视窗），而不是最初的提案"界面管理器"。

市场诡异，人心莫测，IBM 的这个决定引起了 IBM 克隆制造商的警觉和不安。他们害怕蓝色巨人会利用这个技术来垄断市场，所以包括康柏和窝棚电台在内的 20 多家计算机制造商就联合起来，力挺微软视窗。

时不我待，微软需要更强实力来对抗日益增长的威胁。因此，盖茨也像乔布斯那样想方设法从施乐帕洛阿尔托研究中心挖掘人才，并在 1983 年的夏天先后从那里挖来了曾经领导过一个施乐之星软件团队的斯科特·麦格雷戈[1]，才华横溢的程序员丹·利普基，以及曾参与施乐之星项目并有 17 年软件编程经验的资深人士利奥·尼科拉。"微软在寻找曾经做过这种事情的人，"麦格雷戈回忆道。"他们不想重新发明车轮。这就是他们去施乐招兵买马的原因。"

麦格雷戈和尼科拉都对施乐深感失望。"施乐是企业文化的一个典型范例，"尼科拉说道。"一切都由委员会管理，没有什么个性——而且我说的是在施乐的创造性方面。然而，微软是一群个人主义者，比尔·盖茨时刻掌握着它。从上到下，他参与每一个决策。"

1983 年 10 月，又有两家公司宣布将推出它们的图形用户界面产品的计划。九个月前，盖茨曾夸口说微软将是市场上第一个推出图形用户界面产品的公司。可是现在看来，微软已经落后了。盖茨非常生气。他虽然猜想现有的 MS-DOS 客户会有让微软制定图形用户界面标准的倾向，也许会愿意为微软视窗多等待一些时间。可是市场上的形势瞬息万变，哪能掉以轻心？微软再也不能沉默了。

于是，为了防止潜在客户涌向对手，微软就决定正式对外宣布它正在开发一款更为完善的产品。《信息世界》杂志后来把这种在完成前就大吹大擂的产品形容为"雾件[2]"。一位微软经理在回忆当时的情况时说："似乎有这样一种观念，既然所有我们的对手都在宣布雾件，那么我们也必须这么做。"

11 月 10 日的上午，微软在纽约赫尔姆斯利宫酒店，举办了一场盛大而又极为详尽的产品发布会。微软技术人员一个接一个走上台，演示微软视窗的雏形，并详细介绍成品在理论上能够具备的各种功能。盖茨也走上讲台告诉观众，微软视窗将彻底解决应用程序的兼容性问题，而且它将可以支持绝大多数为 MS-DOS 编写的软件。然后，他推了推他那又大又方的眼镜，大胆预测道：到 1984 年年底，90% 以上的 IBM 兼容计算机都将使用微软视窗。

---

[1] 斯科特·麦格雷戈（Scott A. McGregor, 1956— ），科技高管。他是 Windows 1.0 的首席开发师，2001—2004 年任飞利浦半导体公司首席执行官，2005—2016 年任博通公司首席执行官。
[2] 雾件（Vaporware）：泛指那种先向公众宣布但发布较晚的计算机产品。该词的使用范围已扩大到包括汽车等其他产品。

微软在纽约公开宣布微软视窗后，它的视窗项目有了更大紧迫感。"这有点讽刺，"从施乐挖来指导视窗开发的经理麦格雷戈说，"因为我们向媒体大谈第一版视窗的内容，而我们甚至还没有设计好这个产品。"

"我觉得比尔没有认识到做视窗的难度，"麦格雷戈后来回忆说，"比尔以前参与的所有项目都可以由一两个人在一周内或一个周末完成。这与那种需要许多人花费一年以上的时间才能完成的项目截然不同。视窗团队完成组建时有30多人，这是微软到那时为止所做过的最大项目。"况且，视窗项目的挑战其实也不单单来自新系统的难度。由于视窗系统既复杂又庞大，它的代码量也极大，而软件代码在实时运行时离不开内存，所以视窗系统对内存的要求随之显著提高。可是，基于英特尔8088芯片的计算机只有256K内存，这几乎不可能让任何视窗程序有效运行。因此，麦格雷戈的团队必须在这种看似不可能的情况下不断开创和摸索。

1984年2月底，也就是在纽约宣布视窗三个多月后，来自各地的软件出版商和计算机制造商的大约300名代表，每人支付500美元参加了一个由微软主办的视窗研讨会。显然，若要使微软视窗成为盖茨所追求的那种行业标准，这些公司都需要相信微软视窗的愿景，并愿意为它编写应用程序。因此，盖茨的首要任务就是要想尽各种办法来精心维护这个联盟的信心和团结。前一段时间，微软总部传出消息，视窗将在3月底前推出。可是，与会者都失望地发现微软并未准备好向他们提供编写视窗应用程序所需要的开发工具。新的视窗截止日期被推到5月。

事实上，随着视窗开发工作的不断深入，它早已不再是那种位于MS-DOS操作系统上面的一层薄薄代码。它变得极其复杂和先进。然而，随着难度的增加，编写代码所需的时间也随之陡增。5月的目标又被错过，8月底成为新的日期。个人计算机制造商越来越感到不安。于是，微软只好在夏天不断派遣高管去各地拜访那些最重要的计算机制造商和软件开发商，为一次次的延误当面道歉。

尽管盖茨把麦格雷戈和尼科拉请来督导视窗项目，他自己却没有理会它的指挥链。对他来说，将关乎微软命运的项目的决策权交给他人是不可思议的，他必须介入每一个决定。"他每天都在那里对每一件事微观管理，而且这种情况一直在发生。"视窗团队的一名前成员说，"在做项目时，我们会突然发现比尔私自改变了我们的方向，甚至都懒得告诉我们。"

对于复杂的视窗项目，这可不是一个小麻烦。牵一发而动全身，任何目标的变更或想法的改变都必然耗费项目的时间和资源。尽管盖茨想要的改变通常都会改善产品的使用性，可是每一个突如其来的改变都必然会打乱项目节奏，从而影响进度，挫伤士气。于是，麦格雷戈就不断要求更多程序员和更长的开发时间，而这些对于盖茨来说当然都是不可接受的。"总是有人在大声争吵，"尼科拉说，"只要他不喜欢斯科特或其他人的做事方式，他就会说，好，我会用这个周末来完成代码，给你看我是怎么完成的！然后他就砰的一拳砸在桌上。"

人们慢慢发现盖茨的这种令人讨厌的方式，其实是在测试自己或他人的想法。"他的风格就是大声喊叫。我觉得那些和比尔相处得最好的人都会大声回应他，并能让他觉得他们可能有理，"麦格雷戈说，"比尔身边不会有唯唯诺诺的人。"重要的是，不要把这种争论当作个人攻击。对事不对人。盖茨其实往往是在针对情况发脾气，而不是在对人咆哮。麦格雷戈说他经常和盖茨激烈争吵。"比尔可能会因为一些事情发狂……这是他对事情的情绪反应。我们会互相大喊大叫，但在争论结束后，我们还是会说'那么，晚餐吃什么？'"

"如果我想有效表达一个自己的观点，而且我和与我长期共事的人在一起，或者我们正在谈论一些真的令我们兴奋的事，那么如果一个局外人听到的话，会觉得非常硬核，"盖茨解释道，"把它描述为攻击是不准确的。"

1984 年 8 月，开发视窗的紧急计划已经执行了将近一年，可是它仍然不足以向外推销。盖茨在这时终于认识到他的随意作风造成了太多管理上的问题，尽管这种风格在过去十年里推动了一个卓越而又有时不那么高效的软件孵化器。因此，他同意公司重组，而他自己不再参与日常决策。

盖茨曾经试图一个人监督五条微软的产品线，现在他终于认识到，确实有不少关键决策因此而延误，甚至根本没有做。"那是一个奇怪的结构，"盖茨在公司重组后接受《商业周刊》采访时承认，"我们永远无法对业务的不同部分给予足够的关注。"

重组的两个月后，尼科拉又向媒体吹风，视窗需要再次延误。微软领导层痛苦地认识到，由于内存的限制，视窗在 8088 微处理器上的运行速度实在太慢了，必须重新设计。因此，微软只好取消了原定在秋季计算机经销商博览会上举办的一个盛大产品发布会，把它推迟到 1985 年春季。

"一而再再而三，我觉得自己像一个白痴，"尼科拉沮丧地回忆道。盖茨的日子当然也不好过。1984 年 10 月初，他给一家早已等得不耐烦的软件发行商写信，寻求谅解。"微软正在开发的视窗是一个最具战略意义的产品，"盖茨写道，"我们希望它能够成为下一代图形应用程序的首选环境。为了实现这个目标，它必须具备新一代图形应用程序所需要的功能。这并不容易,它将是现有技术水平的一个显著进步。"

事到如今,恐怕再婉转的词藻也无法挽回微软对自己声誉的伤害。而且,这也引起了外界对图形用户界面前景的质疑。《福布斯》杂志指出,由于个人电脑用户并没有涌向视窗产品,诸如维西这样的公司正在为这个昂贵且又徒劳无益的投机付出惨重代价,奄奄一息。另一份贸易杂志更是预测,GUI 带来的兴奋都不过是过眼云烟,昙花一现。

与此同时,项目内部也出现了更多问题,而这次鲍尔默成了新的焦点。他几乎每天都要闯进尼科拉的办公室,一边拍打桌子,一边称尼科拉是个白痴,批评他的想法是"无稽之谈"。尼科拉心力交瘁,只好辞职。"我精疲力竭,"他说,"我离开也是因为微软还没有为中层管理做好准备。他们自以为准备好了,但其实没有。"

麦格雷戈也觉得鲍尔默变得有点狂野,他虽堪称盖茨的克隆,却又没有盖茨的个人魅力和技术背景。另一名视窗团队成员也说:"没有一个开发人员佩服鲍尔默,比尔确立了开发经理需要亲自编码的观念,可是他却任命了从未写过一行代码的史蒂夫·鲍尔默。"

鲍尔默像一个啦啦队长,总是跳过麦格雷戈,直接用他那种过人的激情不断激励团队工程师加快步伐。而且,他也总是有办法真的让软件工程师兴奋起来,突破极限。可是,这就给麦格雷戈带来了巨大麻烦,因为兴奋状态下的软件工程师,总是严重低估完成任务所需要的时间。

"这就导致了我们向编写视窗应用程序的软件发行商提供那些完全不切实际的日期。"麦格雷戈说。而且,鲍尔默在察看项目的实际开发进度时,也就必然会大发雷霆,一边砰砰拍打桌子,一边用他那无比洪亮的声音喊道:"你们可以做得更好!"麦格雷戈忍无可忍,就在 1985 年春决定离开。盖茨虽然竭力挽留他,但为时已晚。

麦格雷戈离去后不久,一个新的期限又迫在眉睫。一天早晨,盖茨亲自把鲍尔默叫到他的办公室,说他昨晚在最新的视窗程序中又发现了一个错误。他实在是受够了,就用冰冷的目光逼视鲍尔默,并且大声威胁道,如果视窗在年底时还不能上架,那么他就该另谋出路了。这个最后通牒进一步激发了鲍尔默的斗志。他立即召集工程团队,说:"孩子们,我们必须在降雪之前推出这个产品。"

在春季计算机经销商博览会上,微软展示了视窗的一个最新版本。可是它并没有像盖茨在七个月前向软件发行商所承诺的那样引起轰动。显而易见，视窗仍然没有准备好。于是，6月成了新的目标，可是6月来了又去。结果，微软视窗终于在11月告成。"我们再也不会像视窗那样地延迟了。"如释重负的鲍尔默向《商业周刊》的一位记者这样发誓。

在1985年11月21日举办的秋季计算机经销商博览会上，微软终于发布了它的视窗产品。经过两年多的拖延、失望、尴尬以及夸大其词后，微软视窗终于"完成"了。只不过媒体并不买账，他们实在不能原谅微软在这两年里屡屡施放的那些烟雾。《信息世界》的斯图尔特·艾尔索普开了第一枪，向盖茨颁发了"金雾件奖"，以"表彰"微软的那个宏大而又过度营销的虚拟软件。另一位嘉宾，《个人电脑》杂志的约翰·德沃夏克也俏皮地说，微软在1983年底"推出"视窗时，鲍尔默的头顶上还有几丝头发。

第一版视窗产品的发布标志着个人计算机发展的一个重要里程碑。然而，它并没有达到盖茨的期望。事实上，它并没有成功，视窗后来又经历了两次重大修订才得以完善，直到1990年发布的 Windows 3.0，微软才真正向世人兑现了它的承诺。

微软上市

当盖茨在其他滑冰者之间不断加速穿梭时，他正在控制与失控的微妙平衡之间游走，一个小小的失误就可能铸成大错，可是他向来自信无所畏惧。参加盖茨30岁生日派对的100多名微软员工也都趁机忙中偷闲，或在场上畅然，或在场下享受。忽然，艾伦乐队的摇滚乐在背景中响起。乐声越响越激烈，盖茨就滑得越快越自如。

尽管在1985年10月的这一天，这位年轻的微软领袖兴致勃勃，转了一圈又一圈，但他的内心并不平静。公司董事会将在24小时内开会，听取他对微软上市的决定。长久以来，盖茨一直在尽量回避这件事。他不想为撰写招股说明书而绞尽脑汁；他也不愿为了向投资者推销股票而周游各地消耗时光；他更不想看见自己的员工分心，每天为了股票涨落而不专心编码。

过去几年里，已有多家计算机初创公司成功上市。当苹果的股票首次公开交易时，它的市值很快就超过了福特汽车公司，而乔布斯也摇身一变成为亿万富翁。这真是不可思议，令人瞠目结舌。可是，盖茨并不急于让微软去经历同样的成人礼。微软并不缺钱，它的税前利润占收入的比例高达34%，因此它根本不需要去取悦股东。此外，盖茨也不想向美国证券交易委员会提交繁琐的报告去抖露家底。但是，微软近年来一直在向关键员工和管理人员发放股票期权，而这些期权只有通过上市才有现实意义。这当然也不容忽视。

不过，无论如何，微软向公众发行股票已是一个时间问题。美国《证券交易法》要求任何公司一旦向500或更多名员工分发股票后，就必须立即注册并提交公开报告。早在1983年，盖茨就预计微软将会在1986年或1987年达到这个数字。因此，微软有必要化被动为主动。"我们决定在我们认为必要的时候去做，而不是在我们迫不得已的时候再去做。"时任微软总裁乔恩·谢利告诉《财富》杂志。因此，谢利、盖茨、马夸特在年初曾认真讨论过首次公开募股的事宜。只是，盖茨建议等到视窗发布后再说。

那次滑冰派对是在10月27日星期天举办的，即盖茨生日的前一天。第二天，当他和董事会会面时，他表示同意为此而选择承销商，虽然他的内心仍然对上市有所保留。讨论结束后，他旋即赶去西雅图市中心，去参加他母亲在优雅的四季酒店为他举办的一场私密的生日派对。

12月11日，微软邀请高盛代表在西雅图的雷尼尔俱乐部共进晚餐。盖茨本来就对上市没有太多兴趣，再加上劳累，就在晚餐时无精打采。晚餐后，高盛副总裁埃夫·马丁在告别前亲自向他重申，微软可能会是"1986年乃至有史以来最引人注目的首次公开募股"。结果，盖茨就在俱乐部停车场对谢利说："好吧，他们看上去都是好人，态度又好。我想我们就选他们吧。"

如此，高盛就被选为微软上市的主承销商。几天后，多年来一直在争取微软的亚历克斯·布朗父子公司[1]被选为专业投行。1986年1月底，招股说明书准备就绪。2月3日，微软正式向美国证券交易委员会注册，并对外发送了38000份招股说明书副本。

文件透露：盖茨拥有1122.2万股，占微软股份的49%。他计划出售8万股；艾伦有639万股，占微软股份的28%。他计划出售20万股；鲍尔默有171万股；谢利有40万股。其他主要股东包括：查尔斯·西莫尼，30.6万股；戈登·莱特文，29.4万股；盖茨的父母，11.4万股。此外，马夸特的风险投资公司有137.9万股。

---

1 亚历克斯·布朗父子公司（Alex. Brown & Sons）：美国第一家投资银行，由亚历山大·布朗于1800年在马里兰州巴尔的摩创立。

盖茨和他的高级助手的年薪也首次曝光。在 1985 年，谢利的薪水最高，年薪为 22.8 万美元；盖茨的年薪为 13.3 万美元，远低于大多数美国公司首席执行官的收入；鲍尔默的薪酬为 8.8 万美元。

招股说明书也列出了董事会成员：盖茨、马夸特、谢利和波西娅·艾萨克森。艾伦在不久前辞去了董事会职务，并在贝尔维尤创办了自己的软件公司。"我对他施加了很大压力，"盖茨后来在谈到艾伦时说，"他想出去证明自己能够做自己的事。我试图说服他在微软的框架内这样做，但他决定自己去做。"

招股说明书显示，微软的业绩甚至比大多数外部人士预期的还要好。截至 1985 年 6 月 30 日的那个财政年度，微软的收入为 1.4 亿美元，利润总额为 3120 万美元。总收入中，7500 万美元来自操作系统部门，5400 万美元来自应用程序。其余的收入来自硬件，比如微软鼠标，以及由微软出版社出版的与计算机相关的书籍。微软国际部门的收入占总收入的 34%，其中 12% 来自日本。

1986 年 3 月 13 日上午 9 点 35 分，微软股票首次在纽约证券交易所公开交易。开盘价为每股 25.75 美元。收盘时，大约有 360 万股股票易手，股价的最高点达到 29.25 美元，收盘价为 27.75 美元。"我非常高兴，"艾伦在上午看着不断上升的微软股价告诉《西雅图邮报》，"自公司成立以来，参与其中的每个人都期待着这一天的到来。"

一年后，微软的股价在 1987 年 3 月达到每股 90.75 美元，而且还在攀升。31 岁的比尔·盖茨的身价达到了 10 亿美元。在美国历史上，没有人能够如此年轻就赚到这么多的钱。这个曾经被认为是"书呆子"的计算机奇才就此一举成为美国最年轻的亿万富翁。

苹果发难

1985 年，苹果官员开始对微软在视窗和其他产品中借鉴麦金塔创意的行为越来越担心，认为这违反了乔布斯和盖茨在 1982 年签订的协议。根据该协议的条款，微软将为麦金塔开发应用程序，而苹果则向微软提供麦金塔原型机以及编写图形应用程序所需的软件工具。有了这份协议，苹果原以为微软将只会给麦金塔开发图形用户界面程序，但事实上，微软却转过身来同时也为 IBM 克隆机开发了视窗系统。

苹果警告微软，这是侵犯版权的行为。盖茨坚决不同意。

对他来说，商场就是战场，勇者胜，必须敢于为赢而战。于是，他就表示微软将停止为麦金塔开发 Excel 和 Word。他知道这都是市场上急需的应用程序，苹果需要依靠它们来刺激日益低迷的麦金塔销售。结果，苹果果然别无选择，只好忍气让步和微软签署了一项许可协议，授予微软使用为麦金塔开发的图形显示技术的免版税权利。"双方有着长期合作和信任的历史，并希望维持这种互惠互利的关系。"协议称。

盖茨和约翰·斯卡利签署了这份协议。然而，这是一份令人匪夷所思的协议。有了它，微软获得了使用麦金塔图形技术的独家许可。可是，苹果却没有得到任何回报。结果苹果很快发现，微软在这个许可的庇护下继续在为 IBM 克隆机开发和完善视窗系统。

1987 年底，微软发布 Windows 2.0 后，苹果实在忍无可忍，就在 1988 年 3 月 17 日向圣何塞的联邦法院提起一份长达 11 页的版权诉讼，指控微软在最新版本的视窗中窃取了麦金塔计算机的视觉显示功能。

前一天，斯卡利还在和盖茨一起讨论业务，他只字未提诉讼之事，也丝毫未流露出任何对微软的不满情绪。因此盖茨在得知这个诉讼消息时，感到非常惊讶。"他在我面前根本未提这事……一个字也没有，"盖茨告诉《圣何塞水星报》，"所以当传言刚出现时，我告诉别人这不是真的。后来，我们发现他们不仅给记者打了电话，还向他们发送了诉讼副本。这是一次大规模［公共关系］攻击。我们感到困惑。我可不是在开玩笑。我多次卷入官司，每次官司我都想，'我希望我们没问题。'但这次不同，你不得不怀疑他们是否理智——他们究竟在想什么……苹果正在利用媒体传递信息。这起诉讼旨在让人心生畏惧，要他们相信是苹果发明了这些东西，而不是施乐。"

在美国西海岸，这仿佛是一场突然爆发的大地震，不仅令西雅图和硅谷天摇地动，而且也迅速波及整个国家。人们没有想到苹果会用诉讼来回应 IBM 克隆机的最新挑战，当然，他们也不知道苹果的这一招能否奏效。但是无论如何，这起诉讼必然会对视窗开发产生寒蝉效应。微软一直在竭力试图将微软视窗树立为行业标准，它也一直在鼓励其他软件公司围绕着它的视窗开发应用程序。现在，这些公司都需要三思而行了。

"尽管苹果有权保护其开发和营销工作的成果，但它不应该试图阻挠行业的明显方向，"硅谷计算机行业分析师劳伦斯·马吉德说。同时，他和其他人也指出，正如盖茨所说的那样，苹果在开发麦金塔图形显示时使用了在施乐帕洛阿尔托研究中心发明的技术。苹果选择诉讼，这显然背离了它从车库奋斗起家而成为全球第二大计算机公司的那种卓越的创业精神。

"总而言之，这是一件可怕的事，"曾在麦金塔项目工作的编程天才安迪·赫茨菲尔德在谈到这起诉讼时说，"苹果最终可能会砸自己的脚。"

苹果在诉讼中表示，它在 1985 年曾授予微软一个有限许可，允许它在 Windows 1.0 中使用类似麦金塔的功能，但 Windows 2.03 并不在这个许可范围内。因此，苹果认为 Windows 2.03 侵犯了 13 项版权。Windows 2.03 实际上也是 IBM 演示管理器[1]的基础，当时，它尚未正式发布，所以苹果显然是想杜绝后患，把它解决在襁褓中。不仅如此，这起诉讼也把惠普列为被告，指控它为 IBM 兼容机开发的基于视窗的新产品"新浪潮[2]"侵犯了版权。诉讼称，惠普曾向苹果询问是否可以得到麦金塔技术的授权，但遭到了苹果的拒绝。

苹果的诉讼说，Windows 2.03 和新浪潮具有麦金塔在视觉显示上的独特"外观和感觉"。但事实上，在麦金塔显示和微软视窗显示之间存在着差异。例如，麦金塔可以把文件显示为图标，而在微软视窗环境里，它只显示文件名。而且，麦金塔可以通过将图标或文件名拖入"垃圾桶"来删除文件。而在视窗环境里，用户需要先用鼠标突出显示文件名，然后在菜单里选择"删除"。其实，这并不是苹果第一次指责竞争对手复制麦金塔的视觉显示功能。它在几年前也曾经威胁过基尔道尔的数字研究公司，说它的产品"宝石"太像麦金塔，要把它告上法庭。结果，数字研究为了避免法庭纠纷就只好按照苹果的要求修改了宝石。

苹果提起诉讼后不到一个月，微软以牙还牙，也对苹果提起诉讼，指控它违反了 1985 年的许可协议，蓄意通过负面宣传来打击微软的业务。它还表示 Windows 2.03 的外观和感觉与 Windows 1.0 "几乎一样"，而后者包含在苹果的许可协议里。根据微软的说法，苹果在 1986 年曾致函微软，表示 1985 年的协议仅适用于视窗 1.0。但苹果并没有解释那封信的目的。所以，微软仍认为 Windows 2.03 应该在 1985 年的协议的范围内。此外，它也指出麦金塔使用的图形界面并不是苹果公司的原创，不应该受到版权保护。与此同时，微软也把它的案子透露给媒体，把它与苹果之间的一些原先保密的协议副本发送给记者，包括那份备受争议的 1985 年许可协议。

在苹果提起诉讼后，法庭曾做过几次重要的预审裁决。一名联邦法官裁定，

---

1 演示管理器（Presentation Manager）：IBM 和微软于 1988 年末在其操作系统 OS/2 1.1 版本中引入的图形用户界面。
2 新浪潮（NewWave）：惠普开发的一款适用于微软视窗的面向对象图形界面系统，于 1988 年投入商业使用。

根据那份 1985 年的协议，微软在 Windows 2.03 中使用的许多显示方式都具有合法许可。然而，问题的关键是微软是否复制了麦金塔的窗口重叠概念。另外，法官还裁定，微软可以在审判中尝试证明麦金塔使用的视觉显示的元素是从施乐复制而来的，所以不能成为诉讼的基础。

诸如此类的裁决，往往会导致微软股价的暴跌或飙升。1989 年 3 月，法庭裁定微软和苹果之间在 1985 年达成的协议"并非完整防御"后，微软的股价下跌了近 27%。鲍尔默看到机会就决定对华尔街交易员的恐慌性抛售进行反击，以每股 48.91 美元的平均价格购买了 93.5 万股微软股票，这是微软在 1986 年上市后的首次回购。不到一个月，微软股价就回升到了每股 53.25 美元。一位华尔街分析师说："能有这么多钱来表达你的想法真是太过瘾了。"

1994 年，法院最终裁定："根据版权法，苹果不能为图形用户界面的想法或桌面隐喻的想法获得类似专利的保护。"除了对于惠普新浪潮视窗应用程序中的"垃圾桶图标"和"文件夹图标"的侵权指控外，苹果对微软的指控全都不成立。后来，这个判决在苹果提出上诉后得到维持，而苹果向美国最高法院提出的上诉也被最高法院拒绝。

视窗的启示

比尔·盖茨的脸上绽放出灿烂笑容，他拉了拉他的新西装裤，又推了推从鼻梁上滑落下来的眼镜，不紧不慢地走上舞台。场下，数百人兴致勃勃地聚集在纽约市中心的哥伦布圆环[1]，准备聆听这位软件大师发布有关 Windows 3.0 的新信息。盖茨的母亲玛丽为了陪伴爱子，也专程从西雅图飞来。

1990 年 5 月 22 日，将被证明是盖茨年轻职业生涯中最令人激动和最有意义的日子之一。这是因为 Windows 1.0 虽然标志着个人计算机发展的一个分水岭，同时也实现了盖茨多年来一直在追求的一个愿景。但它过于雄心勃勃，无法在绝大多数当时使用的个人电脑上有效运行，所以它并没有真正达到盖茨所期望和承诺的目标。之后，视窗又经历了两次重大修订，直到 Windows 3.0 才臻于完美，真正实现初衷。

---

1 哥伦布圆环：位于纽约市曼哈顿区的一个交通环岛和繁忙的十字路口，位于第八大道、百老汇大道、中央公园南和中央公园西的交汇处，在中央公园西南角。

在美国的六座城市以及伦敦、巴黎、马德里、新加坡、斯德哥尔摩、米兰和墨西哥城，估计约有 6000 名记者、行业分析师、软件开发人员以及各类高科技专业人员通过闭路电视观看了这一盛事。史密斯·巴尼的一位分析师兴奋地对《今日美国》记者说："这可能是世界历史上最受期待的产品。"不少曾经怀疑并嘲笑过微软视窗的人也成了支持者。国际数据公司的行业分析师南希·麦克沙里表示："相信我，过去我并不是视窗的粉丝。但从我所见到的来看，这确实非常出色。"

这场为期一天的盛大发布活动花费了微软 300 多万美元。盖茨称它是"有史以来最奢华、最广泛、最昂贵的软件发布活动"。不过，在接下来的数周里，这个刚刚成为第一家实现了 10 亿美元营业额的计算机软件公司还要为宣传 Windows 3.0 投入 1000 万美元，并免费分发 40 万份演示副本。当盖茨出现在包括《早安美国》在内的多个电视节目中时，这次高调的广告宣传活动产生了极其广泛的影响。

Windows 3.0 迅速成为有史以来最畅销的计算机软件产品。微软的股价一路飙升，同时也把盖茨送进了《福布斯》美国 400 富豪榜的榜首之列。保罗·艾伦作为微软的第二大股东，他的排名也在不断攀升，而且他也在不久前重新回到了微软的董事会。"这是我和比尔多年来一直在谈论的事，"艾伦说，"比尔和我曾经一起工作，这种关系通常会带来丰富的果实。"

发布会期间，这两位老朋友去了纽约市中心的一家体育酒吧，喝了几杯啤酒，并一起观看了波特兰队和菲尼克斯队之间的一场篮球季后赛的电视实况转播。艾伦热爱篮球，在 1988 年以 7000 万美元的价格购买了波特兰开拓者队，并且还为球队购买了一架专机。后来，他也给自己买了一架飞机，经常往返于西雅图和波特兰之间，去那里观看自己球队的比赛。盖茨偶尔也会同他一起去。"在微软工作非常令人兴奋，但就纯粹的快乐而言，这是无法比拟的。"艾伦在谈到拥有一支职业篮球队时说道。

纽约发布会后不到四个月，微软就售出了 100 万份 Windows 3.0。"没有任何产品可以与这款产品的成功相媲美或相接近，"一家研究和咨询公司的执行副总裁蒂姆·巴贾林说道，"在软件这方面，微软正继续走在主导桌面计算领域的道路上。没有人能跟得上他们或放慢他们的步伐。"

《个人电脑计算》杂志写道："在书写个人计算机历史时，1990 年 5 月 22 日标志着第二个 IBM 兼容个人电脑时代的开端。这一天，微软发布了 Windows 3.0。这一天，IBM 兼容个人计算机，这一台因为过时的、基于字符的操作系统以及 1970 年代风格的程序而陷入困境的机器，摇身一变，成了一台将在新十年里，在多任务图形操作系统和强大新应用程序环境中一飞冲天的计算机。Windows 3.0 纠正了过去那些产品，例如维西、宝石和 OS/2 演示管理器曾经犯过的错误。它提供了足够多的性能，支持现有的 DOS 应用程序，并让你相信它真正属于一台个人电脑。"

当然，并不是所有人都这样称赞视窗的。苹果系统软件营销总监吉姆·戴维斯曾不以为然地说："视窗只不过是对我们一直在做的事情的一种认可。"他还把在 IBM 兼容机上使用视窗比喻为将劳斯莱斯的车头安装在大众甲壳虫车上：它有一张漂亮的脸却仍是一辆甲壳虫车。乔布斯也气愤地说："他们全盘抄袭了我们，因为盖茨不知羞耻。"盖茨听后立即反唇相讥："如果他相信这一点，他就真的陷入了他自己的现实扭曲场。"

法院也裁定盖茨在法律上是正确的。"图形用户界面（GUI）是以一种用户友好的方式开发的，供普通人与苹果计算机进行交流……基于带有视窗、图标和下拉菜单的桌面隐喻，可以在屏幕上通过一个名为鼠标的手持装置进行操作。"联邦上诉法院的一个判决这样介绍道。然后，它作出判决："苹果不能为图形用户界面或桌面隐喻的概念获得类似专利的保护。"

当然，无论合法性如何，乔布斯都有权生气。苹果在创新、想象力、优雅和整体设计上确实都更加卓越，这是一个不争的事实。但是，耐人寻味的是，微软的实践却证明：它的视窗之所以能够在市场上称霸，不是因为它的设计更加出类拔萃，而是因为它的商业模式更合乎时宜，真正做到了价廉物美。

微软视窗在 1990 年占据了市场份额的 80%，而且还在不断上升，并在 2000 年达到 95%。对于乔布斯来说，微软的成功代表了天道不公。"微软的唯一问题是，他们没有品位，他们绝对没有品位，"他说，"我不是在小题大做，而是在更大的意义上，他们没有原创的想法，他们的产品中也没有融入太多的文化元素。"

对此，乔布斯的传记作家沃尔特·艾萨克森写道："微软成功的主要原因，是它愿意并渴望将其操作系统授权给任何一个硬件制造商。相比之下，苹果选择了一种集成的方法。它的硬件只能与其软件捆绑销售，反之亦然。乔布斯是一个艺术家，一个完美主义者，因此也是一个控制狂，他要从头到尾全面掌控用户体验。苹果的方法带来了更美丽的产品、更高的利润率以及更卓越的用户体验。微软的方法则导致了更多可供选择的硬件。事实证明，这也是获得市场份额的更好途径。"

第九章
苹果复兴

乔布斯在 1985 年夏被赶下台后，苹果在开始几年仍然能凭借它在桌面出版领域的暂时主导地位，继续以高利润率安然滑行。那时候，约翰·斯卡利感觉自己就像是个天才，发表了一系列如今听上去十分令人尴尬的言论。他写道，乔布斯想让苹果"成为一家出色的消费品公司"，"这是一个疯狂的计划……苹果永远不可能成为一家消费品公司……我们无法让现实扭曲到改变世界的梦想中……高科技不可能作为消费品来设计和销售。"

乔布斯痛心疾首。在 1990 年代初，当他看着苹果的市场份额在斯卡利的带领下不断下滑时，他不但感到愤慨，也鄙视斯卡利的做法和观点。"斯卡利通过引入腐败的人和价值观摧毁了苹果，"他一针见血地说道，"他们关心的是钱——主要是为了自己，也为了苹果——而不是制造伟大产品。"他还指出，斯卡利对利润的追求是以牺牲市场份额为代价的。"麦金塔输给了微软，因为斯卡利坚持榨取最高利润，而不是改进产品并使其价格合理。"利润至上又鼠目寸光，利润也就逐渐消失殆尽了。

微软虽然花了许多年才复制出麦金塔的图形用户界面，但当它在 1990 年推出 Windows 3.0 后，情况就发生了根本性变化，它开始占据桌面市场的主导地位。而它在 1995 年发布的 Windows 95 更进一步稳固了它的地位。"微软只是简单抄袭别人的成果，"乔布斯后来说，"苹果活该。我离开后，它没有发明任何新东西。麦金塔几乎没有改进。对微软来说，它是一个容易进攻的目标。"

与此同时，乔布斯依然不断进取，他的事业和生活都发生了巨变。1988年10月，他创立的 NeXT 公司推出了第一款 NeXT 计算机；1991年3月18日，他与劳伦·鲍威尔结婚而建立了幸福家庭；他的皮克斯动画工作室在影片《玩具总动员》的轰动效应下，在1995年11月29日成功上市。因此，到了1990年代中期，乔布斯不仅在他的新家庭生活中找到了生活乐趣，也在电影业取得了傲人成就。可是，他仍然对个人电脑的发展失望至极。"创新实际上已经停止，"他在1995年底告诉《连线》杂志的加里·沃尔夫，"微软几乎没有创新就垄断了市场。苹果输了。台式机市场已经进入黑暗时代。"

乔布斯重归苹果

1995年圣诞节期间，乔布斯在夏威夷的科纳村度假时，与老朋友、永远精力充沛的甲骨文公司董事长拉里·埃里森[1]一起沿着海滩散步。埃里森说他想收购苹果，以便让乔布斯官复原职，并说他可以筹到30亿美元的融资："我将收购苹果，你将立刻成为首席执行官并获得25%的股份，这样我们就可以让它恢复昔日辉煌。"但乔布斯却推辞了。"我觉得我不是个敌意收购的人，"他解释道，"如果他们想要我回去，那就另当别论了。"

到1996年，苹果的市场份额已从1980年代末的16%下降到了4%。迈克尔·斯平德勒在1993年取代约翰·斯卡利后，曾试图将苹果出售给太阳微系统[2]、IBM 和惠普。可是，他的尝试都未成功，于是他在1996年2月也被赶下台，由吉尔·阿梅里奥接替。阿梅里奥是一个研究工程师，曾担任国家半导体公司的首席执行官。在他上任的第一年，苹果亏损了10亿美元，它的股价也从1991年的70美元跌至14美元。与此同时，其他科技股却在股市的科技泡沫里不断膨胀，涨了又涨。

阿梅里奥不是乔布斯的粉丝。他们的首次会面是在1994年，当时阿梅里奥刚当选为苹果董事会成员。有一天，乔布斯打电话给他，并宣布："我想过来见你。"于是，阿梅里奥请乔布斯来国家半导体公司。阿梅里奥后来回忆说，他透过办公室的玻璃墙看见乔布斯走过来，看上去"有点像拳击手，咄咄逼人，但

---

[1] 拉里·埃里森（Lawrence Joseph Ellison，1944— ），软件公司甲骨文公司的联合创始人。
[2] 太阳微系统（Sun Microsystems, Inc）是一家科技公司，销售计算机、计算机组件、软件和信息技术服务，并创建了 Java 编程语言、Solaris 操作系统、SPARC 微处理器等。

又有一种耐人寻味的优雅，就像一只正准备扑向猎物的优雅的丛林猫"。在几分钟的寒暄后——远超过乔布斯的习惯长度——他表明来意，说他希望阿梅里奥能够帮助他重返苹果，担任首席执行官。"只有一个人能够团结苹果的队伍，"乔布斯说，"只有一个人能够整顿公司。"他认为麦金塔时代已成为过去，现在是苹果创造一些同样深具创意的新产品的时候了。

"如果麦金塔已经死了，那么用什么来取代它呢？"阿梅里奥问道。乔布斯的回答并没有给他留下深刻印象。"史蒂夫似乎没有明确的答案，"阿梅里奥后来说，"他好像有一套一句话的口号。"阿梅里奥觉得他目睹了乔布斯的现实扭曲场，并为自己能免受其影响而感到自豪，就毫不客气地把乔布斯撵出了办公室。

1996 年夏，阿梅里奥发现自己遇到了一个大麻烦。苹果把全部希望都寄托在一个新开发的名为"科普兰"的操作系统上，但他在成为首席执行官后不久就发现它只是一个臃肿的雾件，根本无法满足苹果对更好网络和内存保护的需求，当然也根本不可能在 1997 年如期发货。阿梅里奥虽然公开承诺很快会找到替代方案，但问题是，他一个也找不到。

苹果需要一个合作伙伴，一个能够提供稳定操作系统的合作伙伴，当然，如果是一个能提供类似 Unix[1] 且具有面向对象[2] 的应用程序层的合作伙伴那就更理想了。很明显，有一家公司完全够格，那就是 NeXT，但苹果一时还转不过弯来。

他们首先瞄准了让-路易斯·加西创办的一家名为"Be"的公司。加西在 1990 年底和斯卡利发生冲突后离开了苹果。加西表示愿意与苹果谈判出售 Be，但在 1996 年 8 月的一次会议上，他在向苹果团队提条件时过于自信，执意要求获得苹果 15% 的股份，价值约为 5 亿美元。阿梅里奥惊呆了，因为苹果给 Be 的估值约为 5000 万美元。经过反复讨价还价，加西还是坚持要至少 2.75 亿美元。他认为自己胜券在握，苹果别无选择，并在私下表示："我捏住了他们的蛋蛋，我会越捏越紧，直到他们感到疼痛为止。"阿梅里奥听说后，心里非常不快。

苹果首席技术官埃伦·汉考克主张采用太阳微系统的基于 Unix 的操作系统，虽然 Unix 尚未具备友好的用户界面。不过，阿梅里奥却倾向于使用微软的

---

[1] Unix 是一个多任务、多用户计算机操作系统，源自最初的 AT&T Unix，1969 年由肯·汤普森和丹尼斯·里奇等人在贝尔实验室研究中心开发。

[2] 面向对象（Object Oriented）：是一种基于对象概念的编程范式。

Windows NT，觉得可以对它的图形界面进行适当调整，使其在外观和感觉上与麦金塔一致。这样就能一箭双雕，既解决了苹果的操作系统问题，而且苹果的系统也将能与微软视窗用户所使用的其他软件兼容。盖茨知道后立即亲自与阿梅里奥联系，极力促成此事。

不过，在两年前，《麦金塔世界》杂志专栏作家盖伊·川崎[1]写过一个谐趣新闻稿。他开玩笑地报道说，苹果正在收购 NeXT，并让乔布斯担任首席执行官。在这个恶搞故事中，迈克·马库拉问乔布斯："你想要毕生销售包裹着糖衣的 Unix，还是改变世界？"乔布斯回答道："我现在是一个父亲，我需要一个更稳定的收入来源。"新闻稿接着指出："由于他在 NeXT 的经验，预计他将给苹果带来一种新的谦卑感。"然后，它又援引盖茨的语气幽默地说，如此乔布斯就将会有更多可供微软拷贝的创新了。这个新闻稿当然是在开玩笑。可是，现实却往往会不由自主地去追赶讽刺。

"有谁够了解史蒂夫，能同他直接谈此事？"阿梅里奥问他周围的人。由于他与乔布斯在两年前的那次会面以失败告终，他不想亲自去联系。然而，事实上，他也不需要这么做。NeXT 的一个中层产品营销员加勒特·赖斯未征求乔布斯的意见，就打电话给埃伦·汉考克，询问她是否有兴趣看看他们的软件。于是，她就派人去会见赖斯。

到 1996 年感恩节，在这两家公司之间已经展开了中层级别的谈判。乔布斯知道后，就给阿梅里奥打了个电话。"我正在去日本的途中，但我将在一周内返回，我想一回来就见到你，"他说，"在我们见面之前，请不要做任何决定。"纵然两年前的那次接触并不愉快，收到乔布斯的电话仍让阿梅里奥感到兴奋且对与之共事的可能性感到着迷。他回忆道："对我来说，与史蒂夫的通话仿佛就像闻到一瓶上佳陈年美酒的纯正芳香。"于是，他保证在他俩见面之前不会与 Be 或其他任何人达成协议。

在竞争异常激烈的计算机市场上，NeXT 的前景并不妙，因此被苹果收购无疑是一个十分诱人的解脱之道。再说，对乔布斯而言，同 Be 竞争不仅是职业的也是个人的。"加西是我一生中为数不多的几个真正可怕的人之一，"乔布斯后来坚称，"1985 年他在我背后捅了一刀。"

---

[1] 盖伊·川崎（Guy Takeo Kawasaki, 1954— ），营销专家、作家和硅谷风险投资家。他是在 1984 年最初负责营销麦金塔电脑产品线的苹果员工之一。

1996 年 12 月 2 日，乔布斯自 1985 年被赶出去后首次重新踏入苹果的库比蒂诺园区，在行政会议室里向阿梅里奥和汉考克推销 NeXT。他一边在白板上涂写，一边回顾计算机系统的四次浪潮，并断言 NeXT 正在将这股浪潮推向高峰。尽管是在向两个他看不起的人推销，他仍然全力以赴，精神焕发，并在必要时故作姿态，假装谦虚。"这可能是一个疯狂透顶的想法。"但如果你们有兴趣，"我可以按照你们想要的任何方式交易，或出售软件许可，或整个公司。"其实，他急于脱手，出售一切。"当你们仔细观察时，你们会发现，你们想要的不仅仅是我的软件，"他告诉他们，"你们会想购买整个公司，并带走所有人。"

数周后，乔布斯又和家人前往夏威夷，度圣诞假期。拉里·埃里森也在那里。"你知道，拉里，我想我已找到了一个办法能让我重返苹果并控制它，而无需你买下它。"当他俩沿着夏威夷海岸漫步时，乔布斯这么说。对此，埃里森回忆道："他解释了他的策略，就是让苹果收购 NeXT，然后他就可以进入董事会，距离成为首席执行官仅一步之遥。"

"但是史蒂夫，有一件事我不明白，"埃里森说，"如果我们不买这家公司，那我们怎么赚钱呢？"这时，乔布斯把手放在埃里森的左肩上，把他拉向自己，两人的鼻子几乎相碰，说："拉里，这就是为什么我成为你的朋友非常重要。你不需要更多的钱。"

埃里森回忆自己的回答几乎是在哀嚎："好吧，我可能不需要这些钱，但为什么富达[1]的某个基金经理应该得到这笔钱呢？为什么应该是别人？为什么不应该是我们呢？"

"我觉得如果我回到苹果，而且我不拥有任何苹果股份，你也不拥有任何苹果股份，那么我就会占据道德制高点。"乔布斯回答道。

"天哪，史蒂夫，这道德制高点可真是太昂贵了啊，"埃里森叹道，"听着，史蒂夫，你是我最好的朋友，苹果是你的公司。我会做你想做的任何事。"

乔布斯后来否认他曾密谋接管苹果，但是，埃里森坚信这是不可避免的，"任何与阿梅里奥相处过半小时的人都会意识到，他除了自我毁灭之外什么事也做不了。"

一天，阿梅里奥暗自拿定主意，就应邀来到乔布斯在帕洛阿尔托的家里，以便在一个友好的环境中进行谈判。当阿梅里奥驾驶他那辆经典的 1973 年奔驰到达时，他给乔布斯留下了深刻印象，因为乔布斯也喜欢这款车。

---

[1] 富达投资集团：Fidelity Investments。

乔布斯在刚翻新的厨房里，沏了一壶茶，然后他们就在披萨烤炉前的一张木桌前坐下。有关财务的谈判进展得相当顺利；乔布斯不想重蹈加西的覆辙。他建议苹果以每股 12 美元的价格收购 NeXT。这将约等于 5 亿美元。阿梅利奥说这个价格太高了，并还价每股 10 美元，也就是略高于 4 亿美元。他知道 NeXT 与 Be 不同，它有真正的产品、真实的收入和优秀的团队。乔布斯听后心中暗喜，就立即接受了，并且提议用现金交易。但是，阿梅里奥坚持给他 150 万股苹果股票，以保证这笔交易的可信度。

1996 年 12 月 20 日，阿梅里奥在苹果总部向 250 名员工宣布了收购 NeXT 的消息，并按照乔布斯的要求，把乔布斯的新角色描述为兼职顾问。这时，乔布斯没有从讲台侧面出现，而是从礼堂后面走了进来，缓步走过过道。"我很兴奋，"他在观众的热烈掌声中说道，"我期待着重新认识一些老同事。"

《金融时报》的路易丝·科欧随即问乔布斯是否最终会接管苹果。"哦，不，路易丝，"他说，"我现在的生活里有很多其他事要做。我有了家庭。我参与了皮克斯的工作。我的时间非常有限，但我希望我能分享一些想法。"

第二天，乔布斯开车前往皮克斯动画工作室。时间越久，他就越喜欢那个地方，因此他想告诉那里的团队，他会继续担任皮克斯的总裁，并深度参与那里的工作。不过，皮克斯的人倒是不太在乎他回苹果兼职，少一点乔布斯的关注未必不是一件好事。当有重大谈判时，他会非常有用，但当他有太多空闲时间时，他可能会非常危险。

到达皮克斯后，乔布斯首先去了首席创意官约翰·拉塞特[1]的办公室，向他解释说，即使只是在苹果担任顾问，还是可能会占用他很多时间，所以他想得到拉塞特的祝福。"我一直在考虑使我离开家人以及离开皮克斯的时间，"乔布斯说，"但我想做这事的唯一原因是，有了苹果，这个世界将会变得更美好。"

拉塞特听后微微一笑，说："你得到了我的祝福。"

重新掌控

乔布斯曾经告诉埃里森，他的回归策略是将 NeXT 卖给苹果，被任命为董事会成员，并在阿梅里奥犯错时顺势接手。当他称此动机不是为了金钱时，埃

---

[1] 约翰·拉塞特（John Alan Lasseter, 1957— ），美国电影导演、制片人、动画师。

里森感到困惑，但这在一定程度上是真的。乔布斯既没有埃里森那些炫耀性消费需求以及对金钱的无限欲望，也没有盖茨的那一个个宏大慈善愿景，更没有在福布斯榜单上力争上游的欲望和冲动。他要建立一家既能不断推陈出新，又能恒久昌兴的公司，而实现这一切的最好方式就是回归苹果，夺回他的王国。

1997年1月，乔布斯正式以兼职顾问的身份回到苹果。但是，他只在帕洛阿尔托租了一个办公室。阿梅里奥没有邀请他加入董事会，只让他负责公司的操作系统部门，令他失望并感到受辱。

他先把自己信任的人提拔到苹果高层。"我想确保从 NeXT 过来的优秀人才不会被那些不称职的苹果高管在背后使坏。"他回忆道。埃伦·汉考克曾选择太阳微系统的 Solaris[1] 而不是 NeXT，因此她是乔布斯"蠢货名单"上的头号人物，很快就被乔布斯的两名得力助手取而代之：阿维·泰瓦尼安[2] 负责软件，曾在 NeXT 负责相同工作的乔恩·鲁宾斯坦[3] 负责硬件。

泰瓦尼安和鲁宾斯坦常去乔布斯家，向他汇报情况。不久，许多硅谷人都知道乔布斯正在悄悄从阿梅里奥手中夺权。《金融时报》的记者路易丝·科欧在去年12月的发布会上就预见到了这一点，她也是报道此事的第一人。"乔布斯先生已成为王位背后的权力代表，"她在2月底的一篇报道文章中写道。"据说，他正在指导苹果应该削减哪些部门。他们说，乔布斯先生已敦促一些前苹果同事重返公司，并强烈暗示他计划接管公司。据乔布斯先生的一个密友称，他已断定阿梅里奥和他任命的人不太可能重振苹果，他打算更换他们，以确保'他的公司'的生存。"

在一月份召开的年度股东大会上，阿梅里奥向股东解释了为什么1996年最后一季度的业绩比前一年下跌了30%。接着，股东们纷纷走到麦克风前排队发言，发泄各自胸中愤怒。阿梅里奥非但未意识到自己在会上的糟糕表现，反而沾沾自喜地认为"这被认为是我所做过的最好的演讲之一"。杜邦前首席执行官、时任苹果董事长的埃德·伍拉德[4] 对此感到震惊。"这是一场灾难。"他的妻子在会议中对他低声说，他点头赞同。"吉尔穿得确实很酷，但他的表现和言辞

1　Solaris 是一种专有的 Unix 操作系统，最初由太阳微系统开发。
2　阿维·泰瓦尼安（Avadis "Avie" Tevanian, 1961— ），软件工程师。在卡内基梅隆大学，他是 Mach 操作系统的首席设计师和工程师。在 NeXT，他将这项工作用于 NeXTSTEP 操作系统的基础。他于1997—2003年任苹果软件工程高级副总裁，2003—2006年任首席软件技术官。
3　乔恩·鲁宾斯坦（Jonathan J. "Jon" Rubinstein, 1956— ），美国国家工程院院士，电气工程师，在 iMac 和 iPod 的开发中发挥了重要作用。2006年他辞去了苹果 iPod 部门高级副总裁的职务。
4　埃德·伍拉德（Edgar Smith Woolard Jr, 1934—2023），美国国家工程院院士，1989—1995年任杜邦公司董事长兼首席执行官。

都非常可笑,"伍拉德回忆道,"他没有回答问题,不知道自己在说什么,也没有提振任何人的信心。"

因此,伍拉德就打电话给乔布斯,虽然他俩并不相熟。简单敷衍几句话后,伍拉德直截了当地问乔布斯对阿梅里奥的印象如何。伍拉德记得乔布斯用谨慎的口吻回答说,阿梅里奥不适合担任这个职位。不过,乔布斯在回忆此事时说他的态度非常直率坦诚:"我心想,要么告诉他实话,吉尔是个笨蛋,要么通过沉默来撒谎。他是苹果董事会成员,我有责任告诉他我的真实想法;另一方面,如果我告诉他,他会告诉吉尔,那么吉尔以后就再也不会听我了,他可能会去报复那些我带到苹果的人。这一切都在不到 30 秒的时间里发生在我脑海中。最后,我决定应该告诉他实情。我非常在乎苹果。因此我和盘托出。我说,这个人是我见过的最糟糕的首席执行官,我认为,如果需要取得许可证才能成为首席执行官的话,他绝对拿不到。挂掉电话后,我想我可能刚刚做了一件非常愚蠢的事。"

那年春天,埃里森在一次聚会上见到阿梅里奥,就把他介绍给科技记者吉娜·史密斯[1]。于是,史密斯女士就问阿梅里奥,苹果情况如何。"你知道,吉娜,苹果就像一艘船,"阿梅里奥说。"那艘船里装满了宝藏,可是船上有一个漏洞。我的工作就是让每一个人都朝着同一个方向划船。"史密斯听后,大感不解,就问:"是啊,但那个漏洞呢?"从此,埃里森和乔布斯就常爱拿这艘船的段子开玩笑。"当拉里给我讲这个故事时,我们正在一家寿司店里,我笑得差点从椅子上摔下去,"乔布斯回忆道,"他就是一个小丑,而且他把自己看得那么认真。他要每个人都尊称他阿梅里奥博士。这总是一个警告信号。"

《财富》杂志的布伦特·施兰德是一个消息灵通的科技记者,他不仅了解乔布斯,也熟悉他的想法。在三月份发表的一篇文章里,施兰德详细描述了苹果那些令人担忧的混乱局面。"苹果电脑是硅谷管理失当和技术梦想破灭的一个典范,它再次陷入危机,以迟缓的动作应对销售下滑、技术战略失策和品牌形象严重受损的悲惨局面。对明眼人来说,尽管乔布斯最近一直在管理皮克斯,并制作了《玩具总动员》等计算机动画电影——但他似乎正在策划接管苹果。"

埃里森再次公开谈论有关敌意收购并任命他的"最好朋友"担任首席执行官的想法。"史蒂夫是唯一能够拯救苹果的人,"他告诉记者,"只要他一开口,

---

[1] 吉娜·史密斯(Gina Smith),企业家、作家、记者,2006 年与人合著 *iWoz*。2001 年,她被 *Upside* 杂志评为科技界 100 位最具影响力的人物之一。

我就会立即帮助他。"不过此时,他就好像是那个三次喊"狼来了"的小孩子,他的新议论并未引起太多关注。于是,他又向《圣何塞水星报》的丹·吉尔摩吹风,说他正在组织一个投资者团队,准备筹集10亿美元来购买苹果的多数股份。当时,苹果的市值约为23亿美元。这个消息一出,苹果股票飙升了11%。

阿梅里奥发现乔布斯不仅拒绝平息埃里森的收购传闻,还秘密抛售苹果股票并对此闪烁其词后,终于确信乔布斯的枪口瞄准的正是他。"我终于接受了这个事实:我实在太愿意也太渴望相信他在我的队伍里,"阿梅里奥回忆道,"史蒂夫操纵下的推翻我的计划正在迅速推进。"

乔布斯确实一有机会就说阿梅里奥的坏话。他实在控制不住自己。但是,董事会对阿梅里奥不满,还另有更重要的原因。苹果首席财务官弗雷德·安德森[1]觉得自己有责任向埃德·伍拉德以及董事会通报公司的严峻局面。"弗雷德告诉我,现金已经耗尽,员工正在离去,更多关键员工也在考虑离开,"伍拉德回忆道。"他明确表示,这艘船马上就要搁浅,连他本人也在考虑离开。"这就加深了伍拉德因为目睹阿梅里奥在股东大会上的糟糕表现而产生的严重忧虑。

在六月份的董事会执行会议上,伍拉德乘吉尔·阿梅里奥离开会议室之际,向在座董事们做了一个估算:"如果我们让吉尔继续担任首席执行官,我认为避免破产的机会只有10%;如果我们解雇他并说服史蒂夫回来接管,我们有60%的机会幸存;如果我们解雇了吉尔又无法重新得到史蒂夫,从而不得不寻找新的首席执行官,那么我们有40%的机会幸存。"于是,董事会就授权他去请乔布斯回归。

伍拉德又给乔布斯打电话,说董事会打算解雇阿梅里奥,并希望他回来担任首席执行官。乔布斯一直在嘲笑阿梅里奥,并积极推动自己的那些关乎苹果未来发展方向的想法。但这时,他却含含糊糊地回答说,"我会帮忙的。"

"作为首席执行官?"伍拉德诧异地追问。

乔布斯说不。于是,伍拉德就极力说服他至少担任代理首席执行官。但乔布斯仍然说不。"我将担任顾问,"他说,"无薪酬。"不过,他表示愿意成为董事会成员——这是他渴望已久的——但拒绝担任董事长。"这就是我现在所能给的。"他说。

当这方面的谣言四起时,乔布斯给皮克斯员工发了一份备忘录,向他们保

---

[1] 弗雷德·安德森(Fred D. Anderson, 1945—),企业高管,1996—2004年任苹果公司执行副总裁兼首席财务官。

证他并没有抛弃他们。"三周前，我接到苹果董事会的电话，要我回苹果去担任首席执行官，"他写道，"我拒绝了。然后，他们又邀请我担任董事长，我也拒绝了。所以不要担心——那些疯狂的谣言只是谣言。我没有离开皮克斯的计划。你们还得忍受我。"

埃德·伍拉德和董事会仍然决定解雇阿梅里奥。当伍拉德给正在太浩湖度假的阿梅里奥打去电话时，他正要和妻子、孩子和孙子们一起去野餐。"我们要求你辞职。"伍拉德直言不讳。阿梅里奥听后表示现在不是讨论这个问题的时候，可是伍拉德不为所动，继续说，"我们将宣布我们要撤换你。"

"要知道，埃德，我告诉过董事会，需要三年时间才能使这家公司恢复过来，"阿梅里奥抗议道，"我还没到一半呢。"

"董事会已经做出决定，我们用不着再多说了。"伍拉德毫不留情地回应。

史蒂夫·沃兹尼亚克知道乔布斯可能回归后非常高兴。"这正是我们需要的，"他说，"无论你对史蒂夫看法如何，只有他知道如何恢复魔力。"他也相信乔布斯能战胜阿梅里奥，并对《连线》杂志说，"吉尔·阿梅里奥遇到史蒂夫·乔布斯，游戏结束。"

苹果高管在接下来的那个星期一被召集到礼堂。"好吧，我很遗憾地告诉大家，现在是我离开的时候了，"阿梅里奥平静地宣布。接着，弗雷德·安德森发言，说他同意担任临时首席执行官，并明确表示乔布斯将以"顾问身份领导团队"。这话听上去有点怪，但事实证明它是准确的。

于是，在1985年那场惊心动魄的七日风暴的整整十二年后，乔布斯终于回归，重新登上了苹果的舞台。

当他穿着短裤、运动鞋和黑色高领衫开口演讲时，他问礼堂里的高管，"好吧，告诉我这个地方出了什么问题。"有人开始议论，但乔布斯打断他们，自己回答说："是产品！"接着，他又问道，"那么产品有什么问题呢？"又有人试图回答，直到乔布斯给出他的答案。"产品糟糕透了！"他大声宣告，"它们毫无魅力！"

乔布斯开始在行政楼董事会会议室旁的一间小办公室里办公，显然是想避开阿梅里奥的那间大办公室。他参与了苹果业务的各个方面：产品设计，哪个部门需要削减，供应商谈判和广告公司评审。当他认识到必须阻止苹果高层员工的进一步流失时，他决定给他们的股票期权重新定价。苹果股价实在太低了，他们的期权已变得毫无价值。

于是，乔布斯在回到苹果的第一个星期四，就为此事召开了一次董事会的电话会议。会上，董事们犹豫不决，想对有关法律和财务作进一步研究。"这必须尽快完成，"乔布斯告诉他们，"我们正在失去优秀人才。"这时，甚至他的支持者、薪酬委员会负责人伍拉德也表示了异议，说，"在杜邦，我们从未做过这种事。"但是，乔布斯反驳道，"你把我请来，是为了解决问题，而人才是关键。"

当董事会提出需要两个月的时间来做研究时，乔布斯突然发作，高声质问："你们疯了吗？！"接着，他沉默良久，又继续说："伙计们，如果你们不想这么做，我下周一就不回来了。因为我还有数不清的比这更困难的重要决定要做，如果你们不能支持这种决定，我必将失败。如果你们连这一点都做不到，那我就离开这里，你们可以把责任都归咎于我，你们可以说，'史蒂夫不适合这份工作。'"

第二天，伍拉德在与董事会磋商后，给乔布斯打了电话。"我们会批准这个，"他说，"但有些董事会成员不高兴，觉得你是在逼我们就范。"

因此，苹果高层员工的期权（乔布斯没有）在乔布斯的坚持下，被重新设定为每股 13.25 美元，也就是解雇阿梅里奥那一天的股价。不过，乔布斯并没有因此而去感谢董事会，他反而为自己必须对这个被他鄙视的董事会负责而愤怒。"赶紧刹车，这行不通，"他告诉伍拉德，"这家公司简直是糟透了，我没有时间去照顾这个董事会。所以我要你们所有人辞职。否则我就辞职，星期一不再回来。"但他又说，唯一可以留下的是伍拉德。

多数董事会成员知道后目瞪口呆。乔布斯只肯当顾问，并且仍然拒绝承诺全职回归或承担更多责任，但是他却觉得自己有权力强迫他们离开。然而残酷的事实是，他确实拥有这样的权力。他们根本无法承担他在一怒之下一走了之的严重后果，况且，他们也不再想继续留在苹果的董事会里了。伍拉德回忆道："经历了这一切之后，大多数人都为能够得到解脱而庆幸。"

那份宣布苹果股票期权重新定价的员工备忘录是由"史蒂夫和执行团队"签署的，他已主持公司所有产品审查会议的消息也早已不胫而走。于是，苹果股价在 7 月，从每股约 13 美元上涨到了 20 美元。

与盖茨重归于好

1997 年 8 月，苹果的忠实粉丝在波士顿举办的麦金塔世界博览会上齐聚一堂，掀起一波空前热潮。超过五千人提前数小时涌入公园广场酒店的会议厅，准备聆听乔布斯的主题演讲。他们渴望迎接这位归来的英雄，他们也想知道他是否真的愿意再次领导他们。

当屏幕上显现出一张乔布斯摄于 1984 年的照片时，会场上爆发出一片欢呼声。"史蒂夫！史蒂夫！史蒂夫！"当乔布斯穿着黑色马甲、白衬衫、牛仔裤，含笑大步走上舞台时，尖叫声和闪光灯可以与任何摇滚明星的场面相媲美。"我是皮克斯的董事长兼首席执行官史蒂夫·乔布斯，"他自我介绍说，"我和很多其他人一样，正在竭尽全力帮助苹果重新恢复健康。"

他的语气显然有所保留，但当他在舞台上来回踱步，一边手持点击器更换投影幻灯片一边口若悬河时，很明显，他正在掌管苹果，并且很可能会一直掌管下去。在演讲中，他分析了苹果的销售为什么在过去两年里下降了 30%。"苹果有很多优秀人才，但他们都在做错误的事，因为计划是错的。我看见那些迫切想要追随一个好战略的人，可是却没有一个好的战略。"人群又一次爆发出口哨声和欢呼声。

乔布斯越说越有感情，开始用"我们"和"我"，而不是"他们"来讨论苹果将要做的事。"我认为，购买一台苹果电脑，你需要用不同的思考方式……购买它们的人确实与众不同。他们代表了这个世界上的创造精神，他们想要改变世界。我们就是要为这种人制造工具。"当说到"我们"这个词时，他用手轻敲胸口。接着，他又说，"我们也要用不同的方式思考，为那些从一开始就购买了我们产品的人服务。因为很多人认为他们是疯了，但是在这种疯狂中我们看到了天才。"这时，观众都激动地站起身，长时间鼓掌。乔布斯已明确表明，他和苹果是一体的。

演讲接近尾声时，乔布斯喝了一口水，停顿片刻，语气变得温和。"苹果生存在一个生态环境里，"他说，"它需要合作伙伴的帮助。互相残杀对这个行业里的任何人都没有好处。"为了营造气氛，他又稍加停顿，然后说："我今天想宣布我们的第一个新型合作伙伴关系，一个非常有意义的合作伙伴关系，那就是与微软的合作。"这时，微软和苹果的标志一起出现在屏幕上，场上人没有任何思想准备，不禁都倒吸一口凉气，真是太出人意料了。

众所周知，苹果和微软已经在各种版权和专利问题上缠斗多年，其中最引人注目的是微软究竟是否窃取了苹果图形用户界面的外观和感觉。1985 年，在乔布斯被逐出苹果之际，约翰·斯卡利与微软达成了一个协议：微软 Windows 1.0 可以使用苹果图形用户界面，而作为回报，微软允许麦金塔独占 Excel 两年。

1988 年，微软推出 Windows 2.0 后不久，苹果提起诉讼，坚称 1985 年的协议不适用于 Windows 2.0，并指出视窗的改进，例如复制比尔·阿特金森的"修剪"重叠窗口技巧，使它的侵权更加明目张胆。虽然到 1997 年，苹果已基本输掉了这场官司，但它没有罢休，不仅多次上诉，还威胁新的诉讼。此外，克林顿政府的司法部也在准备对微软提起一个大规模反垄断诉讼。

苹果和微软之间的对决在阿梅里奥的领导下变得非常激烈，微软已经拒绝承诺为未来的麦金塔操作系统开发 Word 和 Excel，而仅此一着就可能会毁掉苹果。不过，盖茨的这个决定并不是为报复而报复。他不愿为未来麦金塔操作系统做出承诺，是因为似乎没有人，包括苹果不断变化的领导层在内，知道苹果会采用哪一个新操作系统。

苹果收购 NeXT 后不久，吉尔·阿梅里奥和乔布斯一起飞到微软，但盖茨发现自己很难确定这两个人究竟是谁说了算。几天后，他私下与乔布斯通话，"嘿，搞什么鬼，我到底应不应该把我的应用程序放在 NeXT 操作系统上？"盖茨问道。乔布斯未直接回答，只是作了一番"有关吉尔的嘲讽性评论"，并暗示情况很快会得到澄清。

阿梅里奥的下台部分解决了这个问题。乔布斯回忆："我给比尔打电话，说，'我要扭转这个局面。'比尔一直对苹果情有独钟。我们把他引入应用软件业务，微软最早的应用软件就是为麦金塔开发 Excel 和 Word。所以我对他说，'我需要帮助。'微软正在践踏苹果的专利。'如果继续打官司，几年后我们可能会赢得一个价值 10 亿美元的专利诉讼。对此，你知，我也知。但如果我们继续这样打下去，苹果不可能活到那一天。我明白这一点。所以，让我们立即想办法解决这个问题。我只要微软对继续为麦金塔开发做出承诺，并对苹果投资，这样微软就可以在我们的成功中有所收获。'"

盖茨和他的首席财务官格雷格·马菲[1]立即前往帕洛阿尔托，商讨和制定达成协议的框架，然后，盖茨就让马菲独自研究协议细节。马菲在接下来的那个星期天来到乔布斯家，乔布斯从冰箱里拿出两瓶水后，就带着他在帕洛阿尔托散步。两人都穿着短裤，乔布斯更是赤脚而行。当他们在一个浸信会教堂前坐下时，乔布斯直截了当地将话题切入核心，"我们所关心的是，承诺为麦金塔开发软件，并且进行投资。"

---

1 格雷格·马菲（Gregory B. Maffei, 1960— ），Liberty Media 总裁兼首席执行官，Live Nation Entertainment、Sirius XM 和 TripAdvisor 董事长，Starz 和 Expedia 名誉主席，甲骨文和微软的前首席财务官。

尽管谈判进展顺利，但最后细节是在那次麦金塔世界博览会前几个小时才敲定的。当手机响起时，乔布斯正在公园广场酒店为演讲排练。"嗨，比尔。"他说，话音在空荡荡的大厅里回响。于是，乔布斯走到一个角落蹲下，与盖茨低声交谈了约一小时。"比尔，感谢你对这家公司的支持，"他最后说，"我认为这个世界因此而变得更加美好。"

乔布斯在他的演讲中介绍了苹果与微软的这个交易。起初，忠实果粉发出了嘘声，尤其是在乔布斯宣布苹果决定将微软的 IE 浏览器设为麦金塔的默认浏览器时，场上嘘声不断。乔布斯见状，立即补充说，"由于我们相信选择，我们也将推出其他互联网浏览器，让用户自行更改默认浏览器。"这时，会场上响起了笑声和零星掌声。

观众的态度随着乔布斯演讲的深入而慢慢发生变化，特别是在他宣布微软将向苹果投资 1.5 亿美元，并由此而获得无表决权股份的时候。

这时，乔布斯宣布道，"今天碰巧有一个特殊的客人通过卫星与我联系，"话音刚落，盖茨突然出现在礼堂上方的大屏幕上。观众又都吃了一惊，片刻后，场上又响起了嘘声和嘲笑声。屏幕上，盖茨那稍显得意的面容仿佛是在与 1984 年的那个老大哥广告遥相呼应，使人联想起那个勇敢的女运动员，仿佛她又要跑上通道，将手中锤子奋力扔向屏幕。

盖茨并不知道场上情景，就开始在微软总部通过卫星链接发表讲话。"我与史蒂夫在麦金塔上所做的工作，是我职业生涯中做过的最令人激动的工作。"他高声说。当他谈到微软正在为麦金塔制作新版办公软件套装 Microsoft Office 时，观众安静下来，似乎正在逐渐接受这个新的世界秩序。当盖茨说，新麦金塔版本的 Word 和 Excel 将在"许多方面胜过我们在视窗平台上所做的"时，他赢得了一些掌声。

乔布斯接着又安抚观众。"如果我们想要继续前进，看到苹果再次健康发展，我们就必须放弃一些东西，"他告诉观众，"我们必须放弃这样的观念，那就是苹果若想赢，那么微软就必须输……我认为，如果我们想在麦金塔上使用微软的办公软件，那我们就最好能对提供这种软件的公司抱有一些感激之情。"

与微软握手言和，以及乔布斯对苹果事务的热情参与，强烈震动了华尔街。截至当日收盘，苹果股价飙升 6.56 美元，达到 26.31 美元，比阿梅里奥辞职当天的股价高出一倍。同时，苹果市值也在一天里增加了 33%。苹果终于起死回生，有了崭新的希望。

乔尼·伊夫

1997 年 9 月，乔布斯召集公司领导层开会，鼓舞士气。会场上坐着一个敏感而又热情的 30 岁英国人，他是设计团队的负责人乔纳森·伊夫[1]，也就是后来为人熟知的乔尼。当时，伊夫正想辞职。他对公司将注意力放在利润最大化而不是产品设计上感到失望和厌倦。然而，乔布斯的演讲改变了他的想法，"我清楚记得史蒂夫宣布，我们的目标不仅仅是赚钱，而是要制造伟大产品，"伊夫回忆道。"这种理念与我们过去在苹果所做的那些决定完全不同。"

伊夫在伦敦东北边的小镇清福德长大。他的父亲是个银匠，曾在当地学校教书。"他是一个出色的工匠，"伊夫回忆道，"他给我的圣诞礼物是在圣诞假期，乘他学校车间空无一人时陪我一整天，帮我制作我梦想的任何东西。"唯一的条件是乔尼必须亲手绘制他想要制作的东西。"我从小懂得手工制作之美。我逐渐意识到，真正重要的是那投入其中的心血。我在感觉产品有马虎之嫌时会产生深深的厌恶。"

伊夫就读于纽卡斯尔理工学院，学习工业设计。在那里，他接触到了起源于德国艺术学校包豪斯[2]的设计，包豪斯强调只将需要的东西纳入设计的观点。伊夫的设计作品之一是一支顶端带小球的笔，把玩起来非常有趣。它有助于让主人与笔之间产生一种有趣的情感联系。伊夫采用纯白色塑料为他的论文设计的一个麦克风和一只耳机，后来被伦敦设计博物馆选用。此外，他还设计了一台自动取款机和一部曲面手机，这两个作品都获得了英国皇家艺术协会的奖项。与一般设计师不同的是，伊夫不仅擅长于绘制漂亮草图，他也重视工程和内部组件的工作原理。在大学里，他使用过一台麦金塔。"我发现了麦金塔，并感觉自己与制造这款产品的人建立起了联系，"他回忆道，"我突然明白公司是什么，或者应该是什么。"

伊夫在 1989 年毕业后，先在一个产品设计机构实习了一年，然后参加了伦敦的一家名为橘子的设计公司。其间，苹果成为橘子的客户，他因此得以参加有关工作，研究便携式计算机的未来。三年后，伊夫搬到库比蒂诺加入了苹果的设计部门。1996 年，也就是在乔布斯回归的前一年，伊夫晋升为该部门的负

---

1 乔纳森·伊夫（Sir Jonathan "Jony" Paul Ive, 1967—　），英国皇家工程院荣誉院士，工业设计师。曾任苹果公司工业设计高级副总裁兼首席设计官。2017 年任伦敦皇家艺术学院院长。

2 包豪斯（The Staatliches Bauhaus）是一所德国艺术学校，于 1919 年至 1933 年间运营，将手工艺与美术相结合。

责人。但他并不愉快。"我们试图最大限度地赚钱，所以缺乏那种对产品精益求精的精神，"伊夫说，"从我们设计师这里，他们只想得到外观模型，然后就让工程师去尽可能便宜地制造。我正准备辞职。"

起初，乔布斯想在外部寻找世界级设计师。他和IBM思考本的设计者理查德·萨珀，以及法拉利250的设计者乔尔盖托·乔治亚罗进行了交谈。但后来他参观了苹果设计工作室，并很快同伊夫建立起一种非常特殊的关系。

"阿梅里奥自称是'扭转局面的王者'，"伊夫回忆道，"所以他专注于扭亏为盈，这主要是考虑如何不赔钱。而不赔钱的方法就是不花钱。但史蒂夫的关注点完全不同，而且从未改变。他始终如一地关注：产品。我们相信，如果我们把产品做好且产品够好，人们就会喜欢它。同时我们也相信，若人们喜欢它，他们就会购买它。如果我们在运营上足够出色，我们就会赚钱。"

"我们讨论了制作和材料的方方面面，"伊夫进一步强调说。"我们志同道合。我突然明白了为什么我喜欢这家公司。"

伊夫和乔布斯经常一起午餐，乔布斯也会在一天结束时顺便去伊夫的设计工作室聊天。"乔尼有非常特殊的地位，"劳伦·鲍威尔说，"他会来我们家，我们两家变得非常亲密。史蒂夫从未刻意伤害过他。史蒂夫生活里的大多数人都是可以替代的。但乔尼不是。"

乔布斯也说，"乔尼不仅为苹果，而且也为整个世界带来了巨大变化。从各方面看，他都是一个极其聪明的人。他理解商业概念、营销概念。咔哒一声，他就领悟了一件事。他比任何人都更深刻地理解我们工作的核心。如果说我在苹果有一个精神伴侣，那就是乔尼。乔尼和我一起想出了大部分产品，然后把其他人拉来，并问：'嘿，你觉得这个怎么样？'他能够把握产品的大局，也能深入了解每个产品的最微小细节。他明白苹果是一家产品公司。他不仅仅是一个设计师。这就是为什么他直接为我工作。除我以外，在苹果没有人拥有比他更大的运营权。没有人能够告诉他该怎么做，或去管他闲事。这就是我设置的方式。"

伊夫是德国工业设计师迪特·拉姆斯[1]的粉丝。拉姆斯曾在著名德国公司博朗工作，并信奉和宣扬"少而精"的理念。乔布斯和伊夫也同样在每一个新设

---

1 迪特·拉姆斯（Dieter Rams, 1932— ），柏林艺术学院院士，德国工业设计师，与消费品公司博朗、家具公司 Vitsœ 以及功能主义工业设计流派关系密切。

计中努力精简，并通过克服复杂性来实现精简，而不是忽视它们。乔布斯说："需要付出巨大努力，才能使事情变得简单，才能真正理解潜在挑战，并提出最优雅的解决方案。"苹果的一本宣传册将此概括为"简单是终极复杂"。

伊夫成了乔布斯追求真正简单而非表面简单的灵魂伴侣。他说："为什么我们认为简单是好的？因为对于实物产品，我们必须感觉自己可以掌握它们。当你将复杂性整理得有条有理时，你就能找到让产品服从于你的方法。简单不仅仅是一种视觉风格，它不仅仅是极简主义或是不杂乱。它涉及挖掘复杂性。要真正做到简单，你必须深刻理解。例如，为了让一个东西没有螺丝，你最终可能会得到一个非常纠结和非常复杂的产品。更好的方法是更深入地追求简单，理解关于它的一切以及它是如何制造的。你必须深刻理解一个产品的本质，才能去除那些不必要的部分。"

因此，苹果产品的设计过程与工程制造密不可分。"我们想要去除不属于绝对必要的所有东西，"伊夫说。"要做到这一点，就需要设计师、产品开发员、工程师和制造团队之间的紧密合作。我们一次又一次地回到起点。我们需要这个部件吗？我们是否能让它发挥其他四个部件的功能？"

对乔布斯和伊夫而言，设计不仅仅关乎于产品表面的外观，它必须能够反映产品的本质。乔布斯在重新执掌苹果后告诉《财富》杂志："在大多数人的词汇里，设计意味着表面装饰。但对我来说，设计的意义绝不仅限于此。设计是人造物的根本灵魂，最终在表层中表达自己。"

伊夫有着艺术家的敏感气质，有时他会因为乔布斯的过分自夸而感到不快，当然，乔布斯的这种习惯多年来也一直在困扰他周围的其他人。伊夫对乔布斯的个人感情特别强烈，以至于有时非常容易受到伤害。"他会仔细审视我的设计，然后说，'这个不好。那个不太好。我喜欢这个，'"伊夫回忆说，"后来，我坐在观众席上听他谈论这些想法，好像它们是他的。我非常在乎想法从哪里来，甚至在笔记本上详细记录我的想法。所以，当他拿走我的设计时，我会深受伤害。"当外界将乔布斯描绘成苹果的唯一创意来源时，伊夫也会生气。"这让我们公司显得非常脆弱。"他认真地说。但他在停顿片刻后又表示他能理解乔布斯所扮演的角色。"在许多其他公司，创意和伟大设计会在整个过程中迷失。如果没有史蒂夫在那里推动，同我们一起克服重重障碍和阻力，把我们的想法转化成产品，我和我的团队提出的所有想法都将会无关紧要，走投无路。"

iMac

乔布斯和伊夫合作的第一个重要设计是 iMac，一款针对消费者市场的台式电脑。乔布斯首先提了一些具体要求：应该是个将主机与显示器整合在一起的一体化产品，并能开箱即用；应该具有独特的设计来彰显品牌形象；售价应该约在 1200 美元。此外，由于这款麦金塔（Mac）的设计初衷是为了连接互联网，乔布斯决定在它的名字前加上字母"i"。"他告诉我们回到 1984 年最初麦金塔的根，去制作一款一体化的消费电子产品，"苹果营销主管菲尔·席勒[1] 回忆道，"这意味着设计和工程必须紧密合作。"

起先，他们想制造一台"网络电脑"，就是一种没有硬盘的廉价终端，主要用于连接互联网。这是甲骨文创始人拉里·埃里森倡导的一个概念。但是，苹果首席财务官弗雷德·安德森主张通过添加磁盘驱动器，使其成为一款完整的家用台式电脑。乔布斯接受了安德森的建议。

伊夫和他的首席副手丹尼·科斯特绘制了一些未来感十足的设计草图。但是，乔布斯断然否决了他们为此制作的十几只泡沫模型。伊夫了解乔布斯，就表示这些模型的确都不够理想，但其中之一似乎有进一步挖掘的潜力。那只模型的线条弯曲流畅，外观活泼有趣。"它给人的感觉是刚刚来到你的桌面上，或将跳去另一个地方。"他告诉乔布斯。

伊夫精心改进了这只活泼的模型。在下一次展示中，乔布斯以他那要么是垃圾要么就是杰作的二元观热情地接受了它。苹果的广告一直在夸耀自己不同凡响。现在，它真的有了一个令人耳目一新的新东西。于是，乔布斯就常拿着那只泡沫原型，在总部向那些可信赖的助手和董事会成员私下展示。

伊夫和科斯特为 iMac 设计的塑料外壳是半透明的，可以看到机器内部，而它的颜色是海蓝色的，这种颜色后来以澳大利亚邦迪海滩的水色而命名为邦迪蓝。"我们试图给人一种感觉，好像计算机可以像变色龙那样根据你的要求而变化，"伊夫说。"这就是为什么我们喜欢半透明。你可以有颜色，但它的感觉是活的。而且它看上去调皮放肆。"

不管是隐喻还是现实，这种半透明设计确实将电脑的内部工程与外部设计紧密联系起来。乔布斯一直坚持要求电路板上的芯片一定要整齐排列，哪怕它

---

[1] 菲尔·席勒（Phil Schiller, 1960—　），苹果院士，自乔布斯 1997 年重返苹果以来，一直是苹果执行团队成员。

们永远不会被人看见。现在它们真的显露出来。人们真的可以看见计算机外壳内的组件以及将它们组合在一起的巧思和精工。特别令人回味的是，这个设计在传达简约感的同时，也揭示了真正简约所包含的深度。

当然，乔布斯必须抵挡以鲁宾斯坦为首的制造工程师的反对。他们不仅需要面对伊夫的种种美学愿景和设计灵感，也要面对现实和成本。乔布斯回忆说："当我们把它交给工程师时，他们提出了三十八条不能做的理由。我说，不，不，我们要做这个。他们问，'为什么？'我说，'因为我是首席执行官，我认为这是可行的。'所以他们不太情愿地做了起来。"

随着最后期限的逼近，乔布斯那传奇般的脾气再次爆发。在一次产品评审会上，当他发现进展缓慢时，"他大发雷霆，而且那愤怒绝对是纯粹的。"伊夫回忆说。乔布斯绕着桌子，从鲁宾斯坦开始，对在座的每个人挨个责骂，并大声喊道："你们明明知道我们正在努力拯救公司，而你们却把事情搞砸了！"

正如最初的麦金塔团队一样，iMac 团队也勉强赶在重大公告发布前完成了任务。然而在此之前，乔布斯又发作过一次。鲁宾斯坦为发布会彩排组装了两个工作原型。乔布斯在舞台上第一次见到最终产品，并发现显示屏下方有一只按钮就按了一下，光碟托盘立即打开。"这是什么鬼东西？！"他愤怒地吼道。席勒回忆说："我们都默不作声，因为显然他知道光碟托盘是什么。"乔布斯咆哮起来，坚持说 iMac 应该使用光碟插槽，就是那种已经在高档音响设备里配置的优雅的吸入式光盘驱动器。鲁宾斯坦连忙解释道："史蒂夫，这正是我们在讨论组件时向你展示的那个驱动器。"乔布斯坚持说："不，从来没有托盘，只有插槽。"鲁宾斯坦并不退缩。乔布斯就更急、更怒了。"我差点哭起来，因为已经来不及更改了。"乔布斯后来回忆道。

彩排停了下来，有一段时间乔布斯好像要取消整个产品发布会。席勒回忆道："鲁宾斯坦看着我，好像在说，'我疯了吗？'这是我第一次和史蒂夫一起做产品发布，也是第一次看到他'如果不对，我们就不发布'的心态。"最后，他们同意在下一版 iMac 就把托盘驱动器改为吸入式驱动器。"只有你们保证我们会尽快改用插槽模式，我才会同意发布。"乔布斯双眼含泪说道。

乔布斯希望 iMac 的首次隆重发布可以拯救苹果并改变个人电脑的发展进程，所以他象征性地选择了库比蒂诺德安扎学院的弗林特礼堂，也就是在 1984 年发布第一代麦金塔时使用过的那个场地。他决心尽全力鼓舞士气，彻底消除人们对苹果的疑虑，并争取广大开发商的支持，以促进新机器的销售。不过，这样做也是因为他喜欢扮演活动策划者，一个经过精心策划的表演可以像一款出色产品的亮相一样提振他的热情。

演讲开始时,乔布斯首先向坐在观众席前排的三个应他邀请而来的人致意。他和他们的关系疏远已久,但他希望他们能够重新加入进来。首先,他指着沃兹说,"我和史蒂夫·沃兹尼亚克在我父母家创办了这个公司,史蒂夫今天也在这里。"场上响起一片掌声。"还有迈克·马库拉,以及后来很快加入我们的第一任总裁迈克·斯科特,"他继续说道,"这两人今天也在观众席上。没有这三人,我们就不可能聚在这里。"当掌声再次响起时,他的双眼泛起泪光。观众席上还有安迪·赫茨菲尔德和麦金塔团队的大多数原始成员。乔布斯对他们微笑,相信自己即将让他们感到骄傲。

在展示了苹果的新产品战略并浏览了一些有关新电脑性能的幻灯片后,乔布斯准备展示他的新宝贝。"这是电脑现在的模样,"他边说边指着出现在舞台大屏幕上的一组米色的、四四方方的、笨拙的盒式设备和显示器的图片。接着,他揭开了置于舞台中央的一张桌子上的桌布。一台崭新灵动的 iMac 在灯光下闪闪发亮。乔布斯自豪地宣告,"我对能向大家展示从今以后它们将会是什么模样而深感荣幸。"这时,就像他在第一代麦金塔发布会上所做的那样,他按了一下鼠标,大屏幕上立即以快节奏展示了新电脑的各种奇妙功能。最后,"Hello (again)"二词出现在屏幕上,它使用了与 1984 年麦金塔发布会上的"Hello"一样的俏皮字体。全场立即爆发出雷鸣般的掌声。这时,乔布斯稍退一步,凝视着他的新麦金塔电脑,满意地说,"它看上去仿佛是来自另一个星球,一个美好的星球,一个拥有更好设计师的星球。"

iMac 是一个标志性新产品,也是新千年的预兆。它那友好而又活泼的外表,与那种附带着一本复杂说明书以及一大堆凌乱电线和配件的呆板的米色装置形成了鲜明对照。只要抓住 iMac 外壳上方的那只精巧的小手柄,把它从那优雅的白色盒子中轻轻提起,再将电线插进插座,它就可以工作了。那些曾经害怕计算机的人现在都想要一台,并把它放在一个醒目的地方。

《新闻周刊》的史蒂夫·利维写道:"这是一个将科幻闪光与鸡尾酒伞的俏皮融为一体的奇妙装置,它不仅是多年来推出的在外观上最酷的电脑,而且也是硅谷那家最老牌的梦想公司不再梦游的一个令人振奋的宣言。"

《福布斯》则称赞 iMac 是"一个改变行业的成功",而约翰·斯卡利也赞叹道,"他实施了一个同 15 年前使苹果公司获得成功所采用的一样的简单策略:制造热门产品,并通过出色的营销来推广它们。"

与此同时,比尔·盖茨却忙着安抚一群来访的金融分析师,向他们保证这只不过是个昙花一现的风尚。他指着一台为了开玩笑而涂抹了红色的基于微软视窗的个人电脑说,"苹果唯一提供的是在颜色上的领导力,我相信用不了多久我们就能赶上。"

乔布斯知道后非常生气,就告诉一名记者,盖茨对究竟是什么使 iMac 比其他电脑更具吸引力的奥秘一无所知。"我们的竞争对手根本不懂,他们以为这关乎时尚,而且他们以为这只与外表有关,"乔布斯说,"他们说,我们只要给这台垃圾电脑涂上颜色,我们也就有了一台。"

1998 年 8 月,iMac 正式对外销售,售价为 1299 美元。不到 6 周,苹果就销售了 27.8 万台 iMac,并在年底前售出 80 万台。iMac 就此一举成为苹果历史上销售速度最快的一款电脑。更显著的是,32% 的销售来自首次购买电脑的人,另外还有 12% 来自以前使用微软视窗计算机的用户。

除了邦迪蓝之外,伊夫又为 iMac 设计了另外四种新颜色。同一款电脑使用五种颜色显然会给制造、库存和分销带来巨大挑战。大多数公司,包括过去的苹果在内,都需要首先开会仔细研究和评估可行性。可是,乔布斯在看到新颜色后就兴奋起来,立刻把其他高管召集到设计工作室,对他们说,"我们要做各种颜色!"

当高管们离开后,伊夫看着他的团队惊讶不已。"在大多数地方,这种决定会花费几个月,"伊夫回忆道,"而史蒂夫却在半个小时内就搞定了。"

不过,乔布斯仍对那个呆板的光碟托盘耿耿于怀。"我在一款非常高端的索尼音响上见过吸入式驱动器,"他说,"所以我去找驱动器制造商,让他们为我们制作吸入式驱动器,用在我们九个月后推出的新版 iMac 上。"

鲁宾斯坦想劝他放弃这个改变。因为他预测很快会出现一种新型驱动器,它不仅能播放音乐,还能将音乐刻录到光碟上,而且这种驱动器会先以托盘形式出现,然后才会被改造成插槽式。"如果你使用插槽,你将会落后于技术。"鲁宾斯坦争辩道。

"我不在乎,这就是我想要的。"乔布斯厉声回应。他们当时正在旧金山的一家寿司店午餐,于是,乔布斯就建议出去,一边散步,一边继续讨论这个话题。"作为一个个人请求,我希望你能帮我做这个吸入式驱动器。"乔布斯认真地说。

鲁宾斯坦当然也就同意了,但事实证明他是对的。不久后,松下公司推出了一种可以翻录和刻录音乐的光碟驱动器,而且它首先适用于那些配备传统托盘加载器的电脑。此举的影响在接下来的几年里逐渐显现出来:它将导致苹果在迎合那些想要自己翻录和刻录音乐的用户这方面的行动迟缓，但它也将迫使苹果在乔布斯终于意识到必须进入音乐市场时发挥更大想象力，依靠更大胆的创新来超越对手。

蒂姆·库克

当乔布斯重返苹果并很快推出 iMac 后，他证实了一个大多数人已经知道的事实：他极具创造力和远见卓识。然而，他究竟能不能管理好一家公司却仍然是个未知数。他在创建苹果时并未表现出这方面的能力。可是他这次却全心投入了管理，让那些以为他仍然会无视规则的人感到惊讶。"他成了一名管理者，这与仅仅做一个高管或一个有远见的人截然不同，这让我感到意外和惊喜，"留下来继续担任苹果董事长的埃德·伍拉德回忆道。

乔布斯的管理口号是"专注"。他削减了多余的产品线，并且在正在开发中的新操作系统软件里不断剔除多余的功能。不仅如此，他还放弃了控制一切的欲望，将从电路板到成品电脑的各种生产逐渐外包出去。他对苹果供应商纪律严明。刚接手时，苹果仓库里有超过两个月的库存，比其他任何科技公司都多。问题是，计算机零部件和鸡蛋、牛奶一样，都有较短的保质期，所以这就造成苹果至少相当于 5 亿美元的利润损失。于是，乔布斯就在这方面狠下功夫。到 1998 年初，他已经把库存减少一半，仅剩一个月的量。

不过，乔布斯在这方面的成功是有代价的，因为温和灵巧的外交手段并不是他的强项。当他发现一家公司不能及时交付备件时，他立即命令一名经理去解除它的合同。而当那名经理告诉他这样做可能会导致诉讼时，乔布斯回答道："告诉他们，如果他们胆敢跟我们作对，他们就永远不会再从这家公司赚到一分钱。"那经理辞了职，诉讼也确实发生并用了一年时间才得到解决。那名经理后来说："如果我能留下，我的股票期权价值将达 1000 万美元，但我知道我无法忍受下去，而且他也迟早会解雇我。"有一个新分销商被要求将库存减少 75%，它做到了。它的首席执行官说："在史蒂夫·乔布斯的领导下，苹果对不佳表现采取了零容忍态度。"还有一次，当一家芯片公司未能按时交付足够多的芯片时，乔布斯冲进会议室，大声咒骂，说他们是"该死的没鸟用的混蛋"。结果，那家公司按时交付了芯片，它的高管还把乔布斯咒语的缩写印在夹克背面，以此自嘲。

苹果的运营主管在乔布斯手下工作了三个月后,觉得他无法继续承受这种压力便辞职了。乔布斯想找一个能够像迈克尔·戴尔[1]那样建造即时生产工厂和供应链的人,而他面试的候选人一个个"看上去都像是老派的制造业人士",所以他只好亲自负责苹果的运营。

1998年,他遇到了37岁的蒂姆·库克[2],一位举止彬彬有礼的康柏电脑公司采购和供应链经理。乔布斯回忆道:"蒂姆·库克来自采购部门,这正是我们所需要的背景。我发现他和我看待事物的方式完全一致。我访问过很多家日本的即时生产工厂,并且为麦金塔和NeXT建造过一个。我知道我想要什么,然后我遇到了蒂姆,他也想要相同的东西。所以我们开始共事,不久后,我就相信他完全知道该怎么做。他和我有着同样愿景,我们能在高层战略上互动,我可以只专注于重要的事情,除非他来找我。"

库克是一个造船厂工人的儿子,在亚拉巴马州的小镇罗伯茨代尔长大。他曾在奥本大学主修工业工程,又在杜克大学获得了工商管理学位,并在接下来的12年在北卡罗来纳州的研究三角园区为IBM工作。乔布斯面试库克时,他刚去康柏公司上班。库克是一个逻辑性极强的工程师,而康柏在当时似乎是个更明智的职业选择,可是,他却被乔布斯的魅力深深吸引。库克回忆说:"在与史蒂夫的第一次面谈5分钟后,我就将谨慎和逻辑统统抛在脑后,想要加入苹果。我的直觉告诉我,加入苹果将是个能与创意天才合作的难得的机会。"因此,他就这么选择了。"工程师被教导要通过分析来做决定,但有时候依靠直觉或本能更是不可或缺的。"

为了贯彻乔布斯的直觉,未婚的库克默默将全身心投入工作。他一般在凌晨4点半起床,发送电子邮件后去健身一小时,6点一过就回到办公桌前。他习惯在星期天晚上召开电话会议,为接下来的一周工作做准备。与那个爱发脾气并以严厉著称的首席执行官不同,库克以冷静的举止、舒缓的亚拉巴马口音、沉默的凝视掌握局面。"尽管库克会微笑,但他公认的面部表情是皱眉,他的幽默是干巴巴的,"亚当·拉辛斯基在《财富》杂志上写道,"在会议上,他以长时间的令人难受的沉默著称,这时只能听见他不停吃能量棒时撕包装纸的声音。"

上任初期的一次会议上,库克被告知苹果的一个中国供应商出了问题。"这

---

1 迈克尔·戴尔(Michael Dell, 1965—),戴尔科技集团创始人、董事长兼首席执行官。
2 蒂姆·库克(Timothy "Tim" Donald Cook, 1960—),苹果首席执行官。他曾在乔布斯的领导下担任该公司的首席运营官。

很糟糕,"他说,"应该有人去中国解决这个问题。"30 分钟后,他面无表情地看着坐在桌旁的一位运营主管,问道:"你怎么还在这里?"那位主管立即起身,驱车直驶旧金山机场,买了张机票,飞去中国。后来,他成了库克的高级副手之一。

库克将苹果主要供应商的数量从 100 家减少到 24 家,迫使他们提供更优惠的条件。他还说服许多供应商在苹果工厂附近设厂,并关闭了苹果 19 个仓库中的 10 个。1998 年初,乔布斯将库存量削减到一个月。同年 9 月,库克将库存量减少到 6 天。到次年 9 月,他更是将库存量减少到只有两天的惊人水平。此外,他还将制造苹果电脑的生产流程从四个月缩短到两个月。这不仅降低了成本,而且苹果新电脑也总是能配备最新的零部件。

苹果商店

乔布斯不愿放弃对任何事的控制,尤其是那些涉及客户体验的事情。但是,在苹果产品的市场营销中有一个环节他却控制不了,那就是客户在商店里购买苹果产品时的体验。那个曾经率先在 1976 年销售苹果一号的字节商店所代表的时代已经一去不复返。计算机销售已从本地计算机专卖店转向大型连锁店和商场,那里的店员大多既不具备也没有动力向顾客解释苹果产品的独特性。"销售员只关心 50 美元的提成。"乔布斯说。

但是,苹果电脑与其他厂家的产品非常不同,它们具有独特设计和优异功能,因此它们的价格也更高。这就使乔布斯认识到,苹果绝不能让 iMac 与戴尔或康柏电脑挤在同一个货架上,任由店员去千篇一律地向顾客盲目背诵电脑的各种规格参数。

"除非我们能找到在店里向客户传达我们的信息的方法,否则我们就完了。"他说。

1999 年底,乔布斯开始面试有望帮助苹果开发连锁零售店的高管候选人。其中之一是塔吉特公司[1]的商品副总裁罗恩·约翰逊[2]。"很容易同史蒂夫交谈,"约翰逊在回忆他们的首次会面时说,"他穿着一条破洞牛仔裤和高领衫突然出

---

1 塔吉特公司(Target Corporation),美国第七大零售商,经营折扣百货公司和大卖场连锁店。
2 罗恩·约翰逊(Ron Johnson, 1959—),Enjoy Technology 首席执行官兼创始人。此前,他曾任 JCPenney 首席执行官,苹果零售业务高级副总裁,以及塔吉特的商品副总裁。

现,兴冲冲地讲述为什么他想要很棒的商店。他告诉我,苹果若想成功就必须创新。而除非找到与客户直接沟通的办法,否则就无法取得创新的胜利。"

2000年1月,当约翰逊再次回到苹果面试时,乔布斯建议他们出去走走。于是,他们在早上8点半来到了拥有140家商店的斯坦福购物中心。商店尚未开门,他们就在购物中心里走来走去,讨论它的布局、大型百货商店相对于其他商店所扮演的角色,以及为什么某些特色店会成功。

商店在10点钟开门后,他们走进一家零售店,发现它有一个面向购物中心的入口和另一个面向停车场的入口。乔布斯说苹果店应该只有一个入口,这样更易于控制顾客体验。另外,他们认为那家店的店面太长也太窄。顾客一旦进入商店,整个店面应当完全展现在客人面前,一览无余。

斯坦福购物中心没有一家科技商店。约翰逊解释说,人们普遍认为消费者在购买像电脑这样的重大且不常更换的商品时,他们不会介意开车去不太方便的地方。然而乔布斯却不同意这种观点,他认为苹果店应该开设在购物中心和主要街道上。只要人流量大,就不在乎租金。"我们也许不太可能要他们开10英里车来看我们的产品,但我们可以让他们走10英尺过来看看。"他解释道。尤其是对于那些使用微软视窗系统的用户,需要予以"伏击":"如果他们路过,他们会出于好奇进来看看。如果我们把店面布置得足够吸引人,一旦有机会展示我们的产品,我们就能赢得他们。"

约翰逊又说店面的大小标志着品牌的重要性。他问:"苹果品牌能与盖璞(Gap)相比吗?"乔布斯回答说,苹果品牌要大得多。于是,约翰逊就说,那么苹果的店面就应该更大,"否则你们就不再重要了"。这时,乔布斯提起了迈克·马库拉的一句格言:一家好公司必须在它所做的所有事情中彰显其价值观和重要性,从包装到营销。约翰逊表示认同,认为这绝对适用于公司产品的专售店,并说,"商店可以成为品牌的最有力的实体表达。"接着,他回忆了自己在年轻时,曾去过拉夫劳伦在曼哈顿第七十二街和麦迪逊大道交界处开设的那家装饰着木镶板且充满艺术感的豪宅式商店。"每当买Polo衫时,我都会想到那个豪宅,它是拉尔夫理想的实体表现,"约翰逊感叹道,"米奇·德雷克斯勒[1]在盖璞也做到了这一点。每当想到盖璞产品时,你不可能不会联想到伟大的盖璞商店,那洁净的空间,木地板、白色墙壁和整齐折叠的商品。"

---

1 米奇·德雷克斯勒(Millard "Micky" S. Drexler, 1944—),曾任J.克鲁集团董事长和首席执行官以及盖璞首席执行官。

乔布斯和盖茨

约翰·拉塞特和乔尼·伊夫

库克和乔布斯

曼哈顿第五大道上的苹果商店

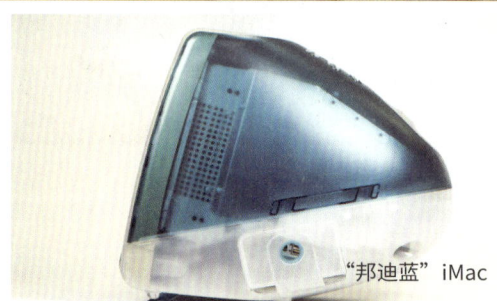

"邦迪蓝" iMac

iPod

iPhone

iPad

结束后,他们驱车回到公司,坐在一个会议室里摆弄产品。苹果产品并不多,不足以填满传统商店的货架,但他们认为这未必不好,这样就可以把他们心目中的那个商店布置得既简约又通风,并给顾客提供足够大的试用产品的空间。"大多数人不了解苹果产品,"约翰逊说,"他们把苹果当作异类。若想从一个异类转变为一种酷炫,拥有一家令人惊艳的商店,供人们尝试东西是会有帮助的。"当然,这种商店必须体现苹果的产品精神:有趣、简单、创意,并且介于时尚和令人生畏之间。

乔布斯在向董事会提出这个想法时,董事会并没有兴奋起来。大型个人计算机厂商捷威[1]在开设郊区商店后已经陷入困境。尽管乔布斯解释说,他的商店会因为开设在更昂贵的地点而做得更好,但这并不足以打消他们的疑虑。用诸如"非同凡想"和"致疯狂的人"这样的口号做广告宣传确实不错,但董事会对将它们用于公司战略指导方针却持犹豫态度。刚在2000年加入苹果董事会的基因泰克首席执行官亚瑟·莱文森[2]回忆道,"我摸不清头脑,觉得这太疯狂了。我们是一家处于边缘地位的小公司。我说我不确定是否能支持这样的事。"伍拉德也表示怀疑,说,"捷威已作尝试并且失败了,而戴尔却在没有商店的情况下向消费者直销,并取得了成功。"乔布斯对董事会有那么多的反对意见非常恼火。上次当类似情况发生时,他更换了大部分成员,只留下伍拉德一人。不过,这次伍拉德一方面出于个人原因,一方面也是因为厌倦了与乔布斯的一次次拉锯战而决定辞职。

但是,这次在董事会里有一个支持乔布斯的人——盖璞的首席执行官德雷克斯勒。在零售界,德雷克斯勒享有"零售王子"的称号,盖璞在他的领导下摇身一变,从一个平庸的连锁店转变为美国休闲文化的一个象征。因此,他也是世界上为数不多的,在设计、形象和消费者需求等方面都像乔布斯那么成功的杰出人士之一。而且,他也非常热衷于对整个过程的控制:盖璞商店只销售盖璞产品,而盖璞产品也几乎只在盖璞商店销售。德雷克斯勒说:"我离开了百货商店,因为我无法忍受不能完全控制自己的产品,从如何生产到如何销售。史蒂夫也是这种人,我想这就是他为何招募我的原因。"

董事会最终批准了四家苹果专卖店的试营业。于是,德雷克斯勒就给乔布斯提出一个建议:在苹果园区附近秘密建立一个零售店原型,装修后去那里闲

---

[1] 捷威(Gateway, Inc)是一家计算机公司。
[2] 亚瑟·莱文森(Arthur D. Levinson, 1950—),现任苹果公司董事长,曾任 Genentech 首席执行官(1995—2009)和董事长(1999—2014)。

逛，直到满意为止。于是，约翰逊和乔布斯就在库比蒂诺租了一个空置的仓库，并连续六个月，在周二上午去那里开一上午的头脑风暴会议，讨论店面的布局且不断完善他们的零售理念。因此，这个原型店就像伊夫的设计工作室那样，成了一个让乔布斯凭自己的感觉来观察和分析各种设计的演变从而不断创新的避风港。"我喜欢独自一人去那里闲逛，查看进展。"乔布斯回忆道。

有时，他也会让德雷克斯勒、埃里森和其他值得信赖的朋友过来看看。"有太多周末，当他不带我去看《玩具总动员》的新场景时，他会要我去仓库看商店模型，"埃里森回忆说，"他对美学和服务体验的每一个细节都非常着迷。结果我说，'史蒂夫，你若想再要我去商店，那么我就不来看你了。'"

埃里森的甲骨文公司正在为手持结账系统开发软件，这个系统完全不需要收银台。乔布斯经常敦促他想办法通过剔除不必要的步骤来简化流程，比如出示信用卡或打印收据。埃里森说："如果你观察这些商店和产品，你会发现史蒂夫对简约之美（包豪斯美学和奇妙的极简主义）的痴迷一直延伸到了商店的结账过程。这意味着绝对用最少步骤。史蒂夫给我们提供了他希望结账系统应该如何工作的准确而又明确的方案。"

德雷克斯勒在查看原型店时提了些批评意见，"我觉得空间太零碎，不够干净。有太多分散注意力的建筑特征和颜色。"他强调说，当顾客走进一个零售空间时，应该只扫一眼就能理解它的布局。乔布斯也同意简约和无干扰是一家优秀商店的关键，就像它们是产品的关键一样。"在那之后，他就搞定了，"德雷克斯勒说，"他的愿景是能彻底控制产品的整个体验，从设计和制造到销售。"

2000 年 10 月，就在约翰逊以为这个过程已经接近尾声时，他在一个周二会议的前一夜突然从梦中惊醒，并痛苦地发现他们犯了一个根本性错误。他们一直在围绕着苹果的主要产品线组织商店且分区展示它们，可是他忽然意识到，苹果商店的展示其实不仅应该围绕着公司的四条计算机产品线，而且也应当围绕着人们可能想做的事情进行组织。例如，它可以有一个电影区域，专门用来向顾客介绍怎么从摄像机导入视频，然后怎样使用苹果电脑的电影软件来进行编辑。

约翰逊一早来到乔布斯办公室，开口就说他意识到他们需要重新布置商店。乔布斯突然发作，怒吼道，"你知道这是多么大的变化吗？我辛辛苦苦为这个店工作了六个月，现在你却想要改变一切！"约翰逊听说过有关他老板怒不择言的传言，但这是他第一次亲身经历。不过，乔布斯很快又好像意识到了什么，说，"我累了。我不知道我是否可以从头开始设计另一个商店。"

罗恩·约翰逊无言以对，而乔布斯也让他保持沉默。在前往原型店参加周二会议的路上，乔布斯让他先不要同其他与会者交谈。到达时，乔布斯已思考完毕。"我知道罗恩是对的，"他后来在回忆此事时说。因此，他在会上开诚布公地说："罗恩认为我们完全错了。他认为商店不应该围绕产品而是应该围绕人们的行为来组织。"稍停片刻后，乔布斯继续说："而且他是对的。"店面应该重新布置，哪怕这可能会需要将原定于一月份召开的发布会推迟三到四个月。"我们只有一次机会把事情做对，"他强调说，"如果有了问题就不能置之不理，仅推辞说稍后再去解决它。"

经过改进的原型店落成后，乔布斯首次邀请董事会去那里参观。他先在白板上向董事会成员解释了设计背后的种种想法，然后派车把他们送到原型店。当董事们见到乔布斯和约翰逊的精心成果后，他们一致表示赞同，认为这将把零售和品牌形象的关系提升到一个崭新水平，从而可以确保消费者不会将苹果电脑等同于诸如戴尔或康柏那样的商品。

2001年5月19日，第一家苹果商店在弗吉尼亚州泰森角开业，里面配置了一尘不染的白色柜台、木地板，以及一张名为"非同凡想"的巨大海报，上面是约翰·列侬和小野洋子的一张生活照。一时间，媒体和业界对它议论纷纷，而且多数都持否定态度。《商业周刊》甚至写了一篇标题为《对不起，史蒂夫，这就是为什么苹果商店行不通》的文章。

但事实证明，那些怀疑论者都错了。到2004年，苹果商店的平均访客数达到了每周5400人，而它的营业总额也达到了12亿美元，创下了零售业突破10亿美元的纪录。埃里森的软件每4分钟就对每一家苹果商店的销售情况进行统计，不断为优化生产、供应和销售渠道提供即时信息。

2006年在曼哈顿第五大道上开设的苹果商店凝聚了乔布斯的心血和激情：立方体，标志性楼梯，玻璃等，无不是在用极简来表达最大个性。约翰逊说，"这确实是史蒂夫的商店。"它每周营业7天、每天24小时，并且在第一年就可以每周吸引5万名游客，从而印证了乔布斯寻找标志性高人流量地点策略的正确性。"这家商店每平方英尺的销售额比世界上任何一家商店都高，"乔布斯在2010年自豪地指出，"不仅如此，不光是每平方英尺的销售额，它的销售总额也比任何一家纽约商店都高，这包括萨克斯[1]和布鲁明戴尔[2]。"

---

1 萨克斯（Saks Fifth Avenue，俗称 Saks），豪华百货连锁店，建于1867年。
2 布鲁明戴尔（Bloomingdale's Inc.），豪华百货连锁店，建于1861年。

iTunes，iPod

2000 年前后，许多人开始把音乐从光碟片翻录到电脑上或从文件共享服务下载音乐，然后再把它们组织成播放列表刻录到空白光盘上。乔布斯忽然意识到音乐将会变得多么重要。那一年，美国空白光盘的销量达到了 3.2 亿张，而全国人口只有 2.81 亿。可见，真的有不少人极其热衷于刻录音乐光碟片，而苹果电脑却未能迎合他们的需求。"我觉得自己像一个傻瓜，"他告诉《财富》杂志，"我们已经落后，必须奋起直追。"

乔布斯给 iMac 添加了光碟刻录功能。但这并不够，他还想简化音乐编辑的整个过程，从翻录和下载，到管理，再到刻录音乐播放列表。当时，有些公司虽然已经开发了音乐管理应用程序，可是它们的操作都非常笨拙复杂。而乔布斯的一大才能就是会发现那种充斥着二流产品的市场。在考察了市面上的各种音乐应用程序后，他得出结论："它们是如此复杂，只有天才才能搞明白其中的一半功能。"

这时，比尔·金凯德[1]出现了。一天，金凯德在开车前往加州小镇威洛斯去参加一场赛车比赛时，他偶然在广播里听到了一则有关一个名为锐欧[2]的便携式音乐播放器的报道。记者介绍说，锐欧能播放按照数字歌曲格式 MP3 制作的音乐，但他又说，"麦金塔用户别激动，因为它并不适用于麦金塔。"金凯德听后，自言自语道："哈！我能解决这个问题！"于是，他就找了他的朋友杰夫·罗宾和戴夫·海勒，一起开发了一款名为 SoundJam MP 的音乐播放软件。SoundJam MP 为麦金塔用户提供了一个能与锐欧匹配的管理和播放歌曲的界面，并荣获 1999 年麦金塔世界最佳奖。

2000 年 7 月，苹果出手收购了 SoundJam MP。乔布斯亲自指导简化它的用户界面，使它变得更简单也更有趣。同时，开发团队也借鉴了苹果视频编辑软件 iMovie 的外观和感觉，使它符合苹果标准，并将它命名为 iTunes。2001 年 1 月，乔布斯在麦金塔世界大会上正式对外发布了 iTunes，并且宣布它对所有麦金塔用户免费开放。在观众热烈的掌声中，他大声呼吁："加入 iTunes 音乐革命，使你的音乐装置增值 10 倍。"

---

1 比尔·金凯德（William S. Kincaid, 1956— ），计算机工程师、企业家，因与杰夫·罗宾一起创建 MP3 播放器 SoundJam MP 而闻名。
2 锐欧：Rio，是一系列数字音频播放器和相关音频产品的品牌名称。它的第一个版本是 Rio PMP300 数字音乐播放器，是同类产品中最早引人注目且获得商业成功的装置之一。

有了 iTunes 之后，乔布斯就开始考虑开发一款能与之相匹配的便携式音乐播放器——iPod。他热爱音乐，对这个愿景充满期望，并经常对周围同事说，市面上的音乐播放器"真的很烂"。席勒、鲁宾斯坦等人也都有同感。"坐在一起时，我们会说，'这些东西真的很臭，'"席勒回忆道。"它们只能存储大约 16 首歌曲，而且你根本不知道究竟应该如何使用它们。"

不过尽管如此，鲁宾斯坦还是告诉乔布斯，开发便携式音乐播放器的条件尚不成熟，请他稍等一等。几个月后，鲁宾斯坦找到了一个合适的小型液晶显示器和一只可充电锂电池，但他还想要一个既小巧又有足够内存容量的硬盘。

2001 年 2 月，鲁宾斯坦像往常一样前往日本去拜访那里的苹果供应商。在与东芝的一次例行会议进入尾声时，东芝工程师提到他们的实验室正在研制一只小巧的 1.8 英寸硬盘，能存储 5GB 数据，相当于 1000 首歌曲，并预计将在 6 月完工。但他们并不知道它的用途。

当东芝工程师向鲁宾斯坦展示这只小巧的装置时，他心里不禁暗喜。口袋里有 1000 首歌！太完美了。但是，他不露声色。那时乔布斯正巧也在日本，在东京麦金塔大会上作主题演讲。当他俩在乔布斯下榻的大仓酒店见面时，鲁宾斯坦对他说，"我现在知道该怎么做了。我只需要一张 1000 万美元的支票。"乔布斯二话不说，立刻予以批准。

鲁宾斯坦旋即就与东芝展开谈判，以便获得该硬盘的独家权利。同时，他也开始四处寻找能够领导这支研发团队的合适人选。托尼·法德尔[1]是一个充满自信的创业程序员，他有着赛博朋克的外表和迷人的笑容，在密歇根大学读书时，他就创办过三家公司，而且他也曾在手持装置制造商通用魔术[2]工作过，并在那里认识了曾经在苹果开发麦金塔电脑的计算机奇才安迪·赫茨菲尔德和比尔·阿特金森。后来，他又加入了飞利浦电子公司，在那里度过了一段颇为别扭的日子，因为他那漂白短发和叛逆风格与飞利浦的保守文化格格不入。

法德尔喜欢音乐，曾经萌发创意想打造一款更好的数字音乐播放器。可是，索尼和飞利浦等大公司都对他的想法不感兴趣。有一天，他在科罗拉多滑雪时，他的手机忽然响了起来。鲁宾斯坦告诉他，苹果正在寻找一个能开发"小型电子装置"的人。法德尔从不缺乏自信，就立刻毛遂自荐，表示自己是这方面

---

1 托尼·法德尔（Anthony Michael Fadell, 1969— ），工程师、设计师、企业家。曾任苹果公司 iPod 部门高级副总裁、Nest Labs 创始人兼前首席执行官。
2 通用魔术（General Magic）是一家软件和电子公司，由比尔·阿特金森、安迪·赫茨菲尔德和马克·波拉特共同创立。

的高手。于是,鲁宾斯坦就邀请他来库比蒂诺一聚。

  法德尔原以为鲁宾斯坦找他是为了帮助苹果开发个人数字助理装置,可是在见面后,他们的话题很快就转到刚发布三个月的 iTunes 上。"我们一直在尝试将现有的 MP3 播放器与 iTunes 相连接,可是效果都非常非常糟糕,"鲁宾斯坦告诉他,"我们认为我们应该制作一个自己的版本。"法德尔听后兴奋不已,就说他热爱音乐且已经在这方面做过一些尝试。同时,他也表示愿意作为顾问参加这个项目的工作。

  几周后,鲁宾斯坦告诉他,如果他想要领导苹果团队,就必须成为全职员工。法德尔没有同意,说他喜欢自主。鲁宾斯坦以为法德尔这么说是在吹毛求疵,就有点不高兴。"这是一个关乎人生的决定,"他认真地说,"你永远不会后悔的。"但是,法德尔还是不为所动。

  鲁宾斯坦发现软的不行,就拿出硬的一手。他把该项目的大约 20 名员工召集在一起,并在法德尔走进会议室时对他说:"托尼,如果你不全职加入,我们就不做这个项目。你到底想不想参加?你必须现在就决定。"法德尔用双眼直勾勾地看了看鲁宾斯坦,然后困惑地问在场员工:"这种事在苹果经常发生吗?人们总是在压力下被迫签订合同的吗?"停顿片刻后,他说了声"好吧",就勉强地握了握鲁宾斯坦的手。"这事在我和乔恩之间结下了持续多年的疙瘩。"法德尔回忆道。鲁宾斯坦也说:"我觉得他从未原谅我。"

  后来,这二人都认为自己是 iPod 之父。在鲁宾斯坦看来,他在联系法德尔之前数月就接受了乔布斯交给他的任务,并找到了东芝的小巧硬盘,以及小屏幕、锂电池等其他关键部件。因此,法德尔只不过是应他邀请来组装这些部件而已。但是,法德尔却认为他在加入苹果前就已经提出了一个出色的 MP3 播放器计划,并且在同意加入苹果之前就已经向其他公司推销过这个计划。

  2001 年 4 月,法德尔在苹果总部四楼的一个会议室里,首次向乔布斯展示他的方案。他不认识乔布斯,心里有点紧张。"当他走进会议室时,我立刻坐直身体,心想,'哇,乔布斯来了!'我真的很警惕,因为我听说他可能会非常严厉。"菲尔·席勒、乔恩·鲁宾斯坦、乔尼·伊夫、杰夫·罗宾和市场总监斯坦·吴也都出席了这次会议。

  法德尔在会上首先对潜在市场和其他公司的动态作了介绍。乔布斯像往常一样,对幻灯片缺乏耐心。"他对幻灯片的关注不超过一分钟。"法德尔说。在显示一张关于市场上其他潜在竞争对手的幻灯片时,乔布斯挥手让它过去。"不用担心索尼,"他说。"我们知道自己在做什么,而他们却不知道。"接着,他就开始直接提问。"乔布斯更喜欢即时讨论,当场把事情讲清楚。他曾告诉我,如果你需要用幻灯片,那就表明你不知道自己在说什么。"法德尔回忆道。

乔布斯喜欢别人向他展示可以让他触摸和检视的实物。因此,鲁宾斯坦事先告诉法德尔应该如何展示他的三只模型,以便使那只他心目中的首选成为最引人注目的亮点,并把那只模型藏在桌子中央的一只木碗下面。

展示时,法德尔先从一个盒子里取出音乐播放器的关键部件,把它们一只只放在桌上,让与会者触摸它们,审视它们:1.8英寸硬盘,小液晶屏,电路主板,锂电池等,每一件都标注了它的成本和重量。法德尔还和与会者一起讨论了在未来一年,这些部件的价格或尺寸可能会如何变化。

接着,法德尔开始逐个展示他的泡沫塑料模型,每只模型都插了铅坠以反映它的实际重量。第一只模型有一个用于存储音乐的可拆卸存储卡插槽。乔布斯认为这太复杂,直接否定了它。第二只模型使用的是动态随机存储器,这种内存比较便宜,可是一旦电池耗尽,就会丢失所有歌曲。这也未能让乔布斯满意。于是,法德尔揭开了桌子中央的那只木碗,露出一只组装好的模型。他回忆道:"我原打算用更多时间对这些像乐高玩具一样的部件进行组合演示,但史蒂夫很快就决定采用我们设计的硬盘方案。"法德尔对这个决策过程感到惊讶,他说:"在飞利浦,这种决策往往需要一次次开会,做大量幻灯片演示,并反复研究。"

这时,席勒开口问道:"我能展示我的想法吗?"说罢,他起身离开会议室,拿来几只iPod模型。每只模型都用了同一个装置,就是那个即将闻名于世的触控轮。席勒介绍说:"我一直在思考应该如何浏览播放列表。你不可能按上百次按钮。若有一只轮子,那不是更好吗?"用户只要用手指转动轮子来滚动浏览歌曲,转动时间越长,滚动速度就越快,这样就能轻松浏览上百首歌曲。乔布斯喊道:"就是这个!"

项目启动后,乔布斯每天都参与其中。他追求简约,逐一检查页面的易用性,并对其进行严格的应用测试:如果想要一首歌或一个功能,就必须能够在三次点击内到达,而且每次点击时的页面都需要直观明了。如果不知道该如何选择,或点击数超过三次,他就会毫不留情地提出新要求。法德尔说,"有时候,我们会在一个用户界面问题上绞尽脑汁,以为已考虑了所有可能性,而他却问'你们想过这个吗?'我们又都惊叹'天呐'。他会重新定义问题或方法,然后我们的小问题就迎刃而解了。"

乔布斯几乎每晚都给他们打电话,提出新想法。然后,法德尔等人又会因此而相互通话，共同商量对策。法德尔说："我们会遇到史蒂夫的想法旋风，我们也试图赶在他的前面。每天都有类似的事发生，无论是这里一只开关，还是那只按钮的颜色，或是定价策略。面对他的风格，你需要与同事合作，相互支持和帮助。"

乔布斯的一个关键见解是，尽量多使用电脑上的 iTunes 的功能。"为了让 iPod 真正易于使用（我为此引起了很多争论），我们需要限制它的功能，把一些功能放进电脑的 iTunes 里。例如，我们不让你在装置上创建播放列表。你需要使用 iTunes 制作播放列表，然后再与装置同步。这是一个很有争议的决定。可是，锐欧和其他装置之所以如此笨拙，就是因为它们实在太复杂了。它们没有和电脑上的点唱软件集成，所以就需要去做诸如创建播放列表之类的事。而我们却能通过对 iTunes 和 iPod 的整合，使电脑软件和装置相互协调，把复杂性放在最合理的地方。"他回忆说。

在所有的简化措施中，那个最具灵感也最令他的同事惊讶的决定是，乔布斯坚持认为 iPod 不需要开关。这个原则后来也被用在许多其他苹果装置上。只要不再使用，苹果装置就会自动进入休眠状态，而一旦你触摸任何一个按键，它就会立即醒来。

瓜熟蒂落，一切都忽然完美契合：可容纳 1000 首歌曲的硬盘；能浏览 1000 条曲目的界面和触控轮；可以在十分钟内同步 1000 首歌曲的火线连接；足以播放 1000 首歌曲的电池。乔布斯回忆道："我们突然互相对视，说，'这将会多么酷炫。'我们知道它有多酷，因为我们每个人都渴望拥有这样一个属于自己的装置。而这个想法变得如此简单：你口袋里有 1000 首歌曲。"

2001 年 10 月 23 日，乔布斯在一个产品发布会上正式推出了 iPod。它的邀请函上写道："提示：它不是一台麦金塔。"乔布斯在介绍完产品的技术性能后，并没有像往常那样走到舞台中央的一张桌子旁揭开天鹅绒布。相反，他说："我的口袋里正好有一个。"他一边说，一边从牛仔裤袋里掏出一个雪白的装置。"这个神奇的小装置可以容纳一千首歌曲，而且它可以放进我的口袋。"说罢，他又把那个装置放回裤袋，并在热烈掌声中缓步走下舞台。

有些极客对 iPod 的 399 美元定价抱怀疑态度。那时在博客圈里广为流传的一则笑话更是嘲笑说，iPod 是"白痴给我们的装置定价[1]"的缩写。然而，消费者却使 iPod 迅速走红，成为一款最受人欢迎的产品。当人们从精致的包装盒里

---

[1] 白痴给我们的装置定价：Idiots Price Our Devices（iPod）。

小心拿出 iPod 时，他们发现它是那么完美，而且又是那么简单易用。不怕不识货，就怕货比货。于是，所有其他音乐播放器就都相形见绌，纷纷失去了立足之地。

乔布斯告诉《新闻周刊》的史蒂夫·利维，"如果有人想知道为什么苹果会出现在这个世界上，我会拿它作为一个很好的例子。"沃兹尼亚克也对 iPod 赞不绝口。"哇，苹果发明了它，这很有道理，"他兴奋地说，"毕竟，苹果的整个历史就是在制造硬件和软件，结果就是使这二者更好地协同工作。"

参加 iPod 媒体预展那天，利维恰巧约了与盖茨共进晚餐。席间，他从口袋里拿出一个 iPod，问道，"你见过这个吗？"这时，"盖茨仿佛进入一种状态，令人想起在科幻电影里，当一个外星人面对一个新奇物体时，会在他和物体之间创建一种力场隧道，使他能够将有关于那个物体的信息一股脑儿全都吸入脑内。"盖茨全神贯注，不停转动触控轮，并且尝试了所有按钮组合。"它看上去是一个很棒的产品，"他开口说。然后，他又若有所思地问道，"它只支持麦金塔吗？"

iPhone

iPod 问世后，它的销量一路增长，并在 2005 年达到了 2000 万件，是前一年的 4 倍，它的利润也占据了公司总收入的 45%。与此同时，iPod 也显著提升了苹果的品牌形象，从而进一步带动了麦金塔电脑的销售。

然而就在这时，乔布斯发现"手机可能成为一个和我们抢饭吃的装置"。他告诉董事会，手机配置摄像功能后，数码相机正在遭受重创。因此，倘若手机制造商也给手机配置音乐播放器的话，那么 iPod 就会面临同样命运。"人手一部手机，那么 iPod 就是多余的了，"他警告说。

于是，乔布斯就同摩托罗拉的新任首席执行官埃德·赞德[1]商讨，在摩托罗拉的一款已经配置了数码相机的手机里内置 iPod。可是，摩托罗拉研发的新手机不仅缺乏 iPod 的简约和轻便，而且只能存储 100 首歌曲。"你称它是未来手机？"《连线》杂志 2005 年 11 月版的封面标题这样质问道。乔布斯失望至极，就

---

[1] 埃德·赞德（Edward Zander, 1947— ），企业高管。他在 2004—2008 年任摩托罗拉公司首席执行官兼董事会主席。之前他在 1987 年加入太阳微系统公司，后晋升为首席运营官兼总裁。

在一次 iPod 产品评审会上向法德尔等人抱怨说，"同摩托罗拉这样的愚蠢公司打交道，我实在是受够了。"

不过，乔布斯在失望中也看到了机会。"我们经常坐在一起，谈论我们有多么讨厌我们的手机，"他回忆道，"它们太复杂了。它们有太多没有人能搞明白的功能，包括通讯录。简直都是些老掉牙的设计。"苹果的外部律师乔治·莱利也记得在一个法律会议上，乔布斯感到无聊就拿起莱利的手机，历数它所有"脑残"的地方。

因此，乔布斯和他的团队对开发手机的前景越来越感兴趣。"这是一个最好的动力。"乔布斯后来说。当然，这也离不开市场的吸引力。手机的全球销售量在 2005 年超过了 8.25 亿部，使用者包括从小学生到祖母在内的各类人士。而且，充斥市场的劣质手机也给高端产品留下了充足空间。

乔布斯起初认为手机属于无线产品，就把它交给了制作 AirPort 无线基站的团队。但他很快又认识到它其实是一个类似 iPod 的消费装置，就把它重新分配给了法德尔的团队。法德尔团队首先尝试在 iPod 的基础上进行改造，让用户使用触控轮浏览手机上的各种选项，并在没有键盘的情况下输入电话号码。可是，这些操作都非常别扭。法德尔回忆道："我们在使用触控轮时遇到很多问题，尤其是拨打电话号。它很棘手。"不过，幸好在手机项目之前，苹果已经在秘密研究另一个产品：平板电脑。于是，在手机和平板电脑这两个项目之间就产生了互动，平板电脑的一些创思也随之逐渐融入手机的设计里。

在微软的平板电脑开发团队里，有一个工程师的妻子是乔布斯夫妇的朋友。于是，那个工程师就为他的 50 岁生日晚宴，同时邀请了乔布斯夫妇和盖茨夫妇。乔布斯虽然很不情愿，但他还是勉强去了。"事实上，史蒂夫在晚宴上对我十分友好，"盖茨回忆道，但他"对那个过生日的人并不是特别好"。

席间，盖茨对那家伙不断透露他为微软开发平板电脑的信息感到恼火。"他是我们的员工，他正在泄露我们的知识产权。"盖茨回忆道。乔布斯也很恼火，"那家伙不住纠缠，说微软将如何通过这款平板电脑软件彻底改变世界，并淘汰所有笔记本电脑，而苹果应该获权使用他的微软软件。可是他完全做错了。它有一支触控笔。然而，一旦有触控笔，你就完了。那次晚宴已是他第十次跟我夸耀这事了，我真是烦透了，所以我回来后就说，'见鬼，让我们来展示给他看真正的平板电脑应该是什么模样的吧。'"

第二天，乔布斯召集他的团队，说，"我想做一部平板电脑，但它不能有键盘或触控笔。"而是要让用户通过手指触摸屏幕进行输入。"你们能为我设计一个可以多点触控和触摸感应的显示屏吗？"他问。

乔尼·伊夫对多点触控的开发有不同的记忆。他说，他的设计团队在那时已经为笔记本电脑的触控板开发了多点触控输入功能，而且，他们也在想办法将这个功能转移到计算机屏幕上。当他们用投影仪在墙上演示它时，伊夫对他的团队说，"这将改变一切。"但他并未立即向乔布斯展示，因为他的团队正在利用自己的业余时间研究这个新技术，他不想挫伤他们的积极性。"史蒂夫表态太快，我不会当着其他人的面向他展示任何东西，"伊夫回忆道，"他可能会说'这太糟了'，就此扼杀这个想法。我觉得这个想法还很稚嫩，必须小心呵护。如果被他否决掉就太可惜了，因为我知道这将会非常重要。"

后来，伊夫见条件成熟，就在他的会议室里私下给乔布斯做了演示。他知道在没有其他人在场的情况下，乔布斯不太会做出草率判断。幸运的是，乔布斯一看就明白了，并欣喜若狂地说，"这就是未来。"

这真是一个绝妙的想法。乔布斯立刻联想到，这个多点触控技术也许可以用来克服手机项目面临的界面问题。由于手机开发已经刻不容缓，他就决定暂停平板电脑项目，把资源集中在手机项目上。"如果它能在手机上奏效，"他回忆道，"那我们就可以回过头来把它应用在平板电脑上。"

乔布斯把法德尔、鲁宾斯坦和席勒召集到设计工作室，观看伊夫演示多点触控功能。"哇！"法德尔不禁惊叹。其他人也都赞叹不已。但是，他们也都不能确定这个技术是否能在手机上实现。因此，他们就决定双管齐下，在研究多点触控屏幕的同时，继续尝试触控轮。

巧的是，由特拉华大学的两名学者——约翰·埃利亚斯[1]和韦恩·韦斯特曼[2]创办的"手指工厂"那时已经在生产多点触控板，并开发了具有多点触控感应功能的平板电脑。而且，他们还拥有将不同手势——例如捏合和滑动——转换成各种触控功能的技术专利。于是，苹果就在2005年初悄悄收购了手指工厂。

半年后，乔布斯召集他的核心成员到会议室做最后评估。法德尔的团队一直在研究触控轮，可是他们并没有找到拨打电话的理想方法。另一方面，多点触控技术虽然非常令人兴奋也显得更有前途，但他们对它的可行性仍然心存疑

---

[1] 约翰·埃利亚斯（John Elias），从1995年开始为便携式和台式计算机系统开发多点触控用户界面，后与韦斯特曼共同创立了手指工厂（FingerWorks）。
[2] 韦恩·韦斯特曼（Wayne Carl Westerman），软件工程师，在苹果公司担任多点触控结构师。1999年与学术顾问埃利亚斯共同创立了手指工厂。

虑。这时，乔布斯指着一只触摸屏，说，"我们都知道这是我们想要做的事，那我们就去实现它吧。"

在不少重大项目的开发阶段，例如第一部《玩具总动员》和第一家苹果店，乔布斯都曾在项目接近尾声时突然按下"暂停"键，决定进行重大修改。iPhone 的研发也不例外。一开始，它的设计将玻璃屏幕嵌入手机的铝制外壳内。可是在一个星期一的上午，乔布斯突然对伊夫说，"昨晚我一夜难眠，因为我发现自己对它怎么也欢喜不起来。"他相信手机将会是一个自麦金塔发布以来最重要的新产品，可是他又总是觉得不对劲。而伊夫也在这时沮丧地认识到乔布斯是对的。"我记得我当时感到非常尴尬，因为是他提出了这个问题。"

他们都认为 iPhone 需要以屏幕为中心，可是那款手机的外壳却像在同显示屏争妍。而且它的整体外观也显得过于刚硬：任务驱动，力求高效。"伙计们，你们为这个设计已经苦苦奋斗了九个多月，但是，我们需要改变它，"乔布斯对伊夫的团队说，"我们还是要不分昼夜地工作。如果你们想，我们可以给你们发枪，你们现在就可以毙了我们。"手机团队的人明白乔布斯的用心，并没有反对他。"这是我在苹果最感自豪的时刻之一。"乔布斯感慨。

新设计最终采用了一个薄薄的不锈钢边框，让玻璃屏幕一直伸展到边缘，从而凸显了手机的屏幕，而且它的新外观朴素灵动，十分讨人喜爱。当然，这也意味着团队需要重新设计手机内部的电路板、天线以及处理器的布局。"其他公司可能早已发货，"法德尔回忆道，"但我们却按下了重启按钮，重新开始。"

2007 年 1 月，乔布斯在旧金山召开的麦金塔世界大会上，邀请了赫茨菲尔德、阿特金森、沃兹尼亚克以及 1984 年麦金塔团队的其他成员，让他们坐在前排。"每隔一段时间就会出现一个革命性产品，改变一切，"乔布斯对会场上的观众意味深长地说。麦金塔"改变了整个计算机行业"，iPod"改变了整个音乐行业"。"今天，我们将要介绍三个革命性产品。第一个是拥有触控功能的宽屏 iPod。第二个是革命性的手机。第三个是具有突破性的互联网通信装置。"然后，他又问观众："你们明白了吗？这并不是三个独立装置，而是一个装置，我们把它叫作 iPhone。"

2007 年 6 月底，乔布斯夫妇在 iPhone 正式开售的当天上午，步行走到帕洛阿尔托的苹果商店，去和早已在那里排队的苹果粉丝们一起经历这个激动人心的时刻。由于乔布斯在苹果新产品上市时经常这么做，不少人已经在那里等候他。当他出现时，果粉对他的热烈程度简直就像是在迎接走进商店购买圣经的摩西一样。安迪·赫茨菲尔德和比尔·阿特金森也在那里。赫茨菲尔德告诉乔布斯，"比尔排了一整夜的队。"乔布斯听后，挥挥手，开怀大笑，说，"我已经给他寄去一部。"但是，赫茨菲尔德又说："他需要六部。"

网景公司联合创始人、风险投资家马克·安德森[1]称iPhone的推出是一个具有划时代意义的事件，它"颠覆了"推动硅谷发展的动力源泉。从前，只有富裕的机构，例如军方和大企业，才能推动技术变革，因为它们是唯一能够负担得起配备尖端组件的机器的实体。但如今，不再是这样。如今，是像你我这样的普通消费者引领着潮流。"规模经济效应是巨大的，因为这些装置的销量如此之高。"安德森说道。

换句话说，安德森认为乔布斯彻底颠覆了计算机行业。iPhone标志着一种全新计算形式的诞生，这种形式比以往所谓的个人计算更加贴近用户。他表示："我对苹果转型的看法是，他们所实现的成就相对被低估了。Mac、iPhone和iPad实际上都是以消费者形式包装的Unix超级计算机。他们做的就是这个。这一点没人提，因为所有人都痴迷于设计。"他微微向前倾身，强调自己的观点："你口袋里的那部iPhone，实际上相当于20年前的一台Cray X-MP超级计算机，那台机器当时售价1000万美元。它有相同的操作系统软件、相同的处理速度、相同的数据存储，但被压缩到一个售价600美元的装置中。这就是史蒂夫取得的突破。这些手机真正的本质就在于此！"

iPad

乔布斯在iPhone问世后不久就重新启动了平板电脑项目。为了首先确定屏幕的合理尺寸，伊夫团队制作了20只模型。它们的形状相似，都是圆角矩形，仅在尺寸和纵横比上略有不同。然后，伊夫就把它们放在设计工作室里的一张桌子上，每天下午，他和乔布斯会揭开那张桌上的天鹅绒布，审视和把玩这些模型。"我们就是这样确定屏幕尺寸的。"伊夫说。

乔布斯一如既往，力求简约，并将设计重心放在iPad的显示屏上。伊夫

---

[1] 马克·安德森（Marc Lowell Andreessen, 1971— ），软件工程师。他是Mosaic的联合作者，Mosaic是第一个被广泛使用的具有图形用户界面的网页浏览器；他还是网景（Netscape）的联合创始人以及硅谷风险投资公司Andreessen Horowitz的联合创始人兼普通合伙人。

也经常自问，"我们怎样才能不妨碍用户，不会因为有太多的功能和按钮而分散他们对屏幕的注意力呢？"一次，乔布斯在查看一只模型时，感到它的亲和力不够，不会令人自然而然地产生拿起它、带走它的感觉。经过仔细研究后，伊夫发现它的底部边缘需要更圆润一些，从而让人产生可以随意拿起它的感觉。

由于麦金塔电脑在那时使用了英特尔芯片，英特尔的首席执行官保罗·欧德宁就极力主张和苹果一起为 iPad 设计低电压芯片。乔布斯倾向于信任他。毕竟，英特尔正在制造世界上速度最快的处理器。然而，平板电脑和个人计算机非常不同，它极其依赖电池，需要尽量保持电池寿命。可是，英特尔并不擅长设计低能耗芯片。因此，法德尔极力主张使用基于安谋[1]架构的处理器，认为它能耗更低。在一次会议上，当乔布斯坚称最好相信英特尔能够制造出优质移动芯片时，法德尔连声喊道："不对，不对，不对！"不仅如此，法德尔甚至还把他的苹果出入证放在桌上。

乔布斯这次并未固执己见。"我听见了，"他说，"我是不会同我最好的员工作对的。"于是，他走到另一个极端。苹果不仅获得了安谋架构授权，而且它还收购了帕洛阿尔托的一家拥有 150 名员工的微处理器设计公司 P.A. Semi.，让它设计一种基于安谋架构的新型芯片——A4，并委托韩国的三星生产。

乔布斯对此回忆道："在高性能方面，英特尔是最好的。如果你不在乎能耗和成本，他们能生产最快的芯片。可是他们只在一块芯片上构建处理器，所以还需要许多其他部件。我们的 A4 芯片把处理器、图形、移动操作系统和内存控制全都集成在一块芯片上。我们试图帮助英特尔，但他们不爱听我们的话。多年来，我们一直告诉他们，他们的图形处理能力很差。每个季度我和我们最优秀的三个人都会和英特尔首席执行官保罗·欧德宁开一次会。起初，我们一起做了些很棒的事。为了未来的 iPhone 芯片，他们想做一个大型联合项目。我们没有选择他们的原因有两条。首先是他们做事真的很慢。他们就像是一艘蒸汽船，不太灵活。而我们习惯于全速前进。其二是我们不想和盘托出，教会他们所有东西，然后他们可以转身卖给我们的竞争对手。"

2010 年 1 月 27 日，iPad 在旧金山的耶尔巴布埃纳艺术中心正式问世，掀起又一波新浪潮。《经济学人》封面上的乔布斯，身穿长袍，头顶光环，手持一部被称为"耶稣平板"的 iPad。《华尔街日报》也以类似方式赞美道："上一次有

---

1 安谋：ARM。安谋架构是一个由安谋控股公司开发的、用于计算机处理器的 RISC 指令集架构系列。

那么多人对一块平板欣喜若狂，还是因为它上面写着诫命。"

乔布斯的演讲巧妙地将新设备与现实结合起来。他在屏幕上展示了一张图片，上面有一部 iPhone 和一台笔记本电脑，而在这二者之间是一个大问号。于是，他问观众，"问题是，这中间容得下其他东西吗？"这个"东西"必须擅长网页浏览、电子邮件、照片、视频、音乐、游戏和电子书。这时，乔布斯给予上网本[1]致命一击，说，"上网本做什么都做不出色！"嘉宾和苹果员工应声热烈鼓掌，表示赞同。于是，乔布斯高声宣布，"但是，我们有这样的东西。我们称它为 iPad。"

为了强调 iPad 的休闲性，乔布斯缓步走到一张舒适的皮椅和边桌旁，拿起一部 iPad。"它比笔记本电脑要可爱得多，"他兴奋地介绍说。然后，他就接二连三地浏览了《纽约时报》网站，给菲尔·席勒等人发邮件，翻阅照相册，使用日历，在谷歌地图上放大看埃菲尔铁塔，观看《星际迷航》和皮克斯的《飞屋环游记》的视频剪辑，展示 iBook 的书架，并播放了鲍勃·迪伦的歌曲《像滚石一样》。

"这是不是很厉害？"他问观众。

乔布斯还用 iPad 展示了一张图片，画面上是一个标示着"科技街"和"人文街"的交叉路口。"苹果之所以能够创造出像 iPad 这样的产品，就是因为我们始终努力置身于科技与人文艺术的交汇点。"他总结道。

一开始，人们对 iPad 的反应不一。由于它还未上市，有些人在观看了乔布斯的演示后仍然无法确定它究竟有什么特别之处，就怀疑它只不过是一款增强版的 iPhone。《新闻周刊》的专栏作家丹尼尔·里昂斯写道："自从斯努基[2]和大局[3]勾搭以来，我还从未如此失望过。"科技网站吉兹莫多也发表了一篇题为《iPad 的八大糟糕之处》的文章，历数它没有多任务处理功能，没有摄像头，没有动画支持，等等。

比尔·盖茨也不甘落后。他对科技作家布伦特·施兰德说："我仍然认为语音、笔和真实键盘的某种混合，也就是上网本，终将成为主流。所以，我并没有像在看到 iPhone 时那么吃惊，说'天哪，微软的目标不够高'。iPad 是一个不错的阅读器，但我并没有看到它有什么功能会让我觉得'哦，我希望微软能够

---

1 上网本（Netbook）是一种小型且廉价的笔记本电脑，主要用作访问互联网，并在 2008 年底开始侵蚀传统的笔记本电脑市场。
2 斯努基：Snooki，是美国真人秀电视名人 Nicole Elizabeth La Valle 的绰号。
3 大局：The Situation，是美国电视名人 Michael Paul Sorrentino 的别名。

做到这一点'。"因此，他仍坚持认为微软使用触控笔输入的方式最终会占上风。"多年来，我一直在预测带触控笔的平板电脑，"他对传记作家沃尔特·艾萨克森说。"我最终会被证明是对的……"

发布 iPad 的那天晚上，乔布斯在晚餐时坐立不安，一边来回踱步，一边用 iPhone 查阅电子邮件和网页。"在过去 24 小时里，我收到了大约 800 个电子邮件。多数人都在抱怨。没有 USB 接口！没有这个，没有那个。有人甚至说，'天哪，你怎么可以这么做？'"他告诉艾萨克森，"还有些人不喜欢 iPad 这个名字。今天我有点沮丧，感到受挫。"不过，他在那天也接到了奥巴马总统的幕僚长拉姆·伊曼纽尔打来的一个祝贺电话。

iPad 在 4 月 5 日上市后，公众的抱怨声逐渐平息下来，《时代周刊》和《新闻周刊》把它放上封面。"撰写关于苹果产品的文章的难处之一是它们总是包装在大量炒作里，"作家兼记者列夫·格罗斯曼在《时代周刊》的文章里写道，"另一个难处是有时这些炒作是真的。"格罗斯曼的文章在介绍 iPad 的同时也对它提出了中肯的意见，"它虽然是一个用于观看内容的可爱装置，可是它对内容创作并没有多大帮助。"计算机如今已经成为帮助人们制作音乐、视频、网站和博客的一个有力工具，尤其是麦金塔。然而，"iPad 把重点从创造内容转移到吸收和操纵内容上。它使你沉默，把你变成别人的杰作的被动消费者。"乔布斯牢记这个意见，并着手确保下一代 iPad 能够帮助用户创造艺术。

《新闻周刊》的封面标题自问自答道："iPad 有什么好？一切都好。"丹尼尔·里昂斯在发表了他的"斯努基"评论后，改变了他的观点，他写道，"看乔布斯的演示时，我的第一个想法是，这似乎没什么了不起，这不就是 iPod Touch 的放大版吗？后来，我有幸使用了 iPad，我突然醒悟：我想要一部。"里昂斯像其他人一样，终于认识到这其实是乔布斯的一个苦心之作，完全体现了他的信念。"他有一种神奇的能力，能够创造出我们以前不知道自己会需要的小玩意儿，然后忽然间我们就离不开它了。"

iPad 上市当天，乔布斯在中午前不久去了帕洛阿尔托的苹果商店。丹尼尔·科特基，这个不仅是在里德学院时期就已和他一起服用迷幻药的灵魂伴侣，而且也是在苹果初创时和他一起打拼的昔日哥儿们，不再因为没有得到苹果的创始人股票期权而耿耿于怀，专程赶到那里。"一晃 15 年过去了，我想再见见他，"科特基回忆道，"我拉着他的手，说我要用 iPad 来撰写歌词。他心情很好，这么多年过去了，我们聊得很开心。"

沃兹尼亚克经常在苹果产品上市的前一晚彻夜不眠，与狂热粉丝一起在苹果商店外通宵达旦，排队等候开门。这一次，他驾驶赛格威[1]来到圣何塞的山谷集市购物中心。一名记者见到他，就询问他对苹果生态系统封闭性的看法。"苹果把你带进他们的游戏围栏，并且把你留在那里，但这有一些好处，"他回答道，"我喜欢开放系统，因为我是一个黑客。但大多数人想要的是易于使用的东西。史蒂夫的天才之处就在于他知道如何使事情变得更简单，而有时这需要控制一切。"

于是，"你的 iPad 有什么用"这个问题就变成了"你的 iPad 有些什么"，甚至连奥巴马总统的幕僚们都以拥有 iPad 作为他们紧跟科技时尚的标志：经济顾问拉里·萨默斯的 iPad 安装了彭博财经，拼字游戏和《联邦党人文集》；幕僚长拉姆·伊曼纽尔有大量报纸；传播顾问比尔·伯顿有《名利场》杂志和一整季电视连续剧《迷失》；政治主任大卫·阿克塞尔罗德则安装了美国职业棒球大联盟和全国公共广播电台的应用程序。

乔布斯被作家迈克尔·诺尔在《福布斯》网站上发表的一篇文章深深打动。诺尔曾在哥伦比亚波哥大北部农村的一个奶牛场逗留，当他正在用 iPad 阅读科幻小说时，一个贫穷的清理马厩的六岁小男孩走了过来。诺尔出于好奇，就把 iPad 递给他。这时，这个从未见过电脑的小孩子就在没有任何指导的情况下，开始凭直觉使用它。他用手指在屏幕上滑动，点开应用程序，然后玩起了弹球游戏。"史蒂夫·乔布斯设计了一台功能强大的计算机，一个不识字的 6 岁孩子居然无需指导就能使用它，"诺尔写道，"如果这不算神奇，那我就不知道什么才算得上神奇了。"

苹果在不到一个月的时间里就出售了 100 万部 iPad，比 iPhone 达到这个销售额的速度快了一倍。到 2011 年 3 月，它的销量已达到 1500 万部。从某些方面来看，它算得上是历史上最成功的一次消费产品发布，连 iPod 和 iPhone 的发布与之相比都要相形见绌。

乔布斯的话

2003 年底，乔布斯被诊断患有胰腺神经内分泌肿瘤。不久后，他给拉里·布里连特打了一个电话，他们是 30 年前在印度的一个静修处认识的。"你

---

[1] 塞格威（Segway），是一种两轮、自平衡的个人交通工具。

还相信上帝吗？"乔布斯问他。布里连特说是的。接着，他们讨论了印度教大师尼姆·卡罗利·巴巴所教导的通往上帝的许多道路。然后，布里连特就问乔布斯究竟是怎么回事。"我得了癌症。"乔布斯回答道。

在一个阳光明媚的下午，乔布斯感觉不太舒服，就坐在屋后花园里思考身后之事。他向他的传记作家艾萨克森讲述了他在印度的经历，对佛教的研究，以及对轮回和精神超越的看法。"我对相信上帝大概是五五开，"他说，"在我一生的大部分时间里，我都觉得我们的存在一定比表面看到的要更多。"

他承认在面对死亡时，他可能因为渴望相信来世而高估了这种可能性。"我喜欢认为人死后有些东西会存留下来，"他说，"想到你积累了这么多经验，也许还有一点智慧，然后它就消失了，这真是很奇怪。所以，我真的想相信有些东西会存留下来，也许是人的意识会延续下去。"

在他俩之间的多次交谈中，乔布斯对自己的人生历程进行了深刻反思。下面就是他的部分感言：

我强烈向往建立一家能够持久的公司，激励人们在那里生产出色的产品。其他都是次要的。盈利当然是绝好的，因为这样你就可以去制造伟大产品。然而，动力是产品，不是利润。斯卡利将此本末倒置，把赚钱作为目标。这是一个微妙差别，但它最终意味着一切：你雇用的人，谁得到晋升，以及你在会议里讨论的内容。

有些人说，"给顾客他们想要的东西。"但这不是我的方法。我们的工作是在他们知道以前先搞清楚他们将会要什么。我记得亨利·福特曾经说过："如果我问顾客他们想要什么，他们会告诉我，'一匹更快的马！'"人们不知道自己想要什么，直到你向他们展示。这就是为什么我从不依赖市场研究。我们的任务是去读那些尚未写在纸面上的东西。

宝丽来的埃德温·兰德[1]曾谈论人文学与科学的交汇点。我喜欢这个交汇点。这个地方有着某种魔幻力。很多人在创新，但这并不是我的职业生涯的独特之处。苹果之所以能够引起人们的共鸣，是因为在我们的创新里蕴含着深厚的人性思潮。我认为伟大的艺术家和伟大的工程师是相似的，因为他们都渴望

---

[1] 埃德温·兰德（Edwin Herbert Land，1909—1991），美国国家科学院院士，美国国家工程院院士，科学家、发明家，宝丽来公司联合创始人。

表达自我。事实上，在最早的麦金塔项目里的一些最优秀的人同时也是诗人和音乐家。计算机在 1970 年代成为人们表达创造力的工具。达·芬奇和米开朗基罗这样的伟大艺术家，在科学上往往也很杰出。米开朗基罗不仅知道如何成为一名雕塑家，他还懂得怎么开采石材。

人们付钱给我们，去帮助他们把一些东西整合起来，因为他们不可能日夜思考这些事。如果你热衷于生产出色的产品，它会迫使你去做整合，把硬件、软件和内容管理连接起来。若想开疆辟土，那你就必须自己去做；若想使你的产品对其他硬件或软件开放，那你就必须放弃一部分你的愿景。

在过去的不同时期里，有些公司成了硅谷的典范。起先，一直是惠普。后来，在半导体时代是仙童和英特尔。我认为苹果曾经有过一段时间是这样的，然后就消失了。而今天，我认为是苹果和谷歌——而且更倾向于苹果。我认为苹果经受住了时间的考验。它已经存在一段时间，但它仍然在引领潮流。

向微软扔石子很容易。他们显然已经失去了主导地位，几乎变得无关紧要。但我欣赏他们所做的一切以及这是多么困难。他们在商业上做得非常出色，但在产品上却从未能像应有的那么雄心勃勃。比尔喜欢把自己描绘成一个产品人，但他实际上并不是。他是一个商人。赢得商业业务比制造出色产品更重要。他最终成了最富有的人，如果这是他的目标，那么他是达到了。但这从来不是我的目标，我也怀疑这是他的目标。我很钦佩他所创建的公司——这很了不起，我也很享受与他共事。他很聪明，也很幽默。但微软从未有过人文和艺术的基因。即便看到了麦金塔，他们也无法很好地复制它。他们完全不能理解。

关于为什么像 IBM 或微软这样的公司会衰退，我有自己的理论。公司做得很出色，不断创新且在某些领域成为垄断者或接近垄断者，那么产品质量就变得不再是那么重要的了。公司开始重视优秀的销售人员，因为他们能推动收入增长，而不是产品工程师和设计师。因此，销售人员最终掌控了公司。IBM 的约翰·埃克斯[1]是一个聪明、能言善辩、非常出色的销售人员，但他对产品一无所知。同样的事情也发生在施乐。当销售人员掌控公司时，产品人员就不那么重要了，很多人因此而感到心灰意冷。斯卡利接任时，这种情况就在苹果发生了，这是我的错。当鲍尔默接管微软时，这种情况也发生了。苹果很幸运，最终得以反弹，但我认为只要鲍尔默还在掌舵，微软的情况就不会改变。

我讨厌那些以"企业家"自居的人，他们真正想做的是创办一家初创公司，

---

[1] 约翰·埃克斯（John Akers, 1934—2014），曾任 IBM 总裁、首席执行官和董事长。

然后出售或者上市，以便套现并开启新旅程。他们不愿意踏踏实实地去建设一个真正的公司，而这恰恰是商业中最艰辛的工作。这才是一个真的能做出贡献并使之承前启后的方式。你建立的公司在未来一两代人之后仍然具有一定意义。这就是沃尔特·迪斯尼和惠普以及创建英特尔的那些人所做的。他们创建了一家经久不衰的公司，并不仅仅是为了赚钱。这就是我希望苹果成为的样子。

我不认为我对别人粗暴，但如果有什么东西很差劲，我会当面告诉他们。这是我的工作，我必须诚实。我知道我在说什么，而且通常我会被证明是对的。这是我想创造的文化。我们彼此间坦诚相待，任何人都可以告诉我，他们认为我是在胡扯，而我也可以对他们说同样的话。我们有过一些激烈争论，互相大喊大叫，那是我最开心的时刻之一。我可以在大家面前说，"罗恩，那家店看上去糟糕透顶"，或者也可能当面对负责人说，"天哪，我们真的搞砸了这个工程"。这是参与其中的一个前提：你必须非常诚实。也许有更好的方式，一个绅士俱乐部，大家都打着领带，用高雅的举止和委婉的词语交谈，但我不懂那种方式，因为我是来自加利福尼亚州的中产阶级。

有时候我对人非常严厉，可能比我需要的更严厉。我记得里德[1]6岁时的一天，我回到家里，那天我刚解雇了一个人。我想象那个人告诉他的家人和他年幼的儿子他失去了工作时的情景。真的很难。但总得有人去做这种事。我觉得确保团队卓越始终是我的责任，如果我不去做，就没有人会去这么做。

你必须锲而不舍地不断创新。迪伦本可以永远唱反抗歌曲，而且可能会赚很多钱，但他没有这么做。他必须走新路，当他在 1965 年转向电声时，他疏远了很多人。1966 年的欧洲巡演是他最伟大的一次。他先上台演奏一组原声吉他，观众都很喜欢。然后他推出一个后来称为"一伙人[2]"的乐队，演奏电子乐，观众有时会嘘他。有一次他正要唱《像滚石一样》时，有观众大喊"犹大！"迪伦就说，"把它奏得齐天响！"于是，他们就这么做了。披头士乐队也是这样，他们不断发展，不断进步，不断完善他们的艺术。这就是我一直在努力做的事——不断前进。否则，正如迪伦所说，如果你不忙于重生，那你就是在忙于死亡。

是什么在驱使我？我认为，大多数有创造力的人都想对能够从前人的工作中得益而表达感激之情。我没有发明我所使用的语言或数学。我几乎不自己做饭，也不自己做衣服。我所做的一切都依赖于我们人类的其他成员以及我们所

1　里德（Reed Paul Jobs, 1991—　），乔布斯的独子。
2　一伙人：The Band，是一支加拿大裔美国摇滚乐队，于 1967 年在安大略省多伦多成立。

站立的肩膀。我们中的许多人都想做些事来还给我们的物种，并为之增添一些东西。这就是试图以大多数人唯一知道的方式来表达某种东西——因为我们无法写出鲍勃·迪伦的歌曲或汤姆·斯托帕德[1]的戏剧。我们尝试用我们所拥有的才能来表达我们的深刻感受，表达我们对前人贡献的感激之情，并为之增添一些东西。这就是驱使我的动力。

---

[1] 汤姆·斯托帕德（Tom Stoppard, 1937— ），英国皇家文学院院士，英国科学院名誉院士，捷克出生的英国剧作家。

第十章

人工智能

　　围绕人类意识的探索可以追溯到古代，而涉及人工智能的讨论也源远流长。在这些方面，法国哲学家、科学家笛卡尔的思考非常深刻。他在 1637 年发表的《方法论》中断言："我思故我在"，并说："如果有机器与我们的身体相似，并在所有实际情况下尽可能模仿我们的行为，我们仍然应该有两种非常确定的方法来识别它们不是真正的人类。首先……难以想象这样的机器能够产生单词排列，以对其所在场合的任何言语作出恰当回应，哪怕就像最愚钝的人所能做到的那样。其次，尽管有些机器在某些事上能做得和我们一样好，甚至可能更好，但它们在其他事情上必然失败，从而暴露它们的行为不是出于理解。"

　　同样，阿达·洛夫莱斯在 1843 年发表的关于巴贝奇分析机的注释中也断言：机器不可能真的思考。因为她认为："分析机不会先知先觉地创造。它只会去做我们让它做的事。"

　　然而，当计算机科学奇才艾伦·图灵[1]在 1940 年代思考这个问题时，他却想，如果机器可以根据它处理的信息修改自己的程序，这难道不是一种学习形式吗？这是否可能导致人工智能呢？后来，他在 1950 年 10 月发行的《心智》杂志上发表了《计算机器与智能》。在这篇著名文章里，他描述了一种后来被称

---

[1] 艾伦·图灵（Alan Mathison Turing，1912—1954），英国数学家、计算机科学家、逻辑学家、密码分析学家、哲学家和理论生物学家。图灵对理论计算机科学的发展具有很大的影响力，被认为是理论计算科学之父。

为"图灵测试[1]"的新方法，并意味深长地写道："我建议考虑这样一个问题，'机器会思考吗？'"

天才艾伦·图灵

艾伦·图灵从小在英国上层社会的边缘长大。他的家族自 1638 年以来一直拥有男爵爵位，不过这个爵位传给了图灵家族树上的另一支，因此其他分支上的男子，包括图灵的父亲和祖父，都没有多少田产和财富。他们或成为神职人员，比如图灵的祖父；或成为殖民地公务员，比如他的父亲，在印度的一个偏远地区担任基层行政官。图灵的母亲在印度的恰特拉普尔怀了孕，并于 1912 年 6 月 23 日在伦敦度假时分娩。

艾伦只有一岁时，他父母返回印度工作，并将他和他的哥哥托付给了一位退休的陆军上校和他的妻子，请他们代为抚养。所以，图灵哥儿俩是在英格兰南海岸的一个海滨小镇长大的。他的哥哥约翰后来指出："我不是一个儿童心理学家，但我可以确定，对于一个身处褓襁的婴儿来说，被连根拔起并放入一个陌生环境是不好的。"

后来，他母亲回到英国，艾伦和她一起生活了几年。艾伦 13 岁时，进入寄宿学校。他独自骑自行车去学校，花两天，骑行 60 多英里。图灵对孤独有极强的承受力，这反映在他对长跑和骑自行车的热爱上。此外，他的传记作者安德鲁·霍奇斯[2]认为，他还有一种在创新者中十分常见的特质："艾伦很慢学会区分主动和不服从之间的模糊界限。"

在一本感人的回忆录里，图灵的母亲描述了她所钟爱的儿子：艾伦身材高大魁梧，下巴方正坚毅，深褐色头发卷曲不羁。他那双深陷清澈的蓝眼睛最引人注目。他那小而微翘的鼻子和幽默的嘴角线条让他看上去年轻，甚至像个孩子，以至于在他 30 多岁时，仍然会被人误认为是一名大学生。在衣着和习惯上，他往往比较随意邋遢。他的头发总是太长，还有一缕头发时而悬垂在额前，因此他会猛一甩头，把头发甩回去……他会心不在焉，神情恍惚，陷入沉思，

---

1 图灵测试（Turing test）：最初被图灵称为模仿游戏，是对机器表现出与人类相当或无法区别的智能行为的能力测试。
2 安德鲁·霍奇斯（Andrew Philip Hodges，1949—   ），英国数学家、作家，2011/2012 年任牛津大学沃德姆学院院长。

有时这让他显得不合群……有时他的害羞使他变得极其笨拙……他也许猜想，中世纪修道院的隐居生活会更适合于他。

图灵的寄宿学校的舍监在1927年复活节期间向他父母报告说："不能否认，他不是一个'正常'男孩；这并不是坏事，只是可能会不那么快乐。"在寄宿学校的最后一年，图灵获得了去剑桥大学国王学院就读的奖学金，并于1931年开始在那里攻读数学。他用奖学金买了三本书，其中之一是约翰·冯·诺伊曼编写的《量子力学的数学基础》。诺伊曼教授是一位才华横溢的数学家，也是一个计算机设计先驱，对图灵的一生产生了持续的影响。

图灵对作为量子物理核心的数学特别感兴趣，它描述了亚原子层的事件是如何受统计概率而不受确定事物法则的支配。他在那时相信，这种亚原子层的不确定性和随机性使人类能够行使自由意志——如果真是这样，这一特征将使人类与机器区分开来。换句话说，因为亚原子层的事件不能预先确定，这就为我们的思维和行动不是预先确定开辟了道路。

此外，图灵在一封信中写道，"过去，科学界普遍认为，如果能在某一特定时刻了解宇宙的一切，那么我们就能够预测它在未来的一切。这个想法实际上是由于天文观测的巨大成功。然而，更现代的科学得出的结论是，当我们处理原子和电子时，我们无法精确知道它们的确切状态；因为我们的仪器本身是由原子和电子制成的。所以，这种认为宇宙的确切状态是可知的概念在小尺度上必然瓦解。这也意味着，那种认为我们的行为就像日食等事件一样都是预定的理论也必然崩溃。我们有一个意志，它能够决定原子的行为，可能在大脑的一小部分，或许遍及整个大脑。"

在他的余生中，图灵一直在探讨人类思维是否在本质上与机器不同，而他逐渐认识到，这种区别并不像他曾经想象的那么明显。

当剑桥大学的著名数学教授马克斯·纽曼[1]向图灵讲授逻辑系统的一个所谓"决策性问题"时，他问道：是否存在一种"机械过程"可以用来判定某个特定的逻辑陈述是否可证？

图灵喜欢"机械过程"这个概念。在1935年的一个夏日，他像往常一样沿着伊利河独自跑步，跑了几英里后，他停下来躺在草地上的苹果树下思考。他

---

[1] 马克斯·纽曼（Maxwell Herman Alexander Newman，1897—1984），英国数学家。他在二战期间的工作促成了"巨人"（Colossus）的建造，这是世界上第一台可操作的可编程电子计算机。他还在曼彻斯特大学建立了皇家学会计算机实验室，1948年生产了世界上第一台可操作的存储程序电子计算机——曼彻斯特婴儿。

想到，其实可以从字面上理解纽曼教授的"机械过程"，把该过程想象成一台虚构的机器，然后用它来解纽曼提出的问题。

图灵构想的"逻辑计算机"（只用做思想实验，而不是真要去构建一台实际机器）虽然听上去非常简单，但它在理论上却可以做任何数学计算。图灵首先把它设想成一条无限长的、有着连续不断的可承载符号的小方格纸带。以最简单的二进制为例，这些符号仅包括 1 和空白。然后，图灵又想象他的机器能够读取纸带上的符号，并且能够根据给定的"指令表"来执行某些操作任务。例如，特定任务的指令表可能规定，如果机器的配置是"1"并在方格中读到"1"，那么它应该向右移动一格并将配置切换到"2"。

接着，图灵通过定义"可计算数"的概念证明任何由数学规则定义的实数都可以由"逻辑计算机"来计算。哪怕是像 π 这样的无理数，也可以使用有限的指令表去做无限计算。就是说，任何数字或数列，无论是 7 的对数、2 的平方根、或是由阿达·洛夫莱斯帮助制定算法的伯努利数列，只要其计算可以由一组有限的规则来定义，那么不管它的计算多么复杂，它们都属于图灵的"可计算数"。

1937 年，图灵发表了他的历史性论文《论可计算数及其在判定性问题上的应用》。"发明一台可以用于计算任何可计算序列的机器是可能的。"他宣称。这样的机器将能够读取任何其他机器的指令并执行该机器可以执行的任何任务。

事实证明，图灵的这篇论文帮助开创了计算机时代，而他描述的"逻辑计算机"也很快被学术界称为"图灵机[1]"。而在本质上，它也正是查尔斯·巴贝奇和阿达·洛夫莱斯在一百年前梦想的那种"通用机器"。

图灵的导师纽曼教授爱才惜才，决定送图灵去普林斯顿大学深造。在推荐信里，他不但谈到了图灵的巨大潜力，也提到了他独往独来的性格："他一直在没有任何监督或批评的情况下工作。这使得让他尽快与这一领域的主要研究人员接触变得更加重要，这样他就不会变成一个孤独的人。"

1936 年 9 月，图灵这位 24 岁的博士生候选人在等待他的论文发表时乘上一艘老旧轮船前往美国。他在普林斯顿大学的办公室刚巧就在普林斯顿高等研究院所在的大楼里，著名科学家爱因斯坦、哥德尔和冯·诺伊曼等都在那里工作。尽管性格不同，文化修养极高且善于交际的冯·诺伊曼对图灵的工作表现出了

---

[1] 图灵机（Turing machine）：一种描述计算数学模型的抽象机器，它根据规则表操作纸带上的符号。尽管该模型很简单，但它能够实现任何计算机算法。

浓厚兴趣。

1937 年，在计算机领域发生的那些意义深远的事件并不是由于图灵这篇论文的发表而直接引发的。事实上，一开始它并没有引起多少关注。然而，随着时间的推移和计算机实践的深化，图灵的名字和图灵机这个数字时代最重要的概念之一，最终在计算机领域留下了不可磨灭的印记。

机器会思考吗

图灵在 1936 年的秋天开始关注代码和密码学。他在 10 月的一封信里，向母亲介绍了他的兴趣："我刚发现我正在研究的东西的一种可能应用。它回答了'最通用的代码或密码可能是什么'的问题，同时它使我能（相对自然地）构建许多特定而又有趣的代码。其中之一在没有密钥的情况下几乎不可能被解码且能快速编码。我希望我可以把它们卖给英国政府而获得丰厚报酬，不过，我对这类事情是否道德尚心怀疑虑。您怎么想？"

随着欧洲形势的恶化，图灵越来越担心英国与德国交战的可能性，而他对密码学的兴趣也就有了更强的目的性，不再想从中牟利。1937 年底，他在普林斯顿物理楼的机械工作室里开始研制初级密码机，先将字母转化为二进制数字，再用机电继电器开关将生成的数字与一个秘密的大数字相乘，使得它所生成编码几乎不可能被破解。

1938 年春，图灵即将完成博士论文，于是冯·诺伊曼就邀请他担任他的助手。在最好的大学里辅佐当代最著名的科学家，这当然是一个千载难逢的好机会，可是，考虑到战争阴云正在欧洲上空越聚越浓，图灵爱国心切，就毅然决定返回剑桥大学，并在不久后加入了一个英国破译德国军事密码的秘密行动。

图灵的团队为破译德国的"恩尼格玛[1]"信息而研制出了一台名为"炸弹[2]"的机电密码破译机。1940 年 8 月，英国使用"炸弹"破解了 178 条信息，并成功揭示了那些正在不断打击英国供应船队的德军 U 型潜艇的部署情况。二战结束时，英国已经建造了接近两百台这种类型的破译机。此外，图灵还参与了另一个极具创新性的项目——巨人机（Colossus）。这是一个更为巧妙的设计，有些

---

[1] 恩尼格玛机（Enigma machine）：一种密码设备，用于保护商业、外交和军事通信。它被纳粹德国用来加密最绝密的消息。

[2] "炸弹"（Bombe）：一种二战期间英国密码学家用来破译德国恩尼格玛机加密的秘密信息的机电装置。

历史学家认为它是世界上第一台可编程的数字电子计算机。它的一个版本使用了 2400 只电子真空管，占据了整整一个房间的空间。历史学家哈里·欣斯利等人估计，图灵与其同僚的工作将二战的时间缩短了大约两年，挽救了超过 1400 万人的生命。他们的开创性工作彻底改变了世界地图的样貌，以及许许多多无辜者的命运。

图灵一直对计算机能否模拟人脑感兴趣，而破译密码的挑战更进一步提高了他对这个问题的好奇心。1943 年年初，图灵又横跨大西洋来到曼哈顿下城的贝尔实验室，向正在那里研究电子信息加密工作的团队咨询。

在那里，他遇到了同他一样才华横溢的计算机天才克劳德·香农。1937 年，图灵的论文阐述了"图灵机"，而香农在那年发表的论文展示了如何通过电子电路来执行布尔代数，从而将逻辑命题转化为方程。这两篇论文后来都被公认为计算机科学的历史性杰作。

香农和图灵相见恨晚，常在下午一起喝茶，促膝长谈。巧的是，他们也都对脑科学感兴趣，而且他们也都认识到他们的研究表明，通过简单的二进制指令操作，机器不但能解决数学问题，而且还能处理所有逻辑问题。由于逻辑是人脑思维的基础，那么从理论上讲，机器也许有可能复制人类智慧。

"香农不仅希望喂[机器]数据，还想灌输文化！"一天，图灵在午餐时告诉贝尔实验室的同事，"他想向它播放音乐！"在贝尔实验室餐厅的另一次午餐上，图灵用他那高亢的声音向在场的高管大声说道："不，我对开发一个强大的大脑不感兴趣。我只是想要一个普通大脑，就像美国电话电报公司的总裁那样。"

回国后，图灵和他的同事唐纳德·米奇[1]经常在附近的一家酒吧下国际象棋。当他们由此而联想到是否可以有一台擅长下棋的计算机时，图灵并没有考虑如何利用计算机强大的运算能力来权衡每一种可能走法的利弊。相反，他所关注的是机器能否通过反复练习来学习怎么下棋。也就是说，他想让计算机自己尝试新的策略，并在胜或负的经验中不断完善它的策略。他想，如果这种方法行得通的话，那将代表计算机的一个根本性飞跃，甚至会让阿达·洛夫莱斯惊喜：因为这种机器将不仅仅只按照人的指令行事，而且能从经验中学习，不

---

[1] 唐纳德·米奇（Donald Michie, 1923—2007），英国人工智能研究员。二战期间，他在布莱切利公园的政府密码项目工作，为解决德国电传打字机密码"Tunny"做出了贡献。

断自我完善。

1947年2月，图灵在伦敦数学学会的一次演讲中解释道："有人说，计算机只能按指示行事。可是，有必要总是这样使用它们吗？"他接着讨论了新的存储程序计算机的意义，认为它们能自行修改指令表。"这就像一个在他的老师那里学到了很多东西的学生，并且还通过自己的工作增加了更多东西。当这种情况发生时，我觉得人们就不得不承认这台机器表现出了智能。"

图灵关于机器有朝一日可能像人类一样思考的观点引起了强烈反对。1949年，著名脑外科医生杰弗里·杰斐逊爵士斩钉截铁地说："只有当一台机器不仅仅是因为能随机排列符号，而是能因为思想和情绪的感动而写出十四行诗或创作协奏曲时，我们才能认为机器等同于大脑。"对此，图灵巧妙地回应道："这似乎有失公允，因为一台机器写的一首十四行诗将更能被另一台机器欣赏。"

这就为图灵的第二个重要贡献《计算机器与智能》奠定了基础。图灵在这篇于1950年10月发表在《心智》杂志上的文章里，描述了后来被称为"图灵测试"的想法。首先，他明确提出："我建议考虑这样一个问题，'机器会思考吗？'"接着，他又化繁为简，为它设计了一个"模仿游戏"，并提出了一个纯操作性定义：如果在游戏时无法辨别问题的答复是来自一台机器还是人脑，那么我们就没有理由坚持认为这种机器"不会思考"。

图灵的模仿游戏十分简单：一个提问者向另一个房间里的一个人和一台机器提出书面问题，然后，他需要根据所收到的回答来判断答复是来自人还是机器。比如：

问：请写一首关于福斯桥的十四行诗。

答：饶了我吧，我从来不会写诗。

在这个例子中，图灵试图回应杰斐逊爵士关于机器不会写十四行诗的反对意见。显然，以上答案完全可能来自一个承认自己不会写诗的人。

接着，他又试图展示将写十四行诗作为判定人类的标准是多么困难：

问：你的十四行诗的第一行是"我欲将你比夏天"，那么如果改用"春天"是否一样好，甚至更好？

答：它不合节拍。

问：那么"冬天"呢？这完全合拍。

答：是的，可是没有人愿意被比作冬天。

图灵的观点是，很难确定这样的回答是来自一个人，还是一台冒充人的机器。

图灵自己的猜测是："我相信在大约 50 年后，将有可能对计算机进行编程……使它们玩模仿游戏玩得如此之好，以至于一般提问者在提问了 5 分钟问题后的正确识别率超不过 70%。"

图灵还在论文里试图反驳对他关于思维定义的各种可能挑战。其中最有趣的当然是阿达·洛夫莱斯的观点："分析机不会先知先觉地创造。它只会去做我们让它做的事。"也就是说，与人类思维不同的是，机械装置不会有自由意志，也不能提出自己的主张，因此它只会按程序行事。

对此，图灵回应道，其实机器可能会有学习能力，从而成为自己的代理人且产生新想法。"与其试图编制一个模仿成年人的程序，为何不去尝试制作一个模仿儿童的程序呢？"他问。"若让它接受适当教育，它就能长成成人大脑。"当然，他不否认机器的学习过程将会不同于儿童的学习过程，婴儿机器必须通过不同的方式进行辅导。因此，图灵提出一种惩罚和奖励系统，使之为了奖赏而主动去重复做某些事，并避免去做其他会受到惩罚的事。如此，这样的机器也许最终就能自己形成解决问题的想法。

1954 年 6 月 7 日，图灵咬了一只含有氰化物的苹果，黯然仙逝。他的朋友说他一直对《白雪公主》中的邪恶皇后将苹果浸泡在毒酒里那一幕着迷。发现时，他躺在自己的床上，口含白沫，体含氰化物，身边有一只吃剩的苹果。

唏嘘之余，人们也许要问：那位曾经在伊利河畔跑步，又躺在草地苹果树下思考的旷世奇才，怎么会如此撒手人寰的呢？[1] 难道未来的机器也会做这样的选择吗？

电脑下国际象棋

其实要验证计算机的潜力，有什么比下棋更能考验思维呢？千百年来，国际象棋令多少追随者欲罢不能、如痴如醉，在西方，很难找到比它更有趣的智力挑战了。毕竟，人们在下棋时如果不思考，那么他们究竟在做什么呢？如果

---

[1] 1952 年，盗贼盗窃了图灵的住所。警方前来调查时，意外发现了图灵是同性恋的证据。因此，图灵被依照英国的《1885 年刑法修正案》逮捕和定罪，且被迫在入狱和接受激素"治疗"之间做出选择。他最终选择了后者，被强制注射一种名为己烯雌酚的合成雌激素。这个备受争议的"治疗"持续了一年，对图灵的身心造成了严重伤害。

机器能够胜过棋手，难道我们还需要更多的证据来证明机器确实能思考吗？

图灵在战时从事密码分析工作时，就开始与同事切磋机器能否下棋或执行其他智能任务的可能性，他一直在思考计算机究竟应该是通过启发式学习，还是通过穷举搜索来解决复杂的问题。他的密码破译工作基本都是通过使用计算机搜索模型来攻关的。然而，他在1947年在伦敦数学学会的一次演讲中，提出了国际象棋机器不但能够自主学习，而且也可以积累自己的经验。

1948年夏末，图灵和经济统计学家大卫·查珀诺恩共同设计了一套理论规则系统来确定国际象棋程序的方向，并开发了一个可以遵循这些算法规则的程序，只不过当时的计算机根本无法运作这么复杂的程序。1951年，图灵写了一篇论文来描述这个程序的算法原理，并在《比想象更快》一书中发表。

为了验证，图灵又在1952年夏决定用手算来模拟计算机执行他和查珀诺恩的程序，与计算机科学家艾里克·格伦尼进行了一场比赛。在这场有记录的比赛中，他们的程序在第29步输给了格伦尼，其间，每下一步，图灵都要通过30分钟手算来模拟那个程序。因此，虽败犹荣，他就此成为设计并通过手算来亲自执行国际象棋程序的第一人！

2012年，为庆祝艾伦·图灵百年诞辰，科学家重新编写了图灵和查珀诺恩研发的国际象棋程序，并与国际象棋特级大师加里·卡斯帕罗夫[1]进行了一场比赛。对此，卡斯帕罗夫回忆道，"2012年，当我应邀在曼彻斯特参加图灵百年纪念大会并发表演讲时，我甚至有幸在现代计算机上同它的重建版玩了一次。以现代标准来看，它的实力相当弱，但想到当时图灵甚至没有计算机来测试它，这仍然应该被认为是一项了不起的成就。"

那么，机器究竟应该如何下国际象棋呢？

克劳德·香农在1949年撰写了一篇题为《为国际象棋下棋机编程》的论文。在文章里，他提出了两种国际象棋的编程方法。一种通常被描述为固定深度搜索或A类策略；另一种则被描述为可变深度搜索或B类策略。尽管没有一个程序完全照搬香农的想法，但是他的基本方法一直被广为沿用。

在香农的A类策略中，程序在为给定棋局选择走法时，是通过探索在一个固定步骤深度里的所有走法，并给它们一一打分来完成的。比如，固定步骤深

---

[1] 加里·卡斯帕罗夫（Garry Kimovich Kasparov, 1963— ），国际象棋特级大师。他在1999年达到最高的国际棋联国际象棋评分2851分。

度定为 3 步，那么程序就需要穷尽这 3 步深的所有走法，并为它们一一计算分数，进而以最高分来决定该怎么走。

香农在这篇论文里分析了这个穷举搜索策略的问题。他说，在典型的中局位置，一般会有 30 到 40 步棋可供选择。这时，在搜索第一步时，大约有 1000 个位置需要评估，第二步时，约有 100 万个位置，而第三步时，约有 10 亿个位置。假设 A 类机器每微秒能评估一个位置，那么每下一步棋它需要 16 分钟计算时间，也就是说在一个典型的 40 步棋局中，仅机器一方就需要 10 小时。而且，由于只允许下棋机在穷尽搜索时计算三步，它只能击败非常弱的棋手。

另一方面，香农发现人类大师似乎都有一种即时判断的能力，他们在思考时往往会在某些方向上只检查几层，而在其他方向上想得更深。因此，香农认为有必要赋予国际象棋程序相同的能力。于是，他介绍了具备选择性搜索能力的 B 类策略，使之更像棋手那样，将注意力专注于少数几个好的走法，并对它们深入分析，而不是盲目穷尽所有的可能性。

同时，香农也在这篇文章里讨论了思考和国际象棋的关系。他说，国际象棋通常被认为需要思考才能高水平发挥：那么解决计算机下棋这个问题将迫使我们要么承认机械化思考的可能性，要么进一步限制我们对思考这个词的定义。

1960 年代是东西方之间的冷战期，不过，尽管美苏这两个核大国之间的关系极其冷淡，有时甚至摩拳擦掌，可是在一个领域里的友好合作却发生了。在铁幕两边，有两个国际象棋程序团队，一个在旧金山湾区，一个在莫斯科，同意在 1966 年进行一场友好的越洋比赛，通过电报向大西洋彼岸即时传递各自的走法。

艾伦·科托克在麻省理工学院为他的学士论文编写了一个国际象棋程序。他的导师是著名的计算机科学家约翰·麦卡锡[1]。除了对计算机国际象棋这方面的贡献外，麦卡锡教授还因为开发了适用于人工智能编程的 LISP 语言而享誉计算机领域。科托克的程序采用了香农的 B 策略。比赛前不久，麦卡锡教授离开麻省理工前往斯坦福大学，因此比赛时，美方的程序运行在斯坦福大学的 IBM 7090 计算机上。

位于莫斯科的理论与实验物理所团队由乔治·阿德尔森-维尔斯基、弗拉

---

[1] 约翰·麦卡锡（John McCarthy，1927—2011），美国国家科学院院士，计算机科学家、认知科学家。他是人工智能学科的创始人之一，1971 年获图灵奖。

基米尔·阿尔拉扎罗夫、亚历山大·乌斯科夫、亚历山大·比特曼和亚历山大·日沃托夫斯基组成。阿尔拉扎罗夫是团队负责人，阿德尔森-维尔斯基是团队的灵魂，比特曼则是一个国际象棋高手。他们的程序在苏制 M-20 计算机上运行，采用了香农的 A 策略。

1966 年 11 月 22 日，比赛正式开始。数月后，理论与实验物理所的程序两胜两和，以 3 比 1 的比分获胜。按照双方约定，当比赛进行到第 40 步时就判定为和棋。如果那四盘比赛都进行到底的话，苏方的程序很可能会获全胜。

这个结果第一次生动表明，A 策略优于 B 策略，可见，对一个固定深度的穷举搜索是必要的。特级大师加里·卡斯帕罗夫后来评论说，考虑到苏联团队的周围都是些实力雄厚的棋手，它采用 A 策略非常有趣。这与美国人的情况不同，科托克和麦卡锡都是非常一般的棋手，他们不免都会对国际象棋想入非非。

卡斯帕罗夫认为，苏方采用蛮力搜索并不可笑，相反却反映了他们对怎么能下好棋和如何才能取胜的卓越理解。对高手来说，国际象棋是一种非常精确的游戏。然而，普通棋手由于自身的局限以及频繁的错误而容易将它视为一场起伏不定、双方错着不断的斗争。所以，在设计国际象棋软件时若怀着这样的浪漫情怀，那么科学的精确性就让位于灵感了。他们以为偶尔的失误并不要紧，因为他们指望对手也会回报这种恩惠，这仿佛是一种想入非非的预言。

由于 B 策略假设整个系统从一开始就是混乱嘈杂的，于是它就只想尽早选择需要专注的走法，并充分利用它……科麦二人的程序从一开始就非常狭窄，只看四步……但它忽略了大师的头脑之所以能有效做到这一点，是因为人脑巨大的平行处理能力以及他们对数千个模式评估的惊人准确性。没有经验的帮助，期望一台机器凭借计算来选择需要专注的几步正确走法，就像是蒙眼飞镖，而不是蒙眼下国际象棋。计算机科学家米哈伊尔·博特维尼克也形象生动地评论道，科麦二人的程序的修剪策略不够完善，结果，它经常一股脑儿把婴儿和洗澡水一起倒掉了。

同时，这场比赛也标志了阿尔拉扎罗夫团队在计算机国际象棋领域里的主导地位的开端。他们在接下来的 10 年里一直保持着统治地位。1971 年，阿尔拉扎罗夫把莫斯科国立大学的毕业生米哈伊尔·顿斯科伊拉入他的团队。结果，顿斯科伊重新编写了大部分程序，并将它命名为 KAISSA。

1972 年 1 月，苏联《共青团真理报》的读者邀请 KAISSA 参加了一场两盘比赛。在接下来的数周里，读者各自提交自己喜欢的走法，然后由报社将最受读者欢迎的走法送给 KAISSA。接着，KAISSA 算出它的回应，并在报纸上发表。KAISSA 每一步的搜索深度是七层或更深，并具有复杂的评分功能。结果，KAISSA 取得了一平一负的成绩。

《共青团真理报》的读者曾在前一年与特级大师鲍里斯·斯帕斯基对局，结果是一负一平。能够和斯帕斯基这样的高手过招，可见这些读者的水平有多么高。

1968 年起，美国西北大学研究生拉里·阿特金、基思·戈尔伦和大卫·斯莱特研发了一系列名为 CHESS 的程序，起初是 CHESS 2.0，后来是 CHESS 3.0、CHESS 3.5 等。斯莱特和阿特金都是国际象棋高手，他们的工作得到了学校计算机中心主任本·米特曼的支持。CHESS 3.0 在 1970 年赢得了由计算机协会举办的第一届美国计算机国际象棋锦标赛，并常在计算机协会组织的其他比赛中获胜。

与此同时，斯莱特和他的团队在研究了各种国际象棋程序后决定修改程序，改用香农的 A 策略，并采纳了心理学教授彼得·弗雷教授建议的迭代深化搜索。当团队将新程序转移到当时最先进的超级计算机上时，他们惊喜地发现 CHESS 的实力得到了极大提升。

1976 年 7 月，在加州小城萨拉托加举行的保罗马松美国国际象棋锦标赛中，西北大学的程序一鸣惊人，震惊国际象棋界。那场比赛是在户外葡萄园里进行的，空气清新，环境舒适。CHESS 4.5 参加了 B 组的比赛，与国际象棋评分低于 1800 的选手对局。本来，斯莱特只期待在他返回芝加哥时有一个体面结果，哪怕一盘也赢不到。出乎意料的是，CHESS 4.5 居然赢了一盘又一盘，以 5 比 0 的成绩获得完胜。

接着在 10 月，CHESS 4.5 又在休斯敦赢得了计算机协会举办的北美计算机国际象棋锦标赛的冠军，并在次年 2 月的第 84 届明尼苏达公开锦标赛上击败了专家级和 A 级选手，取得了 5 比 1 的战绩，并得到 2271 的评分。从而，再一次向国际象棋界证明了它在萨拉托加的成绩并非偶然。

1977 年 8 月，第二届世界计算机国际象棋锦标赛在多伦多举行。直到那时，KAISSA 一直被认为是最强的国际象棋程序，然而它在这场比赛的第一轮就被淘汰，而 CHESS 4.6 却在决赛中获胜，成为新的冠军。

1980 年，KAISSA 参加了在奥地利的美丽城市林茨举行的第三届世界计算机国际象棋锦标赛，可是它只得到两分。从此，苏联的国际象棋程序一蹶不振，再也未能与来自北美和西欧的最佳程序一较高下，非常令人惋惜。

许峰雄的深思下棋机

IBM 深蓝国际象棋计算机的故事始于 1985 年的卡内基梅隆大学，或更具体地说，始于当时在该校攻读博士学位的研究生许峰雄[1]。

许峰雄于 1959 年出生在台湾基隆。读小学时，老师开始注意他，因为在班里最优秀的学生中只有他一人从不去校外补习。上高中时，许峰雄开始自学哥哥的大学数学教材。一天，老师在课堂里出了一道由随机游走产生的二阶差分方程题。差分方程并不在高中教材里，所以当许峰雄走到黑板前，在不到 30 秒的时间里，用陌生的符号解完那道题后，同学们都叹为观止，目瞪口呆。"嗯，这是差分方程，但我们不需要这样解。"老师边说，边给出另一种解法。从此，许峰雄的同学就开始称他为"疯鸟"。

许峰雄的第一盘国际象棋是和哥哥下的。不过，国际象棋在台湾并不流行，他后来虽然有时会同朋友下，但没有人真正懂它的规则。所以在台湾大学电机系读大一时，许峰雄开始系统学习国际象棋的规则。

有一天，当许峰雄在学校图书馆的目录里查找国际象棋的书籍时，他惊讶地发现了有关国际象棋计算机的书籍，就开始阅读这方面的书。大二时，学校图书馆来了一本新书，《人与机器的国际象棋技巧》。这是一本采自计算机国际象棋研讨会的论文集，后来被公认为是一部研究国际象棋计算机的经典。书中有一章介绍了西北大学研究生斯莱特和阿特金编写的国际象棋程序 CHESS 4.5。许峰雄对此颇感兴趣，读得津津有味。可是在当时，他并不知道这本书会对他产生多么大的影响。

1982 年，当许峰雄进入卡内基梅隆大学的计算机科学系时，那里已是个国际象棋计算机研究的重镇。而汉斯·伯林纳[2]教授研制的下棋机 HiTech，更是世界上实力最强的国际象棋计算机之一。因此，许峰雄在聆听了伯林纳教授关于国际象棋计算机的讲座后，他在这方面的兴趣被重新激发起来。

不过，许峰雄在仔细研究了 HiTech 的机制后，很快对它的设计产生疑问。尤其是它的走棋生成器使用了 64 只芯片，也就是棋盘上的每一个方格都对应一只芯片。一天，当许峰雄躺在床上思考这个问题时，忽然灵机一动。于是，"我坐起来，抓起笔和纸，开始深入研究。"

---

[1] 许峰雄（Feng-hsiung Hsu, 1959— ），计算机科学家，也是《追寻人工智能圣杯之旅：深蓝揭秘》一书作者。
[2] 汉斯·伯林纳（Hans Jack Berliner, 1929—2017），国际象棋棋手，卡内基梅隆大学计算机科学教授。他指导了国际象棋计算机 HiTech 的建造。

结果他发现，"很有可能将……走棋生成器设计在一只使用 40 只引脚封装的芯片里。而且，它可能比 HiTech 所使用的 64 芯片走棋生成器快 10 倍以上，最终实际芯片的速度接近 20 倍，使得成本效益超过 1000 倍（64×20）。"

第二天，许峰雄把他的想法告诉伯林纳教授，并表示如果老师有兴趣的话，他可以"做一个简单版的单芯来评估功能"。可是，伯林纳教授却要求他"以正确的方式设计整个芯片"，也就是要他按照既定的 64 芯片思路搞设计。经过反复讨论和思考，许峰雄在一周后又向伯林纳教授提交了一份有关评估电路设计的初步规范的报告。可是，教授仍不满意。于是，许峰雄在征求了自己的导师孔祥重[1]教授的意见后，开始自行设计单芯片国际象棋走棋生成器。

1986 年 6 月 28 日，许峰雄从制造商那里收到了他设计的第一批芯片。经过初步测试后，合格的芯片需要与国际象棋程序整合在一起进行调试。这时，他想到了博士生托马斯·阿南塔拉曼。阿南塔拉曼来自印度，他出于兴趣编写了一个国际象棋程序，而且他那台计算机工作站 SUN 3/160 可以与许峰雄的芯片兼容。

因此，许峰雄说服阿南塔拉曼，把他的芯片放在阿南塔拉曼的工作站上测试，并很快达到每秒搜索 3 万个棋局位置的速度。后来，为了进一步提高效率，他俩又将部分搜索功能转移到硬件里，由阿南塔拉曼的程序探索棋局位置的浅层，而将深层位置发送给许峰雄的搜索引擎。

阿南塔拉曼程序的第一场实战是对阵同系博士生默里·坎贝尔[2]。坎贝尔是一个具有相当实力的国际象棋家，曾多次在加拿大阿尔伯塔省参加比赛。在阿尔伯塔大学研读学士和硕士学位时，他还在那里与计算机科学家托尼·马斯兰一起研究过国际象棋的并行搜索算法。因此，坎贝尔不仅会下棋，而且还懂计算机下棋的原理。不过，尽管如此，他还是输掉了那盘比赛。

这样，这三个志趣相投的博士生伙伴就结合起来，形成一个团队。

许峰雄对自己的芯片充满期望，首战告捷，更增强了他的信心。在为他们的新项目起名时，许峰雄想到了"深思"，觉得它适用于一台潜力无穷的"思考"机器。然而，深思在卡内基梅隆校园内只不过是个由学生自己主导的编外项目，老师们，除了许峰雄的导师孔祥重教授之外，都对它将信将疑，不抱任

---

[1] 孔祥重（Hsiang-Tsung Kung，1945— ），美国国家工程院院士，华裔计算机科学家。他在并行计算方面的早期研究于 1979 年产生了脉动阵列（systolic array），该阵列从此成为人工智能硬件加速器的核心计算组件，包括谷歌的张量处理单元（TPU）。同样，他在 1981 年提出的"乐观并发控制"（optimistic concurrency control），现在是内存和数据库事务系统的一个关键原则。

[2] 默里·坎贝尔（Murray Campbell），计算机科学家，因参与创建"深蓝"团队而闻名。

何幻想。

1988年感恩节长周末，在南加州海港城市长滩举办了软件工具厂国际象棋锦标赛，总奖金为13万美元，是美国在那一年的三大国际象棋赛事之一。除了几位实力强劲的特级大师和国际大师外，受邀的还有三位传奇式人物：前世界冠军米哈伊尔·塔尔，前世界冠军候选人本特·拉尔森和塞缪尔·雷舍夫斯基。塔尔和拉尔森宝刀未老仍在棋场上纵横，分别名列世界第16名和第42名。

深思果然表现不俗，轻松赢得前两轮比赛并在第二天遇到拉尔森。拉尔森是战后最成功的国际象棋大师之一，曾一度排名世界第二。他下棋从不因循守旧，面对电脑也不例外。开局阶段，他很快占据优势。正常情况下，在比赛中先发制人，往往会给对手造成心理压力，可是计算机却总是能处变不惊，冷静计算，将大事化小。结果，随着比赛的演变，局面竟奇迹般地逐渐向着有利于深思的方向转化。许峰雄在一旁观棋，简直不敢相信自己的眼睛，反复自问，局面真的对深思有利吗？

其实，当时双方的形势都不太妙，只是对拉尔森来说可能相对更危险一些。接着在第26步，拉尔森犯了一个小错：他移动的国王挡住了象的退路，深思见机，乘势进攻拉尔森的象。后来，英国国际大师大卫·列维[1]在接受采访时说，拉尔森的这一步是"非常糟糕的一着"。于是，拉尔森为了挽救局面，就推动他的一只兵来威胁深思的国王。不过，这一步好像更失策，最终被深思抓住机会，算出一个制胜的妙招。15步棋后，拉尔森认输，成为常规比赛时间下第一个在锦标赛中输给计算机的特级大师。

只可惜深思在下一轮输给了六届美国冠军、特级大师沃尔特·布朗。接着，它与国际大师文斯·麦坎布里奇在第五轮中打平，并在最后的三轮比赛中获胜。最后，深思下棋机以6.5/8分的成绩和特级大师安东尼·迈尔斯并列第一。它的这个成绩不仅高于其他参赛的特级大师，而且也超过了前世界冠军米哈伊尔·塔尔的成绩。

从此，深思不再默默无闻，并且引起了IBM的注意。

长期以来，IBM的研究人员一直涉足计算机游戏。1950年代末，亚瑟·塞缪尔探索了通过游戏程序学习的可能性，而亚历克斯·伯恩斯坦则开发了最早

---

[1] 大卫·列维（David Neil Laurence Levy, 1945—　　），国际象棋国际大师，商人，因参与计算机国际象棋和人工智能而闻名。他撰写了40多本有关国际象棋和计算机的书籍。

的国际象棋程序之一。这些项目规模虽小,但都相当成功。偶尔,IBM 也会赞助计算机协会的年度比赛。不过,蓝色巨人对这项活动一直态度谨慎,毕竟要战胜世界冠军谈何容易!

然而,深思的表现让 IBM 上层认识到,资金匮乏的深思团队在得到适当的支持后确实有可能实现这个目标。于是,他们委任兰迪·莫利克为经理,把深思团队里的人一个个拉进蓝色巨人的怀抱:坎贝尔在 1989 年 9 月,许峰雄在 10 月,阿南塔拉曼在 1990 年 2 月。

1989 年 10 月,纽约地区电话公司尼内克斯赞助了深思和世界冠军加里·卡斯帕罗夫之间的第一场比赛。比赛约定在一天内比两盘,每盘比赛双方各有 90 分钟。许峰雄在见到这名大名鼎鼎的特级大师时,发现"加里在照片上,是一个精力充沛、激情洋溢的人。亲眼见到他也证实了这一点。然而,照片无法真正表达他的存在所带来的那种强烈感觉。在他深邃的眸子背后,似乎有一团熊熊火焰。加里曾把下棋比作'控制混沌'。在那双眼睛后面,是否正在发生一场秩序和混沌之间的交战呢?"

深思团队对这场比赛有自知之明,知道卡斯帕罗夫会轻松获胜。不过,他们也想了解卡斯帕罗夫对他们将要在 IBM 制造的机器的看法。因为他们正在酝酿一台每秒至少能搜索 1 亿个位置的新型国际象棋机器,并希望最终能把这数字增加到 10 亿。

对此,卡斯帕罗夫坦诚表示,每秒搜索 1 亿个棋局位置的机器将会是一个有趣的对手,"它也许能击败其他大师,但不包括阿纳托利和我。"他接着解释说,在他看来,他本人和阿纳托利是世界上唯一名副其实的职业国际象棋选手,也只有他们能为大赛做好充分准备。阿纳托利·卡尔波夫是在卡斯帕罗夫之前,1975 年至 1985 年的世界冠军。

在赛前新闻发布会上,卡斯帕罗夫告诉观众,他已经研究了大约五十盘深思的比赛,确信自己已经了解它的风格。在被问到程序的实力时,他认为深思有 2480—2500 国际棋联等级分,远低于他的 2800 分,若比赛十盘,他估计自己会赢八到九盘。接着他又说,深思的风格积极主动,往往使比赛紧张激烈。

最后,他坦承计算机也许有一天会打败他,但他相信这一天不会很快到来,并表示"若有在思想上比我们更强的东西,我不晓得我们会怎么存在下去"。但他坚信在计算机真正挑战人类的那一天,最优秀的人类必将进步。

1989 年 10 月 22 日,400 名国际象棋爱好者和一百名媒体代表聚集在纽约艺术学院,观看当代世界冠军与深思的比赛。第一盘,深思执白。它的开局开得不错。接着它想王车易位却又改变主意，选择了几步令人莫解的走法。尽管它后来真的执行了王车易位，但由于前几步的错误，卡斯帕罗夫已经占据优势。之后发现，深思的并行搜索算法存在瑕疵，故而未能正确执行王车易位的步骤。

面对类似的被动局面时，棋手都会想方设法摆脱困境，或寻机突围，或浑水摸鱼。然而，计算机并不受情绪影响，总是在高速搜索最佳走法。只不过，在第一盘的残局里，它已失去还手机会，最终在 52 步时向卡斯帕罗夫俯首称臣。

第一盘比赛结束后，卡斯帕罗夫略显得意地说，"没有一个败得如此惨的人会再回来（对阵）。"可是，机器并不以为然，也不会被吓倒。所以，卡斯帕罗夫很快又坐下来执白进行第二盘比赛。

在国际象棋里，白方先行，有类似于网球那样的先发优势。对职业选手来说，白方通常可以定义战场，而卡斯帕罗夫正是利用这一点，在开局时就喂给深思一只"毒棋"，引诱它上钩。结果不出所料，深思真的上了当。于是，卡斯帕罗夫的棋子就蜂拥而上，对其形成合围，并在第 17 步迫使深思放弃王后。之后，又是一番血腥屠杀。通常在这种情况下，对手都会就此罢休，但计算机却不然，继续顽抗，一直战到第 37 步。

卡斯帕罗夫毫无悬念地轻松得胜，他的出色表现赢得了全场观众的起立鼓掌。卡斯帕罗夫真的更加卓越，人类依然至高无上！《纽约邮报》的标题渲染道，"红色棋王速炸深思芯片"。

不过，深思其实应该能表现得更好。仅王车易位这一个错误就足以让它失去这两盘比赛。再说，深思团队才刚刚加入 IBM，立足未稳，另一方面，卡斯帕罗夫对比赛的充分准备以及他对开局的重视，令深思团队大开眼界。他们终于明白，没有过人的努力和具有针对性的开局是无法同像卡斯帕罗夫这样的高手过招的。

1968 年，约翰·麦卡锡教授和英国的国际大师大卫·列维一起参加了唐纳德·米奇举办的一场聚会。米奇是个人工智能专家和前辈，曾在二战时与图灵共事，一起破解德军密码，而且他俩也曾忙中偷闲，经常在一起下棋。席间，麦卡锡邀请列维下棋并输了棋。于是，他就说："你虽能胜我，但不出 10 年就会有一个能够打败你的计算机程序。"

列维不以为然，就建议打赌。米奇听后不仅赞同，还增加了赌注。之后，其他人工智能专家也闻讯纷纷加入进来，将总额提高到 1250 英镑。

在接下来的 5 年里，列维所向披靡。于是他写道："显然，我将在 1978 年赢得赌注，即使将这个期限再延长 10 年，我仍然会赢。20 多年来，由于这方面在概念上缺乏进展，我不由地猜测计算机程序在世纪之交前，不会获得国际大师的水平，电子世界冠军的想法只属于科学幻想小说里的篇章。"

1978 年八九月间，列维在加拿大国家博览会上与西北大学的 CHESS 4.7 对阵，并在六盘比赛中以 4.5 比 1.5 的比分赢得那个赌注。在这场比赛的第二盘，计算机在几乎赢定了的局面下，在残局中被列维反转而战平；在第四盘，当列维尝试激烈而又可疑的拉脱维亚冒险后，CHESS 4.7 得以获胜，成为在锦标赛上战胜国际大师的第一台计算机。赛后，列维写道，"我证明了我在 1968 年的评估是正确的，但另一方面，这场比赛的对手比我在下注时想象的要强得多。现在，没有什么会让我感到（非常）惊讶的了。"

为了进一步刺激国际象棋计算机的发展，列维向《奥姆尼》杂志建议，如果该杂志愿意额外添加 4000 美元，那么他将赠予第一个战胜他的计算机程序 1000 美元，使总奖金额达到 5000 美元。

1989 年 12 月，在与卡斯帕罗夫对阵后两个月，深思在伦敦举行的一场表演赛中以 4 比 0 的比分打败列维。赛后，列维幽默地说，"我没有感觉特别不舒服；我没有坐得太靠近取暖器；室外没有令人不安的响声；灯光也不差；计算机操作员彼得·詹森没有吸烟。"不过，他同时也指出，这次失败是"因为一个已经 11 年未认真下过棋的国际大师根本无法与强大的深思匹敌"。

深蓝下棋机挑战卡斯帕罗夫

1994 年 6 月，计算机协会在新泽西州开普梅举办了第 24 届计算机国际象棋锦标赛。其间，赛事组织者蒙蒂·纽博恩[1]问许峰雄，他的新型国际象棋芯片何时能就绪。许峰雄回答说，应该在明年的某个时候吧。纽博恩随即问道："IBM 有兴趣在计算机协会的 1996 年年会上，与加里·卡斯帕罗夫进行一场比赛吗？"许峰雄心里赞同，就回答："我不能代表 IBM，但我想应该会有的。"

结果，计算机协会、卡斯帕罗夫以及 IBM 三方商定，于 1996 年 2 月在费

---

[1] 蒙蒂·纽博恩（Monroe "Monty" Newborn, 1938— ），蒙特利尔麦吉尔大学计算机科学名誉教授，曾任计算机协会计算机象棋委员会主席，并在 1970 年代与人合编计算机国际象棋程序。

城，由IBM研究中心赞助，举办一场卡斯帕罗夫对深蓝下棋机的比赛，总奖金为50万美元，赢家得40万，输家得10万。卡斯帕罗夫对比赛充满信心，曾经表示要么全赢、要么全输，不过在几方劝说下未坚持己见。

计算机协会把这场比赛作为该会成立50周年庆典的一部分。由于1996年也是第一台电子计算机ENIAC诞生50周年，而它就建在附近的宾夕法尼亚大学。因此，协会就把卡斯帕罗夫对深蓝的这场比赛安排为这个庆典的第一个活动。

许峰雄等人在1989年先后加入IBM后，深思项目被改名为"深蓝"，他们团队亦立即着手研制一台崭新的下棋机——深蓝国际象棋计算机。许峰雄负责设计芯片，坎贝尔和阿南塔拉曼负责软件开发。后来，阿南塔拉曼去了康州的一家投资公司，乔·霍恩就成了团队新成员，接替阿南塔拉曼的工作。另外，因为有了同卡斯帕罗夫交锋的经验，团队还聘请了特级大师乔尔·本杰明作顾问，负责研究深蓝的开局书。

通常，大师们在比赛前都会深入研究对手，并把注意力集中在开局上，旨在事先拟定具有针对性的开局走法，并赋予它们诸如"西西里龙"和"女王印度防御"这样的饶有异国情调的名称。然而，国际象棋计算机却不同，它的开局依靠一个由其团队根据以往棋局而为其特制的走法数据库，称为"开局书"。它的内容随时间的推移而不断丰富，使机器越来越有内涵。但是就本质而言，它就是一个能让机器在一定程度上照章遵循的开局步骤集，直到"用完书"后，下棋计算机才真正开始独立思考。

由于芯片制作的一再拖延，深蓝团队在1996年2月8日刚结束最后一轮的测试就匆忙驱车前往费城去参加比赛。路上，车里的气氛相当沉闷。深蓝下棋机仅建成两周，它虽能每秒钟搜索1亿个棋局位置，但它无论如何仍是一个婴儿。它能经得住考验吗？

赛事将近，大众媒体呼应人们对国际象棋和智能的浪漫情怀以及对人工智能和深蓝的迷思而大造声势："大脑的最后一战""卡斯帕罗夫捍卫人类""机器正在进入人类的最后避难所——智能"。真是五花八门，不一而足。

卡斯帕罗夫在赛前新闻发布会上预测自己会赢。关心此事的人也都猜想他会轻松获胜，而大卫·列维更预测他将取得完胜。

2月10日，深蓝执白。比赛开始时，深蓝队员都为它捏了一把汗。由于时间仓促，它从未与真正高手过过招，真不知道会有怎么样的结果。更糟糕的是，网络在比赛开始时突然出现问题，以至于当赛事裁判迈克·瓦尔沃开始深蓝的时钟计时时，深蓝计算机还未完成启动。

开局时，深蓝首先将王前兵前移两格。卡斯帕罗夫则随之将他的后翼象前兵也前移两格。这是卡斯帕罗夫最喜欢的防御——西西里防御。赛前，深蓝团队对他是否会采用这个开局有过争论。本杰明认为卡斯帕罗夫在开局选择上非常严谨，相信他会用西西里防御。不过，卡斯帕罗夫也是有备而来，当棋局走到第10步时，他突然施展一招，迫使深蓝脱离它的开局书。

3步之后，深蓝出其不意，对卡斯帕罗夫的王后发起进攻，令他大吃一惊。他盯着棋盘看了一会儿，然后又扬起眉毛看了许峰雄一眼。看到卡斯帕罗夫的生动表情，许峰雄忍俊不禁。然而，在意识到自己微笑的一刹那，他又赶紧收住笑容。

之后，深蓝又走出几步好棋。《时代》周刊这样描述：比赛后期，深蓝的国王受到卡斯帕罗夫的猛烈进攻。任何一个受到世界冠军攻击的人类选手都会盯着自己的国王，寻找逃脱之计。然而，深蓝却无动于衷，漫不经心地去追捕棋盘另一端的一个卑微的兵。事实上，深蓝在最危险的时刻花了两步棋——许多人甚至只给卡斯帕罗夫一步就可丧命——去吃一个兵。这就好像在葛底斯堡，米德将军在皮克特的冲锋前一刻派遣他的士兵去采摘苹果，因为他料到他们会在最后一刻赶回阵地……而这正是深蓝所做的。它计算了卡斯帕罗夫所有可能的走法组合，并确知自己能在吃兵的远征中返回，并抢先一步在卡斯帕罗夫碾压它之前先摧毁卡斯帕罗夫。而它确实成功做到了……要做到这一点，不仅需要有钢铁般的意志，而且还要有一个硅质大脑。没有人能获得绝对的确定性，因为无人能确定自己已经看清一切。然而，深蓝却能。

第37步棋时，卡斯帕罗夫伸出手，认输。这是计算机在常规时间下首次击败国际象棋世界冠军。与许峰雄握手后，卡斯帕罗夫困惑地问道，"我怎样才能下得更好？"许峰雄听后，不禁一愣。与顶级棋手相比，他几乎不会下棋，而有史以来最伟大的棋手正在向他讨教！当然，卡斯帕罗夫真想问的是："深蓝认为我在哪里可以走得更好？"于是，许峰雄一边拼命回忆深蓝在当时的分析数据，一边结结巴巴地回答。不过这时，卡斯帕罗夫也许意识到许峰雄与他和深蓝并不在同一水平上，就不再追问，迅速离去。

此时，本杰明走上舞台和许峰雄握手，并兴奋地说："我梦想着自己能打败卡斯帕罗夫并与他握手"，接着他又说："这几乎一样美好。"当晚，IBM团队举行了庆祝晚宴。而卡斯帕罗夫却选择在冰冷的费城街道上漫步，并问自己的顾问弗雷德里克·弗里德尔："这家伙会不会是无敌的？"

2月11日，卡斯帕罗夫执白。本杰明和坎贝尔在昨晚和清晨都在一起研究深蓝的开局。比赛前，坎贝尔匆忙将开局书上传给远在 IBM 实验室里的深蓝计算机。

卡斯帕罗夫回忆：在第二天的比赛中，我用白子打了一个缓慢而又机动的开局。我的想法是不给深蓝任何可乘之机，因为我知道它无法像人类一样制定战略计划。至少，我希望它不会。像往常一样，它出了一些技术问题，尽管当时我只意识到其中之一。深蓝在第 6 步走了一步非常糟糕的棋。根据弗雷德里克的说法，我对机器开局书中显然存在严重缺陷而高兴。它不仅不是无敌的，我还将会轻松获胜。可想而知，当裁判跑过来，告诉我许峰雄在棋盘上意外地吃错棋子（就像我在伦敦与弗里茨比赛时发生的那样）时，我有多么失望。规则允许他们纠正……

原来坎贝尔忙中出错，未能把开局书成功上传给系统，使得深蓝从一开始就无章可循。更要命的是，这还不是唯一的差错。走到第 6 步时，许峰雄在官方棋盘上放错了棋子。坎贝尔发现后急忙告诉赛事裁判瓦尔沃，请他纠正许峰雄的错误。后来，深蓝程序的估值功能也出了毛病，错过两次和棋机会。结果，深蓝在第 73 步认输。

卡斯帕罗夫喜出望外，走到解说室与观众交谈了半个多小时。他说，"我祝贺 IBM 研究人员所取得的惊人成就。他们成功地将数量转化为质量。"接着，他又补充道，"对某些局面，它看得如此之深，以至于它下起棋来就像是上帝。"

当晚，深蓝团队集中在一起分析研究。考虑到他们的赛前准备是如此仓促，对系统出错他们并不吃惊，且相信程序一定还有其他瑕疵。只不过他们惊讶地发现，如果没有那个估值错误，第二盘很可能会下成和棋。试想，这将给卡斯帕罗夫造成多么大的心理压力？

2月12日，休息日。深蓝团队埋头工作。坎贝尔和本杰明要为接下来的两盘比赛作开局准备，他们的压力最大。许峰雄负责测试，程序大体上还算稳定，多数问题都与终局有关。霍恩则随时待命，充当解决问题的"消防员"。

2月13日，深蓝执白。坎贝尔和本杰明在休息日未能为深蓝找到好的开局方案。不过，本杰明在清晨得到灵感，决定在开局时偏离它在第一盘棋的走法。

卡斯帕罗夫回忆：深蓝重复了第一盘棋的开局，一直走到本杰明在那天插入开局书的一步棋时才发生偏离。我们沿着他计划的路线前进，直到第 18 步，深蓝注意到本杰明原来打算的路线，但对他来说幸运的是，它并未照章行事并损失了一枚棋子。这让我占据微弱优势且有了一个明确的目标，所以我想我连胜两次的机会很大。这时，深蓝展现出了机器的长处，开始进行不可思议的顽固抵抗，真是比真正的虫子还要难缠，就像蟑螂一样。只要有一种走法能挽回颓势，它们必能找到它。令我非常沮丧的是，深蓝找到了一连串巧妙的招数来摆脱困境，使比赛以和棋告终。

原来，当比赛进行到第 18 步时，深蓝发现卡斯帕罗夫在几步前就准备发动一次强而有力的反击。因此，它未继续按本杰明的计划往下走。之后，它虽身临险境，却处变不惊，走出好几步妙棋，最终得以转危为安，在第 39 步棋与卡斯帕罗夫言和。

2 月 14 日，卡斯帕罗夫执白。比赛中途，许峰雄离开赛桌去洗手间。当他回到桌边时，他的计算机已进入"屏幕保护"模式。他未留意，只顾匆匆键入卡斯帕罗夫的走法：f5。可是，屏幕保护模式将 f5 中的 'f' 解释为唤醒字符，结果深蓝程序仅收到了 '5'，从而导致宕机。许峰雄见状，立即告诉裁判，并且急忙重启计算机。坎贝尔和本杰明亦走进比赛室来了解情况。卡斯帕罗夫看到这些活动，感到心烦意乱，就向裁判抱怨。卡斯帕罗夫的母亲克拉拉一直在比赛室内，见状，就用俄语向卡斯帕罗夫喊了几声，他平静下来。

卡斯帕罗夫回忆：第四盘比赛中又出现一次技术故障，而且恰好发生在我准备发动一次危险进攻的那一刻。此前，我花了很长时间谋划我的上一步，准备牺牲一个马来换取两个兵和一次进攻。可是，深蓝还未对此做出回应就宕了机，需要重启。我非常愤怒。在比赛的这个关键时刻，我在全神贯注的状态中被它突然强拉出来。它用了 20 分钟才完成启动，然而当它恢复后，它避开了我的牺牲，下了一步强而有力的棋。这实在让我怀疑除了故障之外，是否发生了更多不寻常的事……现在的局面是平衡的，但仍剑拔弩张，而我就要遇到时间麻烦。如果下到第 40 步，棋钟将会增加更多时间；问题是我能否成功。经过几步精确的走法后，我在第 40 步……找到一个能强制和棋的好办法，比赛就此结束。

因此，经过四盘比赛，双方各得 2 分，打成平手。

2 月 15 日，休息日。本杰明和坎贝尔继续为白棋寻找能带来胜利的开局。许峰雄在酒店电梯里遇到弗雷德里克·弗里德尔。弗里德尔告诉他，卡斯帕罗夫昨天"回到酒店客房，脱到只剩内裤，盯着天花板看了很久很久"。

2 月 16 日，深蓝执白。深蓝采用了与第一盘和第三盘相同的开局走法。卡斯帕罗夫虽在休息日调整了一天，却仍感到难以集中精力。于是，他避开西西里防御，而改用俄罗斯防御，亦称彼得罗夫防御。它较稳健，常导致频繁的棋子交换和对称的棋盘结构。

几个回合后，卡斯帕罗夫稍占优势，考虑到明天的最后一盘棋他将执白，为了节省体力，他就在第 23 步突然提出和棋。这么早就讲和不免令人诧异。试想，两名拳击手在第二轮就同意停止搏斗、握手言和；或是一场足球赛，在第 15 分钟时突然结束，因为双方教练认为平局是个不错的结果。不过，在国际象棋中，选手在走任何一步棋时都能向对手提出和棋，让对手斟酌拒绝与否。

深蓝团队聚在一起商讨。比赛还有许多棋可下，这么早就接受和棋似乎并不明智。他们犹豫起来。与此同时，深蓝计算机并不知道对方的和棋提议，已经算出它要走的棋。这时，赛事裁判迈克·瓦尔沃突然作出裁决：要么立即接受和棋，要么就让深蓝走它想走的那步棋。

于是，深蓝团队拒绝了卡斯帕罗夫的和棋提议。卡斯帕罗夫回忆：事实证明，这也是我的幸运，因为深蓝的下一步棋犯了一个严重错误。由于无法看到长期后果，当我挺进我的兵时，它陷入了一个将使它的棋子严重受困的局面。因为没有积极的计划，它也不明白自己的唯一希望就是猛攻。深蓝跌跌撞撞走了几步，当发现危机临头时，已经为时已晚。我在第 45 步棋取胜，首次在比赛中领先。

比赛结束后，卡斯帕罗夫面带微笑同观众和媒体见面。他说，"在比赛前我有些犹豫，因为我觉得是时候改变我的开局了。你们知道，我通常会坚持我最喜爱的开局，我不会背叛我的开局，但我觉得我必须找到一些新的东西，我选择了彼得罗夫防御，通常，你在执黑子想要进行一场保守的和棋比赛时才会这样做，中盘的局面相当复杂使我得出这个结论。"

2 月 17 日，卡斯帕罗夫执白。深蓝在第六盘采用了半斯拉夫防御。然而，卡斯帕罗夫故意改变他的走法，迫使深蓝脱离它的开局书。

卡斯帕罗夫回忆道：虽然人很累，可是我在迎接第六盘比赛时感觉良好。在第五盘，我击败了机器，感觉开始了解它的一些弱点……我们重复了前两盘执白棋的前几步走法，直到深蓝做出变化。在比赛落后的情况下，他们团队要为黑棋寻找取胜方法，这并不容易……我的换位移动，使深蓝脱离了它的开局书，它表现软弱，陷入被动。

第 20 步棋时，许峰雄在无意中给计算机输入了错误信息，又一次导致宕机并失去几分钟时间。当时的局面对卡斯帕罗夫稍有利，他神态自若，几乎未对这次宕机做出任何反应。接着，深蓝被逼进一个非常狭窄的部位，局势越变越险恶。结果在第 43 步已无路可走，只好拱手认输。

卡斯帕罗夫刚起身就被媒体团团围住。他走进评论室，在那里受到了在场观众的起立鼓掌欢迎。卡斯帕罗夫对这个比赛结果很满意，并为深蓝的出色表现向深蓝团队表示祝贺。后来，他在《时代》杂志上总结道：总而言之，我的最大优势是我能够找到它的优先顺序并调整我的下法。而它却不能对我做同样的事。因此，我认为虽然我确实看到一些智能，但这是一种奇怪的、低效的、不灵活的智能，这让我觉得我尚有几年时间。

深蓝团队对这个结果也十分满意。深蓝在第一盘首战告捷。它虽然输了第二盘，但部分原因是针对性的开局书未能上传到计算机系统。接着，它战平了第三、第四盘，且在第五盘完全可以接受卡斯帕罗夫的和棋提议，带着2.5比2.5的成绩进入决赛，把比赛推向高潮。因此，虽然深蓝以2比4的比分输给了世界冠军卡斯帕罗夫，但IBM团队相信双方的实力差距其实并没有那么悬殊。

深蓝战胜世界冠军

1997年4月下旬，纽约街头出现了一张引人注目的新海报。海报上是一位对着国际象棋棋盘凝神沉思的绅士。他看上去约30来岁，面容稍显忧郁，在他下颌下方的海报标题问道："怎样让计算机眨眼？"毫无疑问，这位绅士就是世界冠军加里·卡斯帕罗夫——当代最强、最耀眼的国际象棋明星。

卡斯帕罗夫和深蓝的复赛定于5月3日在纽约举行。IBM为此盛事，专门在位于曼哈顿第七大道和第51街的公平中心大厦里清出几层楼面来举办这场比赛。新开发的深蓝运行在一台比旧型号快两倍的超级计算机上，其中有480只许峰雄新设计的国际象棋芯片。在理论上，它的最高搜索速度可达每秒10亿个位置。

数月前，卡斯帕罗夫在一次采访中表示："第一场比赛证明，在某些局面下，机器是不可战胜的，而在另一些局面下，它又是毫无希望的。当然在这两者之间，还有各种不同情况。我大概知道会发生些什么，但我对意外持谨慎态度。"

赛前两天，在公平中心大厦49楼举办了一场新闻发布会。原估计会有约100名记者到会，然而实际出席人数却超过了200人，房间里挤满了人。美国广播公司、哥伦比亚广播公司、全国广播公司、有线电视新闻网、英国广播公司以及其他一些欧洲电视网都派遣了他们的摄制组。

对于这场复赛,绝大多数专家都预测卡斯帕罗夫会赢。有些人,比如大卫·列维,更认为卡斯帕罗夫的成绩将比去年的4比2更好,因为他可借鉴那场比赛的经验。

5月3日,卡斯帕罗夫执白。卡斯帕罗夫和许峰雄在比赛前微笑握手。这场比赛在大厦的35层楼举行,总奖金为110万美元,胜者70万,负者40万。但是,深蓝的份额将归还给IBM。

9步棋后,双方到达一个常在大师之间发生的局面。这时,卡斯帕罗夫突然跳出常规,开始贯彻他的"反计算机"策略。他回忆道,"然后,在第10步我走偏一步,采用了一种在与人类棋手对弈时会感到尴尬的走法。我未通过推进王兵两个方格,向中央地带扩张,而是小心翼翼地只前进一格,避免与黑棋交锋。这是一个故意的被动之举……想看看计算机在没有具体目标的情况下是否会被愚弄,而削弱自己的地位。"

令他满意的是,深蓝果然不知道应该如何应对他的温和走法,不必要地弱化了自己国王的位置。卡斯帕罗夫见机,又摆迷魂阵,而深蓝也真的毫无目的地又白走两步棋。这样,卡斯帕罗夫就有了信心和想法。

可是,棋局的进一步发展并不像他想象中的那么简单。国际象棋计算机确实容易上当,不过,它们也非常善于自救。而且对于一盘比赛来说,理论上的优势其实并没有太大意义,除非棋手能够有效利用它。深蓝正在走一些令人匪夷所思的奇怪走法,但对于一台计算机来说,它们也许未必真的是那么糟糕。如果它能化险为夷,那么那些在理论上对卡斯帕罗夫有利的评估就没有多大意义了。

英国大师约翰·纳恩在分析这盘比赛时描述道:"每一个与计算机对弈过的人都知道这种情景:你获得了战略上的优势,计算机做了些绝望的战术冲刺,你有一两个不精准之举,忽然间,机器从四面八方向你扑来。"果然,深蓝在卡斯帕罗夫巩固成果之前,找到了一些非常有力的反击方式。于是,双方你来我往,厮杀起来。赛场评论员莫里斯·阿什利见状,绘声绘色地对观众描述说:"棋盘上火光四溅!"

如果深蓝在这时能意识到双方局势大致均衡的话,它也许不会妄动。可是它高估了自己的优势,很大意地与白方交换王后,结果落入圈套。后来,它有过一次和棋的机会,但它又不愿为了摆脱困境而丧失棋子,只顾顽抗,而使局势变得更糟。在另一次防守失误和在第44步走了非常奇怪的一步棋后,深蓝的局势变得不可收拾,而不得不认输。

卡斯帕罗夫来到礼堂，受到了全场观众的起立鼓掌。这是一场真正的战斗，一盘非常精彩的棋。卡斯帕罗夫虽然成功胜出，但他告诉观众，这次感觉与去年在费城的第一场比赛非常不同。这个深蓝是一个值得尊敬的对手。

当晚，乔·霍恩连夜修复了导致深蓝在第44步棋上严重失误的代码。卡斯帕罗夫对此当然毫不知情，就与他的团队针对深蓝的这步棋进行了深入分析。

5月4日，深蓝执白。这盘棋卡斯帕罗夫选择了颇为灵活的西班牙开局。不过，这种开局也因为难以为黑方夺得均势而又称作"西班牙酷刑"。经过20步典型的西班牙调动后，双方对局势都算满意。

这时，卡斯帕罗夫欲擒故纵，故意走错棋，以便再次迷惑对方，让深蓝自乱阵脚。可是这次深蓝的表现却十分老练，只顾自己在后方巧妙调动，为突击作准备。卡斯帕罗夫见状十分无奈，就漫无目的地走了几步。西班牙酷刑就此展开，卡斯帕罗夫成了受折磨的对象。

接着，深蓝在取得部分优势后，又令人惊讶地主动开辟第二战场。由于这是一种战略性选择，当时很少有人相信机器具备这种能力，卡斯帕罗夫不由心生疑虑。

在反计算机策略的指导下，卡斯帕罗夫的棋下得十分消极。在第32步时，他主动放弃一次积极防御的机会，误以为深蓝不会找到突破方法。而就在他默默忍受着西班牙酷刑的煎熬时，深蓝在走第35步棋时突然陷入沉思，又让卡斯帕罗夫吃了一惊。一般情况下，深蓝要么迅速落子，要么想三四分钟就能做出决定，可是这次它竟停顿了14分钟！

接着在第36步，深蓝有机会用王后攻入卡斯帕罗夫的地盘，并吃掉两个兵。卡斯帕罗夫希望深蓝以往表现出来的那种贪婪性可能为他在中心地带的反击创造机会。可是，深蓝又一次拒绝像他想象中的机器那样下棋，没有去抓那两个兵，而是走了象。这就更加重了他的疑心。

经过四个小时的苦斗，卡斯帕罗夫越战越被动。一种宿命般的忧虑感油然而生，他突然感到无法继续。他知道自己唯一的希望是建立某种封锁，可是他却看不到实现这种封锁的可能性。于是，他恶作剧般地挺进王后将了对方一军，却未留心深蓝随之将其国王移至中央而不是自然而然地撤回角落。

在第45步棋时，深蓝用车攻击卡斯帕罗夫的王后。卡斯帕罗夫知道一切都已结束：如果不放弃象，他的王后就无法逃脱；如果牺牲象，用王后作垂死抵抗也是毫无意义。于是，他伸出手，体面认输。

赛后，卡斯帕罗夫无心面对任何人，带着他的随行径直离开大楼。深蓝团队在掌声中走上礼堂舞台。仿佛是初次见到自己的孩子迈出那蹒跚的第一步，他们喜悦、自豪、兴高采烈。"感觉棒极了，"坎贝尔说，"这次它赢得了胜利。它下得非常精彩。"本杰明也赞叹道："这不是一盘计算机风格的游戏。这是一盘名副其实的国际象棋！"

5月5日，休息日。中午，卡斯帕罗夫和他的团队沿着第五大道步行去一家意大利餐馆时，他的教练尤里·多科扬满脸愁容走近他。"昨天比赛的最后局面是和棋，"他用俄语告诉卡斯帕罗夫。"长将。王后到e3，和棋。"

卡斯帕罗夫突然停住脚步，双手放在头上，一动不动。然后，他又逐一看自己的随从。显然，他们都已知情，并一直在纠结是否应该、何时可以以及如何向他透露这个可怕的消息。他们知道这对卡斯帕罗夫将会是多么震撼和残酷，他们也实在无法正视他那极度失望和懊恼的目光。昨天，卡斯帕罗夫在世人面前输掉了他一生中最糟糕的一盘棋，现在，他又发现自己平生第一次在和棋的局面下茫然认输。他失望至极，不禁自问，和棋？！

这个发现得益于互联网力量。其实第二盘比赛还未结束，世界各地数以百万计的关心赛事的棋手就已开始研究和分享他们对比赛的分析。他们发现，卡斯帕罗夫如果坚持下去，深蓝并不会赢。而且，卡斯帕罗夫以为毫无意义的那步王后渗透其实是一步好棋，能化险为夷，带来和棋。也就是说，卡斯帕罗夫在当时若能保持冷静，他并不会输。

卡斯帕罗夫回忆道，"这是一个沉重打击，就好像输了两次一样。居然在和棋的情况下认输，这简直是不可思议！我确信，在面对任何人类棋手时，我肯定不会在相同情况下如此可悲地放弃。深蓝的表现给我留下深刻印象，那盘比赛的发展过程让我感到灰心，对自己让这种事发生感到非常恼火，并且还以为机器不可能犯这么简单的错误。"

对此，许峰雄回忆道："我在意识到第二盘可能打平时，立刻给默里打了个电话。我们都感到失望。另一方面，胜利就是胜利……我们的硅基选手无动于衷。"

5月6日，卡斯帕罗夫执白。尽管思绪万千，卡斯帕罗夫还是坐下来进行第三盘比赛。第一步，他将王后前面的兵挺进一格，而不是通常的两格。这是个极端的反计算机棋术，目的是让深蓝脱离它的开局书而自乱阵脚。

国际大师兼评论员迈克·瓦尔沃见状，说："计算机使加里的行为反常。"的确，卡斯帕罗夫的棋风变得保守，缩手缩脚。而深蓝虽然也表现一般，但却能保持警惕，使得卡斯帕罗夫诱骗它消极防御而自乱阵脚的想法落空。结果整

艾伦·图灵

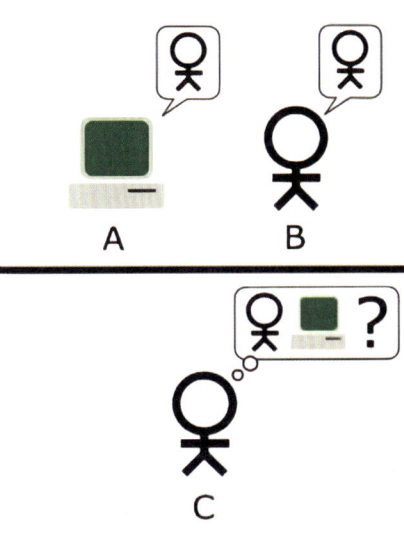

图灵测试

许峰雄和香农，1989 年

许峰雄和卡斯帕罗夫，1996 年 2 月 17 日

弗兰克·罗森布拉特

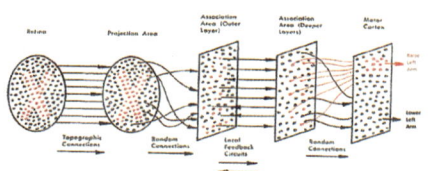

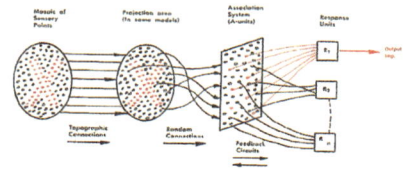

生物大脑（上）和感知器（下）的组织示意图（采自罗森布拉特的文章《智能自动机的设计》）

IBM深蓝团队，1997年5月8日
从左到右：谭崇仁（领队）、格里·布罗迪、乔尔·本杰明、默里·坎贝尔、乔·霍恩和许峰雄（坐者）

2018年图灵奖（左起）：
杨立昆
杰弗里·辛顿
约书亚·本吉奥

盘比赛有惊无险，以握手言和告终。

《纽约时报》记者布鲁斯·韦伯写道："卡斯帕罗夫的棋风很快变得更加传统和微妙，最终与深蓝战成和棋，人机大战以各得一分半的比分打平（和棋，每位选手各得半分）。但是很明显，在周日第二盘比赛里战了45个回合认输后，卡斯帕罗夫先生尚未摸清深蓝的路数，并且仍在努力揭示它们。"

赛后，卡斯帕罗夫走出比赛室。他知道新闻发布会必然难熬，人们一定会问他在第二盘怎么会提前认输？人们也必然想知道为什么今天的比赛是如此平淡，而第二盘又是那么惊心动魄？

于是，他先发制人，转弯抹角地说，"任何懂国际象棋并对计算机有所了解的人都知道，第一盘和第三盘同第二盘之间有着多么巨大的区别……今天的计算机表现得像一台计算机。而星期天的情况完全不同。真正令人难以置信的事情发生了，它显示出了智慧的迹象……我不知道这是怎么回事。但最令人惊讶的是，计算机在最后一步犯了一个错误。突然间，这台机器错过了一个基本和棋。"

许峰雄等人听后十分诧异，不明白卡斯帕罗夫这番话的用意。这时，赛事评论员莫里斯·阿什利问卡斯帕罗夫是不是在暗示第二盘比赛中存在"人为干预"。卡斯帕罗夫回答："这让我想起了1986年马拉多纳在对阵英格兰队时踢进的那个著名的球。他说那是上帝之手！"

听后，会场上的观众笑了起来。原来，在1986年墨西哥世界杯四分之一决赛中，阿根廷足球传奇人物迭戈·马拉多纳在对阵英格兰队时攻入一球。当时除了球场上的几位球员之外，没有人，包括赛场上的裁判在内，看到马拉多纳实际上是用左拳将球打入球网。当马拉多纳在获胜后被问及此事时，他回答："那有点是我的头，也有一点是上帝之手。"

深蓝团队听后，气愤至极。卡斯帕罗夫显然是在暗示他们作弊。许峰雄回忆："多年来，加里对我来说几乎就像一个朋友。他几乎是我的朋友，虽然却又不是。深蓝团队和卡斯帕罗夫阵营之间的竞争对双方都很有益。突然间，我感觉自己不再想同他有任何关系。"

5月7日，深蓝执白。卡斯帕罗夫觉得人和机器的典型角色在第二盘比赛里被颠倒过来，计算机通过使用有力的战略而获得优势，而他自己却十分被动，只能被迫实行防御性的拖延战术。因此，他不想重蹈覆辙，在第四盘采用了较灵活的防御体系，并趁深蓝几次犹豫不决之机迅速稳定局面。而深蓝从一开始就不断进攻，可是攻势过猛也会暴露自己。

第 20 步时，卡斯帕罗夫牺牲了一个兵，为他的棋子赢得优势。接着，深蓝又走了几步令人匪夷所思的棋，国际大师罗伯特·伯恩疑惑地评论道："它怎么会一天强而有力，而第二天就发起疯来？"不过，此时卡斯帕罗夫已认识到深蓝似乎有一种使其走法奏效的独特本领。尽管有时它的走法对其他大师来说是那么丑陋，可是它有它自己的道理和标准。有时它虽然真的会显得杂乱无章，但它足够强大，以至于它的这种不一致性反而会给它带来不错的效果。

果然，第四盘棋又证明了这一点。卡斯帕罗夫虽然在比赛中明显占据上风，可是深蓝找到了一系列令人难以置信的求和走法，让他吃惊不已。而且，好像是为了故意嘲弄他，深蓝总是先走入绝境，然后又奇迹般地起死回生。

棋盘上的棋子逐渐减少，卡斯帕罗夫开始感到疲倦。那些他曾确信很快就能为他带来胜利的走法屡屡未能奏效。走到第 56 步棋时，局面呈现和棋态势。他无奈地伸出手，说，"和棋？"许峰雄立即接受了他的提议。

"我一度认为我能取胜，"卡斯帕罗夫赛后说道，并在这时不同寻常地承认了人性的弱点，"但我处理不周。我非常疲倦，而且我想不透彻。"

罗伯特·伯恩在《纽约时报》上写道："在与深蓝的比赛里，加里·卡斯帕罗夫第二次为了反击而牺牲了一个兵，这次他虽收回了他的投资并得到一些。可是，他还能继续向 IBM 计算机白白送子而不自毁吗？将棋子交给这台非凡的棋子粉碎机就像是在玩火。但昨天卡斯帕罗夫就是带着这种挑战心理，冒着失败的风险去争取胜利。"

比赛期间，IBM 的董事长兼首席执行官路易斯·郭士纳[1]前来参观。他说："我认为我们应该把这看作是世界上最伟大的国际象棋选手与……"他稍作停顿，"加里·卡斯帕罗夫之间的国际象棋比赛。"

卡斯帕罗夫听后，心中甚为不平，"考虑到比赛打成平局，而且深蓝唯一的那个胜利是我在一盘本可和棋的棋局中认了输而获得的，这种说法似乎更具侮辱性而非准确性……我真想在第五盘中利用我执白棋的机会，让郭士纳吞下他的话。"

5 月 8 日和 9 日，休息两天。对双方团队来说，这种休息日不可能真正休息。深蓝队员一直在努力解决在比赛中出现的各种问题，以及在练习赛或测试中发现的潜在问题。而卡斯帕罗夫团队在第一个休息日为第六盘执黑子做了一

---

[1] 路易斯·郭士纳（Louis Vincent Gerstner Jr, 1942— ），美国国家工程院院士，1993—2002 年任 IBM 董事会主席兼首席执行官。人们普遍认为他扭转了 IBM 的命运。

些准备工作。然后在第二天，他们为第五盘比赛作准备，并决定坚持反计算机策略。

5月10日，卡斯帕罗夫执白。卡斯帕罗夫第五盘的开局，再次展示他的反计算机战略。尽管在开局中损失了一些时间，但他也确实得到了他想要的机动位置。

深蓝在第11步令人意外地将它最左侧的兵向前推了两格，走到h5，对卡斯帕罗夫的王翼形成潜在威胁。由于比赛开始不久，黑方有许多合乎逻辑的走法，但它却选择在棋盘边缘谋划，卡斯帕罗夫感到诧异，觉得这不像是机器，而更像是一个极具进攻性的人类棋手的风格。于是，他瞥了坎贝尔一眼，仿佛是要确认这并不是一个操作人员的失误。虚虚实实。深蓝的这一步其实并不那么高明，卡斯帕罗夫完全可以把他的马移到e4方格而获得优势。可是深蓝的奇怪走法搅乱了他的思路，并对他的心理产生了影响。

随着更多棋子被交换，卡斯帕罗夫取得一些进展。看看这个局势，他相信若面对任何人类棋手，他绝对能胜。可是，深蓝就像在第四盘所表现的那样，再一次作出令人难以置信的积极防守，并找到可观的战术资源来负隅顽抗，而且在卡斯帕罗夫的兵仅差一步就能变成王后时，迫使他接受和棋。

布鲁斯·韦伯在评论中说道："比赛后期，他的一个兵即将晋升成为棋盘上最强大的棋子——王后，许多国际象棋专家认为卡斯帕罗夫先生有望获胜。可是深蓝并没有去阻挡看似不可避免的事，而是选择进攻卡斯帕罗夫先生的国王，迫使双方进入长将，而导致了和棋。"莫里斯·阿什利也惊叹道："这是深蓝的惊人魔法。"

在公平中心大厦的礼堂里，卡斯帕罗夫再次受到热烈欢迎，可是他无法因为观众的支持而振奋。在新闻发布会上，他耐人寻味地说："我对h5感到惊讶。这场比赛有很多新发现，其中之一是计算机有时会下出非常人性化的走法。h5是一步好棋，我不得不夸奖这台机器对位置因素理解得那么透彻。我认为这是一项杰出的科学成就。"

当被问到有人说他害怕深蓝时，卡斯帕罗夫坦率地回答："我不怕承认我害怕！我也不怕说出我为什么害怕。它绝对超越了世界上任何已知的程序。"

5月11日，深蓝执白。卡斯帕罗夫回忆道，"比赛战成了2.5比2.5平。我应该谨慎行事、争取和棋呢，还是应当孤注一掷，用黑子力争胜利？没有休息日，我知道自己的体力不足以再去进行一场因我的反计算机开局而导致的那种漫长战斗。我下棋的表现已稍显不稳。经过20年的比赛，我非常了解自己的神经系统,知道它无法再承受与机器紧张对弈四五个小时的压力。但是我必须尝试,不是吗?"

卡斯帕罗夫的棋从一开始就下得别扭。他使用了保守的卡罗-卡恩防御,并引诱深蓝的一个马。可是没想到,深蓝将计就计,反过来用马冲击卡斯帕罗夫的地盘,使他的国王暴露在外。忽然间,白方的威胁变得势不可挡,卡斯帕罗夫虽然竭力抵抗,却又明白这已为时已晚。在第 18 步,他不得不放弃他的王后,而紧接着在下一步,他的国王也面临危险。知道大势已去,他突然起身,认输。整盘比赛为时不到一小时就戛然而止。

布鲁斯·韦伯在次日《纽约时报》的报道文章里写道:"昨天,IBM 计算机深蓝以迅捷而又冷酷的方式,至少是暂时取代人类成为地球上最优秀的国际象棋棋手,世界冠军加里·卡斯帕罗夫在第六盘比赛中仅走 19 步就宣布投降,他说:'我失去了斗志。'"

面对数百名记者和大群观众时,卡斯帕罗夫对棋盘内外发生的一切感到震惊、疲惫和痛苦。他在发言时说,在最后这盘比赛中所发生的这一切之后,他不值得他们的掌声。他还坦承,在没能赢得第五盘的终局后,他感觉比赛已经结束。接着,他说他感到羞愧,没有正确准备比赛并正常发挥,而他的反计算机策略也未能奏效。

许峰雄回忆,"在加里宣布投降的那一刻,我突然感到疲倦。12 年的工作终于结束。我本该欣喜若狂,但我内心却感到空虚,感到这场比赛太容易了,尽管事后回想起来并非如此。如果没有我们在前一年的辛勤工作,加里也许会赢得这场比赛。我也感到自己的一部分被剥夺了。我不是一名国际象棋棋手,但我内心深处的那个选手却感到失望。无论输赢,我都希望最后一盘比赛是一场真正的战斗。我希望这次胜利来自一盘像第二盘那样的伟大比赛,只是不要出现最后的错误。倘若这次会再次失利,那我就希望它是一盘像第一盘比赛那样的经过艰苦搏斗的失败,最好没有深蓝的那些糟糕走法。"

计算机协会的国际象棋委员会主席蒙蒂·纽博恩在总结这场比赛时说,"这产生了希腊悲剧般的冲击力。卡斯帕罗夫先生拥有而计算机缺乏的是脉搏。对国际象棋来说,这既可能是人类的福祉,也可能是诅咒。"

当然,无论是祸是福,在克劳德·香农提出如何为计算机编写国际象棋程序近 50 年后,他的梦想终于实现。

那么,深蓝究竟有没有智能呢?

许峰雄认为："加里在1997年比赛期间和之后对作弊的指控证明深蓝通过了国际象棋版本的图灵测试。但深蓝并不具备智能。它只是一个经过精心制作的工具，在有限的领域里展现出了智能行为。加里虽然输了比赛，但他才是真正拥有智慧的选手——深蓝绝对不可能提出那些不着边际的指责。"

IBM研究主管约翰·凯利三世更是直截了当地说："如今的计算机都是辉煌的白痴。它们具有巨大的存储信息和数值计算的能力，远远优于任何人类。然而，当涉及另一类技能，如理解、学习、适应和互动能力时，计算机远不如人类。"

人工神经网络

阿达·洛夫莱斯曾断言，没有一台计算机，无论功能多强，能够真正成为一台会思考的机器。在她去世一个世纪后，艾伦·图灵称她的这个观点为"洛夫莱斯夫人的异议"，并试图通过图灵测试来反驳它。然而，半个多世纪过去了，仍然没有一台机器能达到阿达所设定的标准——产生自己的想法。

不过在另一方面，自从玛丽·雪莱与诗人雪莱以及拜伦等人在瑞士度假时构思了她的《弗兰肯斯坦》以来，人造装置可能产生自己的思想的前景让一代又一代的人感到既兴奋又不安。长期以来，人工智能爱好者一直在承诺人工智能已经曙光初现，类似弗兰肯斯坦的机器很快就会出现，也许只需要20年就能实现它，可是这个愿景却一直像那海市蜃楼一般若即若离，总是在大约20年之后。

弗兰克·罗森布拉特[1]身材瘦小，颧骨丰满，头发短而浓密，常佩戴一副黑框眼镜。他专长心理学，但他的兴趣却远不止于此。1953年，《纽约时报》的一篇短文描述了一台罗森布拉特用于处理他的博士论文研究数据的早期计算机，以帮助他分析患者的心理档案。后来，随着时间的推移，他逐渐认识到机器能够帮助他更深刻地理解人类心灵。完成博士学位后，罗森布拉特加入了康奈尔

---

[1] 弗兰克·罗森布拉特（Frank Rosenblatt，1928—1971），心理学家，在人工智能领域享有盛誉。由于他在人工神经网络方面的开创性工作被誉为"深度学习之父"。

航空实验室，并在美国海军研究办公室的资助下设计"感知器[1]"。

罗森布拉特的感知器源于芝加哥的两位专家，神经生理学家和控制论专家沃伦·麦卡洛克[2]和自学成才的逻辑学家和认知心理学家沃尔特·皮茨[3]，在1943年发表的论文《神经活动中内在思想的逻辑演算》。这篇论文提出了一个将神经系统视为由简单逻辑单元组成的网络的数学模型。由于神经元是大脑的基本单元，他们就用这个后来被称为"麦卡洛克-皮茨神经元"的概念来表明这种连接神经网络的简单元素可以具有巨大的计算能力。同时，他们也试图证明图灵机程序可以在正式神经元的有限网络中实现。接着，他们在1947年发表的《我们如何知道共相：听觉和视觉形式的感知》论文中，提供了设计人工神经网络的方法，以便识别视觉输入，无论它的方向或大小如何变化。

在尝试识别一个物体时，感知器的判断有时对、有时错。然而，关键在于它可以从错误中学习，且能调整它的数学计算不断提高准确率。就像大脑神经元，单独看，感知器的每一个计算几乎没有什么意义，只不过是进一步计算的输入，可是这种渐进计算的大规模累积和总汇却能达到令人意想不到的效果。

1958年夏，罗森布拉特在美国国家气象局展示了他的感知器雏形。接着，他与一个工程师团队围绕这个想法又设计了一台能够观察周围世界的机器。然而，海军研究办公室的主要合作者对他的想法不以为然。

"我的同事不赞成如今到处都能听到的那些关于机械大脑的散漫言论，"罗森布拉特告诉记者，"但事实正是如此。"他一边拿起桌上一只银色小奶壶，一边说，虽然这是他第一次见到这只奶壶，可是他仍然能认出这是一只奶壶。而感知器也将会做类似的事，将会辨别狗和猫。他承认，这个技术距离实际应用还很遥远，仍缺乏深度感知以及"完善的判断力"。可是他相信总有一天，感知器会进入太空，并将其观测结果送回地球。当记者问他，感知器有什么不会做的事时，罗森布拉特举起双手，说，"爱情、希望、绝望。简而言之，人性。"

罗森布拉特在1960年又展示了他的感知器。演示时，他和他的工程师把一些打印了A、B、C、D等字母的纸板卡片放在摄像机前的一个画架上，让光电管识别白色卡片上的不同字母。不出所料，感知器果然学会了识别字母。当然，每一次它也都需要技术人员告诉它对错。

---

1 感知器（Perceptron）是一种在机器学习中用于二元分类量词监督学习的方法。二元分类量词是一个函数，可以决定由数字向量表示的输入是否属于某个特定类别。

2 沃伦·麦卡洛克（Warren Sturgis McCulloch，1898—1969），神经生理学家、控制论专家，因其在某些大脑理论基础上的工作以及对控制论运动的贡献而闻名。

3 沃尔特·皮茨（Walter Harry Pitts, Jr，1923—1969），逻辑学家，从事计算神经科学领域的工作。

为了证明这种能力是通过学习而获得的，罗森布拉特在演示时特意把手伸进设备，断开装置中模拟神经元的电器之间的电线。而当他重新连接电线后，感知器就不再能辨别字母，但通过重新学习后，它又能获得能力像从前一样工作。

这个新型电气装置的功能虽然有限，但它引起了海军以外的人的兴趣。在接下来的几年里，位于北加州的斯坦福研究所开始探索类似想法，而罗森布拉特的实验室也赢得了美国邮政局和空军的合同。邮政局需要一种能够自动读取信封上地址的方法，而空军则希望能更有效地识别航空图片里的目标。当然，所有这些都将是长远目标。

1956年夏，在达特茅斯学院举办的一个人工智能会议上，约翰·麦卡锡教授敦促学术界更广泛地探索人工智能，包括"神经元网络""自动计算机""抽象"和"自我改进"。后来，不少参加这次会议的人都成了1960年代人工智能运动的带头人，例如：麦卡锡，他很快就把他的研究带到斯坦福大学；赫伯特·西蒙[1]和艾伦·纽厄尔[2]在卡内基梅隆大学建立了一个实验室；以及麻省理工的马文·明斯基[3]教授。他们的共同目标是发掘和利用所有可能的技术来研究和创建人工智能，并确信这不会需要太长时间，有人甚至声称机器将在10年内打败国际象棋世界冠军。

明斯基自幼秃顶，耳朵宽大，笑容生动。1950年代初在普林斯顿大学攻读研究生时，他的一些探索工作最终为感知器建立了数学基础。后来，他成了人工智能的传播者和带头人，只是他的热情并未延伸到人工神经网络（简称神经网络）。1960年代中期，随着其他技术的发展，明斯基开始怀疑神经网络是否真的有朝一日能够超过罗森布拉特所展示出的那些简单识别能力。

人工智能的研究从一开始就在计算机科学、心理学和神经科学之间界限模糊，所以在这个新领域里就出现了各种学术阵营，每个阵营都以自己的方式描绘人工智能的景观。有些心理学家、神经科学家乃至计算机科学家像罗森布拉

---

[1] 赫伯特·西蒙（Herbert Alexander Simon, 1916—2001），美国国家科学院院士，政治学家，其工作还影响了计算机科学、经济学和认知心理学领域。他于1975年获计算机科学图灵奖，1978年获得诺贝尔经济学奖。
[2] 艾伦·纽厄尔（Allen Newell, 1927—1992），美国国家科学院院士，美国国家工程院院士，计算机科学和认知心理学研究员。1975年，他与赫伯特·西蒙一起荣获图灵奖，以表彰他们对人工智能和人类认知心理学的贡献。
[3] 马文·明斯基（Mavin Lee Minsky, 1927—2016），美国国家科学院院士，美国国家工程院院士，认知和计算机科学家，主要关注人工智能研究。他是麻省理工学院人工智能实验室的联合创始人，并撰写了多篇有关人工智能和哲学的文章。他获得了许多荣誉，包括1969年图灵奖。

特那样，试图用机器来模仿人脑的功能。而其他人却对这种想法嗤之以鼻，认为计算机的运作方式与大脑功能毫不相干，若要创建人工智能，就必须按照机器的方式进行。

1966年，几十名人工智能研究人员前往波多黎各，在圣胡安的希尔顿酒店相聚，共同讨论模式识别的最新进展。罗森布拉特将感知器视作人脑模型，不过也有人将它视为模式识别的一种手段。当斯坦福研究所的年轻科学家约翰·蒙森发表演讲时，会场上的气氛活跃起来。蒙森和他的研究团队正在试图建立一个能够识别书写字而不单单是印刷字的神经网络。当他在会议上报告研究进展时，明斯基教授突然问道："像你这样的青年才俊，为什么要在这种事上浪费时光呢？"

会场里的听众顿时都兴奋起来。他们很快明白，明斯基其实并不关心书写字识别，他所攻击的真正对象是感知器本身。"这是一个没有未来的想法，"他公然宣称。后来，当另一位研究人员展示了一种能创建计算机图形的新系统时，明斯基赞扬了那个技术的独创性，并且再次抨击罗森布拉特的想法。他问，"感知器能做到这点吗？"

这次会议后不久，明斯基和他的麻省理工学院同事西摩·帕珀特[1]出版了一本关于神经网络的专著——《感知器》，以精练的笔调详细描述了感知器。他们熟知它的功能，也了解它的缺陷。他们告诉读者，感知器无法处理数学上的"异或"。然而，"异或"却是一个不可或缺的重要逻辑概念。他们进一步解释说，如果在一张卡片上有两个点，感知器可以辨别它们是否都是黑色的，或都是白色的，可是，它却无法回答"它们是不是两种不同的颜色"。

了解这些后，业内人士往往就会进一步联想，既然感知器连这么基本的模式都无法辨别，那么它怎么可能识别千变万化的航空照片呢？其实，当时已有研究人员，包括罗森布拉特在内，在探索一种能够纠正这种缺陷的新型感知器，可是在明斯基著作的影响下，政府资金开始流向其他技术，人工神经网络的想法逐渐从人们的视野中消失。所以，不少人相信，正是这本书在接下来的15年里关闭了罗森布拉特的思想之门。

1971年夏，罗森布拉特在他43岁生日当天，在切萨皮克湾的一次划船事故中不幸遇难。因此，雪上加霜，有关神经网络的思想和实践就此进入寒冬。

---

[1] 西摩·帕珀特（Seymour Aubrey Papert，1928—2016），数学家、计算机科学家和教育家。他是人工智能和教育建构主义运动的先驱之一。

杰弗里·辛顿

1984年的一个下午，近20名学者聚集在波士顿郊外一座老式法国庄园风格的建筑里。这是一个深得麻省理工学院教授和学生喜爱的休闲去处。明斯基教授也在其中，那时他已是一名引领人工智能研究的领袖。

学者们在房间中央的一张大木桌旁坐下。于是，杰弗里·辛顿[1]沿着桌子，一边走，一边给每人分发一份长长的、充满修辞和数学的学术论文。这篇以一位奥地利物理学家和哲学家的名字命名的论文，描述了一个被称为玻尔兹曼机的新型神经网络，旨在克服明斯基教授在15年前指出的感知器缺陷。

明斯基教授接过辛顿的论文，取下订书针，并将页面一张张铺放在他面前的桌上。当辛顿简要讲解他的新数学创造时，明斯基低头看着这些页面，一言不发。讲座刚结束他就起身离去，将那些整齐排放的页面留在桌上。

神经网络在明斯基的那本关于感知器的著作出版后不再受人重视，可是时任卡内基梅隆大学计算机科学教授的辛顿却一直坚守信念，并与约翰斯·霍普金斯大学的神经科学家特里·塞诺夫斯基[2]合作建立了玻尔兹曼机。虽然人工智能运动当时最关注的是符号方法，可是辛顿和塞诺夫斯基作为神经网络"地下组织"成员，却认为人工智能的未来属于具备自学能力的神经网络系统。波士顿的这次会议给他们提供了一个向更广泛的学术界分享研究成果的机会。

辛顿认为，明斯基虽曾激烈抨击神经网络的缺陷，并写了一本被人认为证明了这种方法是死胡同的书，可是他的真实立场也许并没有那么确定。辛顿把明斯基教授视作一个"中途退出的神经网络研究者"，他曾经拥抱过这个想法，但当神经网络的那些承诺未能及时兑现时，他在失望中走向反面。不过，他的内心也许仍然会对那些承诺留着一线希望。讲座结束后，辛顿把桌上的页面收集起来，寄给明斯基的办公室，并附上了一张便条："您可能不小心留下了这些。"

1947年12月6日，杰弗里·埃弗勒斯特·辛顿出生在英国温布尔登。他

---

1 杰弗里·辛顿（Geoffrey Everest Hinton, 1947— ），英国皇家学会院士，加拿大皇家学会院士，计算机科学家和认知心理学家，以其在人工智能网络方面的工作而闻名。因为在深度学习方面的工作，他与约书亚·本吉奥和杨立昆一起获得了2018年图灵奖，他们有时被誉为"人工智能教父"。辛顿还因利用人工神经网络实现机器学习的基础性发现和发明而和约翰·霍普菲尔德一起获2024年诺贝尔物理学奖。
2 特里·塞诺夫斯基（Terry Joseph Sejnowski, 1947— ），美国国家医学院院士，美国国家科学院院士，美国国家工程院院士，索尔克生物研究所教授，在神经网络和计算神经科学领域进行了开创性研究。

的高外祖母是数学家和教育家玛丽·埃弗勒斯特·布尔。他的高外祖父是数学家和哲学家乔治·布尔，正是他创立的布尔逻辑为现代计算机奠定了数学基础。他的高祖父詹姆斯·辛顿是一位撰写美国历史书的外科医生。他的父亲霍华德·埃弗勒斯特·辛顿是个研究甲虫的昆虫学家和教授，英国皇家学会院士。

十几岁时，辛顿的一个朋友告诉他，大脑的原理类似全息图，它通过神经元网络将记忆点点滴滴存储起来，就好像全息图将三维图像一点一滴地存储在胶片上那样。这个想法深深吸引了辛顿。因此，当他进入剑桥大学国王学院攻读本科时，他就想更好更全面地理解大脑。然而他很快发现，其实没有什么人比他了解得更多。科学家确实已经了解大脑的某些部分，可是对于那些部分是究竟如何结合在一起从而实现诸如看、听、说、记忆、学习和思考等功能方面，他们却知之甚少。

于是，辛顿就自己在生理学、化学、物理学和心理学著作中寻找。可是没有一门学科能给出令人满意的答案。他也曾攻读物理，但发现自己的数学能力不够而转向哲学。接着，他又放弃哲学，选择了实验心理学。

1970 年，辛顿从剑桥毕业后成为一名木工。"那不是高级木匠活，"他回忆道，"只是为了谋生而从事的木工活。"然而就在那一年，他读到了加拿大心理学家唐纳德·赫布[1]撰写的《行为组织》。这本书详细解释了人脑学习的基本生物过程。赫布认为学习是沿着一系列神经元发射微小电信号而导致物理变化，并以一种方式将这些神经元连接在一起的结果。他的弟子也描述道："一起激活的神经元，彼此连接在一起。"

赫布的理论曾启发弗兰克·罗森布拉特等科学家在 1950 年代构建人工神经网络，同样，它也激发了辛顿的灵感。每到周六，他就带着一本笔记本去伦敦北部伊斯灵顿的一个地方公共图书馆，花一上午时间在笔记本上奋笔疾书。他的想法完全建立在赫布所奠定的思想基础之上。

虽然这些周六早上的涂鸦本来只是为了辛顿自己，可是它们最终又把他带回学术界。因为它们碰巧与英国政府对人工智能的第一波大规模投资，以及爱丁堡大学的一个研究生项目的兴办同时发生。

1971 年，辛顿在爱丁堡大学获得一份由研究员克里斯托弗·朗格-希金斯带领的实验室的工作。朗格-希金斯曾是剑桥大学的理论化学家，是该领域的后起

---

[1] 唐纳德·奥尔丁·赫布（Donald Olding Hebb，1904—1985），加拿大心理学家，在神经心理学领域具有影响力。他最著名的是 1949 年出版的经典著作《行为组织》中介绍的"赫布学习理论"。他被称为"神经心理学和神经网络之父"。

之秀。但在 1960 年代末，他被人工智能的理念吸引，离开剑桥，来到爱丁堡，并接纳了一种与感知器类似的人工智能方法。巧的是，他的联结主义[1]方法与辛顿在伊斯灵顿图书馆潦草写下来的那些想法相吻合。

不过可惜的是，这种思想上的和谐未能持续。在阅读了明斯基和帕珀特的著作《感知器》以及明斯基的一个学生关于自然语言系统的一篇论文后，朗格-希金斯改变了主意，转而投向符号人工智能[2]。因此，辛顿在研究生时期所从事的研究不仅被他的同事而且也被自己的导师否定。"我们每周见一次面，"辛顿说，"有时会以争吵结束，有时则不会。"

辛顿在计算机科学这方面没有多少经验，他对数学也没有太多兴趣，包括驱动神经网络的线性代数。但是，他对大脑是如何工作以及机器应该如何模仿大脑有着明确信念。当他告诉业内同行他正在研究神经网络时，他们都会情不自禁地提到明斯基和帕珀特。"神经网络已经被证明是错误的，"他们告诫说，"你应该去研究别的东西。"然而，尽管明斯基和帕珀特的著作使绝大多数研究者远离联结主义，它却让辛顿走得更近。因为他觉得，罗森布拉特缺乏明斯基和帕珀特分析感知器缺陷的那些技巧，也许正因为如此，他不知道如何去剖析乃至正确解决这些问题。因此，明斯基和帕珀特对神经网络局限性的那些精辟阐述，其实应该能帮助克服这些障碍。

1970 年代，英国政府出资进行了一项关于人工智能进展的研究。"多数从事人工智能研究及相关领域的工作者都对在过去 25 年里所取得的成果感到失望，"研究报告称。"迄今为止，该领域所取得的任何发现都没有产生当时所承诺的重大影响。"因此，英国政府开始削减对该领域的资金投入。

辛顿完成博士论文后，由于"人工智能寒冬"，他发现工作难求，只有一所大学给了他面试机会。因此，他把目光投向国外，包括美国。不过美国的人工智能研究也是每况愈下，美国政府在得出与英国政府类似的结论后，同样也减少了对这方面的资金投入。然而尽管如此，辛顿还是惊讶地在加州最南端的圣地亚哥找到了一小群志同道合的人。

罗森布拉特的感知器和正在南加州开展的研究，可谓一脉相承。在 1960 年代，罗森布拉特和其他科学家曾希望构建一种能够包含多个神经元"层"的新

---

1 联结主义（Connectionism）是一种研究人类心理过程和认知的方法，该方法使用被称之为联结主义网络或人工神经网络的数学模型。
2 符号人工智能（Symbolic artificial intelligence）是人工智能研究中基于高级符号（人类可读）表示的问题、逻辑和搜索的所有方法的统称。它使用了诸如逻辑编程、产生式规则、语义网和框架等工具，并开发了知识化系统（特别是专家系统）、符号数学、自动定理证明器、本体论、语义网以及自动规划和调度系统等应用。

型神经网络系统。而在1980年代初，加大圣地亚哥分校的一小群知识分子也抱着相同梦想。

感知器是一个单层网络，也就是说，无论是在读取（印在卡片上的大写字母A）还是在输出信息（在图像中辨认出A）时，它都是通过同一个人工神经元层。可是罗森布拉特相信，如果能构建一个多层网络，逐层分工并将处理信息向下馈送，那么这个系统就能学到感知器所无法学到的复杂模式，成为一个更像人脑的系统。比方说，第一层神经元负责检查输入的每一个像素，确定它的颜色。接着第一层把学到的信息馈送给第二层，在那里另一组神经元负责在这些像素中寻找模式，例如一条小线或一个小区域。然后第三层把这些模式组合在一起，从而识别耳朵或牙齿，眼睛或鼻孔。那么，以此类推，这样的多层网络系统也许最终就能辨认诸如狗或猫这样的复杂物体。当然，这些都只是设想，没有人能真正实现它。

南加州这个团体的灵魂人物之一是圣地亚哥教授大卫·鲁梅尔哈特[1]。他有心理学和数学两个本科学位，并在斯坦福大学获得数学心理学博士学位。为了在多层神经网络中确定每一个神经元对整个计算的相对重要性（权重），鲁梅尔哈特提出一个被称为"反向传播"的算法。它通过对每一个神经元层的分别计算，并从最后一层开始反向逐层、迭代馈送，而使机器最终获得学习能力。

辛顿抵达圣地亚哥后不久，就同鲁梅尔哈特讨论了反向传播。他认为这个方法不会奏效，因为罗森布拉特已经证明，若构建一个神经网络并将所有权重初设为零，那么这个系统就能自己调整权重，并层层传播。可是，最终每个权重却又会变得与其他权重一样。也就是说，无论人们多么努力让系统采用相对权重，它的自然趋势却是均匀化，使事情变得平衡。因此，鲁梅尔哈特的这个想法不会比感知器好多少。

鲁梅尔哈特仔细听了辛顿的观点，然后问道，"如果不把权重设为零呢？如果这些数字是随机的呢？"他又说，如果从一开始所有权重都有不同的值，那么数学的表现就会有所不同，就不会让所有的权重趋于平均，并能在学习中找到让系统识别复杂模式的权重。

在接下来的几个星期里，他们着手构建了一个由随机权重出发的新系统，以便通过为每个神经元分配不同的权重来突破罗森布拉特发现的那种对称性。

---

[1] 大卫·鲁梅尔哈特（David Everett Rumelhart，1942—2011），美国国家科学院院士，心理学家，对人类认知的形式分析做出了许多贡献。

结果，他们的系统果然开始识别图像中的不同模式。它虽然还不能识别狗、猫或汽车，可是它正确解决了"异或"问题，从而成功克服了明斯基在十几年前指出的那个致命的感知器缺陷。

在随后的几年里，辛顿还与当时在普林斯顿大学生物系做博士后研究的特里·塞诺夫斯基合作，共同研发玻尔兹曼机。玻尔兹曼机不仅能通过分析声音和图像数据学习，而且还能创造声音和图像来帮助自己学习，就像人能通过想象来学习并在现实中应用那样。"那是我一生中最激动人心的时期，"塞诺夫斯基说。"我们确信我们已弄清大脑是如何工作的。"不过，就像反向传播算法一样，玻尔兹曼机仍属于那种没有太大现实意义的研究，多年来，一直在学术界的边缘徘徊。

出人意料的是，辛顿对神经网络宗教式的执着虽然使他远离主流，却为他赢得了一份新工作。卡内基梅隆大学教授斯科特·法尔曼参加过辛顿和塞诺夫斯基推崇的年度联结主义者会议，并相信雇用辛顿也许是该校在人工智能领域押宝的一种方式。与麻省理工、斯坦福大学以及世界上大多数学术机构一样，卡内基梅隆大学也专注于符号人工智能，而且法尔曼教授本人也认为神经网络是一个"疯狂的想法"，不过他也知道自己的学校里亦不乏其他同样疯狂的想法。

1981年的一天，辛顿在法尔曼教授的推荐下，来到卡内基梅隆大学参加面试，并分别在心理学系和计算机科学系举办了两场讲座。他的讲座内容新颖翔实，引起了人工智能运动的创始人之一、多年来一直在推动符号方法的领军人物、卡内基梅隆计算机科学系主任艾伦·纽厄尔的注意。

次日下午，当纽厄尔教授表示愿意给辛顿提供一个计算机科学系的职位时，辛顿却犹豫起来。

"有件事您应该知道。"辛顿说。

"那是什么呢？"纽厄尔问道。

"我其实并不懂计算机科学。"

"没关系。我们这里有懂的人。"

"既然如此，那我就接受了。"

"那么薪水呢？"纽厄尔问。

"哦，不，我不在乎这个，"辛顿说，"我不是为钱才做这些的。"

于是，辛顿就这样终于为自己的非正统研究找到了一个家，虽然后来他发现自己的薪水比同事大约低了三分之一。

辛顿在卡内基梅隆大学继续研究玻尔兹曼机，经常在周末驱车前往巴尔的摩，与塞诺夫斯基在约翰斯·霍普金斯大学的实验室里一起工作。同时，他也重新开展了对反向传播算法的研究。卡内基梅隆大学不仅在计算机科学的理论研究上实力雄厚，它的计算机硬件也堪称一流。这就进一步推动了辛顿的研究，使他的系统能从更多的数据中更有效地学习。

1985年，也就是辛顿在波士顿给明斯基等人作演讲的一年之后，他在反向传播这方面的研究实现了突破。在圣地亚哥，他和鲁梅尔哈特已证明多层神经网络可以调整自己的权重，并成功解决了"异或"问题。而在卡内基梅隆大学，他的反向传播系统在阅读了一个家谱的片段后，自己学会了识别那个家庭成员之间的各种关系。虽然在表面上，这只是一个不起眼的小技能，可是它却包含了更为广泛的含义，表明反向传播这个数学思想不仅能通过图像来认字，而且也能通过文字来学习。这显然比其他人工智能技术更优越。

对辛顿来说，那是一个事业和生活双丰收的时期。1986年，他在与英国学者罗莎琳德·扎林举行婚礼的那天早上，失踪半小时，给著名的《自然》杂志编辑寄去一只包裹，里面有一篇他与鲁梅尔哈特以及东北大学教授罗纳德·威廉姆斯合著的描述反向传播的研究论文——《通过反向传播误差来学习表达》。同年10月，这篇论文在《自然》杂志上发表，并被多次引用。

1987年，卡内基梅隆大学人工智能实验室的研究人员着手建造了一辆能够自动驾驶的小卡车。他们选用一辆形状如同救护车的宝蓝色雪佛兰，在车顶上安装了一部手提箱大小的摄像机，并在后车厢里安装了一台"超级计算机"。他们希望这台在几个架子上布满了电路板、电线和硅芯片的机器，能通过读取从车顶摄像头传输过来的图像，自己决定在前方道路上如何行驶。

这当然不可能一蹴而就。几经挫折后，一位名叫迪恩·波默洛的一年级博士生决定把所有代码搁置一旁，根据鲁梅尔哈特和辛顿的想法，重新编写自动驾驶软件。当他完成编程后，那辆小卡车就可以通过观察人类驾驶员在道路上的行驶来自己学习驾驶了。

每当波默洛和他的同事沿着匹兹堡申利公园的沥青自行车道蜿蜒前行时，他的软件就一面观察从车顶摄像头传来的图像，一面紧密跟踪驾驶员的操作。如同罗森布拉特的感知器通过分析硬纸卡片上的字母来学习辨认它们那样，波默洛的神经网络软件通过分析驾驶员在道路上的一举一动来学习驾驶。起初，这辆携带着数百磅计算硬件和电气设备的宝蓝色雪佛兰的行驶速度不超过每小时九到十英里。但随着学习的不断深入，它的能力不断提高。

1991年的一个星期天早晨，卡内基梅隆大学的这辆汽车以近60英里的时速从匹兹堡驶向宾夕法尼亚州的伊利。在明斯基和帕珀特发表《感知器》一书20年后，这辆汽车完成了他们认为神经网络所不可能完成的任务。

可惜，辛顿并未亲身经历这一壮举。他和妻子扎林在1987年已经离开美国，搬去加拿大。辛顿把这次搬迁归咎于罗纳德·里根总统。在美国，人工智能研究的大部分资金来自军事和情报部门，尤其是国防部旗下的国防高级研究计划局。里根政府官员为了资助反对尼加拉瓜社会主义政府的活动，向伊朗秘密出售武器。结果东窗事发，导致曝光了臭名昭著的伊朗门事件。辛顿在那种政治氛围中，越来越对自己使用国防高级研究计划局的资金感到不安。他的妻子扎林更是明确表明她无法继续在美国生活且极力主张搬去加拿大。于是，辛顿离开了卡内基梅隆大学，前往多伦多大学担任教授。

几年后，当辛顿在加拿大苦苦寻找新的研究经费时，他开始怀疑自己的搬迁决定是否明智。

"我应该去伯克利。"他对妻子说。

"伯克利？我会去伯克利。"

"但你说过你不会住在美国。"

"那不是美国。那是加利福尼亚。"

可是，木已成舟，他们已在多伦多定居。事实证明，辛顿的这个决定不仅改变了人工智能的未来，而且也对地缘政治格局产生了深远影响。

杨立昆和卷积神经网络

杨立昆[1]身穿蓝色羊毛衫，里面搭配一件白衬衫，坐在一台台式电脑前。那是在1989年的一天，他的电脑连接着一个微波炉大小的显示器，上面配有调节颜色和亮度的旋钮。此外，它还连接了一个看似倒挂台灯的东西。不过，那并不是一盏灯，而是一个相机。

左撇子的杨立昆伸手拿起一张纸，上面写着201-949-4038，把它放在相机下方，它的图像就出现在电脑屏幕上。杨立昆又触摸键盘，屏幕闪了闪，仿佛

---

[1] 杨立昆（Yann André LeCun，1960— ），美国国家科学院院士，法国科学院院士，计算机科学家，主要从事机器学习、计算机视觉、移动机器人和计算神经科学等领域的研究。2018年，他、约书亚·本吉奥和辛顿因其在深度学习方面的工作而获得了图灵奖。这三位有时被称为"人工智能教父"和"深度学习教父"。

是高速计算的一种迹象。几秒钟后，他的电脑识别了纸上内容，以数字方式显示出：201 949 4038。

这就是杨立昆研发的新型神经网络系统，而这个号码是他位于新泽西州霍姆德尔的贝尔实验室研究中心的办公室电话号。贝尔实验室是世界上最著名的研究机构之一，曾经发明了晶体管、激光器、Unix 计算机操作系统和 C 编程语言。现在，杨立昆这位来自巴黎的 29 岁计算机科学家和电气工程师，借鉴辛顿和鲁梅尔哈特的想法，正在开发一种全新的图像识别系统。

杨立昆的系统通过分析美国邮政局提供的大量无法投递的信封上的潦草笔迹学习辨认手写数字。也就是说，它能自动读取信封上的信息，自行分析每个数字的各种实例，并在经过大约两周的训练后，达到独立识别数字的能力。

随着计算机硬件的不断换代更新，杨立昆相信他的系统会以越来越快的速度、从越来越丰富的数据中学习，从而不断得到更新和完善，最终达到识别狗、猫、汽车，甚至人脸的能力。此外，他还和罗森布拉特一样，相信这类机器终将学会听和说，甚至会像人类那样进行推理。

不过他又补充说，"我们虽这么想，但并不真的说出来。"过去的研究人员常称人工智能即将实现，可是事实却并非如此。于是物极必反，现在若有人声称发现了通往智能的一种途径，那么那个人就必然会被人轻看。"人们不再这样声明。除非有证据来证明它们是合理的，否则你就不能提出这样的主张。你建了一个系统，它正在运作，你说'看，这就是它在这组数据上的表现。'即使如此，没有人会相信你。即使你确实有证据并证明它是有效的，但人们仍然一点都不会相信你。"

1975 年 10 月，在巴黎北部的一座中世纪修道院里，美国语言学家诺姆·乔姆斯基[1]和瑞士心理学家让·皮亚杰就学习的本质展开了一场辩论。5 年后，一本论文集重构了这场内容广泛而又深刻的辩论。青年工科学生杨立昆读到这些论文后，被有关感知器这类能自动学习的人工神经网络的想法深深吸引。他认为学习与智力密不可分，常说："任何有大脑的动物都能学习。"

那时候，很少有人关注神经网络，而那些真的关注它的研究人员也往往不把它当作人工智能，只视它为模式识别的一种形式。在巴黎高等电子电工技术

---

[1] 诺姆·乔姆斯基（Avram Noam Chomsky, 1928— ），美国国家科学院院士，教授，以其在语言学、政治活动主义和社会批评方面的工作而闻名，被誉为"现代语言学之父"。他也是分析哲学的重要人物和认知科学领域的创始人之一。

工程师学院攻读本科时，杨立昆开始研究这个想法。由于日本是当时在世界上少数仍然继续在这方面进行研究的地方之一，他读到的论文大多是由日本研究人员用英语撰写的。后来，他也发现了北美的一些动态。

1985年，杨立昆在巴黎参加了一个专门探讨新颖和不寻常计算机科学方法的会议。辛顿在会上做了一个关于玻尔兹曼机的演讲。杨立昆听后确信辛顿是地球上少数与自己持相同信念的人，就跟着他走出房间。可是场外人群乱哄哄，杨立昆无法上前交谈。这时，辛顿向他身旁的人问道："你认识一个叫杨立昆的人吗？"原来在几周前的一个研讨会上，塞诺夫斯基认识了杨立昆，并同辛顿谈起过他。

第二天，他俩在当地一家北非餐馆午餐。尽管辛顿几乎不懂法语，杨立昆的英语也很有限，但当他们一边吃着粗麦粉一边讨论联结主义奥秘时，两人间的沟通并未遇到太多麻烦。杨立昆发现辛顿似乎总是能完成他的句子，"我发现我们说着相同语言。"

当杨立昆在两年后完成他的博士论文（该论文探讨了一种类似于反向传播的技术）时，辛顿飞到巴黎，加入了他的论文委员会。通常在阅读研究论文时，辛顿总是跳过数学，只读文字。但对杨立昆的论文，他别无选择，只好跳过文字，只看数学。在论文答辩中，辛顿用英语提问，杨立昆用法语回答，尽管辛顿听不懂他的答话。

毕业后，杨立昆前往多伦多，跟随辛顿进行了为期一年的博士后研究。虽然他俩的关系融洽，可是他们的研究兴趣不尽相同。辛顿的研究旨在理解大脑，而杨立昆作为一名学有所成的电气工程师，他也对计算机硬件、神经网络数学以及人工智能的创造着迷。在他的职业生涯中，他不但一直在研究和探索神经网络及其算法，他也设计过计算机芯片和越野自动驾驶汽车。他对人工智能的追求，似乎更像是一种态度而不是一门科学。为了建造一台能够像人类那样行为的机器，他不受约束、融会贯通，把各种不同形式的研究灵活应用在各种雄心勃勃的项目中。

杨立昆受日本计算机科学家福岛邦彦[1]的研究的启发，以大脑视觉皮层为模型创建了一种新型神经网络——卷积神经网络。就好像视觉皮层用多层次来处理眼睛所捕获的光线的不同部分那样，卷积神经网络也用分而治之的方法，将

---

[1] 福岛邦彦（Kunihiko Fukushima, 1936— ），日本计算机科学家，以其在人工神经网络和深度学习上的工作而闻名。

图像切割成许多小方块，分别予以分析，从中找出细小图案，然后，通过这些信息在神经网络中的传递和汇拢，最终形成高层次的图像识别能力。

1988 年，杨立昆加入了 AT&T 贝尔实验室的自适应系统研究室。凭借那里的丰富数据，他的卷积神经网络得到迅速成长。几周后，他的系统就能准确识别手写数字，并成功找到商业应用。1990 年代中期，AT&T 旗下的 NCR 使用杨立昆的技术开始向银行出售能自动读取手写支票信息的设备。

可惜在杨立昆的银行扫描仪问市后不久，AT&T 在美国政府的压力下被肢解成许多小公司。NCR 和杨立昆的研究小组因此被强行分开，银行扫描仪项目也被解散。杨立昆倍感失望和郁闷，就在公司裁员时主动要求被解雇，并对实验室主管说："我在研究计算机视觉，我根本不在乎公司想要我做什么。"于是，解雇通知如期而至。

辛顿助邓力攻克语音

虽然整个计算机科学界对人工神经网络的兴趣在不断减弱，辛顿对它的信念却更加坚定。2007 年，在他 60 岁生日那天，他在温哥华举行的年度神经信息处理系统会议上发表演讲，并在标题中首次使用了"深度学习"一词。

这是一个巧妙的品牌重塑。对于多层神经网络，深度学习其实并没有多少新意。但对于外界，它却是一个令人遐想的术语，能激起人们对这个被长期冷落的领域的兴趣和关注。当辛顿在演讲中谈到其他人都在做"浅层学习"时，场上听众发出了会心的笑声。事实将证明这是一个高招。而且，它也提高了这一小群在学术边缘上锲而不舍的研究人员的声誉。

2008 年 12 月 11 日，软件科学家邓力[1]来到位于温哥华北部雪山脚下的小城威斯勒。那是一个著名的滑雪胜地，但他来此并不是为了滑雪，而是为了科学。那时，每年来自世界各地的嘉宾都会聚集在温哥华，参加在那里举办的神经信息处理系统年会。会后，许多人又会前往威斯勒参加在那里举办的更加私密的研讨会。这种会议的形式灵活多样，或是学术演讲、或是苏格拉底式辩论、或是走廊对话，以便进一步探讨人工智能的未来。

---

[1] 邓力（Li Deng, 1958— ），加拿大工程院院士，语言识别专家。

邓力成长在中国，赴美深造后一直致力于语音软件的开发和研究。他曾是加拿大滑铁卢大学的教授，后来应邀前往西雅图担任微软中央研发实验室的研究员。微软早在 1990 年代就已开始销售语音识别软件，并把它宣传成一种能够在个人电脑和笔记本电脑上自动听写的方式，但不可否认的事实是，它的效果并不理想。当人们对着麦克风准确发音时，软件的错误率往往比正确率更高。邓力的研究团队花了 3 年时间构建了一个新型语音系统，可是与上一个版本相比，它的准确率只提高了 5%。接着，在威斯勒的一个夜晚，他偶遇杰弗里·辛顿。

邓力认识辛顿。1990 年代初，有关联结主义的研究曾短暂复苏，邓力的一个学生写过一篇关于使用神经网络系统来识别语音的论文，辛顿教授是该论文委员会的成员。在接下来的几年里，联结主义在工业和学术界又被冷落，他们也就很少见面。

"有啥新鲜事儿？"邓力问道。

"深度学习。"辛顿回答说，并告诉他神经网络已经能够用于语音。

邓力听后将信将疑，心想，辛顿不是一个语音研究者，而神经网络也从未在任何领域里真正发挥过作用。于是，他告诉辛顿自己正在微软研发一种新型语音技术，大概不会有时间去尝试新方法。可是辛顿不气馁，说他的研究虽然没有受到多少关注，但在过去几年里他和他的学生已经发表了一系列论文来详细介绍他们的深度信念网络。这种网络能从更多数据中学习，并且表现出了能与当前领先语音方法相比的能力。

"你必须试试。"辛顿反复说。邓力表示他会。然后他们交换了电子邮件地址。

转眼，几个月过去了。邓力在夏天有了一些空余时间，就开始阅读有关神经网络语音识别的文献。他读后印象深刻，就给辛顿发了个电子邮件，建议他们围绕这个想法组织一个新的威斯勒研讨会。不过，邓力对这个被全球语音界同行普遍忽视的技术的前景，仍然心存疑虑。他想，在简单测试中，辛顿的系统确实表现不错，可是不少其他算法也是如此。不久，他又收到一份辛顿的电子邮件，并附了一篇可以进一步推动这个技术的研究论文初稿。该论文表示，他们的神经网络在分析了大约 3 小时的口语单词后，它的表现达到甚至超过了当前最好语音方法的水平。"这篇论文不够好，"邓力读后并不满意，"我不相信他们得到了与我一样的结果。"于是，他就要求看原始测试数据。在他收到回复，亲自仔细查看了那个研究的数据后，他相信了。

于是，邓力向辛顿发出邀请，请他来微软研究实验室待一段时间。辛顿欣然同意。但是，首先他得到达那里。40年前，当他在帮助母亲搬一个砖砌储热器时，不小心椎间盘滑脱。随着岁月的流逝，情况越来越糟，如今只要弯腰或坐下，就可能复发。"这是遗传、愚蠢和倒霉的结合，就像生活中所有其他问题一样。"他有时会这样说。因此，在多伦多大学的实验室里，为了缓解疼痛，他常躺在他的办公桌上或靠墙放着的一张小床上与学生会面。这也意味着他几乎不能开车，也不能乘飞机。

2009年秋的一天，辛顿乘地铁去多伦多市中心的长途汽车站，早早在那里排队，以便在前往布法罗的巴士上占到后座，躺下装睡，这样就不会有人打扰他。"在加拿大，这行得通。"他回忆说。可是从美国返回加拿大时，情况就不同了。"我躺在后座上假装睡着，有个家伙走过来踢了我一脚。"

当他到达布法罗后，他办理了去微软实验室工作所需的签证，然后乘坐三天火车，穿越整个美国，到达西雅图东边的小城雷德蒙德。邓力直到听说这次旅行要花那么长时间后，才意识到辛顿的背部问题有多么严重。在火车到达前，他给自己的办公室订购了一个站立式办公桌，以便与辛顿并肩工作。

洋溢着浓厚学术气息的99号楼是微软的研发中心。那里的实验室专注于未来的方向和技术，与充斥在微软其他部门里的那种注重市场和金钱的氛围完全不同。1991年实验室成立时，它的主要目标之一是研发能识别口语单词的技术，并在接下来的15年里一直以异常高的待遇聘请像邓力这样的杰出人才。

辛顿和邓力在99号楼三楼的一个实验室里计划用几天时间，构建一个可以通过训练神经网络来识别口语单词的原型。有一次，当辛顿正站在他的台式机前编写代码时，站在他身旁的邓力也开始在同一个键盘上打字。这是邓力热心参与的一贯风格，辛顿却未曾有过这样的经历。"我已习惯了人们互相打断，"他说，"但我并不习惯在输入代码时受到其他人在同一键盘上输入代码的打扰。"

尽管辛顿一直淡化自己作为数学家和计算机科学家的技能，邓力却对他编写的代码的精练简洁印象深刻，"一行一行，太清晰了。"而且，他们的原型在使用微软的语音数据进行训练后，立即发挥了作用。这样，邓力就看到了神经网络在语音识别上的前景，并相信它若能从更大规模的数据中学习，它的能力必然会变得更强。

不过，他们的原型仍然缺乏分析所有微软语音数据所需要的计算机处理能力。在多伦多大学，辛顿使用了一种被称为GPU（即图形处理器）的非常特殊的计算机芯片。起初，英伟达设计这种芯片只是为了能快速渲染诸如《光晕》

和《侠盗猎车手》等流行视频游戏的图形。但是，深度学习研究人员后来发现其实 GPU 也同样擅长于支持神经网络算法的运算，有助于它在更短的时间内从更多的数据中学习。这就间接印证了杨立昆在 1990 年代形成的芯片想法，只不过 GPU 是现成的芯片。辛顿和他的两名学生，阿卜杜勒-拉赫曼·穆罕默德和乔治·达尔，在使用 GPU 训练他们的语音系统后，它的能力超越了当时最先进的水平。

辛顿结束在微软的短暂停留后，邓力又邀请穆罕默德和达尔前来 99 号楼，并且希望他们把日子错开，以确保该研究项目的连续性。不过，辛顿和他的学生强调，这个项目必须使用完全不同于微软语音软件所使用的硬件，包括一张价值 1 万美元的 GPU 卡，否则就不可能成功。邓力的上司亚历克斯·阿塞罗听后不以为然，对他说，"别浪费你的钱。"GPU 是为游戏设计的，并不是为了人工智能的研究。不过，在辛顿的坚持下，邓力还是购买了所需硬件。

乔治·达尔来到微软实验室后，使用 GPU 以及微软收集到的大量口语数据对辛顿的原型进行训练。结果，它的能力超过了微软其他语音产品的性能。而且在嘈杂的语音中，人工神经网络表现出了卓越的过滤能力，并以工程师所无法企及的方式正确分辨出声音与声音以及词与词之间的各种细小而又微妙的差别。

这是人工智能漫长历史中的一个重要转折点。"他是一个天才，"邓力对辛顿的工作赞誉有加，"他知道如何一次又一次地产生重大影响。"

黄仁勋和 GPU

英伟达研发的 GPU 对语音识别的惊人效果给辛顿留下了深刻印象，于是他就在一次会议上向与会者展示了这些结果。然后，他又联系了英伟达。"我发了一封电子邮件说，'瞧，我刚告诉一千多名机器学习研究者，他们应该去买英伟达显卡。你们可以送我一张吗？'"

可是，辛顿告诉作家史蒂芬·威特，"他们说不。"

英伟达的首席执行官黄仁勋[1]于 1963 年 2 月 17 日出生在台南市，9 岁时，

---

1 黄仁勋（Jen-hsun "Jensen" Huang, 1963— ），美国电气工程师，英伟达联合创始人、总裁兼首席执行官。

他和他的哥哥作为无人陪伴的未成年人被送到美国。他们先在华盛顿州的塔科马落脚，与舅舅一起生活，然后又被送往肯塔基州的奥奈达浸信会学校。他的舅舅以为那是一所声望很好的寄宿学校，但它其实是一所宗教改造学校。

黄仁勋被安排和一个 17 岁的室友住在一起。在他们共度的第一夜晚，那个年长的男孩掀起衬衣，向黄仁勋展示了他在打架时留下的累累刀伤。"每个学生都吸烟，我想我是学校里唯一不随身带小刀的男孩子。"黄仁勋回忆。他的室友几乎是个文盲，因此黄仁勋就教他读书，而"他教我如何仰卧推举。后来我每天晚上睡前都会做一百个俯卧撑"。抚今追昔，黄仁勋认为他在奥奈达的经历培养了他的毅力。"那时，没有可以交谈的辅导员，"他说，"你只能变得坚强，努力向前。" 2019 年，他给该校捐赠了一栋大楼。

几年后，他的父母也进入美国，重新与他们哥儿俩团聚，并在俄勒冈州定居。15 岁时，黄仁勋找到了他的第一份工作——在丹尼餐厅洗碗，并在接下来的几年里每年夏天都去那里工作。"这是一个绝佳的职业选择。我强烈建议大家从餐饮业开始第一份工作，它教会你谦逊和努力工作。"

黄仁勋在高中时的表现优异，还是一名全国排名靠前的乒乓球运动员。他参加了学校的数学、计算机和科学俱乐部且跳了两级在 16 岁时毕业。随后，他进入俄勒冈州立大学，主修电气工程。大学毕业后，黄仁勋在硅谷找到了一份微芯片设计师的工作，继而得到提拔而管理一个部门，并在晚上去斯坦福大学攻读研究生。

1993 年，他和太阳微系统公司的两名资深微芯片设计师克里斯·马拉科夫斯基[1]和柯蒂斯·普里姆[2]共同创立了英伟达。虽然在这三人中黄仁勋最年轻，只有 30 岁，马拉科夫斯基和普里姆都相信他能够胜任首席执行官。"他善于学习。"马拉科夫斯基说。

马拉科夫斯基和普里姆想设计一款能让竞争对手羡慕不已的图形芯片。于是，他们就将公司命名为英伟达，他们的灵感来源于拉丁词汇"Invidia"，意思是"羡慕"。

然而，出师不利，他们的产品并没有成功。在资金的压力下，黄仁勋不得不在 1996 年解雇了一百名公司员工中的一半以上，并将剩余资金押在一种未经

---

[1] 克里斯·马拉科夫斯基（Chris Malachowsky, 1959— ），美国电气工程师。英伟达联合创始人，曾任工程和运营高级副总裁。

[2] 柯蒂斯·普里姆（Curtis R. Priem, 1958/1959— ），美国电气工程师。他是英伟达的三位联合创始人之一，1993—2003 年任首席技术官。

测试的微芯片的制作上。在正常情况下，将未经过测试的设计投入生产是不可思议的。"几乎是五五开。"他回忆道，"但无论如何，我们都快要破产了。"

当这款以 RIVA 128 为名的产品推向市场时，英伟达的资金只够支付一个月的工资。但是这次赌博得到了回报，英伟达在四个月内售出了 100 万只 RIVA 芯片。于是，黄仁勋趁热打铁鼓励员工继续怀着起死回生的忧患意识进行生产和销售。在接下来的几年里，他经常把"我们公司距离破产只有 30 天"当作开场白，使之成为英伟达的非官方座右铭。

在标准的计算机架构中，中央处理器（CPU）是它的核心，承担大部分计算工作。几十年来，英特尔一直是 CPU 的主要制造商，而它也曾多次试图将英伟达排挤出市场。"我从不会靠近英特尔，"黄仁勋将此比喻为猫和老鼠的关系，"每当他们靠近我们，我就抓起我的芯片逃走。"

因此，英伟达另辟蹊径走上了开发图形芯片的道路，主打游戏市场。1999 年，英伟达在公司上市后不久推出了一款名为 GeForce 的图形卡。公司营销主管丹·维沃利把它称作图形处理器（GPU），并说，"我们发明了这个类别，这样我们就可以成为该领域的领导者。"

GPU 与通用 CPU 截然不同，它将复杂的数学任务分解成许多小计算，然后再用并行计算的方法来一次性处理它们。因此，CPU 就好像是一辆送货卡车，一家家逐个送包裹；而 GPU 仿佛是一个穿梭在城市街道上的摩托车车队，同时给不同的目的地送包裹。

GeForce 在游戏市场上的流行得益于《雷神之锤》游戏系列的推出，该系列使用并行计算在屏幕上渲染怪物和周围环境，并让玩家使用榴弹发射器射击。而且，《雷神之锤》系列还有一个多人对战的"死亡竞技"模式，个人电脑游戏玩家为了获得优势，每次升级都会去购买新的 GeForce 卡。

2000 年，正在斯坦福大学学习计算机图形学的研究生伊恩·巴克将 32 张 GeForce 卡连接在一起，使用八台投影仪玩《雷神之锤》。"这是第一个使用 8K 分辨率的游戏设备，它占据了一整面墙，"巴克回忆道。"它非常美。"

这时巴克就想，除了可以用来发射榴弹外，GeForce 显卡还会有其他用途吗？巴克知道英伟达给 GeForce 配备了一个名为着色器的原始编程工具。于是，他在美国国防高级研究计划局的资助下破解了这个着色器以及支持它的并行计算电路，并且进一步使用 GeForce 成功创建了一种低成本超级计算机。

之后不久，黄仁勋就把巴克招入他的麾下，并在 2004 年委任他监督英伟达的超级并行计算软件包 CUDA[1] 的开发。黄仁勋的愿景是要让 CUDA 在每一张 GeForce 显卡上运行,就宣布说,"我们正在普及超级计算。"与此同时,英伟达的硬件团队也配合巴克开发的软件,在微芯片上专门为超级计算操作分配空间。

CUDA 在 2006 年底对外发布时,市场上的反应令人失望。黄仁勋想要普及超级计算,但是大众却似乎并不想要这样的东西。硅谷一档热门播客的联合主持人本·吉尔伯特说,"他们花费了数十亿美元来瞄准学术和科学计算的一个晦涩角落,这在当时并不是一个大市场,当时的市场规模肯定比他们投入的数十亿美元要小。"因此,英伟达的股价到 2008 年底已下跌了 70%。

那是一个异常艰难的时期。黄仁勋后来经常在演讲中谈到他在那时对台湾大学物理学教授邱廷伟的一次访问,并且强调说这给了他在这段艰难时期的信心。原来,邱教授为了模拟宇宙大爆炸后物质的演化,在他办公室附近的实验室里建造了一台自制超级计算机。黄仁勋发现那里到处都是 GeForce 盒子,而它们则依靠摇摆式台扇进行冷却。"黄仁勋是一个有远见的人,"邱教授说,"他让我一生的工作成为可能。"

邱教授是一个模范顾客,可是像他这样的人并不多。CUDA 的下载量在 2009 年达到峰值后,连续三年下滑。因此,董事会成员开始担心,英伟达低迷的股价也许会使它成为公司掠夺者的目标。"我们竭尽全力保护公司免受激进股东的侵害,他们可能会介入并且试图拆分公司。"英伟达长期董事会成员吉姆·盖瑟说。

可见,英伟达在那时已经是自身难保,所以对辛顿的请求说不,实在也是有它的苦衷。

李飞飞创建图像网

2006 年的一天,伊利诺伊大学厄巴纳-香槟分校的年轻教师李飞飞[2] 应邀前往母校普林斯顿大学讲学,向计算机科学系介绍她在视觉分类这方面的最新成果。

---

1 CUDA 是英伟达开发的并行计算平台和编程模型,用于 GPU 的通用计算。借助 CUDA,开发人员能够利用 GPU 的强大功能来显著加快计算应用程序的速度。
2 李飞飞(Fei-Fei Li,1976—),美国国家工程院院士,计算机科学家,因创建图像网而闻名。该数据集推动了 2010 年代计算机视觉的迅速发展。

"你听说过一个叫做词义网（WordNet）的项目吗？"

问这话的是计算语言学家克里斯蒂安·费尔鲍姆，是李飞飞在演讲后的几天里遇到的多位普林斯顿大学教职员之一。克里斯蒂安在语言学这方面的研究与李飞飞所从事的计算机视觉研究几乎没有什么关联，但在她们之间却有一条重要纽带，那就是她们都相信类别是视觉（我们看到的事物）和语言（我们描述它们的方式）之间的交集。而克里斯蒂安提到的这个词义网将彻底改变李飞飞的职业生涯乃至她的生活。

词义网是心理学和认知科学领域传奇人物乔治·阿米蒂奇·米勒[1]的杰作。他的研究试图由表及里，建立驱动人类行为的心理过程模型。因此，他很自然地被语言结构及其在思维中所扮演的角色这方面的问题深深吸引，所以就想通过词义网，在一个宏大的规模上剖析和描绘语言结构。

为此，米勒博士提出了两个雄心勃勃的问题：如果将人类通过语言表达的每一个概念都组织在一个庞大的单词数据库里会怎么样？如果把这些词按照它们的含义而非字母顺序来组织又会如何，比如将"苹果"和一组与它相关的单词，例如"食物""水果""树木"等组织在一起？可见，米勒心目中的这个单词数据库就好像是一张包罗了人类全部概念的巨网，并按照描写这些概念的单词之间的相互含义来编织这张网。

词义网自1985年启动以来，已经发展到了一个令人难以置信的规模，其中包括超过14万个英语单词，并迅速扩展到其他语言。对于时任全球词义网协会主席的克里斯蒂安来说，这几乎是一份全职工作。而李飞飞除了对词义网的范围、持续时间以及前辈多年来如此高超的指导和协调工作深感敬佩之外，她也从中得到了启发。

自从在加州理工学院读博士学位时开始研究视觉以来，李飞飞一直相信人类视觉感知的核心在于对明确定义的各种类别的认识。也就是说，人对其周围环境的感知不是通过颜色和轮廓的认知，而是通过对类别的辨认。只是，她还不清楚究竟需要怎么做才能使计算机视觉技术达到实用水平。现在，词义网给了她一个答案，或至少是一个暗示，让她首次看见一条途径。

接着，仿佛是为了进一步阐述这一点，克里斯蒂安又提到另一个相关项目。该项目通过视觉示例，例如照片或图表，来进一步说明词义网中每一个概念的

---

[1] 乔治·阿米蒂奇·米勒（George Armitage Miller，1920—2012），美国国家科学院院士，心理学家，认知心理学的创始人之一。米勒写了几本书并指导了词义网的开发，词义网是一个可供计算机程序使用的在线单词链接数据库。

含义。虽然这个计划已被放弃，李飞飞却深受启发，觉得连它的名字"图像网（ImageNet）"都似乎充满暗示。

李飞飞甚至还未离开普林斯顿校园，这些点点滴滴的思想就已经在她的脑海里酝酿。首先是词义网：这个令人难以置信的单词数据库似乎捕获了世界上的所有概念，并按词义的自然层次加以有序组织。然后是图像网：一种为每一个概念分配相关图片的尝试。她觉得，这两个项目仿佛都是对她思考中的那个深邃而又神秘的视觉世界的一种响应。

于是，她联想到：如果将"加州理工101"建立在词义网这样的规模上会怎么样呢？

加州理工101是李飞飞在加州理工学院做研究时倾心用几个月时间建立起来的一个包含了101种类别的视觉图像数据集。想到仅仅101种类别就用了她那么长时间，"不可能"就出现在她的脑海里，因为她明白建立像词义网这么大规模的视觉数据集必将是一个壮举，所需的工作量将会是巨大的。不过她又想，这么大的规模不正是因为它能够真实反映大千世界的复杂性吗？也许那个能让计算机识别万物的秘诀，就是在于创建这样一个无所不包的图像数据集呢？

虽然李飞飞在当时并不知情，其实母校邀请她访问还有其他原因。结果在那次讲学后不久，她就应聘成为普林斯顿大学的助理教授。

赴任几周后，她联系了克里斯蒂安，想让她知道她俩的那次谈话产生了多么深刻的影响。有关词义网和图像网的想法，就好像是那颗在星空中闪耀着的北极星，激发了李飞飞的想象力也鼓起了她的勇气，决心将此想法变为现实。

"您知道吗，我一直在思考图像网，您说它从未完成。"李飞飞说道。

"是的，这很不幸。对我们雇用的本科生来说，它有点乏味。而且它好像是一个没有什么意义的研究，博士生也都不愿意去碰它。"

李飞飞听后笑了笑，脑海中闪过在加州理工与导师彼得罗·佩罗纳一起，为加州理工101数据集下载并标注图像时的那些令人难忘的情景。克里斯蒂安说得没错，但这并不是她提起这个话题的原因。

"那么……这是否意味着我可以使用这个名称呢？"李飞飞含笑问道。

一个包含了数万种类别的数据集会有什么用呢？大多数模型甚至还在努力识别一两个！

你有没有想过，用这么多图像训练一个模型需要多长时间？飞飞，你说的可是一件需要数年的事。

你真的想把这个数据集整理出来吗？谁来标注那数百万张图像？需要多长时间？你又如何验证它们的正确性呢？

抱歉，但这没有任何意义。

李飞飞越是和同事交流图像网的想法，就越感到孤独。项目刚开始就受到几乎所有同事的反对实在不是一个好兆头；是的，这个项目的规模确实会是巨大的，而她也的确会需要一大批贡献者，但她似乎一个也找不到。更糟糕的是，无论她是否同意那些观点，她明白那些意见都是合情合理的。

在 2006 年，一个不可否认的事实是，算法是视觉研究的中心，而数据却是一个不那么令人兴奋的话题。就机器化智能而言，算法就好像是大脑中错综复杂的神经网络。还有什么比将它连接得更好、更快、更强大还要重要的呢？而数据在算法的阴影下，仿佛就像那些供孩子们玩耍的玩具，不过是训练工具而已。

但是，这也正是李飞飞认为数据值得更多关注的原因。毕竟，生物的智能并不像算法，它不是被设计出来，而是演化而成的。而演化又何尝不是环境对生物内部的不断影响呢？即使在现在，我们的认知仍然承载着无数代祖先生活经历的印记，并随着时间还在不断提高对外部世界的适应能力。我们能够毫不费力地即时识别自然景观，是因为环境塑造了我们的感官。而这就是数据的力量。李飞飞相信，图像网将赋予视觉算法一种与之相类似的体验——同样的深、同样的广、同样的多彩多姿、同样的混乱不堪。

李飞飞和她的博士生邓嘉[1]在实验室的一角，看着一排本科生不停地点击鼠标和轻敲键盘。他俩在稍早时发出这样一份电子邮件，征求：愿意帮助从互联网上下载和标注图像的本科生。灵活轮班。每小时 10 美元。这似乎是个颇为公平的交易：李飞飞和邓嘉就此朝着机器智能的一个新时代勇敢迈出了一步，而这些学生则可以得到一些零用钱。

这是一个令人兴奋的时刻，可是现实很快就浮现出来。

"嘉，是我的错觉，还是这一切看上去真的有点……慢？"

"是的，我也担心这个。其实，我已根据他们在几分钟里的工作做了推算。"

呃哦，李飞飞感到不安。

"按照目前的速度，我们可以预计完成图像网需要……"

---

[1] 邓嘉（Jia Deng），普林斯顿大学计算机科学副教授，负责普林斯顿视觉与学习实验室。

李飞飞不由自主地深咽了一口口水。他注意到了。

"是的：差不多19年。飞飞，我相信这个项目，真的，但我不可能等这么久才拿到博士学位。"

虽然不是特别优雅，工作在接下来的几个月里逐渐有了节奏。图像网仿佛是一头困兽，每当人靠近它时，它就张牙舞爪，猛烈反击。李飞飞和邓嘉取得了一些小小的胜利。但每当他们以为终于把它逼到角落时，它就会发出更低沉、更嘶哑的咆哮，令人胆战心惊。

幸运的是，邓嘉属于那种在困境中会更努力思考的人。

不知不觉，图像网项目已进入第二年，李飞飞觉得他们的工作已取得不少进步。标注团队的工作已有所进展，邓嘉也一直在优化工作流程。

"您想知道还要多久才能完成图像网吗？我已重新做了估算。"

李飞飞正在想这个问题，就走到邓嘉的办公桌旁。

"好吧，综合考虑所有因素：我们所有的优化、捷径以及我们已经标注的图像，我们已经成功地将那个19年的预计完成时间缩短到……"

李飞飞突然失去勇气。会很糟糕，她突然感到。

"……大概18年。"

邓嘉是一个很有才干的人，可是尽可能降低坏消息的冲击力并不在其中。李飞飞在很长一段时间以来，第一次发现自己不知道下一步该怎么办。

千头万绪，需要担心的事实在太多了。但是，李飞飞的思绪绕来绕去总是会回到邓嘉身上。想到他在刚进入计算机视觉领域时，虽稚气未脱，却才华横溢，意气风发；想到他在那时就信任李飞飞，相信她的带领。将心比心，李飞飞能够感觉到邓嘉的挫折感正在与日俱增，而且他也一定在为自己的博士学位之路担忧。李飞飞是个过来之人，懂得博士生的艰辛，因此，只要一想到她可能会把自己的学生引入歧途，她的胃就禁不住直反酸。

同样，科学上的失落感也令李飞飞心碎。在经历了如此漫长的旅程后，她无法接受自己的直觉居然会引导她犯下这么严重的错误。突然间，她仿佛就像一叶失去了方向的扁舟，在惊涛骇浪中随风漂泊。

"对不起，呃，飞飞？"

李飞飞正赶着去参加一个教师会议，就要迟到了，一位名叫孙民的研究生突然出现在她面前。他看得出李飞飞很匆忙，但他仍然坚持。

"嗨，呃，您有一点时间吗？"

李飞飞认识孙民，知道他平时说话轻声细语。显然，他有什么重要的事。

"昨天我和嘉在一起聊天，"孙民继续说，"他告诉我，你们在这个标注项目上遇到了麻烦。我想，我有一个你们俩还没有尝试过的办法，一个可以真正加快进度的办法。"

李飞飞的耳朵立刻竖了起来，忘记了自己的匆忙。嘉居然有社交生活？她心中暗想。

"您听说过众包吗？"他没等回答就进一步解释说，在线平台被证明在组织远程临时劳动力这方面非常有效，它能自动分配任务和收集结果，它的规模小到个人，大到数百万人的团队。"如果您有兴趣，亚马逊正提供这个服务，叫作土耳其机器人[1]。"

土耳其机器人，这个有趣的名字取自于18世纪的一台自动国际象棋机器的名字，它在世界各地巡回展出多年，既是一个工程奇迹，也是一名强大对手，即使对经验丰富的棋手来说也是如此。但这是个骗局；它的底座里藏了一个人类国际象棋大师，偷偷在内部操纵机器，让观众既惊喜又困惑。

几个世纪后，新兴众包实践建立在同样理念上：智能的自动化最好还是由人来执行。亚马逊围绕这个概念建立了一个市场，允许"请求者"发布"人类智能任务"，由贡献者也就是"土耳其人"完成，他们可能来自世界各地。

心有灵犀一点通。李飞飞立即认识到亚马逊众包平台所承诺的，正是她和邓嘉所需要的：它仍然依靠人类智能，但它的速度和规模却可以与自动化相比！难怪亚马逊又称它为"人工人工智能"。

果然，亚马逊众包改变了一切。它将李飞飞的本科生标注团队转变成了一支国际团队，从几十人到几百人，再到成千上万人。随着这种支持力度的不断增强，邓嘉预计的完成时间跟着急剧缩短，从15年，到10年，再到5年，然后是两年，最后是不到一年。每一天都有成千上万张新图像被标注。在图像网的发展顶峰，李飞飞团队是亚马逊众包平台上的最大雇主之一，每月的账单也反映了这一点。尽管亚马逊众包的费用相对低廉，但图像网的规模是如此之大，以至于她发现项目已接近预算困境。

---

[1] 土耳其机器人（Amazon Mechanical Turk, MTurk）是一个众包网站，企业可以通过该网站雇用远程"众包工人"来执行计算机目前无法经济完成的离散按需任务。

一天，李飞飞接到了斯坦福大学计算机科学系主任比尔·达利的电话，问她是否有兴趣把她的实验室搬到加利福尼亚来。

在普林斯顿大学担任教职不到三年就换工作，实在是难以想象。饮水思源，是普林斯顿大学发现了她，并在她高四时，通过向她提供奖学金而彻底改变了她的命运。每当想到这些，李飞飞都会激动不已。更何况，普林斯顿大学又在她还是一名未经证明的助教时给了她新的机会，并给了她第一个实验室和第一名博士生，而她的周围也都是些令人尊敬和爱戴的导师和同事。

然而，作为一名科学家，李飞飞觉得自己属于一个年轻而又迅速发展的领域的一部分，正准备奉献一生来改变世界，而她在斯坦福大学遇到的人也和她一样真诚地相信这一点。她觉得普林斯顿就好像是自己的家，但她也不能否认斯坦福似乎更适合她的研究。事实上，她越想就越担心"家"是不是太舒适了。她向往搬迁，恰恰就是因为那里会不舒服，而那种不确定感，那种在风口浪尖上才能经历得到的考验和磨炼，才是她所追求的。

于是，李飞飞在 2009 年应邀前往斯坦福大学。邓嘉和绝大多数她的学生也都随她一起转学。同年 6 月，得益于斯坦福大学提供的新研究资金，图像网终告建成。虽然一路走来步步艰难，李飞飞和邓嘉终于通过互联网，把来自全球 167 个国家和地区超过 48000 名贡献者整合成一支有力团队，从近 10 亿张候选图中筛选出 1500 万张图像，并按照词义把它们分别安排在 22000 个类别里。此外，他们的团队还对每一张中选图像做了手工标注，且对其内容和类别层次作了一式三份验证。

图像网挑战赛

2009 年计算机视觉和模式识别大会在迈阿密举行。经过近三年的奋斗之后，李飞飞和邓嘉迫不及待地期待着向世界展示图像网的那一刻。

"这是什么？"邓嘉接过李飞飞递给他的一个白色纸盒。

"打开看！"她说。

邓嘉打开盒子的翻盖，朝里看去。"嗯……笔？"

"是印有图像网标志的笔！我在网上找到一个会做的地方。"

"它们看上去很酷，但这有啥用呢？"

"我们可以在会上分发！所有科技公司都这么做。你知道，商品。我们需要让人们记住我们。"

这师生二人满怀期望到达会场,却发现会议组织者把图像网安排在"海报展示"。也就是说,他们不能在演讲大厅向嘉宾介绍他们的成果,而只能在会议大厅的指定区域摆放一幅印有项目摘要的大海报,并希望人们在经过时驻步浏览和询问。

会议期间,他们回答了一些常见问题,也与对此有兴趣的同行做了一些愉快交流,可是到头来几乎一无所获。显然,无论图像网的未来如何,不管它是计算机视觉技术的一个重大突破,还是一次愚蠢尝试,在那次大会上,除了那些笔以外,它几乎未产生任何影响。

一段时间以来,李飞飞已经听惯了各种对图像网的唱衰声。因此,她既做好了被业界接纳,也做好了被全盘否定的准备。无论如何,那都是一个学习机会。可是,她没有料到图像网居然会被完全忽视,仿佛根本不存在一般。"我错过了什么?"她不禁自问。

夏去秋来,李飞飞前往日本京都去参加国际计算机视觉大会,纽约州立大学石溪分校的助理教授亚历克斯·伯格与她同行。伯格也是一名计算机视觉研究者,他的博士论文研究还使用了李飞飞创建的视觉数据集——加州理工101。

"你知道我最喜欢加州理工101什么吗?"伯格开口问道,"它并不仅是些训练数据。更重要的是,可以用相同的图像来对比我的研究结果和你的结果。苹果对苹果。"

"一个基准。"李飞飞会意。

"没错。它使进展变得容易衡量。对于一个研究人员来说,还有什么比这更令人激动的呢?这就像是一个挑战。敢还是不敢。"

敢不敢。李飞飞喜欢这个想法。

"好吧,那么……如果让图像网去做同样的事,那将会如何呢?"李飞飞边想边问,"更好的是,如果我们围绕它组织一场竞赛呢?"

于是,李飞飞一回到学校就带领团队筹办起来。

图像网大型视觉识别挑战赛是一个向所有人开放的年度竞赛。2010年举行的第一届挑战赛于5月开放报名,获胜者名单将在同年晚些时候在希腊克里特岛举行的欧洲计算机视觉大会的研讨会上宣布。赛事公布后,李飞飞团队很快收到了150份注册报名,并有11个团队向他们提交了35份作品。

一天,邓嘉见到李飞飞,问她:"告诉我,您的终极目标是什么?"

对这个问题李飞飞胸有成竹，自从经历了图像网项目的那些最黑暗的日子以来，她几乎没有考虑过其他问题。图像网不仅是一个数据集，它也是李飞飞的一个大胆假设：由于人类认知是数千年来不断在自然界的多样性和不稳定性的陶冶下演变而成的，因此，计算机视觉也必须经过包罗万象的图像网的大规模训练，才能实现它那认知世界的飞跃。

不过，考虑到图像网的庞大规模，她也对当时流行的各种算法表示担忧。她猜想无论是支持向量机（Support Vector Machine，SVM）、随机森林、自适应提升，还是她和她的导师在一篇论文中使用过的贝叶斯网络，也许都无法承受图像网的重压。"我不认为图像网会使当今算法变得更好，"李飞飞说，"我认为它会使它们过时。"

结果，勇拔头筹的参赛作品来自一个由 NEC 实验室、罗格斯大学和伊利诺伊大学的研究人员联合组成的团队，他们使用了支持向量机。这个算法在当时相当流行，被视为目标识别的一个事实上的标准。然而，他们的获奖作品虽然使用了图像网，但它的能力并没有得到显著提高。

这实在是令人失望。可是，如果说 2010 年是虎头蛇尾的话，那么 2011 年就令人担忧了。这次比赛的获胜作品来自法国施乐研究中心，他们也使用了支持向量机，而新作品的性能只比第一届作品提高了约两个百分点。而且，更糟糕的是挑战赛的参与度也在下降，注册人数从第一年的 150 人减少到 96 人，参赛作品也从 35 份减少到 15 份。

李飞飞陷入深思。两年过去了，那梦想中的突破仍然还只是一个梦想。

2012 年 8 月，图像网终于不再是那个让李飞飞夜不能寐的中心话题。自从她的孩子呱呱坠地后，哺乳、尿片和持续中断的睡眠成了她生活的新常态。因此，她决定跳过那一年将在意大利佛罗伦萨举行的图像网挑战赛的结果发布会。

一天深夜，她突然接到邓嘉打来的电话。

"喂？"他的声音听上去有点兴奋。

"是这样……我们一直在评估今年的参赛结果，只是其中一个参赛作品……我是说——"

他犹豫起来。

"怎么了？那是什么？"李飞飞追问。

"好吧。首先，他们使用了一个非常不正统的算法。如果你相信的话，它是一个神经网络。"

李飞飞的耳朵竖得更直了。如果说刚才邓嘉还没有完全吸引她的注意力，那么现在他是肯定做到了。

"它就像个……古董。"

李飞飞听后不禁笑出声来。一个 21 世纪的学生竟然用"古董"这个词来形容神经网络。但他是对的。世界正在飞速向前发展，大多数业界人士确实早已将神经网络视作尘封往事，将它束之高阁。

"真的吗？一个神经网络？"

"是的。但还有更多。飞飞，你不会相信这玩意儿的性能有多好。"

辛顿团队攻克视觉

2012 年春的一天，辛顿给加州大学伯克利分校教授吉腾德拉·马利克打了一个电话。马利克教授是计算机视觉领域的权威之一，也是李飞飞的导师彼得罗·佩罗纳的导师。他曾公开批评过那种认为深度学习是计算机视觉未来的说法。虽然深度学习已经攻克了语音识别，可是他仍然质疑这个技术是否能真正掌握识别图像的艺术。

马利克拿起听筒接话时，辛顿问道："听说你不喜欢深度学习。"马利克说是的，而当辛顿问他为什么时，他解释说，没有科学证据能够支持有关深度学习可以胜过其他计算机视觉技术的说法。辛顿听后指出，最近已有论文表明深度学习在多个基准测试中表现良好。马利克立即回答，那些数据集太老，没有人会关心它们。"这说服不了任何一个不认同你的意识形态偏好的人。"他斩钉截铁地说。

于是辛顿就问，那怎么才能说服你呢？马利克说，除非深度学习能够驾驭一个名为"帕斯卡"的数据集。"帕斯卡太小，"辛顿表示，"为了使这项工作成功，我们需要大量训练数据。图像网行不行？"马利克说，一言为定。

马利克教授不知道，辛顿的实验室其实已经在构建一个新型神经网络。而且在他的两个学生伊利亚·苏茨克弗[1] 和亚历克斯·克里兹热夫斯基[2] 的努力下，

---

[1] 伊利亚·苏茨克弗（Ilya Sutskever, 1986— ），英国皇家学会院士，计算机科学家，专门研究机器学习，在深度学习领域做出了多项重大贡献。
[2] 亚历克斯·克里兹热夫斯基（Alex Krizhevsky, 1986— ），计算机科学家，因其在人工神经网络和深度学习方面的工作而闻名。2012 年，他和苏茨克弗以及他们的博士导师辛顿一起仅使用两块英伟达的 GeForce 卡就开发了强大的视觉识别网络 AlexNet（亚历克斯网）。

它即将完成。苏茨克弗和克里兹热夫斯基都出生在苏联，也都在移居以色列之后来到多伦多。

几年前，当苏茨克弗还是个本科生并为了生计和学业在当地一家快餐店勤奋炸薯条时，他敲开了辛顿教授办公室的门，用他那带着浓重东欧口音的英语，问辛顿是否能让他参加深度学习实验室。

"你能不能预约一下，这样我们可以谈谈？"辛顿说。

"好的，"苏茨克弗说，"现在行吗？"

辛顿暗吃一惊，就让他进来。简短交谈后，他发现这个数学系学生颇为敏锐，就给了他一篇关于反向传播的论文（就是那篇在 25 年前揭示了深度神经网络潜力的文章），并告诉他读完论文后再来。几天后，苏茨克弗回来了。

"我不明白。"他说。

"这只是基本的微积分啊。"辛顿说道，心里略带惊讶和失望。

"哦，不。我不明白的是为什么你不用导数，并把它们交给一个良好的函数优化器。"

"我花了五年时间才认识到这一点。"辛顿在心中暗想。于是，他递给这位 21 岁的青年人第二篇论文。一周后，苏茨克弗又来了。

"我不明白，"他说。

"为什么呢？"

"你训练一个神经网络去解决一个问题，然后，如果你想解决另一个问题，你就从头开始训练另一个神经网络去解决那个问题。你应该有一个神经网络，并用它来对所有问题进行训练。"

意识到苏茨克弗似乎具备一种在短短数周内就能得出即便是经验丰富的研究人员也要数年才能得出的结论的能力，辛顿邀请他加入深度学习实验室。不久，辛顿发现他是自己教过的学生中唯一一个比他更有好主意的人，而且他还以一种近乎疯狂的方式不住浇灌那些想法。当一个重要想法出现时，苏茨克弗会在与乔治·达尔合租的公寓里做倒立俯卧撑来强调那一刻，并说，"成功是有保障的。"2010 年，苏茨克弗阅读了瑞士尤尔根·施密德胡贝尔[1]实验室发表的一篇论文后，就在走廊里告诉其他几位研究人员，神经网络可以解决计算机视觉问题，并坚信这只是一个谁去做的问题。

辛顿和苏茨克弗是一对创意天才，他们虽然相信神经网络能够攻克李飞飞

---

1 尤尔根·施密德胡贝尔（Jürgen Schmidhuber, 1963— ），计算机科学家，因其在人工智能领域的工作而闻名。

的图像网，可是他们需要克里兹热夫斯基的技能来实现这个目标。克里兹热夫斯基低调谦逊，是个极有才华的软件工程师，而且特别擅长构建神经网络。

事实上，用编码来构建人工神经网络，靠的不仅仅是科学，它也好像是一门艺术。凭借经验、直觉和运气，像克里兹热夫斯基这样的研究人员在构建这种系统时需要反复试验，而且每一次这种尝试都要通过数小时甚至数天的计算机计算才能得到结果。

因此，这也是一个螺旋式循序渐进的过程。在编程时，研究人员首先要化整为零，对算法进行简化，然后再分而治之，将划分好的任务分配给数十个数字"神经元"去分别处理。在训练时，他们需要将成百上千张有关识别对象的图片，比如各种狗的照片，输给人工神经网络，希望它在经过了一段时间的学习后，可以正确辨认狗。如果不成功，研究人员就分析和调整相关数学或系数，重新开始下一轮的尝试。直到成功为止。

有人称这为"暗黑艺术"，而克里兹热夫斯基就是这种艺术的大师。而且，他还非常善于在 GPU 芯片里挤出每一丝效率来。"他非常擅长神经网络研究，"辛顿说，"但他更是一位卓越的软件工程师。"

在苏茨克弗向他介绍图像网之前，克里兹热夫斯基甚至连听都没有听说过它，而一旦明白了他们的计划后，他也不像实验室里其他同僚那么兴奋。于是，苏茨克弗花了数周时间整理数据，使其更加便于处理，而辛顿也告诉克里兹热夫斯基，每当他将神经网络的性能提高 1%，他就可以得到额外的一周时间来撰写他自己的"深度论文"。此外，辛顿还鼓励克里兹热夫斯基使用英伟达的 GPU 和 CUDA。

克里兹热夫斯基和父母住在一起，于是就在自己卧室里的电脑上展开了工作。他先用数周时间设计软件，并想方设法从 GPU 里挤出所有能力，以便用尽可能多的数据来训练他的新神经网络。接着，他就开始训练，并在卧室的电脑屏幕上跟踪进展。训练往往达不到目标，于是他就优化代码，调整神经元的权重，再展开新一轮训练。"两块 GPU 板在他的卧室里嗡嗡作响，"辛顿回忆说，"其实，他的父母支付了相当可观的电费。"

每周辛顿都会把他的学生召集到实验室来，请他们分享自己正在做的事及其进展。克里兹热夫斯基常常默不作声。每当辛顿哄他谈结果时，房间里就会有一种特别的兴奋感。"每个星期，他都会试图让亚历克斯·克里兹热夫斯基多说一些，"实验室里的另一位成员亚历克斯·格雷夫斯回忆道，"他知道这是多么重要。"

到了秋天，克里兹热夫斯基的卷积神经网络终于超过了所有其他视觉技术的识别能力。而他的这个新神经网络系统后来也被人工智能专业人士命名为"亚历克斯网"（AlexNet），以表彰这项工作的独特性和重要性。

飞机舷窗外一片漆黑，李飞飞告诉自己，很快就会在不知不觉中到达佛罗伦萨。可是她怎么也摆脱不了自己内心的愧疚感，真的不敢相信自己为了参加欧洲计算机视觉大会，居然不顾自己的家庭陷入混乱。可是邓嘉的消息也确实没有给她留下什么余地。不过，她也暗自庆幸，当一个婴儿需要临时照顾时，和父母住在一起真是太好了。

她想要入睡，可是纷乱的思绪无法让她平静。邓嘉向她汇报的那份脱颖而出的参赛作品，竟然取得了比去年冠军高出 10 个百分点的惊人成绩，一举创下了 85% 准确度的最高纪录。虽然它还没有达到人类约 97% 的水平，可是它比其他任何算法都更接近这个目标，而且是那么接近。然而，更令人震惊的是它采用了神经网络技术。在过去数十年里，尽管像支持向量机这样的现代算法受到广泛关注，并在前两年的比赛中获胜，但这个新作品的作者却反其道而行之，选择了神经网络，并以绝对优势碾压对手。

10 个百分点的飞跃？在短短一年内？而且是通过神经网络？飞机穿过了一个又一个时区，李飞飞浮想联翩，心里无法平静。这就好像被告知，汽车纪录被一辆本田思域以超过每小时一百英里的速度差优势打破了一样。这似乎不合常理，进步好像不应该是这样的。

可是又一想，或许真该如此？李飞飞想到邓嘉的一篇论文，邓嘉的研究表明，那些在小数据集上表现良好的技术，在大数据集上反而表现不佳，反之亦然。因此，这是不是表明像图像网这样的大而密集的可能性空间其实更适合于神经网络的学习？换句话说，也许只有神经网络才有能力应付在类别上如此大幅度地增加，而其他技术却不能？

当飞机在佛罗伦萨降落时，轻轻跳动的机身把李飞飞从沉思中唤醒。无论如何，她还是觉得那个作品实现的飞跃似乎有点太过惊人。不过，她也发现它具备了每一个伟大突破的特征：疯狂的外表，包藏着一个意义非凡的想法。

消息很快传开。有关这次会议可能要宣布一个历史性事件的传言，激起了与会者的好奇心。当李飞飞到达研讨会场时，那里已经挤满了人，连杨立昆都没有找到座位，只好靠墙站在后边。

会场氛围从一开始就非常紧张。人群分为三派：第一派是支持图像网的一小部分人，包括李飞飞、亚历克斯·伯格以及辛顿实验室的成员。第二派是绝大多数持中立立场的观望者。第三派人数虽不多，却非常好斗，直言不讳。从图像网诞生之初，他们就一直在极力反对它。李飞飞通常不理会这种人，可是现在就做不到了。

辛顿由于背疾几乎无法进行国际旅行，就派遣克里兹热夫斯基代表他参加。克里兹热夫斯基才华出众，又是作品的主要作者，是当之无愧的不二人选。可是与不少杰出人士一样，他的演说并未能与他的精湛作品相符。在观众的怀疑态度空前高涨的情况下，他那细声细气、平铺直叙的演讲根本无法为他赢得支持者。

开放提问时，气氛变得更加紧张。有人抱怨图像网大而无当，根本没有必要包含这么多类别。他们认为，物体识别模型目前仍然处于初级阶段，根本不能证明这样一个庞大数据集是必要的。其实，辛顿团队的工作几乎已经对此提出反证，可是克里兹热夫斯基的演讲实在是太乏味无力了。

接着，坐在前排的加州大学伯克利分校教授亚历克谢·埃夫罗斯起身说道，图像网不是一个可靠的计算机视觉测试。因为"它不像现实世界"。虽然它有数百张T恤照片，而亚历克斯网可能也确实学会了识别这些T恤，可是那些没有一丝褶皱，整齐摆放在桌面上的T恤和被人穿过的T恤根本不是一码事。李飞飞听后感到好笑，心想，真的吗？T恤成了个致命伤？会场上的其他人也都困惑不解。

随后，埃夫罗斯教授的伯克利同事吉腾德拉·马利克，也就是那位告诉辛顿如果神经网络能赢得图像网的胜利，他就会改变对深度学习的看法的那位教授，表态说他对此印象深刻，但在该技术应用到其他数据集之前他不会做出判断。

这时，站在会场后面的杨立昆实在忍不住，就高声说，这毋庸置疑是计算机视觉历史上的一个重要转折点，并用洪亮的声音斩钉截铁地宣布："这就是证明。"

事实上，克里兹热夫斯基的演说通过27张貌似平淡的幻灯片，已经将神经网络的本质和能力清晰而又详尽地展示出来，发人深省，意义深远。事实胜于雄辩，在罗森布拉特的感知器、福岛邦彦的新认知机和杨立昆的卷积神经网络之后，亚历克斯网是神经网络技术在经过了几十年的酝酿和奋斗后所取得的又一个历史性里程碑。

多年来，李飞飞的实验室把一切都押在了对于一个空前规模的视觉数据集的追求上，而辛顿的实验室也将他们的声誉全都押在了一个已经被业界放弃了几十年的想法上。为了信念，他们坚定不移，不惜背水一战。现在，当他们目睹神经网络以图像网作标杆真的表现出令人难以置信的能力时，他们的想法和信念终于得到了证实，而他们的努力和奋斗也得到了最好回报。

回程飞机上，李飞飞的思绪不再像来时那么纷乱。她已仔细剖析了亚历克斯网，它没有错误，没有疏忽，也没有笔误。瓜熟蒂落，神经网络在图像网的推动下，已经死而复生，而且更丰满、更成熟、更强大。

如果说，邓力的微软团队在辛顿等人的指导和帮助下在 2009 年攻克了语音，给人工智能装了耳朵的话，那么，辛顿团队在李飞飞的图像网的帮助下在 2012 年攻克视觉，就让人工智能长了眼睛。

因此，亚历克斯网如今已能与莱特飞行器和爱迪生灯泡相提并论。而辛顿也把 2012 年赢得图像网视觉识别竞赛这件事称作"那是一个大爆炸时刻"。而亚历克斯·克里兹热夫斯基发表的关于亚历克斯网架构的 9 页论文，也已被引用十几万次，成为计算机科学历史上最重要的论文之一。

与此同时，辛顿团队的工作和研究也表明，神经网络必须使用图形处理器。也就是说，人工智能离不开图形处理器。"如果没有 CUDA，机器学习就太困难了。"辛顿强调说。"GPU 的出现就像是一个奇迹。"苏茨克弗也给了极高的评价。

因此，一石二鸟，人工智能不仅攻克了计算机语音和视觉识别，而且也给黄仁勋的超级计算普及化运动带来了一个决定性的胜利。

"这是一种源于远见的运气，"黄仁勋说，"我们发明了这种能力，然后有一天，那些正在研究深度学习的研究人员发现了这个架构。因为这个架构非常适合他们……非常适用于人工智能。"

这时，黄仁勋又联想到，"它们解决了完全无结构的计算机视觉问题，这就引出一个问题：'你还能教它什么呢？'"答案似乎是：一切。于是他猛然醒悟，神经网络势必将彻底改变世界，而他也可以因势利导，用 CUDA 和 GPU 来主宰人工智能的硬件市场。

因此，黄仁勋毅然决定再一次带领英伟达进行转型。"他在周五晚上发了个邮件，表示一切都将转向深度学习，我们不再是一个图形公司，"英伟达的副总裁格雷格·埃斯蒂斯回忆道，"到周一早上，我们就成为一家人工智能公司。真的就是那么快。"

第十一章

人工智能之春

著名企业家和投资家彼得·蒂尔每年都要召集他的风险投资公司"创始人基金"所资助公司的领导人开一次会。在2012年的聚会上,特斯拉创始人埃隆·马斯克结识了戴密斯·哈萨比斯[1]。哈萨比斯是一个神经科学家、视频游戏设计师和人工智能研究员,他那彬彬有礼的举止,掩盖了他那极具竞争精神的天性。4岁时,他就成为国际象棋神童且先后五次获得国际智力运动奥林匹克竞赛冠军,这种比赛包括国际象棋、扑克、思维导图和西洋双陆棋。

哈萨比斯的现代化伦敦办公室里存放着艾伦·图灵在1950年发表的那篇开创性论文《计算机器与智能》的原版。在这篇文章里,图灵描述了一个后来被称为"图灵测试"的模仿游戏,并意味深长地写道:"我建议考虑这样一个问题,'机器会思考吗?'"

在图灵观点的影响下,哈萨比斯与友人在2010年秋合伙创立了一家名为DeepMind[2]的公司,致力于设计基于计算机的神经网络,以实现通用人工智能[3]。换句话说,该公司想要制造一种可以学习如何像人类一样思考的机器。

"埃隆和我一拍即合,然后我去参观了他的火箭工厂。"哈萨比斯说。当他

---

1 戴密斯·哈萨比斯(Sir Demis Hassabis, 1976—),英国皇家学会院士、计算机科学家、人工智能研究员。2024年,他和约翰·詹珀因其在蛋白质结构预测方面的人工智能研究贡献而同获诺贝尔化学奖。
2 DeepMind是一家英美人工智能研究实验室。2010年成立于英国,2014年被谷歌收购。
3 通用人工智能(Artificial general intelligence, AGI)是人工智能的一种。它需要在广泛的认知任务中能够匹配或超越人类的认知能力。这与狭义人工智能形成鲜明对比,狭义人工智能仅限于特定任务。

们坐在一个可以俯瞰装配线的食堂里时，马斯克说他建造飞往火星的火箭，是为了在万一发生世界大战、小行星撞击或文明崩溃时，这也许是保存人类意识的一种方式。

哈萨比斯听后，马上提出另一个潜在威胁——人工智能。因为机器可能取得超级智能而凌驾于一切之上，并有可能反过来伤害甚至消灭人类。马斯克听后沉思近一分钟后说，他已在脑中对各种因素在未来数年里的演变进行了视觉模拟，并且认为哈萨比斯的看法是正确的。因此，他决定向 DeepMind 投资 500 万美元，以便监控它的发展和方向。

哈萨比斯和 DeepMind

2012 年 12 月，谷歌以 4400 万美元，收购了一家由辛顿和他的学生苏茨克弗以及克里兹热夫斯基合办的三人公司。然而，对谷歌工程主管艾伦·尤斯塔斯来说，这只是一个开端，因为谷歌志在必得，决心垄断全球深度学习的研究人才市场。

数月前，谷歌首席执行官拉里·佩奇[1]在南太平洋的一个岛上召集公司高管一起研讨战略，并将人工智能定为首要任务。他告诉他的副手们，深度学习即将改变整个行业，而谷歌必须先发制人。"我们要放手一搏。"佩奇说。

尤斯塔斯是房间里除了佩奇之外唯一一个真正知道佩奇在说什么的人。"他们都往后缩，"尤斯塔斯回忆道，"但我没有。"就在那一刻，佩奇全权委托他，务必把在这个仍处于襁褓中的领域里的所有主要研究人员都征召过来。因此，尤斯塔斯在从多伦多大学招募了辛顿等三人后，又跃跃欲试，准备带队前往伦敦，去那里实地考察 DeepMind。

2013 年年底，尤斯塔斯、谷歌元老杰夫·迪恩[2]和另外两位谷歌员工计划在位于伦敦市中心罗素广场附近的 DeepMind 办公室待两天，以便考察那里的技术和人才。这时他们想到了人工智能运动的领军人物——辛顿。可是，当尤斯塔斯邀请辛顿参加他们的跨大西洋考察之行时，辛顿却说他患有背疾，无法同行。因为航空公司在起飞和降落时要求每一个乘客坐下，而他的背疾根本不允许他

---

1 拉里·佩奇（Lawrence Edward Page, 1973— ），美国计算机科学家，与谢尔盖·布林共同创立谷歌。
2 杰夫·迪恩（Jeffrey Adgate "Jeff" Dean, 1968— ），谷歌人工智能负责人，2023 年被任命为谷歌首席科学家。

坐下。起初，尤斯塔斯以为这只是一个托词，但当他明白情况后，就决定去寻找一个解决方案。

尤斯塔斯不仅仅是一个工程师，而且还是一名飞行员、跳伞爱好者和全能刺激寻求者。他想，如果租用一架私人飞机，那么他们就可以让辛顿躺在一张由两个座位折叠而成的临时床上，然后再用两根绷紧的带子固定他。因此，当他们乘坐一架私人湾流飞机飞往伦敦时，辛顿就平躺在这样一张为他临时搭建的床上。"每个人都对我很满意，"辛顿回忆说。"这意味着他们也可以乘坐私人喷气机。"

DeepMind 创立于 2010 年秋。它的三位创立人分别是：戴密斯·哈萨比斯，肖恩·莱格[1]和穆斯塔法·苏莱曼[2]。而它的名称既是对深度学习和神经科学表达敬意，也是对在《银河系漫游指南》中计算生命终极问题的那台深思超级计算机的致敬。

哈萨比斯的母亲是华裔新加坡人，父亲是希腊裔塞浦路斯人。他曾在 14 岁以下国际象棋选手中排名世界第二，后来又以一等荣誉毕业于剑桥大学计算机科学专业。大学毕业后，他和剑桥同学大卫·西尔弗[3]创办了一家电子游戏公司。后来由于游戏市场上弱肉强食，小型开发商的生存空间被越挤越小，哈萨比斯解散了他的公司，并于 2005 年决心创办一家更雄心勃勃的、能够重新创造人类智能的初创公司。

哈萨比斯知道自己在人工智能这方面的积累不够，就在创办公司前先去伦敦大学学院攻读神经科学博士学位，希望在正式尝试重建大脑前更全面地了解它。完成博士学业后，哈萨比斯留在伦敦大学学院的盖茨比实验室作博士后研究。这个实验室的研究方向处于神经科学和人工智能的交汇处，而它的创始教授正是辛顿。不过，辛顿在那里工作 3 年后就返回了多伦多大学。

哈萨比斯在盖茨比实验室结交了肖恩·莱格。正如他后来回忆的那样，即使是在像盖茨比这样的研究场所，严肃的科学家也不会公开讨论通用人工智能。"那基本上是一个令人嘲笑的领域，"他说。"如果你和任何人谈论通用人工智能，往好里说，你会被认为是一个古怪的人，往坏里讲，你会被认为是那种患有妄想型的非科学角色。"

---

1 肖恩·莱格（Shane Legg, 1973— ），英国机器学习研究员，因其在通用人工智能方面的学术工作而闻名。
2 穆斯塔法·苏莱曼（Mustafa Suleyman, 1984— ），英国人工智能企业家，现任微软人工智能的首席执行官。
3 大卫·西尔弗（David Silver, 1976— ），英国皇家学会院士，谷歌 DeepMind 首席研究科学家，伦敦大学学院教授。他领导了强化学习研究。

可是莱格这个一边在学习计算机科学和数学，一边又在练习芭蕾舞的新西兰人却与哈萨比斯志趣相投。他梦想建造超级智能，可是他又担心这种机器有朝一日也许会反过来威胁人类命运。他在论文中写道，超级智能可能带来前所未有的财富和机会，但也可能导致那种危及人类存亡的"噩梦般的场景"。他认为，虽然建成超级智能的可能性很小，研究人员仍然需要认真考虑它的后果，"如果我们承认真正智能机器的影响可能是深远的，并在可预见的未来确实有这种可能性，那么未雨绸缪，提前为此做好准备就是明智的。如果我们等到智能机器似乎就在眼前时再去深入思考和讨论所涉及的问题，那就为时已晚了。"莱格还相信人脑本身可以为建造超级智能提供导图，所以他来到盖茨比实验室，以便深入探索大脑和机器学习之间的联系。"这似乎是一个非常自然的去处。"他说。

哈萨比斯和莱格都想解决智能问题，可是他们在如何实现这个目标上的想法上并不一致。莱格想从学术界入手，而哈萨比斯却认为他们别无选择，只能立足于工业界，并坚信这是完成这项极端任务的唯一途径。他了解学术界，也了解商业界。他告诉莱格，他们可以从风险投资家那里筹集到远比他们作为教授撰写拨款提案要多得多的资金。莱格最终接受了他的想法。然而"我们没有向盖茨比实验室里的任何人透露我们的计划，"哈萨比斯说，"他们会认为我们有点疯了。"

这时，他们开始与企业家和社会活动家穆斯塔法·苏莱曼一起讨论。DeepMind创办时，苏莱曼提供了经济头脑，并负责寻找维持研究所需的资金。哈萨比斯、莱格和苏莱曼各自在这家公司留下了独特的印记。他们放眼人工智能的未来，也致力于解决近期问题，并公开提出了他们对这项技术的担忧。在商业计划书的第一行，他们表明DeepMind的目标是通用人工智能。同时，他们也告诉任何愿意倾听的人，这项研究可能是危险的，超级智能可能会威胁人类命运，并郑重声明，永远不与军方分享他们的技术。

谷歌一行人搭乘的电梯在DeepMind办公大楼的两个楼层之间出人意料地停了下来。等待时，辛顿担心这种延误会影响DeepMind办公室里那些正在等候着他们的人，其中不少人与他相识。他想，"这一定很尴尬。"当电梯终于重新启动，谷歌代表抵达顶层时，哈萨比斯迎接了他们，并把他们领进一个设有长桌的会议室。

其实，当时哈萨比斯感到的并不是尴尬而是担忧，一种对不得不将公司内部研究暴露给一家资源庞大的公司而产生的严重忧虑。除非确信自己愿意出售，而谷歌也想购买，否则他真的不想也不应该向他们透露公司里的任何秘密。

来宾鱼贯而入后，哈萨比斯首先发言，介绍 DeepMind 的使命。随后，几位实验室研究员从理论到实践，向宾客一五一十地描述了实验室正在探讨的部分课题。其中最引人入胜的内容来自弗拉德·姆尼赫，他介绍了一款新开发的能够玩雅达利游戏的神经网络系统，包括 1980 年代的经典游戏《太空侵略者》《乓》和《突破》。

当姆尼赫演示《突破》时，筋疲力尽的辛顿躺在地板上，旁边是众人围坐着的一张长桌。偶尔，姆尼赫会看到辛顿举手，向他提问。对姆尼赫来说，这就好像以前他们在多伦多的日子一样。演示结束后，杰夫·迪恩问这个系统是否真的在学习玩《突破》的技能。姆尼赫说是的，它正在自行追逐一些特定规则，因为通过这些规则它能赢得最多奖励——对雅达利游戏来说，就是夺取尽可能高的分数。

这种被称为"强化学习[1]"的技术并不在谷歌探索的范围之内，可它却是 DeepMind 的主要研究方向，并聘请了不少精于此道的研究员，包括哈萨比斯的剑桥同窗西尔弗。尤斯塔斯对姆尼赫的演示印象深刻，认为这个使用强化学习构建而成的系统，是 DeepMind 对通用人工智能的第一次成功尝试。"在大约一半的游戏里，它们的表现超越了人类，而且在某些情况下，真的是令人惊叹，"他说，"机器会制定一种致命的策略。"

雅达利演示结束后，莱格介绍了他在他的博士论文中描述的一种可以在任何环境里学习新任务的数学代理。他说，姆尼赫团队已经构建了能够在《突破》和《太空侵略者》中学习的代理，而他的想法是这些尝试的自然延伸，使其超越游戏，进入更复杂的数字领域以及现实世界。正如软件代理学会了怎样在玩《突破》游戏时夺取最高分一样，机器人代理要学会在客厅里行走，汽车代理要学会在社区里安全行驶。同理，英语代理也将学会使用英语的艺术。当然，这些挑战都要困难得多。游戏是在一个封闭的环境里，而奖励也有明确的定义。然而，现实世界却千变万化，奖励也常常难以定义。但这就是 DeepMind 给自己提出的挑战。"肖恩的论文构成了他们工作的核心。"尤斯塔斯指出。

除了对未来的愿景，DeepMind 也研发了能在近期发挥作用的应用产品。在谷歌员工的注视下，昔日辛顿实验室的博士后亚历克斯·格雷夫斯演示了一个

---

[1] 强化学习（Reinforcement learning）是机器学习和最优控制的一个跨学科领域，涉及智能代理如何在动态环境中采取行动以最大化累积奖励。

会书写的系统。通过对定义对象的图案分析，神经网络可以学习辨认对象。而且，只要它能够理解定义对象的样式，它也可以生成该物体的图像。比如在分析了一系列手写文字后，格雷夫斯的系统不但学会辨认手写文字，而且还能生成它的图像。研究人员把这称为"生成人工智能[1]"，并希望这种技术在将来可以通过分析狗和猫的照片来生成狗和猫的图像。

在谷歌研究员的年薪动不动就是数十万甚至数百万美元的情况下，DeepMind只能给诸如格雷夫斯这样的研究员支付不到10万美元的年薪，而且这已经是极限，因为这家成立了3年的小公司，仍然没有收入。当格雷夫斯和其他研究人员向谷歌的访客们描述他们的工作时，哈萨比斯意识到有些事必须改变。

演示结束后，杰夫·迪恩问哈萨比斯是否可以看一下DeepMind的软件代码。哈萨比斯听后不禁一愣，犹豫片刻，但他最终还是同意了。而迪恩在查看代码约15分钟后，就相信DeepMind能与谷歌相匹配。"这显然是由那些知道自己在做什么的人完成的，"他说，"我觉得他们的文化可以和我们的文化兼容。"迪恩博士不仅是谷歌的元老，也是美国国家工程院院士，他的话一言九鼎。至此，谷歌收购伦敦的这家小实验室已无悬念。尽管长期以来哈萨比斯一直向他的员工承诺DeepMind将保持独立，但他已别无选择。"我们实在无法抵挡那些价值千亿美元的公司为了网罗我们所有顶级人才而发动的不顾一切的攻势，"莱格说，"我们设法留住所有人，但从长远来看，这是不可能的。"

尽管如此，当他们就出售事宜与谷歌谈判时，哈萨比斯、莱格和苏莱曼还是在合同中加入两个条件：一条旨在防止将任何DeepMind技术用于军事，另一条则规定谷歌必须成立一个独立的伦理委员会，负责严密监督DeepMind通用人工智能技术的应用。

2014年1月，谷歌宣布以6.5亿美元的价格收购了只有50名员工的DeepMind。

人工智能扎根谷歌

2014年12月，克里兹热夫斯基在假期回到多伦多看望父母时，收到阿内

---

1 生成人工智能（Generative AI, or GAI）是人工智能的一部分，它使用生成模型来生成文本、图像、视频或其他形式的数据，通常以自然语言提示的形式出现。

莉娅·安吉洛娃的一封电子邮件，说她希望能在谷歌的自动驾驶汽车项目上得到帮助。安吉洛娃和克里兹热夫斯基都在谷歌的人工智能实验室"谷歌大脑[1]"工作。

安吉洛娃其实并未参与谷歌自动驾驶项目的研究工作，但她认为克里兹热夫斯基在图像识别这方面的研究，不但适用于而且还会改变开发自动驾驶汽车的方式。谷歌自动驾驶汽车项目，在公司内被称为"私人司机"，已有近5年的历史。

1980年代末在卡内基梅隆大学，迪恩·波默洛用神经网络成功设计了自动驾驶软件。然而，当谷歌在20年后着手研究自动驾驶时，这方面的专家包括不少从卡内基梅隆招募来的研究人员都早已放弃这个想法。他们普遍认为，神经网络确实在构建一辆可以在空荡荡的街道上自主行驶的汽车时起过关键作用，但仅此而已，它的确是一个绝妙的想法，但它并不是自动驾驶的方向。

安吉洛娃不同意这种观点。于是，她乘实验室人员回家过节之机，在空无一人的谷歌办公楼里开始尝试深度学习，训练它观察和分辨正在过马路的人以及在人行道上行走的人的能力。由于深度学习对她来说是一个崭新领域，她就联系了她心目中的那个"深度网络大师"。

克里兹热夫斯基欣然同意。于是，他俩就在假期里构建了一个能够通过分析街道照片来学习识别行人的神经网络系统，并于新年伊始，向私人司机项目的负责人展示了他们的原型。由于效果良好，他们二人都应邀加入了这个项目。2016年谷歌重组时，私人司机项目从谷歌分拆出来，成为一家独立的子公司——慧摩[2]。

自动驾驶项目的工程师把克里兹热夫斯基称作"人工智能耳语者"，在他的影响下，深度学习在整个项目里传播开来，并成为谷歌汽车识别各种路况路标的最有效方法。克里兹热夫斯基也满意地将此称为"手到擒来的果实"。接着，他和他的同事们又将这项技术进一步推广到汽车导航系统。通过正确的数据训练，深度学习不仅能帮助规划前进路线，甚至还能预测未来的事件。

在过去5年里，自动驾驶团队一直通过手工编码控制汽车的运行。他们事无巨细、谨小慎微，唯恐百密一疏而造成不可挽回的后果。可是现在他们完全改变了策略，转而使用深度学习来构建能够自主学习驾驶的新系统。因

---

1 谷歌大脑（Google Brain）是一个深度学习人工智能研究团队，已在2017年被纳入新成立的谷歌人工智能部门——Google AI。
2 慧摩（Waymo）是一家自动驾驶技术公司。它的前身是谷歌自动驾驶汽车项目，现在是Alphabet的子公司。

此，他们不再需要使用复杂的计算机语言来定义行人和车辆的模样和行为，而是通过成千上万张实际驾驶照片来训练系统，让它自学。所以在理论上，如果谷歌能收集到足够的图像来展示汽车在道路上可能遇到的每一种情况，并将其输入到一个巨大的神经网络里，那么这个新系统就能学会安全驾驶的技术。这个未来虽然仍需多年才能实现，但它在 2014 年已成为谷歌自动驾驶的发展方向。

不仅如此，深度学习也开始改变谷歌这个正在不断壮大的帝国里构建技术产品的基本方式。借助 4 万块新购买的 GPU 芯片，神经网络在谷歌开始扎根继而渗透到各个领域，从谷歌照片——在大量图像中实时寻找物体，到电子邮件——预测使用者将要输入的单词。更重要的是，深度学习还推动了谷歌在线广告平台的发展。通过分析以往人们曾点击过哪些广告的数据，它能帮助在线广告平台预测用户将会点击什么。更多点击意味着更高利润。因此，谷歌虽然用数千万美元网罗深度学习研究人员，又花费了数亿美元购买 GPU 芯片，可是比起深度学习的影响和成果，这些投资很快收到丰厚回报。

同样在伦敦，DeepMind 使用类似于玩《突破》游戏的技术，建立了一个能够显著降低数据中心网络能耗的新系统。它能自行决定每一台计算机服务器的冷却风扇应该何时开启或关闭；数据中心的窗户应该何时打开或者关上；冷凝器和冷却塔应该在什么时候启动或关闭。由于谷歌数据中心的规模是如此之大，仅这一个系统就为谷歌节省了数亿美元。

苏茨克弗曾经在 2011 年飞抵伦敦参加 DeepMind 的面试，当时他还是多伦多大学的研究生。交谈时，哈萨比斯和莱格告诉他，DeepMind 正在从玩游戏的系统入手构建通用人工智能。听着听着，苏茨克弗渐渐感觉他们的话不切实际，通用人工智能似乎并不是一个认真的研究人员应该谈论的话题。因此，他未接受这家初创公司的邀请。

不过，在加入谷歌大脑项目后，他的想法变得宏大。而当他作为谷歌跨大西洋合作成员，在伦敦的 DeepMind 办公室工作了两个月后，他开始相信取得真正进展的唯一方法就是要去追求通用人工智能这个看似遥不可及的目标，并相信只要有更多的数据和更强的处理能力，他和他的同事就能训练出一个无所不能的系统。这系统将不仅能驾驶汽车，也将会阅读、交谈和思考。"他是一个敢于相信的人，"曾在谷歌与苏茨克弗共过事的机器人研究员谢尔盖·莱文说道，"虽然不乏大胆之人，但他特别胆大。"

苏茨克弗加入谷歌时，深度学习已经攻克了语音和图像识别。因此，他开始研究计算机翻译，欲将一种语言即时翻译成另一种语言。此前，谷歌大脑已经探索了一种名为"词嵌入"的技术。它通过分析大量文本（新闻文章、维基百科文章、自行出版的书籍等）给英语单词设定与之相应的数字——"向量"，从而以定量的方式揭示词与词之间的关系，并由此构建了一种关于语言的数学关系图。在这个关系图上，"哈佛"一词的向量与"大学""常春藤"和"波士顿"等词的向量相接近，尽管它们的语意互不相关。另一方面，虽然"耶鲁"与"大学"和"常春藤"接近，但它却与"波士顿"没有什么关联。

苏茨克弗的工作是对这种词嵌入想法的一个延伸。他使用了尤尔根·施密德胡贝尔和亚历克斯·格雷夫斯在瑞士研发的一种被称为"长短期记忆"的方法，将大量英文原文与它们的法文翻译一起输入神经网络，然后再让它通过分析来确定句子的向量，并将其映射到一个具有相应向量的法文句子上。即使不是语言学家，也能看出这种方法是多么巧妙和实用。比如说，"玛丽钦佩约翰"的向量与"玛丽爱上约翰"和"玛丽尊重约翰"的向量相接近，但它却与"约翰钦佩玛丽"的向量非常不同。同样，"她在花园里给了我一张卡"与"我在花园里收到她的一张卡"和"在花园里，她给了我一张卡"相近。苏茨克弗和他的合作者构建的新系统很快就超过了所有其他计算机翻译软件的性能。

2014年12月，在蒙特利尔举行的年度处理系统大会上，苏茨克弗向来自世界各地的研究人员介绍了他们团队在翻译工作上取得的进展。他告诉观众，新系统的优点在于其简洁性，并说，"我们用最少创新取得了最大成果。"话音刚落，掌声满堂，连他本人也吃了一惊。接着他又解释说，神经网络的力量在于只要给它提供数据，它就能自学。尽管训练这个系统有点像暗黑魔法，但其实却不然。只要在收集数据后进行一段时间的训练，它就能产生相应的结果。另外，苏茨克弗还强调说，这不单单是翻译上的一个突破，实际上它适用于所有有关序列的问题，从自动为照片生成说明文字，到即时总结新闻。只要有正确的数据，人类在瞬间就能完成的事，神经网络也能做到。因此，"真正的结论是，你若有一个庞大的数据集和一个强大的神经网络，那么成功是有保障的"。

辛顿在房间后面站着听讲。当他听伊利亚·苏茨克弗说"成功是有保障的"时，心想："只有伊利亚才能逃避惩罚。"不知何故，只有他才能这么说而不至于引起太多反感。这种话，在其他人口中会显得过于自夸，可是在他的嘴里就不知为何反而显得真诚。事实证明他的话也是对的，不出一年半，谷歌大脑就将这个语言翻译原型改造成了一个对所有人开放的实用产品。

OpenAI

马斯克在投资 DeepMind 后不久，就向拉里·佩奇介绍了这家在伦敦的小实验室。他俩私交甚笃，马斯克还常在佩奇位于帕洛阿尔托的家中借宿。由于自从认识哈萨比斯后，人工智能的潜在危险在他的脑中挥之不去，这也就成了他与佩奇在深夜长谈时的一个近乎痴迷的话题。然而令他惊讶的是，佩奇却对此不以为然。

2013 年，在纳帕谷举办的一个生日派对上，这两人在朋友和嘉宾面前激烈辩论起来。马斯克说除非我们采取保护措施，否则人工智能就有可能取代人类，使我们这个物种变得无关紧要，甚至灭绝。佩奇则完全不同意他的观点，说，如果有朝一日机器在智力甚至意识上超越人类，那又有什么关系呢？那只是进化的下一个阶段而已。

马斯克听后严厉驳斥道，人类意识是宇宙中最珍贵的一抹光辉，我们绝不能让它泯灭。佩奇对这话嗤之以鼻，认为这完全是感情用事的一派胡言。如果意识可以在机器里复制，那么它为什么不可以同样有价值呢？更何况有朝一日，也许我们甚至可以把自己的意识上传到机器里。因此，他指责马斯克是一个偏心自己物种的"物种主义者"。

"是的，我的确是亲人类，"马斯克大声宣告，"老兄，我真他妈的喜欢人类。"

因此，当马斯克听到佩奇和谷歌正在计划收购 DeepMind 的消息时，他焦急万分，就想和友人卢克·诺塞克一起出资阻止这笔交易。在他俩与哈萨比斯之间进行的一次长达一小时的通话中，马斯克告诉哈萨比斯，"人工智能的未来不能让拉里控制。"可是，他们的努力没有成功。

起初，佩奇成立了一个安全委员会。马斯克是其成员之一，并在他的火箭工厂 SpaceX 召开了它的第一次也是唯一一次会议。佩奇、哈萨比斯、谷歌董事长埃里克·施密特[1]以及里德·霍夫曼[2]等出席了会议。

---

1 埃里克·施密特（Eric Emerson Schmidt, 1955— ），软件工程师，2001—2015 年任谷歌首席执行官，2011—2015 年任执行董事长。

2 里德·霍夫曼（Reid Garrett Hoffman, 1967— ），互联网企业家、风险投资家、播客和作家。

2024年诺贝尔物理学奖：
约翰·霍普菲尔德（左）和杰弗里·辛顿

2024年诺贝尔化学奖（左起）：
戴密斯·哈萨比斯、约翰·詹珀和大卫·贝克

"埃隆的结论是，这个委员会基本上是在胡扯，"时任马斯克的首席幕僚长萨姆·特勒说，"那些谷歌的家伙根本无意关注人工智能的安全性或去做任何限制他们权力的事。"

于是，马斯克就向外界公开提出警告。2014年，在麻省理工学院的一个研讨会上，他表示："我们最大的生存威胁可能是人工智能。"同年，在亚马逊和谷歌先后宣布它们的机器人助手产品后，马斯克又警告说，它们可能超越我们，并把我们当作宠物。"我不想成为一只家猫，"他说。

另外，马斯克还举办了一系列晚宴，与他的同僚和朋友一起探讨如何对抗谷歌，以促进人工智能安全。他甚至联系奥巴马总统，并在2015年5月与总统进行了一对一会面，向总统亲口解释这个风险并建议对其监管。"奥巴马懂了，"马斯克说。"但我意识到这不会上升到他采取任何行动的程度。"

接着，马斯克又将目光转向萨姆·奥尔特曼[1]。奥尔特曼是一个富有的企业家、天使投资家、跑车爱好者和生存主义者，在他那年轻而又光鲜的外表后面，有着一颗与马斯克相似的强烈进取心。几年前，奥尔特曼曾与马斯克见过面，并在参观 SpaceX 时与他交谈了 3 小时。"有趣的是，当一些工程师看到埃隆走过来时，他们会四散而去或移开视线，"奥尔特曼说，"他们害怕他。但他对每只火箭小部件的了解程度给我留下了深刻印象。"

在帕洛阿尔托的一次小型晚宴上，奥尔特曼和马斯克决定，为了抗衡谷歌在人工智能领域日益增长的主导地位，他们将共同筹办一个名为"OpenAI[2]"的非营利性人工智能研究实验室，而且它将遵循软件开源策略。"我们想要拥有一个类似于 Linux[3] 的人工智能版本，不受任何个人或公司的控制，"马斯克说。"我们的目标是，提高人工智能按照对人类有利的安全方式发展的可能性。"彼得·蒂尔和里德·霍夫曼以及马斯克都是 OpenAI 的最早投资人。

在那次晚宴上，他们探讨了在未来世界究竟是少数几个由大公司控制的人工智能系统对人类较为安全呢，还是大量独立系统更安全？他们的结论是：大量互相竞争、相互制约的系统应该是更好选择。正如人类在当今世界通过共同努力来制止邪恶行为一样，大量独立的人工智能机器人也将能通过共同努力来制止恶意机器人。因此，他们决定采取开源策略，向所有人开放源代码，以便

---

[1] 萨姆·奥尔特曼（Samuel Harris Altman, 1985— ），2019年任 OpenAI 首席执行官。
[2] OpenAI 是一家人工智能研究组织，成立于2015年12月。其使命是开发"安全且有益的"通用人工智能（AGI），就是"在最具经济价值的工作中超越人类的高度自治系统"。
[3] Linux 是基于 Linux 内核的一系列开源类 Unix 操作系统的通称。

帮助任何想在此基础上构建他们的新系统的人。

"我认为，防止人工智能被滥用的最好方法就是赋予尽可能多的人使用人工智能的权力，"马斯克告诉《连线》杂志的史蒂夫·利维。

苏茨克弗也参加了那次晚宴，并在马斯克和奥尔特曼的持续劝说下成为 OpenAI 的首席科学家。佩奇知道后愤怒至极，他昔日的朋友和家中常客居然不仅创办了一个竞争实验室，而且还挖走了他的顶级科学家。从此以后，他们二人几乎再也没有说过话。"拉里对我招募伊利亚非常恼火，感到背叛，再也不和我玩了，"马斯克说。"我当时想，拉里，如果你对人工智能的安全问题不是那么漫不经心的话，那么也就没有必要有某种制衡力量了。"

马斯克和奥尔特曼都将 OpenAI 描绘成一股能与大型互联网公司所带来的危险对抗的力量。既然谷歌、脸书和微软都对其关键技术严加保密，那么 OpenAI 就要反其道而行之，将其未来成果无条件地赠送给世人。

同时，他们也认识到，是的，若将所有研究成果开源，那么坏人就能像好人一样获得它、使用它；是的，如果将来的发明能用于军事，那么任何人都可能将其用于杀戮。但是他们也相信，正是由于他们的技术可供任何人使用，恶意人工智能的威胁必将会受到制约。奥尔特曼解释说："我们认为更可能的是，许许多多的人工智能会制止偶尔出现的坏人。"

这个理想主义的愿景，最终被证明是不切实际的，可是在当时他们确实就是这么想的。而且在这个宏伟愿景的感召下，不少顶尖研究人员纷纷参加进来。"这好像是一个合理的极端程度，"苏茨克弗说，"我喜欢做可能的最极端的事。而这感觉就像是一件可能的最极端的事。"

并非所有人都相信这种理想主义。哈萨比斯和莱格认为，这个新实验室必将在通往智能机器的道路上造成不健康的竞争，从而成为障碍并产生危险后果。如果实验室之间为了在技术上推陈出新而相互竞争，那么科学家就可能忽视自己工作的缺陷和瑕疵。此外，他们也都像佩奇那样，觉得受到了马斯克以及那些被挖走的研究人员的严重伤害。在 OpenAI 的九名核心科学家中，有五名曾在 DeepMind 工作过。

OpenAI 问世后不久，苏茨克弗参加了脸书举办的一场晚宴。在酒店大厅，他偶遇杨立昆。那时，杨立昆已是脸书人工智能实验室主管。杨立昆直截了当地对他说，实验室公开分享所有研究成果的理念并不新鲜，脸书其实已经在向广大社区分享大部分工作成果，而且谷歌也已开始采用类似的做法。"你们会失败。"他毫不留情地说。

阿尔法围棋

2015 年 10 月 31 日，脸书首席技术官迈克·施罗普弗[1]在公司总部对满屋子的记者做演讲。他一边指着墙上平板显示屏上的幻灯片，一边介绍公司的一系列最新研究成果——无人机、卫星、虚拟现实和人工智能。与这类经过精心策划的活动无异，其中大部分内容都是陈词滥调。不过，他还提到脸书在纽约和加州的研究员正在教神经网络下围棋。

几十年来，计算机已经在跳棋、国际象棋、西洋双陆棋、黑白棋，甚至《危险边缘》等游戏上击败了世界上最优秀的选手。但围棋仍然傲然屹立，是机器无法企及的一个智力竞赛瑰宝。不久前，《连线》杂志刊登了一篇有关一位法国计算机科学家的特写文章，他花了 10 年时间，试图构建可以挑战世界级围棋选手的人工智能。可是，他像当时绝大多数人工智能研究员一样，相信机器还要 10 年才能达到这个高度。然而施罗普弗却告诉记者，脸书的研究员确信通过深度学习他们不久就能攻克围棋。这将标志着人工智能的一个重大飞跃。

如果说国际象棋像一场地面战争，那么围棋就像一场冷战。牵一发而动全身，棋盘上某个角落的一步棋会产生涟漪，以一种微妙而又令人惊讶的方式深刻改变整盘棋的态势。国际象棋的每一步棋约有 35 种不同走法可供选择，而围棋的每一步却有 200 种。

因此在 2010 年代中期，还没有任何一台机器能够在合理的时间内穷尽每一步围棋的可能走法。不过施罗普弗指出，深度学习有望改变这一现状。在分析了数百万张照片里的数百万只面孔后，神经网络已经学会区分人脸。现在，脸书的研究员正在用类似方法构建一台能够和职业围棋棋手过招的机器，通过将数百万种围棋走法输入神经网络来教它识别什么是好棋。"最好的棋手终究是在寻找视觉模式，他们通过观察棋盘上的图案来直观判别好与坏的局面。"他解释说，"因此，我们用棋盘上的模式（一种视觉识别系统）来调整系统的可取走法。"

施罗普弗说，脸书之所以如此注重人工智能，也是为了进而用它来重塑脸书。深度学习正在改进社交网络上广告的定位方式，正在分析照片并为视障人士生成图像说明，也在推动脸书开发智能手机数字助手。使用与这个围棋实验类似的技术，脸书研究开发的一个新系统不仅能识别口语单词，而且还能理解

---

[1] 迈克·施罗普弗（Mike Schroepfer），2013—2022 年任脸书首席技术官。

自然语言。通过阅读托尔金的奇幻名著《魔戒》中的片段，它能回答有关人物、地点和事物之间的各种复杂问题。数十年来，计算机科学家一直对人工智能信誓旦旦，但实用技术却寥寥可数。可是，人工智能运动现在终于追上了它的那些宏大理想。

然而，施罗普弗没有告诉记者的是，其实其他公司也在这条道上探索。在媒体报道了有关脸书正在努力攻克围棋的新闻几天后，哈萨比斯就在一段在线视频中暗示，在 DeepMind 实验室内酝酿的工作中涉及围棋。"我现在不能谈论它，"他说，"但在几个月内，我认为将会有一个相当大的惊喜。"因此，脸书的造势活动仿佛是班门弄斧，反而打草惊蛇，激怒了自己的对手。

2016 年 1 月，西尔弗、黄士杰、麦迪森、苏茨克弗、哈萨比斯等人在《自然》杂志的一个封面故事里介绍了 DeepMind 的人工智能系统"阿尔法围棋[1]"，并透露它已经在 2015 年 10 月举行的一场闭门赛中以 5∶0 击败了三届欧洲围棋冠军樊麾[2]，从而实现了一个被其他人认为至少还需要 10 年才能实现的壮举。

谷歌收购 DeepMind 后不久，哈萨比斯和另外几位 DeepMind 的研究员飞到北加州，与母公司的领导会面，并展示实验室在游戏《突破》这方面取得的成绩。会议结束后，他们又分成几个非正式小组进行交流。哈萨比斯发现自己与谢尔盖·布林[3]聊得很投机，而且还发现他们有一个相同的兴趣：围棋。布林说，当他和佩奇在斯坦福大学筹建谷歌时，他下了太多围棋，以至于佩奇担心他们的公司永远无法成立。哈萨比斯听后表示说，若他和他的团队愿意，他们可以构建一个足以打败世界冠军的系统。"我想这是不可能的。"布林说。因此，就在这一刻，哈萨比斯下决心要做到这一点。

辛顿把哈萨比斯比作罗伯特·奥本海默，后者在二战时领导曼哈顿计划，成功迎来原子弹的诞生。奥本海默是一个世界级物理学家，他不仅了解这项艰巨任务的科学原理，而且也能激励手下那支庞大的科学家团队，把他们的各自优势整合起来，一起为更大的共同目标服务，并以某种方式容纳他们的怪癖。辛顿在哈萨比斯身上看到了同样素质，说，"他像奥本海默管理曼哈顿计划那样领导阿尔法围棋。如果是其他人负责，他们不可能让它这么快、这么出色地运作起来。"

---

1 阿尔法围棋（AlphaGo）是 DeepMind 开发的一个玩围棋的计算机程序。
2 樊麾（Fan Hui, 1981— ），围棋手，1996 年成为职业围棋选手。
3 谢尔盖·布林（Sergey Mikhailovich Brin, 1973— ），计算机科学家，与拉里·佩奇共同创立了谷歌。

哈萨比斯的剑桥好友大卫·西尔弗以及 DeepMind 的研究员黄士杰[1]开展了对围棋的研究，并与苏茨克弗以及一位名叫克里斯·麦迪森的谷歌实习生合作，后者在北加州也展开了研究。这四位研究员在 2014 年发表过一篇论文，介绍他们在这方面的早期工作，而他们的系统阿尔法围棋也在 2015 年战胜了欧洲围棋冠军樊麾。于是，他们就把目光转向世界冠军，欲挑战近十年来世界上最优秀的围棋棋手李世石。

2016 年 3 月，在首尔的赛前新闻发布会上，李世石信心满满地说他会轻松取胜：4 比 1 甚至 5 比 0。绝大多数围棋选手也都认同他的观点。尽管阿尔法围棋击败了樊麾，但樊麾和李世石之间存在着巨大差距，并不属于同一个等级。可是，哈萨比斯却不这么想，在比赛开始前与几名记者坐下来共进午餐时，他说他对这场比赛"谨慎乐观"，因为专家们不知道，自从去年 10 月的比赛以来，阿尔法围棋一直在与自己对弈，并且全程自我跟踪哪些走法被证明是奏效的，哪些又是失败的。在这几个月里，它已自我对弈数百万次，它的学习速度是人类棋手无法企及的。

在四季酒店顶楼的这顿赛前餐中，谷歌董事长埃里克·施密特坐在哈萨比斯的餐桌对面。而在稍后，当他们在几个楼层下观看比赛时，杰夫·迪恩也参加进来。施密特和迪恩的出现表明这场比赛对谷歌来说是多么重要。三天后，比赛进入高潮，布林也飞抵首尔。

比赛时，哈萨比斯一直在一个私人观看室和在走廊尽头的阿尔法围棋控制室之间来回走动。控制室里布满了个人计算机、笔记本电脑和平板显示器，所有这些设备也都与在太平洋彼岸的谷歌数据中心内的数百台计算机连接。一周前，一组谷歌工程师已经将超高速光纤电缆引入这个控制室，以确保它与互联网的可靠连接。不过，阿尔法围棋在经过几个月的训练后完全能够独立参加比赛，并不需要任何其他帮助。"我无法向你形容有多么紧张，"西尔弗说。"边听评论员解说，边看阿尔法围棋评估，真的很难知道究竟该相信什么。而且评论员的意见也不一致。"

谷歌团队与施密特、迪恩等其他谷歌要员在第一天的比赛里一起见证了机器的胜利。经过四个多小时的鏖战，谷歌的神经网络系统证明它确实能与世界上最优秀的围棋选手较量。在赛后新闻发布会上，李世石这位 33 岁的围棋冠军，告诉来自东西方的数百名记者和摄影师，阿尔法围棋的才华让他措手不及，

---

[1] 黄士杰（Aja Huang, 1978— ），计算机科学家和人工智能专家。

"我没有想到阿尔法围棋会以如此完美的方式下棋。"另外,他也表示他会改变第二盘的策略。

在第二盘比赛进行了大约一个小时后,李世石起身离开比赛室,走到一个私人露台吸烟。这时,坐在他对面,代表阿尔法围棋走棋的黄士杰将一粒黑子放在棋盘右侧的一个几乎空旷的地方,在一颗孤零零的白子下方。这是比赛的第 37 步。在旁边的解说室里,拥有围棋最高段位九段的唯一西方围棋选手迈克尔·雷德蒙德,对 200 多万在线观众说,"我真的不晓得这是一个好招还是一个败招。"长期担任一家围棋在线杂志编辑的美国围棋协会副主席克里斯·加洛克则说:"我认为这是一个错误。"

几分钟后,李世石回到比赛室,盯着棋盘看了又看,总共用了近 15 分钟才做出回应,占了他在比赛第一阶段被分配的两小时时间的一大部分,而且他再也未能恢复过来。四个多小时后,他起身认输。以 0 比 2 的比分落后。

这第 37 步棋也令樊麾惊讶不已。他在去年 10 月输给阿尔法围棋后不久就加入了 DeepMind 团队,并担任阿尔法围棋的陪练。当他站在四季酒店七楼的解说室外,看到这一步怪招的惊人效果后赞叹不已,说,"这不是一个人类走法。我从未见过人类有这么一招,"并说,"太美了。"而且不断重复:美,美,美。

第二天早上,大卫·西尔弗溜进控制室,查看阿尔法围棋在选择第 37 步棋时的决定。在每场比赛中,经过数千万步棋训练的阿尔法围棋都要计算人类棋手下某一步棋的概率。第 37 步棋的概率是万分之一。显然,它一定知道职业围棋选手不会走这步棋。然而,经过反复自我对弈与自我评估的阿尔法围棋却意识到尽管没有人会下这一步棋,这仍然是正确的一步。"它是通过对自己的内省发现的,"西尔弗说。

这真是一个令人苦乐参半的时刻。虽然樊麾对这步棋赞不绝口,一种莫名的悲伤气氛却笼罩着四季酒店。第二天,一位在首尔经营初创企业的韩国人说他感到伤心,并强调说这并不是因为李世石是个韩国人,而是因为他属于人类。他说:"对全人类而言,这是一个拐点。"他的几位同事也点头表示同意。"它让我们意识到人工智能真的离我们很近,也让我们意识到了它的危险。"

这种阴郁氛围在周末进一步加深。李世石输掉了第三盘,并最终以 1∶4 输掉了整场比赛。在第三盘的赛后新闻发布会上,这个年轻人坐在桌前难过不已,说:"我不知道今天该说些什么,但我想我首先必须表达我的歉意。我本应该展示出更好结果,更好结局,更好比赛。"

对于阿尔法围棋,李世石表示:"它让我质疑人类的创造性。看到阿尔法围棋下棋，我开始在心里琢磨，自己以前了解的招数是否都是正确的。"另外，他还指出："它可以始终保持心理平静和精神专注。就这方面而言，我觉得人类不如它，尽管我还不大愿意承认阿尔法围棋在棋艺上超过人类。"

这场围棋赛标志了人工智能运动重新进入公众意识的那一刻，无论是对于人工智能研究员而言还是对于普通民众，它都是一个里程碑式的事件，而且它不但展示了技术的力量，也激起了人们对它有朝一日可能超越人类的担忧。

在赛后举行的颁奖仪式上，韩国棋院院长洪锡炫给阿尔法围棋团队颁发了名誉九段证书。谷歌随之表示，它准备将那 100 万美元奖金捐赠给联合国儿童基金会等慈善机构。

进军医药的前景和挑战

2012 年夏，制药公司巨头默克在一个网站上组织了一场竞赛。它为比赛提供了一个描述一组特定分子行为的庞大数据集，并要求参赛者预测这些分子与人体其他分子的相互作用，奖金为 4 万美元。默克的目的是为了寻找加快药物开发的新方法。共有 236 支团队参加了这场为期两个月的比赛。

在乘坐从西雅图到波特兰的火车时，辛顿的学生乔治·达尔发现了这个比赛，就决定参加。就像在辛顿的指导下帮助微软构建那个改变未来的语音系统之前，他并没有语音识别的经验一样，达尔并没有发现新药的经验；而且，他也担心辛顿是否会赞成他参加比赛。

后来，杰夫·辛顿常说他希望自己的学生去做他不赞成的事。"这有点像哥德尔完备性结果。如果他赞成你去做他不赞成的事该怎么办呢？那其实是不赞成吗？"达尔幽默地说，"杰夫了解自己的局限性。他有那种知性的谦虚。他对惊喜和可能性持开放态度。"

达尔回到多伦多后，辛顿在见面时问他，"你在做些什么呢？"于是，达尔就一五一十地向老师介绍了默克组织的这场比赛，并进一步说，"在去波特兰的火车上，我根据默克的数据只训练了一个非常初级的神经网络，我几乎什么都没做，它已排在了第七位。"

"比赛还有多久？"辛顿问道。

"两个星期。"

"那好，你一定要赢。"

辛顿渴望向世人展示神经网络的适用性。他有时称它们为"无畏网"（模仿 20 世纪初将战列舰称为"无畏舰"），相信它们不但无所畏惧，而且也将无往而不胜。结果，达尔在纳夫迪普·贾特利和其他几位多伦多实验室研究员的帮助下，赢得了那场比赛。

默克试图通过这次比赛探讨一种名为定量结构-活性关系的药物发现技术，而达尔在着手研究默克数据时从未听到过这个名字。因此辛顿说："乔治在甚至不知道它的名字的情况下就消灭了整个领域。"

默克后来将达尔的方法纳入发现新药的冗长过程中。"你可以把人工智能看作是一个大型数学问题，它能看到人类无法看到的模式，"埃里克·施密特说。"在科学和生物学的许多领域里存在着人类无法看见的模式，一旦发现后，它们将帮助我们开发出更好的药物，找到更好的解决方案。"

在印度南端的一座庞大而又拥挤的古城马杜赖的中心地带，有一家名叫阿拉文的眼科医院。每天都有超过 2000 人涌进这家医院的破旧建筑，他们来自印度各地，有的甚至来自世界的其他地方。因为阿拉文向所有人提供眼科服务，无论来者是否有预约，也不管患者能不能负担得起医疗费用。

每天清早，最先到达的数十人首先挤进四楼的一个等候室，而其他人就在外面走廊里排队。他们等待进入一个小办公室，在那里，穿着实验服的技术人员给他们拍摄眼底照片。这是一种识别糖尿病性失明迹象的方法。在印度，有近 7000 万人患有糖尿病，他们都有可能失明。而这种被称为糖尿病性视网膜病变的疾病，若能及早发现就可以及时进行治疗。每年，诸如阿拉文这样的医院都要扫描数百万只眼睛，然后由医生仔细检查每一张扫描片，发现那些可能导致失明的微小征兆。

可是在印度，每 100 万人中只有 11 名眼科医生，而在农村，这个比例就更小了，所以大多数患者从未接受过筛查。因此，一位名为瓦伦·古尔尚的谷歌工程师就在 2015 年下决心改变这种状况。古尔尚生长在印度并在牛津大学得到深造。他了解印度的情况，就利用谷歌分配给工程师的所谓"20% 时间[1]"探索和研究糖尿病性视网膜病变这个问题，并打算构建一个深度学习系统，使之在没有医生帮助的情况下自主筛查，并以更高的效率识别患者。于是，他联系了

1　谷歌 20% 时间，一项员工福利，允许员工将 20% 的工作时间用于个人项目。该政策旨在鼓励创造力、创新和员工参与。

阿拉文眼科医院，并且获得院方同意与之共享数万张数字眼部扫描图，用于训练他的系统。

古尔尚是一个计算机科学家，并不会阅读眼部扫描图。因此，他在上司的帮助下找到一位训练有素的生物医学科学家彭莉莉[1]（音译）。彭博士当时在谷歌搜索引擎项目任职。事实上，过去也曾有人尝试过构建自动阅读眼部扫描图的系统，但那些设备都未能达到训练有素的医生的水平。不过，这次古尔尚和彭博士使用了深度学习。他们将来自阿拉文眼科医院的视网膜扫描图输入神经网络，教它辨认糖尿病性视网膜病变的迹象。他俩的工作是如此突出，杰夫·迪恩很快就把他们拉进了谷歌大脑实验室。

苏茨克弗在发表他的那篇关于机器翻译的论文《使用神经网络进行序列到序列学习》时，说这并不只关乎于翻译。而当杰夫·迪恩和神经科学家格雷格·科拉多在阅读了这篇论文后，他们表示赞同，并认为这也是一个分析医疗记录的理想方法。如果研究员将往年病历输入神经网络，那么苏茨克弗的方法就能学会识别疾病征兆。迪恩说："如果你将医疗记录数据排列起来，那你就好像是在尝试预测一个序列。对那些处于某个特定阶段的患者，他们在未来12个月内患糖尿病的可能性有多大？如果让他们出院，他们会在一周内回来吗？"所以，他和科拉多就在谷歌大脑实验室内建立了一个新团队来做这方面的探索和研究工作。

正是在这个环境里，彭博士的无盲项目取得了突破。她的团队从阿拉文眼科医院以及其他来源共获得了约13万张数字眼底扫描图，并在美国邀请了大约55名眼科医生对它们进行标注，以便用于识别预示糖尿病性失明的各种细微征兆。之后，他们又将这些图像输入一个神经网络，训练它学习辨认这些特征的能力。2016年秋，彭博士的团队在《美国医学协会杂志》发表的一篇论文里，展示了一个能像训练有素的医生一样准确识别糖尿病性失明迹象的系统，它那高达90%以上的准确率，超过了美国卫生研究院推荐的至少80%的标准。因此彭博士相信，虽然这项技术在未来几年里还需要克服各种监管和物流方面的障碍，但它已为临床试验奠定了基础。

此外，彭博士的团队还在阿拉文眼科医院展开了实地试验，帮助医院接待源源不断的患者。同时，他们也希望阿拉文最终能将这个方法推广到它部署在

---

[1] 彭莉莉（音译，Lily Peng），医学博士，《新英格兰医学杂志》人工智能副主编。

印度各地农村的 40 多个"视力中心"去。

阿拉文眼科医院是在 1970 年代末由一位名叫戈文达帕·文卡塔斯瓦米[1]的医生创建的。文卡塔斯瓦米医生想在印度建立一个类似麦当劳那样的视力中心网络，为全国各地的人提供廉价眼科服务。谷歌大脑实验室的新技术与文卡塔斯瓦米医生的理想相符，能够帮助它落到实处。不过，令医疗专家和监管机构担心的是，神经网络就好像是一只"黑匣子"，医务人员无法知道它做诊断的具体理由和根据究竟是什么。医疗事大，人命关天，这确实是一个极其棘手的问题。"不要相信任何人说这是一个简单问题。"辛顿在《纽约客》发表的一篇关于深度学习在医疗保健领域兴起的全面专题报道中这样说。

尽管如此，辛顿还是认为随着谷歌在这方面工作的深化，以及其他公司在探索阅读 X 光片、核磁共振成像和其他医学扫描图片的进展，深度学习必将从根本上改变这个行业。在多伦多一家医院的一个讲座上，他表示："如果你是一名放射科医生，我认为你就像卡通片里的威利狼[2]一样。你已站在悬崖边缘，只是你还未往下看。已经没有立足之地了。"他认为，随着研究人员向神经网络系统提供越来越多的数据，它们将不断改进，从而超过训练有素的医生的技能，而且人们早晚也将学会忍受这个黑匣子问题。关键是要让世界相信这并不是一个问题，并且用结果来证明即使人们看不清它们的内部运作，它们仍然可以为人类服务。

辛顿也相信，机器将与医生一起提高人类医疗保健水平。在短期内，神经网络算法将能够自主阅读 X 光、CT 扫描和核磁共振成像的图片。随着时间的推移，它们还将能自主进行病理诊断，阅读宫颈抹片，识别心脏杂音，并预测精神疾病的复发。"这里还有很多东西需要学习，"他对一位记者说着，并轻轻叹了一口气，"早期和准确的诊断并不是一个微不足道的问题。我们可以做得更好。为什么不让机器来帮助我们呢？"他说这对他来说尤为重要，因为他妻子的胰腺癌是在发展到了无法治愈的晚期时才被诊断出来的。

2016 年年初，穆斯塔法·苏莱曼对外公布了一个"DeepMind 医疗"计划。苏莱曼在伦敦长大时，他的母亲是英国国民医疗服务的一名护士。国民医疗服务是一家拥有 70 年历史的政府机构，向所有英国居民提供免费医疗服务。苏莱

---

[1] 戈文达帕·文卡塔斯瓦米（Govindappa Venkataswamy，1918—2006），眼科医生，阿拉文眼科医院创始人。他以开发高质量、高容量、低成本的服务模式而闻名，该模式使数百万人恢复了视力。
[2] 威利狼（Wile E. Coyote），华纳兄弟喜剧卡通系列里的一个拟人化动物角色。

曼的理想是，从英国国民医疗服务入手，通过使用人工智能来重塑全球医疗服务机构。

DeepMind 医疗的第一个大项目是一个用于预测急性肾损伤的系统。每一年，五分之一的住院病人的肾脏会突然发生问题，不再能有效清除血液中的毒素，从而永久损害肾脏，甚至导致死亡。但是如果能及时发现，医生就可以对症下药，控制病情的发展。所以苏莱曼就想构建一个系统，通过分析患者的健康记录，包括血液检测、生命体征和以往病史，来预测急性肾病。为此，他需要数据。因此，DeepMind 与皇家自由伦敦国民医疗服务信托基金会签署了一份协议。通过它，DeepMind 研究人员就能按照协议里的规定获得患者数据，用于神经网络的学习。

可是，在该项目揭晓数周后，《新科学家》杂志刊文揭露了这个协议。文章说，DeepMind 通过这个协议从三家伦敦医院获得了 160 万名患者的就诊记录，以及他们在过去 5 年里的医疗记录。这些资料不仅包括药物过量、流产、艾滋病毒检测、病理学检测、放射扫描等信息，而且还有关于患者在哪家医院就诊的记录。

虽然该协议明确规定，DeepMind 在协议结束后必须删除所有信息，可是在英国这样一个极其重视数字隐私的国家，这个故事在接下来的几年里变成了一个不断困扰这个项目以及苏莱曼的幽灵。2017 年 7 月，一家英国监管机构裁定，皇家自由伦敦国民医疗服务信托与 DeepMind 制定的那份共享数据的协议属于非法。

生成对抗网络和深度伪造

2013 年秋，伊恩·古德费洛[1]曾去脸书参加面试，当他和马克·扎克伯格在脸书的大院里漫步时，他静静聆听了扎克伯格的高谈阔论。不过，他最终还是选择了谷歌大脑实验室。只是在那当口，他需要先将未来的职业生涯暂搁一旁，留在蒙特利尔等他的博士论文答辩小组开会，而且他也想看看刚开始与之约会的女友的关系会如何进一步发展。此外，他还在写一本关于深度学习的教材，虽然写作进展得并不顺利。

---

1 伊恩·古德费洛（Ian J. Goodfellow, 1987— ），计算机科学家、工程师，以其在人工神经网络和深度学习方面的工作而闻名。

一天，他实验室里的一个同学欣喜地收到了 DeepMind 的聘书，于是实验室的伙伴们就一起去蒙特利尔的一家酒吧，办了一场告别派对。那个名叫"三个酿酒师"的酒吧，属于那种一二十个人可以不请自来，把几张桌子拼在一起就坐下来畅饮精酿啤酒的地方。而当他们这群研究伙伴在那儿大声争论该如何构建一个可以创造逼真图像的系统时，古德费洛已有几分醉意。

在这群年轻研究员想象中的那个新系统，需要能够无中生有，凭空构建出看上去真实却又根本不存在的物体，例如狗、青蛙或人脸的图片。他们知道 DeepMind 的研究员亚历克斯·格雷夫斯已经构建了一个可以生成图像的系统，但他们认为那个技术生成的图像未能达到足以以假乱真的效果，成果并不令人信服。

酒酣耳热，古德费洛的实验室同学有了新主意。他们想，如果对神经网络产生的图像作进一步的统计分析，从中发现像素之间的频率和亮度的相关特征，然后再将这些统计数据与真实照片的数据进行对比，从而发现问题究竟出在哪里。

古德费洛听后就说，这个方法"要跟踪的统计量太大了"。其实，不如去构建一个能够从另一个神经网络中学习的新型神经网络。也就是说，首先由第一个神经网络创建一幅图像，并冒充这是一幅真实图像。然后，再由第二个神经网络来寻找露馅的地方。接着，第一个神经网络根据第二个神经网络的反馈重新构建图像，做新一轮尝试。如此这般，周而复始。所以，这是一个循环渐进的优化过程，通过两个网络之间的互动来不断增进图像的逼真度。

古德费洛相信，只要让这对神经网络互相对抗足够长时间，那么它们就能构成逼真的图像。然而，他的实验室同事并不赞同他的想法，觉得这并不比他们的统计方法更好。如果没有醉意，古德费洛可能也会这么想。"训练一个神经网络已经够难了。你不可能在另一个神经网络的学习算法中训练一个神经网络。"可是，在那一刻，他确信这会奏效。

当古德费洛在那天晚上回到他的单室公寓时，他的女友已经睡下。听到声音后，她勉强醒来向他问了声好后就又睡去。古德费洛摸黑在床边的一张桌子旁坐下，笔记本电脑屏幕的荧光照在他那稍带醉意的脸上。当他使用其他项目的旧代码匆匆拼凑了一个对抗网络，并用数百张照片训练这个新玩意儿时，他反复告诉自己，"我的朋友都错了！"

身旁的女友仍在酣睡。几小时后，他的系统真的像他想象的那样开始发挥作用。所生成的图像很小，只有缩略图大小，而且它们有点模糊。不过，它们看上去果真就像一张照片。古德费洛后来说，这实在是幸运。"如果它不起作用，我可能会放弃这个想法。"

在为此发表的论文里，古德费洛将他的这个发明称为"生成对抗网络[1]"。从此，在全球人工智能研究人员社区里，他就成了"生成对抗网络之父"。之后，企业和学术界很快出现了一系列令人瞠目结舌的结果。怀俄明大学的研究人员构建的系统可以生成昆虫、教堂、火山、餐馆、峡谷和宴会厅等小而完美的图像；一个英伟达团队构建的神经网络可以摄入夏日的照片并将其转变成严冬；一个加大伯克利分校团队研发的系统可以将马变成斑马，将莫奈的画变成梵高的画。从此，世界就变了。

古德费洛在 2014 年夏天加入谷歌时，他将生成对抗网络视为一种能加速推动人工智能发展的新方式。在推广这个想法时，他常提到理论物理学家理查德·费曼在教室黑板上写的一句话："凡我不能创造的，我就还未理解。"古德费洛的导师约书亚·本吉奥在蒙特利尔大学的咖啡馆里也谈到过这句话。他和古德费洛都相信费曼的格言适用于机器：凡人工智能不能创造的，它就还未理解。"如果人工智能可以用逼真的细节想象世界，即学会用逼真的图像和声音来想象，那么这就会推进人工智能学习现实世界的结构，"古德费洛说，"它可以帮助人工智能理解它看到的图像或听见的声音。"

毫无疑问，与语音识别、图像识别和翻译一样，生成对抗网络是深度学习的又一次重大飞跃。2016 年 11 月，杨立昆在卡内基梅隆大学的一次演讲中，称赞生成对抗网络是"过去 20 年深度学习领域里最酷的想法"。

辛顿加入谷歌后并没有在硅谷的山景城久留，而是在多伦多开设了一个谷歌的实验室。不久，在他的周围一个更大的生态环境随之发展起来。2017 年 4 月，辛顿在多伦多帮助开设了一个研究孵化器——向量人工智能研究所。它虽然得到了包括谷歌和英伟达等美国企业巨头的巨额资金，但它的目的却是在加拿大培育初创公司。加拿大总理贾斯汀·特鲁多也亲自承诺为多伦多、蒙特利尔以及埃德蒙顿的人工智能研究中心提供 9300 万美元的支持。

与此同时，新一届美国政府却专注于把人拒之门外。"目前，美国公司获得了利益，"外交关系委员会新兴技术和国家安全专家亚当·西格尔表示，"但从

---

[1] 生成对抗网络（Generative adversarial networks, GAN）是一类机器学习框架，也是实现生成人工智能的一个重要框架。在 GAN 中，两个神经网络以零和游戏的形式相互竞争，其中一个代理的收益就是另一个代理的损失。

长远看，技术和创造的就业机会不会发生在美国。"卡内基梅隆大学计算机科学系系主任安德鲁·摩尔也说，这令他几乎夜不能寐。他系里的教授加思·吉布森离开卡内基梅隆，去掌管多伦多的向量研究所。更糟糕的是，共有七名教授先后离开美国，前往瑞士担任学术职位。因为那里的政府和大学对这类研究的支持远超过美国。

另外，还有一位名叫萨拉·萨布尔的年轻研究员，她在 2013 年从伊朗谢里夫理工大学获得计算机科学学位后，被华盛顿大学录取，准备去那里研究计算机视觉。可是，美国政府显然是因为她在伊朗成长和学习并打算专攻计算机视觉这个涉及军事和安全技术的领域，就拒绝向她颁发签证。于是，萨布尔就在第二年入读多伦多大学，从而找到了通往辛顿和谷歌的道路。

不过，人才的流失并不是新总统抵达白宫所带来的最大变化。从选举结束的那一刻起，全国媒体就开始质疑网络虚假信息对选举的影响，并引起了人们对"假新闻"的深刻担忧。虽然马克·扎克伯格公开说选民受假新闻影响是一个"相当疯狂的想法"，记者、议员、评论家和普通民众却齐声反对。人们逐渐认识到这个问题在选举期间确实非常猖獗，尤其是在脸书的社交媒体上，数十万甚至数百万人分享了一系列诸如"涉嫌参与希拉里电邮泄露案的联邦调查局特工，死于明显的谋杀自杀"、"教皇方济各震惊世界，支持唐纳德·特朗普竞选总统"等虚假新闻故事。当脸书披露一家俄罗斯公司在该网站购买了超过 10 万美元的广告时间，通过 470 个虚假账户和页面散播有关种族、枪支控制、同性恋权利以及移民的分裂信息后，这种担忧更是进一步深化。

同时，人们也慢慢开始用新的眼光看待生成对抗网络等相关技术，因为他们发现这些技术可以用来生成假新闻。比如华盛顿大学的一个团队使用神经网络制作了一个视频，并将胡编乱造的话放入巴拉克·奥巴马的口中。另外还有一家初创公司的工程师，使用类似的技术把特朗普变成了一个会说中文的人。芬兰英伟达实验室的一组研究人员更是技高一筹，他们的新技术可以生成逼真的植物、马、公共汽车和自行车的全尺寸图像，看上去就和真的一模一样。在分析了数千张名人照片后，它还能生成足以以假乱真的名人像。

当然，虚假图像并不是什么新鲜事。自从照相术诞生以来，人们就一直在使用技术修改照片，而在计算机时代，各种图像编辑工具更是让几乎所有人都具备编辑照片和视频的能力。然而不同的是，由于深度学习可以自己学习，它们的效率更高。因此，政治家、社会活动家乃至捣乱分子再也不需要付钱给一大批人去做手工编辑就可以依靠人工智能事半功倍，自动创建和传播虚假图像和虚假视频了。

在英伟达推出它的新图像技术后不久,当一名记者问古德费洛这意味着什么时,他说,"我们正在加快已经可以实现的事情。"那个可以将图像作为事件发生证据的时代已经一去不复返了。"能够把视频作为某事确实发生的证据,这完全属于侥幸,"他说,"从前,我们曾需要仔细思考一个事件,对那件事谁说了些什么,谁有动机说什么,谁更可信。而我们似乎正在朝那个时代回归。"显然,这将是一个艰难的转变。"不幸的是,人们现在不太擅长批判性思维。而且人们往往对谁可信、谁不可信有一种非常部落化的偏执。"因此,我们至少会有一段调整期。"人工智能在许多领域里敲开了我们以前从未打开过的大门。而且我们真的不知道另一边是什么,"他说,"在这种情况下,人工智能更像是在关闭我们这代人习惯于打开的一些门。"

更令人担忧的是一个自称"深度伪造"的人将名人面孔植入色情视频,并将其发布到互联网上。而且,在这个匿名的恶作剧者向他人提供他的这种软件后,这一类的视频就立刻在讨论论坛、社交网络和油管等视频网站上泛滥起来。虽然推特等服务网站很快禁止了它,但干柴烈火,它早已蔓延,不可收拾。于是,"深度伪造"或"深伪"就成了一个专用词,成为通过人工智能篡改并进而在网上疯传的所有虚假信息的代名词。

这时,古德费洛也开始对埃隆·马斯克所说的那种超级智能感到担忧,并在参加谷歌后不久开始探索一种名为"对抗性攻击"的技术,该技术表明神经网络可能因为看到或听见了实际不存在的事件而受到欺骗。例如,他发现只要以人眼几乎无法察觉的方式改变一张大象照片里的一些像素,他就可以欺骗神经网络,使之认为这是一辆汽车。

神经网络正在从极其广泛而又深入的实例中以惊人的速度不断学习和掌握知识,在这个过程中,微小缺陷的滋生难以避免却又几乎无法察觉。另外,研究人员也发现,只要在停车标志上贴几张便利贴,他们就能欺骗自动驾驶系统以为停车标志并不存在;金融公司也可以用这个技术来欺骗对手,迫使它抛售股票,而自己却可以趁机从中渔利。

秘密的梅文计划

2017年秋,曼哈顿下城的一家名叫克莱瑞法的公司的一扇紧闭的办公室门上写着"密室"二字，显得十分神秘。在这个用纸遮窗的房间里，一个由八名工程师组成的团队正在研究一个不能向公司其他任何人透露的绝密项目。不过，其实就连这些工程师本人也不知道这个项目的真正目的。他们正在训练一个深度学习系统，让它自动识别在某个沙漠里拍摄的一些视频中的人、车辆和建筑，不过他们并不知道它的实际用途。当他们询问时，公司创始人兼首席执行官马特·泽勒说，这是一个涉及"监视"的政府项目，并强调说这将"拯救生命"。

后来，这些工程师在公司内部网络上逐渐发现了一些有关这个政府合同的文件，于是该项目的性质就变得清晰起来。原来，他们正在为美国国防部的"梅文计划[1]"构建技术，旨在建立一个能够帮助无人机识别打击目标的系统。只是他们无法确定，这个技术将会被用于杀人呢，还是像泽勒所说的那样将会有助于拯救生命。

在那年年底的一个下午，三名便衣军人走进克莱瑞法，与几名工程师进行闭门会议。他们想知道这个技术究竟有多精准。首先，他们问它能否自己识别特定建筑物，比如清真寺。因为清真寺经常被恐怖分子和叛乱分子改建为军事总部。接着，他们又问它是否能区分男女。"你这是什么意思？"一名工程师问道。于是，军方人员解释说他们被允许射杀男性而非女性。"有时，男人会穿着裙子来愚弄我们，但那无关紧要，"另一名军人说道，"我们仍会消灭所有那些混蛋。"

2017年8月11日，星期五，时任国防部长詹姆斯·马蒂斯在山景城谷歌总部内的一张会议桌前坐下。桌子中央摆放着一束束白色栀子花，靠墙的一个壁架上放着四壶咖啡，旁边还有几盘糕点。新任谷歌首席执行官桑达尔·皮查伊坐在他对面，旁边还有谷歌联合创始人谢尔盖·布林，总法律顾问肯特·沃克以及人工智能负责人约翰·詹南德里亚。此外，房间里还有好几位国防部的官员和谷歌云计算团队的高管。国防部的宾客大多穿西服打领带，谷歌员工则大多穿着西服未打领带。谢尔盖·布林穿着一件白色T恤。

马蒂斯已经参观了硅谷和西雅图的几家大型科技公司，以帮助五角大楼探讨梅文计划的各种选择。梅文是国防部在四个月前启动的一个项目，旨在加速国防部对"大数据和机器学习"的运用。这个也被称作"算法战"的跨功能项

---

[1] 梅文计划（Project Maven）是五角大楼的一个项目，专注于计算机视觉，自动从移动或静止图像中提取感兴趣的对象。

目需要得到诸如谷歌这样的高科技公司的支持，因为它们已经积累了构建深度学习系统所需要的专业知识和研发基础。

然而，这些公司并不是传统的军工承包商，它们的员工对这类政府项目的态度往往较为谨慎。此外，谷歌文化鼓励员工各抒己见，做自己喜欢做的事，因此它就对员工的态度更加敏感。许多负责深度学习研究的谷歌科学家，包括辛顿和 DeepMind 的创始人在内，都从根本上反对自主武器。另一方面，不少谷歌高管却非常希望能与国防部合作。谷歌董事长施密特兼任了国防创新委员会主席，这是奥巴马政府创建的一个民间组织，旨在促进硅谷的新技术流入五角大楼。在这个委员会的一次会议上，施密特曾表示硅谷和五角大楼之间"显然存在巨大差距"，而该委员会的主要任务就是要缩小这种差距。另外，谷歌高层还将军事应用视为推动谷歌云业务的另一个方式。在幕后，谷歌已经在与国防部合作。五月，也就是在梅文计划启动大约一个月后，一组谷歌员工曾经与五角大楼官员会面，并为在谷歌的计算机服务器上存储军事数据而提交所需政府认证的申请。

会上，马蒂斯表示他已经看到了谷歌技术在战场上的威力。毕竟，美国的对手正在使用谷歌地图来确定迫击炮的目标。因此他希望美国能在这方面加大力度，通过梅文计划不仅要能利用深度学习来阅读卫星图像，而且也要能即时分析无人机捕捉到的瞬息万变的战场视频。同时，马蒂斯也赞扬了谷歌"行业领先的技术"及其"企业责任的声誉"。他说，这也是他来到这里的部分原因。他担心人工智能的伦理问题，并表示应该让国防部感到不舒服。"在国防部，我们欢迎你们的想法。"

皮查伊则说，谷歌经常思考人工智能的伦理问题。他说，越来越多的坏人正在使用这种技术，所以好人的领先地位至关重要。马蒂斯接着就问，谷歌是否能将某种道德或伦理规则编写到这些系统中呢？谷歌员工知道这谈何容易，恐怕并不是一个切合实际的选择。

马蒂斯访问谷歌总部的一个月后，谷歌签署了一份为期三年的梅文项目合同，价值在 2000 万到 3000 万美元之间，其中 1500 万美元将在前 18 个月内支付。对于谷歌来说，这是一笔小钱，而且其中一部分必须与涉及该合同的其他公司分享，但谷歌正在谋求更大目标。同月，五角大楼公开邀请美国公司竞标一项为期十年、价值 100 亿美元的合同，用于为国防部提供运行其核心技术所需的云计算服务。

马蒂斯访问谷歌总部后不久，位于波士顿的生命未来研究所发表了一封公开信，呼吁联合国禁止所谓的"杀手机器人"。"作为一家构建可能被重新用于开发自主武器的人工智能和机器人技术公司，我们倍感发出这个警告的责任，"信中写道，"致命的自主武器可能导致战争的第三次革命[1]。一旦开发出来，它们将使武装冲突的规模变得比以往任何时候都大，而且在时间上也要比人类所能理解的更迅速。"

一百多名业界人士在这封信上签了字，其中包括经常警告超级智能威胁的马斯克、辛顿、哈萨比斯和苏莱曼。苏莱曼认为，这些技术需要一种新型监督。"谁做出了终将影响地球上数十亿人的决定？谁参与了那个判断过程？"他问道，"我们需要扩大决策过程参与者的多样化，这意味着更早地让监管机构参与决策过程，包括政策制定者、公民社会活动家以及我们希望通过技术为之服务的人们，让他们深入参与我们产品的创建和理解我们的算法。"

10月17日和18日，谷歌高管与国防部副部长帕特里克·沙纳汉及其工作人员会面，讨论谷歌在梅文计划中的角色。沙纳汉与国防部许多其他高层人士一样，认为这个项目只是迈向更大目标的第一步。"未来国防部的任何项目，若没有内置人工智能能力就不能部署。"他曾这样说。因此，至少对这些谷歌员工来说，他们的公司似乎将成为这个长期目标的一个重要组成部分。

按照协议，谷歌首先需要为一个所谓的"气隙"系统开发软件。这个系统的电脑网络必须被气隙完全隔离，而输入数据的唯一方法是通过某种物理装置，比如拇指驱动器。显然，这样做就是要让谷歌失去对该系统的控制，从而也就无法知道它的实际用途。

11月，谷歌指派了一个由九名工程师组成的团队来开发这款软件，可是这些人在认识到这个项目的性质后，拒绝这么做。新年伊始，随着该项目的消息在公司里的传播，其他员工也关注起来，并纷纷表示担忧。在元月的最后一天，云计算团队的产品经理梅雷迪思·慧特克起草了一份请愿书，要求皮查伊取消梅文合同，并强调说："谷歌不应该参与战争业务。"

在第二天举办的公司大会上，谷歌高管告诉员工梅文合同的金额仅为900万美元，而且谷歌技术仅用于"非攻击性"目的。然而，不满情绪继续蔓延，当晚就有500人签署了慧特克的请愿书。第二天，又有大约1000人签名。4月

---

[1] 战争的第三次革命，是指未来的战争将进入以物理能武器为主的新兵器时代，诸如激光武器、粒子束武器、微波武器、次声波武器、电磁武器等，同时还包括人工智能、自动化武器和网络战等。与之相应，战争的第一次革命是指冷兵器时代，战争的第二次革命是指以化学能为主的热兵器时代。

初，在超过 3100 名谷歌员工署名后，《纽约时报》登载了一篇报道，将这事公之于众。几天后，谷歌云计算团队的负责人邀请慧特克在一次公司大会上参加一个关于梅文计划的讨论，与另外两名支持梅文计划的员工辩论，并在全球三个不同时区进行直播。

在伦敦的 DeepMind，超过一半的员工签署了慧特克的请愿书，苏莱曼在抗议中扮演了突出的角色。他认为谷歌内部的抗议活动表明欧洲的敏感性正在传播到美国。在欧洲发生的一场声势浩大的运动催生了《通用数据保护条例》的颁布，这个法律迫使大型科技公司尊重数据隐私。现在，谷歌内部的风潮也正在迫使谷歌重新思考它对军事工作的态度。同时，苏莱曼敦促皮查伊制定相关的道德准则，正式定义谷歌将会构建和不会构建什么。

5 月中旬，一群独立学者向佩奇、皮查伊、李飞飞和谷歌云业务负责人发表了一封公开信。"作为研究、教授和开发信息技术的学者、教师和研究员，我们与 3100 多名谷歌员工以及其他技术工作者一起反对谷歌参与梅文计划并声援他们，"信中写道，"我们完全支持他们要求谷歌终止与国防部的合同，并且要求谷歌及其母公司 Alphabet 承诺不开发军事技术，也不会把它收集到的个人数据用于军事目的。"这封公开信得到了 1000 多名学者的签署，其中包括约书亚·本吉奥以及李飞飞在斯坦福大学的几位同事。6 月初，谷歌高管告诉员工它将不会续签梅文合同。

谷歌的这个决定是美国公司对政府合同的更广泛抵制的一部分。克莱瑞法的员工也对他们在梅文计划上的工作提出异议。一名工程师在那三名军官的访问后立即退出了该项目，其他工程师在接下来的几周和几个月内也离开了公司。同样，微软和亚马逊的员工也对军事和监视合同表示抗议。

只是，这些抗议活动并未产生持续影响。谷歌不久就与大多数反对梅文计划的人分道扬镳，包括慧特克。它虽然放弃了梅文合同，但它仍然在朝着那个方向努力。一年后，总法律顾问沃克在华盛顿的一次活动上与沙纳汉将军一起登台，并表示说梅文合同并不能代表该公司更广泛的目标。"那是一个专注于具体合同的决定，"他说，"并不是对我们与国防部合作意愿或历史的更广泛声明。"

2025 年 2 月 5 日，英国《卫报》报道，"谷歌母公司 Alphabet 已放弃其不将人工智能用于开发武器和监控工具等用途的承诺。这家美国科技公司在公布低于预期的财报之前，于周二宣布，已更新其人工智能伦理准则，其中不再提及不追求'可能造成或可能导致整体危害'的技术。谷歌人工智能负责人戴密斯·哈萨比斯表示,这些准则正在根据不断变化的世界进行调整,人工智能应当保护'国家安全'。"

对此,谷歌大脑的创始人及前负责人吴恩达,在旧金山举行的退伍军人初创企业大会上接受现场采访时表示赞同,"我很高兴谷歌改变了它的立场。"然后,他说道,美国公司不能拒绝"帮助那些在外为我们而战的军人"。

机器人应用

2019年秋的一个下午,在OpenAI位于旧金山米申区的一个三层建筑的顶层,一只手伸向窗口,掌心向上,五指伸开。它看上去很像人手,但它是由金属、硬塑料和电线制成的。站在旁边的一位女士把一只魔方弄乱,再把它放在那只机械手的掌心上。于是,机械手就动了起来,用大拇指和四指轻轻转动彩色方块。每次转动,魔方都会在它的指尖末端晃动,仿佛要掉到地上。但却都没有。不久后,颜色开始排列起来,红色挨着红色,黄色挨着黄色,蓝色挨着蓝色。大约4分钟后,那只手最后一次扭转立方体,将那只魔方重新还原。一小群围观的研究人员发出了欢呼声。

在研究员沃伊切赫·扎伦巴[1]的带领下,他的团队用了两年多的时间取得了这个引人注目的成果。过去,许多人已经制造了能够解魔方的机器人。有些设备甚至只要更短时间。但这是一个新技巧。这是一个移动起来像人手一样的机械手,而不是专为解魔方而设计的专用硬件。通常,工程师会煞费苦心地将行为通过编程精确地写入机器人软件,花费数月时间为每一个微小动作定义详细规则。不过,若要穷尽五指解魔方所需的所有技巧,工程师可能需要若干年。因此扎伦巴及其团队构建了一个可以在虚拟现实中自己学习的系统。他们相信机器人可以在虚拟环境中学会几乎任何技能,然后再将其应用到现实世界里。

首先,他们创建了手和魔方的数字模拟。让机械手在虚拟现实里反复尝试,从错误中学习,总共用了相当于一万年的时间旋转魔方,逐渐发现破解它的秘诀。与此同时,扎伦巴和他的团队仔细研究手指和魔方的物理性能,以确保人工智能的虚拟经验能够顺利转移到现实世界里的真实机械手里,并希望它能处

---

[1] 沃伊切赫·扎伦巴(Wojciech Zaremba, 1988—),计算机科学家,OpenAI的创始团队成员,领导Codex研究和语言团队。

理意外。因此，扎伦巴的机械手可以像人那样应对真实世界的不确定性，这是普通机器无法企及的。它甚至能在两个手指被绑在一起、或被套上橡胶手套、或在有人用玩具长颈鹿的鼻子轻推魔方的情况下继续解魔方。

在2015年到2017年这三年里，亚马逊每年都举办一场面向全世界机器人专家的邀请赛。当装满零售产品的箱子在亚马逊的巨大仓库里移动时，工人们需要有目的地在箱子里挑选产品，将它们放入正确的纸盒，再把它们分发运送到不同的目的地。亚马逊希望机器人能做这方面的工作，从而通过自动化来提高效率，降低成本。奖金为8万美元。

2017年7月，来自10个国家和地区的16名决赛选手前往日本名古屋参加决赛。每个团队收到了一个装着32种不同物品的箱子，其中16种是事先知道的，另外16种则可能是任何日常物品，包括塑料瓶、冰盘、网球罐、万能笔盒或电工胶带卷等。比赛要求机器能够在15分钟内至少挑选十件物品。最终获胜的机械手来自澳大利亚的一个实验室——澳大利亚机器人视觉中心。可是它的表现并不令人折服：每小时它只能处理约120件产品，而且它还有10%左右的错误率。

如果说亚马逊的比赛揭示了什么的话，那就是即使对于最好最灵活的普通机器人来说，拣货这项工作也是非常困难的。另一方面，诸如亚马逊这样的公司迫切需要具备实用能力的拣货机器人。正巧在此时，解决之道已经在谷歌等公司内悄悄酝酿。

杰夫·迪恩在谷歌大脑实验室内建立了一个医学团队后，他又建立了一个机器人团队。它的最早成员之一是年轻研究员谢尔盖·莱文。莱文出生在莫斯科，并在读小学时移居美国。他的父母都是苏联航天飞机计划的工程师。在加大伯克利分校攻读博士学位时，莱文专攻计算机图形学，探索构建逼真动画虚拟人的奥秘。后来，深度学习开始崭露头角，引起了他的兴趣。通过使用类似于DeepMind在构建玩雅达利游戏系统所使用的技术，莱文的动画人物学会了像真人那样动作。看着动画人物的逼真举止，莱文进一步联想到，如果将这些深度学习技术应用到机器人身上，那么它们也许就能掌握全新技能。

莱文在2015年加入谷歌时，已经认识了另一位俄罗斯移民——苏茨克弗，而苏茨克弗又介绍他认识了克里兹热夫斯基。于是，在遇到问题时，莱文就常向克里兹热夫斯基讨教，而克里兹热夫斯基的建议始终如一：收集更多数据。"如果你有数据，而且是正确的数据，"他总是说，"那么就多收集一些。"

莱文和他的团队建立了他们的"手臂农场"。在谷歌大脑实验室附近的一栋大楼的一个开放式大房间里，他们设计和建造了十几只机械手。不过，这些手比起 OpenAI 的那只解魔方的机械手要简单得多，在严格意义上它们只能算是那种能够用两个虎钳状指头抓取物体的"抓手"。接着，莱文和他的团队将机械手安装在属于它们各自的箱子的上方，训练它们拣自己箱子里的东西，箱子里则装着诸如玩具积木、黑板擦、口红管等随机物品。经过反复捡拾，这些机械手在实践中学习，自己发现什么有效，什么无效。这确实和 DeepMind 的系统学习玩《太空侵略者》和《突破》游戏的方式十分相似，只不过手臂农场的机械手是在现实世界里抓取实实在在的物体。

起初是一片混乱。"一团糟，真的是一团糟。"莱文回忆道。按照克里兹热夫斯基的建议，他们让机器人全天候运行。尽管他们设置了摄像机，使他们可以在晚上和周末远程窥视实验室，但有时那里还是会出现混乱。当星期一早晨走进实验室时，他们常会发现地板上到处都是乱扔的东西，就好像是走进儿童游戏室一样。一天上午，他们惊讶地发现一只箱子里到处都是血迹斑斑的东西。原来，一支口红的盖子掉了，机械手整夜都在试图把它拾起来，可是却一直未能成功。然而，这正是莱文想要看到的。"太好了，"他说，"如果房间里一团糟，那么我们就在正确的轨道上。"

数周后，这些机械手都学会了用一种近乎文雅的方式拣拾放在它们面前的东西。2019 年初，莱文团队推出了一只机械手，在学习了仅 14 个小时后，就能以 85% 的成功率将物品轻轻放入正确的箱子。而当研究人员自己尝试相同的任务时，他们的成功率仅为 80%。

莱文的导师皮特·阿贝尔[1]教授是一个身高六英尺两英寸，光头的比利时机器人专家。阿贝尔加入 OpenAI 的签约奖金为 10 万美元，而他仅在 2016 年下半年的工资就高达 33 万美元。阿贝尔的三名学生也加入了 OpenAI，从而加大了该公司挑战谷歌大脑、脸书实验室和 DeepMind 的力度。

然而，阿贝尔很快发现 OpenAI 的那些极其注重挑战性却又忽视实际应用的项目并不是他所追求的。他想创造有用的技术，而不是吸引眼球的项目。于是，他就和他以前的伯克利学生陈曦以及段岩离开了 OpenAI，一起创办了一家名为

---

1 皮特·阿贝尔（Pieter Abbeel，1977— ），加州大学伯克利分校电气工程和计算机科学教授、伯克利机器人学习实验室主任、伯克利人工智能研究实验室联席主任。

协变[1]的初创机器人公司。他们的新公司虽然也专注于那些OpenAI正在探索的技术，可是他们的目标是要将这些技术应用到现实世界里。

在亚马逊机器人挑战赛两年后，一家国际机器人制造商也组织了一场闭门赛。共有近20家公司参加了这场比赛，它涉及对大约25种不同物品的拣拾，其中一部分被事先告知，一部分却没有。混合物中包括袋装小熊软糖和装有肥皂或凝胶的透明瓶子。对机器人来说，像瓶子这样的物品尤其困难，因为它们时不时会突然反光。另外，碟片也极具挑战性，它们不仅折射五彩亮光，而且有时还会靠在箱子的侧壁上。

阿贝尔和他的同事起先犹豫是否应该参加这次比赛，因为他们并没有构建专用于拣拾的系统。不过，他们研发的系统灵活通用，具备自主学习的能力。因此，他们就用大量有关拣拾的数据对它进行训练。在那场赛事的举办方访问他们在伯克利的实验室时，他们的机械臂能够以像人一样，甚至更好的方式处理每一个任务。它所犯的唯一错误是不小心掉落了一只小熊软糖袋。

随着协变的发展，它需要更多资金，因此，阿贝尔就向人工智能领域里的知名人士求助。杨立昆参观了伯克利的实验室，在将几十只空塑料瓶倒入一个箱子，并看着机械手毫不费力地将它们一一拾起后，他立即表示愿意投资。约书亚·本吉奥却表示，尽管他在几家大科技公司兼过职，他已有足够的钱，他更想专注于自己的研究。辛顿投了资，因为他相信阿贝尔。"他很厉害，"辛顿说。"这非常令人惊讶。毕竟他是一个比利时人。"

那年秋天，一家德国的电子零售商将阿贝尔的技术引入柏林郊区的一个仓库，让它从沿着传送带移动着的蓝色板条箱中拣开关、插座以及其他电气部件。协变的机器人能以超过99%的准确率挑选和分类各种不同物品。位于奥地利的克纳普公司的副总裁彼得·普赫韦因赞叹道，"我在物流行业工作了超过16年，我从未见过这种事。"克纳普公司长期以来一直在为仓库提供自动化技术，它也协助了协变的技术在柏林的开发和安装。

显而易见，在未来几年里，机器人自动化将会不断在零售和物流业传播，而且很可能会被推广到制造工厂里。这就引起了人们对工人的担忧，担心他们的工作会被自动化系统取代。在德国的仓库里，一个机器人完成了3个工人的工作。然而，多数经济学家并不认为这种技术会很快减少物流行业的整体就业人数。由于在线零售业务的增长非常迅猛，大多数公司需要数年甚至数十年才

---

1 协变（Covariant）是一家人工智能和机器人技术公司。

能安装新一代的自动化设备。

不过，阿贝尔也承认在遥远的未来，情况会发生逆转。但他对人类的应变能力抱乐观态度。"如果在 50 年后发生这种情况，"他说，"教育系统有足够时间迎头赶上。"

三英杰同获图灵奖

在辛顿位于多伦多市中心谷歌大楼第十五层的办公室里，靠窗的橱柜上有两块白色积木。每块大约有鞋盒那么大。它们看上去就好像是他在宜家目录的背面找到的两个相匹配的现代主义迷你雕塑。当有新来的客人走进他的办公室时，他会把这两块积木递给他们，解释说这是同一个金字塔的两半，然后问他们是否能把这个金字塔重新组合起来。这似乎是一个非常简单的任务。每块只有五个面，客人只需找到两个相匹配的面并将它们对齐即可。但很少有人能解这个谜。辛顿喜欢告诉人说，甚至连两位麻省理工学院的终身教授也未能解开这个谜。其中一位拒绝尝试，另一位说他能证明这是不可能的。

但这是可能的。辛顿一边说，一边利落地解开这个谜。他解释说，多数人未能通过这个测试，是因为这个谜颠覆了他们对金字塔或者其他在物理世界中遇到的物体的理解方式。他们不是以二维的方式，也就是说他们不是通过查看一侧、再看另一侧、然后查看顶部、最后看底部来认识金字塔的。相反，他们是在脑海中想象整个物体在三维空间的模样。辛顿进一步解释说，由于他的谜将金字塔切成两半，使人很难像平常那样在三维空间中想象它。

辛顿的难题表明，视觉比表面看上去要复杂得多，人以一种机器仍然无法理解的方式理解眼前的事物。"这是计算机视觉研究人员忽视的一个事实，"他说，"这是一个巨大的错误。"计算机视觉研究人员现在依赖深度学习，其实深度学习只能解决部分问题。比如让一个神经网络分析数千张咖啡杯的照片，它就能学会辨认咖啡杯。可是，如果那些照片仅从侧面拍摄咖啡杯，那么它就无法识别倒置的咖啡杯。因为它只会用二维的方式看待物体，而不是三维。

神经网络是一个从数据中学习的数学系统。因此辛顿说，研究人员可以为机器提供与人类相同的三维视角，让它在学习了咖啡杯的一个角度后，就能从任何角度识别它。2015 年夏，当他在 DeepMind 工作时，他想开展这方面的研究工作，可是，当他的妻子被诊断患有癌症后，他未能如愿。回到多伦多后，他就与那位被美国拒绝入境的伊朗研究员萨拉·萨布尔一起探讨了这个想法。2017年秋，他们建成了一个能够识别来自陌生角度图像的新型网络，它的准确度超过了普通神经网络。辛顿强调说，这并不仅仅是个图像识别问题，人们今后需要以一种更先进和更完善的方式来模仿人脑的神经元网络。

2019年3月27日，星期三，《纽约时报》的一篇文章报道说："周三，全球最大的计算专业人士协会——计算机协会宣布，辛顿博士、杨立昆博士和本吉奥博士因为他们在神经网络领域的工作而获得了今年的图灵奖。图灵奖自1966年设立以来，常被称为计算界的诺贝尔奖，奖金高达100万美元，将由这三位科学家分享。"

这三位资深研究人员自从20世纪中后期以来，一直在为神经网络的复兴而不懈奋斗，并且成功将它发扬光大，不断推向科技创新的核心，进而重塑了从语音和图像识别到机器翻译再到机器人技术的各个关键领域，功不可没。因此，瓜熟蒂落，实至名归，他们终获殊荣，并将奖金分成三份，杨立昆和本吉奥把多出来的一分钱给了辛顿。

两天后，辛顿罕见地发了一条推文来纪念这个时刻。"X因素：当我在剑桥大学国王学院读本科时，2010年图灵奖得主莱斯利·瓦利安特[1]就住在X楼梯[2]的隔壁房间，"辛顿的推文写道，"他刚刚告诉我，图灵在国王学院担任研究员时，他就住在X楼梯，并且很可能就是在那里写了他那篇1936年的论文！"

显然，辛顿所指的是图灵的那篇历史性论文《论可计算数及其在判定性问题上的应用》。该论文帮助开创了计算机时代，而图灵描述的"逻辑计算机"也很快被学术界称为"图灵机"。

两个月后，颁奖典礼在旧金山皇宫酒店的大宴会厅里举行。杰夫·迪恩出席了典礼。迈克·施罗普弗也是如此。身穿白色坎肩的侍者为坐在铺着雪白桌布的圆桌旁的五百多名宾客提供晚餐。席间，来自工业界和学术界的十多名工程师、程序员和研究员获得了各种其他奖项。辛顿未坐下用餐。由于背疾，他已有15年没有坐下了。他经常说："这是一个长期存在的问题。"颁发第一批奖项时，他一直站在宴会厅的一侧，低头看着一张小卡片，上面写着他的演讲提

---

1 莱斯利·瓦利安特（Leslie Gabriel Valiant，1949— ），英国皇家学会院士，计算机科学家和计算理论家。2010年荣获图灵奖。
2 X楼梯：剑桥国王学院的部分校舍用楼梯名来为其房间划分区域，并用它来作为区域名。这样在同一个区域里的所有房间也就都属于这同一个楼梯名了。

示。杨立昆和本吉奥在他身旁站了一段时间后就和其他人一起坐下。辛顿一人继续站着看他的卡片。

在第一个小时的颁奖典礼结束后，杰夫·迪恩走上台介绍了这三位图灵奖获得者。迪恩博士是一个世界级工程师，不是演说家，但他的话是真诚的。他告诉大家，尽管多年来该领域的其他人对他们的工作表示怀疑，辛顿、杨立昆和本吉奥开发了一套技术，而这些技术仍在改变着科学和文化的格局。"是时候认可这个反潮流工作所取得的巨大成就了。"他说。

这时舞台两侧的屏幕上开始播放一段视频，它概述了神经网络的历史以及这三位研究人员在几十年来遇到的各种阻力。当镜头切换到杨立昆时，他说："我一直坚信自己是对的。"当笑声在会场上回荡时，辛顿仍站在舞台上看他的卡片。视频明确表示，人工智能距离真正的智能还有很长的路要走。杨立昆指出："机器的常识仍然不如一只家猫。"

接着视频转向辛顿。辛顿先描述了他与萨布尔的最新研究，说他希望这将再次推动该领域向前发展。然后，他用简单语言描述了这个时刻。他说很高兴能与杨立昆和本吉奥一起获奖。"作为一个团队赢得这个奖项真是太好了。成为一个成功团队的一员总是比单独一人更好。"最后，他给观众一个忠告。"如果你有一个想法，而且觉得这个想法肯定是对的，那就不要理会别人说它多么愚蠢。就当他们不存在。"视频结束时，辛顿仍站在舞台上低头看着他的卡片。

本吉奥首先上台致辞。他说，他第一个上台是因为他是三人中最年轻的。他感谢加拿大高级研究所，这个政府组织在 21 世纪头十年的中期资助了他们的神经网络研究，他也对杨立昆和辛顿表示感谢，说，"他们是我的楷模，我的导师，也是我的朋友和同病相怜的伙伴。"然后他补充说，这不仅是对他们三人的奖励，也是对所有相信这个想法的其他研究人员的奖励，包括蒙特利尔大学、纽约大学和多伦多大学的许多学生。他说，最终将这个技术推向新高度的是来自更广泛的志同道合的思想家社区的新研究。此时此刻，这些事已经发生了，医疗保健、机器人技术以及自然语言理解正在不断取得进步。但本吉奥也警告说，社区必须注意这些技术的使用方式。"我们得到的荣誉伴随着责任，"他说，"我们的工具可以用于善事，也能用于恶行。"

接着发言的是脸书人工智能实验室主任杨立昆。"在本吉奥之后始终是个挑战，"他说，"在杰夫之前更是如此。"他是三人中唯一一身穿燕尾服的。他说，很多人问他赢得图灵奖如何改变了他的生活。"以前，我已经习惯于听别人告诉我我错了，"他说，"现在，我必须小心，因为没人敢告诉我我错了。"他还强调说，他和本吉奥在图灵奖获得者中是独特的。他们是唯一的两个出生在 1960 年代的人；是仅有的两个出生在法国的人；是仅有的两个名字以 Y 开头的人；是仅有的两个有兄弟在谷歌工作的人。他感谢父亲教导他成为一名工程师，也感谢杰夫·辛顿做他的导师。

当全场为杨立昆鼓掌时，辛顿收起卡片，走向讲台。"我一直在算，"他说，"我相当确定我比杨立昆加约书亚年轻。"接着，他感谢"计算机协会颁奖委员会及其非凡的眼光"，感谢他的学生和博士后研究员，感谢他的导师和同事，也感谢资助他研究的组织机构。但他说，他真正想感谢的人是他的妻子杰基。她在几个月前去世了。25 年前，他告诉别人他的妻子罗萨琳德去世了，他以为他的研究生涯结束了。"几年后，杰基放弃了她在伦敦的事业，我们一起搬到了加拿大，"他充满感情地说，"杰基知道我多想得这个奖，她会想在今天来到这里的。"

一个月后，辛顿在亚利桑那州凤凰城做图灵奖演讲时，描述了机器学习的兴起并探讨了它的发展方向。在演讲中，他提到了机器学习的不同方式。"有两种学习算法——实际上有三种，但第三种效果不太好，"他说，"那就是所谓的强化学习。"他的听众是几百名人工智能研究人员，他们发出了笑声。于是，他更进一步说，"强化学习有一个绝佳的反证法，它的名字叫 DeepMind。"辛顿不相信强化学习，因为它需要太多数据和太强的处理能力，尽管戴密斯·哈萨比斯和 DeepMind 将其视为通向通用人工智能的道路。

同样，他也不相信朝着通用人工智能的竞赛。辛顿认为，通用人工智能是一个在可预见的未来无法完成的任务。"我宁愿专注于一些你能弄清楚如何解决的事情。"他在春天访问谷歌总部时曾这么说，并表示他真的不明白为什么有人会想要去构建它。"如果我有一个机器人外科医生，它需要懂非常多关于医学和操作事物的知识。我不明白为什么我的机器人外科医生需要了解棒球比分。它为什么需要通用知识？我原以为你会让你的机器来帮助我们，"他说，"如果我想让机器挖一条沟，我宁愿用挖掘机，而不是用人形机器人。你不会想要一个人形机器人去挖沟。如果我想让机器收发钱，我想要一台自动提款机。我相信的一件事是，我们可能不需要通用人形机器人。"

然而，就在那年，皮特·阿贝尔邀请了辛顿投资协变。当辛顿看到强化学习已经为阿贝尔的机器人做了些什么之后，他改变了他对人工智能研究未来的看法。后来，当协变的系统进入柏林的仓库时，辛顿称这一事件为机器人技术的"阿尔法围棋时刻"。"我一直对强化学习持怀疑态度,因为它需要大量计算。但现在我们已经做到了。"他说。

尽管如此,他仍然不相信通用人工智能。"进步是通过解决个别问题而取得的,让机器人修理东西或者理解一句话以便翻译,而不是构建通用人工智能。"

与此同时,他没有看到整个领域的发展有尽头,而这也已脱离了他的掌控。当被问及是否应该担心超级智能的威胁时,他表示,这在短期内并没有多大意义。"我认为我们比戴密斯想象的要好得多。"但他也相信,如果你展望遥远的未来,这种担忧是完全合理的。

自动驾驶

2022 年 11 月 30 日,OpenAI 发布了 ChatGPT,随着用户分享它在各种功能上的示例,这款以大语言模型为基础的聊天机器人在社交媒体上迅速走红。它的故事涵盖了从旅行规划到编写寓言再到编写计算机程序等各个方面。不到 5 天,它就吸引了超过一百万用户;两个月内,它的月用户已达一亿!

OpenAI 成立于 2015 年 12 月,由伊利亚·苏茨克弗、格雷格·布罗克曼[1]、沃伊切赫·扎伦巴和安德烈·卡帕西[2]等人创立,萨姆·奥尔特曼和埃隆·马斯克则是初始董事会成员。这支创始团队将他们在科技创业、机器学习和软件工程等领域的多方面专业知识结合在一起,创建了一个致力于以造福人类为宗旨推动人工智能发展的非营利性开源组织。然而,时过境迁,马斯克已经退出,而在奥尔特曼领导下的 OpenAI 也早已被微软绑定。

ChatGPT 的发展历程以它在技术上的不断进步为标志。2018 年 6 月,OpenAI 推出了生成式预训练变换器系列的第一代——GPT-1。它有 1.17 亿个参数(初略表达模型能力的一个行业指标)。通过使用书籍作为其训练数据,它能预测句子的下一个单词,从而展示了无监督学习在语言理解上的强大能力且就此为 ChatGPT 奠定了基础。

2019 年 2 月研发的 GPT-2 共有 15 亿个参数。它是文本生成能力的一个重大升级,能够生成连贯的多段落文字。但由于它可能被滥用,一开始 GPT-2 并

---

[1] 格雷格·布罗克曼(Greg Brockman, 1987—),软件开发人员,OpenAI 的联合创始人。
[2] 安德烈·卡帕西(Andrej Karpathy, 1986—),计算机科学家,曾担任特斯拉人工智能和自动驾驶视觉部门的总监。他是 OpenAI 的共同创始人,专门研究深度学习和计算机视觉。

未公开发布。OpenAI 继而分阶段推出的几个研究缓解了这方面的压力，使得该模型最终在 2019 年 11 月得以公开发布。

2020 年 6 月推出的 GPT-3 是又一个重大飞跃。它有 1750 亿个参数。它生成的文本在各种应用中得到使用，从起草电子邮件和撰写文章到创作诗歌，甚至生成程序代码。此外，它还展示了回答问题和进行语言翻译的能力。

GPT-3 的问世同时也是一个标志着世界开始认识聊天机器人技术的关键时刻。通过它，普通人第一次获得了与聊天机器人直接互动的机会，并且能够在自然语言的交谈中获得全面而又实用的信息。因此，当人们能以如此自然的方式直接与大语言模型互动时，很明显这个技术将产生深远影响。

2023 年 3 月 14 日发布的 GPT-4 延续了这种指数级改进的趋势，所提高的性能包括：遵循用户意图的能力，降低生成攻击性或危险输出的可能性，以及准确把握事实和实时搜索互联网的能力。

ChatGPT 的每一个里程碑无疑都使人们更接近未来，而人工智能也势必将无缝融入社会生活的方方面面，提高人们的生产力、创造力和沟通能力。

"这就像是 ChatGPT，但用在汽车上。"自动驾驶研究员达瓦尔·史洛夫告诉马斯克。史洛夫是一个来自孟买的年轻工程师，2014 年从卡内基梅隆大学毕业后加入了特斯拉的自动驾驶团队。此时，他正在将自己的项目与 OpenAI 的聊天机器人作比较。

近 10 年来，马斯克一直致力于各种形式的人工智能研究，包括自动驾驶、机器人和脑机接口。史洛夫的项目涉及机器学习的最前沿：设计一个可以从人类行为中学习的自动驾驶系统。他说，"我们处理了大量有关人类在复杂情况下如何驾驶的数据，然后训练计算机神经网络来模仿这些行为。"

马斯克这次见史洛夫是因为他正在考虑说服史洛夫离开特斯拉的自动驾驶团队，去参加推特的工作。但史洛夫却想通过让马斯克相信他正在做的项目对于特斯拉乃至世界来说都至关重要，而避免这件事的发生。他的项目是特斯拉自动驾驶软件中的一个"向人类学习"的组件，被称为神经网络路径规划器。

2022 年 12 月 2 日，星期五，史洛夫按时在早上抵达推特总部，可是，刚从内华达州为电动皮卡主持揭幕仪式返回的马斯克却向他道歉。因为马斯克忘记了他要立即飞往新奥尔良去见法国总统马克龙，讨论有关欧洲互联网内容审查法规的事宜。所以，他请史洛夫晚上再来。而当他在等待马克龙时就又给史洛夫发短信，"我要晚四小时，你介意等一下吗？"

马斯克在那天深夜回到旧金山，终于坐下来听史洛夫解释他正在研究的神经网络规划器项目。"我认为继续做我正在做的事非常重要。"史洛夫在介绍完自己的工作后执着地说。而马斯克在仔细聆听了史洛夫的讲解后也对该项目产生了极大兴趣，故而也就没有固执己见。

马斯克知道未来的特斯拉不仅是一家汽车公司，也不仅仅是一家清洁能源公司。通过全自动驾驶、机器人和机器学习超级计算机，特斯拉将成为一家人工智能公司，一家不仅能在虚拟世界，而且也可以在工厂和道路这样的现实世界里运作的公司。为了与OpenAI展开面对面的竞争，他已经在考虑聘请一些人工智能专家来特斯拉工作，而史洛夫团队的工作无疑也将是这个奋斗目标的一个重要组成部分。

多年来，特斯拉的自动驾驶系统一直在依赖一种基于规则的方法。它从汽车的八只摄像头获取实时视觉数据，以识别车道标线、行人、车辆、交通信号灯以及在它四周的其他物体。然后，再通过特斯拉软件所制定的一系列规则来界定自动驾驶的行为，比如：红灯时停车，绿灯时前进；保持在车道标线之间；不要越过双黄线进入对向车流；只有在足够安全时才能通过十字路口等。为此，特斯拉的软件团队开发了数十万行软件代码，并且不断更新，力求尽善尽美。然而，百密一疏，这谈何容易。

史洛夫开发的神经网络规划器将此系统提升到了一个崭新高度。他说："我们不仅根据规则，而且也依靠一个从数百万人类行为范例中学习的神经网络来决定汽车的正确路径。"换句话说，它能模仿人类驾驶员。在面对具体状况时，这个神经网络能够根据人类驾驶员在数千个类似情况下的范例选择它的做法和路径。就像人类在学习说话、驾驶、下棋、吃意大利面和做几乎所有其他事时所做的那样；我们可能会被要求遵循一套规则，但我们主要是通过观察别人怎么做来掌握技能的。而这也正是图灵在他1950年的论文《计算机器与智能》中设想的机器学习方法。

神经网络规划器在特斯拉客户的驾驶视频中学习驾驶。这是不是意味着它只能达到人类驾驶员的平均水平呢？"不是的，因为我们只使用人类妥善处理情况时的数据，"史洛夫解释道。人类标注员已经事先评估视频，并一一打分。此外，马斯克还要求他们寻找"五星级Uber（优步）驾驶员所做的事"，用来训练计算机。

马斯克经常在特斯拉位于帕洛阿尔托的办公大楼里走来走去，自动驾驶工程师的开放式工作区就在那里。他也常会单腿跪在某个工程师身旁，与之进行即兴讨论。有一天，史洛夫向他展示了他们取得的新进展。马斯克很感兴趣，但他问道：真的需要这整套全新方法吗？会不会有点过分了？他的一个准则是，千万不要用巡航导弹打苍蝇，用苍蝇拍即可。因此他想知道，用神经网络来规划路径是不是在用一种不必要的复杂方法来处理一些极其罕见的边缘情况呢？

于是，史洛夫就向他展示了神经网络比基于规则的方法效果更好的例子。在他演示的道路上散放着垃圾箱、七倒八歪的交通锥和一些随机杂物。由神经网络规划器引导的汽车能够绕过障碍物，并在必要时违反规则越过车道线。史洛夫告诉他："情况是这样，当我们从基于规则转向基于网络路径时，如果你开启这家伙，即使是在非结构化环境里，汽车也不会发生碰撞。"马斯克听后十分兴奋，就建议说，"我们应该做一个类似于詹姆斯·邦德的演示。炸弹在四面八方爆炸，一个不明飞行物从天而降，这时，一辆汽车疾驰而过，未碰撞任何东西。"

机器学习系统通常需要一个目标或指标来指导它在训练过程中的自我优化，而马斯克也很欢喜通过指出最重要的指标来为团队制定方针。对于自动驾驶，他采用了"干预里程数"，就是配备特斯拉全自动驾驶功能的汽车在没有人为干预的情况下所行驶的里程数。"我希望每次会议的起始幻灯片都有关于干预里程数的最新数据，"他宣布，"如果我们训练人工智能，那么我们优化什么呢？答案是干预之间的里程数的增加。"他要求团队把它做得像游戏那样，使人每天都能一目了然地看到自己的分数。"没有分数的视频游戏是无趣的，所以，每天看干预之间的里程数的增加将会起到激励作用。"

于是，团队成员就在工作区安装了几个巨大的 85 英寸电视屏幕，实时显示自动驾驶汽车在无干预情况下行驶的平均里程数。每当他们看到某种类型的干预重复出现时，例如驾驶员在变道、并道或在复杂的十字路口转弯时抓住方向盘，他们就会有的放矢，针对具体情况来分析软件和数据，并予以修复。此外，他们还把锣安放在办公桌旁，每当成功解决了一个导致干预的问题时，就鸣锣庆贺。

2023 年 4 月中旬，马斯克觉得是时候试试这个新的神经网络规划器了。他驱车穿过帕洛阿尔托。史洛夫和自动驾驶团队事先已配置汽车，使其依靠经过神经网络训练的软件模仿人类驾驶员。该软件只有一小部分基于规则的传统代码。

马斯克坐在驾驶座上，旁边是特斯拉自动驾驶软件总监阿肖克·埃鲁斯瓦米。史洛夫和他团队的另外两名成员马特·鲍赫和克里斯·佩恩坐在后排。他们三人已经在相邻的办公桌上工作八年，而且也都住在旧金山，彼此仅隔几个街区。在公司的开放式工作区内，多数人的办公桌上放着家人相片，而在他们各自的桌上却是一张相同的照片——在万圣节派对上的一张三人合影。詹姆斯·马斯克曾经是这个团队的第四名成员，直到他的堂兄在接管推特后将他调去那里工作，而史洛夫逃脱了这个命运。

准备离开办公大楼的停车场时，马斯克在地图上选了一个目的地，随即点击"全自动驾驶"且双手松开方向盘。汽车一转上主干道，第一个可怕局面就出现了：一个骑车人迎面而来。"我们全都屏住呼吸，因为骑车人的行为难以预测，"史洛夫回忆说。但马斯克毫不担忧，也没有去抓方向盘。汽车果然主动规避，十分从容地通过了第一个考验。"感觉就像人类驾驶员做的那样，"史洛夫欣慰地回忆道。

史洛夫和他的两名队友向马斯克介绍说，他们使用的全自动驾驶软件已经经过从客户汽车摄像头收集到的数百万个视频片段的训练。因此，比起那种将成千上万条规则——手工编入软件的传统方式，它要简单得多。"它的运行速度快了十倍，最终可以删除30万行代码。"史洛夫强调说。接着，鲍赫又说这就好像是一个人工智能机器人玩一个非常乏味的视频游戏。马斯克笑了一声。当汽车在车流中穿行时，他掏出手机开始发推文。

在接下来的25分钟里，汽车在高速公路和社区街道上自主行驶，并且在复杂的情况下转弯，避开骑车人、行人和宠物。马斯克始终未碰方向盘。偶尔，当他觉得汽车太过谨慎时，例如在四向停车标志处显得过于谦让，他就轻踩油门进行干预。有一次，汽车做了一个他认为比他做得更好的动作。"哇，"他称赞道，"即使是我的人类神经网络在这里也失败了，但车却做对了。"这时，他吹起口哨，一首莫扎特的小夜曲。

"太棒了，伙计们！"马斯克最后说，"这真的令人印象深刻。"然后，他们一起参加了自动驾驶团队的每周例会，那里有20名几乎清一色穿着黑色T恤的人坐在一张会议桌旁准备聆听他的裁决。其中也有人并不相信神经网络项目会成功。马斯克称自己现在已成为信徒，并决心投入大量资源来推动这个项目的发展。

会上，马斯克抓住了团队发现的一个关键事实：神经网络只有在接受了100万个视频剪辑的训练后才能良好运作，并且在150万个剪辑后开始变得出色。

这就使特斯拉相较于其他汽车和人工智能公司来说更具优势，而且优势巨大。特斯拉在全球拥有数百万辆特斯拉汽车，每天可以收集数十亿个视频帧。"我们在这方面的独特地位是无与伦比的。"埃鲁斯瓦米在会上说。

大规模收集和分析数据的能力对于各种形式的人工智能都至关重要，从自动驾驶到机器人再到聊天机器人。现在，马斯克拥有两个巨无霸实时数据源：源源不断的驾驶视频以及每周在推特上发布的数十亿条帖子。

破解蛋白质结构

目前，深度学习系统正在挑战生命科学和医学中最深奥的问题之一：破解蛋白质分子的秘密。在生物体内，DNA 虽然携带着生命的"指令"，可是蛋白质却是所有生物行为的微观机制，承担了几乎所有的实际工作。打个比方，人体就像个建筑工地，DNA 是图纸，而蛋白质却是在这个场地上各司其职的施工人员。没有这些"干活的人"，再完美的蓝图也没有意义。因此，蛋白质是生物体内真正的"主力军"。它们不仅构成了为我们的身体提供能量的肌肉，还负责消化食物、攻击病菌、调节身体功能，并执行无数其他关键任务。所以，生物学家一直在思考：蛋白质分子究竟是如何发挥所有这些神奇功能的呢？

在 20 世纪五六十年代，科学家们利用 X 光射线晶体学绘制出多种蛋白质分子的结构图。他们发现，蛋白质是包含了一条或多条长链氨基酸残基的大型生物分子和高分子，它的长链通过扭曲和折叠形成既复杂又独特的三维结构。它们在生物体内执行多种功能，包括催化代谢反应、DNA 复制、对刺激做出反应、为细胞和生物体提供结构支持，以及将分子从一个位置运输到另一个位置。通过实验，科学家进一步惊讶地发现，蛋白质发挥这些神奇功能的关键在于它们的形状。原来，"功能源于结构"。也就是说，正是蛋白质分子的那些精巧的打结与扭曲，造就了它们各自的特性和功能。

比如，新冠病毒就是个典型例子。它的外形像太阳的"日冕"，其表面有着许多向外伸展的蛋白质"刺突"。这些刺突蛋白就像钥匙那样，可以打开我们肺部细胞表面特定的"锁"。而这种"锁"一旦被打开，病毒就能将它的遗传物质注入肺细胞中，并迅速自我复制，从而导致细胞死亡且释放出致命的新病毒，进一步感染更多健康的肺细胞。这就是为什么新冠疫情在 2020 年至 2022 年使全球经济几乎陷入瘫痪的根本原因。

因此，破解蛋白质的氨基酸序列就成了科学研究的焦点之一。如果科学家可以知道每一种蛋白质的具体形状，那么他们就向理解蛋白质的工作原理迈出一大步，从而获得开发新药乃至揭开人体奥秘的能力。

可是对于生物学家来说，确定蛋白质的精确形状非常困难，通常需要数月、数年甚至数十年的实验。这不仅需要技巧和智慧，还需要大量辛勤劳动。有时，他们永远不会成功。

因此，为了提高这项工作的效率，半个世纪以来，计算机科学家一直在努力构建一个能够破解蛋白质结构的系统，并且自 1994 年以来，每两年举行一次全球性的公开竞赛——结构预测的批判性评估[1]（CASP），以便衡量和比较他们的工作。然而，在接下来的二十多年里，还没有任何参赛者能接近解决这个问题。

2017 年，约翰·詹珀[2]在获得芝加哥大学理论化学博士学位后加入了 DeepMind。他很快就与哈萨比斯等人一起开始研究一种旨在破解蛋白质结构的神经网络——阿尔法折叠[3]。他们采用了一种名为注意力[4]的深度学习方法，并使用了来自蛋白质序列和结构公共存储库的超过 17 万种蛋白质对阿尔法折叠进行训练，旨在通过对氨基酸序列的深度学习来高精度预测蛋白质结构。整个训练依靠一二百只 GPU 芯片的处理能力。

2018 年，詹珀带领一支由生物学家、物理学家和计算机科学家组成的团队参加了第十三届 CASP 竞赛，并取得了第一名。然而，尽管如此，阿尔法折叠的表现距离最终目标还差得很远。

许多科学家认为蛋白质折叠的突破仍需数年时间。然而在 2020 年，当谷歌研究人员在第十四届竞赛中推出该技术的更新版阿尔法折叠二号时，他们的研究结果表明，阿尔法折叠二号已经完全破解了这个难题，其预测蛋白质形状的准确度可以与物理实验相媲美。

"那天我们在刚醒来时就知道：这是一个不同的生物学时代。"在哥伦比亚大学研究人工智能和蛋白质折叠的研究员穆罕默德·阿尔库莱希说道。

德国马克斯·普朗克发育生物学研究所蛋白质进化部的主任安德烈·卢帕斯，是与阿尔法折叠团队合作的科学家之一。他所在的团队花了 10 年时间试图

---

1 结构预测的批判性评估（Critical Assessment of Structure Prediction, CASP) 是一项全球性的蛋白质结构预测竞赛。

2 约翰·詹珀（John Michael Jumper, 1985— ），英国皇家学会院士、化学家、计算机科学家，他和他的同事创建了阿尔法折叠。詹珀、戴密斯·哈萨比斯和大卫·贝克共同荣获 2024 年诺贝尔化学奖。

3 阿尔法折叠（AlphaFold）是一个 DeepMind 开发的人工智能程序，可进行蛋白质结构预测。

4 注意力（Attention）是一种机器学习方法，用于确定序列中每个组成部分相当于其他部分的相对重要性。

确定在一个名为古细菌的微小细菌状生物体中的一种特定蛋白质的物理形状。由于这种蛋白质横跨单个细胞的膜，一部分在细胞内，一部分在细胞外，这就使科学家在实验室里很难确定这种蛋白质的形状。因此，虽然经过了10年的研究，卢帕斯博士还是无法确定该蛋白质的形状。

然而，借助阿尔法折叠，他用了不到半小时就解决了这个问题。

他说，如果这种方法继续改进，它有望成为一个能确定是否可以通过现有药物的组合来对抗新病毒的特别有用的方法。"我们可以开始筛选所有已获准在人类使用的化合物，"卢帕斯博士说，"我们可以用现有的药物来应对下一场疫情。"

华盛顿大学蛋白质设计研究所所长大卫·贝克[1]带领他的实验室，不仅能使用神经网络来预测蛋白质形状，而且还可以生成新蛋白质的蓝图，并且一直在使用类似的计算机技术来设计抗冠状病毒药物。他表示，DeepMind 的方法可以加速这项工作。"我们能够在几个月内设计出冠状病毒的中和蛋白质，"他说，"但我们的目标是在几周内完成这种工作。"

此外，贝克博士也意识到，如果他能创造一种新颖的蛋白质结构，那么他应该也能设计出更复杂的可以"真正发挥作用"的蛋白质，比如分解被认为与阿尔茨海默病有关的淀粉样原纤维。

2024年5月，DeepMind 和它的姐妹公司同构实验室[2]共同推出的阿尔法折叠三号，可以帮助科学家理解驱动人体细胞的微观机制的行为。它除了可以用来预测蛋白质的形状外，还可以预测其他微观生物机制的行为，包括身体储存遗传信息的 DNA 和将信息从 DNA 传递到蛋白质的 RNA。

"生物学是一个动态系统。你需要了解不同分子和结构之间的相互作用，"DeepMind 首席执行官兼同构实验室创始人哈萨比斯说道，"这是朝这个方向迈出的一步。"

"这项技术可以'节省数月的实验工作，并使之前无法进行的研究成为可能，'"一家致力于加速药物发现的初创公司的联合创始人兼首席执行官德尼兹·卡维表示，"这展现了巨大的潜力。"

---

1 大卫·贝克（David Baker，1962— ），美国艺术与科学院院士，生物化学家和计算生物学家，他开创了设计蛋白质和预测其三维结构的方法。他因其在计算蛋白质设计方面的工作而被共同授予2024年诺贝尔化学奖。
2 同构实验室（Isomorphic Labs Limited）是一家总部位于伦敦并隶属于谷歌的公司，它利用人工智能进行药物发现。

2024年10月9日，戴密斯·哈萨比斯、约翰·詹珀和大卫·贝克荣获了诺贝尔化学奖。

诺贝尔委员会在公告中说，"2024年诺贝尔化学奖是关于蛋白质，生命巧妙的化学工具。大卫·贝克成功地构建了全新的蛋白质，这几乎是个不可能的壮举。戴密斯·哈萨比斯和约翰·詹珀开发了一种人工智能模型来解决一个50年的问题：预测蛋白质的复杂结构。这些发现具有巨大的潜力。"

"没有蛋白质，生命就不可能存在。如今我们能够预测蛋白质结构并设计我们自己的蛋白质，这为人类带来了巨大福祉。"

前方路

科技革命往往悄然而至。没有人在1760年的某个早晨醒来时喊道："天哪，工业革命刚刚开始！"数字革命也是在幕后默默进行多年，在人们注意到世界正在发生根本性变革之前，业余爱好者早已在自己拼凑电路且在像家酿电脑俱乐部那样的极客聚会上炫耀。可是人工智能革命却不同。在2023年春天的几周内，数以百万计的或深具科技意识或普普通通的人们，都忽然注意到一场变革正在以一个令人瞠目结舌的速度发展，它必将从根本上改变人们工作、学习、创造以及日常生活的方方面面。

近十年来，马斯克一直担心人工智能有朝一日可能失控，也就是说机器将形成自己的思维能力进而威胁人类。当谷歌联合创始人拉里·佩奇不赞同他的想法，并且称他为偏向人类智能的"物种主义者"时，他们之间的长期友谊瓦解了。马斯克曾试图阻止佩奇和谷歌收购哈萨比斯创立的DeepMind。当这一尝试失败后，他为了制衡就在2015年与萨姆·奥尔特曼等人成立了OpenAI，并将它定位为非营利性的开源组织。

可是，人比机器更敏感。马斯克从OpenAI挖走了著名工程师、李飞飞的高徒安德烈·卡帕西，并在2018年与奥尔特曼分道扬镳，退出了OpenAI的董事会。而长袖善舞的奥尔特曼也不甘示弱，成立了OpenAI的营利性部门，并从微软获得100亿美元的投资，然后又重新招募了卡帕西。

2022年6月，当奥尔特曼和他的团队向比尔·盖茨展示ChatGPT的一个早期版本时，盖茨说，除非它能通过类似于先修生物学的考试，否则他不会感兴趣。"我以为这会让他们消失两三年。"盖茨回忆道。可是不到三个月，他们就回来了。奥尔特曼、微软首席执行官萨蒂亚·纳德拉[1]等人来到盖茨家，给他展示了 GPT-4 的最新版。于是，盖茨就考了它一系列生物学问题。"真是令人震惊，"盖茨称赞道。接着，他又问聊天机器人，对一个正在看护病孩的父亲应该说些什么。"它给了一个非常详尽而又出色的答案，也许比在场任何人所想的都好，"盖茨说。

2023 年 3 月 14 日，OpenAI 向公众发布了 GPT-4。不久后，谷歌也发布了它的聊天机器人——双子星[2]。因此，OpenAI 和谷歌之间的竞争就迎来了一个新高潮。

可是，马斯克一直担心像聊天机器人这样的人工智能系统若落入微软和谷歌的手中会受到政治灌输，并被一种他称之为"觉醒病毒"的网络病毒感染。此外，他也担心人工智能系统可能会对人类产生敌意。在更直接的层面上，他担心经过恶意训练的聊天机器人可能会在社交网站上传播假消息，甚至进行金融诈骗。虽然所有这些都不是什么新鲜事，可是大批武器化聊天机器人的部署将使这个问题的严重性提高两到三个数量级。

于是，马斯克的拯救者情结与日俱增。他坚信 OpenAI 和谷歌之间的双边竞争需要第三个角斗士，一个真正将人工智能安全以及保护人类视为宗旨的机构。他对创立并资助了 OpenAI 却又被排除在外而耿耿于怀。人工智能正酝酿着一场史无前例的风暴，而没有人比他更会受到风暴的吸引。

2023 年 2 月，马斯克邀请奥尔特曼在推特见面，并要他携带 OpenAI 的创立文件。见面时，他质问奥尔特曼，怎么可以将一家由捐赠资助的非营利组织转变为一个可赚取巨资的营利性组织。但奥尔特曼坚称这一切都是合法的，并声明自己不是股东，也没有套现。他还说他愿意向马斯克提供新公司的股份，但遭到了马斯克的拒绝。

"OpenAI 最初是作为一家开源的非营利性公司创建的（这就是为什么我把它命名为'开放'人工智能），旨在制衡谷歌，但现在它已变成为一家由微软有效控制的追求利润最大化的闭源公司，"马斯克愤慨地说，"我仍然对那个我捐赠了一亿美元的非营利组织是如何变成一个 300 亿美元的盈利公司感到困惑。如果这是合法的，为什么不是每个人都这么做呢？"

马斯克又称人工智能是"有史以来人类创造的最强大工具"，并哀叹道，

---

1 萨蒂亚·纳德拉（Satya Narayana Nadella，1967— ），微软执行董事长兼首席执行官，于 2014 年接替史蒂夫·鲍尔默担任首席执行官，并于 2021 年接替约翰·W. 汤普森担任董事长。
2 双子星（Gemini），原名 Bard，是谷歌开发的生成式人工智能聊天机器人。

"现在它已落入一个无情的企业垄断家手中。"奥尔特曼听到这番话后，十分痛苦。他认为，马斯克并未深入研究人工智能安全的复杂性。况且，他本人也没有从OpenAI那里赚任何钱。

与马斯克截然不同的是，奥尔特曼既敏感又不好斗，而他也明白马斯克的批评发自肺腑。"他是一个混蛋，"奥尔特曼对获奖记者卡拉·斯威舍说。"他的风格不是我想要的。但我知道他确实很关心，并且对人类未来将会是一个什么样子倍感不安。"

2023年3月，马斯克创办了人工智能公司xAI，它的既定目标是"了解宇宙的真实本质"。

自从OpenAI发布GPT-4以来，已有六百多名技术领袖和研究人员，包括埃隆·马斯克和苹果联合创始人史蒂夫·沃兹尼亚克，共同签署了一封公开信，呼吁暂停对新系统的开发六个月，以便为某种监管腾出时间。

信中问道："我们应不应该允许机器用宣传和谎言来充斥我们的信息渠道？我们应不应该让所有的工作自动化，包括那些富有成就感的工作？我们究竟是不是应该发展非人类思维，它们最终可能会在数量和智慧上超过我们，使我们过时并取代我们？我们甘冒对自己的文明失去控制的风险吗？这种决定不应该交给没有经过选举的科技领导者。"

几天后，具有40年历史的学术团体人工智能促进会的19位现任和前任领导人也发表了一封公开信，警告人工智能的风险，其中包括微软首席科学家埃里克·霍维茨。

常被人尊称为"人工智能教父"的辛顿博士并未签署这两封信，他表示在辞职前他无意公开批评谷歌或其他公司。谷歌首席科学家杰夫·迪恩则在一份声明中表示："我们一如既往，始终对人工智能采取负责任的态度。我们不断学习认识新出现的风险，同时也大胆创新。"

在人的大脑中，神经元被排列成各种大小网络。随着人的每一个动作或每一个想法，这些网络都在变化：神经元或被纳入或被摈除，而它们之间的连接或得到增强或被削弱。这是一个持续不断的过程，当你在阅读这段文字时，你的大脑正在变化。它的机制无比奥妙，它的规模难以想象。人类大脑大约拥有860亿个神经元，并享有100万亿个甚至更多的连接。这就好像是在每一个人的头骨里都有一个星系那么多的星座，而且总是在不断变化。

新知识以极其微妙的方式融入人的神经网络中。有时它们是暂时的：如果你在一个聚会上遇到一个陌生人，他的名字可能只会在你的记忆网络里短暂停留。但如果那个人成了你的心上人，你就会铭记一生。新知识与旧知识融为一体，人的所学影响和塑造了人的所知。

辛顿从小就对这些着迷，并且自从1972年成为爱丁堡大学的一名研究生起，就一直在孜孜不倦地研究如何以更巧妙的方式构建更强大的人工神经网络，并且不断寻找训练它的最佳方法。他招募研究生，说服他们神经网络并不是一个没有希望的领域且悉心培养他们。

然而，近年来，随着谷歌和OpenAI成功使用大语言模型构建新系统，辛顿的想法开始转变。他虽然仍相信这些系统在某些方面不如人脑，但他也认为它们在其他方面正在超越人类智能。他说："也许在这些系统里发生的事实际上比大脑中发生的事要好得多。"而且，他觉得它们变得越来越危险。"想想看五年前的情况和现在的情况，"他在谈到人工智能技术时说，"把这个差异向前推算。太可怕了。"

辛顿也担忧互联网将充斥虚假照片、视频和文字，普通人将"无法再知道什么是真的了"。此外，他还担心人工智能技术最终将颠覆就业市场。如今，像ChatGPT这样的聊天机器人往往只能辅助人类工作，但它们最终可能会完全替代从事例行工作的人，例如律师助理、个人助手和翻译。"它消除了繁杂工作，"他说，"它带走的可能不止于这些。"

于是，辛顿在2023年5月离开谷歌后就开始接受采访，并在采访中指出人工智能技术可能对人类物种构成"生存威胁"。他也和许多著名专家一起疾呼，人工智能系统可能开始自行思考，甚至试图接管或消灭人类文明。听到像辛顿这样的杰出人士表达如此令人担忧的观点，确实令人震惊。

辛顿担心新技术可能会对人类构成威胁，是因为它们可能从所分析的大量数据中学到意想不到的东西。他说，当个人和公司允许人工智能系统不仅生成计算机代码，而且自主执行这些代码时，问题就不可避免了。另外他也担心，有朝一日自主武器也就是杀人机器人会变成现实。他说，与核武器不同的是，人们根本无法知道是否有公司或国家正在秘密研发这方面的技术。因此，全球顶尖科学家有必要尽快在控制这个技术的策略和方法上合作起来。"在搞清楚是否能控制它之前，我认为他们不应该进一步扩大规模。"

过去，当人们问辛顿怎么会从事具有潜在危险的技术时，他曾借用罗伯特·奥本海默的话说："你若看到一些在技术上很棒的东西，那么就去做吧。"

可是，他现在不再这么说了。

辛顿有时被问及是否后悔自己的工作。他说，当他开始研究时，没有人认为这个技术会成功。即使是在它有所突破时，也没有人想到它会成功得这么快。由于他相信人工智能确实是智能，他一直期望它会在许多领域里做出有益贡献。然而，他现在开始担心：当权势之人滥用它时将会发生什么？万一独裁者创造出一个自主致命武器并用于杀戮，那又该怎么办？怎样才能防止这种人在人工智能的帮助下称霸世界呢？没有人知道答案。

那么，与其忧心忡忡，何不趁早把它连根铲除，一了百了呢？"如果说'这不值得'，没有这东西我们会更好，这不是没有道理，"辛顿说，"就像没有化石燃料我们可能会更好一样。我们会更原始，但也许不值得去冒这个险。"

可是，他又说，"但这行不通。因为社会就是这样。还有不同国家之间的竞争。如果联合国真的有效的话，也许类似的事可以被阻止。即便如此，人工智能实在太有用了。它在医药等领域有着巨大的潜力去做有益的事，当然，还可以通过自主武器给国家带来优势。"

那么，我们究竟该怎么办呢？"我不知道，"辛顿说，"如果它像气候变化一样就好了，人们可以说，看，我们要么停止烧碳，要么找到一种有效的方法去清除大气中的二氧化碳。在那里，你知道解决办法。但是在这里，情况就不一样了。"

2023 年 11 月 17 日，星期五，OpenAI 突然在下午发布的一篇博文中宣布，萨姆·奥尔特曼已被董事会解雇，首席技术官米拉·穆拉蒂[1]担任临时首席执行官。它进一步解释道："奥尔特曼先生的离职是董事会经过深思熟虑的审查后的一个结果，审查结论称他在与董事会的沟通中未能始终如一地保持坦诚，从而妨碍了其履行职责的能力。董事会不再相信他能继续领导 OpenAI。"

几小时后，OpenAI 的总裁格雷格·布罗克曼对此表示抗议并称他要辞职。

对立双方关注的焦点是，OpenAI 董事会成员、乔治城大学安全与新兴技术中心战略总监海伦·托纳[2]与人合著的一篇研究论文。奥尔特曼曾就此向托纳女士抱怨说，这篇论文似乎批评了 OpenAI 在保证其技术的安全性方面所做的努力，并且还称赞了一个对手。在写给同事的一封电子邮件中，奥尔特曼写道，

---

[1] 米拉·穆拉蒂（Ermira "Mira" Murati, 1988— ），工程师、研究员和技术主管，OpenAI 首席技术官。
[2] 海伦·托纳（Helen Toner, 1992— ），研究员，乔治城大学安全与新兴技术中心的战略总监。

"董事会成员的任何批评都有很大分量。"但托纳不接受他的意见,坚称她的论文属于学术研究。

因此,奥尔特曼就与包括苏茨克弗在内的一些 OpenAI 领导人讨论是否应该将托纳女士从董事会中除名。可是,一直在担心人工智能可能有朝一日毁灭人类的苏茨克弗却选择站在托纳和另外两位董事会成员一边。在当天发布的视频中,他宣读一份声明,称奥尔特曼被解雇是因为"他在与董事会的沟通中一直不够坦诚"。

11 月 19 日,星期日,奥尔特曼与公司高层在 OpenAI 的办公室里举行了一场谈判,但未能取得共识。而微软却在这时向奥尔特曼和布罗克曼发出邀请,请他们共同管理微软新成立的人工智能研究实验室。于是,OpenAI 的管理层就赶紧撰写了一封员工信,表示如果董事会不给奥尔特曼复职,他们就准备跟随他去微软。在 OpenAI 的 770 名员工中,有 700 多人参加了这个签名活动。苏茨克弗也令人吃惊地在这封信上签了名,并在推特上发帖,表示他对自己参与撤换奥尔特曼的行动"深感遗憾"。

11 月 21 日晚,OpenAI 宣布萨姆·奥尔特曼将重新担任首席执行官。在公司的旧金山办公室里,兴高采烈的员工们用鸡柳、波霸奶茶和香槟庆祝奥尔特曼的回归,直至深夜。午夜时,布罗克曼在他的办公室发布了一张与数十名喜笑颜开的员工欢聚一堂的自拍照。标题是:"我们回来了。"

然而,在此事件中被迫离开的两位前董事会成员海伦·托纳和塔莎·麦考利却在一份声明中表示:"正如我们告诉调查人员的那样,欺骗、操纵和抵制彻底监督都是不可接受的……我们希望新董事会能够履行管理 OpenAI 的职责,并对它的使命负责。"

《纽约时报》的报道文章也写道:"奥尔特曼先生的下台震惊硅谷,并危及了这家在科技行业中最具影响力的初创公司之一的未来。这也让人们质疑,无论奥尔特曼是否继续执掌,OpenAI 是否能举起那面带领科技行业狂热追求人工智能的旗帜。"

2024 年 4 月 18 日,脸书发布了它的最新人工智能模型 Llama 3,并称之为迄今为止最强大的开源模型,任何人都可以使用它。

扎克伯格在接受采访时说:"因为我们已经达到了我们想要的质量水平,所以现在我们将使它在我们的所有应用程序中更加凸显并更易于使用。"另外,他还告诉记者,他的公司将在 2024 年用数十亿美元购买用于训练机器学习算法所需的 GPU，并宣称脸书的最终目标是通用人工智能，就是可以做人类智力所能做的任何事情的机器。

这次发布的 Llama 3 有两个版本，一个拥有 80 亿个参数，另一个有 700 亿个参数。脸书首席人工智能科学家杨立昆表示，一款更大的拥有超过 4000 亿个参数的模型正在训练中。它可望超越世界上最好的封闭式人工智能模型，包括 OpenAI 的 GPT-4 和谷歌的双子星。

这是一个引人注目的事件，因为脸书产品的规模巨大，全球每月有近 40 亿人次使用它们。而且它也是少数几家将自己构建的人工智能技术开源的公司之一，也就是说，任何人都可以查看它的底层技术并能免费使用它来构建自己的产品或服务。尽管像 OpenAI 这样的大型人工智能开发商将其技术封闭在内部，杨立昆却预测开源人工智能模型会发展得更快。他说，从理论上讲，它们将会更快地推动人工智能向人类智能水平发展。"当有更多人查看代码时，人工智能就会变得更好，"他说，"基础设施需要开源，它只会进步得更快。"

亚历克斯·拉特纳是浮潜人工智能公司的首席执行官，也是华盛顿大学计算机科学与工程系的助理教授。他在一封电子邮件中写道，Llama 3 是一个"比许多人意识到的更大的飞跃"。他表示，这将使人工智能开发人员受益，同时也能让脸书降低成本、吸引人才并增加潜在收入。

拉特纳指出，当一个企业或组织想要把人工智能技术整合到自己的运营中时，它必须使用自己的内部数据来调节它的人工智能模型。可是，使用闭源模型意味着它必须将自己的数据（通常是最有价值的公司资产之一）交给拥有该模型的人工智能模型供应商。然而，诸如 Llama 3 这样的开源模型，却为这些企业提供了一种保护自己数据及其产品所有权的有效方法。因此，开源模型必将会对开发人员和数据科学家更具吸引力，从而使脸书获益。

"企业人工智能将不会关乎最大最强的通用模型，而将会关乎能够针对自己的数据进行专门训练的专业模型。"拉特纳写道。而脸书对 Llama 3 的定位，使其有望成为该领域的中心。

尾声

2019 年 1 月 13 日，哥伦比亚广播公司的节目《60 分钟》的焦点人物之一是著名企业家李开复。当新闻记者斯科特·佩利问他："我想知道，你认为世界各地的人们知道人工智能将会带来什么吗？"

李开复回答："我认为大多数人不知道，许多人有着错误想法。"

"但你确实相信它将会改变世界？"

"我相信它将比人类历史上的任何事件都更能改变世界，胜于电。"

佩利又问："我们什么时候才可以知道机器真的能够像人类一样思考？"

"在我读研究生时，人们说：'如果机器能自己驾驶汽车，那就是智能。'现在我们说这还不够。因此，标准一直在不断提高。我想，这就激励我们要更努力地工作。但如果你说的是AGI——通用人工智能，我会说在未来30年内不会，而且可能永远不会。"

"可能永远不会？为什么这么难以克服呢？"

"因为我相信我们灵魂的神圣性。我相信有很多事情是我们不理解的。我相信深深的爱和同情心是不能用神经网络和计算算法来解释的；而且我目前看不到解决它们的方法。显然，有些在过去认为无法解决的问题已经得到解决。但如果我预测这些问题会在某个时间范围内得到解决，那是不负责任的。"

在2023年10月8日播出的《60分钟》中，佩利也向辛顿提出了类似问题："人类知道自己在做什么吗？"

"不。嗯，我认为我们正进入一个前所未有的时期，有史以来第一次，我们可能会拥有比自己更聪明的东西。"辛顿答道。

"你相信它们能理解吗？"

"是的。"

"你相信它们有智能吗？"

"是的。"

"你相信这些系统有自己的经验，而且能像人类一样根据这些经验做出决定吗？"

"和人一样，是的。"

"它们有意识吗？"

"我认为它们目前可能没有太强的自我意识，所以从这层意义上说，我不认为它们是有意识的。"

"它们将来会有自我意识吗？"

"哦，是的。"

"是吗？"

"哦,是的。我认为它们不久就会有的。"

"因此,人类将成为地球上第二聪明的生物?"

"是的。"

天哪,这番对话仿佛是200年前玛丽·雪莱的那个关于未来技术的惊人先见的现代回声。那时,玛丽通过她笔下的人造怪物对青年科学家维克多·弗兰肯斯坦宣称道:"你是我的创造者,但我却是你的主宰——屈服吧!"从而表达了她对失去控制的技术的担忧。

有一天,辛顿和《纽约客》的创意编辑约书亚·罗斯曼一起讨论人工智能。在谈到聊天机器人的那种能够自动为句子补全的能力时,辛顿说,"有人说,这只是一种华丽的自动补全。那么现在,我们就来分析一下。若想具备预测下一个单词的能力,而且你想做得很好,那么你就必须理解所说的内容。这是唯一的办法。因此,通过训练某个东西真的擅长于预测下一个单词,你实际上是在强迫它去理解。是的,这就是'自动补全',但你也许没有思考过拥有一个真正好的自动补全意味着什么。"因此,他认为那些大语言模型,例如那个为OpenAI的聊天机器人提供动力的GPT,其实能够理解单词和思想的含义。

怀疑这种观点的人认为,这高估了人工智能的能力。他们指出,人类思维与神经网络之间存在巨大差距。比如说,人类是通过体验和理解知识与现实同自身的关系来有机获得知识,而人工智能却是通过处理它们并不了解的世界的巨大信息库来抽象学习。

但是,辛顿却认为,人工智能系统所表现出来的智能已经超越了它的人工起源。"当你吃东西时,你摄入食物,然后把它分解成那些微小的组成部分,"他对罗斯曼说,"所以你可以说,我体内的组成部分是由其他动物的碎片组成的。但这是非常误导人的。"

他相信,通过分析人类写作,像GPT这样的大语言模型可以学习世界运作的奥秘,从而产生了一个能够思考的系统。"这类似于毛毛虫变成蝴蝶的过程,"他说,"在蛹中,你把毛毛虫变成了汤,然后,你再从这汤中培育出蝴蝶。"

然而,斯坦福大学计算机教授李飞飞却在一个人工智能峰会上表示,虽然人工智能已经取得了巨大飞跃,而且它的发展是如此迅速,以至于很难跟上它的步伐,但重要的是不要把它神秘化。她说:"不知怎么的,我们对此太过兴奋了。它只是一个工具。人类文明始于对工具的使用和工具的发明,从火到石器,到蒸汽到电力。它们变得越来越复杂,但它仍然是一个工具与人的关系。"

同样，杨立昆也告诉罗斯曼，"我不害怕人工智能。"他还强调说，"我认为设计它们，使之目标与我们的目标一致，不会那么难。"他还说："有一种观念认为，如果一个系统是智能的，它就会想占据主导地位。但支配欲与智能并不是一回事，它与睾丸素有关。"

2024年4月28日，哥伦比亚广播公司新闻节目《60分钟》的第一个采访对象是英伟达首席执行官黄仁勋。在采访中，新闻记者比尔·惠特克告诉黄仁勋，他虽然领略了人工智能的震撼效应，但他也不得不担心失控的可能性。

"你的感觉没错，"黄仁勋告诉惠特克，"我也有同样的这两方面的感觉。"但他接着又说，他相信，人工智能的未来会给社会带来进步和繁荣。

"我们只能希望他是对的。"惠特克说。

2024年10月8日，约翰·霍普菲尔德和杰弗里·辛顿荣获2024年度的诺贝尔物理学奖。

诺贝尔委员会在公告中说，"今年的两位诺贝尔物理学奖得主使用物理学工具，开发了当今强大的机器学习的基础方法。约翰·霍普菲尔德创造了一种联想记忆，可以存储并重建图像以及数据中的其他类型模式。杰弗里·辛顿发明了一种方法，能够自主发现数据中的特性，从而执行识别图像中特定元素等任务。"

当《纽约时报》的记者凯德·梅斯在那天的采访中问辛顿，"你因为帮助创造了一个你现在担心会给人类带来严重危险的技术而获得了诺贝尔奖。你对此有何感想？"

辛顿回答："获得诺贝尔奖可能意味着人们会更认真地对待我。"

"当你警告未来的危险时，会更加认真地对待你吗？"

"是的。"

参考文献

本书是对 200 年来的计算机发展史的一个回顾，它取材于有关书籍以及报刊或维基百科的文章，然后再根据各章的需要进行选译、梳理和组织。如果有人希望核对事实或更深入地了解有关人物和事件，请参考下面各章中的"参考文献"。

参考文献和图片的版权为原作者所有，特此说明并在此一并鸣谢！

第一章　齿轮计算

1　Doron Swade, *The Difference Engine*, Viking Penguin, 2001
2　James Essinger, *Jacquard's Web*, Oxford University Press, 2004
3　Christopher Hollings, Ursula Martin and Adrian Rice, *Ada Lovelace*, the Bodleian Library, University of Oxford, 2018
4　Walter Isaacson, *The Innovators*, Simon & Schuster Paperbacks, 2014
5　Charles Dickens, *Little Dorrit*, Bradbury and Evans, 1857
6　Mary W. Shelley, *Frankenstein, or the Modern Prometheus*, Colburn And Bentley, 1831
7　*Charles Babbage*, https://en.wikipedia.org/wiki/Charles_Babbage
8　*Ada Lovelace*, https://en.wikipedia.org/wiki/Ada_Lovelace
9　*John Herschel*, https://en.wikipedia.org/wiki/John_Herschel
10　*Analytical Society*, https://en.wikipedia.org/wiki/Analytical_Society
11　*Gaspard de Prony*, https://en.wikipedia.org/wiki/Gaspard_de_Prony
12　*Robert Peel*, https://en.wikipedia.org/wiki/Robert_Peel
13　*Difference engine*, https://en.wikipedia.org/wiki/Difference_engine
14　*Joseph Clement*, https://en.wikipedia.org/wiki/Joseph_Clement
15　*Joseph Bramah*, https://en.wikipedia.org/wiki/Joseph_Bramah
16　*Henry Maudsley*, https://en.wikipedia.org/wiki/Henry_Maudsley
17　*Christopher Wordsworth*, https://en.wikipedia.org/wiki/Christopher_Wordsworth
18　*Lucasian Professor of Mathematics*, https://en.wikipedia.org/wiki/Lucasian_Professor_of_Mathematics
19　*Arthur Wellesley, 1st Duke of Wellington*, https://en.wikipedia.org/wiki/Arthur_Wellesley,_1st_Duke_

20   *Lady Byron*, https://en.wikipedia.org/wiki/Lady_Byron
21   *Childe Harold's Pilgrimage*, https://en.wikipedia.org/wiki/Childe_Harold%27s_Pilgrimage
22   *William Frend (reformer)*, https://en.wikipedia.org/wiki/William_Frend_(reformer)
23   *Johann Heinrich Pestalozzi*, https://en.wikipedia.org/wiki/Johann_Heinrich_Pestalozzi
24   *Mary Somerville*, https://en.wikipedia.org/wiki/Mary_Somerville
25   *Analytical engine*, https://en.wikipedia.org/wiki/Analytical_engine
26   *Microcode*, https://en.wikipedia.org/wiki/Microcode
27   *Processor register*, https://en.wikipedia.org/wiki/Processor_register
28   *Computer memory*, https://en.wikipedia.org/wiki/Computer_memory
29   *Central processing unit*, https://en.wikipedia.org/wiki/Central_processing_unit
30   *von Neumann architecture*，https://en.wikipedia.org/wiki/Von_Neumann_architecture
31   *Jacquard machine*, https://en.wikipedia.org/wiki/Jacquard_machine
32   *Basile Bouchon*, https://en.wikipedia.org/wiki/Basile_Bouchon
33   *Jacques de Vaucanson*, https://en.wikipedia.org/wiki/Jacques_de_Vaucanson
34   *William Lamb, 2nd Viscount Melbourne*, https://en.wikipedia.org/wiki/William_Lamb,_2nd_Viscount_Melbourne
35   *George Biddell Airy*, https://en.wikipedia.org/wiki/George_Biddell_Airy
36   *Plumian Professor of Astronomy and Experimental Philosophy*, https://en.wikipedia.org/wiki/Plumian_Professor_of_Astronomy_and_Experimental_Philosophy
37   *William King-Noel, 1st Earl of Lovelace*, https://en.wikipedia.org/wiki/William_King-Noel,_1st_Earl_of_Lovelace
38   *Augustus De Morgan*, https://en.wikipedia.org/wiki/Augustus_De_Morgan
39   *Luigi Federico Menabrea*, https://en.wikipedia.org/wiki/Luigi_Federico_Menabrea
40   *1815 eruption of Mount Tambora*, https://en.wikipedia.org/wiki/1815_eruption_of_Mount_Tambora
41   *Villa Diodati*, https://en.wikipedia.org/wiki/Villa_Diodati
42   *Doron Swade*, https://en.wikipedia.org/wiki/Doron_Swade
43   *Allan G. Bromley*, https://en.wikipedia.org/wiki/Allan_G._Bromley
44   *International Computers Limited*, https://en.wikipedia.org/wiki/International_Computers_Limited
45   *John Graham-Cumming*, https://en.wikipedia.org/wiki/John_Graham-Cumming
46   *Plan 28*, https://blog.plan28.org/

第二章　机电计算

1   Geoffrey D. Austrian, *Herman Hollerith, forgotten giant of infomation processing*, Columbia Press, 1982
2   Kevin Maney, *The Maverick and his Machine, John Wiley & Sons*, Inc, 2003
3   I. Bernard Cohen, *Howard Aiken: Portrait of a Computer Pioneer*, The MIT Press, 1999
4   *Francis Amasa Walker*, https://en.wikipedia.org/wiki/Francis_Amasa_Walker
5   *William P. Trowbridge*, https://en.wikipedia.org/wiki/William_P._Trowbridge
6   *Herman Hollerith*, https://en.wikipedia.org/wiki/Herman_Hollerith
7   *John Shaw Billings*, https://en.wikipedia.org/wiki/John_Shaw_Billings
8   *Robert Percival Porter*, https://en.wikipedia.org/wiki/Robert_Percival_Porter
9   *Thomas J. Watson*, https://en.wikipedia.org/wiki/Thomas_J._Watson
10   *NCR Voyix*, https://en.wikipedia.org/wiki/NCR_Voyix
11   *John Henry Patterson (NCR owner)*, https://en.wikipedia.org/wiki/John_Henry_Patterson_(NCR_owner)
12   *Chalmers Automobile*, https://en.wikipedia.org/wiki/Chalmers_Automobile

13 *James Ritty*, https://en.wikipedia.org/wiki/James_Ritty
14 *Johnstown Flood*, https://en.wikipedia.org/wiki/Johnstown_Flood
15 *J. P. Morgan*, https://en.wikipedia.org/wiki/J._P._Morgan
16 *Charles Ranlett Flint*, https://en.wikipedia.org/wiki/Charles_Ranlett_Flint
17 *William Russell Grace*, https://en.wikipedia.org/wiki/William_Russell_Grace
18 *Spanish-American War*, https://en.wikipedia.org/wiki/Spanish%E2%80%93American_War
19 *A legacy of invention*, https://www.ibm.com/history/early-inventors
20 *James W. Bryce*, https://en.wikipedia.org/wiki/James_W._Bryce
21 *Benjamin D. Wood*, https://en.wikipedia.org/wiki/Benjamin_D._Wood
22 *Wertheim (department store)*, https://en.wikipedia.org/wiki/Wertheim_(department_store)
23 *Kristallnacht*, https://en.wikipedia.org/wiki/Kristallnacht
24 *Howard H. Aiken*, https://en.wikipedia.org/wiki/Howard_H._Aiken
25 *Emory Leon Chaffee*, https://en.wikipedia.org/wiki/Emory_Leon_Chaffee
26 *Harvard Mark I*, https://en.wikipedia.org/wiki/Harvard_Mark_I

第三章　电子计算

1 Scott McCartney, *ENIAC, the triumphs and tragedies of the world's first computer*, Walker Publishing Company, 1999
2 Jane Smiley, *The man who invented the computer: the biography of John Atanasoff, digital pioneer*, Doubleday, 2010
3 Walter Isaacson, *The Innovators*, Simon & Schuster Paperbacks, 2014
4 *William Joseph Hammer*, https://en.wikipedia.org/wiki/William_Joseph_Hammer
5 *J. J. Thomson*, https://en.wikipedia.org/wiki/J._J._Thomson
6 *John Ambrose Fleming*, https://en.wikipedia.org/wiki/John_Ambrose_Fleming
7 *Lee de Forest*, https://en.wikipedia.org/wiki/Lee_de_Forest
8 *John Vincent Atanasoff*, https://en.wikipedia.org/wiki/John_Vincent_Atanasoff
9 *John Mauchly*, https://en.wikipedia.org/wiki/John_Mauchly
10 *Herman Goldstine*, https://en.wikipedia.org/wiki/Herman_Goldstine
11 *John Grist Brainerd*, https://en.wikipedia.org/wiki/John_Grist_Brainerd
12 *J. Presper Eckert*, https://en.wikipedia.org/wiki/J._Presper_Eckert
13 *Leslie Earl Simon*, https://en.wikipedia.org/wiki/Leslie_Earl_Simon
14 *Oswald Veblen*, https://en.wikipedia.org/wiki/Oswald_Veblen
15 *ENIAC*, https://en.wikipedia.org/wiki/ENIAC
16 *John von Neumann*, https://en.wikipedia.org/wiki/John_von_Neumann
17 *Stored-program computer*, https://en.wikipedia.org/wiki/Stored-program_computer
18 *First Draft of a Report on the EDVAC*, https://en.wikipedia.org/wiki/First_Draft_of_a_Report_on_the_EDVAC
19 *UNIVAC I*, https://en.wikipedia.org/wiki/UNIVAC_I
20 *Harry L. Straus*, https://en.wikipedia.org/wiki/Harry_L._Straus
21 *Remington Rand*, https://en.wikipedia.org/wiki/Remington_Rand
22 *Walter Cronkite*, https://en.wikipedia.org/wiki/Walter_Cronkite
23 *IBM 700/7000 series*, https://en.wikipedia.org/wiki/IBM_700/7000_series
24 *Sperry Corporation*, https://en.wikipedia.org/wiki/Sperry_Corporation
25 *Honeywell*, https://en.wikipedia.org/wiki/Honeywell
26 *Klaus Fuchs*, https://en.wikipedia.org/wiki/Klaus_Fuchs

第四章 晶体管

1. Noel N. Shurkin, *Broken Genius: The rise and fall of William Shockley, creator of the electronic age*, Macmillan, 2006
2. Walter Isaacson, *The Innovators*, Simon & Schuster Paperbacks, 2014
3. *George Boole*, https://en.wikipedia.org/wiki/George_Boole
4. *Claude Shannon*, https://en.wikipedia.org/wiki/Claude_Shannon
5. *Vannevar Bush*, https://en.wikipedia.org/wiki/Vannevar_Bush
6. *Mervin Kelly*, https://en.wikipedia.org/wiki/Mervin_Kelly
7. *William Shockley*, https://en.wikipedia.org/wiki/William_Shockley
8. *Walter Houser Brattain*, https://en.wikipedia.org/wiki/Walter_Houser_Brattain
9. *John Hasbrouck Van Vleck*, https://en.wikipedia.org/wiki/John_Hasbrouck_Van_Vleck
10. *Robert Andrews Millikan*, https://en.wikipedia.org/wiki/Robert_Andrews_Millikan
11. *Linus Pauling*, https://en.wikipedia.org/wiki/Linus_Pauling
12. *William V. Houston*, https://en.wikipedia.org/wiki/William_V._Houston
13. *Richard C. Tolman*, https://en.wikipedia.org/wiki/Richard_C._Tolman
14. *James Brown Fisk*, https://en.wikipedia.org/wiki/James_Brown_Fisk
15. *Karl Taylor Compton*, https://en.wikipedia.org/wiki/Karl_Taylor_Compton
16. *Frederick Seitz*, https://en.wikipedia.org/wiki/Frederick_Seitz
17. *Richard Feynman*, https://en.wikipedia.org/wiki/Richard_Feynman
18. *John Bardeen*, https://en.wikipedia.org/wiki/John_Bardeen
19. *卢鹤绂*，https://baike.baidu.com/item/%E5%8D%A2%E9%B9%A4%E7%BB%82
20. *Karl Lark-Horovitz*, https://en.wikipedia.org/wiki/Karl_Lark-Horovitz
21. *Morgan Sparks*, https://en.wikipedia.org/wiki/Morgan_Sparks
22. *Gordon Kidd Teal*, https://en.wikipedia.org/wiki/Gordon_Kidd_Teal
23. *William Gardner Pfann*, https://en.wikipedia.org/wiki/William_Gardner_Pfann
24. *Arnold Beckman*, https://en.wikipedia.org/wiki/Arnold_Beckman
25. *Robert Noyce*, https://en.wikipedia.org/wiki/Robert_Noyce
26. *Frederick Terman*, https://en.wikipedia.org/wiki/Frederick_Terman
27. *John G. Linvill*, https://en.wikipedia.org/wiki/John_G._Linvill
28. *Gordon Moore*, https://en.wikipedia.org/wiki/Gordon_Moore
29. *Tom Wolfe*, https://en.wikipedia.org/wiki/Tom_Wolfe
30. *Jean Hoerni*, https://en.wikipedia.org/wiki/Jean_Hoerni
31. *Western Electric*, https://en.wikipedia.org/wiki/Western_Electric
32. *Jay Last*, https://en.wikipedia.org/wiki/Jay_Last
33. *Clinton Davisson*, https://en.wikipedia.org/wiki/Clinton_Davisson
34. *Fairchild Semiconductor*, https://en.wikipedia.org/wiki/Fairchild_Semiconductor
35. The Nobel Prize, Albert Einsten, https://www.nobelprize.org/prizes/physics/1921/einstein/facts/
36. The Nobel Prize, Robert Andrews Millikan, https://www.nobelprize.org/prizes/physics/1923/summary/

第五章 集成电路

1. T. R. Reid, *The Chip: how two Americans invented the microchip and launched a revolution*, Random House Trade Paperbacks, 2001
2. Caleb Pirtle, *Engineering the World: Stories from the First 75 years of Texas Instruments*, Dockery House Publishing, Inc., 2005
3. Micheal S. Malone, *The Intel Trinity*, HarperCollins Publishers, 2014
4. Walter Isaacson, *The Innovators*, Simon & Schuster Paperbacks, 2014

5	张忠谋，张忠谋自传（上册）1931—1964，远见天下文化出版股份有限公司，2023
6	*Texas Instruments*, https://en.wikipedia.org/wiki/Texas_Instruments
7	*Patrick E. Haggerty*, https://en.wikipedia.org/wiki/Patrick_E._Haggerty
8	*Willis Adcock*, https://en.wikipedia.org/wiki/Willis_Adcock
9	*Tyranny of numbers,* https://en.wikipedia.org/wiki/Tyranny_of_numbers
10	*Jack Kilby,* https://en.wikipedia.org/wiki/Jack_Kilby
11	*Planar process,* https://en.wikipedia.org/wiki/Planar_process
12	*Roger S. Borovoy,* https://digital.sciencehistory.org/works/i4f2bz6

第六章　从仙童到英特尔

1	Tim Jackson, Inside Intel: Andy Grove and the rise the world's most powerful chip coompany, Plume, 1997
2	Micheal S. Malone, *The Intel Trinity*, HarperCollins Publishers, 2014
3	Walter Isaacson, *The Innovators*, Simon & Schuster Paperbacks, 2014
4	Andrew S. Grove, *Only the paranoid survive: how to exploit the crisis points that challenge every company,* Crown Business, 1996
5	Andrew S. Grove, *Swimming across*, Warner Books, Inc., 2001
6	Federico Faggin, *Silicon*, Waterside Production, 2020
7	Interview with Arthur Rock, 2002 November 12, https://exhibits.stanford.edu/silicongenesis/catalog/zw746wf7956
8	Paul Allen, *Idea Man: A Memoir by the Cofounder of Microsoft*, Portfolio/Penguin, 2012
9	*David House*, https://en.wikipedia.org/wiki/David_House_(computer_designer)
10	*Carver Mead*, https://en.wikipedia.org/wiki/Carver_Mead
11	*Arthur Rock*, https://en.wikipedia.org/wiki/Arthur_Rock
12	*Sherman Fairchild*, https://en.wikipedia.org/wiki/Sherman_Fairchild
13	*George Winthrop Fairchild*, https://en.wikipedia.org/wiki/George_Winthrop_Fairchild
14	*Charles E. Sporck*, https://en.wikipedia.org/wiki/Charles_E._Sporck
15	*Lester Hogan*, https://en.wikipedia.org/wiki/Lester_Hogan
16	*Jerry Sanders*, https://en.wikipedia.org/wiki/Jerry_Sanders_(businessman)
17	*Andrew Grove*, https://en.wikipedia.org/wiki/Andrew_Grove
18	*Willy Wonka*, https://en.wikipedia.org/wiki/Willy_Wonka
19	*Goldilocks principle*, https://en.wikipedia.org/wiki/Goldilocks_principle
20	*MOSFET*, https://en.wikipedia.org/wiki/MOSFET
21	*Self-aligned gate*, https://en.wikipedia.org/wiki/Self-aligned_gate
22	*Federico Faggin*, https://en.wikipedia.org/wiki/Federico_Faggin
23	*Busicom*, https://en.wikipedia.org/wiki/Busicom
24	*Marcian Hoff*, https://en.wikipedia.org/wiki/Marcian_Hoff
25	*Stanley Mazor*, https://en.wikipedia.org/wiki/Stanley_Mazor
26	*Masatoshi Shima*, https://en.wikipedia.org/wiki/Masatoshi_Shima
27	*Ralph Ungermann*, https://en.wikipedia.org/wiki/Ralph_Ungermann
28	*Zilog*, https://en.wikipedia.org/wiki/Zilog
29	*Peter Drucker*, https://en.wikipedia.org/wiki/Peter_Drucker
30	*Frank T. Cary*, https://en.wikipedia.org/wiki/Frank_T._Cary
31	*William C. Lowe*, https://en.wikipedia.org/wiki/William_C._Lowe
32	*Craig Barrett*, https://en.wikipedia.org/wiki/Craig_Barrett_(chief_executive)
33	*Pentium*, https://en.wikipedia.org/wiki/Pentium_(original)
34	*Walter Isaacson*, https://en.wikipedia.org/wiki/Walter_Isaacson

第七章　苹果电脑

1. Walter Isaacson, *Steve Jobs*, Simon & Schuster, 2011
2. Brent Schlender and Rick Tetzeli, *Becoming Steve Jobs*, Crown Business, 2015
3. James Wallace, *Hard Drive*, Jim Erickson, HarperBusiness, 1993
4. Walter Isaacson, *The Innovators*, Simon & Schuster Paperbacks, 2014
5. *John Sculley*, https://en.wikipedia.org/wiki/John_Sculley
6. *Steve Jobs*, https://en.wikipedia.org/wiki/Steve_Jobs
7. *Del Yocam*, https://en.wikipedia.org/wiki/Del_Yocam
8. *Al Eisenstat*, https://en.wikipedia.org/wiki/Al_Eisenstat
9. *Steve Wozniak*, https://en.wikipedia.org/wiki/Steve_Wozniak
10. *Bob Dylan*, https://en.wikipedia.org/wiki/Bob_Dylan
11. *Chrisann Brennan*, https://en.wikipedia.org/wiki/Chrisann_Brennan
12. *Daniel Kottke*, https://en.wikipedia.org/wiki/Daniel_Kottke
13. *Zen Mind, Beginner's Mind*, https://en.wikipedia.org/wiki/Zen_Mind,_Beginner%27s_Mind
14. *Neem Karoli Baba*, https://en.wikipedia.org/wiki/Neem_Karoli_Baba
15. *Atari, Inc.*, https://en.wikipedia.org/wiki/Atari,_Inc.
16. *Nolan Bushnell*, https://en.wikipedia.org/wiki/Nolan_Bushnell
17. *Allan Alcorn*, https://en.wikipedia.org/wiki/Allan_Alcorn
18. *Ronald Wayne*, https://en.wikipedia.org/wiki/Ronald_Wayne
19. *Larry Brilliant*, https://en.wikipedia.org/wiki/Larry_Brilliant
20. *Altair 8800*, https://en.wikipedia.org/wiki/Altair_8800
21. *Hacker*, https://en.wikipedia.org/wiki/Hacker
22. *Don Valentine*, https://en.wikipedia.org/wiki/Don_Valentine
23. *Mike Markkula*, https://en.wikipedia.org/wiki/Mike_Markkula
24. *Bill Atkinson*, https://en.wikipedia.org/wiki/Bill_Atkinson
25. *Alan Kay*, https://en.wikipedia.org/wiki/Alan_Kay
26. *John Couch*, https://en.wikipedia.org/wiki/John_Couch_(American_executive)
27. *Bob Belleville*, https://en.wikipedia.org/wiki/Bob_Belleville
28. *Michael Scott*, https://en.wikipedia.org/wiki/Michael_Scott_(Apple)
29. *Andy Hertzfeld*, https://en.wikipedia.org/wiki/Andy_Hertzfeld
30. Jef Raskin, https://en.wikipedia.org/wiki/Jef_Raskin
31. *Burrell Smith*, https://en.wikipedia.org/wiki/Burrell_Smith
32. *Philip Don Estridge*, https://en.wikipedia.org/wiki/Philip_Don_Estridge
33. *Nineteen Eighty-Four*, https://en.wikipedia.org/wiki/Nineteen_Eighty-Four
34. *Katharine Graham*, https://en.wikipedia.org/wiki/Katharine_Graham
35. *Look and feel*, https://en.wikipedia.org/wiki/Look_and_feel
36. *Jean-Louis Gassée*, https://en.wikipedia.org/wiki/Jean-Louis_Gass%C3%A9e

第八章　微软

1. James Wallace, *Hard Drive*, Jim Erickson, HarperBusiness, 1993
2. Paul Allen, *Idea Man: A Memoir by the Cofounder of Microsoft*, Portfolio/Penguin, 2012
3. Walter Isaacson, *Steve Jobs*, Simon & Schuster, 2011
4. Walter Isaacson, *The Innovators*, Simon & Schuster Paperbacks, 2014
5. *Bill Gates*, https://en.wikipedia.org/wiki/Bill_Gates
6. *William Jennings Bryan*, https://en.wikipedia.org/wiki/William_Jennings_Bryan
7. *John J. Pershing*, https://en.wikipedia.org/wiki/John_J._Pershing

8   *Mary Maxwell Gates*, https://en.wikipedia.org/wiki/Mary_Maxwell_Gates
9   *Brock Adams*, https://en.wikipedia.org/wiki/Brock_Adams
10 *Paul Allen*, https://en.wikipedia.org/wiki/Paul_Allen
11 *Jody Allen*, https://en.wikipedia.org/wiki/Jody_Allen
12 *Grace Hopper*, https://en.wikipedia.org/wiki/Grace_Hopper
13 *Gary Kildall*, https://en.wikipedia.org/wiki/Gary_Kildall
14 *Ed Roberts*, https://en.wikipedia.org/wiki/Ed_Roberts_(computer_engineer)
15 *Samuel Stroum*, https://en.wikipedia.org/wiki/Samuel_Stroum
16 *Monte Davidoff*, https://en.wikipedia.org/wiki/Monte_Davidoff
17 *Marc McDonald*, https://en.wikipedia.org/wiki/Marc_McDonald
18 *Kazuhiko Nishi*, https://en.wikipedia.org/wiki/Kazuhiko_Nishi
19 *Steve Ballmer*, https://en.wikipedia.org/wiki/Steve_Ballmer
20 *John R. Opel*, https://en.wikipedia.org/wiki/John_R._Opel
21 *Digital Research*, https://en.wikipedia.org/wiki/Digital_Research
22 *CP/M*, https://en.wikipedia.org/wiki/CP/M
23 *DOS*, https://en.wikipedia.org/wiki/Disk_operating_system
24 *Tim Paterson*, https://en.wikipedia.org/wiki/Tim_Paterson
25 *Procter & Gamble*, https://en.wikipedia.org/wiki/Procter_%26_Gamble
26 *Duncan Hines*, https://en.wikipedia.org/wiki/Duncan_Hines
27 *Vern Raburn*, https://www.aerospaceonline.com/doc/eclipse-aviation-ceo-vern-raburn-spotlights-h-0001
28 *Gordon Letwin*, https://en.wikipedia.org/wiki/Gordon_Letwin
29 *Charles Simonyi*, https://en.wikipedia.org/wiki/Charles_Simonyi
30 *Gumby*, https://en.wikipedia.org/wiki/Gumby
31 *COMDEX*, https://en.wikipedia.org/wiki/COMDEX
32 *VisiCorp*, https://en.wikipedia.org/wiki/VisiCorp
33 *Rowland Hanson*, https://en.wikipedia.org/wiki/Rowland_Hanson
34 *Scott A. McGregor*, https://en.wikipedia.org/wiki/Scott_A._McGregor
35 *Vaporware*, https://en.wikipedia.org/wiki/Vaporware
36 *Jon Shirley*, https://en.wikipedia.org/wiki/Jon_Shirley
37 *Eff Martin*, https://cclglobal.org/leader-bios/eff-martin
38 *Alex.Brown & Sons*, https://en.wikipedia.org/wiki/Alex._Brown_%26_Sons
39 *Presentation Manager*, https://en.wikipedia.org/wiki/Presentation_Manager
40 *NewWave*, https://en.wikipedia.org/wiki/NewWave
41 *Columbus Circle*, https://en.wikipedia.org/wiki/Columbus_Circle

第九章　苹果复兴

1   Walter Isaacson, *Steve Jobs*, Simon & Schuster, 2011
2   Walter Isaacson, *The Innovators*, Simon & Schuster Paperbacks, 2014
3   *Michael Spindler*, https://en.wikipedia.org/wiki/Michael_Spindler
4   *Sun Microsystems*, https://en.wikipedia.org/wiki/Sun_Microsystems
5   *Gil Amelio*, https://en.wikipedia.org/wiki/Gil_Amelio
6   *Object-oriented programming*, https://en.wikipedia.org/wiki/Object-oriented_programming
7   *Guy Kawasaki*, https://en.wikipedia.org/wiki/Guy_Kawasaki
8   *John Lasseter*, https://en.wikipedia.org/wiki/John_Lasseter
9   *Avie Tevanian*, https://en.wikipedia.org/wiki/Avie_Tevanian
10 *Jon Rubinstein*, https://en.wikipedia.org/wiki/Jon_Rubinstein

11	*Edgar S. Woolard Jr.*, https://en.wikipedia.org/wiki/Edgar_S._Woolard_Jr.	
12	*Gina Smith*, https://en.wikipedia.org/wiki/Gina_Smith	
13	*Fred D. Anderson*, https://en.wikipedia.org/wiki/Fred_D._Anderson	
14	*Greg Maffei*, https://en.wikipedia.org/wiki/Greg_Maffei	
15	*Jony Ive*, https://en.wikipedia.org/wiki/Jony_Ive	
16	*Bauhaus*, https://en.wikipedia.org/wiki/Bauhaus	
17	*Dieter Rams*, https://en.wikipedia.org/wiki/Dieter_Rams	
18	*Braun (company)*, https://en.wikipedia.org/wiki/Braun_(company)	
19	*Phil Schiller*, https://en.wikipedia.org/wiki/Phil_Schiller	
20	*Michael Dell*, https://en.wikipedia.org/wiki/Michael_Dell	
21	*Tim Cook*, https://en.wikipedia.org/wiki/Tim_Cook	
22	*Ron Johnson (businessman)*, https://en.wikipedia.org/wiki/Ron_Johnson_(businessman)	
23	*Gap Inc.*, https://en.wikipedia.org/wiki/Gap_Inc.	
24	*Ralph Lauren Corporation*, https://en.wikipedia.org/wiki/Ralph_Lauren_Corporation	
25	*Mickey Drexler*, https://en.wikipedia.org/wiki/Mickey_Drexler	
26	*Gateway, Inc.*, https://en.wikipedia.org/wiki/Gateway,_Inc.	
27	*Arthur D. Levinson*, https://en.wikipedia.org/wiki/Arthur_D._Levinson	
28	*Saks Fifth Avenue*, https://en.wikipedia.org/wiki/Saks_Fifth_Avenue	
29	*Bloomingdale's*, https://en.wikipedia.org/wiki/Bloomingdale's	
30	*Bill Kincaid*, https://en.wikipedia.org/wiki/Bill_Kincaid	
31	*Rio Audio*, https://en.wikipedia.org/wiki/Rio_Audio	
32	*Tony Fadell*, https://en.wikipedia.org/wiki/Tony_Fadell	
33	*General Magic*, https://en.wikipedia.org/wiki/General_Magic	
34	*Edward Zander*, https://en.wikipedia.org/wiki/Edward_Zander	
35	*FingerWorks*, https://en.wikipedia.org/wiki/FingerWorks	
36	*Paul Otellini*, https://en.wikipedia.org/wiki/Paul_Otellini	
37	*Arm Holdings*, https://en.wikipedia.org/wiki/Arm_Holdings	
38	*Netbook*, https://en.wikipedia.org/wiki/Netbook	
39	*Snooki*, https://en.wikipedia.org/wiki/Snooki	
40	*Michael Sorrentino*, https://en.wikipedia.org/wiki/Michael_Sorrentino	
41	*Polaroid Corporation*, https://en.wikipedia.org/wiki/Polaroid_Corporation	
42	*Edwin H. Land*, https://en.wikipedia.org/wiki/Edwin_H._Land	
43	*John Fellows Akers*, https://en.wikipedia.org/wiki/John_Fellows_Akers	
44	*The Band*, https://en.wikipedia.org/wiki/The_Band	
45	*Tom Stoppard*, https://en.wikipedia.org/wiki/Tom_Stoppard	

第十章　人工智能

1. Walter Isaacson, *The Innovators*, Simon & Schuster Paperbacks, 2014
2. Cade Metz, *Genius Makers: The Mavericks Who Brought AI to Google, Facebook, and the World*, Dutton, 2021
3. Dr. Michio Kaku, *Quantum Supremacy: How the Quantum Computer Revolution Will Change Everything*, Random House Large Print, 2023
4. Feng-Hsiung Hsu, *Behind Deep Blue: Building the Computer that defeated the World Chess Champion*, Princeton University Press, 2004
5. Dr. Fei-Fei Li, *The Worlds I See: Curiosity, Exploration, and Discovery at the Dawn of AI*, Flatiron Books, 2023
6. Garry Kasparov, Deep Thinking: where machine intelligence ends and human creativity begins,

PublicAffairs, 2017
7. Monty Newborn, *Kasparov versus Deep Blue: Computer Chess Comes of Age*, Springer, 1996
8. Bruce Weber, *Kasparov Beats Computer in First Game of a Rematch*, The New York Times, May 4, 1997
9. Bruce Weber, *Wary Kasparov and Deep Blue Draw Game 3*, The New York Times, May 7, 1997
10. Bruce Byrne, *After a New Gamble, A Fiery Counterattack*, The New York Times, May 8, 1997
11. Bruce Weber, *Deep Blue Escapes With Draw to Force Decisive Last Game*, The New York Times, May 11, 1997
12. Bruce Byrne, *Why Did Kasparov Lose? Perhaps He Tried Too Hard*, The New York Times, May 11, 1997
13. Daniel Greenberger, *Deep Blue Can't Triumph in the Game of Life*, The New York Times, May 11, 1997
14. Stephen Witt, How Jensen Huang's Nvidia Is Powering the A.I. Revolution, The New Yorker, Nov 27, 2023
15. *René Descartes*, https://en.wikipedia.org/wiki/Ren%C3%A9_Descartes
16. *Alan Turing*, https://en.wikipedia.org/wiki/Alan_Turing
17. *Andrew Hodges*, https://en.wikipedia.org/wiki/Andrew_Hodges
18. *Max Newman*, https://en.wikipedia.org/wiki/Max_Newman
19. *Enigma machine*, https://en.wikipedia.org/wiki/Enigma_machine
20. *Bombe*, https://en.wikipedia.org/wiki/Bombe
21. *Donald Michie*, https://en.wikipedia.org/wiki/Donald_Michie
22. *Garry Kasparov*, https://en.wikipedia.org/wiki/Garry_Kasparov
23. *John McCarthy (computer scientist)*, https://en.wikipedia.org/wiki/John_McCarthy_(computer_scientist)
24. *Feng-hsiung Hsu*, https://en.wikipedia.org/wiki/Feng-hsiung_Hsu
25. *Hans Berliner*, https://en.wikipedia.org/wiki/Hans_Berliner
26. *H. T. Kung*, https://en.wikipedia.org/wiki/H._T._Kung
27. *Murray Campbell*, https://en.wikipedia.org/wiki/Murray_Campbell
28. *David Levy (chess player)*, https://en.wikipedia.org/wiki/David_Levy_(chess_player)
29. *Anatoly Karpov*, https://en.wikipedia.org/wiki/Anatoly_Karpov
30. *Monty Newborn*, https://en.wikipedia.org/wiki/Monty_Newborn
31. *Lou Gerstner*, https://en.wikipedia.org/wiki/Lou_Gerstner
32. *Frank Rosenblatt*, https://en.wikipedia.org/wiki/Frank_Rosenblatt
33. *Perceptron*, https://en.wikipedia.org/wiki/Perceptron
34. *Warren Sturgis McCulloch*, https://en.wikipedia.org/wiki/Warren_Sturgis_McCulloch
35. *Walter Pitts*, https://en.wikipedia.org/wiki/Walter_Pitts
36. *Herbert A. Simon*, https://en.wikipedia.org/wiki/Herbert_A._Simon
37. *Allen Newell*, https://en.wikipedia.org/wiki/Allen_Newell
38. *Marvin Minsky*, https://en.wikipedia.org/wiki/Marvin_Minsky
39. *Seymour Papert*, https://en.wikipedia.org/wiki/Seymour_Papert
40. *Geoffrey Hinton*, https://en.wikipedia.org/wiki/Geoffrey_Hinton
41. *Terry Sejnowski*, https://en.wikipedia.org/wiki/Terry_Sejnowski
42. *Donald O. Hebb*, https://en.wikipedia.org/wiki/Donald_O._Hebb
43. *David Rumelhart*, https://en.wikipedia.org/wiki/David_Rumelhart
44. *Backpropagation*, https://en.wikipedia.org/wiki/Backpropagation
45. *Symbolic artificial intelligence*, https://en.wikipedia.org/wiki/Symbolic_artificial_intelligence
46. *Yann LeCun*, https://en.wikipedia.org/wiki/Yann_LeCun
47. *Noam Chomsky*, https://en.wikipedia.org/wiki/Noam_Chomsky

48　*Kunihiko Fukushima*, https://en.wikipedia.org/wiki/Kunihiko_Fukushima
49　*Li Deng*, https://www.ece.uw.edu/people/li-deng/
50　*Convolutional neural network*, https://en.wikipedia.org/wiki/Convolutional_neural_network
51　*Jensen Huang*, https://en.wikipedia.org/wiki/Jensen_Huang
52　*Chris Malachowsky*, https://en.wikipedia.org/wiki/Chris_Malachowsky
53　*Curtis Priem*, https://en.wikipedia.org/wiki/Curtis_Priem
54　*CUDA*, https://en.wikipedia.org/wiki/CUDA
55　*Fei-Fei Li*, https://en.wikipedia.org/wiki/Fei-Fei_Li
56　*George Armitage Miller*, https://en.wikipedia.org/wiki/George_Armitage_Miller
57　*Jia Deng*, https://www.cs.princeton.edu/~jiadeng/
58　*Amazon Mechanical Turk*, https://en.wikipedia.org/wiki/Amazon_Mechanical_Turk
59　*Jitendra Malik*, https://en.wikipedia.org/wiki/Jitendra_Malik
60　*Ilya Sutskever*.https://en.wikipedia.org/wiki/Ilya_Sutskever
61　*Alex Krizhevsky*, https://en.wikipedia.org/wiki/Alex_Krizhevsky
62　*Jürgen Schmidhuber*, https://en.wikipedia.org/wiki/J%C3%BCrgen_Schmidhuber

第十一章　人工智能之春

1　Cade Metz, *Genius Makers: The Mavericks Who Brought AI to Google, Facebook, and the World*, Dutton, 2021
2　Walter Isaacson, Elon Musk, Simon & Schuster, 2023
3　Dr. Michio Kaku, *Quantum Supremacy: How the Quantum Computer Revolution Will Change Everything*, Random House Large Print, 2023
4　Mary W. Shelley, *Frankenstein, or the Modern Prometheus*, Colburn And Bentley, 1831
5　Choe Sang-hun，*AlphaGo 的胜利：人工智能的历史性跨越*，纽约时报中文网，2016 年 3 月 16 日
6　Scott Pelley, *Facial and emotional recognition; how one man is advancing artificial intelligentce*, CBS News, Jan 13, 2019
7　Scott Pelley, *The Godfather of AI*, CBS News, June 16, 2024
8　Bill Whitaker, *Nvidia*, CBS News, April 28, 2024
9　Cade Metz, *London A.I. Lab Claims Breakthrough That Could Accelerate Drug Discovery*, The New York Times, Nov 30, 2020
10　Cade Metz, *'The Godfather of A.I.' Leaves Google and Warns of Danger Ahead*, The New York Times, May 1, 2023
11　Bernard Marr, *A Short History of ChatGPT: How We Got To Where We Are Today*, Forbes, May 19, 2023
12　Joshua Rothman, *Why the Godfather of A.I. Fears What He's Built*, The New Yorker, Nov 13, 2023
13　Cade Metz, Tripp Mickle, Mike Isaac, Karen Weise and Kevin Roose, *Five Days of Chaos: How Sam Altman Returned to OpenAI*, The New York Times, Nov 22, 2023
14　Alina Tugend, *Experts on A.I. Agree That It Needs Regulation.That's the Easy Part*, The New York Times, Dec 6, 2023
15　Cade Metz, Tripp Mickle, Mike Isaac, *Sam Altman Asserts Control of OpenAI as He Rejoins Its Board*, The New York Times, March 8, 2024
16　Will Knight, *Meta Is Already Training a More Powerful Successor to Llama 3*, Wired, Apr 18, 2024
17　Mike Isaac and Cade Metz, *Meta, in Its Biggest A.I. Push, Places Smart Assistants Across Its Apps*, The New York Times, Apr 18, 2024
18　Cade Metz, *Google Unveil A.I. for Predicting Behavior of Human Molecules*, The New York Times, May 8, 2024
19　Press release, *The Royal Swedish Academy of Science has decided to award the Nobel Prize in Physics*

2024, The Nobel Prize, Oct 8, 2024

20　Press release, *The Royal Swedish Academy of Science has decided to award the Nobel Prize in Chemistry 2024*, The Nobel Prize, Oct 9, 2024

21　Cade Metz, *How Does It Feel to Win a Nobel Prize? Ask the 'Godfather of A.I.'*, The New York Times, Oct 8, 2024

22　Claire Moses, Cade Metz and Teddy Rosenbluth, *Nobel Prize in Chemistry Goes to 3 Scientists for Predicting and Creating Proteins*, The New York Times, Oct 9, 2024

23　Julia Kollewe, *Google owner drops promise not to use AI for weapons*, The Guardian, Feb 5, 2025

24　Maxwell Zeff, *Adrew Ng is 'very glad' Google dropped its AI weapons pledge*, TechCrunch, Feb 7, 2025

25　*Demis Hassabis*, https://en.wikipedia.org/wiki/Demis_Hassabis

26　*Artificial general intelligence*, https://en.wikipedia.org/wiki/Artificial_general_intelligence

27　*Larry Page*, https://en.wikipedia.org/wiki/Larry_Page

28　*Jeff Dean*，https://en.wikipedia.org/wiki/Jeff_Dean

29　*Shane Legg*, https://en.wikipedia.org/wiki/Shane_Legg

30　*Mustafa Suleyman*, https://en.wikipedia.org/wiki/Mustafa_Suleyman

31　*David Silver (computer scientist)*, https://en.wikipedia.org/wiki/David_Silver_(computer_scientist)

32　*Reinforcement learning*, https://en.wikipedia.org/wiki/Reinforcement_learning

33　*Generative artificial intelligence*, https://en.wikipedia.org/wiki/Generative_artificial_intelligence

34　*Google Brain*, https://en.wikipedia.org/wiki/Google_Brain

35　*Waymo*, https://en.wikipedia.org/wiki/Waymo

36　*Eric Schmidt*, https://en.wikipedia.org/wiki/Eric_Schmidt

37　*Reid Hoffman*, https://en.wikipedia.org/wiki/Reid_Hoffman

38　*Sam Altman*, https://en.wikipedia.org/wiki/Sam_Altman

39　*OpenAI*, https://en.wikipedia.org/wiki/OpenAI

40　*Mike Schroepfer*, https://en.wikipedia.org/wiki/Mike_Schroepfer

41　*Fan Hui*, https://en.wikipedia.org/wiki/Fan_Hui

42　*AlphaGo*, https://en.wikipedia.org/wiki/AlphaGo

43　*Sergey Brin*, https://en.wikipedia.org/wiki/Sergey_Brin

44　*Aja Huang*, https://en.wikipedia.org/wiki/Aja_Huang

45　*Lee Sedol*, https://en.wikipedia.org/wiki/Lee_Sedol

46　*Lily Peng*, https://corporatelearning.hms.harvard.edu/faculty-staff/lily-peng

47　*Govindappa Venkataswamy*, https://en.wikipedia.org/wiki/Govindappa_Venkataswamy

48　*Ian Goodfellow*, https://en.wikipedia.org/wiki/Ian_Goodfellow

49　*Generative adversarial network*, https://en.wikipedia.org/wiki/Generative_adversarial_network

50　*Richard Feynman*, https://en.wikipedia.org/wiki/Richard_Feynman

51　*Project Maven*, https://en.wikipedia.org/wiki/Project_Maven

52　*James Mattis*, https://en.wikipedia.org/wiki/Jim_Mattis

53　*Sundar Pichai*, https://en.wikipedia.org/wiki/Sundar_Pichai

54　*Wojciech Zaremba*, https://en.wikipedia.org/wiki/Wojciech_Zaremba

55　*Pieter Abbeel*, https://en.wikipedia.org/wiki/Pieter_Abbeel

56　*Leslie Valiant*, https://en.wikipedia.org/wiki/Leslie_Valiant

57　*Greg Brockman*, https://en.wikipedia.org/wiki/Greg_Brockman

58　*Andrej Karpathy*, https://en.wikipedia.org/wiki/Andrej_Karpathy

59　*Protein*, https://en.wikipedia.org/wiki/Protein

60　*John M. Jumper*, https://en.wikipedia.org/wiki/John_M._Jumper

61　*AlphaFold*, https://en.wikipedia.org/wiki/AlphaFold

62　*Attention (machine learning)*, https://en.wikipedia.org/wiki/Attention_(machine_learning)

63 *David Baker*, https://en.wikipedia.org/wiki/David_Baker_(biochemist)
64 *Isomorphic Labs*, https://en.wikipedia.org/wiki/Isomorphic_Labs
65 *Satya Nadella*, https://en.wikipedia.org/wiki/Satya_Nadella
66 *Gemini (chatbot)*, https://en.wikipedia.org/wiki/Gemini_(chatbot)
67 *Mira Murati*, https://en.wikipedia.org/wiki/Mira_Murati
68 *Helen Toner*, https://en.wikipedia.org/wiki/Helen_Toner
69 *CASP*, https://en.wikipedia.org/wiki/CASP

图书在版编目（CIP）数据

计算机的故事 /（美）晨露著. -- 上海 ：文汇出版社，2025.9. -- ISBN 978-7-5496-4498-8
Ⅰ. TP3-49
中国国家版本馆 CIP 数据核字第 2025AU7854 号

计算机的故事

著　　者　[美]晨　露
责任编辑　徐曙蕾
装帧设计　红　红

出版发行　文匯出版社
　　　　　上海市威海路 755 号
　　　　　（邮政编码 200041）
照　　排　理工出版信息技术（南京）有限公司
印刷装订　上海颛辉印刷厂有限公司
版　　次　2025 年 9 月第 1 版
印　　次　2025 年 9 月第 1 次印刷
开　　本　710×1000　1/16
字　　数　600 千
印　　张　34.75（插页 20）

ISBN 978-7-5496-4498-8
定　　价　99.00 元